DIAODU ZIDONGHUA CHANGZHANDUAN
TIAOSHI JIANXIU JIAOCAI

调度自动化厂站端
调试检修教材

国网福建省电力有限公司　编

图书在版编目（CIP）数据

调度自动化厂站端调试检修教材 / 国网福建省电力有限公司编. —北京：中国电力出版社，2024.2
ISBN 978-7-5198-8474-1

Ⅰ. ①调… Ⅱ. ①国… Ⅲ. ①电力系统调度–岗位培训–教材 Ⅳ. ①TM73

中国国家版本馆 CIP 数据核字（2024）第 033721 号

出版发行：中国电力出版社
地　　址：北京市东城区北京站西街 19 号（邮政编码 100005）
网　　址：http://www.cepp.sgcc.com.cn
责任编辑：薛　红
责任校对：黄　蓓　朱丽芳　王海南
装帧设计：郝晓燕
责任印制：石　雷

印　　刷：廊坊市文峰档案印务有限公司
版　　次：2024 年 2 月第一版
印　　次：2024 年 2 月北京第一次印刷
开　　本：787 毫米×1092 毫米　16 开本
印　　张：29
字　　数：632 千字
定　　价：112.00 元

编　委　会

前言

近年来，随着变电站数字化、智能化程度不断推进，厂站端自动化设备的种类和功能得到极大扩充，同时，对各类设备的网络安全逐步覆盖深入，这对变电二次从业人员的知识结构和技能水平提出了更高的要求，如何尽快提升从业人员知识储备、规范操作、增强现场复杂情况应对能力，直接关系到电力系统安全平稳运行。尽管各单位培训机构或班组不定期开展各类短期集训，但受限于培训场地规模和设备种类，难以涵盖现场主流自动化设备，造成了厂站自动化培训长期难以从根本上解决“是什么、怎么做、为什么”这三大难题。市面上现有教材大部分停留在理论指导，缺乏现场全流程分析和指引，也缺乏典型的操作示范，造成厂站自动化检修人员对自动化设备长期处于“陌生”的状态，并陷入“不敢碰、不愿学、不会做”的尴尬处境。为了解决以上难题，深度切合作业现场、规范操作步骤、提高工作效率、防范作业风险，国网福建省电力有限公司调控中心组织调动全省人力，在公司技培中心的全程配合协调下，历时一年的酝酿、反复推敲修改，完成此教材编写工作。

本书凝聚了省内众多专家学者的经验智慧，涵盖教授博士、闽电工匠、优秀班组长及各类自动化竞赛获奖者，均长期从事厂站端自动化专业，具备丰富的调试经历，了解现场人员学习需求，在内容上剖丝抽茧、层层递进，更能贴近读者的工作习惯，把各个现场各个操作细节跃然纸上。全书涵盖了国内主流的厂站自动化系统，并在有限的篇幅内，力争做到了新老设备的全覆盖，切合现场，注重实效，适合变电二次检修从业人员自学、培训、竞赛、取证及现场作业。

本书共分为 7 章，第 1 章由卓文兴编写，第 2 章由王惠永、林炜、卓文兴编写，第 3 章由吴锡波、吴梓荣、周成龙编写，第 4 章由李玥翰、吕阳星、张思尧编写，第 5 章由吴毅翔、郭健生编写，第 6 章由王翠霞、薛乔溦编写，第 7 章由林炜编写。全书由邱碧丹总统稿，由连宇瀚审核。

由于编者能力有限，且编写时间较为仓促，难免存在疏漏之处，恳请各位专家和读者批评指正，共同进步。

编　者

2023 年 10 月

目 录

1 概 论

1.1 变电站综合自动化系统介绍

变电站综合自动化系统是将变电站的二次设备（包括测控装置、继电保护装置、自动装置及远动装置等）经过功能组合和优化设计，利用计算机技术、通信技术、数据库信号处理技术等实现对变电站自动监控，测量和协调，以及与调度通信等综合性的自动化功能。

早期常规变电站采用 IEC 60860－5－103 标准协议实现二次设备间的通信，因各设备厂家为满足应用的要求对规约进行了各自的扩展，协议编制上存在差异性，各厂家的设备互相之间并不完全兼容，因此不同厂家间的设备通信需经保护管理机进行对应通信模型信息转换（规约转换），如图 1－1－1 所示结构框图，保护、一体化电源设备等非监控系统厂家设备通过保护管理机将有关的信息集经规约转换送往站控层网络，从而实现监控后台、调度主站对保护装置等相关信息的实时监控。

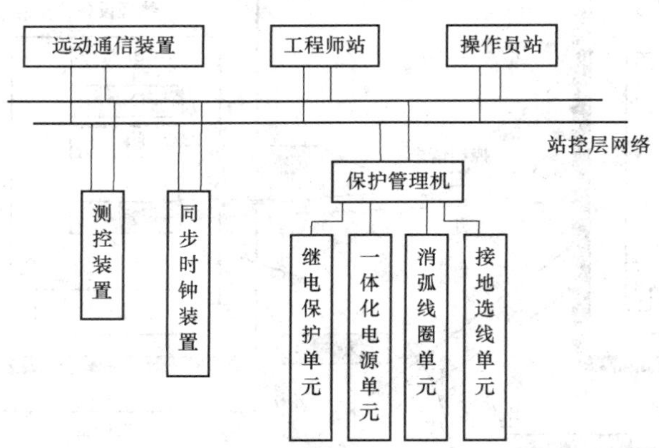

图 1－1－1　IEC 60860－5－103 协议_站控层网络结构框图

IEC 60860－5－103 标准是基于 RS232/485 串行通信，本质上是一种问答式规约。装置采样通用报文来实现“自我描述”，因对规约的理解和扩展不同，为实现不同厂家设备的互联，采用了大量的通信规约转换，因此采用 IEC 60860－5－103 规约通信的二次设备互操作性较差，开展保护装置技改/扩建等工作时，均需配套对保护管理机中对应的装置通信文本进行更新。

IEC 61850 标准提出了变电站信息分层的概念，无论从逻辑概念上还是从物理概念上，将变电站自动化系统分为站控层、间隔层、过程层三个层次；标准定义了装置模型的通信要求，采用设备名、逻辑节点名、实例编号和数据类名建立对象名的命名规则；采用面向对象的方法，定义了对象之间的通信服务，面向对象的数据自描述在数据源就对数据本身进行自我描述，传输的数据带有自我说明，不再需要对数据集进行转换等工作，如图 1-1-2 所示，变电站通信结构框架不再需要保护管理机。

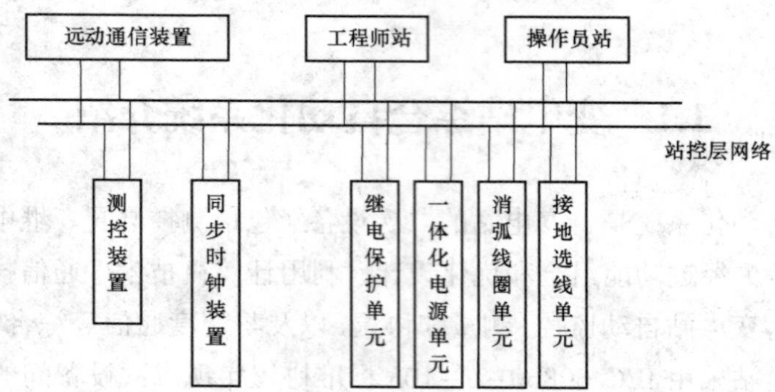

图 1-1-2　IEC 61850 协议_站控层网络结构框图

IEC 61850 标准的服务实现主要分为三个部分：MMS 服务、GOOSE 服务、SMV 服务。其中，MMS 服务用于装置和后台之间的数据交互，GOOSE 服务用于装置之间的通信，SMV 服务用于采样值传输，三个服务之间的关系见图 1-1-3。

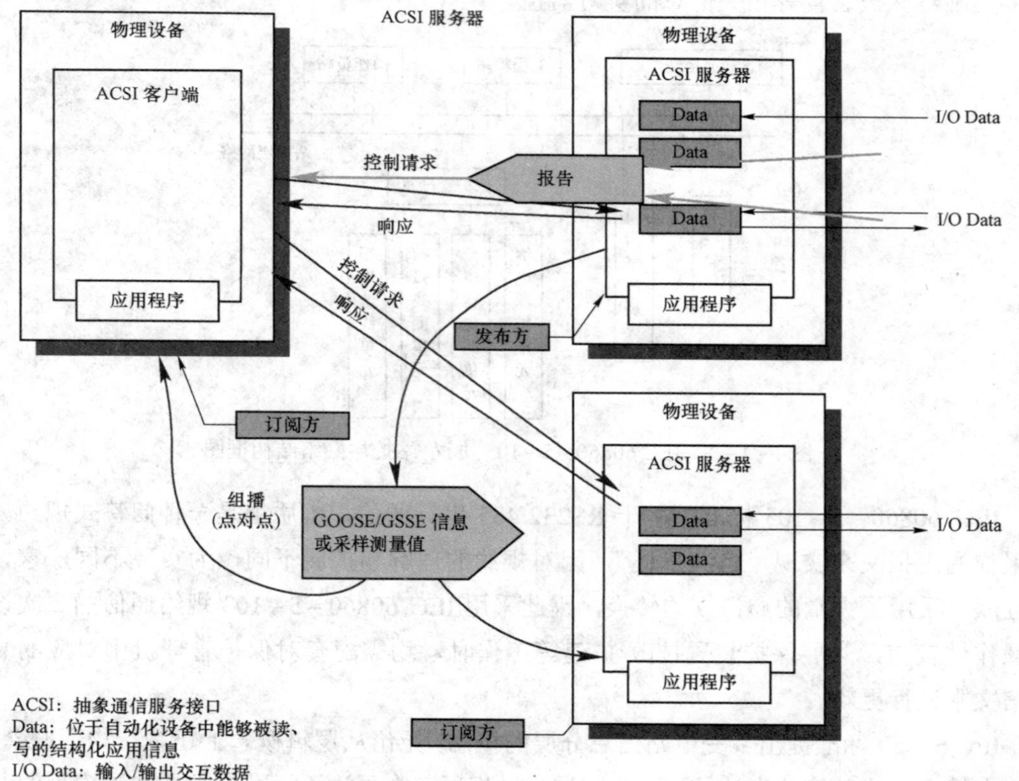

图 1-1-3　MMS、GOOSE 和 SMV 三个服务的关系图

IEC 61850 包含了“客户端－服务器”和“发布－订阅”两种通信模式。MMS 通信采用客户端/服务器模式，客户端一般是后台监控系统、远动通信装置、保护信息子站等，服务器指现场保护、测控装置，其通信过程示意如图 1－1－4 所示。

制造报文规范（manufacturing message specification，MMS）采用构建虚拟制造设备（virtual manufacturing device，VMD）的方法来实现设备间的互操作性，服务器类的实例一一对应地映射为 MMS 的虚拟制造设备（VMD）对象，具体通信时信息交互在客户端和虚拟制造设备之间进行。虚拟设备、虚拟对象由 MMS 规范统一定义，与实际装置的型号、运行的操作系统和编程语言无关，通信过程屏蔽掉了装置的技术细节，从而实现了设备间的互操作性。从用户使用角度来看，IEC 61850 标准的实现主要分为客户端（后台）、服务器端（装置）、配置工具三个部分，配置文件是联系三者的纽带。

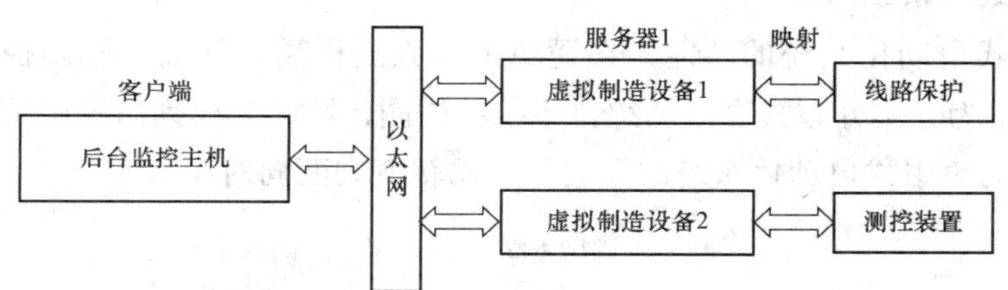

图 1－1－4　MMS 客户端/服务器模型

“发布－订阅”又称为对等通信模式（peer to peer，P2P），该模式允许在一个数据发出者或多个数据接收者之间形成点对多点的直接的通信，适用于数据流量大且实时性要求高的场景。目前智能变电站中采样 IEC 61850－9－2 采样值 SV 和面向通用对象的变电站事件 GOOSE 两种实时性要求较高的通信服务，均采用的是发布/订阅通信模式。

IEC 61850 标准中定义的面向通用对象的变电站事件（GOOSE）以快速的以太网多播报文传输为基础，GOOSE 服务支持由数据集组成的公共数据的交换，主要用于保护跳闸、断路器位置、联锁信息等实时性要求高的数据传输。GOOSE 服务的信息交换基于发布/订阅机制基础上，同一 GOOSE 网中的任一 IED 设备，既可以作为订阅端接收数据，也可以作为发布端为其他 IED 设备提供数据。这样可以使 IED 设备之间通信数据的增加或更改变得更加容易实现。

1.2　现阶段变电站综自系统的结构模式

总结变电站综合自动化系统的发展过程，变电站综自系统的结构形式也在不断的探索优化，现阶段变电站综合自动化系统结构形式主要为分层分布式的系统模式。

1.2.1 分层分布式结构模式的基本概念

分层分布式自动化系统是指变电站综合自动化的构成在资源逻辑或拓扑结构上的分布，强调从系统结构和处理功能上的分布问题。

自动化系统中的间隔层设备，有继电保护、测控、计量等。以保护为例，每台保护装置的功能配置和软硬件结构上都采用面向间隔的原则，即一台保护装置只负责一个间隔的保护。

分层分布式系统集中组屏的结构模式，实质是把面向间隔设计的变电站层和间隔层的智能电子设备，按功能组装成多个屏（柜），如主变保护屏、主变测控屏、线路保护屏等。

1.2.2 分层分布式自动化系统的结构特点

1.2.2.1 分层式的系统构成

分层分布式自动化系统的功能，在逻辑上分为过程层、间隔层和站控层三层结构。图 1－2－1 所示为分层分布式变电站综自系统结构图，图中简要列出各层的主要设备，设计思路由以前的集中式自动化系统的面向厂、站转变为面向对象。

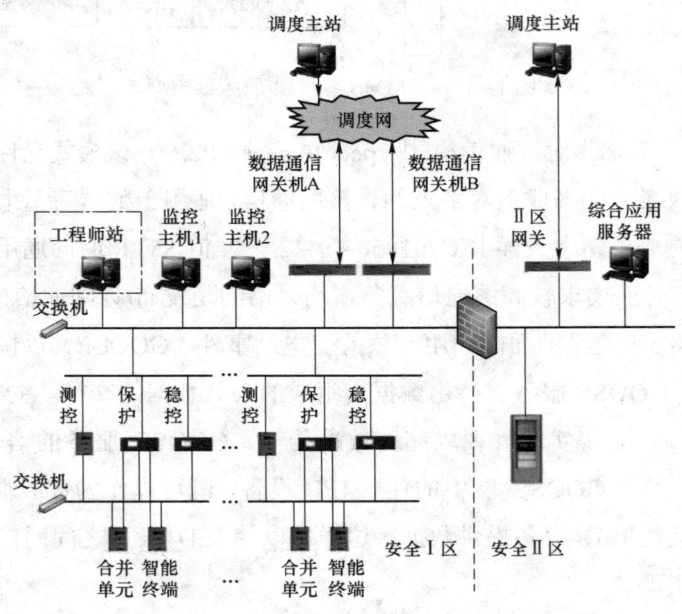

图 1－2－1 分层分布式变电站综自系统结构

1. 过程层

过程层是变电站自动化系统中一、二次设备结合的关键点，其主要包含变电站站内的一次设备，如变压器、断路器、隔离开关、电流互感器、电压互感器等一次设备及其所属的智能组件和智能单元，包含合并单元、智能终端等，此类设备是变电站综合自动化系统的监控对象。

过程层的主要功能可分为以下三大类：

（1）实时运行电气量的采集：主要是电流、电压、相位的检测。

（2）设备运行状态监测：状态参数检测的设备主要有变压器、断路器、隔离开关、母线、直流系统等，在线检测的内容主要有温度、压力、密度、绝缘及工作状态等数据。

（3）控制命令的执行：包含变压器分接头调节控制。电容器组投切控制、断路器、隔离开关合分控制，直流电源充放电控制等。

2. 间隔层

间隔层智能电子装置（IED）由各间隔的控制、保护或监测单元组成。主要设备包括保护装置、测控、稳控装置、故障录波、网络通信记录分析系统等。间隔层各 IED 利用电流互感器、电压互感器、变送器、继电器等设备感知过程层设备的运行信息，从而实现对过程层进行监视、控制和保护，并与站控层进行信息交互，实现三遥功能（遥测、遥信、遥控）。

间隔层设备应具备以下主要功能：

（1）汇总各间隔过程层的实时数据信息。

（2）实施对一次设备保护控制功能。

（3）完成各间隔操作及闭锁功能。

（4）完成同期功能的判别及其他控制功能。

（5）执行数据具有优先级别的承上启下的通信传输功能，同时高速完成与过程层及站控层的网络通信功能。

3. 站控层

站控层树妖设备包括监控主机、操作员站、五防主机、远动通信装置、保护故障信息子站、对时系统等。其主要功能是实现面向全站设备的监视、控制、告警及信息交互，完成数据采集及监控控制、操作闭锁及电能量采集、保护信息管理等相关功能，同时经由远动通信装置完成与调度主站的信息交互，从而实现对变电站段端的远程监控功能。

站控层应完成一下主要任务：

（1）通过两级高速网络汇总全站的实时数据信息，不断刷新实时数据库，并定时将数据转存于历史数据库。

（2）按既定规约将有关数据信息上送调度主站。

（3）接收调度端有关控制命令并下发到间隔层、过程层执行。

（4）具有在线可编程的全站操作闭锁控制功能和站内监控、人机交互功能。

（5）对间隔层、过程层各设备的状态监测、在线维护、在线组态，在线修改参数和变电站故障自动分析功能等。

（6）同步对时功能。

1.2.2.2 组网方式

站控层与间隔层的通信网络采样双网冗余配置，网络采样双星形结构，站控层通信网络传输 MMS 和 GOOSE 信号以及对时信号 SNTP。

过程层与间隔层通信网络采用 GOOSE 网和 SV 网独立组网。为保证可靠性，保护装置采用“直接采样”和“直接跳闸”，不依赖 GOOSE 网。目前 GOOSE 网主要用于测控、保护、故障录波、自动控制、网络通信记录分析仪等装置的状态信息的采集盒开关操作信号的传输。

1.2.2.3 分布式的结构

分布式的结构是指变电站综合自动化系统的构成在资源逻辑或拓扑结构上的分布，主要强调从系统结构的角度来研究和处理功能上的分布问题。分层分布式系统结构具有以下主要特点：

（1）分布式模式一般按功能设计，采用主从 CPU 系统工作方式，多 CPU 系统提高了处理并行多发事件的能力，提高了综合自动化系统的可靠性。系统采用按功能划分的分布式多 CPU 系统。处于间隔层的功能单元，按被保护对象和保护功能的不同，可划分为主变差动保护、主变后备保护、线路保护等，这些功能单元分别安装于各个保护柜及测控屏上。由于各保护单元采样面向对象的设计原则，具有软件相对简单、调试维护方便、组态灵活，系统整体可靠性高等特点。

（2）继电保护相对独立，利于提高保护的可靠性，在分级分布式自动化系统中，每个继电保护单元是面向每个间隔设计的，每个保护单元都具有独立的电源。保护单元的测量、逻辑判断和保护启动及出口都由保护装置独立实现，不依赖通信网络。保护装置的保护配置、保护定值的查看和修改，可以在各保护单元独立实现，也可通过通信网络有监控主机或调度主站实现。由于各功能软、硬件采用独立结构，任一单元故障，只影响局部功能，不影响全局，因而可靠性高。

（3）模块化结构，组态灵活、方便。可根据变电站的规模，选择及配置所需的功能模块。调试、维护方便。

（4）集中组屏结构，与一次设备有一定的距离，电磁干扰弱；变电站综合自动化系统中的各个功能模块均通过软件实现，便于维护和管理。

1.3 变电站综自系统各设备功能介绍

变电站综合自动化系统运维项目主要针对上述站控层各节点设备进行维护，按设备类别分为监控系统、远动系统、通信规约转换装置三大部分；本书结合当前主要厂家对日常运维操作进行全面深入解析。

监控系统维护内容主要含系统程序介绍及运行维护、数据库备份、编辑及还原、图形编辑、间隔更名、间隔扩建等操作详解。

远动系统维护内容主要含远动工具应用、三遥信息变更、通信通道维护等常用操作教程。

规约转换装置维护主要含规转通信串口查看及变更、通信模型维护、常见问题分析及排故等内容介绍。

1.3.1 厂站端后台监控系统

后台监控系统是变电站自动化系统的核心环节，实现变电站设备的数据采集与监控的全部功能，即 SCADA（supervisory control and data acquisition）功能。监控系统的主要功能主要包含数据采集、数据分类及处理、安全监控、操作与控制、人机联系、运行记录等。

1.3.1.1 数据采集功能

变电站需采集的数据包含模拟量、开关量、事件顺序记录。

（1）模拟量信息。

1）各电压等级各段母线的线电压及相电压；

2）线路电流和有功功率、无功功率、功率因数、线路电压；

3）主变的各侧电流、有功功率和无功功率、功率因数；

4）无功补偿设备的电流、无功功率；

5）馈线的电流、有功功率和无功功率；

6）母联（母分）断路器电流、有功功率、无功功率；

7）直流系统母线电压、正负对地电压等；

8）所用变低压侧电压（含线电压、相电压）；

9）变压器油温、绕组温度；

10）汇控柜内温湿度等。

模拟量采集根据采样方式可分为直流采样和交流采样。其中变压器油温及温湿度信息等此类遥测信息变化相对比较缓慢，通常采样直流采样方式。直流采样时将被采集的遥测信息经变送器转换，最终输出为直流 0～5V 电压或 4～20mA 电流，再接入测控装置。测控装置上设置被采集信息的量程、数据类型将采集到的直流量还原成现场实际的温湿度信息，变送器的准确度等级应不低于 0.5 级。

站内一次电流、一次电压进行采集时通常采用交流采集方式，将 TA/TV 二次电流、电压经采样板上小电流互感器、小电压互感器，转换成弱电经采样保持器后再输入 A/D 转换器，最终转换成数字量。交流采样实时性好，且能较好反映原来的电压、电流波形，测量准确性高。

目前遥测有整型和浮点型两种方式，遥测参数设置根据遥测数据类型有所差异。对于支持浮点上送的测控装置，上送的数据已经还原为一次值，后台监控及远动通信装置则不再需要设置系数。

（2）开关量信息。

1）变电站全站事故总信号；

2）主变、线路、母联、母分等断路器位置信号；

3）隔离开关、接地刀闸位置信号；

4）变压器中心点接地刀闸位置信号；

5）有载调压变压器分接头位置信号；

6）保护动作信号；

7）运行告警信号；

8）设备状态告知信号等。

为防止干扰，二次回路遥信开入经光耦内外电气隔离输入至测控装置，实现对开关量的采集。对于断路器位置信息需采用中断输入方式或快速扫描方式，以保证变位的采样分辨率在2ms内。对于隔离开关位置和分接头位置等开关信号，则不必采样中断输入方式，一般采样定时扫描方式读入。遥信定时扫查在实时时钟中断服务程序中进行，每1ms执行扫描一次，当有遥信变位，则更新遥信数据区，按规定插入传送遥信信息。同时，记录遥信变位时间，以便完成事件顺序记录信息的发送。

遥信开入的采集在实际运行过程中可能会产生不对应的遥信变位信号，从而给运行人员的监控带来误导。因此，需对测控的遥信开入防抖时间进行设置，遥信变位时限需超过防抖延时才判别为有效变位；对于220kV系统，一般遥信开入防抖为20ms，因事故总信号采用合后串断路器分位的方式，两个接点存在时间上交错，因此事故总遥信防抖设置为100ms，避免开关分合过程无法事故总信号。

（3）事件顺序记录SOE。

1）断路器跳、合闸顺序记录；

2）保护动作顺序记录；

3）自动装置动作情况记录。

事件顺序不仅需记录所发生事件的性质及状态，还需记录事件发生的时刻，应精确到毫秒级。

1.3.1.2 数据分类和处理

基于对变电站大量数据的采集，需要对数据类型进行分类：

（1）实时数据。实时数据存储于实时数据库，便于实时显示和上送主站系统。实时信息包含电流、电压、有功功率、无功功率等模拟量，断路器位置等开关量，事件顺序记录，继电保护动作信息、报警信息及其他控制信息等。

（2）历史数据。实时数据库中模拟量、电能量及一些计算量可选定存储周期成为历史记录，历史数据是其他高级应用的重要数据来源，遥测报表、历史趋势曲线等所需的数据均来自历史数据。

（3）统计数据。数据统计一般包含：断路器动作次数；主变有载分接头调节次数；每日有功、无功的最大值和最小值及对应的时间点；控制操作和修改定值记录等。

（4）图形数据。图形界面是监控系统人机交互的重要途径。图形界面是将图形技术、数据库技术与电力系统网络模型通过面向对象技术而集成的，图形界面上的元件与现场一次相对应。

图形数据包括图形基本信息、图形静态数据、图形动态数据、图元库信息等。

（5）高级应用信息数据。高级应用信息数据包括网络拓扑结构等。网络拓扑是根据变电站的实时遥测数据确定电气连接状态，为状态估计、潮流等高级应用提供网络结构图、负荷、潮流分析等数据信息。

1.3.1.3 安全监控功能

监控系统在运行过程，对采集的电压、电流等进行越线监视，并能上送告警信息。此外，还应监视各保护装置运行状态是否正常，控制回路是否异常等，并将监视结果上送调度主站，并接收和执行调度下达的各项命令。

1.3.1.4 操作与控制功能

遥控就是经后台监控主机对断路器和隔离开关等进行远方合、分闸操作。遥控操作应与就地操作互相闭锁，确保只有一处操作，避免互相干扰。

遥控操作应有防误校验功能，在执行遥控操作时，应接收到正确的返校信息，才能进行下一步操作。校核包括操作对象校核、操作性质校核和命令执行校核，以确保操作的正确性。

后台监控系统同时还应具备顺控功能，以满足不同接线方式下的运行方式转换的操作需要。

1.3.1.5 人机联系功能

人机联系即操作人员通过显示器、鼠标、键盘，进行与监控系统的信息交互。监控系统的日常运维主要通过人机交互进行，从而确保监控系统可视化信息的正确性及遥控功能可以正常使用。

主要维护的对象有图形组态信息和数据库组态信息，数据库组态主要对装置的测点描述、遥测系数、间隔信息等进行维护，图形组态主要对接线图上间隔名称进行维护，常见相关工作有间隔更名、遥信点变更、间隔扩建等。

1.3.2 远动通信系统

综合自动化系统必须兼有 RTU 的全部功能，能够收集全站测控单元、保护装置及其他智能装置的数据（模拟量、开关状态、事件顺序记录等），将相关数据进行处理转发给调度主站；同时应能接收调度端下发的各种操作、控制、修改定值等，实现调度主站对变电站运行情况的远方监视和控制。远动通信装置的远动信息从站内监控系统站控层网络获取并向调度主站转发。

远动通信装置的主要功能：

（1）采集各种微机保护、测控装置、智能装置的数据信息；远动通信装置通过网络与站内各保护、测控等装置通信，采集各种信息，如测量值、遥信、SOE 变位等。

（2）实现和多个调度主站系统的通信；远动转发信息可根据不同层级的主站监控要求进行转发表编制。通信装置可以实现监控系统对厂站内装置控制命令的转发，并具备控制操作权限的关联闭锁逻辑。

（3）支持 GPS 时钟的采集和发布；支持 B 码、SNTP、脉冲等多种时间对时模式，可以将全站设备的时钟准确同步在标准时间范围。

（4）实现数据信息的编辑与合成；远动通信装置可以在数据库范围内按照运算规则进行数据的编辑合成，实现较为复杂的数据合成逻辑。

（5）支持各种通信规约；支持变电站监控规约 IEC 103、IEC 61850 规约，支持远动规约 IEC 60870－5－104，支持数据在不同规约间的格式转换。

IEC 60870－5－104 规约扩展主要是通过主站－远动终端与保护、测控等装置通信，主要功能是收集保护的运行状态、异常告警、故障及装置的相关参数数据。信息分类可分为自描述信息、状态量、模拟量和其他信息等。

（6）支持运行记录功能；通信装置能够记录所有控制操作命令，包括遥控的选择执行、软压板的修改，定值的召唤修改、信号复归等，记录全部的 SOE 信息，记录通信装置运行的过程状态。

1.3.3 保护管理机

基于对不同厂家 IEC 103 规约的适配调整，实现不同厂家的设备如保护装置、直流设备、消弧控制器、小电流选线等与监控系统、远动通信装置等的信息交互。典型配置图见图 1－3－1。

保护管理机的主要功能：

（1）采集各种微机保护、智能电子设备信息；通过串口或网络方式与各种微机保护、智能电子设备通信，接收它们上送的各种信息，如保护动作、SOE 等。

（2）实现与监控系统通信，通信装置承担与当地监控计算机系统或保护信息子站系统通信任务。

（3）实现与远动装置（RTU）通信。

（4）各设备、装置通信状态检查和监视，通信装置定时检查与其相连的保护、测控以及各种自动化装置通信状态，及时上报各类装置是否通信中断，保证变电站自动化系统可靠运行。

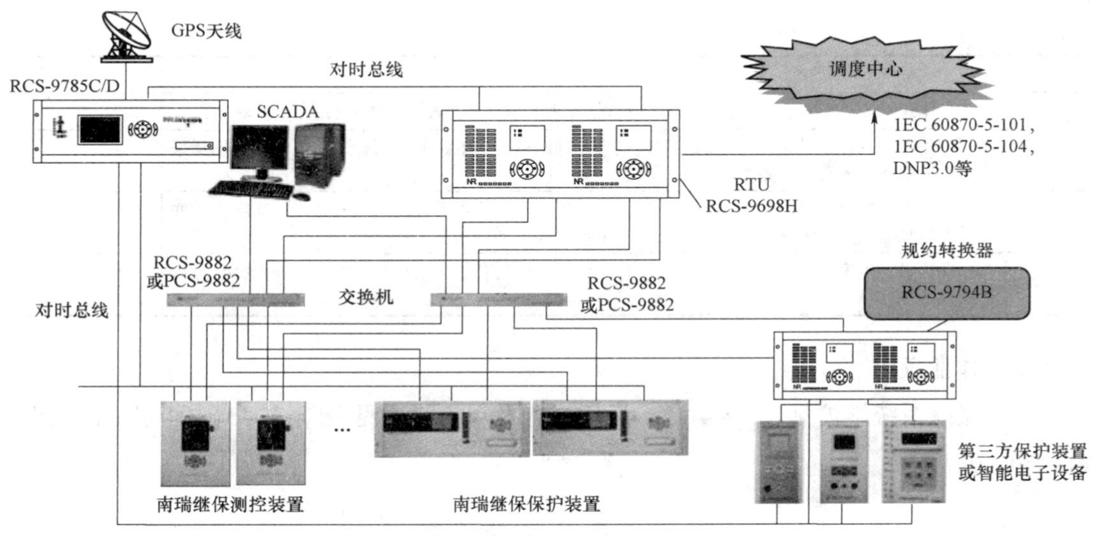

图 1－3－1　保护管理机典型配置图

1.4　变电站综自系统日常运维要点

1.4.1　综自系统数据维护注意事项

在监控系统上工作，正确使用电力监控票，且执行好安全技术措施。电力监控系统安全技术措施有授权、备份、验证。

工作开始时应备份可能受到影响的程序、配置文件、运行参数、运行数据和日志文件等。在冗余系统中将检修设备切换成非主用状态时，应确认其余主机、节点、通道或电源正常运行。

针对现场实际工作情况列出可能涉及的安全措施要求，使用专用的调试计算机及移动存储介质，禁止使用未报备或者私人电脑进行操作；严禁将手机等无线设备接入工作中的笔记本电脑。

1.4.2　自动化设备标准化作业管控项目

1.4.2.1　安全措施

安全措施见表 1－4－1。

表 1－4－1　　安　全　措　施

序号	主要内容	备注
1	工作票、电力监控票已许可开工，安全措施内容交底完毕	
2	工作班成员均已清楚工作负责人所交待的工作范围、工作任务、安全措施、危险点及注意事项，工作负责人确认所有安全措施已执行到位且无误	

续表

序号	主要内容	备注
3	工作开始前应提前与自动化主站值班人员联系，征得许可后并做好网安挂牌后方可开始工作	
4	工作涉及的设备（装置）远动及防误点表及远动机、变电站监控后台、防误子站及电量采集终端的参数配置进行备份	
5	涉及遥控测试、遥测量测试等与主站信息核对工作，现场所有的二次安全措施均应执行并经工作负责人确认无误，并与自动化主站值班人员沟通许可后方可进行	
6	现场设备厂家技术人员进行调试等工作，应指定专门负责人进行全程配合，并做好全过程监护	

1.4.2.2 作业项目

后台监控系统维护见表 1-4-2。远动配置及点表修改见表 1-4-3。远动版本升级见表 1-4-4。

表 1-4-2　　后台监控系统维护

序号	主要内容	备注
1	对后台监控系统图形、数据库组态进行备份	
2	根据作业任务要求，在一台监控机上对后台数据库、图形等内容进行修改并单机保存	
3	核对后台设备命名编号按照调度最新命名编文件执行，满足《变电站监控系统图形界面规范》（Q/GDW 11162—2014）要求	
4	工作涉及的设备（装置）远动及防误点表及远动机、变电站监控后台、防误子站及电量采集终端的参数配置进行备份	
5	在监控机上对修改部分的所有数据进行站内数据核对，确保改动正确无误	
6	同步至其他监控主机，确保系统数据库一致性	

表 1-4-3　　远动配置及点表修改

序号	主要内容	备注
1	与自动化主站值班人员确认远动主机（以主站值班台确认的 IP 为准），上送数据均正确无误，对需主站端屏蔽的数据进行预先处理	
2	对远动备机的数据进行备份	
3	对远动备机的数据进行修改并保存	
4	数据下装前需由工作负责人对修改前后的远动点表（尤其是遥控点表）或配置参数进行差异对比检查，逐项复核，正确后方可下装备机	
5	对远动备机进行重启，同时核实与站控层各测控装置及其他智能设备数据交换正常	
6	通知自动化主站值班人员，将远动通信链路切换至远动备机上运行	
7	待主站观察相关数据正常后，方可开始在另一台远动机上进行修改作业，并重复以上步骤	
8	结束工作前，应再核对双重化配置的两台远动机远动配置及点表一致性	

表 1-4-4　　远动版本升级

序号	主要内容	备注
1	升级前对双机原有的软件及参数等进行备份	
2	对远动备机（以主站值班台确认的 IP 为准）进行软件版本升级	

续表

序号	主要内容	备注
3	对远动备机进行重启，同时核实与站控层各测控装置及其他智能设备数据交换正常	
4	联系自动化主站值班人员，确认远动备机上送数据正常后，将通信链路切换至远动备机上运行	
5	待主站观察相关数据正常后，方可开始在另一台远动机上进行软件升级工作，并重复以上步骤	
6	进行远动机切换测试，性能指标达到规范要求	
7	结束工作前，再次核对双重化配置的两台远动机远动配置及点表一致性	

1.4.2.3 恢复现场及竣工

恢复现场及竣工见表1－4－5。

表1－4－5　　恢复现场及竣工

序号	主要内容	备注
1	工作负责人确认现场所有工作已结束，安全措施及设备已恢复至开工前状态且无误	
2	工作涉及的设备（装置）远动及防误点表及远动机、变电站监控后台、防误子站及电量采集终端的参数配置已重新确认并备份	
3	与自动化主站值班人员确认相关系统通信正常，汇报工作结束	
4	在 OMS 系统填写检修完成情况	

1.4.3 变电站综合自动化运维作业流程

根据综自系统作业性质、维护项目内容及监控系统网络安全运行要求，将运维作业的全过程优化为最佳的步骤顺序，见图1－4－1。

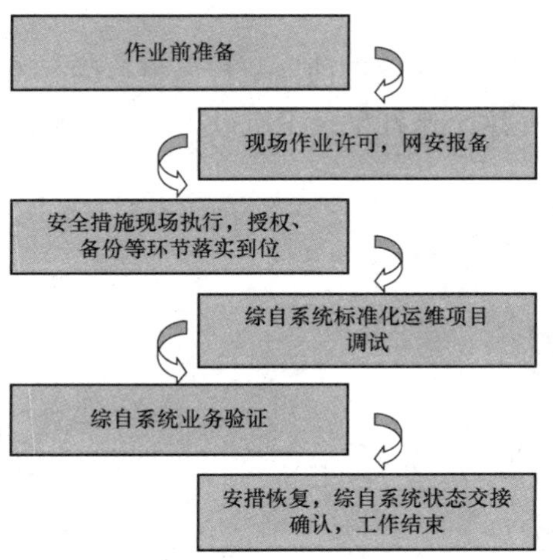

图1－4－1　流程图

本教材立足于现场运维实际需要，涵盖电网运行中主流的综自系统厂家，系统地介绍了厂站自动化设备类别的运行、维护调试方法，旨在提升现场作业质量、工作效率。

2 CSC2000 系列厂站自动化系统

2.1 CSC2000 监控系统运维

2.1.1 监控系统简介

CSC2000 变电站综合自动化系统通过变电站综合自动化系统内各设备间相互交换信息、数据共享，完成对变电站全部设备的运行情况执行监视、测量、控制和协调的任务。主要实现变电站的监控功能和远动功能，具体为数据采集功能、操作控制功能、事件顺序记录功能、监控后台人机功能、打印功能、数据处理和记录以及远程测量、远程信号、远程控制、远程调节的远动功能等。

在监控后台进行任何数据修改及操作时均需先进行数据及程序文件的备份。CSC2000 监控后台的程序及数据备份通常采用直接备份文件夹的方式，将安装目录下的运行程序及数据文件通过直接拷贝的方式进行备份。

2.1.2 数据备份及恢复

2.1.2.1 目录说明

在 CSC2000 监控软件安装完后，自动安装程序将自动在 C 盘的根目录下建立一个名为 CSC2000 的运行目录。在这个运行目录下有以下几个子目录：

Ahdb：报警库目录

Bin：可执行文件目录

Chart：曲线文件目录

Class：授权文件目录

Cluster：组件库目录

Data：二进制文件目录

Desc：描述库目录

Doc：帮助文档目录

Event：事故追忆文件目录

Hisdata：运行日志文件目录

Hisdb：历史库目录

Image：图形文件目录

Macro：宏目录

Rpt：报表文件目录

Sample：样本库目录

Txt：文本文件目录

Users：用户设置目录

Voice：语音文件目录

Windows：窗口文件目录

2.1.2.2 备份程序及数据操作方式

上述文件夹中“Ahdb”为报警库目录主要用来存放各种历史报警记录文件和历史库文件、“Event”为事故追忆文件目录、“Hisdata”为运行日志文件目录、“Hisdb” 历史库目录主要用来存放 Wizcon 历史库文件，因以上四个文件存放的均为监控程序运行时产生的告警记录及运行历史记录等，且历史文件在运行一段时间后通常文件较大，备份时将上述文件夹剔除后，将 CSC2000 目录下所有文件进行拷贝备份到硬盘上的指定位置。备份后的文件夹在进行压缩后通常仅几兆至十几兆大小。

2.1.2.3 恢复程序及数据操作方法

恢复恢复程序及数据时采样直接替换数据文件或文件夹的方式，需将上述备份的文件夹直接拷贝至 CSC2000 的运行目录下。注意，此时需退出 CSC2000 的监控程序，否则会因为数据及程序文件在运行中无法被备份的文件替换，造成程序及数据恢复失败。

2.1.2.4 备份还原操作时的注意事项

备份时如变电站内有两台或以上的监控后台，其中 BIN 文件夹内的内容是有差异的，包括主机 IP 地址、五防配置等，故不同的主机的该文件夹需要分别备份。

2.1.3 间隔更名操作

在变电站中，通常每一回路构成一个间隔，所有与其相关的四遥量都封装在同一个间隔中。所有的公用量都可以放到一个公用间隔中。间隔更名操作需要对数据库及监控系统画面进行相应的数据修改。

2.1.3.1 数据库维护方法

CSC2000 使用程序自带的数据库维护软件 Wiztool 进行数据库维护操作，任何数据库修改前注意需先进行数据备份。

1. 数据库维护工具

CSC2000 当地监控系统使用实时库生成工具生成所需要的所有测点定义。操作程序为 Wiztool，程序位于 CSC2000\Bin 目录下打开 Wiztool.exe 程序并输入密码（原始默认密码是 8888）后，弹出程序界面如图 2－1－1 所示。主菜单如图 2－1－2 所示。

图 2－1－1　程序界面图

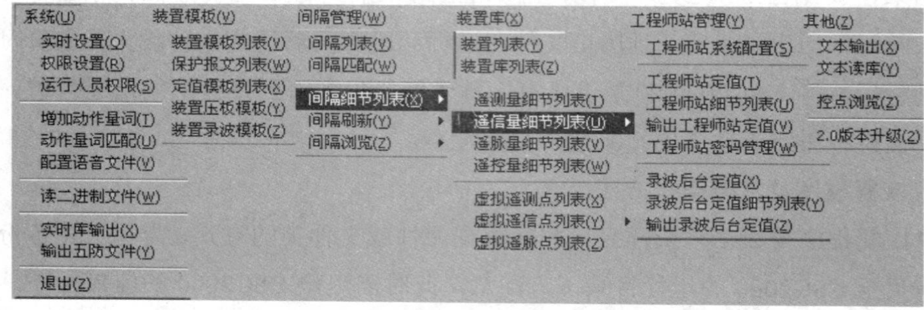

图 2－1－2　主菜单图

2. 数据库间隔更名操作方法

在菜单上选择间隔管理/间隔列表，则弹出图 2－1－3，图中列出了该变电站的所有间隔。单击右键可显示出快捷菜单。维护人员根据变电站的实际配置进行间隔更名，单击间隔名称栏需要更名的间隔，在选定后修改间隔名称，如“110kV 备用”间隔更名为“110kV ××线路”。

间隔列表

间隔名称	间隔别名(6个英文字符)	间隔类型
110kV母联	0-	线路间隔
110kV旁路	1-	线路间隔
220kV内桥	2-	线路间隔
东金	3-	线路间隔
普金	4-	线路间隔
110kV备用	5-	线路间隔
金白	6-	线路间隔
金岗	7-	线路间隔
金小桃	8-	线路间隔
金威I回	9-	线路间隔
金威II回	10-	线路间隔

增加间隔(W)
删除间隔(X)
删除所有(Y)
复制间隔(Z)

线路间隔(X)
主变间隔(Y)
公用间隔(Z)

图 2－1－3　间隔列表图

间隔列表内的间隔名称修改完成后，单击间隔管理/间隔细节列表，可对该间隔内具体的四遥量进行详细地浏览，并进行修改，如图 2－1－4 所示。

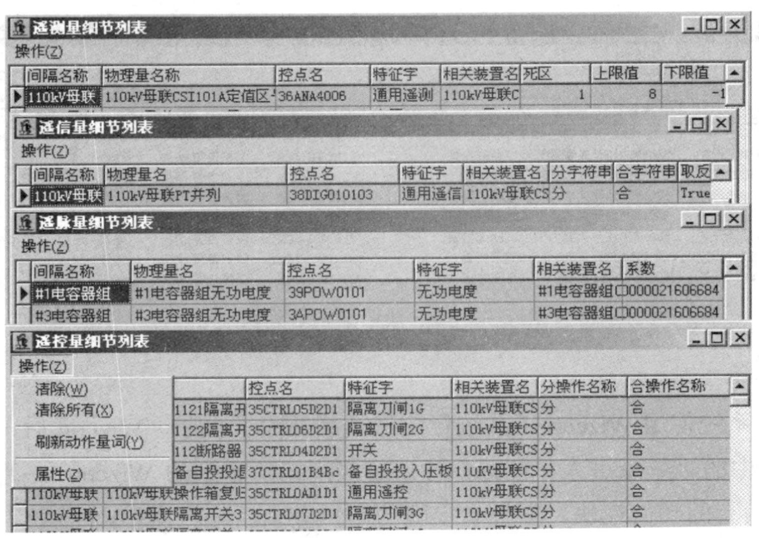

图 2－1－4 细节列表图

每次关闭这些细节列表时，都会弹出一告警框，如图 2－1－5 所示，提醒用户保存修改的数据。

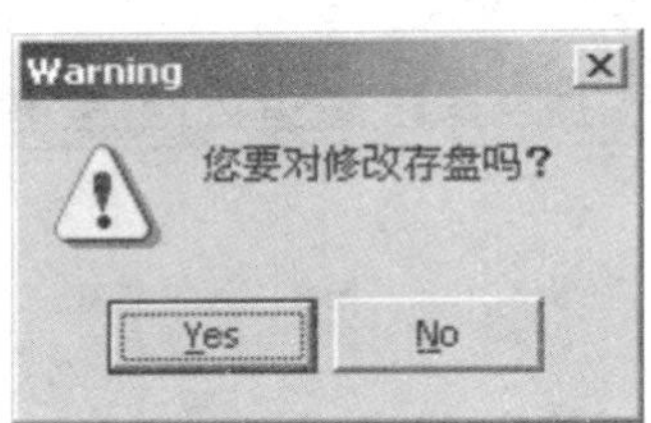

图 2－1－5 确认对话框

点击 Yes 进行保存，点击 No 则放弃保存，不修改数据库内容。

3. 数据库间隔更名注意事项

需修改的间隔名称还包括测控之间互报的直流消失，10kV 间隔在小电流选线间隔内的名称等。如本间隔的直流消失信号是由其他间隔测控发出的，需进入相应的间隔将该遥信点的名称相应的进行修改。如图 2－1－6 所示，单击物理量名这一列内对应的开入行进行描述的修改和编辑。

遥测和遥控的细节列表的修改方式同遥信细节列表修改方法，不再展开叙述。而且遥测和遥控一般都做在本间隔内，进行间隔更名操作时已经统一修改，就无需再进细节列表内进行单独修改。

2.1.3.2 间隔更名的画面编辑

CSC2000 系统的间隔更名工作在进行数据库修改、实时库输出（方法参见 2.1.3.3）后图形界面不会自动调整相关控点的描述，且图形界面的各个相关的间隔名称同样需要相应进行手动修改。

遥信量细节列表

操作(Z)

控点快速定位： 搜寻

间隔名称	物理量名	控点名	特征字	分字符串	合字符串	报警分类
500kV5012开关	500kV5012开关第三节点PT断线告警	21DIG010008	保护告警	消失	动作	1
500kV5012开关	500kV5012开关第四节点PT断线告警	21DIG010009	保护告警	消失	动作	1
500kV5012开关	500kV5012开关3U0节点3越限告警	21DIG01000A	保护告警	消失	动作	1
500kV5012开关	500kV5012开关3U0节点4越限告警	21DIG01000B	保护告警	消失	动作	1
500kV5012开关	500kV5012开关第五节点PT断线告警	21DIG01000C	保护告警	消失	动作	1
500kV5012开关	500kV5012开关第六节点PT断线告警	21DIG01000D	保护告警	消失	动作	1
500kV5012开关	500kV5012开关3U0节点5越限告警	21DIG01000E	保护告警	消失	动作	1
500kV5012开关	500kV5012开关3U0节点6越限告警	21DIG01000F	保护告警	消失	动作	1

图 2-1-6　遥信量细节列表图

1. 画面编辑工具

CSC2000 系统使用 Wizcon 工具进行图形绘制及编辑，启动 Wizcon 后，在工具条上点击图 2-1-7 中的“登录进入”图标，注册超级用户所看到的 Wizcon 快捷工具条，显示了 Wizcon 的所有的功能模块，需拥有权限的用户登录后编辑操作。

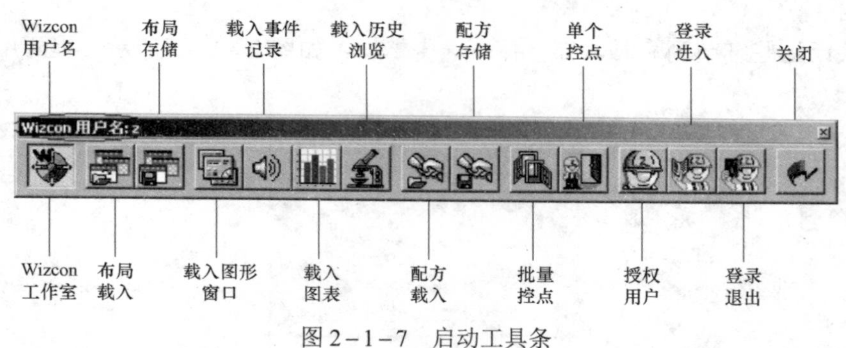

图 2-1-7　启动工具条

2. 画面修改方法

CSC2000 的一个图形窗口具有以下三种操作方式：

（1）触发器接通：在这种方式下，图形处于被监视和控制的状态。任何被定义为宏（Macro）的触发器图形对象均可以被操作员所控制。（如果该操作员被授权的情况下）。

（2）导向：在这种方式下，图形可以被卷动和无级缩放。

（3）编辑：在这种方式下，图形可以被描绘，编辑和存储。前一节所提到的那些工具条将出现在图形的周围，您可以使用这些工具条来编辑修改当前的一幅或若干幅图形。

需要进行间隔画面名称修改时需要进入编辑模式：在模式里勾选“编辑”，进入编辑模式后，双击需要修改的间隔名称等信号在弹出对话框可进行文本描述的修改，如图 2-1-8 所示。

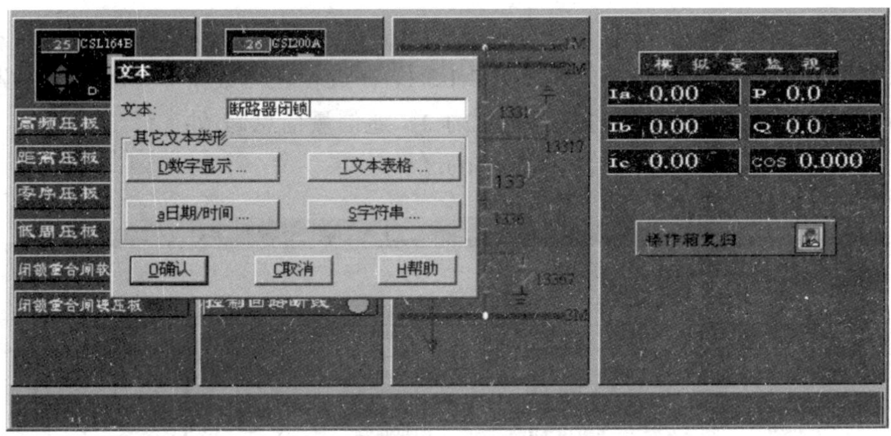

图 2－1－8　图形编辑模式示图

3. 间隔更名画面编辑注意事项

除了进行主接线图及间隔分图的间隔更名外，例如全站的通信状态分图、10kV 间隔的小电流选线等分图内的该间隔相关的控点名称也需进行相应的修改，修改方法同画面修改。

2.1.3.3　实时库输出

进行间隔更名操作完成后，为了使间隔更名实时生效，CSC2000 系统还需进行实时库输出操作。

在 Wiztool 工具上选择系统/实时库输出，弹出如图 2－1－9 对话框，该操作将输出系统运行所需要的二进制文件、文本文件、Wizcon 控点信息、Wizcon 宏信息，如果采用的 Wizcon 版本为 8.2，则还须选择 Wizcon8。

注意，仅进行间隔更名时由于不涉及宏指令的操作，且早期 CSC2000 版本宏输出可能造成宏指令的丢失，故仅进行间隔更名时也可不勾选 Wizcon 宏、Wizcon8。

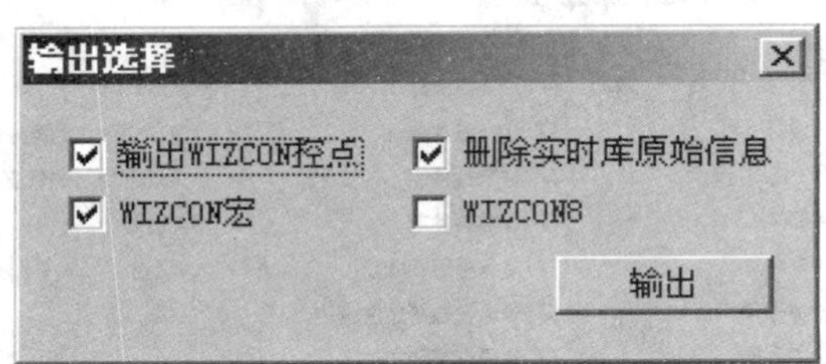

图 2－1－9　实时库输出提示对话框

以上即为间隔更名的完整流程，进行数据库操作后注意进行数据备份。

2.1.4　遥信编辑

遥信信息采集变电站的状态量信息，是为了将开关、刀闸、一、二次设备告警信号、保护跳闸信号、预告信号等。当有涉及这类信号的变更时，需要进行遥信编辑操作。

2.1.4.1 遥信数据库编辑

进入数据库进行遥信修改的方式详见 2.1.3.1，在进行任何数据库修改前必须先进行数据的备份，CSC2000 的数据备份方法详见 2.1.2。遥信量信息修改：

（1）进入遥信量细节表（见表 2－1－10）。

遥信量细节列表

操作(Z)

控点快速定位: 搜寻

间隔名称	物理量名	控点名	特征字	分字符串	合字符串	报警分类
500kV5012开关	500kV5012开关第三节点PT断线告警	21DIG010008	保护告警	消失	动作	1
500kV5012开关	500kV5012开关第四节点PT断线告警	21DIG010009	保护告警	消失	动作	1
500kV5012开关	500kV5012开关3U0节点3越限告警	21DIG01000A	保护告警	消失	动作	1
500kV5012开关	500kV5012开关3U0节点4越限告警	21DIG01000B	保护告警	消失	动作	1
500kV5012开关	500kV5012开关第五节点PT断线告警	21DIG01000C	保护告警	消失	动作	1
500kV5012开关	500kV5012开关第六节点PT断线告警	21DIG01000D	保护告警	消失	动作	1
500kV5012开关	500kV5012开关3U0节点5越限告警	21DIG01000E	保护告警	消失	动作	1
500kV5012开关	500kV5012开关3U0节点6越限告警	21DIG01000F	保护告警	消失	动作	1
500kV5012开关	500kV5012开关（开入1）5012A相断路器合位	21DIG010100	开关	分	合	2
500kV5012开关	500kV5012开关（开入2）5012A相断路器分位	21DIG010101	中压侧开	分	合	2
500kV5012开关	500kV5012开关（开入3）5012B相断路器合位	21DIG010102	高压侧开	分	合	2
500kV5012开关	500kV5012开关（开入4）5012B相断路器分位	21DIG010103	中压侧开	分	合	2
500kV5012开关	500kV5012开关（开入5）5012C相断路器合位	21DIG010104	高压侧开	分	合	2
500kV5012开关	500kV5012开关（开入6）5012C相断路器分位	21DIG010105	中压侧开	分	合	2
500kV5012开关	500kV5012开关（开入7）50111A相隔离刀闸合位	21DIG010106	隔离刀闸	分	合	2
500kV5012开关	500kV5012开关（开入8）50111A相隔离刀闸分位	21DIG010107	接地刀闸	分	合	2
500kV5012开关	500kV5012开关（开入9）50111B相隔离刀闸合位	21DIG010108	接地刀闸	分	合	2

图 2－1－10　遥信量细节表

遥信量细节列表分为一般性质和附加性质，一般性质指图 2－1－11 所示的一些特性，工程人员可根据现场实际情况进行选择；附加性质指正常、故障、检修状态下遥信量的特性。“操作”菜单中的“刷新动作量词”指根据 Wiztool 菜单项“系统/动作量词匹配”中各特征字匹配的分合字符串，对遥信量中的分合字符串根据其特征字重新进行匹配，以降低工程人员的工作量。另外，对于遥信量的存盘时间，有不存盘和变化存盘两个选项。

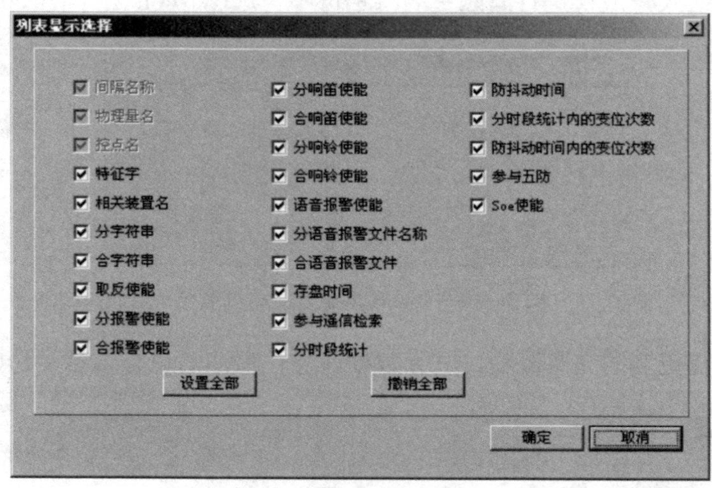

图 2－1－11　性质列表选择图

根据需要进行相应的修改后关闭遥信量细节表后，提示是否保存，点击是进行保存。

（2）点击 CSC2000 快捷工具条中的按钮，填入合法的用户名及密码，进入实时库参数修改对话框，如图 2－1－12 所示。

测点参数

间隔列表
- 目阳4175线
- 220千伏正母分段
- 220千伏付母分段
- 220千伏一号母联
- 220千伏二号母联
- 1号主变
- 公用系统
- 35千伏二三分段
- 35千伏一四分段
- 1号电容器
- 2号电容器
- 220千伏母线保护
- 220千伏公用信息
- 35千伏母线保护
- 35千伏公用信息
- 2号主变
- 目阳4176线
- 目南2106线
- 目南2107线
- 渣目4173线
- 渣目4174线
- 目备1
- 目备2
  - 遥测量
  - 遥信量
  - 遥脉量
  - 遥控量

物理量名	控点名	取反标志	分报警	合报警
目备2控制逻辑投入压板	1EDIG01000B	FALSE	TRUE	TRUE
目备2开关合闸	1EDIG010100	FALSE	TRUE	TRUE
目备2开关分闸	1EDIG010101	FALSE	TRUE	TRUE
目备2正母闸刀位置	1EDIG010102	FALSE	TRUE	TRUE
目备2付母闸刀位置	1EDIG010103	FALSE	TRUE	TRUE
目备2线路闸刀位置	1EDIG010104	FALSE	TRUE	TRUE
目备2开关母线侧接地闸刀位置	1EDIG010105	FALSE	TRUE	TRUE
目备2线路接地闸刀位置	1EDIG010106	FALSE	TRUE	TRUE
目备2REL551保护直流电源消失	1EDIG010107	FALSE	TRUE	TRUE
目备2操作把手切换到	1EDIG010108	FALSE	TRUE	TRUE
目备2REL551保护装置内部故障	1EDIG010200	FALSE	TRUE	TRUE
目备2REL551保护通信通道故障	1EDIG010201	FALSE	TRUE	TRUE
目备2REL551保护动作跳闸	1EDIG010202	FALSE	TRUE	TRUE
目备2REL551保护远方跳闸	1EDIG010203	FALSE	TRUE	TRUE
目备2REL551保护CT断线	1EDIG010204	FALSE	TRUE	TRUE
目备2CSL101A保护	1EDIG010205	FALSE	TRUE	TRUE
目备2CSL101A告警I闭锁保护	1EDIG010206	FALSE	TRUE	TRUE
目备2CSL101A告警II不闭锁保护	1EDIG010207	FALSE	TRUE	TRUE
目备2CSI101A重合闸	1EDIG010208	FALSE	TRUE	TRUE
目备2CSI101A保护装置故障及…	1EDIG010209	FALSE	TRUE	TRUE
目备2CSI101A开关压力低闭锁…	1EDIG01020A	FALSE	TRUE	TRUE
目备2第一组第二组控制直流电…	1EDIG01020B	FALSE	TRUE	TRUE
目备2第一组出口跳闸	1EDIG010300	FALSE	TRUE	TRUE
目备2第二组出口跳闸	1EDIG010301	FALSE	TRUE	TRUE
目备2第一组第二组控制回路断线	1EDIG010302	FALSE	TRUE	TRUE

图 2－1－12 测点参数图

点击遥信量信息，可进行修改设置的内容有参数、报警及事件触发三大类，如图 2－1－13 所示。

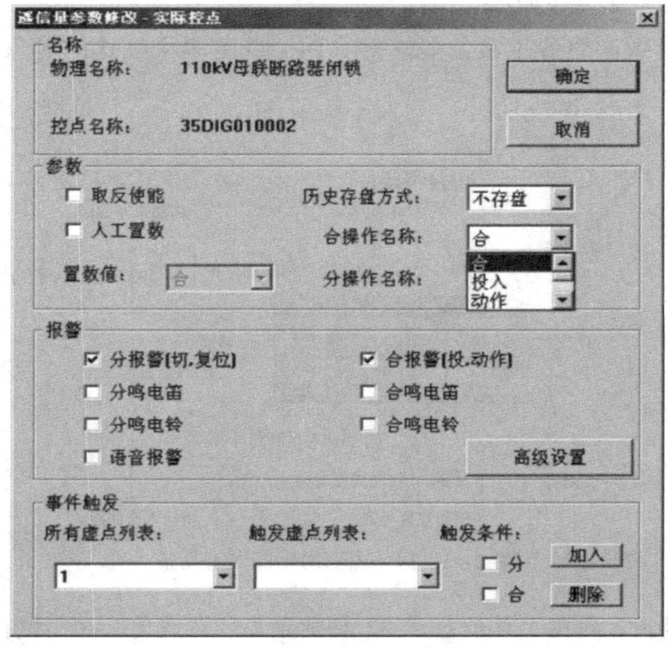

图 2－1－13 遥信量参数修改图

在参数一项中，可进行人工置数，取反使能，合、分操作名称以及历史存盘方式。

取反使能：如果外厂家遥信规约与公司规约相反，则选中此项，统一操作。

人工置数：选中此项可模拟开关分合的操作，一般用于调试阶段，检验遥信点是否对应。

合、分操作名称：对不同的设备选择相应的操作名词。

历史存盘方式：当遥信变位时是否存盘，如果选择不存盘，则当遥信变位时，只报警，信息并不存入库中，在报警浏览中也无法记录其变位信息。

在事件触发一栏中，列有所有的虚遥测点用于描述当前应投入的检两侧电压压板的对象号。

事件触发中的所有虚点列表显示了所有的虚拟遥测量。

在所有虚点列表中选择虚遥测点，（即出线中断路器检电压压板对象号），在触发条件中选择合，然后点击加入按钮，此时虚遥出现在触发虚点列表中，然后点击确认按钮即可。

在遥信量列表中，还有一类虚遥信点，是根据用户要求，通过设置一定的逻辑关系从而实现一些功能而设的。

2.1.4.2 遥信修改的图形编辑

Wizcon 的图像是能充分反映和描述工业生产过程与控制的动态的图形。整个工业流程的过程测控点均能用图形对象来描述。为了进行遥信点的图形编辑，下面系统的介绍图形编辑器的详细使用方法。

1. 图形编辑器的工具条介绍

（1）对齐工具条。对齐工具条能够对齐两个或更多个被选的对象，如图 2－1－14 所示。

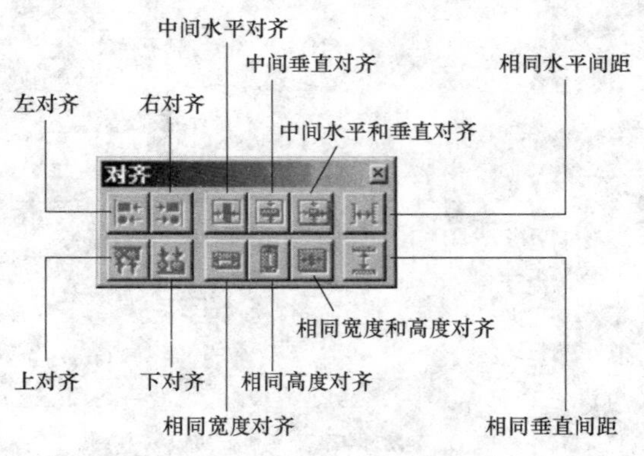

图 2－1－14　图形编辑操作工具条

（2）颜色工具条。颜色工具条包含 32 种前景色和背景色。左击鼠标键选取前景色，右击鼠标键选取背景色或填充色，如图 2－1－15 所示。

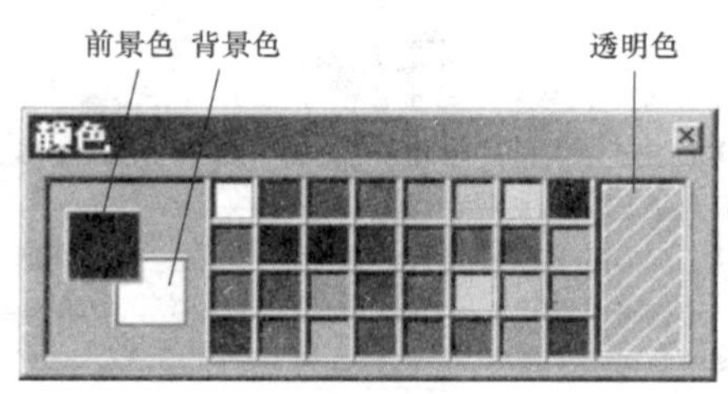

图 2－1－15　图形编辑配色工具条

（3）对象工具条。对象工具条主要用来定义图形、对象及报警属性（现系统中不使用），触发属性，动态属性，组合属性，另外还可以定义组件，滑块和媒体播放器，如图 2－1－16 所示。

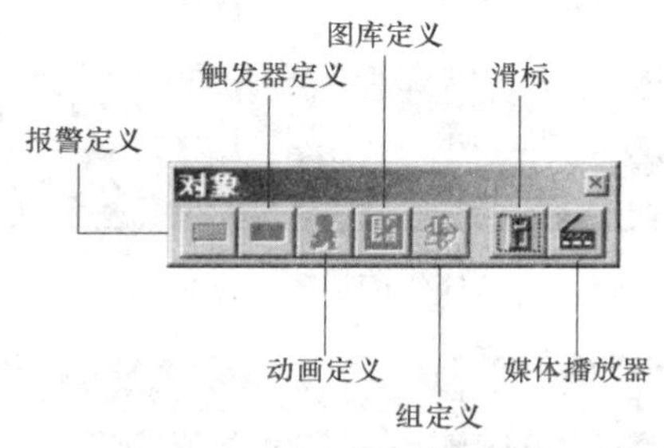

图 2－1－16　图形编辑对象工具条

（4）画图工具条。在图形中建立自己的图形对象时，可以使用画图工具条中的工具编辑所需对象的形状，如图 2－1－17 所示。

工具条上的功能按钮如下：

（1）操作工具条。操作工具条（见图 2－1－18）包括对象旋转，颜色拾取，活动层，确定/取消填充色，组件库列表，对象置前，对象置后，对象删除，网格，网格匹配。

（2）图案填充工具条。图案填充工具条（见图 2－1－19）包含 16 种填充图案，其中包括实心和透明。

2. 图形编辑器的使用

（1）视窗。

1）一个图形窗口具有以三种操作方式：

触发器接通：在这种方式下，图形处于被监视和控制的状态。任何被定义为宏（Macro）的触发器图形对象均可以被操作员所控制（如果该操作员被授权的情况下）。

导向：在这种方式下，图形可以被卷动和无级锁放。

编辑：在这种方式下，图形可以被描绘，编辑和存储。前一节所提到的那些工具条将出现在图形的周围，您可以使用这些工具条来编辑修改当前的一幅或若干幅图形。

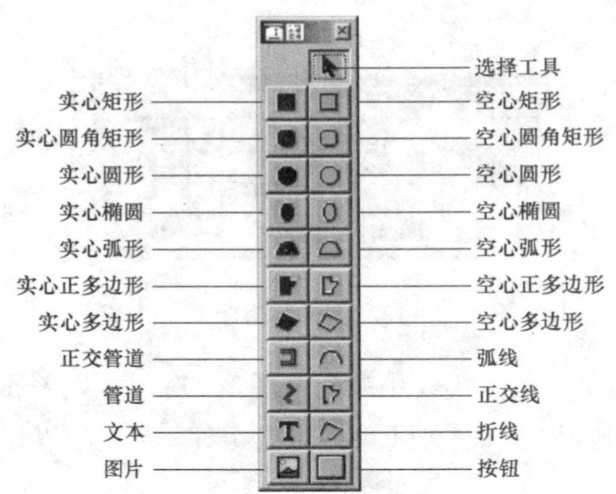

图 2-1-17　图形编辑画图工具条

图 2-1-18　图形编辑操作工具条

图 2-1-19　图形编辑图案填充工具条

2）选项/自动窗口。选择这一项后，图形将自动地设置图形窗口和锁放级别，以使得所有的图形对象被适当地安排在窗口当中。也可以用鼠标单击图形窗口左边的“a”按钮。

3）选项/缩放窗口。选取该项后，您可以看到一个十字方框的特殊鼠标，通过单击并拖曳可以实现图形的局部放大。也可以用鼠标单击图形窗口左边的“w”按钮。

（2）文件菜单。文件菜单为使用者提供了关于图形窗口的基本操作，如图 2-1-20 所示。

1）保存：保存文件。

2）另存为：另外保存为一个文件。

3）插入：在一个图形文件中插入另外一个文件。

4）导入：载入一个保存为 ASCII 字符的图形文件到图形窗口当中。

5）附加到：将当前图形窗口的特性捆绑传递给另一个图形窗口文件。

6）打印：图形打印。

7）退出：退出图形文本。

（3）编辑菜单。编辑菜单中包含了多种的绘图工具，可以让您方便快捷地完成复杂的图形设计。下面对编辑菜单中每一项进行说明，界面如图 2－1－21 所示。

1）撤销：取消上一步。

2）重复：重做上一步。

3）复制到粘贴板：将图形元件复制到粘贴板。

4）从粘贴板粘贴：将图形元件从粘贴板粘贴下来。

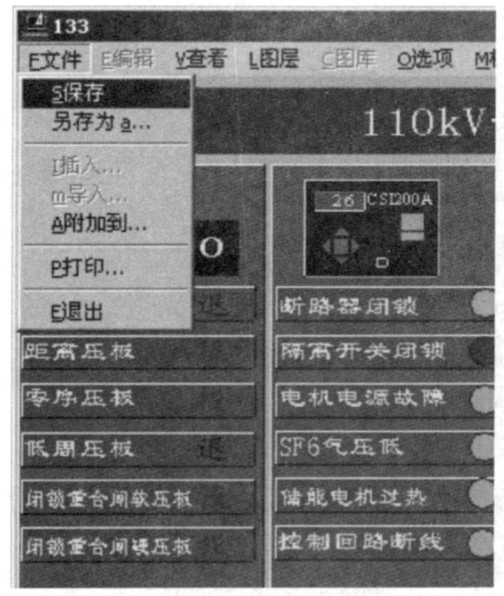

图 2－1－20　图形编辑文件菜单

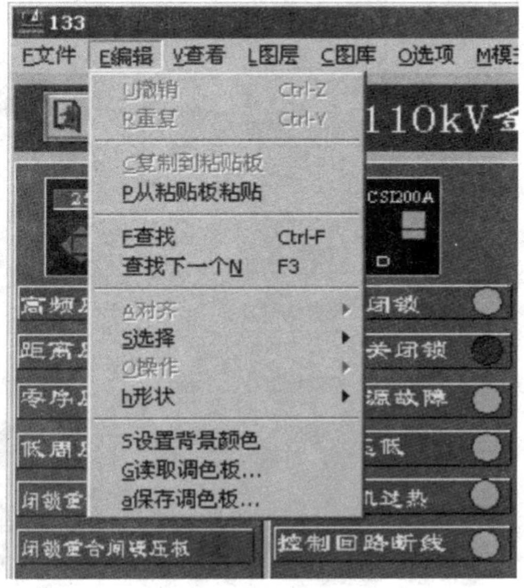

图 2－1－21　图形编辑菜单

5）设置背景色：设置图形背景色。

（4）快捷工具条。在图形界面编辑器菜单栏下面有一个快捷工具条（见图 2－1－22），一些经常用到的菜单命令可以通过点击快捷工具按钮来迅速激活。

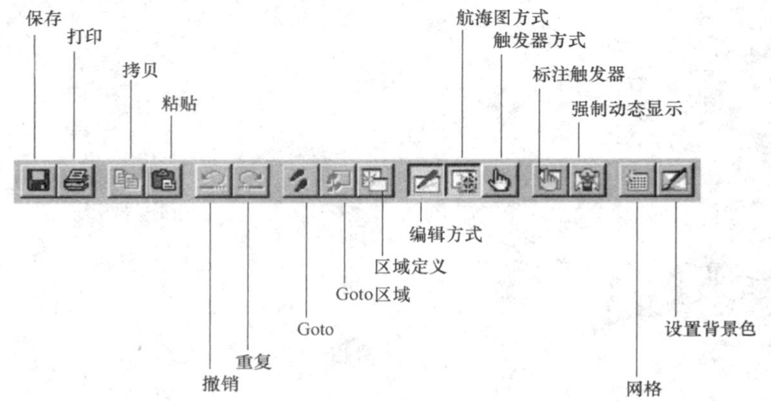

图 2－1－22　图形编辑快捷工具条

（5）图形文本。当您需要在您的图形界面上做一段文本时，您可以在颜色工具条上选择适当的前景背景色，在 View/FontBar 中选择适当的字体如图 2－1－23 所示。

图 2－1－23　图形文本定义

并在画图工具条上选择T图标点击。

这时您在图形上任意处左击鼠标后将出现一个文本输入对话框，您可以在 Text 文本框中输入您的文本，如图 2－1－24 所示。

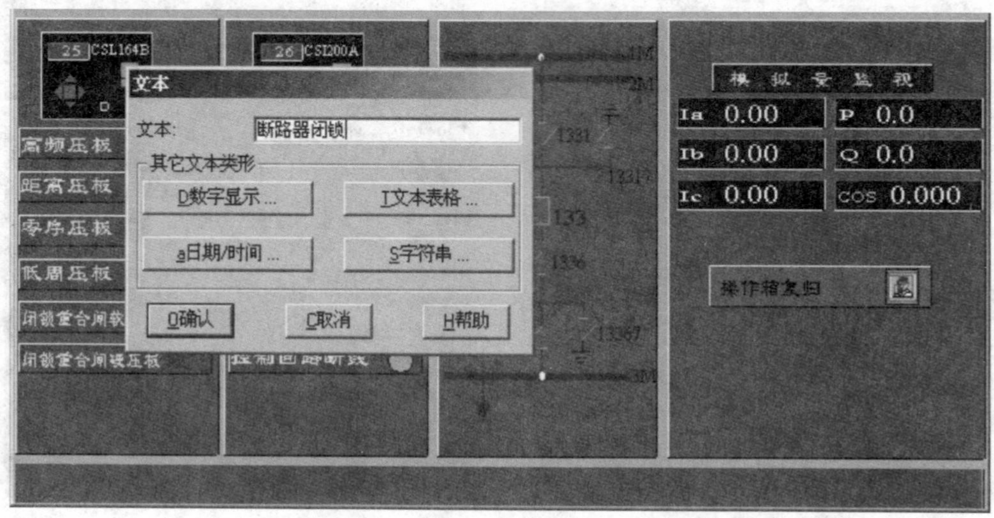

图 2－1－24　文本输入对话框

3. 遥信点的图形动态定义

图 2－1－25 是一幅简单的实例图，我们要对其中的一些遥信点信号进行动态定义。

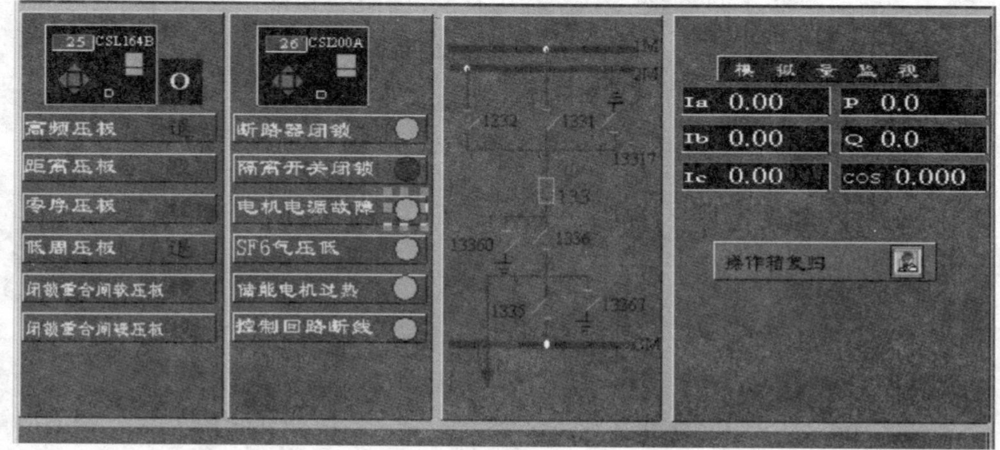

图 2－1－25　图形界面遥信定义示图

现在将图中“电机电源故障”旁的圆形定义为一个报警灯，当这个信号所对应的控点“26DIG010203”为 1 时，该圆形变为红色并伴有闪烁；当为 0 时，该圆形变为绿色并停止闪烁。为实现这个动态定义，可以将鼠标点中该对象，然后右击鼠标，这时有一个弹出菜单出现在屏幕上，如图 2－1－26 所示。

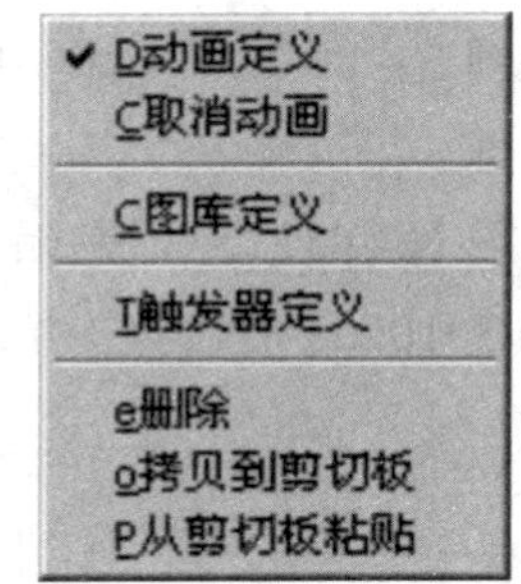

图 2－1－26　动画定义菜单

选中动画定义后将出现一个对话框，如图 2－1－27 所示。

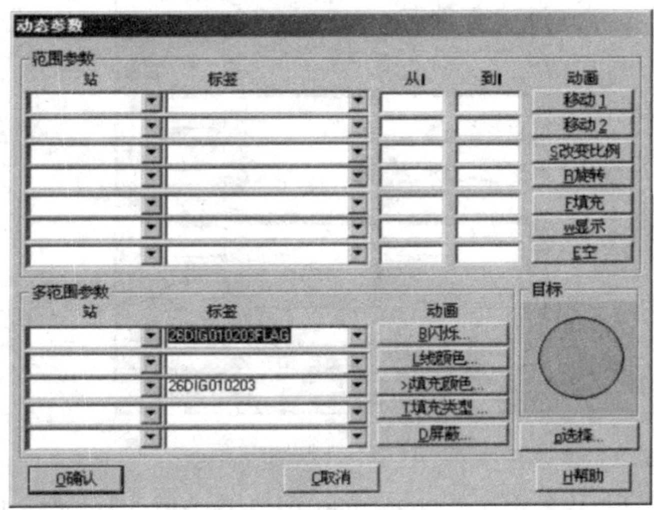

图 2－1－27　动态参数对话框

在闪烁处输入“26DIG010203”后，单击闪烁按钮，出现一个对话框，如图 2－1－28 所示。

图 2－1－28　图形闪烁按钮定义

图 2－1－28 对话框中的定义表明 26DIG010203 这个控点为 1 时，图形对象以中等速度闪烁。

闪烁特性定义完后，再填充颜色特性进行定义。在填充颜色处输入控点名 26DIG010203 后，点击填充颜色按钮，出现一个对话框，如图 2－1－29 所示。

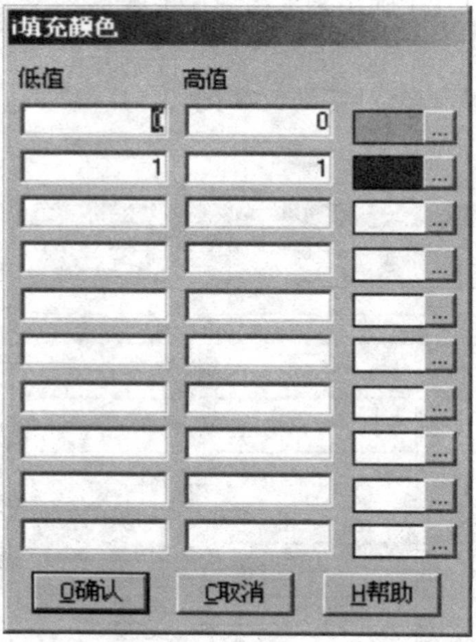

填充颜色

低值	高值
0	0
1	1

O确认　C取消　H帮助

图 2－1－29　颜色填充定义

图 2－1－29 对话框中的定义表明 26DIG010203 这个控点为 1 时，图形对象（圆形）以红色显示；控点为 0 时，图形对象（圆形）以绿色显示。这样就完成了对该图形对象的定义。当该点为 1 时，图形对象变红并闪烁；当该点为 0 时，图形对象变绿。

4. 遥信点的图形新增或修改

了解了上述的图形编辑工具及遥信定义方法后，可以在图形界面通过鼠标左键框选一个或若干个遥信点，使用 Ctrl+C 复制，在图形上选定位置后使用 Ctrl+V 粘贴，并可以使用鼠标左键进行遥信点位置调整，再通过图形动态定义方法以替换控点标签的方式新增一个或若干个遥信信号。若要修改遥信的控点关联直接进行控点替换就可以了。

2.1.4.3　实时库输出及数据备份

数据库修改后均需进行实时库输出及数据备份，详见 2.1.3.3 实时库输出，CSC2000 的数据备份方法详见 2.1.2。

2.1.5　遥测编辑

遥测量主要包含：① 交流量采集。根据不同电压等级要求能上送本间隔三相电压有效值、三相电流有效值、有功、无功、频率等。② 直流、温度采集。装置可采集多种直流量，如 DC0～5V、DC4～20mA 等，还能完成主变温度的采集上送等。场站端有涉及此类信号的变更时，需要进行遥测编辑的操作。

2.1.5.1 遥测数据库编辑

进入数据库进行遥测修改的方式详见 2.1.3.1，在进行任何数据库修改前必须先进行数据的备份，CSC2000 的数据备份方法详见 2.1.2。

1. 遥测量细节列表

如图 2-1-30 中的遥测量细节列表所示，单击“操作”菜单，弹出菜单项有“清除”“清除所有”和“属性”。“清除”指删除所选中的遥测量，“清除所有”指删除所有的遥测量，“属性”指遥测量细节列表中显示的死区、比例系数、报警使能、存盘时间等细节特性。

如图 2-1-30 所示，灰色项指必选项，工程人员可根据现场实际情况选择所需特性。若要修改，用户可对该项双击然后直接输入，或单击右键菜单重新选择或输入新值。对于遥测量，存盘时间选项有：不存盘、变化存盘、一分钟存盘、五分钟存盘、十五分钟存盘、一小时存盘、一天存盘。

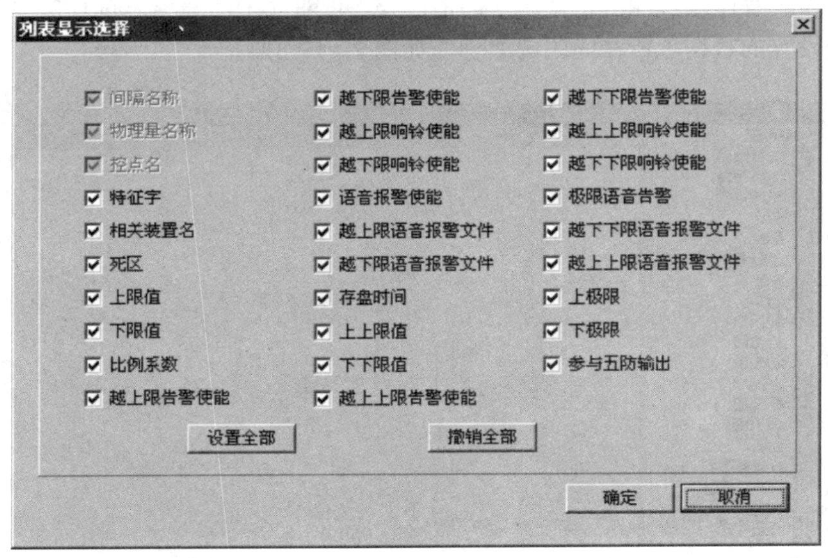

图 2-1-30 遥测特性选项

2. 遥测量参数设置

在实时监控程序正常启动的情况下，监控程序中的各功能模块才能正常工作，点击 CSC2000 快捷工作条中按钮，输入用户名密码，启动实时库参数修改功能。

实时参数修改功能是实时库工具——Wiztool 面向用户进行修改库信息的一个窗口，在这里用户可以根据自己所拥有的权限修改设置实时库中的部分信息，在这里强调一下，设置完后，若要使设置进行保存，需要在实时库工具中读二进制文件，这时实时库工具——Wiztool 中的设置以实时库参数修改为准。若是在实时库工具中修改了库信息，则需要进行实时库输出，这时实时库参数修改中的设置以实时库工具为准，如图 2-1-31 所示。

图 2－1－31　实时库管理工具

在实时库参数修改功能可正常工作的情况下，可对库中四遥信息进行修改设置，首先要选择修改设置的数据项所在间隔的名称，如图 2－1－32 所示。

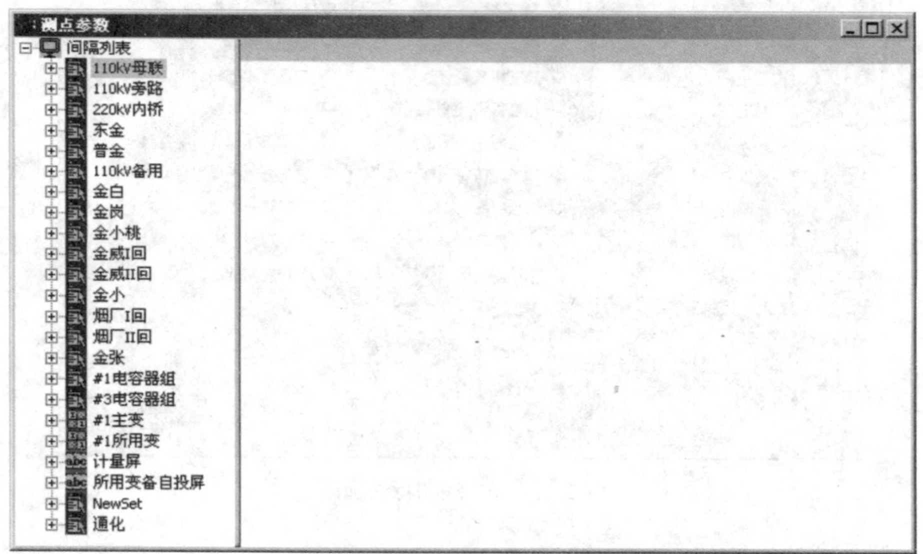

图 2－1－32　实时库参数间隔列表

点击遥测量信息，可进行修改设置的内容有参数及报警两大类，如图 2－1－33 所示。

在参数一栏中，可进行人工置数，修改死区值，比例系数的设定以及历史存盘方式：

死区：指遥测数值变化在死区值的范围内时，遥测数值不刷新，只有变化范围超过死区值时才刷新，系统默认死区值为零。

比例系数：装置所采集的一次遥测量值通过网络送到后台监控工作站乘以比例系数才是二次遥测量值。

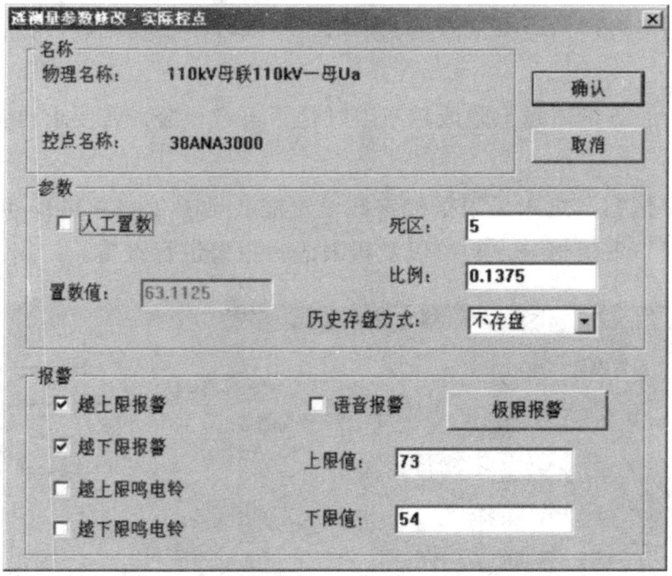

图 2-1-33 遥测量参数修改设置

遥测量比例系数的计算方法如下：

电压比例系数 = 一次母线电压/2048

电流比例系数 = 一次母线电流/2048

有功、无功比例系数 = 额定功率/2048 × 一次母线电流/额定电流 × 一次母线电压/额定电压

式中，额定电压 = 100V；额定电流 = 5A；额定功率 = 866W。

历史存盘方式：当遥测量数值变化时是否存盘，还是多长时间存一次。如果选择不存盘，则当遥测量越限时，只报警，信息并不存入库中，在报警浏览中也无法记录其越限信息。

在报警一栏中，可对越上下限的数值，越上下限时是否报警、是否响铃、是否响笛以及极限报警进行设置。

上、下限值：根据用户要求而定，系统默认见表 2-1-1。

表 2-1-1 系统默认的上、下限值

遥测量	十进制	二进制
电压	100V	2048
电流	5A	2048
有功、无功	866W	2048

越上、下限报警：当遥测量值越上限或越下限时是否报警，若要求报警，选中此项即可。

越上、下限鸣电铃：当遥测量值越上限或越下限时是否鸣电铃，若要求鸣电铃，选中此项即可。

语音报警：当遥测量值越上限或越下限时是否语音报警，若要求语音报警，选中此项即可。

点击极限报警按钮，进入极限报警参数设置框（见图2－1－34），可对上上限、下下限值，越上上限、下下限报警、响铃以及极限语音报警进行设置。

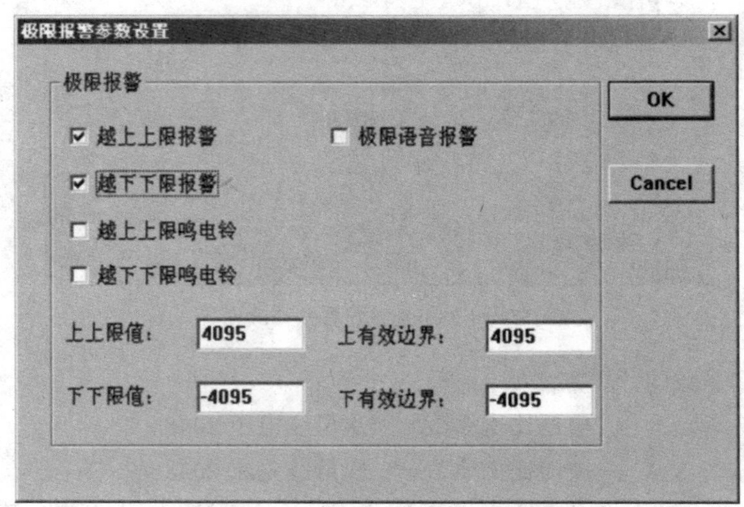

图2－1－34　极限报警按钮参数设置

上上限、下下限值：根据用户要求而定，系统默认为4095、－4095。

越上上限、下下限报警：当遥测量值越上上限或越下下限时是否报警，若要求报警，选中此项即可。

越上上限、下下限鸣电铃：当遥测量值越上上限或越下下限时是否鸣电铃，若要求鸣电铃，选中此项即可。

极限语音报警：当遥测量值越上上限或越下下限时是否语音报警，若要求语音报警，选中此项即可。

2.1.5.2　遥测修改的图形编辑

遥测的图形编辑主要修改图形界面上遥测量的描述信息、显示位数、小数点后显示位数等。

1. 图形编辑器的使用

遥测的图形编辑器的使用方法可参见遥信修改部分的2.1.4.1－2.1.4.2。

2. 遥测点的图形动态定义

还以上面的实例图为例（详见遥信点的图形定义），对图中的某些遥测点进行定义。

点击菜单栏模式选项进入编辑模式，双击图形中模拟量监视 Ia 后的数值，如图2－1－35所示。

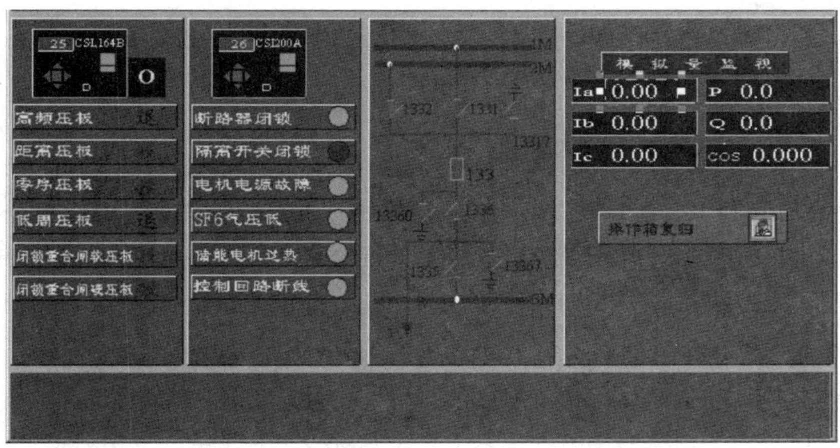

图 2-1-35　遥测量动态定义

弹出数字显示框，如图 2-1-36 所示。

图 2-1-36　遥测量定义对话框

在标签一栏中选中此遥测点的控点名，在选项方式及选项中按用户要求进行填选。

显示方式在此缺省为十六进制。

在显示格式一栏中，问清用户需求，按用户要求填入小数位。

小数点前：保留小数点前几位。

小数点：保留小数点后几位。

点击数字显示框中的确认按钮，此遥测点信息定义完毕。

3. 遥测点的图形新增或修改

我们可以在图形界面通过鼠标左键框选一个或若干个遥测点，使用 Ctrl+C 复制，在图形上选定位置后使用 Ctrl+V 粘贴，并可以使用鼠标左键进行遥测点位置调整，再通过图形动态定义方法以替换控点标签的方式新增一个或若干个遥测信号。若要修改遥测的控点关联直接进行控点标签替换就可以了。

2.1.6 其他参数编辑

CSC2000 系统的其他参数编辑包括一些程序的实时设置、程序权限配置、人员权限配置等，其中实时设置主要是对监控后台机的网络地址、对时方式、五防设置、遥控权限、实时库权限设置、运行人员新增删除及权限设置、监控后台本身的一些显示、操作的程序设置等，下面详细进行介绍。以下操作均使用 Wiztool 监控系统实时库管理工具，打开方法详见 2.1.2.1。

2.1.6.1 实时设置

在 Wiztool 监控系统实时库管理工具上点击系统/实时设置，在弹出对话框里分主站设置、弹出窗口、通知器、开入开出、遥控权限、设置系统、峰谷时间、五防设置、SQL 数据库设置几个标签页，下面分别对这几个标签设置进行介绍。

（1）主站设置。如图 2-1-37 所示每个配置项的功能主要为：

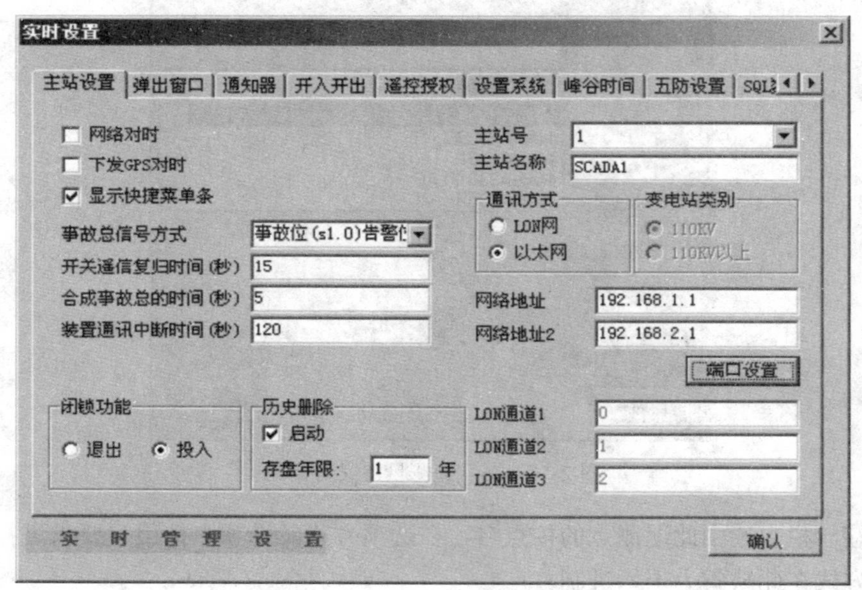

图 2-1-37 实时设置主站设置标签页

1）网络对时。指监控接收由网络传来的对时命令，一般由远动下发，通过网络实现全站各装置的对时。

2）下发 GPS 对时。指监控作为对时源，由监控下发对时命令，时间由站内的 GPS 提供。

下发 GPS 对时与网络对时互为闭锁，即若监控主机连接 GPS，则不接收网络对时，反之亦然。

3）显示快捷菜单条。用于设置是否将 CSC2000 的快捷工具条显示于屏幕最上方，如果选择不显示，各个按钮的功能可按照宏定义在 Wizcon 的画面下做成宏触发完成。

4）事故总信号方式。有三种可供选择，事故位（s1.0）和告警位（s1.1）的合成、纯虚点合成、保护动作加开关变位，其中1、3较常用。

若选择事故总信号方式为事故位（s1.0）和告警位（s1.1）的合成，则事故总信号方式由ALLEVENT、ALLEVENTFLAG等根据全站是否有s1.0的信号来判别，ALLEVENT、ALLEVENTFLAG是由程序自动设置的，不需要工程人员做工作。

若选择事故总信号方式为纯虚点合成，则不采用原来的事故总信号方式（ALLEVENT、ALLEVENTFLAG），而由工程人员增加虚拟遥信点来实现。增加虚拟点的原则有：

a. 每个开关增加一个虚拟遥信点，该虚拟遥信点作为该开关的事故信号，由保护动作==1 AND 开关==0合成。

b. 增加或采用其中一个虚拟遥信点作为事故总信号，该虚拟遥信点由每个开关的虚拟遥信点合成。

c. 将保护动作和开关变位对应的遥信的“分鸣电笛”“合鸣电笛”选项去掉；选择作为事故总信号的虚拟遥信点的“分鸣电笛”“合鸣电笛”选项。

若选择事故总信号方式由保护动作加开关变位合成，则当开关（即特征字为开关、电容器开关、高压侧开关、中压侧开关、低压侧开关、低压侧开关2）有变位信息时，在5s的时间内，如果全站没有s1.0的信号，可以认为此开关是由手动操作的，否则是事故变位，驱动电笛，置ALLEVENT，ALLEVENTFLAG标签。

5）装置通信中断时间。若为双网，指装置在设定的时间内没有信息上送即报该装置主网（假设为A网）通信中断，装置将自动切换到备网B，若在设定时间内仍没有信息上送，则报该装置备网通信中断、该装置通信中断；若为单网通信，则在设定的时间内没有信息上送即报该装置通信中断。此时间可由工程人员根据装置的情况来设定，单位为秒。

6）闭锁功能的投入/退出。若闭锁功能投入，则进行遥控操作时，弹出信息框如图2-1-38（a）所示，表示不能进行遥控操作；若闭锁功能退出，则进行遥控操作时，弹出信息框如图2-1-38（b）所示，若单击“确定”按钮，则结束操作，若单击“取消”按钮，则会弹出输入用户密码的对话框，用户正确输入密码后，可继续执行遥控操作。

(a) 投入

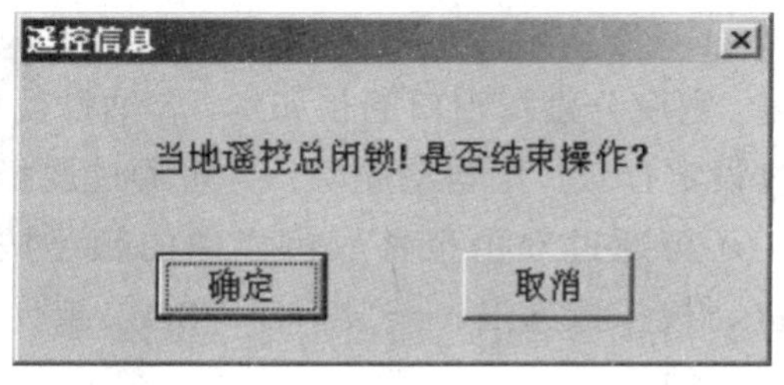

(b) 退出

图2-1-38　闭锁功能的投入/退出

7）历史删除。适用于 CSC2000 V3.00 的 A 版，选择启动即只在硬盘中保存所设置的存盘年限，例如选择了启动，年限为一年，则 2004 年后即删除 2003 年以前的全部历史库，保存最近一年的历史数据。

8）主站号和主机名称。主站号为 1～8，主机名称为 SCADA1～SCADA8，即本机在以太网上的机器名称。若只有一台监控主机，则此主机主站号一定要设置为 1；若有两台监控主机，则其中一台监控主机的主站号一定要为 1。

9）通信方式。监控机与站内装置之间的通信可以是 Lonworks 网络，也可以是以太网方式，根据站内实际情况选择其一。目前在用变电站都是以太网通信。通信方式网络通信端口设置如图 2－1－39 所示。

选择以太网，则需配置两个网络地址。若为双以太网络结构，则两个网络地址即为两个以太网卡的 IP 地址；若为单以太网络结构，则网络地址为本机的 IP 地址，网络地址 2 为虚拟网卡的 IP 地址。

单击网络地址 2 下的按钮“端口设置”，则弹出画面如图所示，其适用于要求多端口收发的设备。缺省情况下，监控只接收处理端口 1 的数据，不选择端口 2 使能。

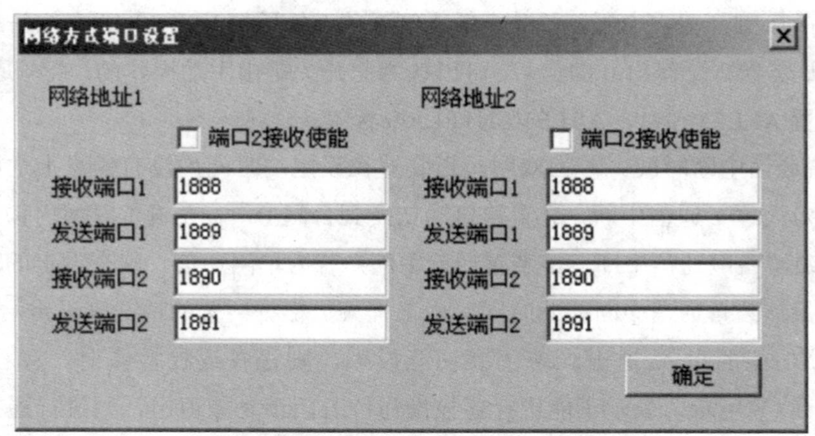

图 2－1－39　通信方式网络通信端口设置

（2）弹出窗口。弹出窗口指的是弹出的报警总窗口，即事件通知窗口的设置。如图 2－1－40 所示，可在此设置该窗口的大小，X、Y 指窗口左上角的横坐标和纵坐标，高度、宽度分别指窗口的长和宽，容纳行数指窗口最多可容纳的行数，可用滚动条查看，超过设定行数，则自动删除；并可通过选择“窗口可变大小”来设置该窗口大小是否可变；还可通过双击报警颜色栏中的颜色按钮来定义保护事件、保护告警、开关刀闸变位、模拟量越限、一般事件、SOE 事件等各类不同的报警信息在弹出报警窗中字体的显示颜色。

（3）通知器。通知器用于定义 CSC2000 系统保护事件、开关刀闸变位、模拟量越限、一般事件、SOE 事件、检修事件窗口的大小，如图 2－1－41 所示，X、Y、宽度、高度

及行数的定义均同上；并可定义是否使能，若没有选择，则在系统快捷工具条上单击该按钮无相应告警窗显示。

图 2－1－40　实时设置弹出窗口标签页

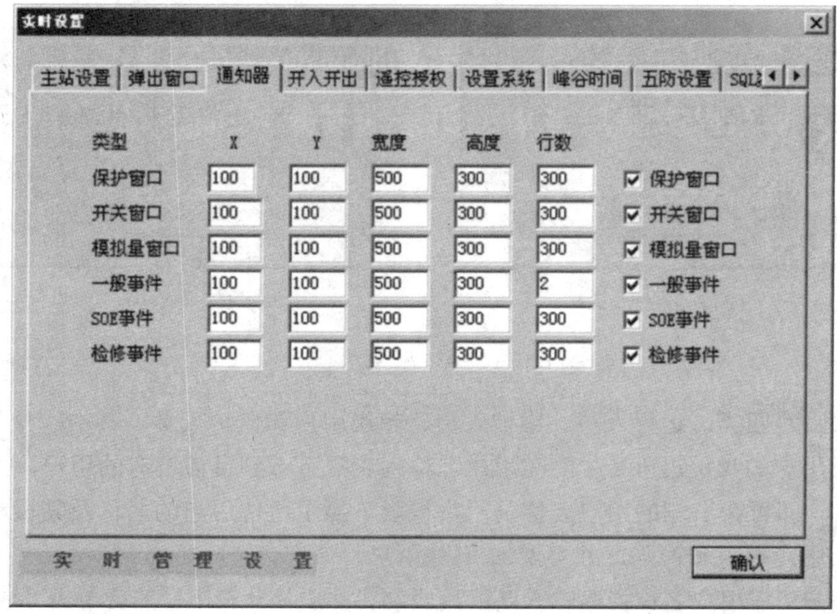

图 2－1－41　实时设置通知器标签页

（4）遥控授权。如图 2－1－42 所示，首先需要在身份验证栏输入用户名称。

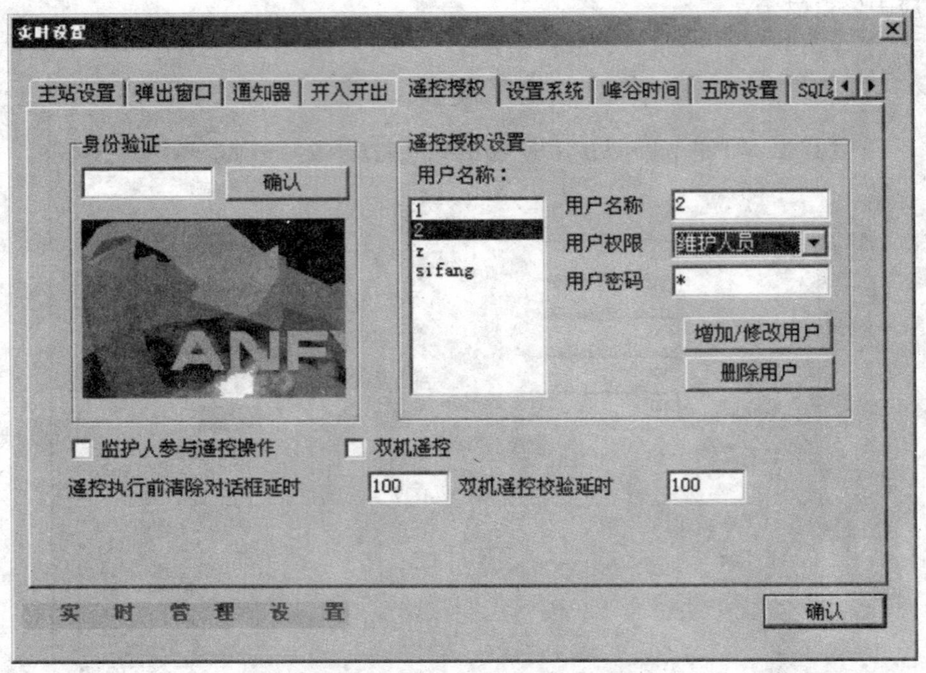

图 2－1－42　实时设置遥控授权标签页

单击“确认”按钮后，若为非法用户，则弹出报警框，如图 2－1－43（a）所示，不允许进入；若为超级用户，则弹出确认信息框，如图 2－1－43（b）所示。

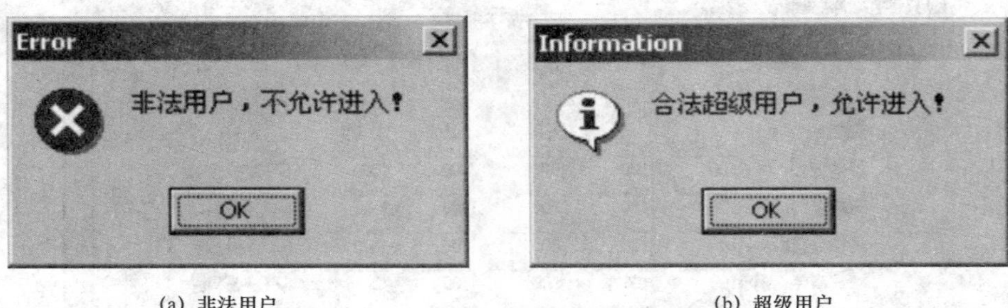

(a) 非法用户　　(b) 超级用户

图 2－1－43　确认信息框

用户权限有四类：运行人员、维护人员、超级用户和监护人员。其中，身份验证时，只有以超级用户的身份进入，才能在用户名称列表框下看到目前已有的用户，双击其中一个用户名称，即可在右侧的用户名称及用户权限下显示所选用户的名称及其权限。超级用户可修改其用户权限和密码，并可增加/删除用户。

增加用户：在用户名称栏内输入新的用户名，并选择其权限，然后单击“增加/修改用户”按钮即可。

删除用户：在用户名称列表框下单击想要删除的用户名称，然后单击“删除用户”按钮即可。

修改已有用户的权限：在用户名称列表框下单击想要修改的用户名称，则在右侧的用户名称及用户权限下可显示所选用户的名称及其权限，然后重新设置此用户的权限，再单击“增加/修改用户”按钮，此时弹出如图 2-1-44 所示的信息框，单击“Yes”即可。

如果输入的用户名称，其权限为运行人员、维护人员或监护人员，则其只能看到自己，只能修改自己的密码，而没有其他权限。

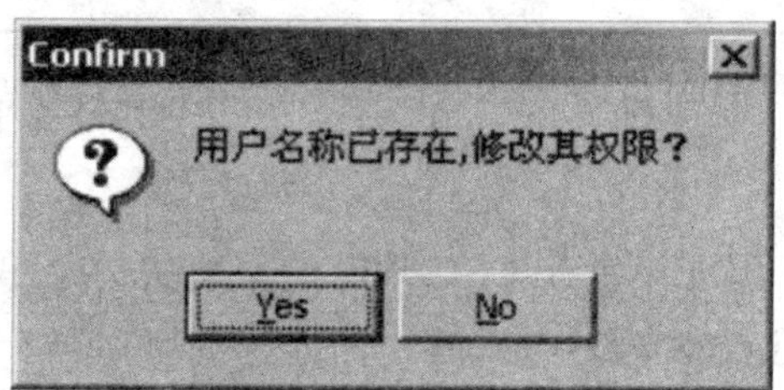

图 2-1-44　修改用户确认对话框

监护人参与遥控操作：对于单机遥控，选择该项时，需要同时输入操作人和监护人的用户名称和密码，如图 2-1-45 所示；对于双机遥控，选择该项时，用户须在一台监控机上输入用户名称、密码，在另外一台机器上输入监护人名称、密码。

双机遥控：对于双监控机互备方式，选择该项，则采用双机遥控；否则为单机遥控方式。**须注意：此项功能仅能在双以太网的方式下实现。**

双机遥控功能需要和监护人参与遥控操作功能配合使用。

图 2-1-45　遥控双确认对话框

遥控执行前清除对话框延时：进行遥控操作时，如图 2-1-46 所示，用户需输入用户名和密码，或还要输入监护人的名称和密码，并且需进行遥控的确认，这些都有时间限制，用户须在此时间限制内完成输入，超过了此时间限制，这些对话框就会消失。该系统可自行设置此时间限制，单位为秒。

双机遥控校验延时：指操作人输入用户名、密码后等候监护人输入的时间，单位为秒。

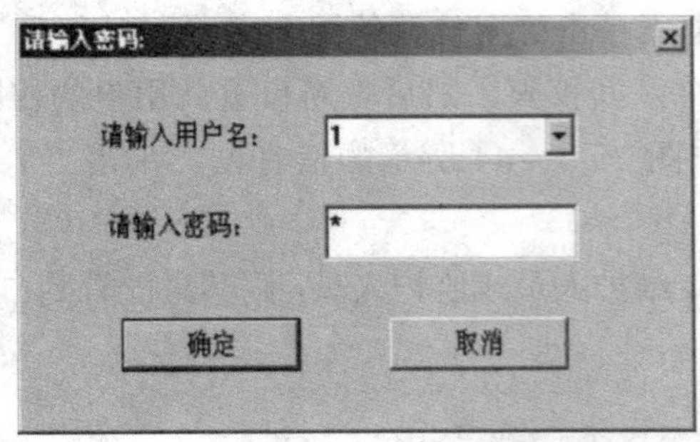

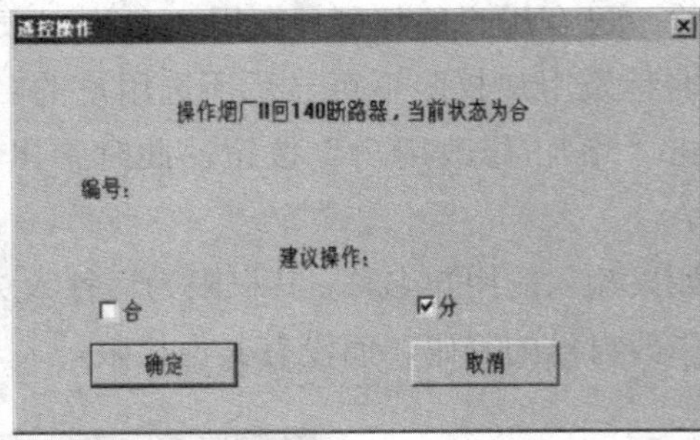

图 2-1-46　双机遥控校验对话框受遥控延时时间控制

（5）设置系统。

1）快捷菜单条显示。用于设置在 CSC2000 的系统快捷菜单条上所包括的快捷按钮。

2）GPS 对时。指采用 GPS 对时方式时，需选择的串口号、波特率及需设置的延时和对时间隔。

3）应用设置：

五防服务——选择此项，则主站同时运行五防程序或与五防机连接；

五防启用——选择此项，则在此主站上进行遥控操作时需要进行五防判断；

语音服务——选择此项，则有语音报警，否则没有；

数据服务——选择此项，则有 Web 发布时，监控主机需向 Web 机传递数据；

VQC 投入——选择此项，则 VQC 程序与后台同机运行，否则不同机。

其他设置：指该变电站安全运行天数起始时间的设置，包括年、月、日。

报表设置：通过是否选择“Web 方式运行”，报表有两种方式。若不选择“Web 方式运行”，则通过 CSC2000 系统的工具条打开，主要是配置在当地监控之上，用于运行人员使用的；若选择“Web 方式运行”，则可配置在 Web 服务器上，用于提供 Web 服务的检索功能，缺省情况下选择“Web 方式运行”。

“实时设置”设置系统标签页如图 2-1-47 所示。

（6）五防设置。五防接口和当地监控的连接有三种方式：串口、以太网和共享内存。工程人员可根据所连接的五防厂家的装置分别进行设置。如图 2-1-48 所示，串口方式须选择串口号和波特率；网络方式须设置接收端口和发送端口及五防机的 IP 地址，接收和发送端口不能和监控主机的端口重复；串口和共享内存方式都需设置监控机 SCADA1 和 SCADA2 的 IP 地址，此地址与前述的主站设置中的 IP 地址相同，若仅有一台监控机，可将 SCADA2 的 IP 地址设置成与 SCADA1 的 IP 地址相同。若选择“发送虚点”，则需设置虚点地址，这时监控机将接收到的五防传来的虚遥信，模拟成一个装置，其地址即虚点地址，再转发给远动机。

2.1.6.2 运行人员权限设置

在系统/实时设置/遥控授权中增加/修改/删除运行人员、维护人员、监护人员或超级用户后，可在系统/运行人员权限设置中设置运行人员的权限。（此功能暂时未用）

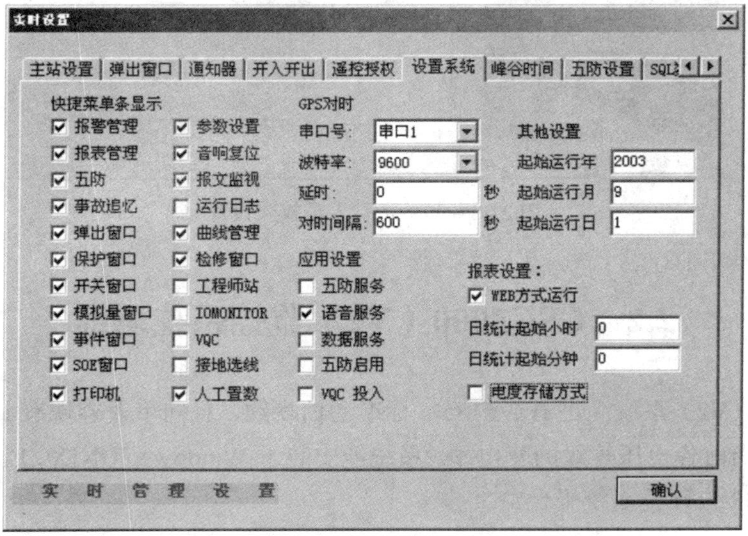

图 2－1－47 “实时设置”设置系统标签页

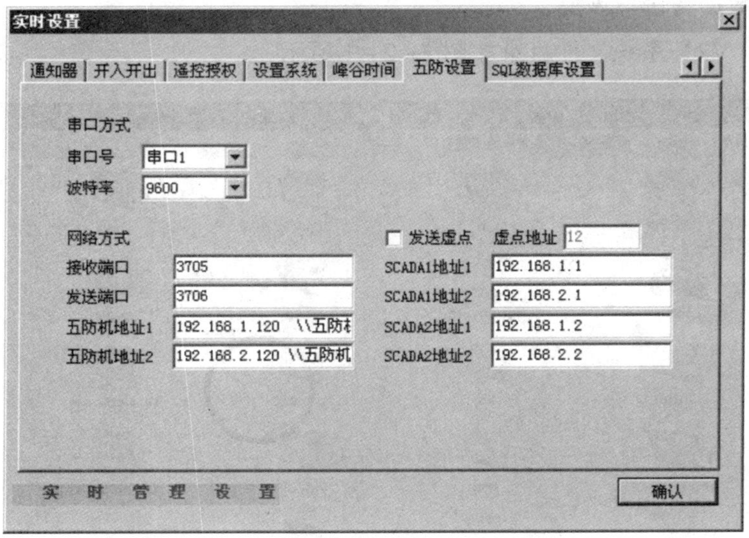

图 2－1－48 实时设置五防设置标签页

如图 2－1－49 所示，首先需要进行身份验证，只有以超级用户的身份进入时，才能在用户名称列表框下看到目前的运行人员。单击用户名称，即可在右侧的用户名称及用户权限下显示所选用户的名称及其权限。运行人员的权限有四种：站长、值长、正值和副值。超级用户可修改用户权限，然后退出并保存即可。

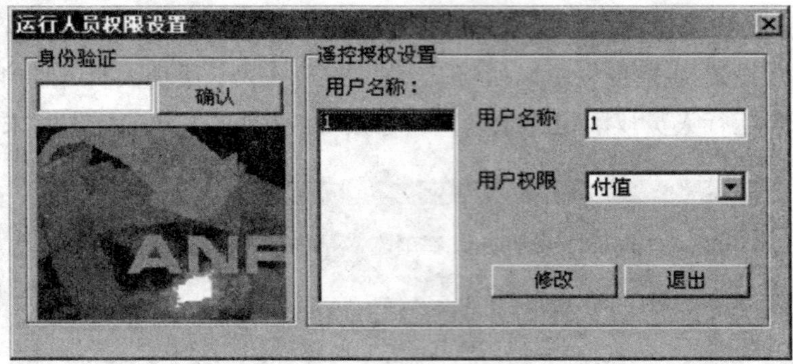

图 2-1-49　运行人员权限设置

2.2　CSC2000（V2）监控系统运维

CSC2000（V2）系统满足 IEC 61850 标准通信规约，且向下兼容现有 IEC 103 等通信协议，适用于当前各电压等级的变电站。系统能安装于 Windows、UNIX、Linux 操作系统，匹配 64 位、32 位硬件系统平台。

2.2.1　监控系统启停、数据备份与恢复

2.2.1.1　监控数据备份与恢复

CSC2000（V2）系统文件目录如图 2-2-1 所示。

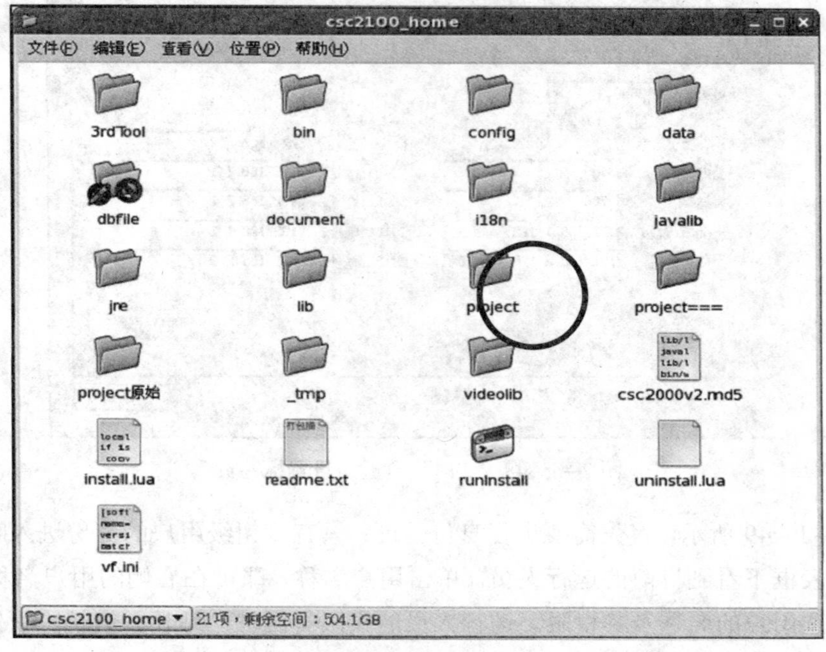

图 2-2-1　CSC2000（V2）系统文件目录

在将监控系统退出运行后，将 CSC2100_home 文件夹根目录下 project 文件夹复制即可完成监控系统数据、图形文件的工程备份。

数据还原通过备份数据文件夹替换原有文件夹实现（注意 project 文件夹名称不能更改，否则程序无法调用）。在进行数据还原之前，应对当前数据进行备份，还原后核对好各间隔名称及数据信息以确认还原的备份数据是即时可用的。

2.2.1.2 CSC2000（V2）监控系统启动

双击桌面 CSC2000 V2 console 图标，打开 V2 控制台，输入集成命令或分命令启动监控系统；启动与退出系统均需在控制台中运行命令，或者在 CSC2100_home/bin 路径下用终端调用对应的文本（./startjk，./scadaexit）。

集成命令：startjk。

分命令：setclasspath、localm、desk。

注：WindowsXP 或 Win7 系统需先输入 setclasspath，如图 2－2－2 所示为 Linux 系统分命令启后台监控系统，UNIX 和 Linux 系统不需要输入 setclasspath。

具体操作步骤如图 2－2－3 所示。

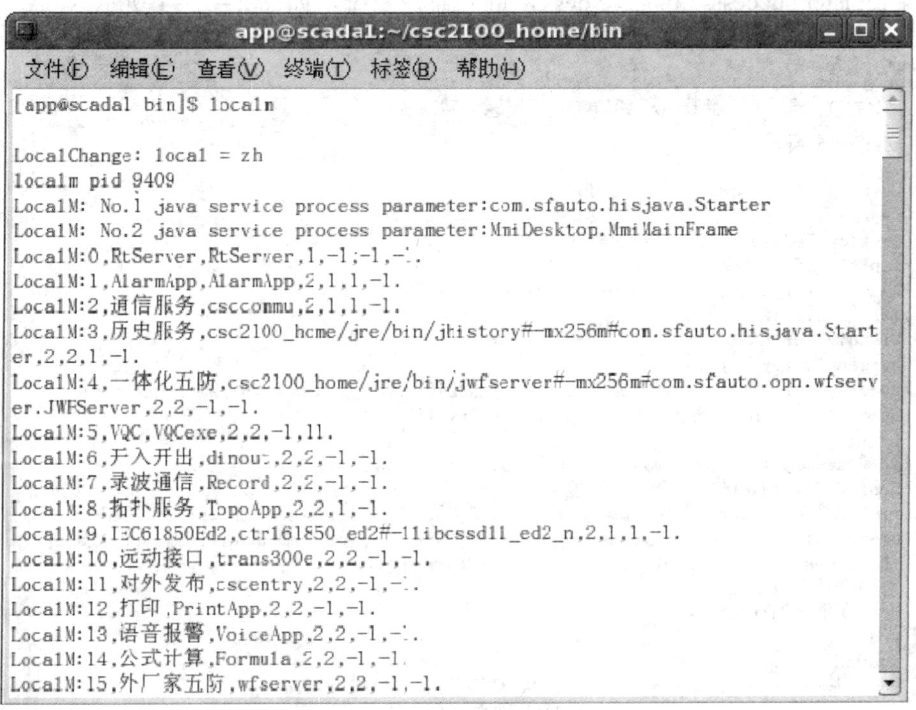

图 2－2－2 CSC2000（V2）监控进程开启 1

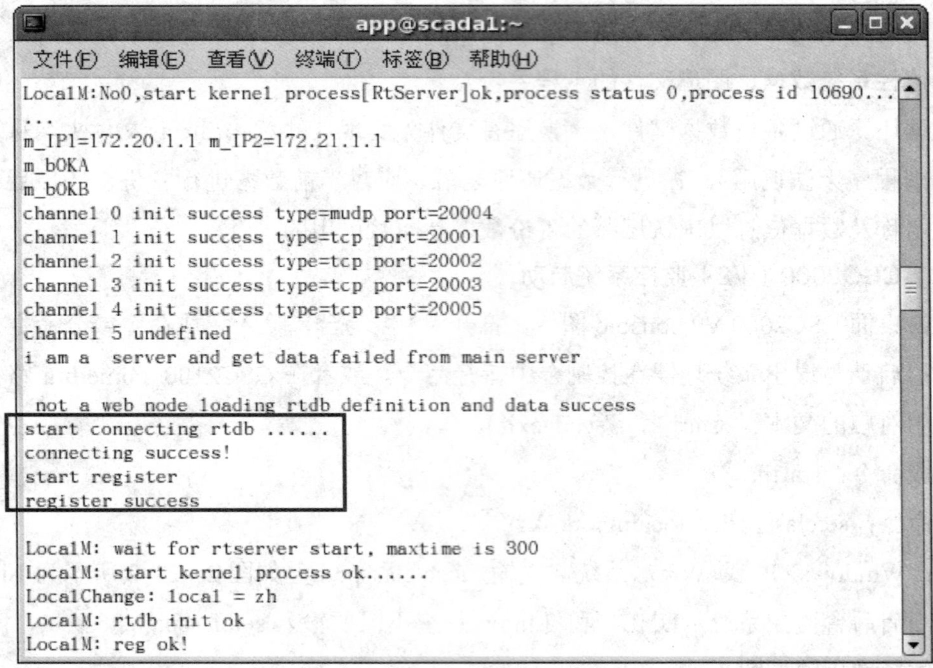

图 2-2-3　CSC2000（V2）监控进程开启 2

出现 register success，可启动 desk，进入监控系统，如图 2-2-4 所示。

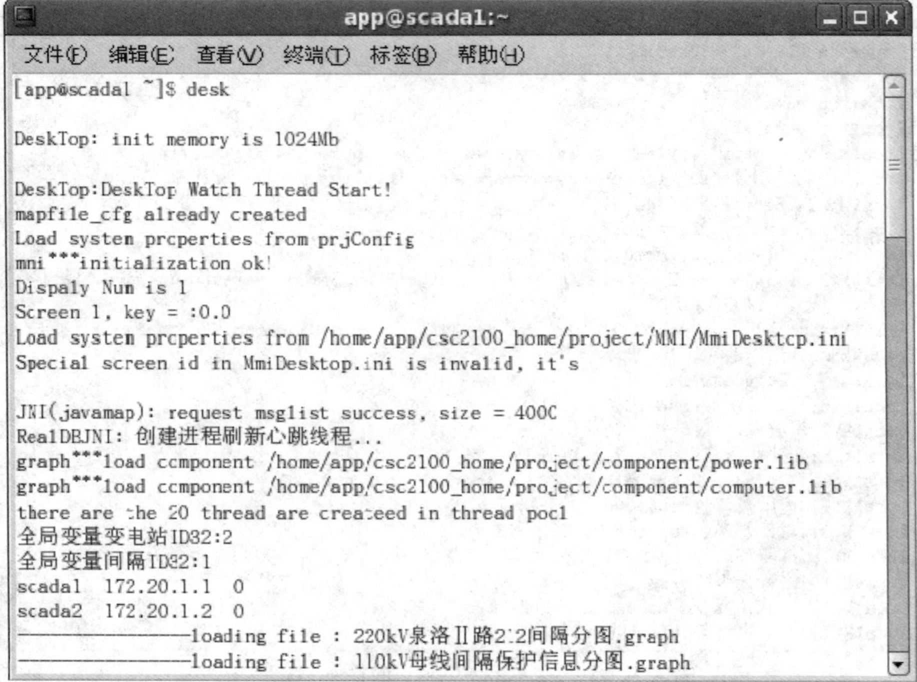

图 2-2-4　CSC2000（V2）监控进程开启 3

2.2.1.3 CSC2000（V2）监控系统退出

监控系统运行界面，点击开始菜单，选择系统退出，然后在控制台窗口执行 ScadaExit 命令如图 2－2－5 所示。

图 2－2－5 CSC2000（V2）系统退出

2.2.2 监控系统数据库维护

IEC 61850 配置工具由系统配置工具、组态工具两部分组成；其中组态工具的主要功能是根据系统配置工具的输出结果（主要是四遥分解文件），生成实时数据库结构，并自动生成 IEC 61850 索引信息与实时数据库索引信息的映射关系。

后台监控系统数据库主要通过“开始－应用模块－数据库管理－实时库组态工具”进行维护，常规站通过组态工具进行间隔新建、模型匹配、三遥信息规范配置等；智能站可通过组态工具进行三遥信息维护，厂站新建、间隔扩建等操作则通过“开始－应用模块－数据库管理－配置工具”进行 ICD 导入等操作完成。

2.2.2.1 变电站节点维护

1. 添加间隔

启动组态工具后，双击并展开变电站节点，可以看到在“变电站”树节点下有“×××变”和“全局变量”树节点，在相应变电站的间隔树节点点击右键菜单选择“增加间隔”，在相应界面输入间隔信息，确定后就可以完成一个间隔的添加，如图 2－2－6～图 2－2－9 所示。

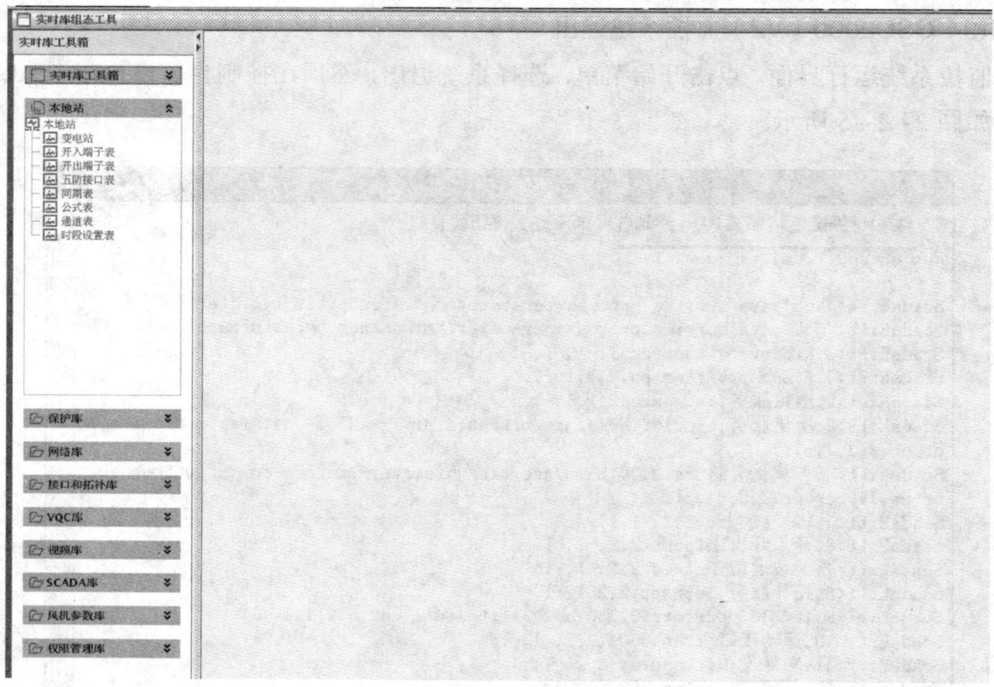

图 2-2-6　实时库工具主界面

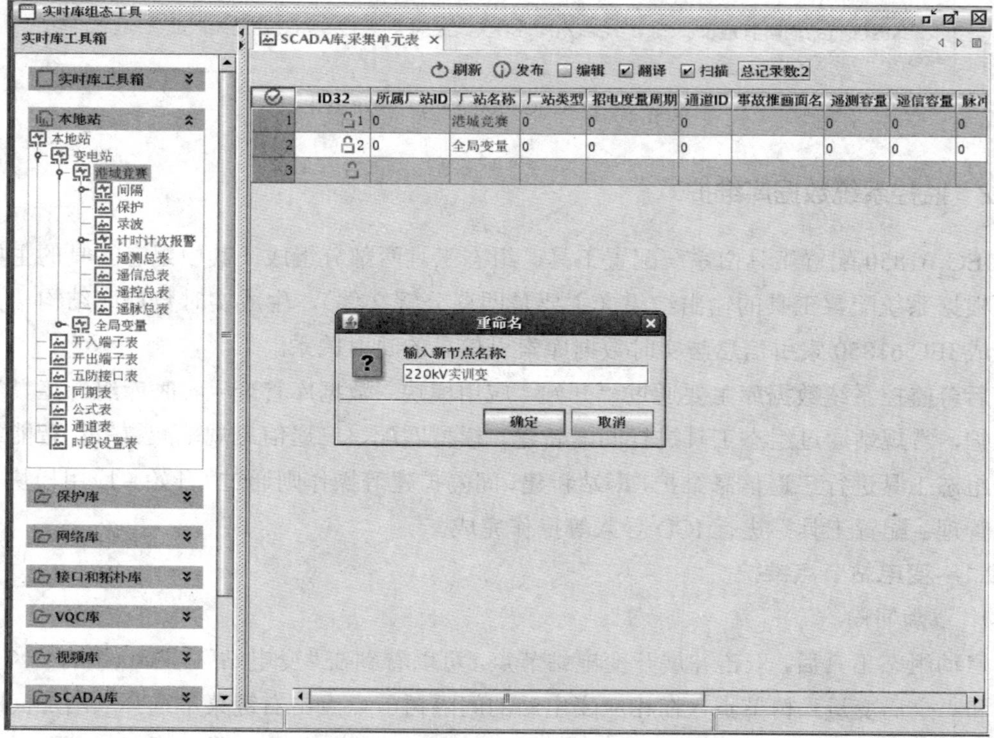

图 2-2-7　添加间隔 1

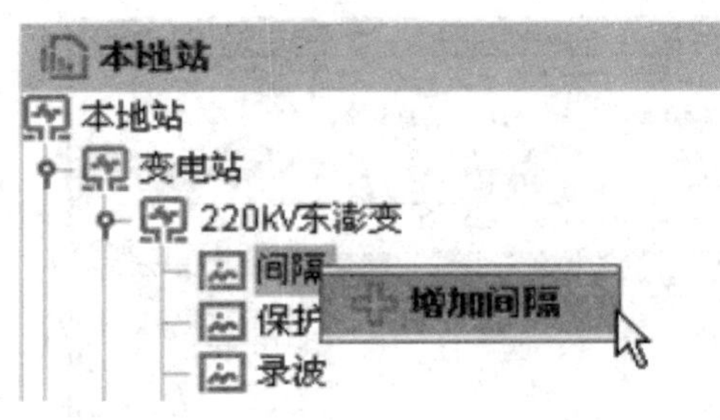

图 2-2-8 添加间隔 2

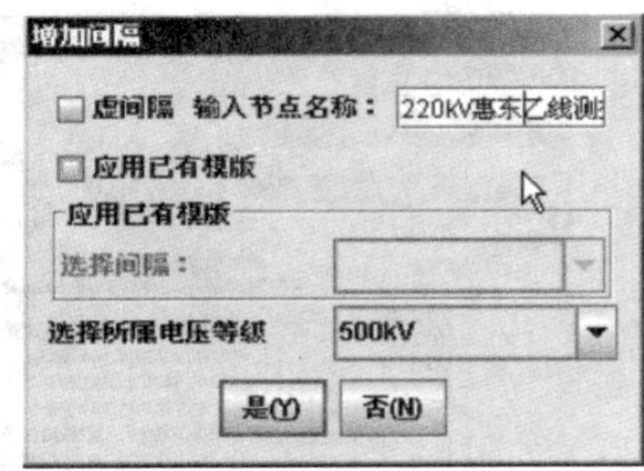

图 2-2-9 添加间隔 3

若是间隔复制，则在添加间隔弹出界面选择“应用已有模板”，则下面的子站和间隔会变为有效，选择相应的变电站和间隔后确定。

若是增加虚间隔，要选择“虚间隔”，此间隔生成后期前面会有（虚）做注释。

2. 删除间隔

如图 2-2-10 所示，当在间隔树节点下选择需要删除的节点后使用鼠标右键菜单，选择删除间隔后将出现确认提示对话框，如果确定删除，组态中相应的间隔将被删除，同时该间隔下的四遥量信息将会被自动删除。

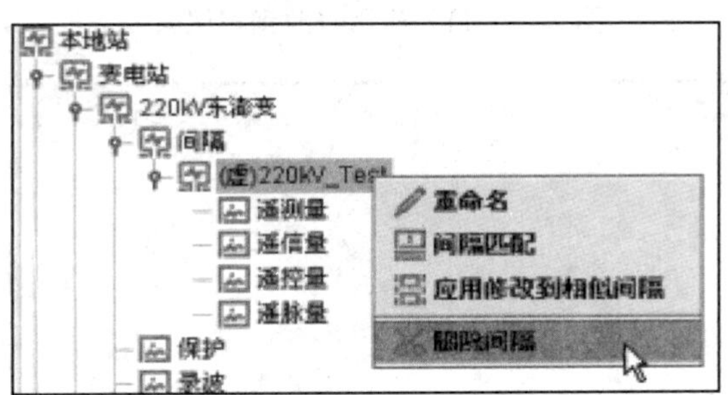

图 2-2-10 删除间隔

3. 应用修改到相似间隔

在间隔树节点弹出菜单中有“应用修改到相似间隔”菜单项。在做好一个间隔后，可通过“添加间隔”–“应用已有模板”功能来复制相似间隔。

当需要批量修改间隔的某些点属性，可使用该功能将改动应用到其他相似间隔。该功能会将你所选择的目标间隔四遥量中一些预先设置要更改的字段按照源间隔中的内容进行修改。应用修改到相似间隔的使用界面如图 2-2-11 所示。

选择的目标间隔与源间隔的装置数目、类型、四遥量个数等不符时，系统会提示异常，因此选择目标间隔时应注意间隔类型要一致，以免造成错误。

4. 间隔匹配

添加完间隔后，在相应间隔树节点点击右键选择间隔匹配，将会弹出间隔匹配的界面，如图 2-2-12 所示。

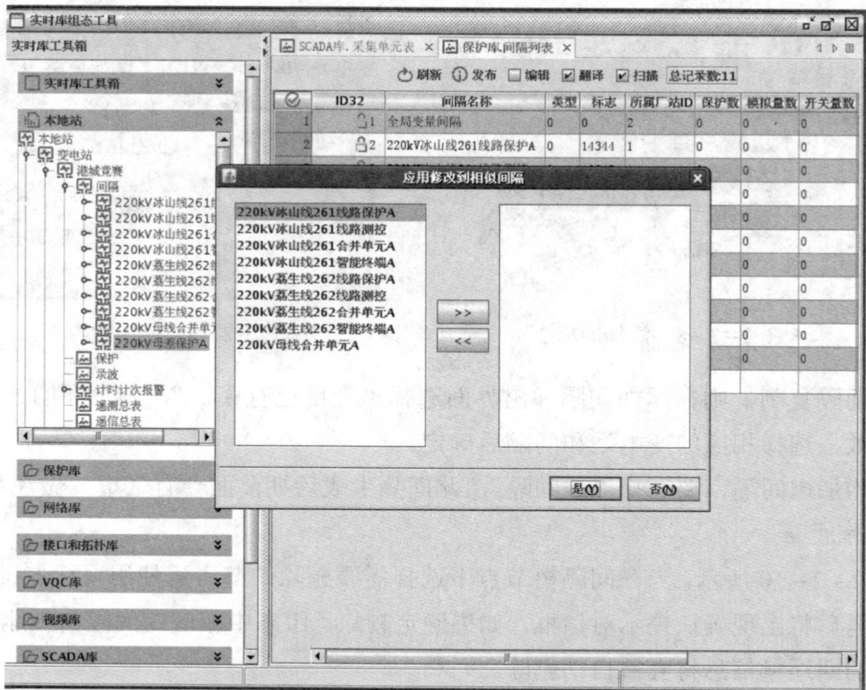

图 2-2-11　应用修改到相似间隔

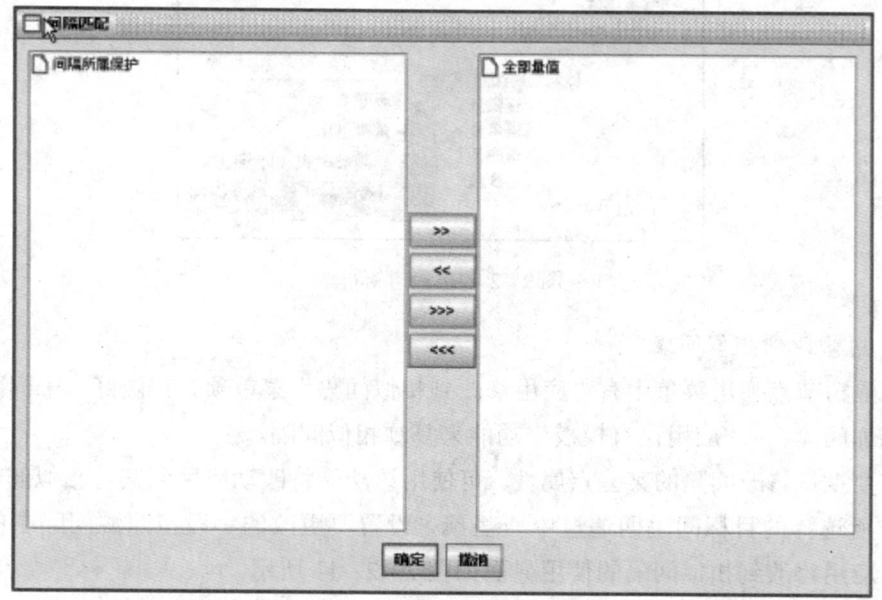

图 2-2-12　间隔匹配

在间隔匹配界面左侧“间隔所属保护”主节点上点击鼠标右键添加装置，有“添加保护”菜单项，如图 2-2-13 所示。

在弹出菜单中选择“添加保护”，弹出选择保护信息界面，在该界面输入装置地址，

选择装置类型后点击确定，如图 2－2－14 所示。

图 2－2－13　添加保护

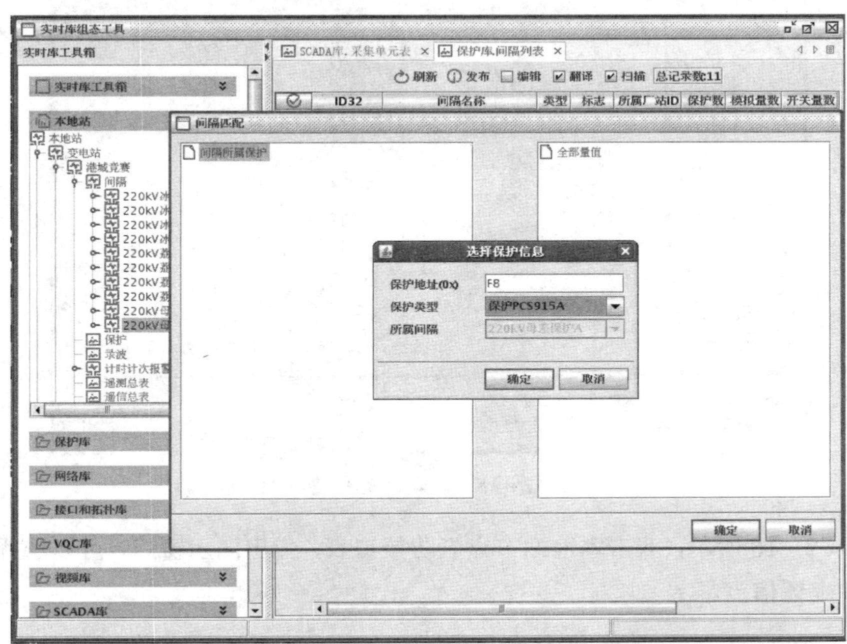

图 2－2－14　选择保护信息

添加步骤完成后间隔匹配界面左侧树节点中已增加所选的装置，展开节点，可以看到该节点下的四遥量信息，可以通过“＞＞”（添加左侧选择四遥点到右侧）、“＜＜”（删除右侧选择四遥点）、“＞＞＞”（添加左侧节点书所有内容）、“＜＜＜”（删除右侧所有节点树内容）这四个功能按钮完成所需四遥点的添加和删除工作。

最终图 2－2－15 中右侧树中显示的点就是需要的四遥量点。确定退出后，这些点的信息就会被按类别加入组态工具相应间隔四遥量子节点下。

2.2.2.2　五防接口表维护

五防接口表只用于监控和外厂家五防间通信。五防接口表中遥信类型表示监控向五防传递的遥信，遥测类型表示监控向五防传递的遥测。虚遥信类型表示五防向监控传递的遥信点，与监控中虚遥信定义不同。这些点通常是监控无法采集其状态，而由五防机代为传递。监控接收五防传递的这些遥信状态后，更新监控系统中相应遥信状态。

五防接口表中遥信、虚遥信类型和遥信表中遥信、虚遥信意义不同，它只是表明监控与五防间的数据传递方向。例如：监控系统中的一个公式计算的虚遥信点，若五防需要采集，则在五防表中类型为遥信，表示该点由监控系统传递给五防。反之，若监控系统中一个地刀状态未采集，五防电脑钥匙操作后，可以将地刀状态回传给监控，则在五防表中类型为虚遥信，表明该点状态由五防传递给监控系统。

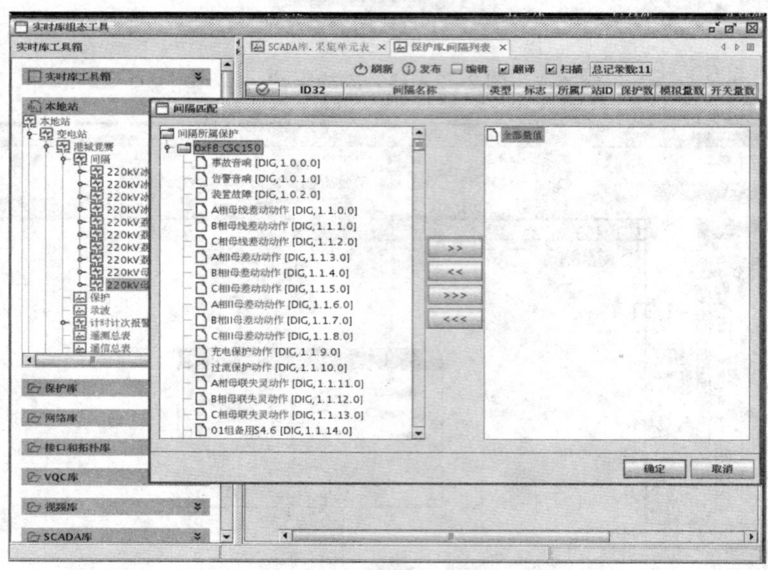

图 2－2－15　间隔匹配最终界面

如图 2－2－16 所示，双击本地站节点五防接口表，弹出图示窗口，可以选择相应的遥测、遥信和虚遥信点。

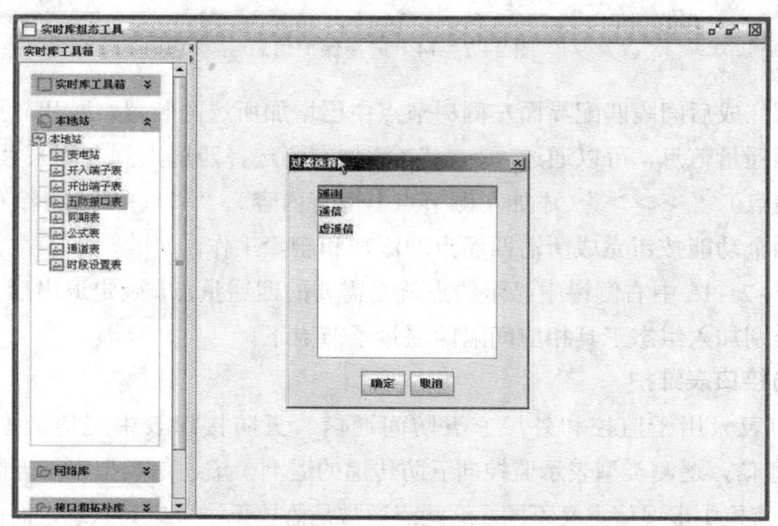

图 2－2－16　五防接口表

从间隔的遥测和遥信表可将对应的遥信添加到五防接口表（在遥测表或遥信表编辑状态下通过右键“添加到五防接口表”功能添加），新增记录会出现在五防接口表相应的类

型下。默认是遥信添加到五防遥信，虚遥信添加到五防虚遥信，遥测添加到五防遥测。五防接口表点类型可以通过下拉框进行修改，注意修改时勿将遥测改为遥信或虚遥信，反之亦然。

如果四遥表中的遥测和遥信被删除了，则接口表中相应关联记录将变红，应将五防接口表中对应的记录删除，否则因五防接口表中关联实点不存在，五防接口将无法启动。

五防接口表若需要调整点的顺序，可通过右键菜单的“表序列调整”来完成，调整后点确定，五防接口表中的记录 ID 就会按照调整后顺序重新设置。

2.2.2.3 其他表格操作

图 2-2-17　表头菜单

当在表格表头位置单击鼠标右键可弹出菜单（见图 2-2-17），当鼠标落在遥测、遥信、遥控和遥脉表表头位置时会多出一个应用列设置菜单项用来显示和隐藏表格列。当表格列数太多不方便操作或者要显示已隐藏的列内容时，可通过设置显示列来控制列的显隐。如图 2-2-18 所示，在弹出的界面中选择后确定即可。

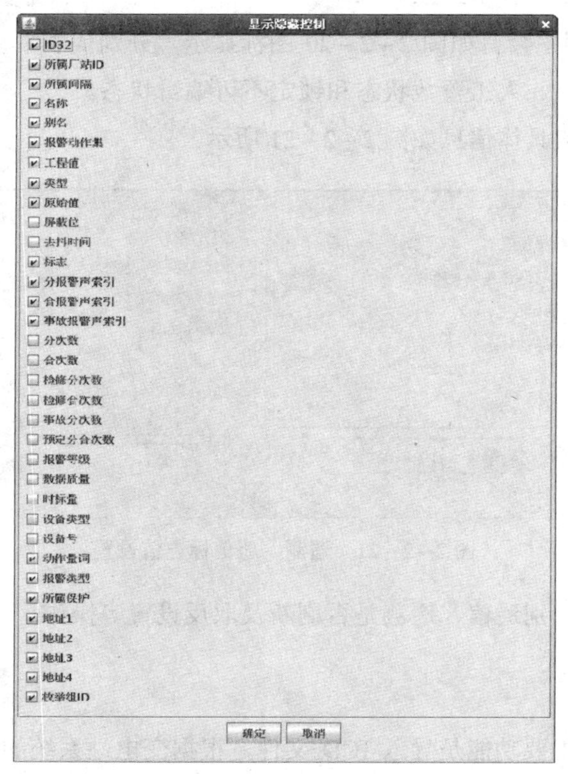

图 2-2-18　控制列菜单

实时库相关功能如图 2－2－19 所示。

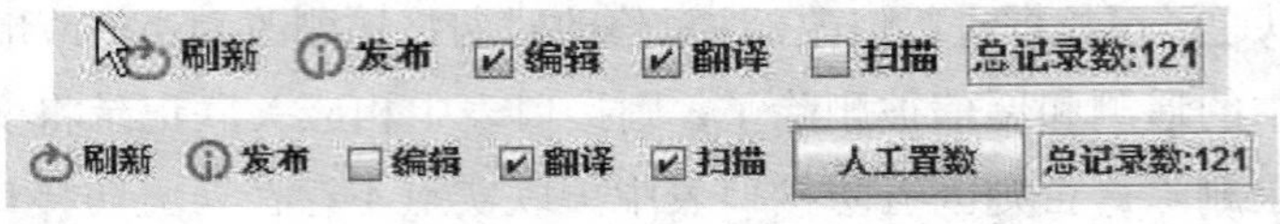

图 2－2－19　功能按钮

表格上方有一排和实时库相关的功能按钮。当表格为遥测表或遥信表且当前实时库处于扫描状态，则会出现人工置数的按钮。各功能如下：

刷新：当实时库内容有变化时通过刷新使当前表格内容与其保持一致。

发布：当实时库发生变化时通知图形。

编辑：该功能和扫描互斥，在有编辑权限的情况下，选中编辑则表格菜单中和写操作有关的菜单会处于可用状态，可进行编辑操作。通过该功能可以切换是否编辑。

翻译：便于阅读，在实时库中实际记录为数字但可以代表一定含义的字段通过翻译可以解释为其代表的实际含义，通过该功能可以切换是否翻译。

扫描：该功能和编辑互斥。当扫描处于选中状态时。实时库当前记录的值变化会即时刷新，该功能可以用来实时监视实时库当前记录的数据变化。

在实时数据库中进行人工置数的操作。

在表格的 ID32 列中会有如图 2－2－20 图标显示，分别代表该条记录的状态为虚点、人工置数状态和锁定不可编辑状态。

图 2－2－20　表格图标

遥测、遥信标志值具体信息如图 2－2－21 所示。

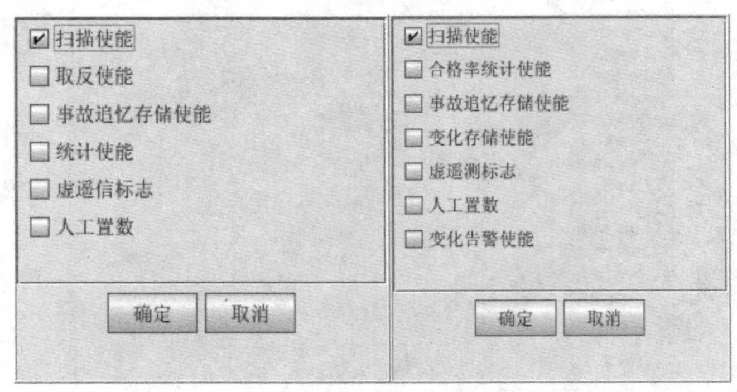

图 2－2－21　遥测、遥信标志值设置

可通过设置进行个别遥信、遥测是否刷新及取反设置等操作。

2.2.3　配置工具维护

系统配置工具的主要功能是导入 ICD 文件，根据变电站系统的需要，对 IED 所代表的一次设备在变电站中的拓扑关系进行配置；对 ICD 文件中所描述的逻辑设备、逻辑节点

等在变电站系统中进行实例化（包括确定具体逻辑节点的索引名称）；根据配置后的变电站系统信息，生成 SSD 文件（即系统描述文件）和 SCD 文件（即系统配置文件）；再根据 SCD 文件生成每个 IED 的具体实例，表现为 CID 文件（即配置后的 IED 配置文件）；最后，根据变电站自动化系统的需要，生成面向应用的特殊配置文件（包括通信子系统的配置文件和四遥分解文件）。配置流程图如图 2－2－22 所示。

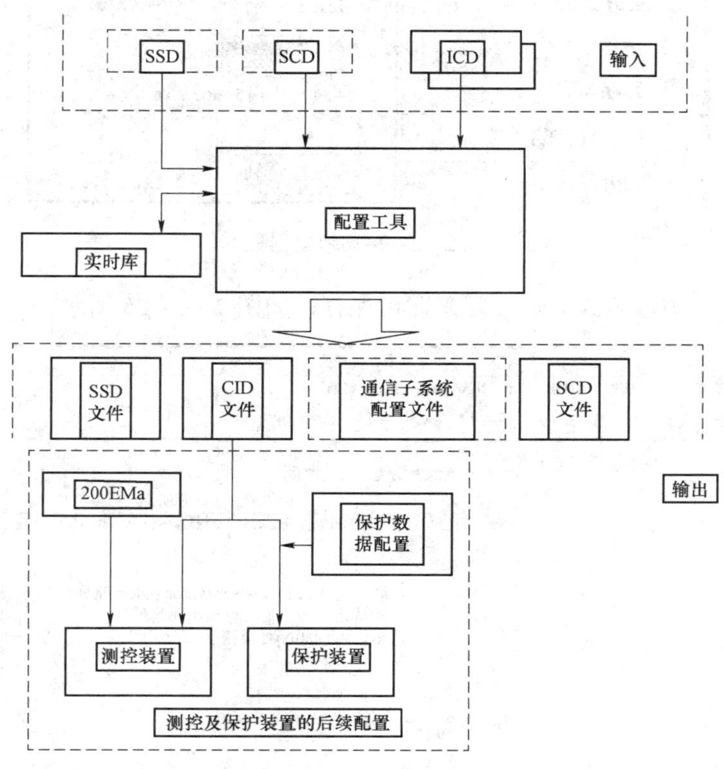

图 2－2－22　配置流程图

具体流程如下：打开 CSC2000（V2）监控系统，点击“开始－应用模块－数据库管理－配置工具”，如图 2－2－23 所示。

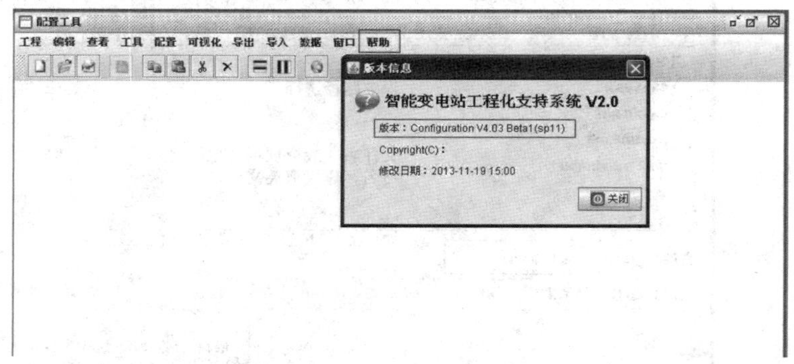

图 2－2－23　配置工具主界面

然后点击工程－新建工程－删除，如图 2－2－24 所示。

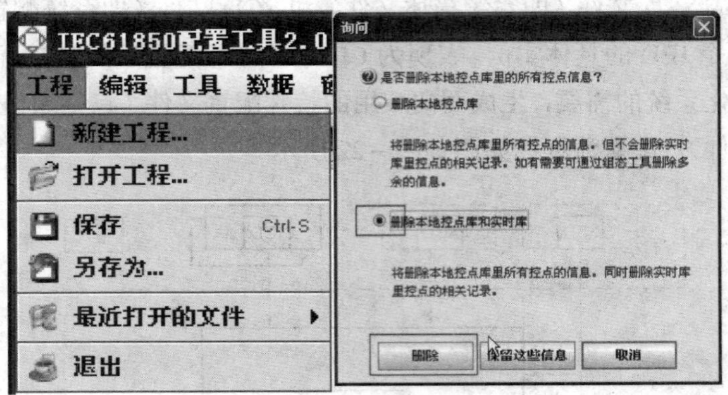

图 2－2－24　新建工程

修改变电站名称，修改完后，回车即可保存，如图 2－2－25 所示。

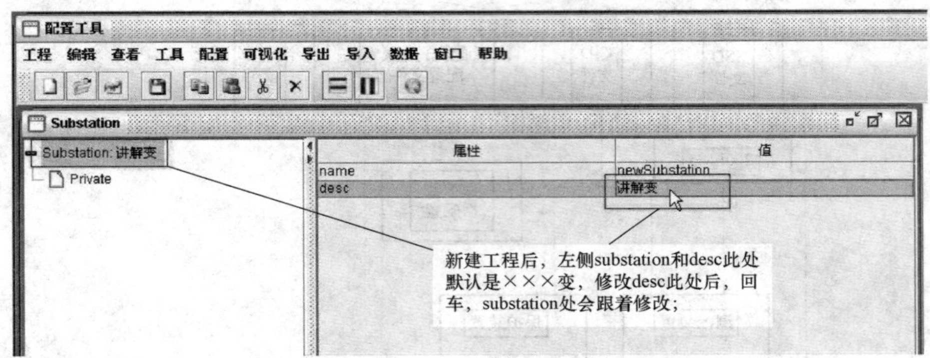

图 2－2－25　修改变电站名称

点击“工程－保存”，选择路径保存 SCD 文件，文件存于 project/61850cfg 文件夹下，如图 2－2－26 所示。

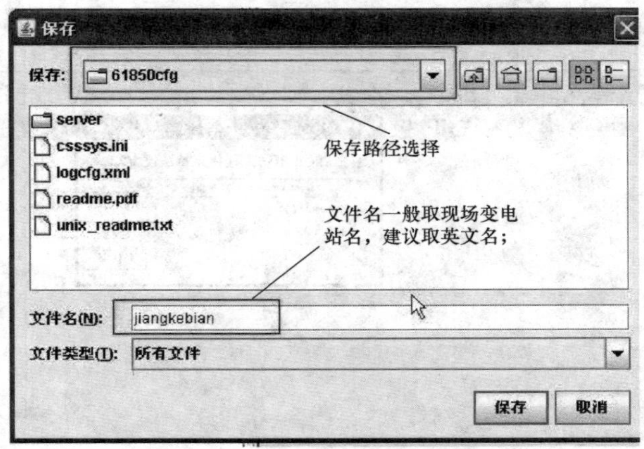

图 2－2－26　保持工程

点击增加电压等级，如图2-2-27所示。

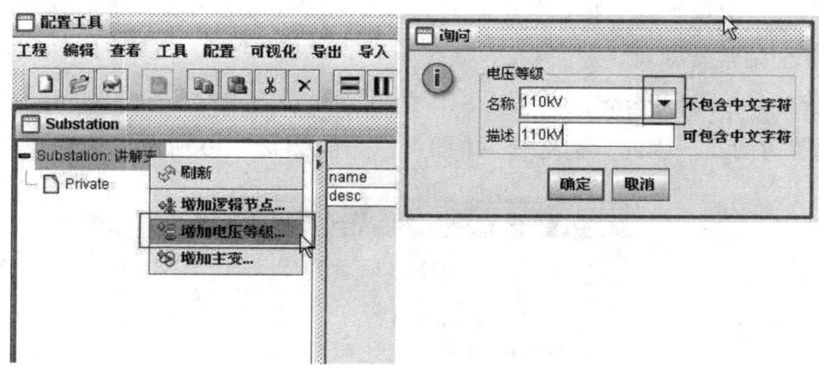

图2-2-27 增加电压等级

点击新增间隔，如图2-2-28所示。

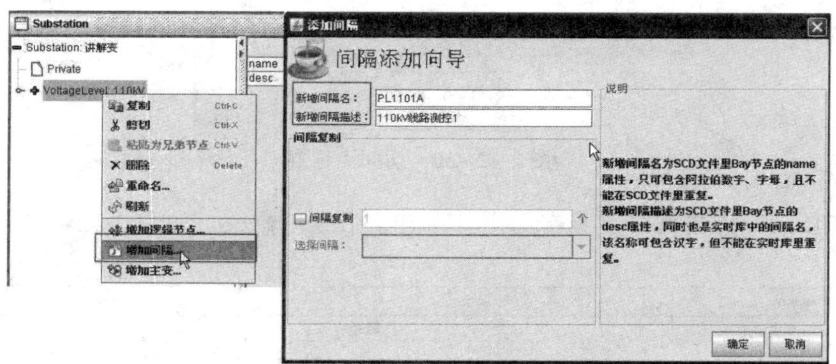

图2-2-28 新增间隔

点击增加装置（见图2-2-29），保护和测控装置间隔层信息要求入实时库，过程层信息不需要入库；智能终端和合并单元不需要入实时库。

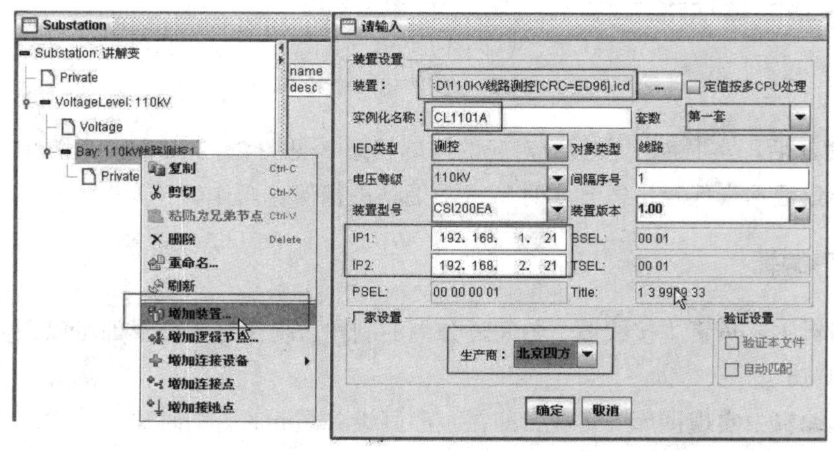

图2-2-29 增加装置与IP修改

选择对应的装置模型，修改 IP（见图 2－2－29），其余项按下拉菜单选择即可，最后双击实例化名处，配置工具会根据你的选择自动生成一个实例化名；此实例化名可手工修改，只要保证全站唯一即可。

访问点选择，AccessPoint：A1（或 S1）为间隔层访问点，AccessPoint：A2（或 G1、M1）为过程层访问点，因此只需选择 A1 即可，如图 2－2－30 所示。

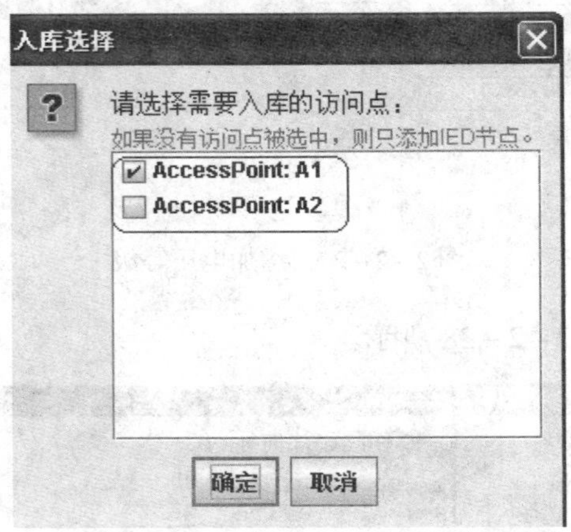

图 2－2－30　访问点设置

加载 ICD 后，点击间隔显示实例化名和 IP，后续可修改，如图 2－2－31 所示。

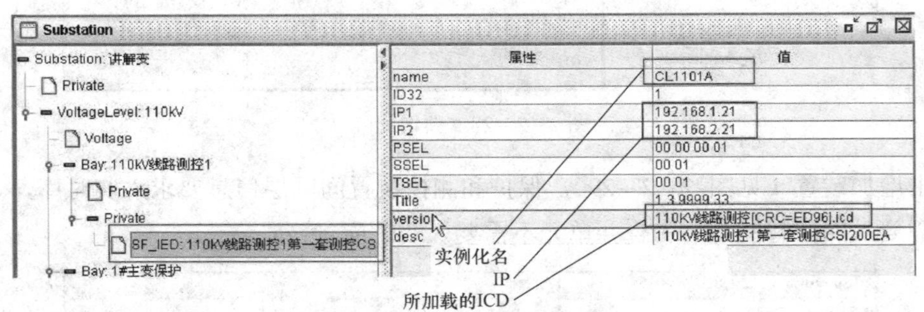

图 2－2－31　实例化名称/IP 修改

加载 ICD 后，实时库中也生成对应的间隔信息（见图 2－2－32），为防止重启实时库组态工具导致数据未保存，需到实时库组态工具进行保存操作。

2.2.4　图形编辑

图形编辑主要负责主接线图、各间隔分图的制作。制作好的图形都可以在实时运行中打开进行浏览。

在图形编辑中实现图库一体化，即在画面画设备图元时，同时也会往实时库中增加一个与图元同类型的设备。反之删除一个设备图元，也会从实时库中删除一个设备。因此，

当在画面上有设备图元的增加、删除或属性修改时，除了需要保存图形，还应该对实时库做数据备份。

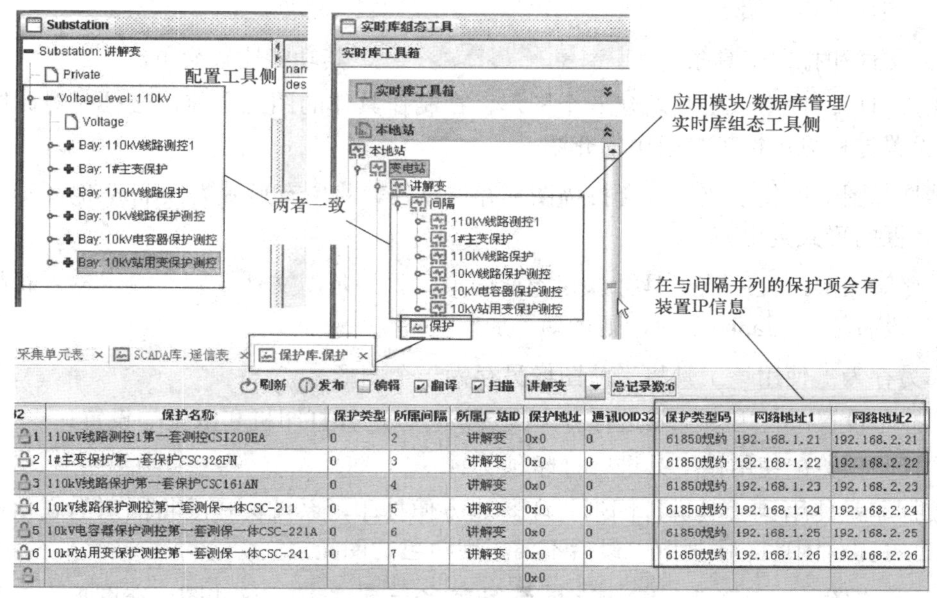

图 2-2-32　间隔信息对照图

图形编辑制图的同时，还会建立图形的连接关系，最后会建立设备的连接关系，即拓扑连接关系，依次来实现图形的动态着色，同时支撑系统的一些高级应用如 VQC、五防等。图形编辑提供了自动断线、合并、连接线跟随等功能来保证图形连接关系的正确。

点击“开始－应用模块－图形系统－图形编辑”，运行图形编辑。图形编辑主界面如图 2-2-33 所示。

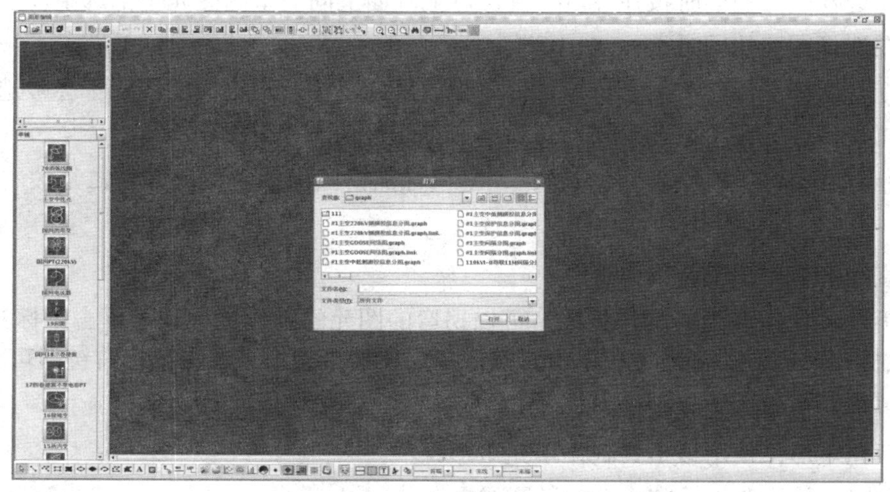

图 2-2-33　图形编辑主界面

图形编辑主要提供了八种工具条：文件工具条、打印工具条、操作工具条、显示工具条、基本图元工具条、标记图元工具条、设备图元工具条、属性工具条。

2.2.4.1 图形工具介绍

（1）文件和打印工具条为，其功能比较简单。

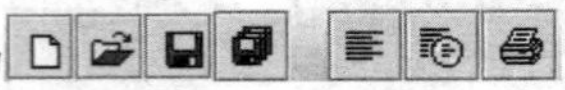

新图形：使用该工具新建一个图形，在制作具体的图元之前，必须先对此图形做设置。设置过程见属性工具条中的介绍。

打开图形：使用该工具会扫描图形存储路径，将所有后缀为 graph 的图形文件以文件选择框的形式列出。

存储图形：使用该工具会保存当前图形，如果是新文件，则会提示输入新的文件名，如果没有输入 graph 后缀，则自动添加。

另存为：使用该工具将当前图像另存为一个图形名。

打印设置：使用该工具进行打印设置，可以选择打印机和纸张等设置。

打印预览：使用该工具进行打印预览。

打印：使用该工具进行图形打印。为方便打印，系统会自动将图形的底色修改为白色进行打印，因此，在画图中最后不要采用白色的图元。

（2）基本图元工具条为，这些图元在图形中都是静态不会改变的，只能做一些简单的属性设置，如字体、颜色、线型。

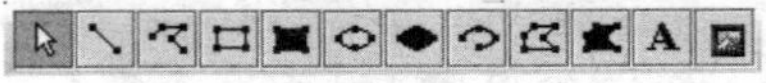

选择：作图时使用该工具可以选区画面上的图元作为当前的编辑图元。当选用“选择”后，鼠标变为箭头状，移动关闭在图元的上方，单击鼠标左键就完成选择图元的操作。被选择的图元周围会出现若干个小矩形，通过拖动小矩形，可以改变图元的大小。被选择的图元也可以移动、删除和修改属性。也可以选择多个图元进行操作。选择多个图元的方法有：

1）在选择图元的同时按住 Shift 键，可把画面上同类型的图元全部选中。

2）在选择图元的同时按住 Ctrl 键。

3）拖动鼠标左键，产生一个矩形框。释放鼠标，在矩形框内的图元都会被选中。

4）直接按住 Ctrl+A 组合键可以选择画面上的所有图元。

清除当前选择的图元有两种方法：一是鼠标点击画面的空白地方，二是按 Esc 键来清除。

直线：使用该工具制作直线。

折线：使用该工具制作折线，可以拐弯的图元的制作过程是：单击鼠标左键，然后拖拽鼠标，在需要拐弯地方在单击左键，在需要结束的地方单击鼠标右键即可完成。

矩形：使用该工具制作矩形。

填充矩形：使用该工具制作填充矩形。

椭圆：使用该工具制作填充椭圆或圆。

填充椭圆：使用该工具制作填充椭圆或填充圆。

开弧：使用该工具制作弧形。

多边形：使用该工具制作多边形，制作方法同折线。

填充多边形：使用该工具制作填充多边形，制作方法同折线。

文本：使用该工具制作文本对象。文本对象的可以支持多行显示。

位图：使用该工具制作一个静态的 gif 格式位图。

（3）标记图元工具条为，这些图元除了可以做简单的属性设置外，还可以做一些特性设置。

功能按钮：使用该工具制作按钮，单击按钮可以提供了诸如图形跳转、音响复归、清闪等功能。

弹图按钮：使用该工具制作按钮，单击按钮可以在原有画面的基础上弹出一个新的图形窗口。

棒图：使用该工具制作棒图。

饼图：使用该工具制作饼图。

动态标记：使用该工具制作一个可以显示遥测、遥信、遥脉等数据的标记。遥测、遥脉以文本显示，遥信以一个小圆来显示，也支持以光字牌的形式来显示。对于光字牌还可以提供一个容器，用于对光字牌的索引。

保护设备：使用该工具制作一个保护装置，可以选择背景图片，提供保护复归功能。

九区图：使用该工具制作一个 VQC 的九区图。可以显示 VQC 的工作状态。包括当前的无功、电压、功率因数的数值，也可以显示下一步的工作趋势。

（4）设备图元工具条为和图 2-2-34 所示内容。主要用来制作系统的接线图。在图中可以选择如下设备：

单端辅助设备：使用该工具适合制作一个只有端子的电力设备，如电压互感器。在主接线中会有一些各种电容、电抗等组合图元，不好归类，可以根据端子情况来定义是单端辅助设备或双端辅助设备。

双端辅助设备：使用该工具适合制作有两个端子的电力设备，如电流互感器。

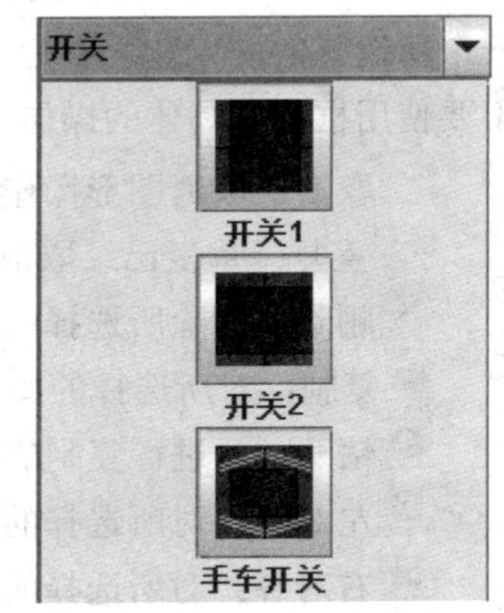

图 2-2-34　图元信息

接地元件：使用该工具制作接地元件。

开关：使用该工具制作开关或手车开关，对于手车开关，系统是作为一个设备来对待的。在属性设置章节中有详细介绍。

刀闸：使用该工具制作刀闸。

双绕组变压器：使用该工具制作双绕组变压器。

三绕组变压器：使用该工具制作三绕组变压器。

电抗器：使用该工具制作电抗器。

电容器：使用该工具制作电容器。

避雷器：使用该工具制作避雷器。

熔断器：使用该工具制作熔断器。

虚设备：使用该工具制作一个虚设备，虚设备是指在实际系统中没有合适的设备来对应，但是需要用到显示数据或控制的对象，比如压板等。

五防设备：使用该工具制作地线、网门等五防设备。

挂牌标记：使用该工具在元件编辑中制作挂牌标记，用于在线操作时挂牌的具体显示，此标记需要在挂牌编辑中和牌做关联。

其他的设备图元还有：

电力连接线：使用该工具制作电力连接线，电力连接线主要是用来连接两个实际的一次设备，在运行态下，会根据实际设备的带电状态和位置对电力连接线动态着色。

母线：使用该工具制作母线，母线只能为直线。

线路：使用该工具制作线路，制作过程和电力连接线。不同的是，当给线路配上功率后，会在线路的首端会自动画上箭头来表示功率的流向。首端是指画线路是第一个坐标点。

在画面新增一个设备图元过程中，除了虚设备、五防设备、电力连接线、线路以外，还会自动向实时库设备表增加一个设备，删除设备图元也会同时将其对应的设备从实时库中删除。

（5）操作工具条提供的操作都是针对图形当前选择的图元，比如各种对齐操作是以第一个所选择的图元作为参考图元的，因此选择图元时应该使用 Ctrl 键配合鼠标来选择，不要使用框选。具体的操作工具条分别为：

取消：取消图形操作序列中的最后一个操作。

重复：重复已经取消过的操作序列中的最后一个操作。

删除：删除所选择的图元，或直接使用 Delete 键。

复制：对所选择的图元进行复制（Ctrl+C）。

粘贴：对进行复制的图元进行粘贴（Ctrl+V）。粘贴位置是在复制对象的附近。

左对齐：对所选择的图元以第一个选中的图元为参考进行左边界对齐操作。

右对齐：对所选择的图元以第一个选中的图元为参考进行右边界对齐操作。

上对齐：对所选择的图元以第一个选中的图元为参考进行上边界对齐操作。

下对齐：对所选择的图元以第一个选中的图元为参考进行下边界对齐操作。

垂直中心对齐：对所选择的图元以第一个选中的图元为参考进行垂直中心对齐操作。

水平中心对齐：对所选择的图元以第一个选中的图元为参考进行水平中心对齐操作。

前置：当图元有重叠的时候，使用该工具将所选择的图元放到前面。

后置：当图元有重叠的时候，使用该工具将所选择的图元放到后面。

垂直平均间距：将所选择的图元的垂直间距相同。

水平平均间距：将所选择的图元的水平间距相同。

等宽：对所选择的图元以第一个选中的图元为参考对象进行图元等宽操作。

等高：对所选择的图元以第一个选中的图元为参考对象进行图元等高操作。

图元组合：将所选择的图元组合成一个整体进行操作。快捷键为 g。

取消组合：将组合单元拆分。还原为单个图元。快捷键为 u。

旋转：对所选择的图元进行旋转，角度可以自定义。

更换元件外观：对所选择的设备图元的外观进行更换。

此上述的介绍外，图元的操作还包括移动、改变大小。鼠标移动在所选择的图元上面，当鼠标形状变为双十字箭头时拖拽鼠标，图元也随之移动，也可通过上、下、左、右四个方向键来对所选择图元进行微移。当鼠标移动到所选择图元的矩形边框的周边时，鼠标形状会根据位置的不同而出现不同方向的箭头，依此方向拖拽鼠标，可以改变图元的大小。

（6）属性工具条对当前所选择的图元进行一些简单的属性设置。

线颜色：设置图元的线条颜色或者边框线颜色。但是对于线路、母线、电力连接线的颜色在运行时会动态着色，所设置的颜色会无效。

填充颜色：对有底色或者填充颜色的图元进行底色设置。

文本颜色：对文本颜色进行设置。

字体：对文本字体进行设置。

图形属性：对当前的图形属性进行设置。设置界面如图 2-2-35 所示。

设置主要内容包括图形尺寸、图类型、关联厂站等。图类型主要是要区分出主接线图，对于类型为主接线图的图形，主要有如下的特点：

1）在增加、删除、修改设备图元时，都会对实时库做增加、删除、修改设备的操作。

2）必须以主接线图的图形连接关系生成拓扑连接关系。

3）可以在运行时，设置是否可以进行遥控。

在一个工程中，最好只有一个类型为主接线的图形，但是这并不是绝对的，根据实际情况完全可以有多个类型为主接线的图形，但必须要注意以上特点。

在新建一个图形时，图类型和关联厂站必须在画图元之前就设置，否则会以红色进行提示。

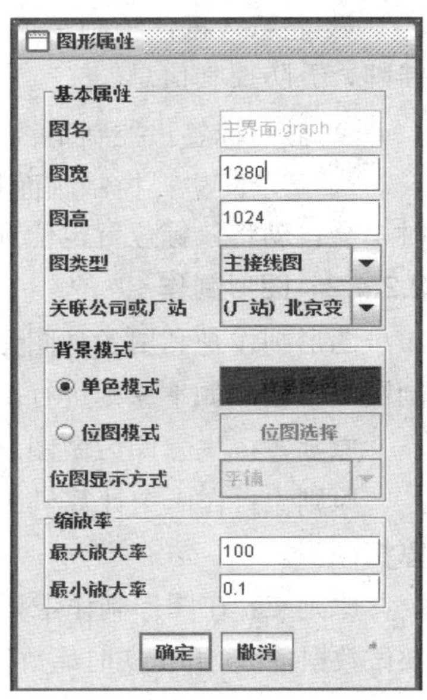

图 2-2-35 图形属性

首端 首端箭头：使用该工具对线条的首端箭头形状进行设置。

1 实线 线宽：使用该工具对线条或边框的宽进行设置。

末端 末端箭头：使用该工具对线条的末端箭头形状进行设置。

以上这些属性除图形属性外，都可以选中多个图元进行批量的属性设置。

（7）显示工具条的主要有：

放大：可以对图形进行放大。

缩小：可以对图形进行缩小。

标准：可以使处于放大或缩小状态的图形恢复到原始大小。

图元定位：可以对图形的图元进行搜索定位。

显示设置：使主要对设备图元端子、数据、标签的显示进行设置，设置界面如图 2-2-36 所示。

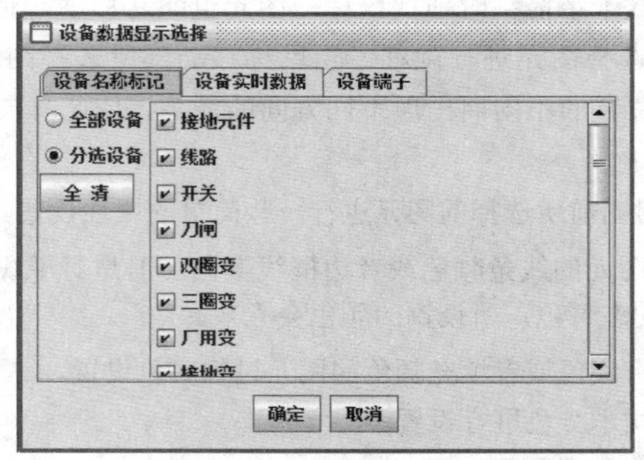

图 2-2-36　数据显示设置

显示端子：控制是否显示设备图元的端子。

RT 显示数据：控制是否显示设备图元的数据。数据的含义可以包括：关联的遥测、挂牌、五防控制信息。

LABEL 显示标签：控制是否显示设备图元的标签。

显示网格：控制画面是否使用网格。网格间距是可以指定的。当有网格进行画图时，会自动将鼠标位置定位到网格上或网格中间。

2.2.4.2　图形制作

图形制作是利用各种图元按各种形式进行组合，并对图元进行属性设置的一个过程。制图尽量按照如下原则进行图形制作：

原则一：先建库后做图。特别避免出现在多个计算机上同时做图和建库或修改库。

原则二：在一个计算机上做图。始终保持此计算机上的图形是最新的，由它向其他计算机同步。

原则三：在图形制作工程中，对设备图元有增加、删除、修改操作时，在系统退出前，要做数据备份。即把实时库数据保存到商业库，否则增加、删除、修改的设备及其信息会丢失。

原则四：对典型间隔而言，先制作好一个间隔，特别是属性设置完毕后，使用间隔匹配会极大地加快制图速度，而且能保证图形制作的正确性。

原则五：图形要注意整体布局，突出重点设备，如变压器，给人感觉要饱满，避免头重脚轻。

2.2.4.3　绘制主接线图

图形编辑状态下，新建图形，鼠标点击图形弹出图形属性定义界面，如图 2-2-37 所示。图类型选择主接线图，关联公司和厂站为变电站名；注意全站只能有一张“主接线图”类型的图形，用于绘制变电站的一次主接线图，以下关于母线及开关、刀闸、主变的绘制都是在“主接线图”类型的图形上实现。

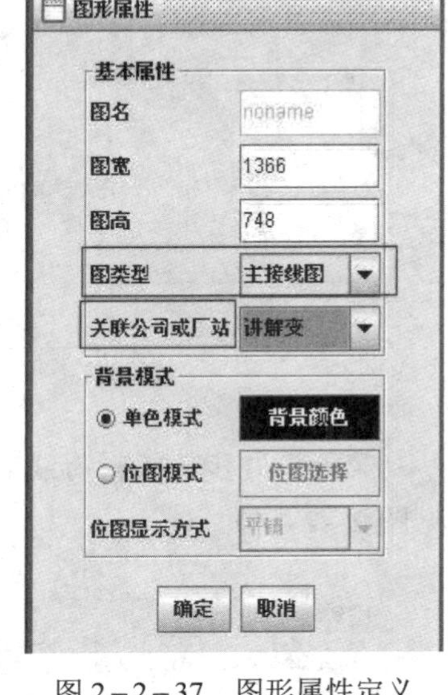

图 2-2-37　图形属性定义

主接线图有 3 大特点：① 新建设备；② 形成拓扑；③ 系统设置/遥控属性里的主界面禁止遥控指的就是图类型为主接线图的这张图，而不是图名称为主界面的导航图。画主接线图时需用到的工具条介绍如下：

功能按钮主要用图形跳转，电铃测试、电笛测试、间隔清闪功能。

动态标记主要用于做遥测、光子牌。

主接线图绘制时主要用电力连接线、母线；有潮流要求时用线路，一般画在进线处，下面连接电力连接线。具体流程如下：

（1）母线绘制。

第一步：设置母线宽度。

第二步：点击母线编辑工具。

第三步：按住鼠标左键在图上画出一段母线，如图 2-2-38 所示。

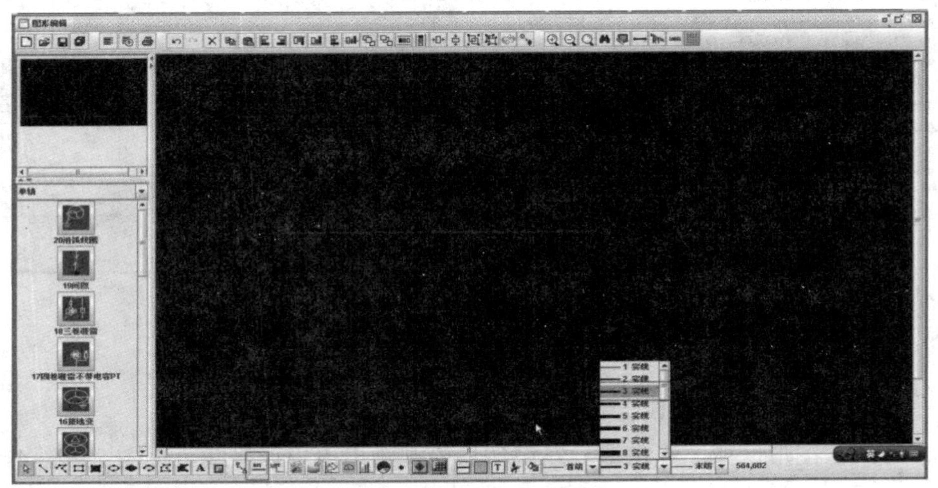

图 2-2-38　母线绘制

第四步：选中母线然后双击鼠标左键，编辑母线电力属性，见图 2-2-39。

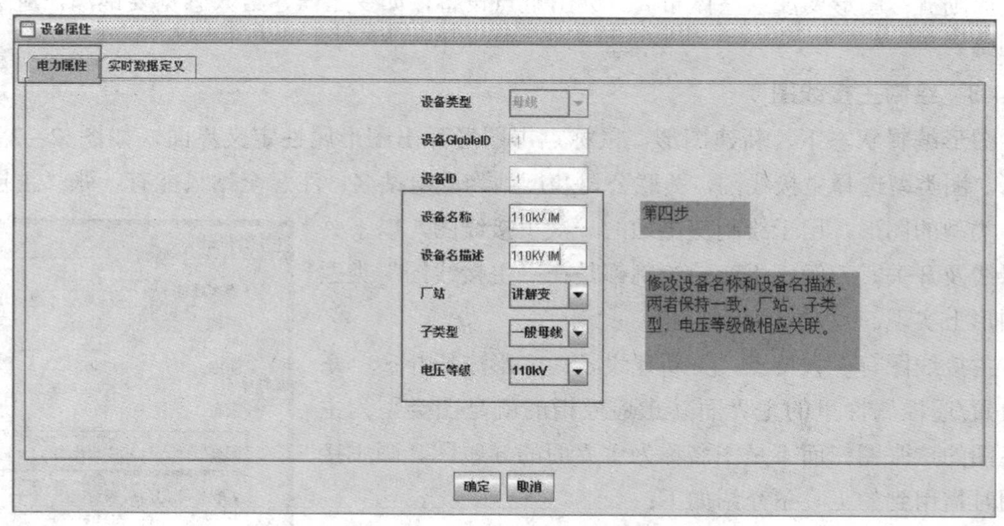

图 2-2-39　母线属性编辑

第五～九步：编辑母线的数据属性，将母线与母线 TV 采集的电压值进行关联定义，见图 2-2-40。

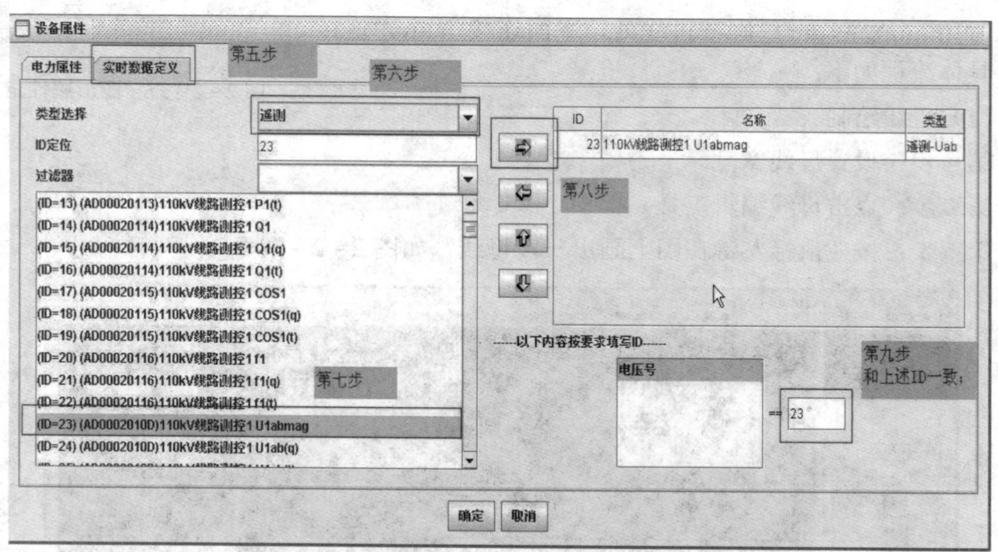

图 2-2-40　母线数据属性设置

（2）开关、刀闸绘制。

第一步：选择电力连接线工具。

第二部：在图形区域，点击鼠标左键然后松开画出电力连接线，见图 2-2-41。

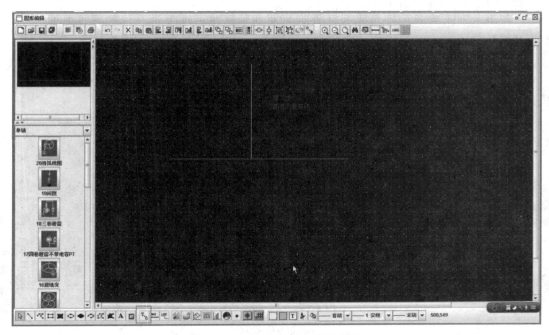

图 2－2－41　开关、刀闸绘制 1

第三步：选择图元类型及样式，鼠标点击选中。

第四步：点击连接线的相应位置摆放图元，图元会自动将连接线断开并与之连接，见图 2－2－42。

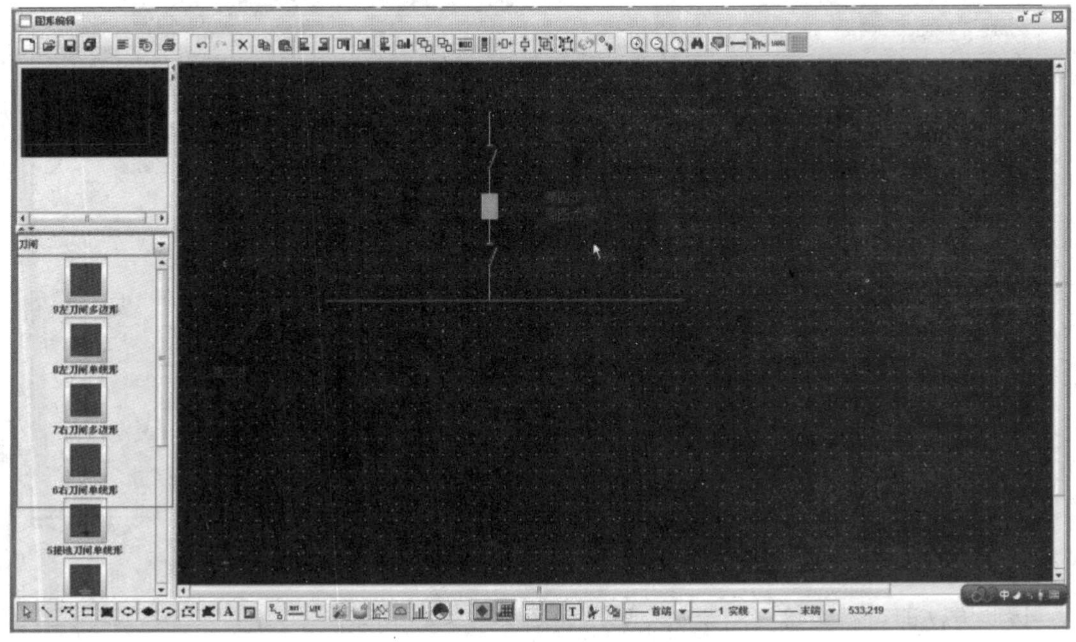

图 2－2－42　开关、刀闸绘制 2

第五步：选中图元并双击，见图 2-2-43。

图 2-2-43　图元属性

第六步：选择需要与图元进行数据关联的数据类型，如遥信、遥控。

第七步：选择关联数据。

第八步：点击“→”按钮添加，如图 2-2-44 双位置需要关联合分位。同时注意遥信合位和遥控类型对应是否正确。

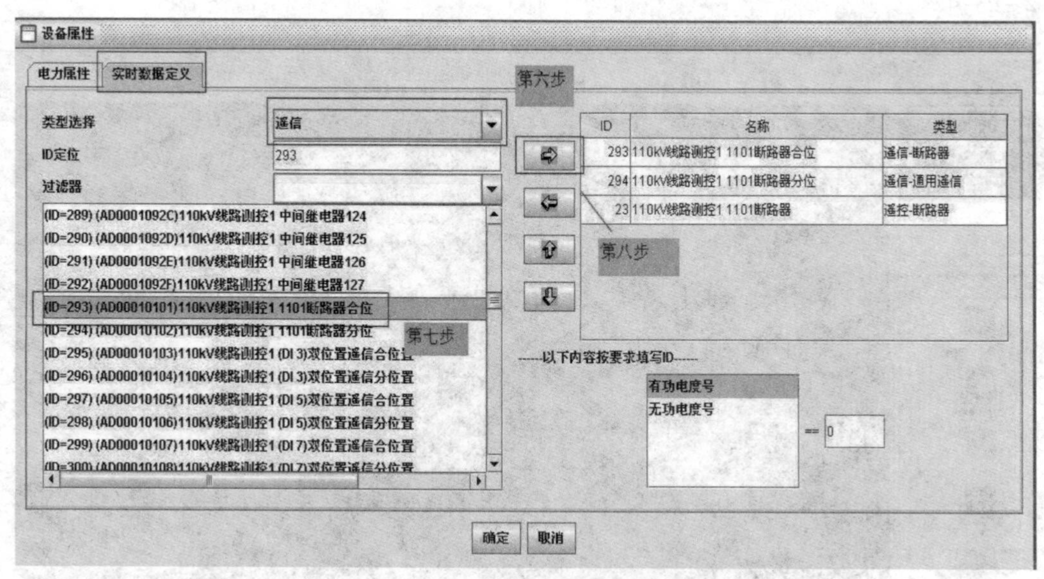

图 2-2-44　图元实时数据定义

按此方法即可将主接线图绘制完毕，如图 2-2-45 所示。

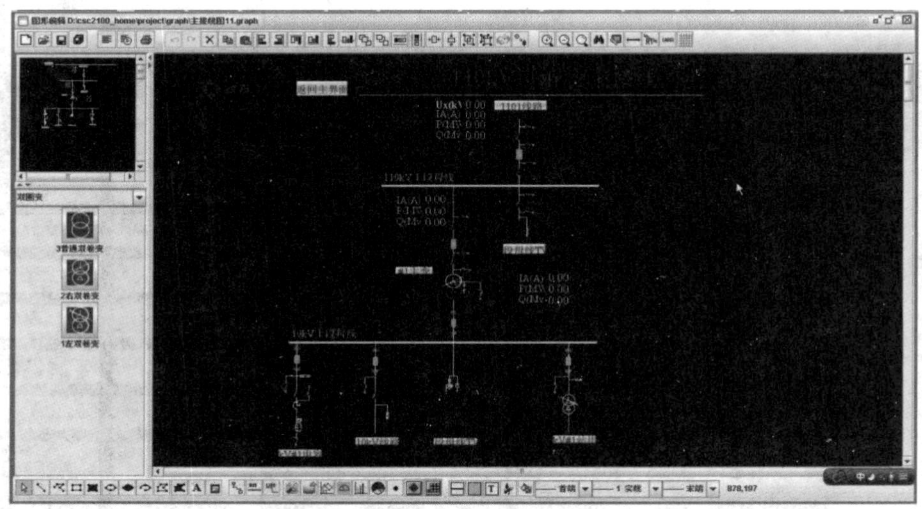

图 2-2-45 主接线图绘制

最后点击保存，命名为主接线。注意：主接线图中图元开关、刀闸、地刀、手车、母线需关联实时库中的点，其他主变、单铺、避雷器等图元无需关联点。

在新增一个设备图元过程中，除了虚设备、五防设备、电力连接线、线路以外，还会自动的向实时库设备表增加一个设备，删除设备图元也会同时将其对应的设备从实时库中删除。但并不是在画面上的修改会马上反映到实时库中，而是当在图形保存时，才会把当前图形的设备相关变化存储到实时库。因此，当在图形编辑中有对设备图元的增加、删除、属性修改等操作时，除了需要保存图形以外，还需要对实时库做数据备份。

2.2.4.4 绘制间隔分图

间隔分图可参考图 2-2-46、图 2-2-47 内容绘制，具体内容以现场为准。注意所有间隔分图类型均选择为间隔分图。

图形属性

基本属性

图名 1号主变测控光子牌.graph

图宽 1900

图高 1000

图类型 间隔分图

关联公司或厂站 讲解变

背景模式

单色模式

位图模式 位图选择

位图显示方式 平铺

确定 取消

图 2-2-46 间隔分图类型

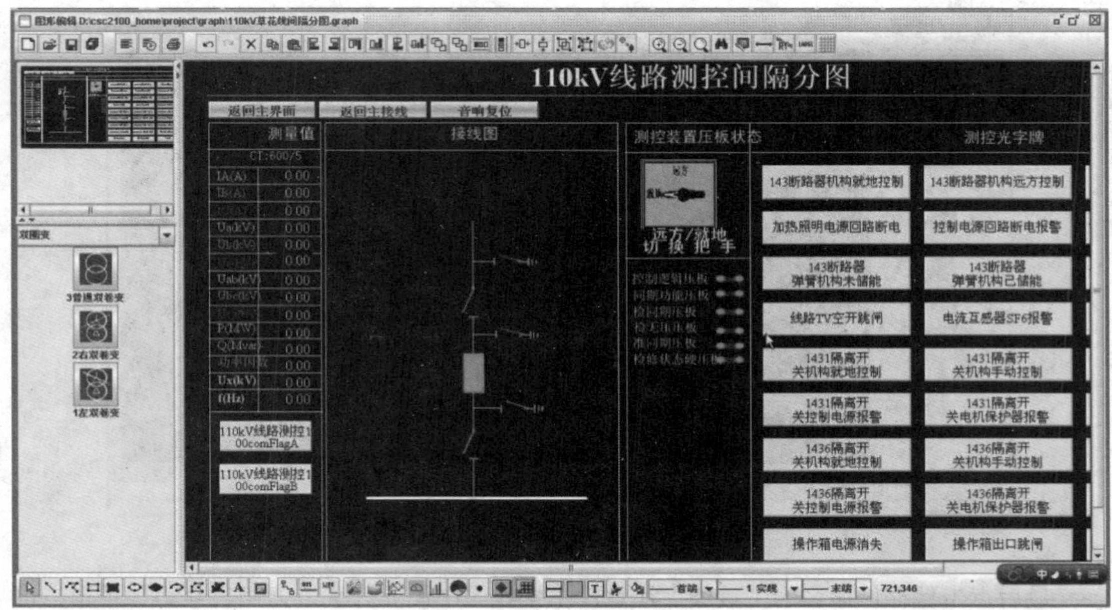

图 2-2-47　间隔分图布置

注意：中间接线图部分，是从主接线图拷贝到分图的，遥测和光字牌制作使用的是动态标记功能按钮，压板、远方就地把手使用的是虚设备图元。具体关联如下。

（1）遥测量绘制，如图 2-2-48～图 2-2-59 所示。

图 2-2-48　动态标记

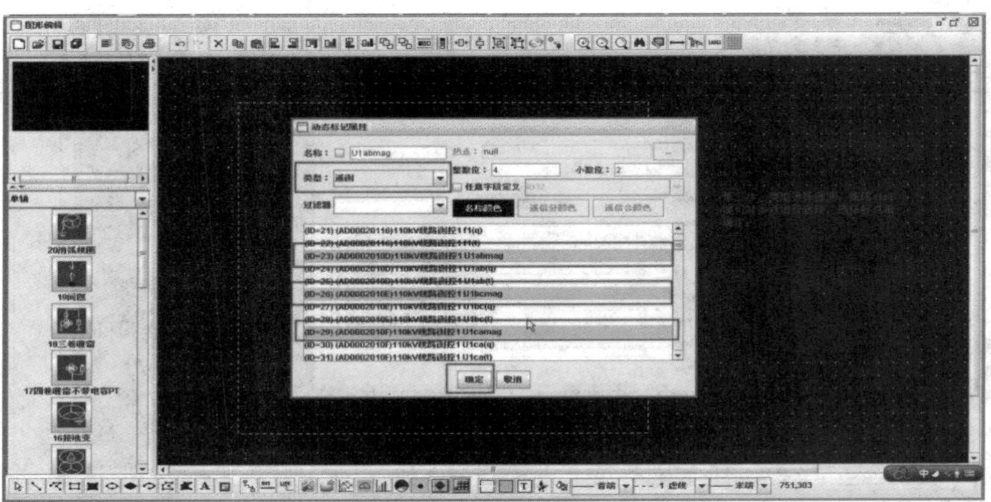

图 2-2-49 遥测数据选择

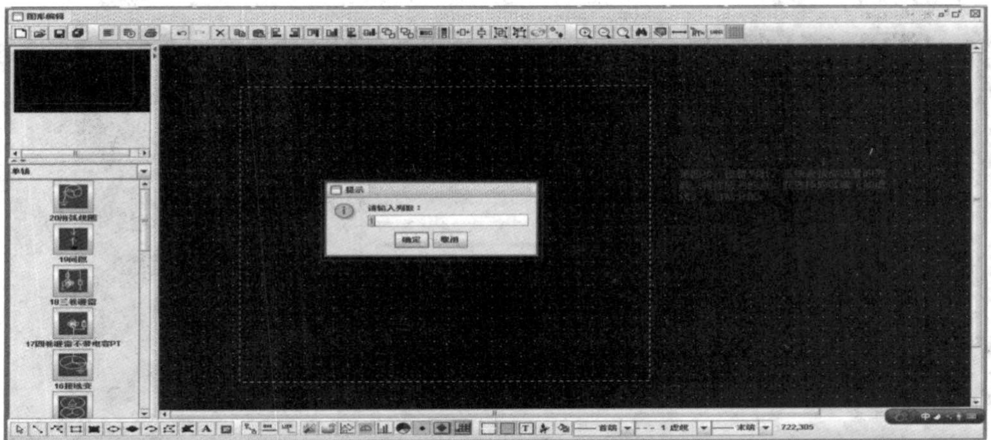

图 2-2-50 设置列数

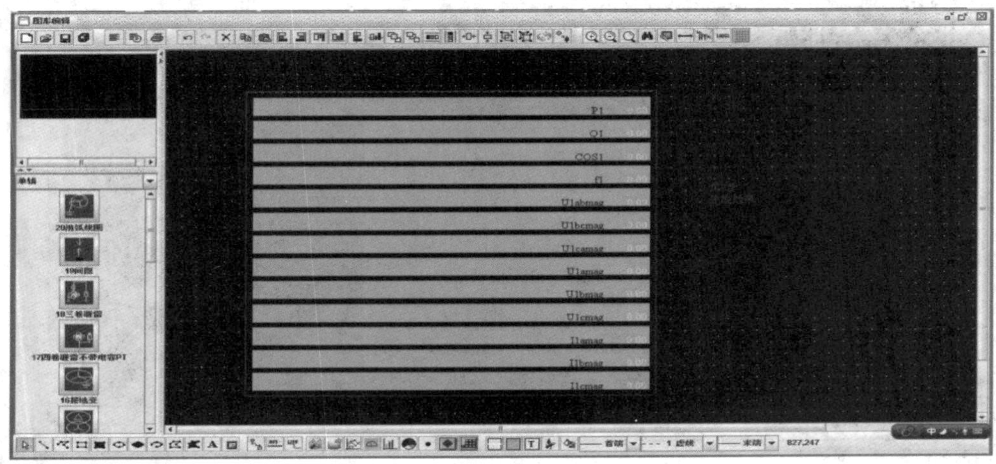

图 2-2-51 遥测生成效果

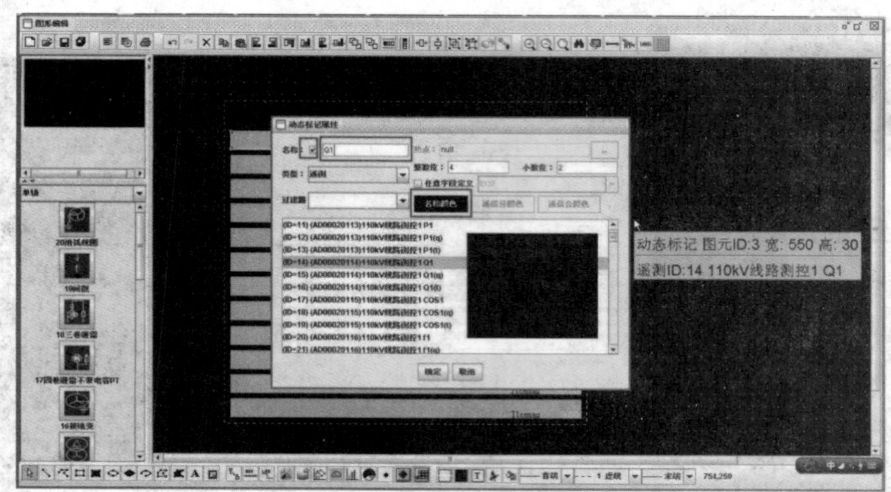

图 2-2-52　遥测名称编辑

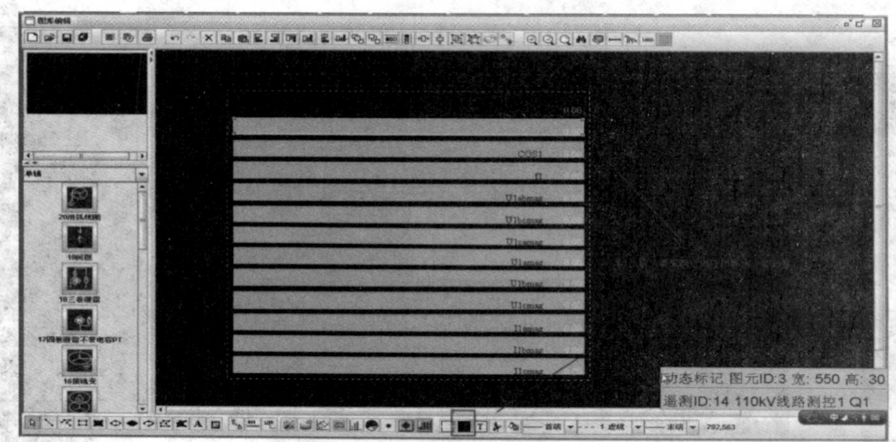

图 2-2-53　定义填充颜色 1

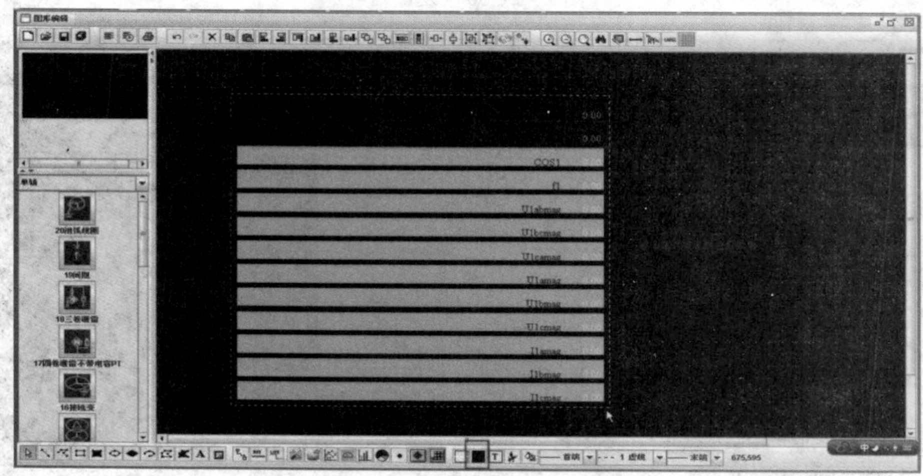

图 2-2-54　定义填充颜色 2

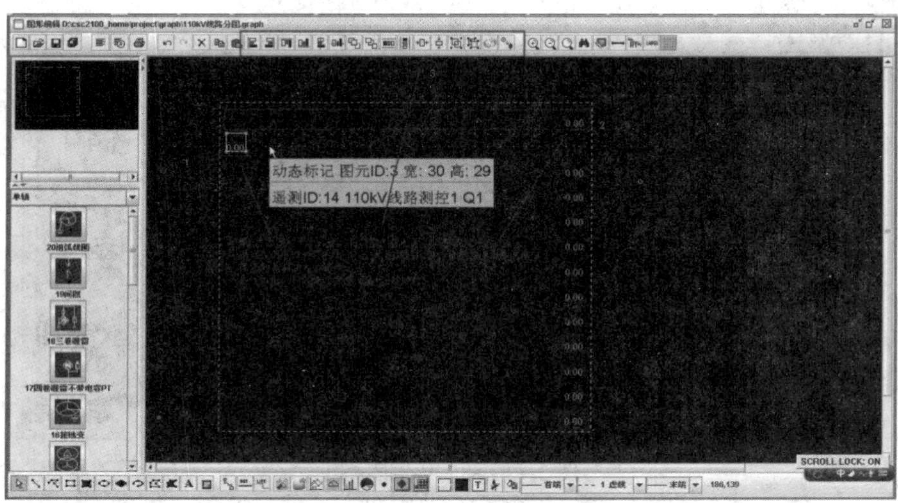

图 2-2-55　调整大小

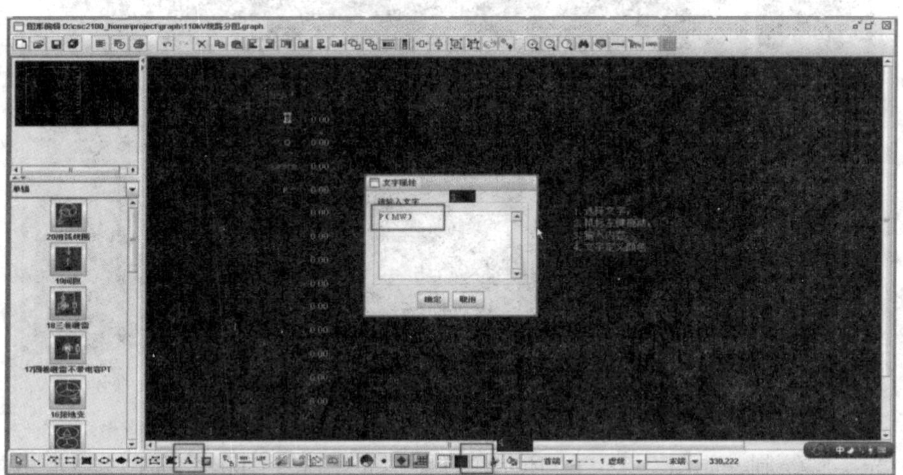

图 2-2-56　编辑遥测点信息备注 1

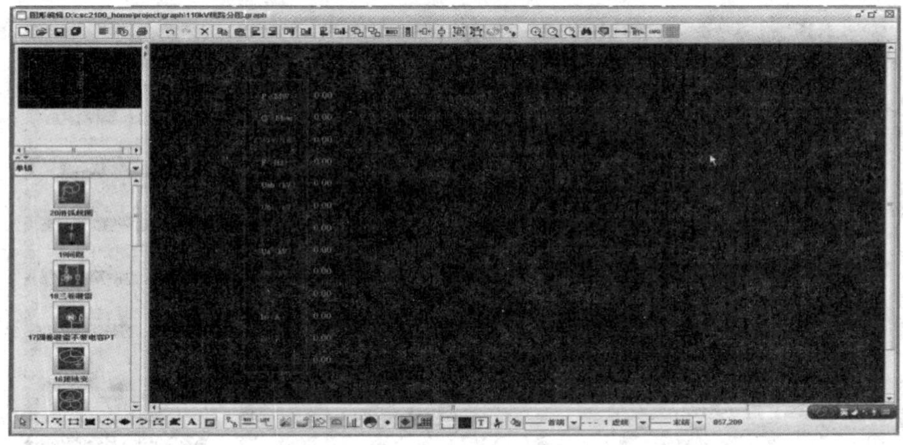

图 2-2-57　编辑遥测点信息备注 2

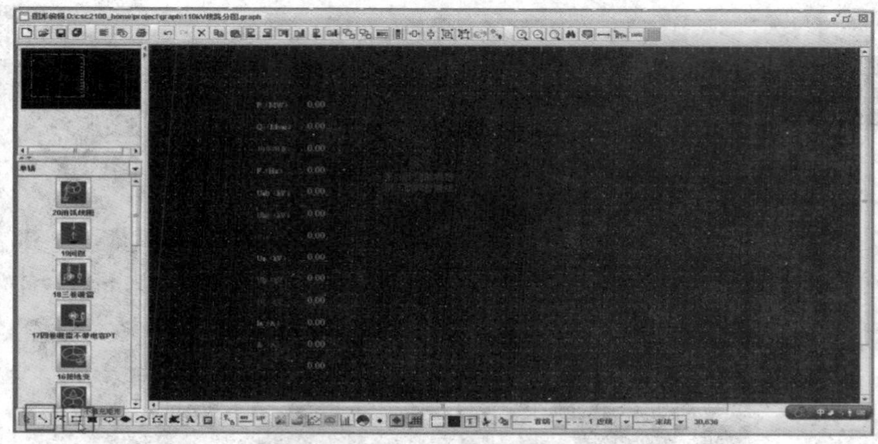

图 2－2－58　绘制表格 1

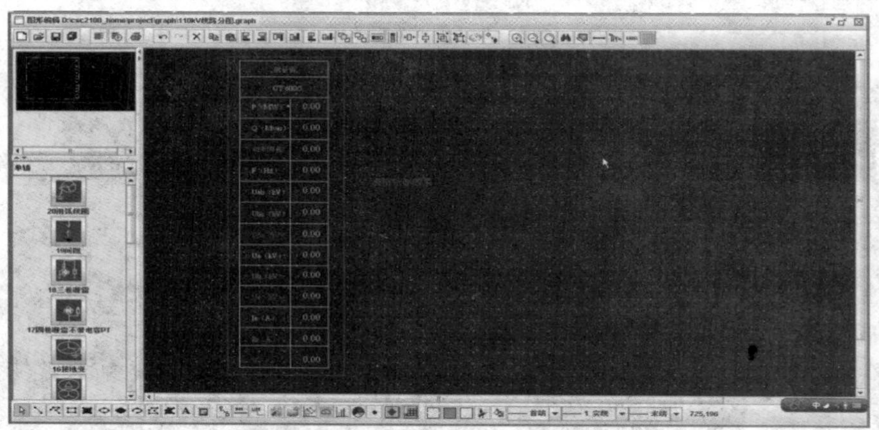

图 2－2－59　绘制表格 2

（2）光字牌绘制，如图 2－2－60 所示，分图中光字牌绘制和遥测量绘制是相同的，都是动态标记按钮，只是类型选择为光字牌，名称项默认即可。

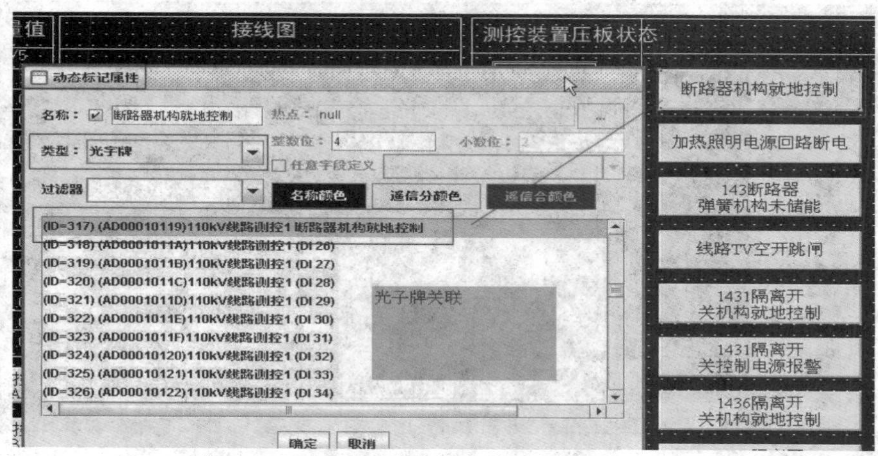

图 2－2－60　动态标记属性

（3）压板绘制，如图 2－2－61 所示。

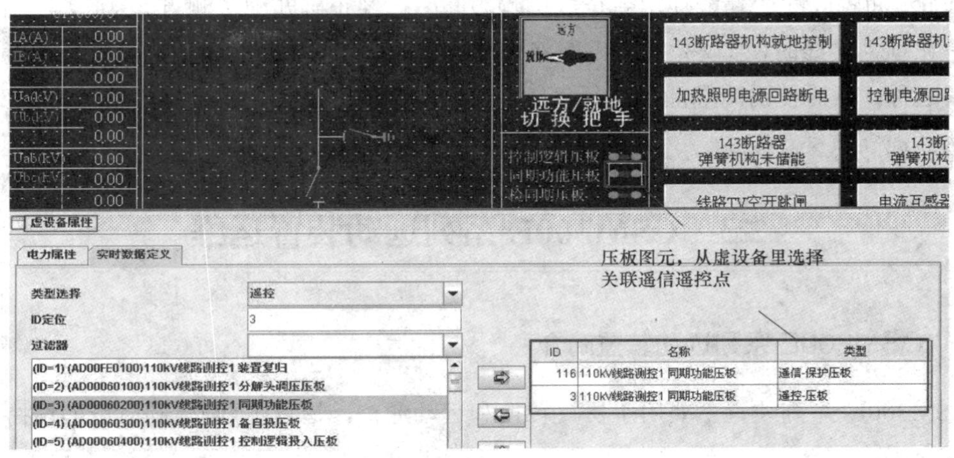

图 2－2－61　压板绘制

（4）闭锁远方把手绘制，如图 2－2－62 所示。

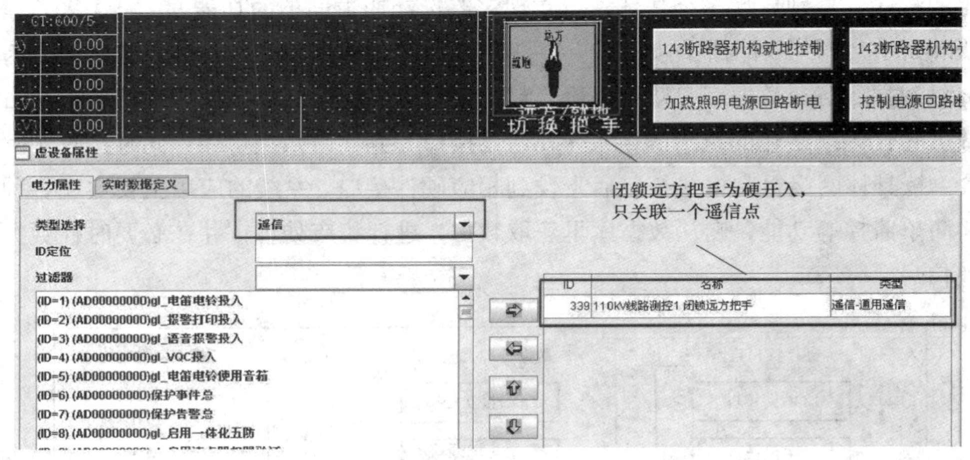

图 2－2－62　把手绘制

（5）间隔匹配。

图形上的间隔匹配是以一组已经配好测点的图元为源进行复制，然后选定目标间隔进行匹配，在复制图元的同时，会在目标间隔中寻找相应的测点自动匹配到新图元上，从而完成自动配点的功能。

一组已经配好测点的图元可以理解成主接线上的一个间隔，那么在主接线中进行间隔匹配时，会自动创建目标间隔的设备，设备电力属性会复制源间隔对应设备的电力属性，并按照源设备的测点为依据进行给新设备自动配点。

一组已经配好测点的图元也完全可以理解为一个已经制作好的间隔分图，在制作同类型的另一个间隔分图时，使用间隔匹配，除完成图元的自动配点外，也会将此间隔分图中的设备图元与设备的对应关系也自动替换。

因此，间隔匹配的功能使用完全要依赖源间隔已经正确匹配了测点。因此，在制图中，特别是在画主接线时，建议先完全设置好一个典型间隔，包括按地区规定设置好调度编号，即设备名称，然后使用间隔匹配进行复制，最后复制的间隔使用批量属性修改来改变设备名称从而提高效率。

2.3 CSM300E 系列远动装置运维

2.3.1 CSM300E 系列远动装置简介

CSM300E 系列装置主要用于协议转换和远动通信，这里主要介绍其远动软件，硬件不进行介绍。

CSM300EA 远动软件是运行于 CSM300E 系列装置上的一个重要的应用软件。它是运行于嵌入式操作系统 QNX 的多任务应用软件包。软件的多个进程之间需要协同工作，按照固定的顺序，分别启动多个任务，以实现多路远动通道通信的功能。

CSM300EA 软件结构框图如图 2－3－1 所示，实时数据库是软件体系的核心，为各种应用提供数据服务，数据库内数据采用“数据符号名”标识。数据处理过程是把网络硬件层的数据转化为规格化的统一的格式，并通过接口写到实时数据库中；同时接收实时数据库命令，按具体网络报文格式打包后下发到相应硬件接口。系统的应用主要实现各种远动规约、简单监控等功能，它从数据库里获取数据，进行相应处理，并在必要时往数据库接口传递信息。

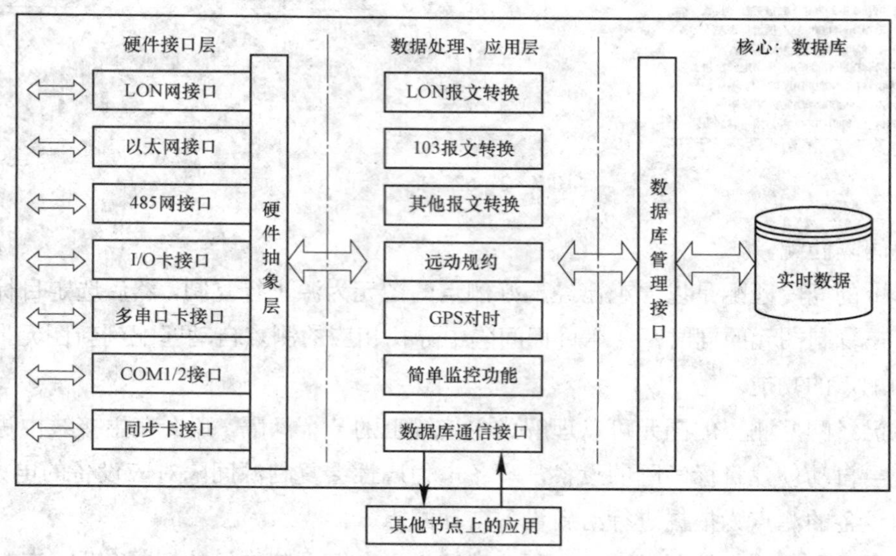

图 2－3－1　CSM300E 系列软件结构框图

现场装置 QNX 的默认登录用户名小写 root，密码小写 rtu，操作系统区分大小写。远动机上所有的登陆操作都需要用到该账号密码。

2.3.2 数据备份及恢复

现场进行任何对远动机的数据修改及程序升级等工作前均需要进行远动机数据或程序的备份，CSM300E 的远动机数据备份主要使用拷贝程序及数据文件的方式。

2.3.2.1 CSM320E 远动机文件目录说明

CSM300E 程序和文件按照图所示目录树存放。/csm300e/csm300ecomn 下存放 300E 系列软件的内核部分，/csm300e/csm300ea 下存放 300EA 远动软件。

csm300ecomn、csm300ea 的 bin 目录下存放所有可执行文件，config 目录下存放所有配置文件，这两个目录是运行所必须的。其他目录在开发调试时使用，其中 include 存放所有公用的头文件，lib 存放所有应用库文件，src 下按子目录分布存放各种规约应用的源文件。

2.3.2.2 CSM320E 远动机备份操作方法

首先进行 FTP 登录，默认登录用户名：root，密码：rtu，在 QNX 操作系统根目录下运行的存放可执行程序及配置的文件夹，一般命名为“CSM300e”或“300e”，本文以“/300e”为例，其下：bin 目录下存放所有可执行文件，config 目录下存放所有配置文件，这两个目录是运行所必须的，其他目录在开发调试时使用，其中 include 存放所有公用的头文件，lib 存放所有应用库文件，src 下按子目录分布存放各种规约应用的源文件。

备份时首先备份需备份整个 300e 文件夹。其次，根目录下 etc 目录的 sysinit.1 文件（主要是配置启动程序、网关路由等配置内容）；hosts 文件（主要是配置主机网卡地址）。

2.3.2.3 远动备份注意事项

小部分现场远动机的程序为特殊修改或使用其他远动机修改的程序，需要备份的主文件夹名称可能不一定为 300E 或 CSM300e 等，或存在多个类似 CSM300E 的文件夹，此时需要根据现场具体情况进行文件夹的备份。

2.3.2.4 远动恢复操作方法

将上述备份的文件用 FTP 软件（见图 2－3－2）以覆盖的方式还原至远动机相应的文件夹或文件上。

2.3.2.5 远动恢复注意事项

远动目录下各功能模块文件夹的名字确定后不能随意修改，如 csm300ecomn、csm300ea 等，下装前要查看空间是否够用，可用 df－b 命令查看剩余存储空间。下装的文件权限需全选并修改为完全控制权限，否则可能影响程序运行，导致进程不能正常启动。

2.3.3 遥信编辑

为进行远动机配置的修改，需要对该 CSM300E 系列远动机的程序文件结构及功能有所了解。

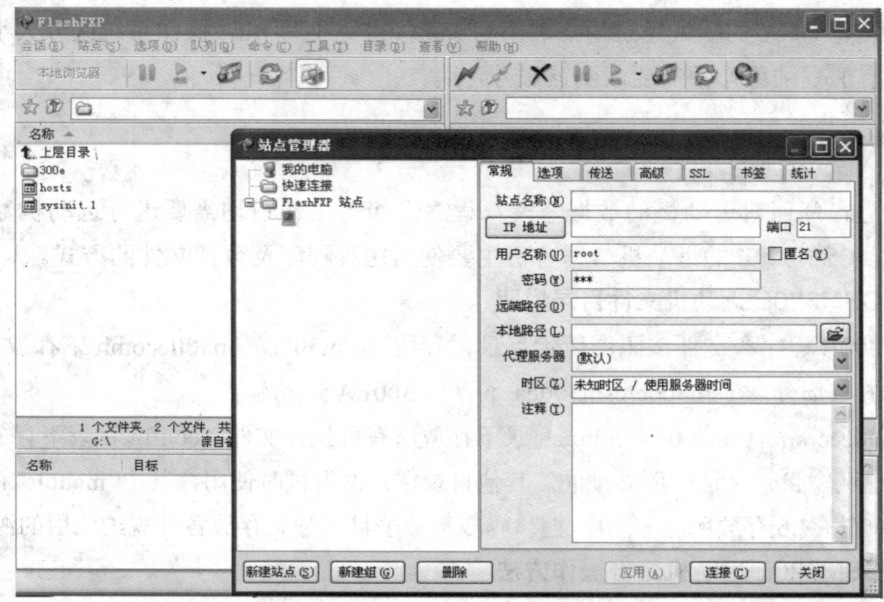

图 2-3-2　FTP 程序软件

2.3.3.1　CSM300 远动机程序文件功能介绍

CSM300EA 远动软件的程序文件结构：/300e/bin 存放所有可执行文件，/300e/config 存放所有配置文件，/300e/lib 存放所有应用库文件，/300e/src 存放各种应用的源文件。为实现远动功能，以下程序是必不可少的。

（1）实时数据库管理进程 dbms。

（2）通信接口硬件驱动程序 sermon、serpc、sermoxa、sertcp 等。

（3）内部规约处理程序 lon、lonctrl、lonbuf、lonread、netread 等。

（4）LonWorks 网络接口程序 lonman。

（5）以太网接口程序 netman。

（6）对时遥控切换程序 selector。

（7）虚拟遥信及开入开出端口管理进程 iomon。

（8）具体规约程序，从 qcdt、qu4f、q101、q104、q1801、qrp570、qdisa、qdnp、q476、qcdc 等选择。

（9）其应用程序，如 GPS、切换程序 alter_main（或 alter_chnl）和五防服务程序等，按需求选用。

（10）液晶模块管理程序 lcdman320、lcdman 等。

2.3.3.2　远动程序配置文件

CSM300E 系列装置在出厂时已经装好基本系统，并装好了以太网卡，具备了联网能力。因此，在安装软件时，可以选择网络安装或磁盘安装（配备软盘驱动器时），一般推荐网络安装方式，即通过 FTP 方式下载程序和相关文件。常用的 FTP 工具有 FlashFXP

等，可以自由选用。UltraEdit 既可以进行文本编辑，也可以通过 FTP 存取文件，推荐用于修改和下载启动文件、配置文件等。

像 DOS 中的 AUTOEXEC.BAT 一样，在 QNX 下也有一个自动批处理文件（启动文件）sysinit.node（node＝1，2，3，…，指节点号）。为了在机器重启的情况下能自动运行 CSM300E 应用程序，必须把程序命令放到 sysinit.node 中。配置文件主要对网络、通道、规约、远动转发定值文件等进行定义。配置文件清单如下：

通道配置文件：ser.cfg。

以太网配置文件：netman.sys。

通道配置文件：comnx.sys（x＝0，1，2，3…）。

调试遥信闭锁配置文件：lockx.sys（x＝0，1，2，3…）。

遥信闭锁遥控配置文件：yxlockykx.sys（x＝0，1，2，3…）。

规约配置文件：channelx.sys（x＝0，1，2，3…）。

实时数据库定值文件：dbms.cfg。

远动转发定值文件：zfyc/yx/ym/yk/yt/hb/soex.dat（x＝0，1，2，3…）。

在进行远动点表的添增或者修改时，基本上不需要改动一些系统文件、配置文件、进程文件等。只需要对远动转发定值文件和实时数据库定值文件作更改就可以。鉴于篇幅，这里只介绍几个远动点表直接相关文件：ser.cfg、dbms.cfg、zfycx.dat、zfyxx.dat、zfykx.dat、zfsoex.dat、zfhbx.dat（x＝0，1，2，3…），这几个文件位于/300e/config 目录下。

（1）ser.cfg 通道配置文件示例（参数配置具体详见 2.3.6）：

```
；通道号硬件接口工作模式   端口号参数
5     IPC          DUPLEX     d618     5          ；GPS
1     IPC          DUPLEX     2f8      3          ；省调 101
2     TCP          SERVER     964      *.*.*.*    ；XX 省调主调
2     TCP          SERVER     964      *.*.*.*    ；XX 省调主调
3     TCP          SERVER     964      *.*.*.*    ；XX 省调备调
4     TCP          SERVER     964      *.*.*.*    ；XX 地调
7     TCP          SERVER     964      *.*.*.*    ；XX 地调
```

zfycx.dat、zfyxx.dat、zfykx.dat、zfsoex.dat、zfhbx.dat（x＝0，1，2，3…）中的“x”就是对应于通道号，IPC 表示串行口，SERVER 表示以太网服务端，DUPLEX 表示全双工通信。

（2）dbms.cfg 实时数据库文件示例：

```
；类型   数据符号名  工程系数
YC：42ANA5003   2048       ；283 电流
YC：41ANA5003   2048       ；284 电流
YC：45ANA5003   2048       ；285 电流
YC：2EANA5107   11.824     ；121 有功功率
```

YC：2EANA5200　11.824　　；121 无功功率

；…

YX：　　20DIG010100；211 开关测控 CSI200EA（开入 1）211 开关合位

YX：　　20DIG010101；211 开关测控 CSI200EA（开入 2）211 开关分位

；…

YK：　　12CTRL04D2D1　；1 号主变 220kV 侧测控 CSI200EA4：27A 开关

YK：　　12CTRL05D2D1　；1 号主变 220kV 侧测控 CSI200EA5：27A1 隔离刀闸

；…

所有的遥信、遥测、遥控、遥脉的数据符号名都要在 dbms.cfg 里添加。

2.3.3.3　远动遥信文件修改

zfyxX.dat（X＝0，1，2，3….对应远动通道 1/2/3），示例如下：

00　001 1　3　11DIG010000；事故总信号

00　002 1　0　12DIG010100；211 开关位置

00　003 1　0　24DIG010100；111 开关

00　004 1　0　25DIG010100；112 开关

其格式见表 2－3－1。

表 2－3－1　远动遥信文件修改格式

0	0	1	0	10DIG010002
RTU 序号	点号	取反标志位	性质	数据符号名

点号：各个规约对点号的要求会有不同，但基本遵循点号和信息体地址相同的规律。只有一个例外，就是 101 规约的 SIEMENS 标准，其遥信一个信息体地址对应 8 个单点遥信或者 4 个双点遥信（实际也是取自 8 个遥信点）或者 8 个单点事件。点号和信息体地址的换算公式为：

点号＝信息体地址×8＋同一信息体地址遥信序号（序号：0～7）

取反标志位：当配置为 1 时遥信点处理不取反，当配置为 0 时进行取反操作。例如：有些工程中取到的遥信点的状态和开关、刀闸位置是取常的，就需要对该遥信点进行取反操作，见表 2－3－2。

表 2－3－2　取反标志位

性质	说明
0	普通遥信点
2	合并点上送 SOE（SOE 时标是合并子点的时间）
3	合并点上送 SOE（SOE 时标是远动机自身的时间）
4	单点、伪双点遥信上送虚拟 SOE
8	真双点遥信上送虚拟 SOE

注意：性质为3、4、8时上送调度的SOE时标都是远动装置自身时间的虚拟SOE时标，如果zfyx中的遥信有实际的SOE信息，则必须配置zfsoe文件，未经调度同意，一般不得使用虚拟SOE功能。

性质填2或3时数据符号名填对应通道zfhb.dat文件该合并母点下某个子点的数据符号名。

2.3.3.4 制作SOE文件

SOE即事件顺序记录，是带时标的报文，远动上送的SOE报文取装置时间时需要在zfsoe*.dat（*表示通道号）中进行配置。

（1）手动制作 SOE文件。一个SOE文件内容如下所示：

；RTU序号　点号逻辑　数据符号名

0　1　1　11SOE010000；事故总信号

0　2　1　12SOE020000；211开关

0　3　1　24SOE020000；111开关

；…

SOE不可出现在dbms.cfg中。SOE中的数据符号名结构是：地址+SOE+组号+字偏移+位偏移。遥信量的数据符号名结构是：地址+SOE+组号+字偏移+位偏移。SOE量中的数据符号名是由其对应遥信量计算而来的：SOE组号=遥信组号+字偏移，SOE字偏移清零，SOE位偏移不变。如GPS遥信数据符号名03DIG13010F，SOE数据符号名12SOE020000。

根据上述规则可以使用zfyxxx.dat文件从而手动配置相应通道的zfsoexx.dat文件。

（2）自动生成SOE文件。遥信量文件的SOE文件zfsoexx.dat文件可以使用“yxtosoe”程序来自动生成，使用专用维护笔记本电脑，在系统的“运行”中使用telnet程序，登录到远动机原始用户名root，密码rtu。

本文以300e文件命名为例，使用cd 300e/config变更当前文件夹目录，使用命令ls可以查看当前文件目录，确认该目录确为远动机配置文件目录且文件夹内又yxtosoe程序，使用./yxtosoe 命令，输入需要生成的通道号数字，程序会自动生成该通道的SOE文件。

2.3.3.5 远动重启

修改完远动机程序后需要进行远动机重启，以使修改的配置生效。远动机重启前应提前进行OMS流程申报，确认流程已审批通过后，根据需要通知网调、省调、地调、县调等调度监控部门后再开始远动机重启程序。应先重启备机，待备机重启正常，且与调度监控部门确认正常后再重启主机。

远动机重启同样需要使用TELNET登录到远动机上进行操作，使用shutdown－f进行远动机系统的重启。如果软重启遇到问题，可以使用断电重启的方式再次重启远动机来尝试进行恢复。

2.3.4 遥测编辑

CSM300E 系列远动机的程序文件结构及功能介绍参见 2.3.2.2 部分不再赘述，下面仅对遥测文件编辑进行介绍。

zfycX.dat（X=0，1，2，3….对应远动通道 1/2/3）

RTU 序号	点号	转发系数	死区值	数据符号名	偏移量

00　1638
5　　　15　　3　11ANA5202　　0；#1 主变高压侧有功功率
00　16386　　15　　3　11ANA5203　　0；#1 主变高压侧无功功率
00　16387　　300　　3　11ANA5003　　0；#1 主变高压侧电流
；…

说明：

RTU 序号：以 0 为起点，可以配置多个 RTU 号。

点号：上送调度遥测点的信息体地址。

RTU 号和点号是调度所需信息点的两个基本要素。他们一起唯一对应确定一个信息点。

转发系数：在有些情况下，dbms 的遥测值在上送调度的之前需要先乘以一个系数，称之为转发系数。具体配置方法，需要和调度协商确定。如果 101（104）规约用浮点数给调度上送遥测，那么此时转发系数=后台数据库里配置的系数。

此外，dbms 入库值=装置 2000 报文遥测值*dbms 入库系数。在计算 dbms 入库系数时，可以按照以下公式计算：

（装置 2000 报文遥测值/装置 2000 报文额定值）=（dbms 入库值/2048）

因此，dbms 入库系数=2048/装置 2000 报文额定值。例如：CSC200 系列低压保护装置的某些值的 2000 报文额定值为 4096；CSI200E 测控装置电流的 2000 报文额定值为 5，电压的 2000 报文额定值为 120，有功无功的 2000 报文额定值为 866。在配置遥测系数前，请先确定装置的 2000 报文额定值。

死区值：遥测量变化至一定限度的时候认为遥测变化，这个限度值就是死区值。该值必须为整数，对应于满量程为正负 2048 的 CSC2000 规约模拟量。注：V5.134 之前的版本 101、104 规约的满量程是正负 32767，V5.134 及之后的版本 101 和 104 规约的死区值按照变化千分比来配置，如果此处配置成 1，则表示变化死区为千分之一。

举例：某遥测变化前上送调度的值是 x，变化后上送调度的值是 y，死区是 1。

V5.134 及之后的版本 101 和 104 规约：如果 y−x＞x*0.001，（这里 y−x 后取绝对值，x*0.001 后也取绝对值）程序就认为遥测越死区了，主动上送变化遥测。

其余：如果 y－x＞1，（这里 y－x 后取绝对值）程序就认为遥测越死区了，主动上送变化遥测。

偏移量：有时候，只对遥测量做正比乘法是不够的，调度需要对遥测量进行带偏移的线性变换，即可利用此项配置与转发系数配合，实现调度的要求。此时，上送调度的值＝dbms入库值*转发系数＋偏移量。

如果需要上送对时时差，或者需要按照浮点数类型上送遥测量时，运行规约程序时需要增加－f参数。配置文件 zfycX.dat 增加一列，如下所示。

RTU 序号	点号	转发系数	死区值	数据符号名	偏移量	性质

00　16385　　15　　3　11ANA5202　　0　2；#1 主变高压侧有功功率
00　16386　　15　　3　11ANA5203　　0　2；#1 主变高压侧无功功率
00　16387　　300　　3　11ANA5003　　0　2；#1 主变高压侧电流

说明（见表 2－3－3）：

表 2－3－3　　说　明

性质	说明
0	普通遥测点
1	时差遥测量，转发系数和 dbms 入库系数都配为 1
2	用浮点数上送遥测量
3	用浮点数上送时差遥测量
4	遥测值小于零，按 0 上送

注：当使用浮点数上送遥测量，上送调度的遥测值＝装置 2000 报文遥测值*转发系数，dbms 入库系数不参与遥测数值运算，但会参与死区值运算，所以不能将 dbms 入库系数填 1，否则会导致遥测上送频度低，调度侧遥测刷新慢，历史曲线成了历史直线，dbms 入库系数也需要按照满码 2048 来配置。

工程应用中，上送调度的方式有多种，且比较灵活，工程系数和转发系数需要和调度协商。

2.3.5　遥控编辑

CSM300E 系列远动机的程序文件结构及功能介绍参见 2.3.2.2 部分不再赘述，下面仅对遥控文件编辑进行介绍。

zfykX.dat（X＝0，1，2，3….对应远动通道 1/2/3）

RTU 序号	点号	保留	对应遥信控点名	数据符号名	遥控类型	遥控参数

```
0    24578  0  0  65CTRL01D2D1   00    0; 271 开关
0    24579  0  0  66CTRL01D2D1   00    0; 272 开关
0    24580  0  0  67CTRL01D2D1   00    0; 273 开关
0    24581  0  0  61CTRL01D2D1   00    0; 275 开关
0    24582  0  0  14CTRL02D2D2   00    0; #1 主变升档
0    24583  0  0  14CTRL01D2D2   00    0; #1 主变降档
; …
```

如果要实现遥控带硬返校功能，将保留列配置为 1（表示正逻辑）或 2（表示反逻辑），第四列配上相应的遥信控点名。其余情况，这两列都配为 0。

数据符号名的大小写要与 dbms.cfg 文件中的保持一致。

遥控类型：配置该遥控点的类型。主要类型有：

0x00 普通遥控。

0xfe 装置复归，此项配置对应的数据符号名推荐使用 XXCTRLREST，XX 为装置地址，此种类型的返校是假返校。

0xfb 分组复归，此项配置对应的遥控参数为配置文件 reset.dat 中的分组号（1～5 可选）。使用此功能时，将遥控数据符号名配成 0，此种类型的返校是假返校。

0xfc 电笛复归，此项配置对应的数据符号名推荐使用 XXCTRLBEEP，此种类型的返校是假返校。

0xfd 网络切换，此项配置对应的数据符号名推荐使用 XXCTRLSWCH，此种类型的返校是假返校。

0xf9 适应一个远动点号对应多个四方遥控控点名的情况而增加（如分接头升降）。在 zfykX.dat 中将同一远动点号的对应的两个四方遥控配置成两行，两行的不同之处在于控点名、遥控子类（为 0x01H 和 0x00H，分别表示对应远动遥控的合或分）。

假返校：指调度下发遥控选择后，远动机不需要给间隔层装置下发 2000 规约的遥控选择报文，而是直接给调度上送返校成功报文。

配置装置复归时需要配置遥控参数。即遥控类型为 0xfe 时，遥控参数配置为复归单个装置的地址。若是总复归，则将地址配置为 0xff。

0xf8，此项配置对应 CSC2000 的直控功能，CSC2000 遥控操作没有预选令，只发执行（报文类型为 1F），对应功能码 E1（合）、E2（分）。

例 2-3-1 遥控分接头调度点号为一个时的配置方法。

0 198 0 0 60CTRL02D2D2 F9 1；调压升

0 198 0 0 60CTRL01D2D2 F9 0；调压降

例 2-3-2 信号总复归配置方法。

0 23 0 0 FFCTRLREST FE FF

2.3.6 其他参数配置（通信参数等）

csm320e 的配置文件在 csm300e/config 目录下，所有的文件都可以编辑、查看，归纳如下。

ser.cfg：通道配置文件。

dbms.cfg：实时数据库文件（转发遥信、遥控、遥测总表）。

netmans.sys：远动、转出以太网配置文件。

netmanm.sys：接入以太网配置文件。

gateway.sys：网关配置文件。

selectgps.sys：远动通道对时优先级设置。

lcdman320.sys：液晶显示配置文件。

lcdmenu.cfg：液晶显示菜单配置文件。

下面对各配置文件作详细说明。

（1）通道配置文件 ser.cfg。示例如下：

```
;serial port configuration file
;No.(0－9),Interface Mode Port(Hex),parameter
0    IPC  DUPLEX3f8  4     ;IRQ
1         MOXA    DUPLEX d610 5         ;IRQ
2         MOXA3  RS485 2 0;IRQ
3         MOXA4  RS485 3 0;IRQ
4    TCP SERVER 964  192.188.110.250;IP address of remote client
```

说明：第一列是通道号，从 0 开始，顺序排列，最多允许 128 个。

第二列是硬件接口。

第三列是工作模式，工作模式说明如表 2－3－4 所示。

表 2－3－4　　工作模式说明

工作模式	说明
SEMI	半双工
DUPLEX	全双工
SERVER	以太网 TCP 服务器端
CLIENT	以太网 TCP 客户端
NULL	没有此项配置
RS232、RS485	新旧 CSM320EW 的多串口卡工作在 RS232 模式或者 RS485 模式

第四列是端口号，与硬件接口的对应关系如表 2–3–5 所示。

表 2–3–5　　端口号与硬件接口的对应关系

硬件接口	端口号
IPC5689、IPC、MOXA	I/O 地址
TCP	端口号
其他	0
CSM320EW	对应串口号 3～a

第五列是相关参数设置，与硬件接口的对应关系如表 2–3–6 所示。

表 2–3–6　　相关参数设置与硬件接口的对应关系

硬件接口	其他参数设置
IPC5689、IPC、MOXA	中断号
TCP	远方 IP 地址
UDP	serudp.cfg 中的行数（从 0 开始）
其他	0

CSM300E 远动软件使用 TCP 协议进行通信时，需要注意以下几点：

1）如果同一个调度主站端有多个主机 IP 地址采用互相冷备用方式运行，则采用同一个通道配置多行来获取调度的 IP 地址，这些行除 IP 地址不同外其余全部相同。

2）如果不同通道的端口号设置唯一，则可以将属性列的 IP 地址设置为“ANY”。

3）若有多个通道的端口号设置相同，则必须设置属性列中的 IP 地址用以区分调度。

4）4.0 之前的版本支持最多可配置 16 个 IP 地址，4.0 及以后的版本最多可配置 30 个 IP 地址。

5）104 规约支持 2404 以外的非标准端口号。

分号后面是注释。

在工程应用的过程中可以仿照此文件，根据需要对通道进行灵活配置。

如果现场装置硬件不是 CSM320EW，运行的软件版本是 V5.0 及以后的版本，当启动到 sermon 进程时会报 pci init error!，这个是正常情况，不需要排查问题。

（2）以太网配置文件 netmans.sys、netmanm.sys。示例如下：

```
RecvPort1:1888
RecvPort2:1888
SendPort:1889
Multicast:236.8.8.8
```

```
CardNum:2
IPAddress1:192.168.1.245
IPAddress2:192.168.2.245
MasterID:8
MasterName:RTU1
```

netmans.sys 作为远动、转出使用，netmanm.sys 作为接入使用，其格式完全相同。

如果不需要双端口接收功能，则将“RecvPort1”和“RecvPort2”都配置成 1888 即可；如果需要双端口接收功能，可以将其中一个设成所需端口即可，默认为单端口接收。对于远动 netmans.sys 中的接收端口号一般为 1888、发送端口号为 1889；对于接入 netmanm.sys 中的接收端口号一般为 1889、发送端口号为 1888。我们需要将里面所列出的 IP 地址修改为本机的 IP 地址（若是经 CSN031 接录波网段，则在 IP 地址后加一列，配置整数 1 即可）。只有一块网卡时，CardNum：配置成 1，并在 IPAddress2 前加上#屏蔽掉。当工程上使用两台 CSM300E 装置做主备热切换时，要把两台 IPAddress1 设置成同一网段。远动接入共机时，这两个配置文件除收发端口相反以外其他配置都一样。

远动程序如果需要和监控主站之间进行通信，例如实现和监控主站间的遥控闭锁，需要设置 netmans.sys 中的 MasterID（主站 ID）、MasterName（主站名称）。根据 CSC2000 规约，远动主站的 ID 取值范围是 8～11。如果使用双机热备，两台远动主站的 ID、名称应该不同。缺省情况下，主机的 ID 为 8，备机的 ID 为 9。主站名称 MasterName 主机缺省值为 RTU1，备机缺省值为 RTU2，可设置为其他名称。

（3）LON 网配置文件 lonman.sys。示例如下：

```
0 MMI 340
1 MASTER 348
```

说明：第一列表示 lon 网卡的通道号（0～3 依次排列），第二列表示 lon 网卡类型（MMI、MASTER），第三列表示 lon 网卡地址。

（4）实时数据库定值文件：dbms.cfg。示例如下：

```
YC:11ANA6000 1
YX:11DIG010008
YK:11CTRL07B4BC
YM:10POW0101
YT:10SET01
```

说明：

第一栏：YC/YX/YK/YM/YT——定值类别，它说明后面的数据符号名所表示定值的类别为遥测/遥信/遥控/电度量/遥调。

第二栏如 11ANA4000——数据符号名即控点名。

第三栏（仅 YC）——dbms 入库系数。网络 CSC2000 报文上送模拟量的值在入 dbms 库之前乘以该系数，然后入库，需要和远动定值配置文件 zfyc*.dat（*号表示通道号）中的转发系数以及接入定值配置文件 jryc*.dat 配合起来使用。介绍转发系数时再进行详细讨论。

注意：本软件平台无需将 SOE 控点配置到 dbms.cfg 文件中。

（5）远动通道对时优先级设置 selectgps.sys。选用远动通道进行对时，当需要设置不同通道的优先级时，配置此文件。示例如下：

```
0 600
5 600
```

说明：

第一列表示远动通道号，第二列表示超时时间单位为 10ms，对时优先级依次降低。

第一列表示远动通道号，第二列表示超时时间单位为秒；对时优先级按照行数依次降低。

如上示例中的配置，通道 0 的优先级高于通道 5，默认通道 0 可以下发对时命令，当 600 秒没收到对时报文时，对时权限切换到通道 5。

2.3.7 104 报文捕获及查看

CSM320E 远动机的 104 报文捕获及查看一般使用 WatchBug 在线监控调试软件，软件使用界面如图 2－3－3 所示。

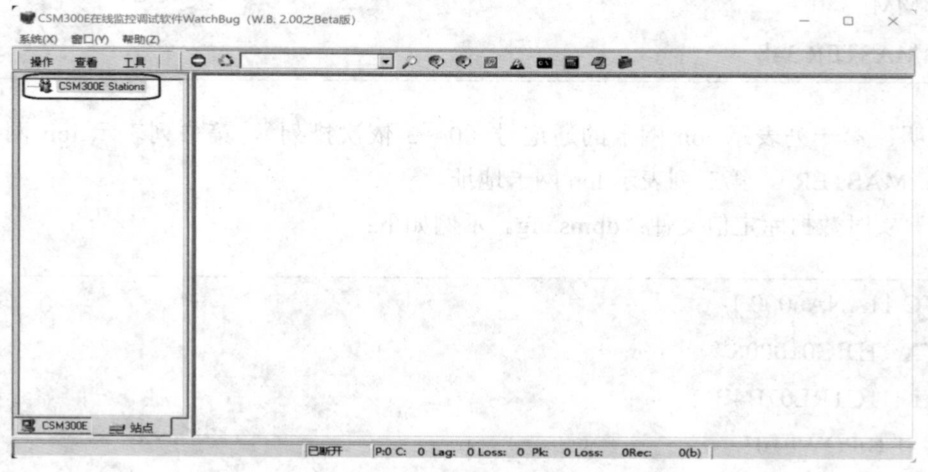

图 2－3－3 Watchbug 软件主界面

WatchBug 用于远动报文的监视、置数等。可通过网络读取文件，需要设置 IP、用户名、密码、端口等。鼠标右键点击 CSM300E Stations（见图 2－3－3）左键点击弹出的对话框新增站点，在弹出站点属性对话框（见图 2－3－4）填入远动装置名称，可以使用 IP 地址表示如“1.244”，主机地址填写要连接的远动机的 IP 地址，如 192.168.1.244。

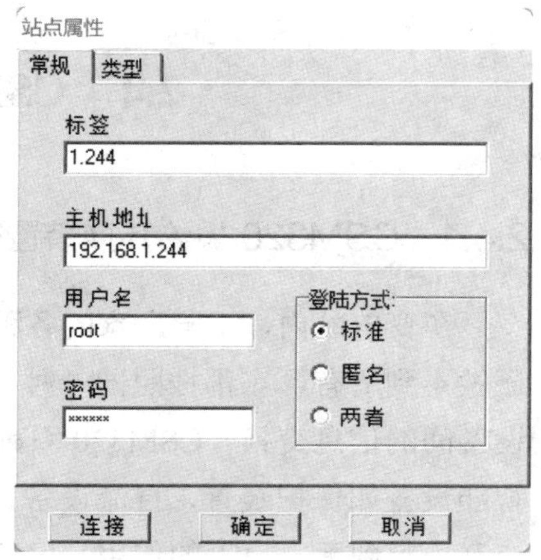

图 2－3－4 站点属性对话框

点击连接按钮连接远动主机，再点击 WatchBug 软件主界面左下角的 CSM300E 标签（见图 2－3－5），再标签页上部分选择进程，在右侧界面可以看到该远动装置运行的程序进程。使用 telnet 命令远程登录远动机，输入 ps 查询要监视的通道进程名称（CSM300 系列远动机使用的 QNX 操作系统命令及登录方法详见 2.3.1），在 WatchBug 软件进程监视界面上双击要监视的远动进程，在弹出进程报文对话框中即可监视该进程报文，报文监视对话框中可以点击：Pause 暂停报文刷新、Clear 清除报文，全选按钮后面的可以选择需要监视的报文性质。进程报文监视对话框内的报文可以进行选择、复制等文本操作，以进行报文分析。104 报文的分析方法详见报文分析章节。

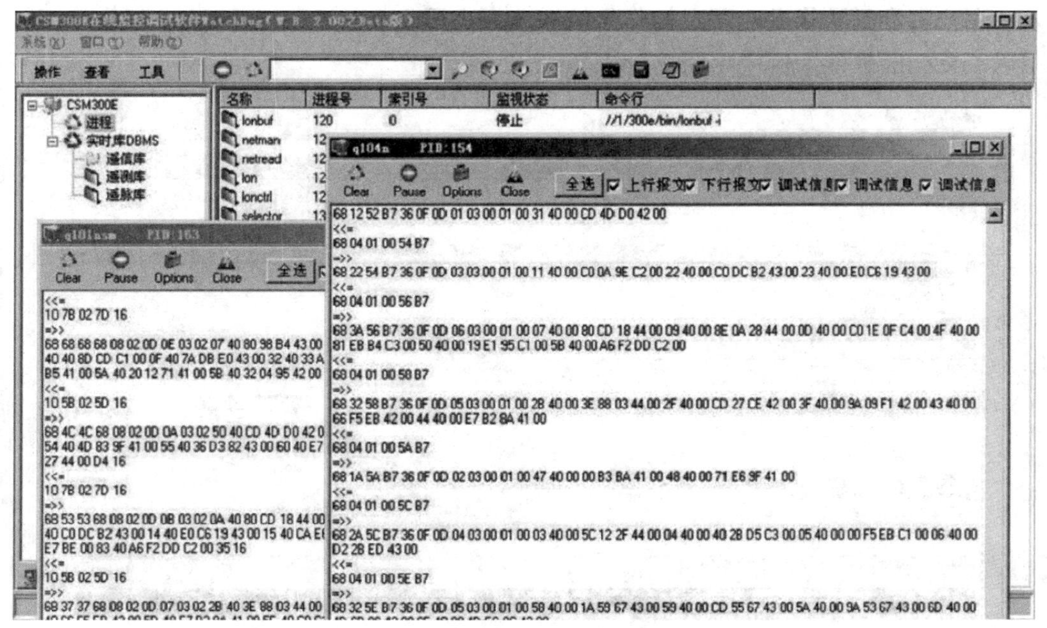

图 2－3－5 WatchBug 软件进程报文查看

2.4 CSM320 系列规约转换装置

2.4.1 CSM320 规约转换装置简介

在变电站内，不同厂家的各种设备要接入到监控系统、远动等信息处理主站，而目前还做不到所有厂家都按照同一种标准互联，需通过规约转换器，实现不同介质、不同规约设备间的信息交换。CSM320 系列规约转换装置通过对各类规约的信息转换，实现不同的智能设备如保护装置、直流设备、消弧控制器、小电流选线等与监控系统、远动等的信息交互，起到承上启下的作用，保证各智能设备发出的信息能正确、及时的在监控系统、远动装置上反映出来。CSM320 系列规约转换装置采用的是 QNX 操作系统，是一种分布式网络实时多任务操作系统，具有实时性能高、稳定性能好的优点，可对各类规约信息进行快速转换处理。

2.4.2 CSM320 规约转换器数据备份及恢复

2.4.2.1 数据备份

在对规约转换装置进行任何数据修改及操作时均需先进行数据及程序文件的备份。通常采用直接备份相关文件及文件夹的方式，将安装目录下的运行程序及数据文件等通过 FTP 方式直接下载进行备份。可采用 FileZilla、CuteFTP 等 FTP 软件更方便操作。**注意，输入的用户名和密码需要小写，操作系统区分大小写。**

以 FileZilla 软件为例（见图 2－4－1）：

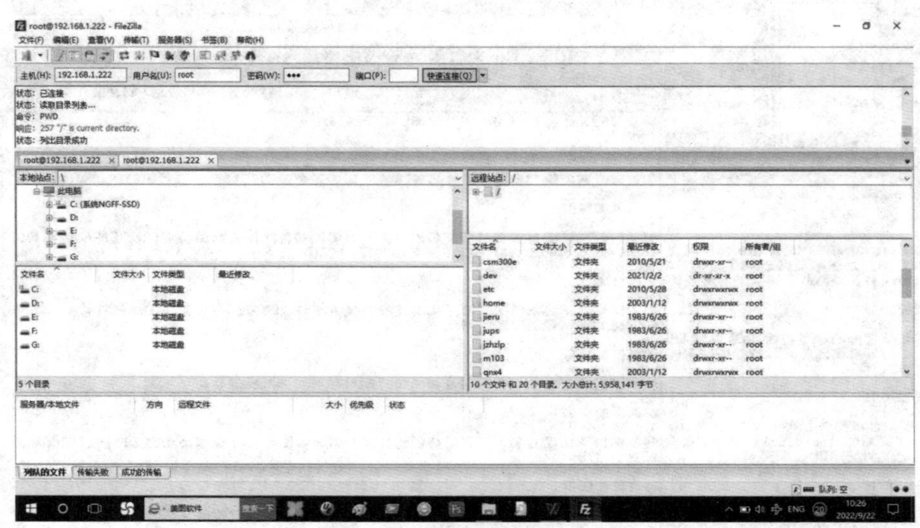

图 2－4－1　数据备份

在主机中输入规约转换装置的 IP 地址，输入用户名和密码，然后点击快速连接。在右侧远程站点下就可以看到规约转换装置根目录，而左侧是本地电脑的目录。在本地电脑侧选择需要保存备份的文件夹，在右侧远程站点目录下选择需要备份的文件或文件夹，鼠标右键点击下载，就可以将规约转换装置内需要备份的文件或文件夹直接下载备份到本地电脑的备份文件夹。CSM320 系列规约转换装置需要备份的文件和目录如下：

（1）etc 目录下的 hosts 文件，用于配置装置网口的 IP 地址。

（2）etc/config 文件夹下的 sysinit.1 文件，自动批处理文件，类似 DOS 系统中的 AUTOEXEC.BAT 一样，用于加载系统配置及运行数据配置等。为了在机器重启时能自动运行规约转换器的应用程序，必须把程序命令放到 sysinit.1 中。

（3）用 UltraEdit 软件打开 sysinit.1 文件，在该文件配置内有两行类似：

cd /m103/bin

./r &

其中 m103 这个文件夹就是需要备份的目录，用于存储规约接入程序和配置文件等。m103 的 bin 目录下存放所有可执行文件，config 目录下存放所有配置文件，这两个目录是运行所必须的。其他目录在开发调试时使用，其中 include 存放所有公用的头文件，lib 存放所有应用库文件，src 下按子目录分布存放各种规约应用的源文件。

m103 文件夹一般默认作为接入 103 规约的程序和配置目录（后面章节均以 m103 文件夹为例）。

此外，由于规约转换装置有多个串口，可能接入不同规约程序，在 sysinit.1 文件中也会有类似不同的配置，如：

cd /jzhzlp/bin

./r &

此时，除了要备份 m103 文件夹外，还要备份 jzhzlp 文件夹。即有多个类似的配置就要备份所有相关的文件夹。

2.4.2.2 数据恢复

规约转换器在运行过程中可能出现数据文件被破坏或丢失等情况，此时可通过恢复以前备份的数据配置文件进行修复。

与备份类似，先通过 FTP 软件登录规约转换器。在本地电脑侧选择已保存的备份文件夹，在右侧远程站点目录下选择需要上传的文件或文件夹的对应目录，鼠标右键点击备份文件夹内的文件或文件夹上传至规约转换器内对应目录即可，见图 2－4－2。

将 m103 文件夹直接上传至规约转换器的相应目录进行覆盖，根据需要上传所需的文件和文件夹。

上传后要注意：将进程文件即 m103/bin 文件夹下所有的文件权限必须更改为“777”才能正常运行。

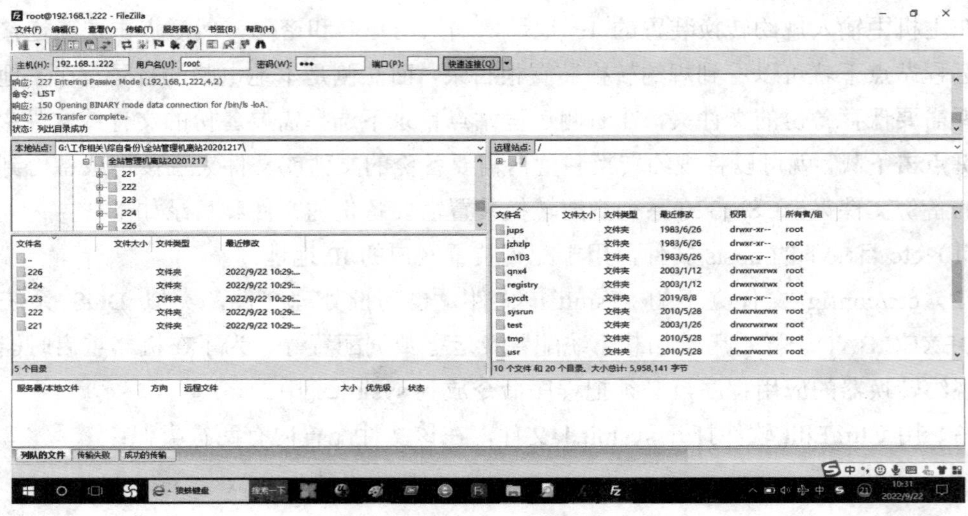

图 2-4-2　数据恢复

将 m103 进程文件的属性修改成 777 的正确方法是：用 ftp 软件连接到装置→进入 m103/bin 文件夹下→选中全部文件→鼠标右键点击属性按钮→在权限处输入 777→最后点击确认按钮。

另外要特别注意：hosts 和 sysinit.1 这两个文件不能直接上传覆盖，严禁用 FTP 软件的编辑功能修改这 2 文件，也严禁先用 FTP 软件将这 2 个文件下载下来，用 UltraEdit 软件修改后再用 FTP 上传上去，必须要用 UltraEdit 软件自带的从 FTP 打开功能在线修改这 2 个配置文件。

2.4.3　遥信编辑

在变电站中，规约转换器通过配置各类智能设备信息模板来实现规约的转换，如将保护装置的报文信息转化为监控系统能够识别的报文信息。

下面以 PSC-931SA-G-D 保护码表模板为例，说明遥信信息如何转换。部分保护码表遥信信息见表 2-4-1。

表 2-4-1　　部分保护码表遥信信息

name	grp_name	group	grp_type	entry	desc	fun	inf
PCS-931SA-G-D	动作元件	101	GT_TRIP	1	手动触发录波	90	1
PCS-931SA-G-D	动作元件	101	GT_TRIP	4	装置异常启动录波	179	60
PCS-931SA-G-D	动作元件	101	GT_TRIP	5	保护启动	178	182
PCS-931SA-G-D	动作元件	101	GT_TRIP	6	A 相跳闸动作	178	20
PCS-931SA-G-D	动作元件	101	GT_TRIP	7	B 相跳闸动作	178	21
PCS-931SA-G-D	动作元件	101	GT_TRIP	8	C 相跳闸动作	178	22
PCS-931SA-G-D	动作元件	101	GT_TRIP	9	保护动作	179	25
PCS-931SA-G-D	动作元件	101	GT_TRIP	10	重合闸动作	178	26

续表

name	grp_name	group	grp_type	entry	desc	fun	inf
PCS-931SA-G-D	动作元件	101	GT_TRIP	11	纵联差动保护动作	178	168
PCS-931SA-G-D	动作元件	101	GT_TRIP	14	工频变化量阻抗动作	178	113
PCS-931SA-G-D	动作元件	101	GT_TRIP	15	接地距离Ⅰ段动作	179	182
PCS-931SA-G-D	动作元件	101	GT_TRIP	16	相间距离Ⅰ段动作	179	183
PCS-931SA-G-D	动作元件	101	GT_TRIP	17	接地距离Ⅱ段动作	179	184
PCS-931SA-G-D	动作元件	101	GT_TRIP	18	相间距离Ⅱ段动作	179	185
PCS-931SA-G-D	动作元件	101	GT_TRIP	19	接地距离Ⅲ段动作	179	186
PCS-931SA-G-D	动作元件	101	GT_TRIP	20	相间距离Ⅲ段动作	179	187
PCS-931SA-G-D	动作元件	101	GT_TRIP	24	距离加速动作	178	116
PCS-931SA-G-D	动作元件	101	GT_TRIP	26	零序加速动作	178	151
PCS-931SA-G-D	动作元件	101	GT_TRIP	28	零序过流Ⅱ段动作	178	55
PCS-931SA-G-D	动作元件	101	GT_TRIP	29	零序过流Ⅲ段动作	178	56
PCS-931SA-G-D	动作元件	101	GT_TRIP	34	选相无效三跳	178	88
PCS-931SA-G-D	动作元件	101	GT_TRIP	35	远方其他保护动作	178	164
PCS-931SA-G-D	动作元件	101	GT_TRIP	36	加速联跳动作	179	85
PCS-931SA-G-D	动作元件	101	GT_TRIP	37	单跳失败三跳	178	89
PCS-931SA-G-D	动作元件	101	GT_TRIP	38	单相运行三跳	178	90
PCS-931SA-G-D	动作元件	101	GT_TRIP	55	不停电传动跳闸	179	188
PCS-931SA-G-D	装置自检	106	GT_ALARM	1	装置报警	90	8
PCS-931SA-G-D	装置自检	106	GT_ALARM	2	通信传动报警	90	9
PCS-931SA-G-D	遥信	113	GT_DIN	1	远方修改定值软压板	90	5
PCS-931SA-G-D	遥信	113	GT_DIN	2	远方投退压板软压板	90	6
PCS-931SA-G-D	遥信	113	GT_DIN	3	远方切换定值区软压板	90	7
PCS-931SA-G-D	遥信	113	GT_DIN	49	重合闸充电完成	179	205
PCS-931SA-G-D	遥信	113	GT_DIN	50	零序过流保护软压板	178	133
PCS-931SA-G-D	遥信	113	GT_DIN	51	零序过流保护投入	179	244
PCS-931SA-G-D	遥信	113	GT_DIN	52	距离保护软压板	178	132
PCS-931SA-G-D	遥信	113	GT_DIN	53	距离保护投入	179	243
PCS-931SA-G-D	遥信	113	GT_DIN	54	光纤通道一软压板	178	236
PCS-931SA-G-D	遥信	113	GT_DIN	55	光纤通道一投入	179	241
PCS-931SA-G-D	遥信	113	GT_DIN	56	光纤通道二软压板	178	237
PCS-931SA-G-D	遥信	113	GT_DIN	57	光纤通道二投入	179	242
PCS-931SA-G-D	遥信	113	GT_DIN	62	停用重合闸软压板	178	134

在规约转换器中需在/m103/config/文件夹下创建对应的保护装置模板信息文件，如RCPCS931SAGD9.cfg，并做如下配置：

;上送方式,ASDUID,FUN,INF,longroup(x),word(x),bit,Logic,SoeEn,S10En,S11En,ResetEn,27,28,describe

YX: ASDU1 0 90 1 1 1 0 1 1 0 0 0 0 0 ; 手动触发录波

YX: ASDU1 0 179 60 1 1 1 1 1 0 0 0 0 0 ; 装置异常启动录波

YX: ASDU1 0 178 182 1 1 2 1 1 0 0 0 0 0 ; 保护启动

YX: ASDU1 0 178 20 1 1 3 1 1 0 0 0 0 0 ;A 相跳闸动作

YX: ASDU1 0 178 21 1 1 4 1 1 0 0 0 0 0 ;B 相跳闸动作

YX: ASDU1 0 178 22 1 1 5 1 1 0 0 0 0 0 ;C 相跳闸动作

YX: ASDU1 0 179 25 1 1 6 1 1 0 0 0 0 0 ; 保护动作

YX: ASDU1 0 178 26 1 1 7 1 1 0 0 0 0 0 ; 重合闸动作

YX: ASDU1 0 178 168 1 1 8 1 1 0 0 0 0 0 ; 纵联差动保护动作

YX: ASDU1 0 178 113 1 1 9 1 1 0 0 0 0 0 ; 工频变化量阻抗动作

YX: ASDU1 0 179 182 1 1 10 1 1 0 0 0 0 0 ; 接地距离Ⅰ段动作

YX: ASDU1 0 179 183 1 1 11 1 1 0 0 0 0 0 ; 相间距离Ⅰ段动作

YX: ASDU1 0 179 184 1 1 12 1 1 0 0 0 0 0 ; 接地距离Ⅱ段动作

YX: ASDU1 0 179 185 1 1 13 1 1 0 0 0 0 0 ; 相间距离Ⅱ段动作

YX: ASDU1 0 179 186 1 1 14 1 1 0 0 0 0 0 ; 接地距离Ⅲ段动作

YX: ASDU1 0 179 187 1 1 15 1 1 0 0 0 0 0 ;

相间距离Ⅲ段动作

YX: ASDU1 0 178 116 1 2 0 1 1 0 0 0 0 0 ;

距离加速动作

YX: ASDU1 0 178 151 1 2 1 1 1 0 0 0 0 0 ;

零序加速动作

YX: ASDU1 0 178 55 1 2 2 1 1 0 0 0 0 0 ;

零序过流Ⅱ段动作

YX: ASDU1 0 178 56 1 2 3 1 1 0 0 0 0 0 ;

零序过流Ⅲ段动作

YX: ASDU1 0 178 88 1 2 4 1 1 0 0 0 0 0 ;

选相无效三跳

YX: ASDU1 0 178 164 1 2 5 1 1 0 0 0 0 0 ;

远方其他保护动作

YX: ASDU1 0 179 85 1 2 6 1 1 0 0 0 0 0 ;

加速联跳动作

YX: ASDU1 0 178 89 1 2 7 1 1 0 0 0 0 0 ;

单跳失败三跳

YX: ASDU1 0 178 90 1 2 8 1 1 0 0 0 0 0 ;

单相运行三跳

YX: ASDU1 0 179 188 1 2 9 1 1 0 0 0 0 0 ;

不停电传动跳闸

YX: ASDU1 0 90 8 1 2 10 1 1 0 0 0 0 0 ;

装置报警

YX: ASDU1 0 90 9 1 2 11 1 1 0 0 0 0 0 ;

通信传动报警

YX: ASDU1 0 90 5 7 3 3 1 1 0 0 0 0 0 ;

远方修改定值软压板

YX: ASDU1 0 90 6 7 3 4 1 1 0 0 0 0 0 ;

远方投退压板软压板

YX: ASDU1 0 90 7 7 3 5 1 1 0 0 0 0 0 ;

远方切换定值区软压板

YX: ASDU1 0 179 205 7 5 15 1 1 0 0 0 0 0 ;

重合闸充电完成

YX: ASDU1 0 178 133 D 1 0 1 1 0 0 0 0 0 ;

零序过流保护软压板

YX: ASDU1 0 179 244 D 1 1 1 1 0 0 0 0 0 ;
零序过流保护投入

YX: ASDU1 0 178 132 D 1 2 1 1 0 0 0 0 0 ;
距离保护软压板

YX: ASDU1 0 179 243 D 1 3 1 1 0 0 0 0 0 ;
距离保护投入

YX: ASDU1 0 178 236 D 1 4 1 1 0 0 0 0 0 ;
光纤通道一软压板

YX: ASDU1 0 179 241 D 1 5 1 1 0 0 0 0 0 ;
光纤通道一投入

YX: ASDU1 0 178 237 D 1 6 1 1 0 0 0 0 0 ;
光纤通道二软压板

YX: ASDU1 0 179 242 D 1 7 1 1 0 0 0 0 0 ;
光纤通道二投入

配置文件中第一行用分号表示对后面配置的注释说明，具体各配置含义见表 2－4－2。

表 2－4－2 各配置含义

上送方式	ASDUID	FUN	INF	longroup（x）	word（x）	bit	Logic	SoeEn	S10En	S11En	ResetEn	27	28	describe
遥信类型	应用单元 ID	遥信功能码	遥信信息序号	内网 2000 规约的组号	内网 2000 规约的字偏移	内网 2000 规约的位偏移	本地信号	soe 使能	电笛使能	电铃使能	自动复归使能	内部 2000 规约中 27 报文分类	内部 2000 规约中 28 报文分类	遥信名称描述

（1）应用单元 ID：遥信信息一般的 ASDUID 通用类型为 ASDU1/ASDU2 等。一般动作类是 ASDU2，其余用 ASDU1，也有全用 ASDU1 的。如上面提供的保护码表模板没有说明 ASDU 号是多少，需咨询保护装置厂家确认采用的 ASDU 号，部分厂家保护可能出现多个 ASDU 号。

（2）遥信功能码 FUN 号、遥信信息序号 INF 号和保护码表模板中的 fun 号、inf 号一一对应。

（3）组号 longroup（x）的编码原则是十六进制的 01/07/0D/13…等（第一组为 01，为何第二组为 07 呢？这个是与字偏移有关，每一组号的组号是：上一组组号＋字偏移最大数 05 的下一个。如 01＋05＝06 的下一个是 07，07＋05＝0C 的下一个是 0D，以此类推）。

（4）字偏移 word（x）的编码原则是十进制的 01/02/03/04/05（共 5 个）。

（5）位偏移 bit 的编码原则是十进制的 01/02/03/04/...14/15（共 16 个）。

按以上原则每一组最多可表示 80 个遥信量。

（6）soe 使能为 1 时表示信号动作时同时生成 soe 信息。

（7）电滴使能、电铃使能为1时表示信号动作时驱动响滴、响铃。

（8）自动复归使能表示信号动作时规约转换器是否处理将信号复归，为1时表示处理自动复归，为0时表示不处理。部分保护装置动作时可能只发动作报文，不发复归报文，这样就造成监控后台机或调控主站收到的动作信号或光字牌一直存在，影响值班人员监控，因此对于此类保护装置，需将自动复归使能置为1。

RCPCS931SAGD9.cfg模板中的FUN号、INF号对应保护码表模板中的fun号和inf号。模板中的组号、字偏移、位偏移对应组成内部2000规约可识别的标签。如第一个信号：手动触发录波，组号、字偏移、位偏移对应的是1、1、0，转换为内部2000规约的信号标签为：DIG010100；最后一个信号：光纤通道二投入，组号、字偏移、位偏移对应的是D、1、7，转换为内部2000规约的信号标签为：DIG0D0107（标签的组成均采用十六进制，字偏移和位偏移需转换为十六进制。如组号、字偏移、位偏移对应的是7、5、15，转换为内部2000规约的信号标签为：DIG07050F）。

当然该遥信标签还需要增加配置装置地址才能对应到监控后台机上的数据库对应间隔保护装置的遥信标签，在下面章节再进行说明。

观察上面的保护模板和规约转换器中的模板，发现最后一个遥信：停用重合闸软压板，在规约转换器中未配置，那我们就可以根据FUN号、INF号及组号、字偏移、位偏移的编码原则，相应增加一行配置：

YX: ASDU1 0 178 134 D 1 8 1 1 0 0 0 0 0 ; 停用重合闸软压板

在规约转换器的保护装置模板信息有缺漏或保护装置升级增加部分信号时，可通过此方法修改模板配置文件，同时在监控后台机上增加相应标签的遥信信号即可实现信息转换。

2.4.4 遥控编辑

以PSC－931SA－G－D保护码表模板为例，说明遥控信息如何转换。表2－4－3为部分保护码表软压板信息。

表2－4－3　　部分保护码表软压板信息

name	grp_name	group	grp_type	entry	desc	fun	inf
PCS－931SA－G－D	功能软压板	30	GT_VIR_ENA_PARA	1	光纤通道一软压板	18	42
PCS－931SA－G－D	功能软压板	30	GT_VIR_ENA_PARA	2	光纤通道二软压板	18	43
PCS－931SA－G－D	功能软压板	30	GT_VIR_ENA_PARA	3	距离保护软压板	18	44
PCS－931SA－G－D	功能软压板	30	GT_VIR_ENA_PARA	4	零序过流保护软压板	18	45
PCS－931SA－G－D	功能软压板	30	GT_VIR_ENA_PARA	6	停用重合闸软压板	18	47
PCS－931SA－G－D	功能软压板	30	GT_VIR_ENA_PARA	11	远方投退压板软压板	18	52
PCS－931SA－G－D	功能软压板	30	GT_VIR_ENA_PARA	12	远方切换定值区软压板	18	53
PCS－931SA－G－D	功能软压板	30	GT_VIR_ENA_PARA	13	远方修改定值软压板	18	54

这些软压板具备遥控功能。同样的需在规约转换器/m103/config/文件夹下的保护装置模板信息文件 RCPCS931SAGD9.cfg 中增加相应的软压板遥控配置信息，如下：

；遥控，ucASDUType，&ucAsudId，&ucFun，&ucInf，&ucObjectNo，&ucCommandCode，&ucCommandCode1，&ucYkExec，&ucDatatype，ucInfDesc

YK：ASDU10　0　30　1　01　B4　BC　01　03　；光纤通道一软压板

YK：ASDU10　0　30　2　02　B4　BC　01　03　；光纤通道二软压板

YK：ASDU10　0　30　3　03　B4　BC　01　03　；距离保护软压板

YK：ASDU10　0　30　4　04　B4　BC　01　03　；零序过流保护软压板

YK：ASDU10　0　30　6　05　B4　BC　01　03　；停用重合闸软压板

YK：ASDU10　0　30　11　06　B4　BC　01　03　；远方投退压板软压板

YK：ASDU10　0　30　12　07　B4　BC　01　03　；远方切换定值区软压板

YK：ASDU10　0　30　13　08　B4　BC　01　03　；远方修改定值软压板

配置文件中第一行用分号表示对后面配置的注释说明，具体各配置含义见表 2－4－4。

表 2－4－4　各配置含义

遥控	ucASDUType	&ucAsudId	&ucFun	&ucInf	&ucObjectNo	&ucCommandCode	&ucCommandCode1	&ucYkExec	&ucDatatype	ucInfDesc
遥控类型	遥控数据类型	遥控应用单元地址偏移	遥控功能码	遥控信息序号	后台遥控对象号	遥控地址 2	遥控地址 3	字节数	数据类型	遥控名称描述

（1）遥控数据类型：采用通用分类一般是 ASDU10、ASDU20、ASDU64 等，主要用的是组号、条目号。部分保护码表模板可能未提供遥控数据类型，如上面提供的保护码表模板，此时需咨询保护装置厂家确认采用的 ASDU 号。

（2）遥控应用单元地址偏移：无偏移置 0。

（3）遥控功能码：对应保护码表 group，即为组号。

（4）遥控信息序号：对应保护码表 entry，即为条目号。

（5）后台遥控对象号：采用十六进制编码，从 01 开始顺序往下编。

（6）遥控地址 2、遥控地址 3：需根据遥控数据类型 ASDU 号来定。如 ASDU10 对应的遥控地址 2、遥控地址 3 分别为 B4、BC，而 ASDU64 对应的则为 D2、D1（B4、D2 表示合，BC、D1 表示分）。

（7）数据类型：一般是固定的，采用 3，部分厂家有 3 和 9 两种选型。部分保护码表模板可能未提供数据类型，如上面提供的保护码表模板，此时需咨询保护装置厂家确认采用的数据类型。

RCPCS931SAGD9.cfg 模板中的遥控功能码、遥控信息序号对应保护码表模板中的组号、条目号。模板中的后台遥控对象号、遥控地址 2、遥控地址 3 对应组成内部 2000 规约可识别的标签。如第一个遥控：光纤通道一软压板，后台遥控对象号、遥控地址 2、遥控地址 3 对应的是 01、B4、BC，转换为内部 2000 规约的遥控标签为：CTRL01B4BC；最后一个遥控：远方修改定值软压板，后台遥控对象号、遥控地址 2、遥控地址 3 对应的是 08、B4、BC，转换为内部 2000 规约的遥控标签为：CTRL08B4BC。

当然该遥控标签还需要增加配置装置地址才能对应到监控后台机上的数据库对应间隔保护装置的遥控标签，在下面章节再进行说明。

在规约转换器的保护装置模板信息有缺漏或保护装置升级增加部分遥控时，可通过此方法修改模板配置文件，同时在监控后台机上增加相应标签的遥控信号即可实现信息转换。

2.4.5 CSM320 规约转换器智能设备接入地址配置

智能设备可通过串口或网口接入规约转换器，每台智能设备均需分配一个装置地址，并在智能设备做好相关地址配置。有些监控系统要求智能设备的装置地址需唯一，即全站所有的智能设备装置地址均需不同，有些监控系统仅要求接入规约转换器同一个串口或同一个网口内的智能设备装置地址需不同，但接入不同串口或不同网口的智能设备装置地址可能相同。CSM320E 系列规约转换器内装置地址配置需通过/m103/config/文件夹下的 address.cfg.comX 文件来实现。comX 表示接入规约转换器哪个串口 X 就表示几，如接入串口 3，则该文件为 address.cfg.com3。如果有多台智能设备采用相同规约程序接入规约转换器的不同串口，则每个串口均配置一个文件，如接入串口 3、串口 4 等，则相应配置 address.cfg.com3、address.cfg.com4 文件。

address.cfg.com3 文件配置如下：

```
SLAVEDEV: 1     ;下接装置数目
;LON(H)  DEVDESC        485    AsduId    ASDU   FUN    MSGTYPE(H)
3E   RCPCS931SAGD9      1       0         1     255       68
```

具体各配置含义见表 2-4-5。

表 2-4-5　　各配置含义

LON（H）	DEVDESC	485	AsduId	ASDU	FUN	MSGTYPE（H）
内网 2000 规约的装置地址	智能设备装置模板名称	智能设备装置地址	应用层基地址	应用层地址	智能设备的保护信息功能码	智能设备的保护信息类型码

（1）SLAVEDEV：表示该串口接入多少台智能设备，一般接入多少台装置就配置多少，如果配置少了，则部分装置无法通信。具体配置的设备量与后面地址配置数量对应。简单来说对应行数。

（2）LON（H）：内网 2000 规约的装置地址，十六进制地址，该地址具有唯一性，即全站所有设备的内网 2000 规约的装置地址 LON（H）必须是不同的，监控系统通过这个地址来识别全站所有的设备，如果配置了相同的地址，则监控系统无法配置数据库相关信息。

（3）DEVDESC：装置模板名称，如前面遥信、遥控编制章节提到的RCPCS931SAGD9.cfg文件，这里则配置为RCPCS931SAGD9。如果不同型号的设备适用的通信规约程序一样，则在同一个串口中，可并接多台不同型号的设备，每种型号的设备配置一个模板文件，如接入PCS931和NSR303设备，则对应配置RCPCS931SAGD9和NSR303AGD9两个不同的模板。

（4）485：智能设备装置地址，即链路层地址，十进制地址。同一个串口内接入设备的地址必须是不同的。不同串口接入设备的装置地址可相同，但部分监控系统有要求该地址也必须全站唯一。

（5）AsduId：应用层基地址。一般默认设置为0。

（6）ASDU：应用层地址。一般默认设置为与485装置地址一致。

（7）FUN、MSGTYPE（H）：保护信息功能码和保护信息类型码。在配置文件中不起作用。

如果在上面串口3中再并接一台相同型号的PCS931装置和一台不同型号的NSR303装置，则address.cfg.com3文件配置可按如下修改，需注意LON（H）地址全站唯一，485装置地址需不同：

```
SLAVEDEV:  3     ;下接装置数目
;LON(H)DEVDESC      485    AsduId    ASDU    FUN    MSGTYPE(H)
3E     RCPCS931SAGD9   1      0        1     255        68
3F     RCPCS931SAGD9   2      0        2     255        68
40     NSR303AGD9      3      0        3     255        68
```

2.4.6 其他配置

2.4.6.1 网口参数配置

1. 网口IP地址配置

CSM320规约转换器在出厂时所有网口的IP地址默认是192.168.x.245，现场实际使用时经常需要根据现场情况更改网口的IP地址和子网掩码、路由表等。

通过修改/etc/hosts这个文件就可以配置装置网口的IP地址，如：

192. 168.1.226 node1

192. 168.2.226 node2

192. 168.3.226 node3

192. 168.4.226 node4

192. 168.5.226 node5

192. 168.6.226 node6

192. 168.7.226 node7

192. 168.8.226 node8

但需注意：hosts 文件必须要用 UltraEdit 软件自带的从 FTP 打开功能在线修改这个配置文件。同时要注意：装置多个网口的 IP 地址不能配置在同一网段。

2. 口子网掩码配置

严禁通过修改 sysinit.1 文件来配置装置网口的子网掩码，必须在/m103/bin/r 文件中进行配置，格式如下：

/usr/ucb/ifconfig en1 node1 netmask 255.255.255.128

sleep 1

/usr/ucb/ifconfig en2 node2 netmask 255.255.255.128

sleep 1

一般在规约转换器中无需配置子网掩码。

3. 路由表配置

严禁通过修改 sysinit.1 文件来配置路由表，必须在/m103/bin/r 文件中进行配置，格式如下：

/usr/ucb/route add 主站前置机 IP 地址 网关 IP 地址

具体配置如下：

/usr/ucb/route add 236.8.8.8 192.168.1.226

sleep 1

/usr/ucb/route add 236.8.8.8 192.168.2.226

sleep 1

2.4.6.2 串口参数配置

CSM320 规约转换器有多个串口供智能设备接入，每个串口都需要相应的驱动配置才能正常使用。在 CSM320EP 及之前的装置，串口配置是在 etc/config 文件夹下的 sysinit.1 文件中进行配置的。配置行如下：

/bin/Dev.ser 3f8,4 2f8,3 d600,5 d608,5 d610,5 d618,5 d100,5 d108,5 d110,5 d118,5 &。

在这个配置行中最后面添加“空格＋&”表示该命令在背景运行，即后台运行，后面的配置程序可直接继续加载运行。如果配置行最后面不添加“空格＋&”表示在前景运行，即只有等配置行所有的程序全部运行结束后才能加载后面的其他配置程序。

如计算的 PCI 设备需分配基地址（I/O 地址）和中断号，CSM320 系列规约转换器的串口也需要配置基地址和中断号。每 2 个参数对应一个串口的配置，如 3f8，4 表示串口 1 的基地址是 3f8、中断号是 4，以此类推。

其中 3f8，4 和 2f8，3 这 2 个串口是装置本机自带串口，类似计算机自带的 2 个串口，其他的都是外扩的串口。

（1）对于 CSM320E 装置，8 路串口都是外扩的，分别为串口 1 到串口 8，全部都是 RS232，其 I/O 地址分别为 a800H、a808H、a810H、a818H、b000H、b008H、b010H、b018H，其中前四个中断为 10，后四个中断为 11。

（2）对于 CSM320EP 装置，底板上已经集成了 10 路串口，分别为串口 1 到串口 10。

其I/O地址和中断分别为3f8，4、2f8，3、d600，5、d608，5、d610，5、d618，5、d100，5、d108，5、d110，5、d118，5。串口1至串口4为RS232方式，串口5至串口10不同的硬件配置可能为RS232或RS485方式。

（3）对于CSM320EW装置，底板上已经集成了10路串口，分别为串口1到串口10。串口1和串口2的I/O地址和中断分别为3f8，4、2f8，3为RS232方式，串口3～10为多串口卡可灵活配置为RS232或RS485，无需配置I/O地址和中断，但需要配置相应的串口号。

其中串口1和串口2在sysinit.1配置文件中进行配置，配置如下：

/bin/Dev.ser－N/dev/ser1 3f8，4 &

/bin/Dev.ser－N/dev/ser2 2f8，3 &

而串口3～串口10则在m103/config文件夹下的**ser.cfg**文件中进行配置。配置如下：

```
;ChannelNo  Interface  Mode   Port(HEX)  Parameter  baude  check
3           MOXA3      RS485  3          0          9600   18   ;IRQ
4           MOXA3      RS485  4          0          9600   18   ;IRQ
5           MOXA3      RS485  5          0          9600   18   ;IRQ
6           MOXA3      RS485  6          0          9600   18   ;IRQ
7           MOXA3      RS485  7          0          9600   18   ;IRQ
8           MOXA3      RS485  8          0          9600   18   ;IRQ
9           MOXA3      RS485  9          0          9600   18   ;IRQ
10          MOXA3      RS485  A          0          9600   18   ;IRQ
```

具体各配置含义见表2－4－6。

表2－4－6　　　　各配置含义

ChannelNo	Interface	Mode	Port（HEX）	Parameter	baude	check
通道号	硬件接口类型	串口模式	端口号（串口号）	参数	传输波特率	校验方式， 18为偶校验

通道号：规约转换器中无实际意义，一般设置为与串口号一致，但采用的是十进制。

硬件接口类型：早期的CSM320EW的多串口卡接口类型配置为MOXA3，新的CSM320EW的多串口卡接口类型配置为MOXA4。

注意：CSM320EW的串口3～串口10只适用于m103的标准规约程序。其他智能设备小程序如果要接入，只能接入装置本机自带的串口1和串口2。

2.4.6.3　程序运行

软件包括这些目录：bin、config、include、londrv、src等。

其中bin下为可执行文件：

b：编译脚本文件。

mapp103：应用层规约转换进程。

mlnk103：链路层串口进程（若为 CSM320EW 装置则是 **mlnksermoxa3** 文件）。

netsend：链路层以太网发送进程。

netread：链路层以太网接收进程。

monitor：看护进程。

r：运行脚本文件。

CSM320 系列规约转换器启动时首先运行 etc/config/sysinit.1 批处理文件，加载操作系统配置及各硬件驱动，如串口、网卡等，并运行 m103/bin/r 批处理文件，加载具体保护接入程序和配置文件。下面以 CSM320EW 为例说明具体配置。

（1）批处理文件 sysinit.1 的配置如下：

配置行	说明
export KBD = en_US_101.kbd export ABLANG = en export CON_KBD = USA export TZ = wast - 08 /bin/rtc - l hw Dev & emu87 & Pipe & /bin/Dev.ser - N/dev/ser1 3f8,4 & /bin/Dev.ser - N/dev/ser2 2f8,3 & Dev.ansi - Q - n6 & reopen /dev/con1 kbd $CON_KBD prefix - A /dev/console = /dev/con1 Dev.par & Dev.pty - n16 & echo ....start net........ /bin/Net - d8 & /bin/Net.e1000 - l1 - I0 - M & /bin/Net.e1000 - l2 - I1 - M & /bin/Net.e1000 - l3 - I2 - M & /bin/Net.e1000 - l4 - I3 - M & /bin/Net.e1000 - l5 - I4 - M & /bin/Net.e1000 - l6 - I5 - M &	;以上为操作系统配置信息,默认不做修改,不然可能影响操作系统运行 ;#表示该行配置不运行,对各配置文件均适用 ;等待 3 秒 ;进入 m103/bin 文件夹,可根据具体情况修改 ;运行 r 批处理文件

/bin/Net.e1000 – l7 – I6 – M & /bin/Net.e1000 – l8 – I7 – M & /usr/ucb/Tcpip node & /usr/ucb/ifconfig lo0 127.1 /usr/ucb/ifconfig en1 node1 /usr/ucb/ifconfig en2 node2 /usr/ucb/ifconfig en3 node3 /usr/ucb/ifconfig en4 node4 /usr/ucb/ifconfig en5 node5 /usr/ucb/ifconfig en6 node6 /usr/ucb/ifconfig en7 node7 /usr/ucb/ifconfig en8 node8 /usr/ucb/inetd & echo ....net ok ..... tinit – t /dev/con1 & tinit – T /dev/con[2 – 6]& #cd /sysrun #./run sleep 3 cd /m103/bin ./r &	

注意：由于 **sysinit.1** 为操作系统配置文件，严禁用 **FTP** 软件的编辑功能修改这个文件，也严禁先用 **FTP** 软件将这个文件下载下来，用 **UltraEdit** 软件修改后再用 **FTP** 上传上去，必须要用 **UltraEdit** 软件自带的从 **FTP** 打开功能在线修改这个配置文件。

（2）批处理文件 r 的配置如下：

配置行	说明
sleep 1 ./route add　236.8.8.8　192.168.1.226 sleep 1 ./route add　236.8.8.8　192.168.2.226 sleep 1 ./sermoxa3 &	；路由表配置 ；CSM320EW 的多串口卡驱动，调用 ser.cfg 文件加载串口配置。如果是 CSM320EP 及以下型号装置，则无需配置此行，在 sysinit.1 中已完成所有串口配置

sleep 1 ./monitor com3 & sleep 1 ./netsend & sleep 1 ./netread com3 & sleep 1 ./mlnksermoxa3 com3 & sleep 1 ./mapp103 com3 &	；monitor 看护进程，是多参数可执行程序，参数列表为所监视的串口（最多支持 6 个串口），调用 monitor.sys 文件配置 ；链路层以太网发送进程，调用 netsend.sys 配置文件 ；链路层以太网接收进程，是多参数可执行程序，参数列表为所监视的串口（最多支持 6 个串口） ；链路层串口进程，只有一个运行参数。所以要监视一个串口就要运行一组 mlnksermoxa3 程序，参数为所监视的那个串口。调用 mlnk103.sys.com3 文件配置。如果是 CSM320EP 及以下型号装置，则修改命令为：./mlnk103 com3 & ；应用层规约转换进程，只有一个运行参数。所以要监视一个串口就要运行一组 mapp103 程序，参数为所监视的那个串口。调用 mapp103.sys.com3 文件配置

如果还有其他串口也是采用与串口 3 一样的 m103 接入规约程序，如串口 5、串口 6，则批处理文件 r 的配置可修改为：

配置行	说明
sleep 1	
./route add 236.8.8.8 192.168.1.226	;增加串口 5、6 配置
sleep 1	;增加串口 5、6 配置
./route add 236.8.8.8 192.168.2.226	;增加串口 5 配置
sleep 1	;增加串口 5 配置
./sermoxa3 &	;增加串口 6 配置
sleep 1	;增加串口 6 配置
./monitor com3 com5 com6 &	
sleep 1	
./netsend &	
sleep 1	
./netread com3 com5 com6 &	

sleep 1 ./mlnksermoxa3 com3 & sleep 1 ./mapp103 com3 & sleep 1 ./mlnksermoxa3 com5 & sleep 1 ./mapp103 com5 & sleep 1 ./mlnksermoxa3 com6 & sleep 1 ./mapp103 com6 &	

同时 m103/config 文件夹下需要增加相应的 address.cfg.com5、address.cfg.com6、asdu26.cfg.com5、asdu26.cfg.com6、mlnk103.sys.com5、mlnk103.sys.com6、mapp103.sys.com5、mapp103.sys.com6 配置文件。

（3）WatchDog 配置文件——monitor.sys。

配置行	说明
watchdog＝ETXi602 MonitorTimeMax＝450	；看门狗功能配置，依据系统主板的型号配置看门狗类型 ；看护 mlnk103 进程系统重启最大允许时间（second）。默认时间 200 秒，原则是由于其他原因导致 mlnk103 进程不发数据时间越长配置越大，特别是录波，数据越多配置越大

（4）网络配置——netsend.sys。

配置行	说明
Debug Port(Net)Enable ＝1 ethernet debug address ＝192.168.1.9 ethernet debug port ＝1230 Fault Lubo Port(Net)Enable ＝0 ethernet LuBo address ＝192.168.2.243 ethernet LuBo port ＝1886 LuBo net send delay(ms)＝50	;Debug 使能标识 ;Debug 调试端口 IP 地址 ;Debug 调试端口号 ;录波使能标识 ;录波发送的 IP 地址 ;录波发送端口号 ;录波发送时间间隔

（5）串口 3 链路层参数配置——mlnk103.sys.com3。

配置行	说明
com port address(16)=d600	;串口 3 的基地址
com irq number =5	;串口 3 的中断号
com bautrate(16) =0c	;串口 3 的通讯波特率
com check paramter(16)=18	;串口 3 的校验方式
com working time/device(ms)=800	;串口问讯超时判断时间
com interval/byte =15	

一般来讲，此配置文件无需做参数更改。

（6）串口应用层参数配置——mapp103.sys.com3 配置。

配置行	说明
send delay(ms) =100	;串口应用层每次问答的时间间隔
ask Ana(Pulse)value interval(s)=120	;应用层定时询问模拟量或脉冲量的时间间隔
gi interval(minute) =60	;总召的时间间隔
gi enable(BOOL) =1	;总召使能
setvalue message format(BOOL)=0	;定值上送报文方式
Disturbance Data Enable(BOOL)=0	;录波数据传送使能
Print to Screen enable(BOOL)=1	;打印到屏幕使能
Display Message enable(BOOL)=0	;显示各种调试信息,默认为 0

（7）录波启动的时间的配置文件——asdu26.cfg.com3。

Asdu26WithTimetag=1

如果录波启动时间不用 Asdu26 送，Asdu26 的 4 字节时间全为 0，则配置成 0，并取 Asdu23 中的时间。

如果录波启动时间用 Asdu26 送，Asdu26 的 4 字节时间不全为 0，则配置成 1，默认设置为 1。

（8）以太网配置文件 netman.sys。

配置行		说明
RecvPort1:	1889	；接收端口号
RecvPort2:	1889	；发送端口号
SendPort:	1888	；组播地址
Multicast:	236.8.8.8	；指用了几个网口，不是有几个网口
CardNum:	2	；网口 1 地址，与 hosts 文件内网口 1 地址对应
IPAddress1:	192.168.1.226	；网口 2 地址，与 hosts 文件内网口 2 地址对应
IPAddress2:	192.168.2.226	

2.4.6.4 CSM320 规约转换器接入串口更换

在现场运行中，经常会发生规约转换器接入串口故障，导致保护设备等接入设备通信异常等情况，此时可通过调整保护设备接入规约转换器的串口来处理。如将接入串口从串口 3 调整到串口 4，此时需将：

（1）m103/bin 文件夹下的批处理文件 r 的配置中，将各配置行的 com3 更改为 com4。

（2）m103/config 文件夹下的 address.cfg.com3、asdu26.cfg.com3、mlnk103.sys.com3、mapp103.sys.com3 这 4 个文件配置的文件名称更改为 address.cfg.com4、asdu26.cfg.com4、mlnk103.sys.com4、mapp103.sys.com4。

（3）将通信线由串口 3 改接到串口 4。

这样就完成通信串口更换，无需再修改其他配置。

2.4.6.5 装置更换

在现场运行中，如果发生规约转换器故障，则需进行更换。由于 CSM320 系列规约转换器装置存在多种型号，此时可分两种情况进行处理：第一种是有相同型号的规约转换器备品，更换较简单；第二种是规约转换器型号较老旧，无相同型号备品，需更换较新型号的规约转换器，更换较复杂。

1. 更换同型号 CSM320 规约转换器

更换同型号的规约转换器，按如下步骤进行：

（1）CSM320 规约转换器在出厂时所有网口的 IP 地址默认是 192.168.x.245，需先修改各网口的 IP 地址，以免与其他设备地址冲突，将 IP 地址更改为与旧的规约转换器一致即可，也可以与旧规约转换器的 IP 地址不一致，只要地址不冲突就可以。如果新旧地址不一致，还需要修改 netmam.sys 内的配置。

通过修改/etc/hosts 文件配置实现 IP 地址修改。但需注意 hosts 文件必须要用 UltraEdit 软件自带的从 FTP 打开功能在线修改，不能直接将旧规约转换器备份的 host 文件直接覆盖恢复。详见 2.4.6.1 网口参数配置章节。

（2）修改 etc/config 文件夹下的 sysinit.1 文件配置。同样也要注意 sysinit.1 文件也必须要用 UltraEdit 软件自带的从 FTP 打开功能在线修改，不能直接将旧规约转换器备份的

sysinit.1 文件直接覆盖恢复。参照旧规约转换器 sysinit.1 配置修改，注意涉及操作系统配置信息部分不能修改。详见 2.4.6.3 程序运行批处理文件 sysinit.1 的配置。修改后要确认 sysinit.1 的文件权限为“777”。

（3）将旧规约转换器备份的 m103 文件夹上传到新规约转换器相应目录覆盖。同时一定要注意将 m103/bin 文件夹下所有的文件权限更改为“777”，进程文件才能正常运行。详见 2.4.1.2 数据恢复。

（4）如果新规约转换器修改后的 IP 地址与旧规约转换器不一致，则需注意再修改 m103/bin 文件夹下 netmam.sys 文件配置内的 IP 地址。

（5）恢复新规约转换器外部各接线，更换完成。

2. 更换不同型号 CSM320 规约转换器

更换不同型号的规约转换器，按如下步骤进行：

（1）更换 IP 地址、修改 sysinit.1 文件配置及上传 m103 文件夹操作同更换同型号规约转换器。

（2）如果是从 CSM320EP 及之前型号的规约转换器更换为 CSM320EW 型号。则需要再更改 m103/bin 目录下的 r 文件配置及 m103/config 目录下的 netmam.sys 文件配置。

（3）更改 r 文件配置：参照 4.1.5.3 CSM320 规约转换器程序运行批处理文件 r 的配置，增加./sermoxa3 &及将./mlnk103 comX &更改为./mlnksermoxa3 comX &等配置，更改后要注意将文件权限更改为“777”。

（4）更改 netmam.sys 文件配置：同样如果新规约转换器修改后的 IP 地址与旧规约转换器不一致，则需将 netmam.sys 文件配置内的 IP 地址修改为与新规约转换器 IP 地址一致。

（5）恢复新规约转换器外部各接线，更换完成。

2.4.6.6 CSM320 规约转换器配置注意事项

（1）CSM320 系列规约转换器由于硬件配置不相同，所以装置里的 hosts 和 sysinit.1 这两个文件内容也是不相同，现场不同型号之间的这两个文件是不能互相替换使用的。严禁用 FTP 软件的编辑功能修改这两个文件，也严禁先用 FTP 软件将这两个文件下载下来，用 UltraEdit 软件修改后再用 FTP 上传上去，必须用 UltraEdit 软件自带的从 FTP 打开功能在线修改这两个配置文件。

（2）现场装置里有个 m103 文件夹，该文件夹下面有个 r 批处理文件，装置网口子网掩码配置、路由配置，以及软件自启动调用应该都放在 r 批处理文件里，而不是直接在 sysinit.1 文件里配置。

（3）现场装置修改配置文件后正确的重启方式是用 telnet（或超级终端）软件登录上去敲 shutdown 回车来重启，严禁敲 shutdown – f 回车的方式重启装置，更不允许直接通过关闭再打开装置电源开关的方式重启装置，否则容易导致装置无法 ping 通。

（4）CSM320 系列装置主板上的 CPU 使用的是基于 intel 公司 x86 架构的，装置在正常开机上电或装置重启时能够听到‘嘀’的一声，如果没听到这个声音则证明装置的主板损坏，需要返厂维修或更换新装置。

（5）m103 的进程文件和批处理权限必须修改成 777 才能正常运行，指的是 m103/bin 文件夹下的文件，将进程文件的属性修改成 777 的正确方法是：用 FTP 软件连接到装置→进入 m103/bin 文件夹下→选中全部文件→鼠标右键点击属性按钮→在权限处输入 777→最后点击确认按钮。

2.4.7 QNX 操作系统常用命令

（1）显示当前工作目录——pwd。

pwd 是 print working directory 的缩写，它能够显示用户当前所处的目录名。

例 2－4－1 如果用户以 root 登录,在提示符下执行 pwd 命令,则 QNX 将显示如下信息:

```
#pwd<CR>
/m103/bin
#
```

路径名/m103/bin 告诉用户根目录（行首的“/”）含有目录 m103，m103 又含有目录 bin。非根目录的其他斜线用来分隔目录和文件名，并且表明了每个目录相对于根的位置。以“/”开头的路径名称为绝对路径。在任何时刻，用户可以执行 pwd 命令，来判断当时用户在文件系统中的位置。

（2）显示和设置系统日期和时间——date。

date 命令的简单格式就是在系统提示符后直接输入 date，系统将显示当前的系统日期和时间。此外，还可以定制 date 的显示格式。

例 2－4－2 显示时间

```
#date<CR>
Sun Apr 29 15:08:31 wast 2021－4－29
#
#date ‘+DATE:%m/%d/%y%nTIME:%H:%M:%S’<CR>
DATE:04/30/01
TIME:15:09:19
#
```

对于系统管理员，还可以通过 date 命令来设置系统的时间。

例 2－4－3 设置时间

```
#date 16 08 15 10 30 00
```

```
Sun Aug 16 10:30:00 wast 2021
#date
Sun Aug 16 10:30:01 wast 2021
#
```

（3）列目录——ls。

用户登录到 QNX 系统后，大部分时间都是与 QNX 的文件系统打交道。文件系统中的所有目录都具有关于它所含文件和目录的信息，如名字、大小和最近修改日期登录。QNX 的列目录命令为 ls，用户通过执行此命令，可以获得当前目录以及其他系统目录在这方面的信息，并用参数指定输出目录信息的格式。

例 2-4-4 最简单的命令就是在命令提示符下输入 ls，系统将显示当前目录下的文件。如下所示：

```
#ls<CR>
.        bin        include        src
..        config   lib
#
```

在上面的输出列表中，无法知道所列的名字是一个目录还是一个文件。可以采用 -F 参数，让 QNX 系统告诉用户哪些是目录，哪些是文件，哪些是可执行的（名字后面带有“*”表示这是一个可执行文件，带“/”表示这是一个目录）。

在 QNX 中，还可以采用带 -r 参数的 ls 命令来列出目录下所有子目录中的所有文件；采用带 -d 参数的 ls 命令来查看当前文件夹下有哪些子文件夹；采用带 -p 参数的 ls 命令来查看当前文件夹下有哪些文件；采用带 -l 参数的 ls 命令获取文件和目录的更详细信息。

详细用法在任意文件夹下点击 use ls 即可查看使用帮助。

（4）显示进程状态——sin、ps。

1）sin 命令。sin 是 System INformation 的缩写，该命令显示整个系统运行的信息。

例 2-4-5 显示进程

```
# sin
SID  PID PROGRAM              PRI    STATE    BLK    CODE    DATA
--   --Microkernel            —      ——       ——     10612   0
0    1 /boot/sys/Proc32       30f    READY    —      122k    1331k
0    2 /boot/sys/Slib32       10r    RECV     0      53k     4096
0    4 /bin/Fsys              29r    RECV     0      81k     146M
0    5 /bin/Fsys.eide         22r    RECV     0      61k     114k
```

```
0    8 idle                        0r    READY  —    0     40k
0    16 //1/bin/Dev32              24f   RECV   0    32k   94k
0    21 //1/bin/Pipe               10r   RECV   0    16k   32k
0    23 //1/bin/Dev32.ser          20r   RECV   0    16k   28k
0    24 //1/bin/Dev32.ser          20r   RECV   0    16k   28k
0    25 //1/bin/Dev32.ansi         20r   RECV   0    40k   90k
0    29 //1/bin/Dev32.par          9o    RECV   0    8192  16k
0    30 //1/bin/Dev32.pty          20r   RECV   0    12k   57k
0    32 //1/bin/Net                23r   RECV   0    32k   94k
0    35 //1/bin/Net.e1000          20r   RECV   0    122k  491k
0    36 //1/bin/Net.e1000          20r   RECV   0    122k  491k
0    37 //1/bin/Net.e1000          20r   RECV   0    122k  491k
0    38 //1/bin/Net.e1000          20r   RECV   0    122k  491k
0    39 //1/bin/Net.e1000          20r   RECV   0    122k  491k
0    40 //1/bin/Net.e1000          20r   RECV   0    122k  491k
0    41 //1/bin/Net.e1000          20r   RECV   0    122k  491k
0    42 //1/bin/Net.e1000          20r   RECV   0    122k  491k
0    44 //1/bin/nameloc            20o   RECV   0    6144  24k
0    45 //1/bin/nameloc            20o   REPLY  0    6144  16k
0    47 //1/*/5.0/usr/ucb/Tcpip    10r   RECV   0    151k  262k
0    69 //1/*/5.0/usr/ucb/inetd    10o   RECV   71   40k   24k
0    74 //1/bin/tinit              10o   WAIT   −1   8192  28k
0    75 //1/bin/tinit              10o   RECV   0    8192  20k
1    76 //1/bin/login              10o   REPLY  16   24k   20k
0    77 //1/*/usr/ucb/telnetd      10o   RECV   79   61k   53k
2    80 //1/bin/ksh                10o   WAIT   −1   94k   45k
2    89 //1/bin/sin                10o   REPLY  1    45k   49k
#
```

PID 进程的 ID 号。

PROGRAM 进程的名称。

2）ps 命令。ps 是 Process Status 的缩写，该命令显示整个系统及用户当前正在运行进程的情况。它与 sin 命令比较接近，与 sin 的区别在于进程的名称后面加了运行参数。

例 2-4-6 显示进程

```
# ps
PID PGRP SID PRI  STATE   BLK  SIZE COMMAND
1    1    0  30f  READY        262070K /boot/sys/Proc32 -l 1
2    2    0  10r  RECV    0    108K /boot/sys/Slib32
4    4    0  10r  RECV    0    429868K /bin/Fsys
5    5    0  22r  RECV    0    286692K /bin/Fsys.eide fsys -Ndsk0 -n0=
hd0. -n5=cd0. eide -a1f0 -i14
8    8    0  0r   READY        40K (idle)
16   7    0  24f  RECV    0    472K Dev
21   7    0  10r  RECV    0    32K Pipe
23   7    0  20r  RECV    0    168K /bin/Dev.ser -N/dev/ser1 3f8, 4
24   7    0  20r  RECV    0    168K /bin/Dev.ser -N/dev/ser2 2f8, 3
25   7    0  20r  RECV    0    440K Dev.ansi -Q -n6
29   7    0  9o   RECV    0    148K Dev.par
30   16   0  20r  RECV    0    316K Dev.pty -n16
32   7    0  23r  RECV    0    4880K /bin/Net -d 8
35   7    0  20r  RECV    0    992K /bin/Net.e1000 -l1 -I0 -M
36   7    0  20r  RECV    0    992K /bin/Net.e1000 -l2 -I1 -M
37   7    0  20r  RECV    0    992K /bin/Net.e1000 -l3 -I2 -M
38   7    0  20r  RECV    0    992K /bin/Net.e1000 -l4 -I3 -M
39   7    0  20r  RECV    0    992K /bin/Net.e1000 -l5 -I4 -M
40   7    0  20r  RECV    0    992K /bin/Net.e1000 -l6 -I5 -M
41   7    0  20r  RECV    0    992K /bin/Net.e1000 -l7 -I6 -M
42   7    0  20r  RECV    0    992K /bin/Net.e1000 -l8 -I7 -M
44   7    0  20o  RECV    0    20K nameloc
45   7    0  20o  REPLY   0    16K nameloc
47   47   0  10r  RECV    0    256K /usr/ucb/Tcpip node
69   69   0  10o  RECV    71   24K /usr/ucb/inetd
74   7    0  10o  WAIT    -1   28K tinit -t /dev/con1
75   7    0  10o  RECV    0    20K tinit -T /dev/con2 /dev/con3 /dev/con4 /de
v/con5 /dev/con6
76   76   1  10o  REPLY   16   20K /bin/login -p
77   77   0  10o  READY        48K in.telnetd
80   80   2  10o  WAIT    -1   44K -sh
91   80   2  10o  REPLY   1    24K ps
#
```

PID 进程的 ID 号。

COMMAND 进程的名称。

（5）杀死进程——kill、slay。

1）kill 命令——后面跟着的参数是该进程的 PID 号。

例 2-4-7　通过进程号杀死进程

```
#kill  86<CR>
#
```

杀死 PID 号是 86 的进程，手动杀死某个进程之前先敲 sin 或 ps 查看该进程的 PID 号，然后再敲 kill 命令杀死它，最后再敲 sin 或 ps 查看该进程确已被杀。

2）slay 命令——后面跟着的参数是该进程的名称。

例 2-4-8　通过进程名称杀死进程

```
#slay q104n<CR>
#
```

杀死进程名称是 q104n 的所有进程，如果只有 1 个 q104n 进程则该进程直接被杀死，如果有多个 q104n 进程，则每杀死 1 个 q104n 进程之前系统都会让选择，y 是确认 n 是否认。

（6）测试网络连通——ping。

ping 命令，用于测试 CSM320 装置与某个 IP 地址的设备是否连通。

例 2-4-9　测试网络连通正常

```
#ping 192.168.1.1<CR>
PING 192.168.1.1（192.168.1.1）：56 data bytes
64 bytes from 192.168.1.1：icmp_seq=0 ttl=64 time=0 ms
64 bytes from 192.168.1.1：icmp_seq=1 ttl=64 time=0 ms
64 bytes from 192.168.1.1：icmp_seq=2 ttl=64 time=0 ms
---192.168.8.1 ping statistics---
3 packets transmitted，3 packets received，0%packet loss
round-trip min/avg/max=0/0/0 ms
#
```

icmp_seq 如果从 0 开始不断累加，说明与 192.168.1.1 的连接状态正常，如果中间出现跳变或 time out 说明连接状态不稳定。time 是测试时网络与对方设备总的延时，数值很小且无跳变现象说明网络状态良好。

例 2－4－10　测试网络连通异常

```
#ping 192.168.3.22<CR>
PING 192.168.3.22（192.168.3.22）：56 data bytes
ping：sendto：No route to host
ping：wrote 192.168.3.22 64 chars，ret=－1
ping：sendto：No route to host
ping：wrote 192.168.3.22 64 chars，ret=－1
ping：sendto：No route to host
ping：wrote 192.168.3.22 64 chars，ret=－1
－－－192.168.3.22 ping statistics－－－
3 packets transmitted，0 packets received，100%packet loss
#
```

表明无法 ping 通 192.168.3.22。

在 ping 的过程中，可以随时使用 **Ctrl+C** 的组合键停止 ping 命令。

（7）查看目前有哪些 IP 地址的设备连接本装置——netstat。

ping 命令，用于测试 CSM320 装置与某个 IP 地址的设备是否连通。

例 2－4－11　测试设备连通

```
#netstat<CR>
Active Internet connections
Proto Recv－Q Send－Q Local Address Foreign Address（state）
tcp 0 0 node1.1025 192.168.50.33.62647 TIME_WAIT
tcp 0 0 node1.ftp 192.168.50.33.62645 ESTABLISHED
tcp 0 78 node1.telnet 192.168.50.33.62624 ESTABLISHED
tcp 0 0 node1.2404 192.168.50.33.62609 ESTABLISHED
udp 0 0 node2.1026*.*
udp 0 0 node1.1025*.*
#
```

Proto 网络协议。

Local Address 本装置的网口和端口号。

Foreign Address 远程机器的 IP 地址和端口号。

tcp　0　0　node1.2404　192.168.50.33.62609　ESTABLISHED

这一行指远程一台 IP 为 192.168.50.33 的机器通过它自身的 62609 端口打开本装置 node1 网口的 2404 端口。

这里注意平常使用的 tcp/ip 网络协议，服务器端通过 xxx 端口号提供服务，客户端可以使用本机的任意端口号来连接服务器端的 xxx 端口，而不是必须要用本机的 xxx 端口来连接服务器端的 xxx 端口，所以这里不用在意 Foreign Address 后面的端口。

（8）显示文件内容的命令——cat。

ping 命令，用于测试 CSM320 装置与某个 IP 地址的设备是否连通。

cat 命令有点类似于 DOS 下的 type 命令，它用于显示文件的内容。其格式为：

```
cat [-u] [-s] [-v [-t] [-e]] files
```

例 2-4-12　显示文件内容

```
#cat comn1.sys<CR>
Protocol:         U4F
Baudrate:         600
set_clock:        No
base_year:        0
logic_rtu:        1
rtu_codes（H）:   2
yk_lock_check:    YES
#
```

正如 cat 命令格式中暗示的那样，cat 可以同时显示两个或多个文件的内容，只要把想要显示的几个文件的名字依次输入，加在命令行中即可。

也可以将 cat 命令的输出改向，送入另一个文件或一个新文件。如：

例 2-4-13　复制文件内容

假设用户处于目录/300e/config 并想将 qcdt.sys 的内容赋到 channel1.sys 中，除了 cp 命令外，还可以在提示符下输入如下命令：

```
#cat qcdt.sys>channel1.sys<CR>
#
```

（9）设置文件和目录的操作权限——chmod。

1）保护文件。命令 chmod 允许用户决定谁可以读、写和使用文件，以及谁不能这样做。

可以使用下列三种符号指派权限类型：

a. r 允许读一个文件或复制其内容。

b. w 允许对一个文件进行写。

c. x 允许运行一个可执行文件。

系统中的所有用户，可以被分为三种类型：

a. u 文件和目录的属主（u 是 user 的缩写）。

b. g 同组的成员。

c. o 系统上所有其他的用户。

当建立一个文件或目录时，系统自动授予（或拒绝授予）属主、同组成员和系统内其他用户的权限。不管在文件建立时这些权限是如何授予的，作为这个文件或目录的属主，总可以改变它们。

例 2-4-14 可以通过 ls -l 命令来确定一个文件已有的权限，因为这一命令能产生目录内容的长格式清单。例如，假设当前目录为/m103，在提示符下输入如下命令：

```
#ls-l<CR>
total 56
drwxr-xr--   7   root   root      4096   Apr 09 09:13   .
drwxrwxr-x  18   root   root      4096   Apr 28 16:49   ..
drwxr-xr--   2   root   root      4096   May 14 13:25   bin
...  ...
#
```

对于目录“.”“..”和“bin”的权限，显示在 total 56 下，并且以下列形式显示：

drwxr-xr--(.)

drwxrwxr-x(..)

drwxr-xr--(bin)

在描述文件种类的起始字符 d 之后，其他 9 个字符由表示权限的 3 组字符（每组 3 个字符）所组成。第一组指的是文件属主权限，第二组指的是同组成员的权限，最后一组指的是系统内其他所有用户的权限。每组字符中，r、w 和 x 分别表示各组当前授予权限的情况，如果用短划线代替了 r、w 或 x，则分别表示拒绝授予读、写或执行权限。如对于目录 bin 来说，目录属主具有 r、w 和 x 权限，同组成员有 r 和 x 权限，其他用户则只有 r 权限。

2）改变已有权限。可以用下列格式执行 chmod 命令来改变用户对一个文件所具有的权限：

```
chmod  who+permission  files
chmod  who-permission  files
```

其中：

who 三种用户之一（u、g、o）或全部用户（a）。

+或- +表示授予，-表示拒绝授予权限。

permission 三种权限的任意组合（r、w 或 x）。

files 文件名或目录名（可以不止一个）。

注意：不要在 who 和+、-和 permission 之间**输入空格**，否则 chmod 命令不能正确执行。

chmod 命令可以通过两种方法执行。上面讲述的方法称为符号方法，它是用 r、w 和 x 这样的符号来定义权限的。另一种可供选择的方法是八进制法，它需要用 3 个八进制数（从 0 到 7）来定义特权。使用这种方式的 chmod 命令格式为：

```
chmod  nnnn  files
```

其中 n 是从 0 到 7 的数。第一个 n 在设置用户 ID 时使用，对于一般的文件 n=0；后面 3 个 n 分别对应三种用户的三种权限，对应关系见表 2-4-7。

表 2-4-7　对应关系

八进制数	对应符号	权限
0	- - -	无任何权限
1	- - x	执行
2	- w -	写
3	- wx	写/执行
4	r - -	读
5	r - x	读/执行
6	rw -	读/写
7	rwx	读/写/执行

例 2-4-15　假设当前目录为/m103/bin，若想将此目录下的 r 文件的属性更改为所有用户可以进行读/写/执行，在提示符下输入如下命令：

```
#chmod 777 r<CR>
#
```

（10）切换工作文件夹——cd。刚登录进入 QNX 系统时，用户被置于起始目录处，只要工作在该处，它就一直是用户的当前工作目录。然而，通过使用 cd 命令可以改变到其他目录处工作。cd 命令的基本格式为：

cd target_path

为了使用 cd 命令，只要在 cd 后带上想移至的目录路径名作为参数即可，任何有效的路径名（全路径名或相对路径名）都可以用作 cd 命令的参数。若不规定路径名，这个命令将把工作目录移到起始目录处。一旦移到了一个新的目录，这个目录就称为当前目录。

例 2–4–16 假设当前目录为/m103/bin，若想将当前目录移到/m103/config，则既可以使用绝对路径名，也可以使用相对路径名，在提示符下输入如下命令：

```
#pwd＜CR＞
/m103/bin
#cd /m103/config＜CR＞（使用绝对路径名）
#
#cd ../config＜CR＞（使用相对路径名）
#
```

技巧：没有必要非在某个目录处才能访问它所包含的文件，可以指明全路径名或相对路径名。如，当前目录为/m103/bin，倘若需要 cat 目录/m103/config/下的文件 comn1.sys 时，可在命令行上指明 comn1.sys 的全路径名：

（命令格式：cat /m103/config/comn1.sys）

或相对路径名：

（命令格式：cat ../config/comn1.sys）

cd / 指无论目前在哪个文件夹下，都切换到根目录下。

cd /m103/bin 指无论目前在哪个文件夹下，都切换到/m103/bin 文件夹下。

cd ..和 cd ../ 都是切换到上一级文件夹下。

cd ../../ 是切换到上上一级文件夹下。

（11）获得联机帮助——use。在 QNX 系统中，当用户需要获取某个命令的用法时，可以通过 use 命令获得联机帮助。

例 2–4–17 要查询 use 命令的用法，在命令提示符下输入如下命令：

```
#use use＜CR＞
use - print a usage message（QNX）
use［–a］file
Options:
–a     Extracts all usage information from the load module in
```

```
its source form, suitable for piping into usemsg.
Where:
File    is an executable load module or shell script that
Contains a usage message (see printed documentation
for use and usemsg for details).
#
```

前面介绍的所有命令都可以在 shell 下通过 use 命令来得到其使用说明。

2.5 CSC1321 远动装置运维

CSC1321 远动装置，采用多 CPU 插件式结构，后插拔式设计原则，适用于各种电压等级的常规或智能变电站的远动通信系统。

单台装置最多支持 12 个插件，除必需的主 CPU 插件和电源插件外最多还可以配置 10 个插件，插件之间采用内部网络通信，内部网络采用 10M 以太网为主、CAN 总线为辅的形式。

该装置位于变电站的站控层，对下以双以太网或者单以太网以 IEC 61850 规约或者 CSC2000 规约和间隔层装置通信，对上以各种调度规约和调度主站通信。

2.5.1 装置硬件介绍

2.5.1.1 装置配置、插件介绍

CSC 1321 采用功能模块化设计思想，由不同插件完成不同的功能，组合实现装置所需功能。主要功能插件有主 CPU 插件 1 块、通信插件（以太网插件、串口插件）多块、辅助插件（开入开出插件、对时插件、级联插件、电源插件）和人机接口组件。

后面板从左至右编号为 1 到 12。统一要求主 CPU 插件插在 1 号插槽，电源插件插在 12 号插槽，其余插件可根据实际情况安排位置，主 CPU 插件、以太网插件、串口插件、现场总线插件、开入开出插件、对时插件的硬件上都配备有 8 位拨码开关，在使用时必须将插件上的拨码低四位拨为该插件所在插槽位置编号减 1。正常应用状态下，高四位保持为 0。CSC 1321 插件位置示意图如图 2－5－1 所示。

1	2	3	4	5	6	7	8	9	10	11	12
主 CPU 插件											电源插件

图 2－5－1 CSC 1321 插件位置示意图

2.5.1.2　前背板

CSC 1321 所有插件插入前背板，以前背板为交换机，组成内部通信网络。前背板上有一个 RJ45 接口，可通过该接口以内网 IP 访问每块插件，内部 IP 地址为 192.188.234.X，X－1 为拨码值，同时 X 也为插件所在插槽位置编号。前背板通过 CAN 网与液晶面板连接。

2.5.1.3　以太网插件

以太网插件与主 CPU 插件具有同样的硬件配置，作为扩展的通信插件，配置更为灵活。－N 型插件具备四个 10M/100M 自适应的电以太网（可选为光以太网）。

主 CPU 插件负责整个装置的运行管理，其他插件在主 CPU 管理下完成各自功能。远动配置文件的下装、修改及远动在线调试，也都通过访问主 CPU 实现。

2.5.1.4　对时插件

对时插件使用专为工业应用设计的 16 位 CPU 处理器。插件上具备 GPS 串口对时、串口＋秒脉冲对时、IRIG－B 脉冲对时、IRIG－B 电平对时方式，可通过跳线选择，见表 2－5－1。

表 2－5－1　　　　跳线配置对照表

序号		1	2	3	4	5	6
标识		IN1	IN2	TXD	RXD	GND	NC
应用	IRIG－B 脉冲对时	IRIG－B＋	IRIG－B－			GND	
	IRIG－B 电平对时	DC 电平＋	DC 电平－			GND	
	GPS 对时 RS232 串口	GPS＋	GPS－	TXD	RXD	GND	
	GPS 对时 RS485 串口	GPS＋	GPS－	485＋	485－	GND	

GPS 脉冲对时方式下，IN1 和 IN2 两个端子作为脉冲输入，TXD、RXD、GND 三个端子作为串口连接端子，RS232 方式下 TXD 为发送线，接对端的接收线，RXD 为接收线，接对端的发送线，GND 为地，RS485 方式下 TXD 接 485＋，RXD 接 485－。

IRIG－B 对时方式下，IN1 和 IN2 两个端子作为输入，无论脉冲对时还是电平对时，IN1 均为输入正端，IN2 均为输入负端，GND 端子为屏蔽地。

2.5.2　数据备份及恢复

2.5.2.1　调试用工具

CSC1321 远动装置需要用的软件为 CSC1321 配置工具和 flashfxp 两个软件，CSC1321 配置工具用于修改配置文件，flashfxp 是用于备份配置文件。

2.5.2.2　远动装置备份及恢复

将笔记本 IP 更改为远动装置同网段地址；用 flashfxp 登陆远动机的主 CPU，IP 为

192.188.234.1（登录口为前面板的调试口），登录用户名：target，密码：12345678，将 ata0a 下面的 config 整个文件拷入备份盘，并做好备注。

还原或更新配置，将备份或修改后输出打包的 config 文件夹用 flashfxp 传回到远动装置，注意传输之前将远动装置原有的 config 文件夹重命名，保留旧有配置后再传输。

2.5.3 CSC1321 维护工具使用说明

CSC1321 维护工具软件是 CSC1320 系列站控级通信装置的配套维护工具，用于对 CSC1320 系列装置进行配置和维护，提供模板管理、工程配置及调试验证等方面的功能服务。软件无需安装，只需直接将 CSC1321 维护工具软件目录拷贝到调试机目录下，就可以使用维护工具了。

2.5.3.1 工具相关文件介绍

CSC1321 配置工具文件夹，主要结构如图 2－5－2 所示，含 CSC1321 可执行文件 c52.exe（2.83 以前是 1320 或 1320n）以及 application data 的工程数据存放文件夹。

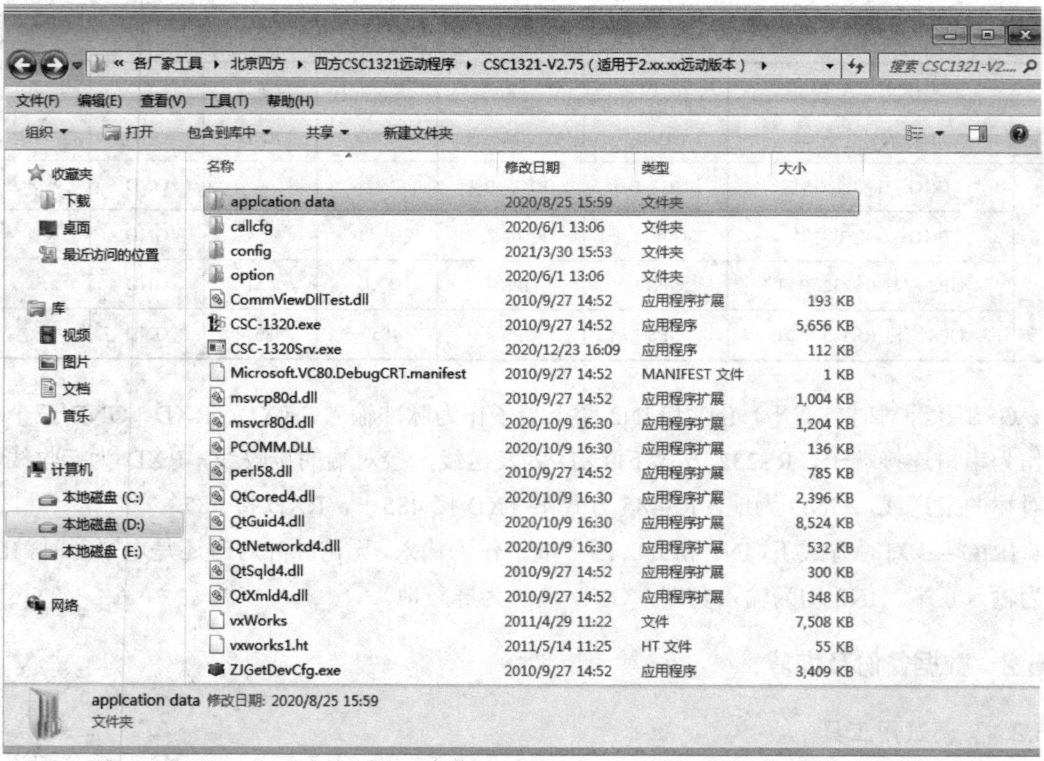

« 各厂家工具 ▸ 北京四方 ▸ 四方CSC1321远动程序 ▸ CSC1321-V2.75（适用于2.xx.xx远动版本）▸
搜索 CSC1321-V2...
文件(F) 编辑(E) 查看(V) 工具(T) 帮助(H)
组织 打开 包含到库中 共享 新建文件夹
收藏夹 下载 桌面 最近访问的位置
库 视频 图片 文档 音乐
计算机 本地磁盘 (C:) 本地磁盘 (D:) 本地磁盘 (E:)
网络
名称 修改日期 类型 大小
applcation data 2020/8/25 15:59 文件夹
callcfg 2020/6/1 13:06 文件夹
config 2021/3/30 15:53 文件夹
option 2020/6/1 13:06 文件夹
CommViewDllTest.dll 2010/9/27 14:52 应用程序扩展 193 KB
CSC-1320.exe 2010/9/27 14:52 应用程序 5,656 KB
CSC-1320Srv.exe 2020/12/23 16:09 应用程序 112 KB
Microsoft.VC80.DebugCRT.manifest 2010/9/27 14:52 MANIFEST 文件 1 KB
msvcp80d.dll 2010/9/27 14:52 应用程序扩展 1,004 KB
msvcr80d.dll 2020/10/9 16:30 应用程序扩展 1,204 KB
PCOMM.DLL 2020/10/9 16:30 应用程序扩展 136 KB
perl58.dll 2010/9/27 14:52 应用程序扩展 785 KB
QtCored4.dll 2020/10/9 16:30 应用程序扩展 2,396 KB
QtGuid4.dll 2020/10/9 16:30 应用程序扩展 8,524 KB
QtNetworkd4.dll 2020/10/9 16:30 应用程序扩展 532 KB
QtSqld4.dll 2010/9/27 14:52 应用程序扩展 300 KB
QtXmld4.dll 2010/9/27 14:52 应用程序扩展 348 KB
vxWorks 2011/4/29 11:22 文件 7,508 KB
vxworks1.ht 2011/5/14 11:25 HT 文件 55 KB
ZJGetDevCfg.exe 2010/9/27 14:52 应用程序 3,409 KB
applcation data 修改日期: 2020/8/25 15:59
文件夹

图 2－5－2 CSC1321 维护工具目录

CSC1321 维护工具\application data 文件夹下，包含了模板数据、工程数据、运行参数、输出数据几个部分，如图 2－5－3 所示。

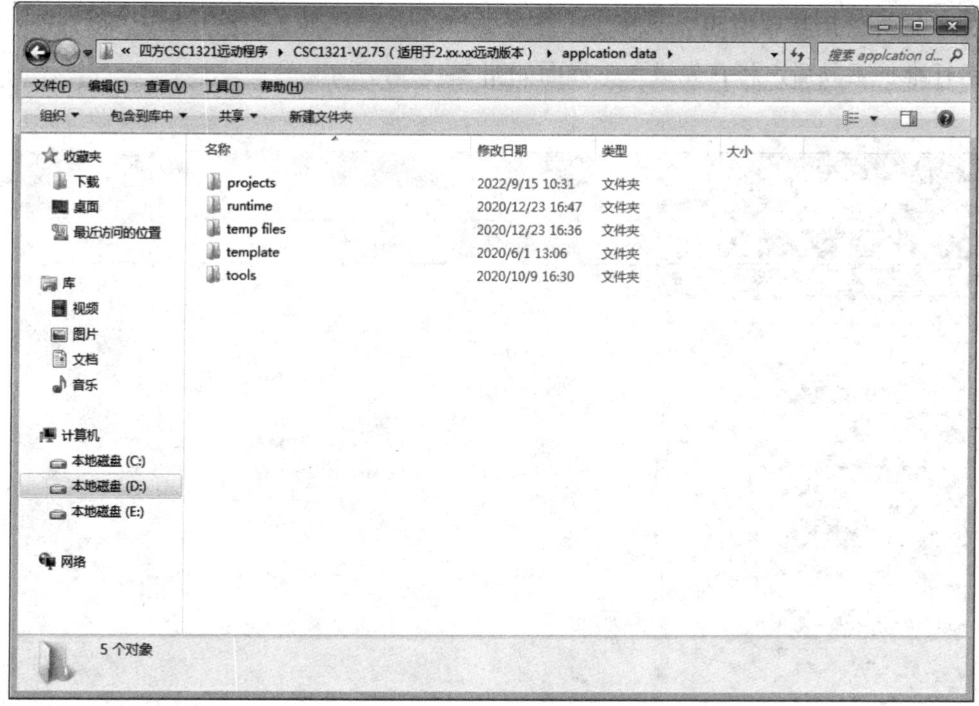

图 2－5－3　application data 文件夹

projects 文件夹：图形界面化工程。包含了工程配置数据及制作过程的全部中间数据。新建或还原工程时，维护工具会在 projects 文件夹下建立一个以工程名命名的文件夹，该文件夹下包含了该工程全部制作过程数据，备份时，不需备份该文件夹。

runtime 文件夹：包含维护工具的基本运行参数及一些用户暂存信息，如工程路径、模板路径信息，界面语言、用户列表及用户权限、最近工程文件记录等，如果改变维护工具软件的目录（例如从一个目录到另一个目录，或者从一个计算机目录拷贝到另一个计算机的不同目录），需要删除维护工具软件下的“runtime”文件夹下的全部内容，再运行维护工具。否则该软件将出现无法正常输出打包等异常现象。

temp files 文件夹：维护工具生成的 CSC1321 运行数据，即装置运行所需的实际配置。执行输出打包后，工具将把数据输出到 temp files 文件夹下，保存于以工程名命名的文件夹中。备份时必须备份该文件夹。

Template 文件夹：工具模板文件夹。包含了配置所需的全部规约模板数据和装置模板数据，由于本维护工具提供中、英文两种界面，模板数据也相应提供了中、英文格式的模板，分别存放在 template 目录下的 ch 和 en 文件夹下。

每一个工程都有一份独自的模板，工程使用的模板放在“application data\projects\工程目录名\template”下，工程配置打包输出用的都是这个模板库。标准模板库（“application data\template”）则仅仅用来初始化工程模板库。

2.5.3.2 工具常用菜单说明

运行维护工具后，将首先进入主界面如图 2-5-4 所示。

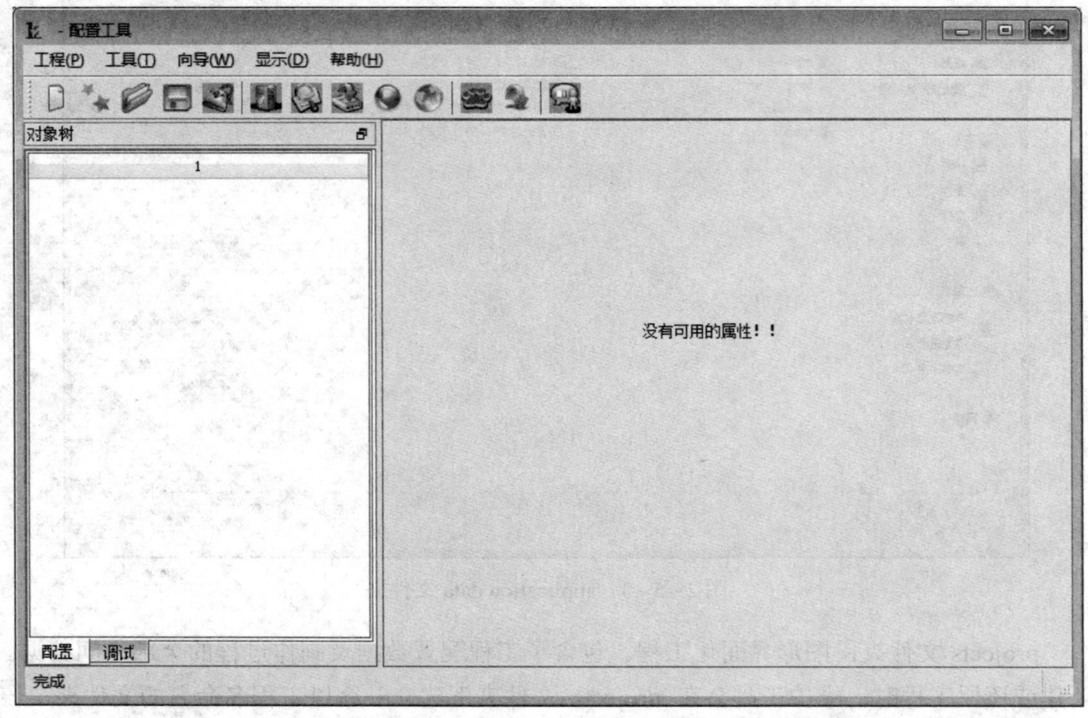

图 2-5-4 CSC1321 维护工具主界面

主界面顶端为主菜单栏，其下方为快捷操作键。

工程菜单（见图 2-5-5）提供工程配置的基本操作，内容说明如下：

“新建工程”“新建工程向导”“打开”“保存”“关闭当前工程”用来新建、打开、保存及关闭工程配置。

“还原配置”可以从维护工具的最终输出文件（config 工程文件）中恢复工程配置。

“输出打包”是将工程配置、所使用的模板和工具需要的相关信息共同组成数据包（工具/application/temp files/工程名称/config），准备下传到装置，即装置里实际运行的工程配置。

“最近工程”给出了最近打开的工程配置文件路径，“清除最近工程记录”将清除最近打开的工程配置文件路径记录。

“设置”用来对工作路径、运行文件路径、打包输出路径等路径及自动保存提示等功能的设置。

“登录”用来管理用户账户及用户登录，在未登录时可以制作配置，若使用工具的下装、模版管理、调试等功能必须登录（用户名 sifang，密码为 8888）。

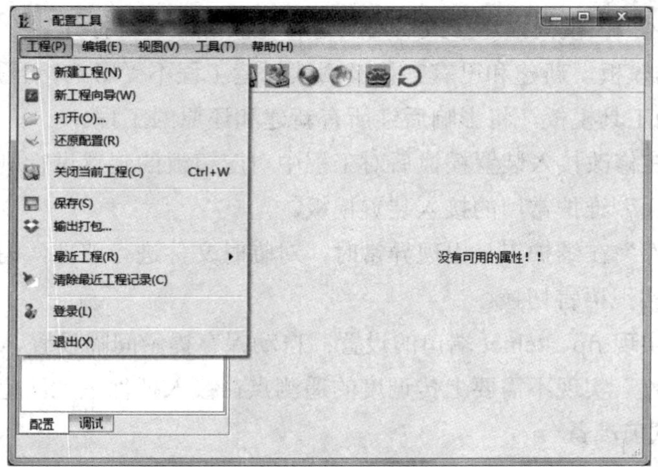

图 2-5-5 CSC1321 软件工程菜单

工具菜单（见图 2-5-6）中的内容说明如下：

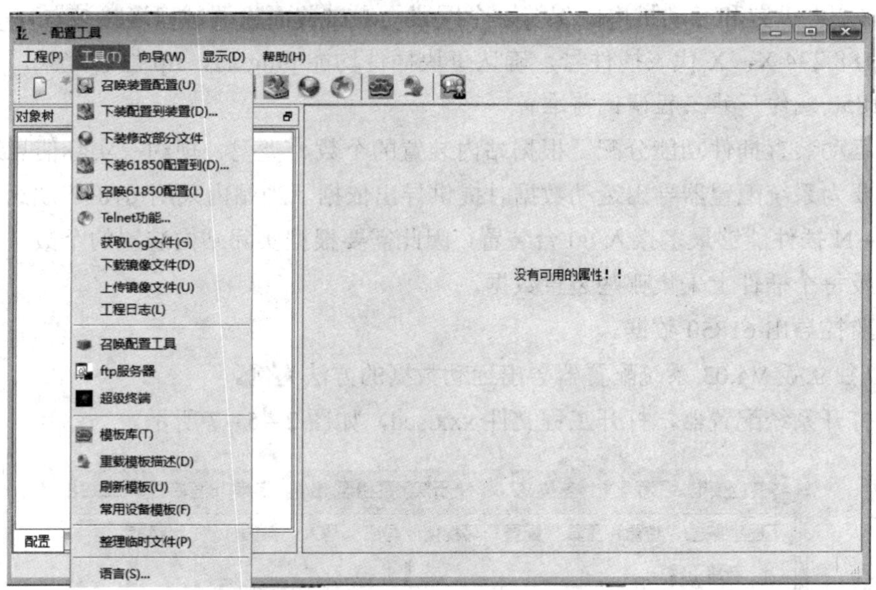

图 2-5-6 CSC1321 软件工具菜单

“召唤装置配置”从 CSC1321 装置中召唤并恢复工程配置。

“下装配置到装置”将打包输出的最终配置文件（工具/application/temp files/工程名称/config）传输到 CSC1321 远动装置。

“获取 log 文件”获取 CSC1321 装置的日志文件。

“召唤配置工具”将调用召唤配置程序 ZJGetDevCfg.exe，该程序可以召唤接入装置的配置，并生成与维护工具兼容的接入装置模板文件。

“模板库”进入模板的编辑功能。

“重载模板描述”在模板描述修改后对其进行重新加载，若打开某工程后修改模板，则修改的为该工程的模板，新建和已有工程及后续新建工程不受影响；若是未打开工程修改模板库，修改的为工具模板，将影响后续所有新建和还原的工程。

“刷新模板”在修改接入装置模板后对工程中对应模板的装置进行刷新。

“常用设备模板”维护常用的接入装置模板。

“整理临时文件”在维护工具出现异常时，对临时文件进行整理，消除临时文件错误。

“语言选择”实现语言切换。

“设置”菜单实现 ftp、telnet 端口的设置；自动保存提示间隔设置、超限提示等设置。

“死区优化配置”实现不需要上传调度的遥测点在接入插件里死区值的统一自动设定。

2.5.3.3 工程调试前准备

远动调试工作前，需先确认 CSC1321 装置硬件是否正常，检查方法如下：

装置上电，电源灯亮。装置出厂时如未下配置，液晶应显示“四方欢迎你”或则“请稍等”界面；如果下过配置，会有相应的插件通讯状态、通道状态等显示。

笔记本 IP 设置和远动机内网保持一个网段，通过前面板调试口连接装置，ping 装置内网 192.188.234.X，X 代表插件号，确认每块插件均能 ping 通，ftp 能够登录。

1. 61850 规约厂站工程调试前准备

（1）远动装置插件功能分配。根据站内装置的个数、类型、规约等实际信息进行插件分配，主要为系统配置器导出远动数据时提供导出依据。当站内采用 61850 规约接入的时候，单块－N 插件能够最多接入 60 台装置，因此需要根据实际站内装置的个数决定几块插件做接入及每个插件上采集哪些装置数据。

（2）监控导出 61850 数据。

1）以独立版 V4.03 系统配置器导出远动数据的方法为例。

首先打开系统配置器，打开工程文件 xxx.scd，如图 2－5－7 所示。

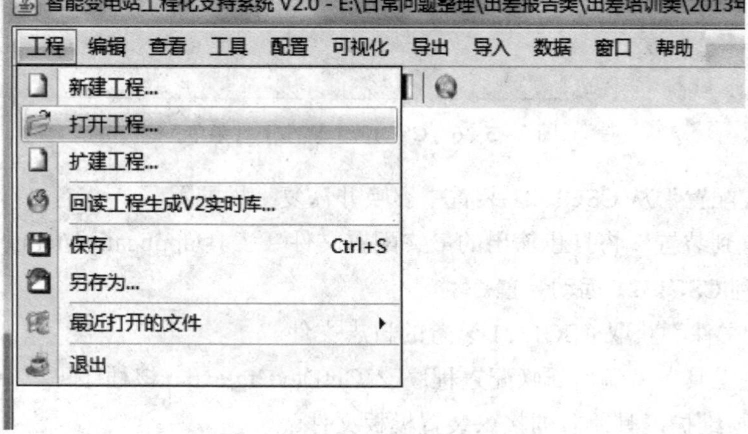

图 2－5－7　系统配置器主界面

选择需要的 SCD 文件。然后在导出菜单下选择导出远动配置，如图 2－5－8 所示。

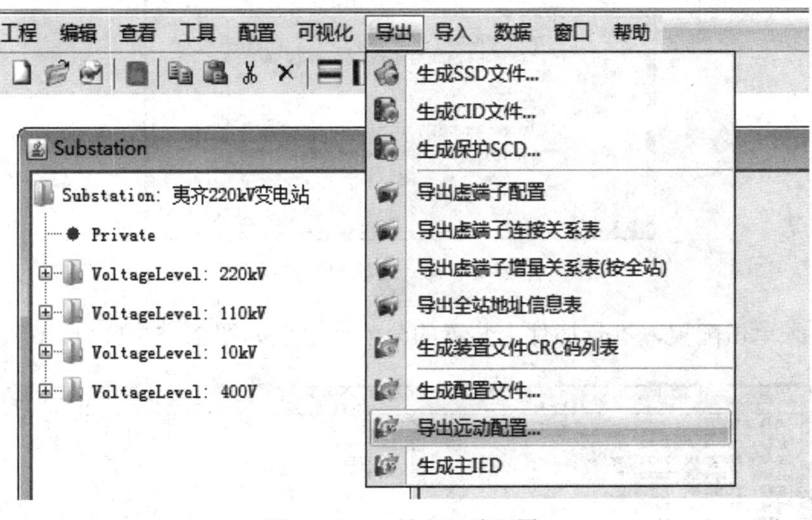

图 2－5－8　导出远动配置

根据插件功能分配，在出现的界面填写插件个数 2，并设置保存路径，如图 2－5－9 所示。

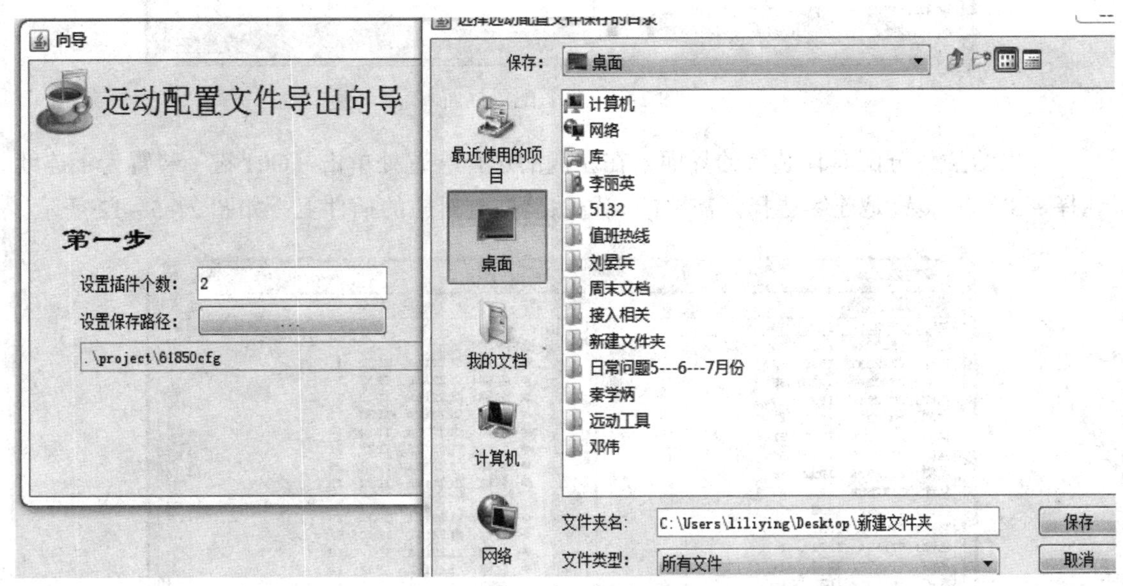

图 2－5－9　远动配置路径设置

单击下一步，出现如图 2－5－10 所示界面。

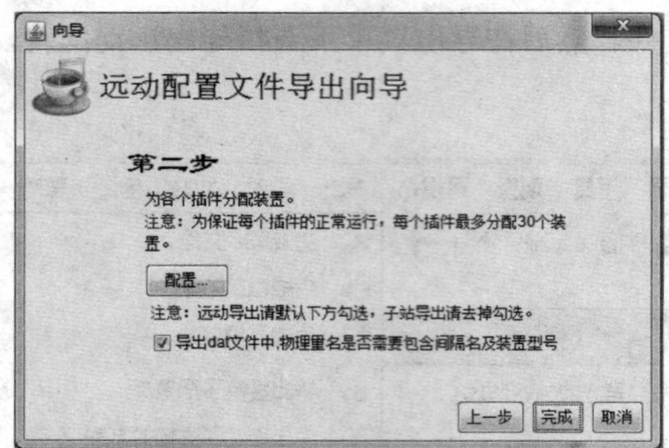

图 2－5－10　远动配置向导

这里必须单击配置，进行插件上装置的分配，出现如图 2－5－11 所示界面。

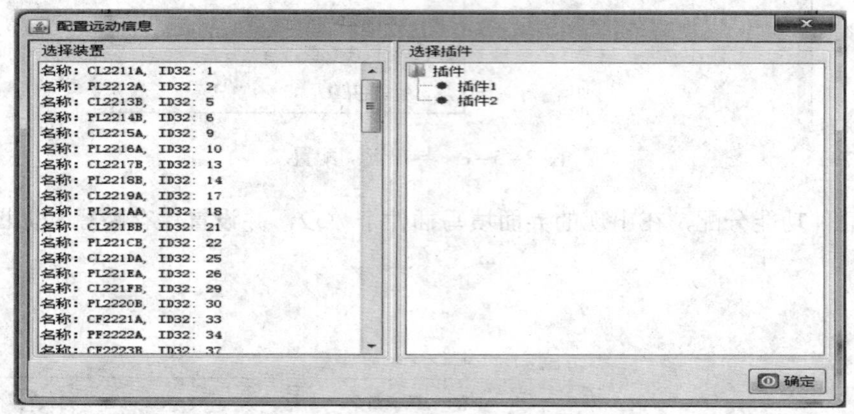

图 2－5－11　配置界面

弹出给插件分配具体装置的界面，在左侧的选择装置处单击（Ctrl 键＋装置为不连续选择，Shift＋装置是连续选择）需要的装置然后拖到对应的插件上。如图 2－5－12 所示。

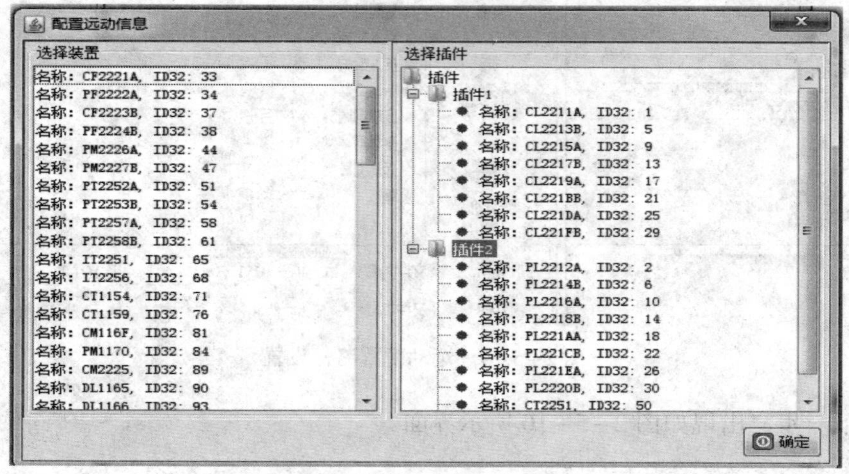

图 2－5－12　配置远动信息

单击确定，即完成装置到插件的分配工作，出现开始的界面，如图 2-5-13 所示。

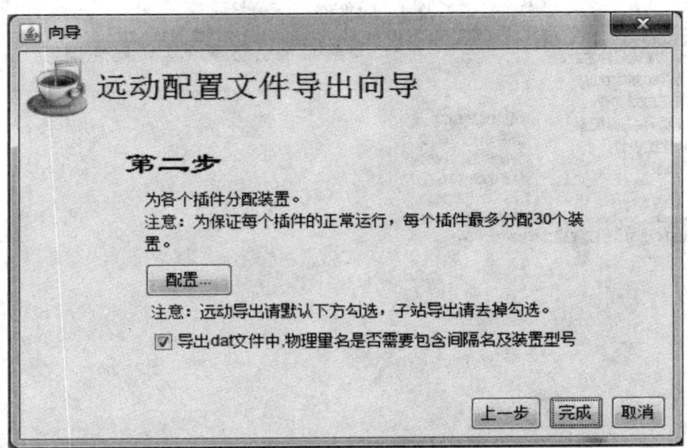

图 2-5-13　导出向导

然后单击完成，即开始导出配置的进度条界面，如图 2-5-14 所示。

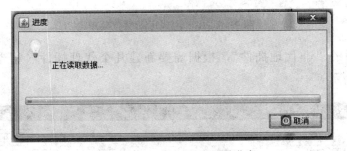

图 2-5-14　导出远动配置进度

等到数据读取完毕并导出完毕时，单击完成，如图 2-5-15 所示。

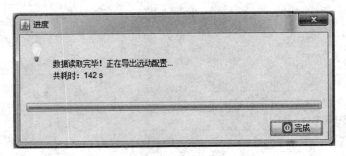

图 2-5-15　61850 数据导出完毕

2）以独立版 V5.12 版本系统配置器导出远动数据的方法为例。打开 SCD 文件，点击“工具”/“生成远动配置”菜单，如图 2-5-16 所示。

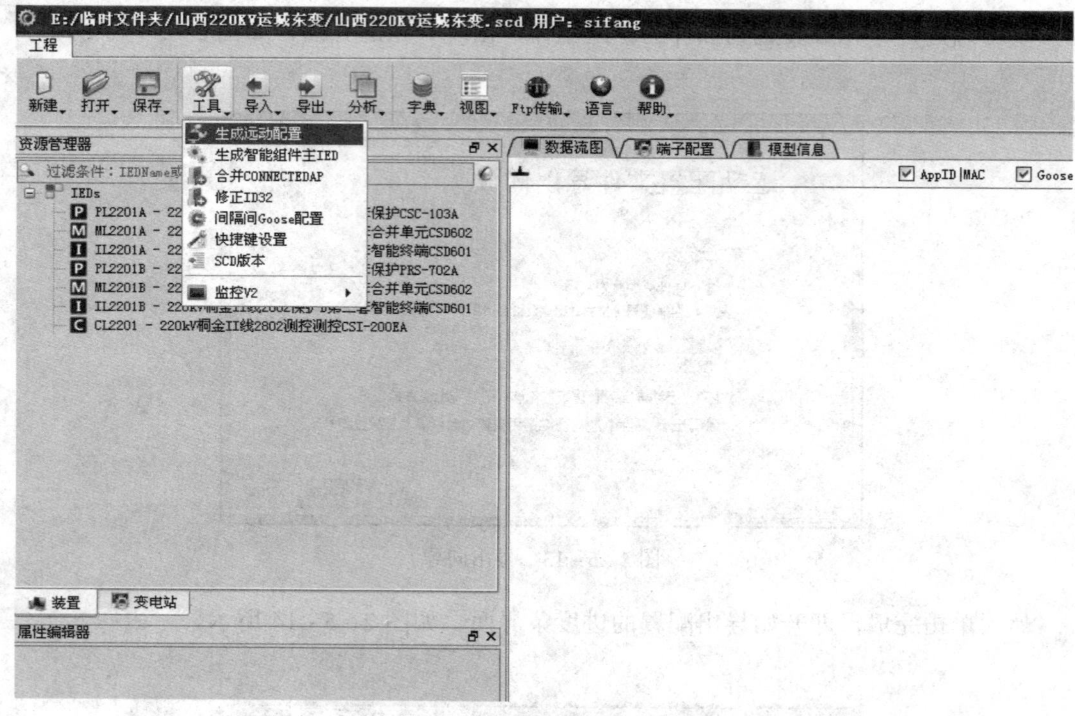

图 2-5-16　生成远动配置菜单

点击右上角的“非代理插件”，根据需要新建几个代理插件（相当于远动插件），如图 2-5-17 所示。

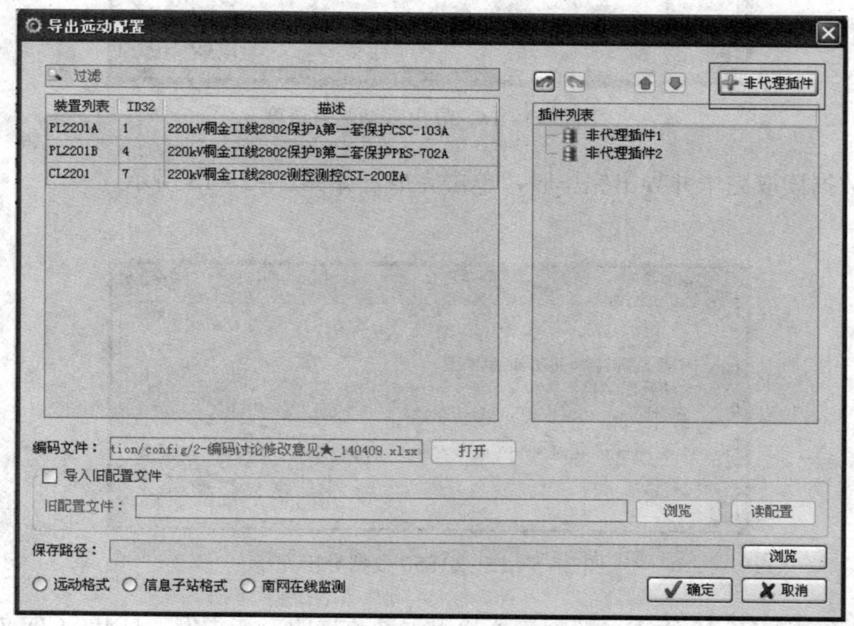

图 2-5-17　添加代理插件

以导出两组 61850 配置为例，PL2201A 和 PL2201B 导出一组 61850CPU1，CL2201 导出一组 61850CPU2，将左侧栏的装置托至右侧的非代理插件下，右键可以“删除远动”修改远动分组情况。选中“浏览”存储路径和“远动格式”，点击“确定”，导出远动配置文件，如图 2-5-18 所示。

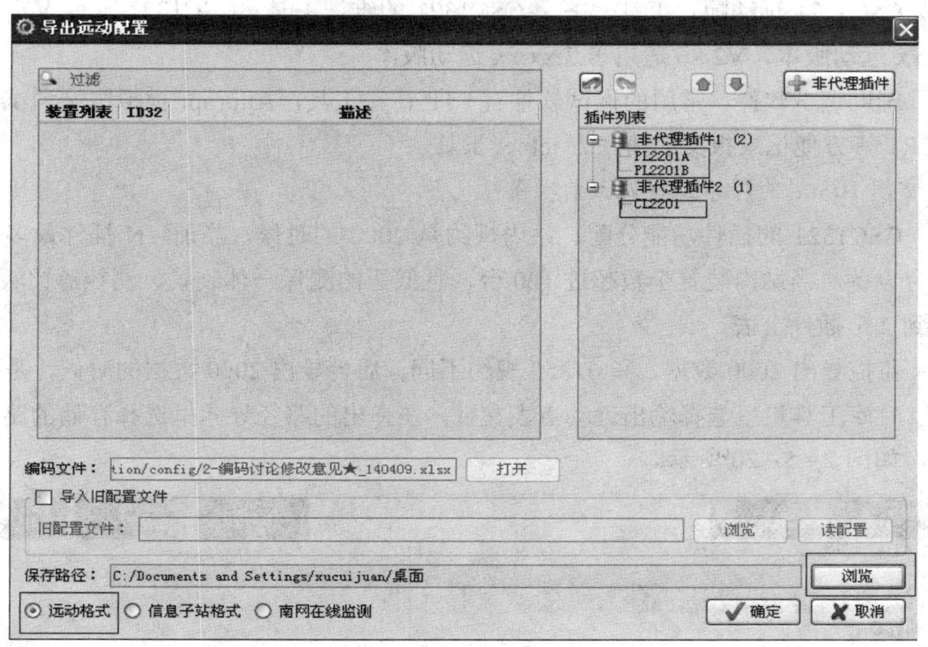

图 2-5-18　导出路径和格式选择

如图 2-5-19 所示，61850CPU1 包括 cpu.sys，m61850.sys，PL2201A.dat，PL2201B.dat（远动 61850 插件导入时读取的装置模板，会影射到远动数据库，同监控实时库数据的描述）。61850cfg 文件夹（和站内装置通信），其中 61850cfg 文件夹包含 csscfg.ini（插件上装置详细信息），IED1.ini 和 IED4.ini（装置 IED 信息），osicfg.xml 文件（61850 系统文件）。

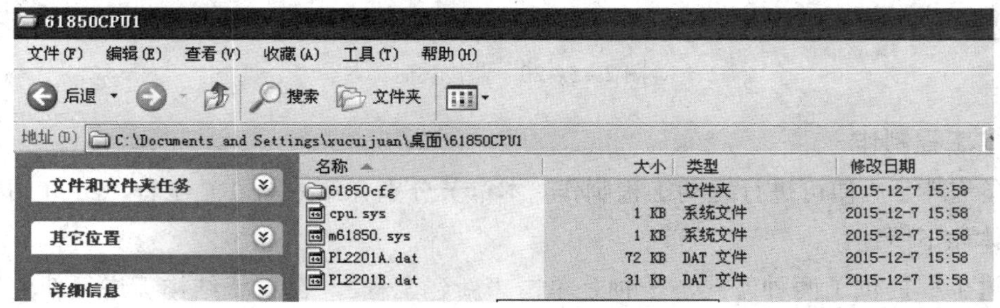

图 2-5-19　61850cpu 信息

（3）确认调度主站通信参数及点表信息。

1）确认调度主站 IP，包含规约、通信参数、四遥点表。

2）若是串口规约，需获得波特率、校验方式、链路地址、接线方式等。

IEC 104 规约需要获知远动机在 104 通信中的本机 IP 地址、端口号、子网掩码、网关、应用层地址（即 rtu_codes，16 进制），主站 IP 地址。

（4）CSC1321 远动配置工具。关于 CSC1321 的维护工具，CSC1321 软件 V2.75 适用于 2.xx.xx 远动版本，V2.86 适用于 3.xx.xx 远动版本。

（5）辅助调试软件。常用的调试软件有 FTP 传输工具，Allpropr 模拟主站调试软件，SecureCRT 等方便记录报文的第三方 telnet 工具。

2. 常规 103 规约厂站工程调试前准备

（1）CSC1321 的插件功能分配。站内规约是 2000 的时候，当前 – N 插件最多可以接入 120 台设备，当站内装置个数超过 120 台，且低压的测保一体装置、测控等比较多时，需要分到 2 个插件上去。

（2）监控导出 2000 数据。和 61850 规约不同，后台导出 2000 数据的时候，是整体导出。在实时库工具箱里选择输出远动点表文件，在弹出的路径导向里选择存储的路径，然后导出，如图 2–5–20 所示。

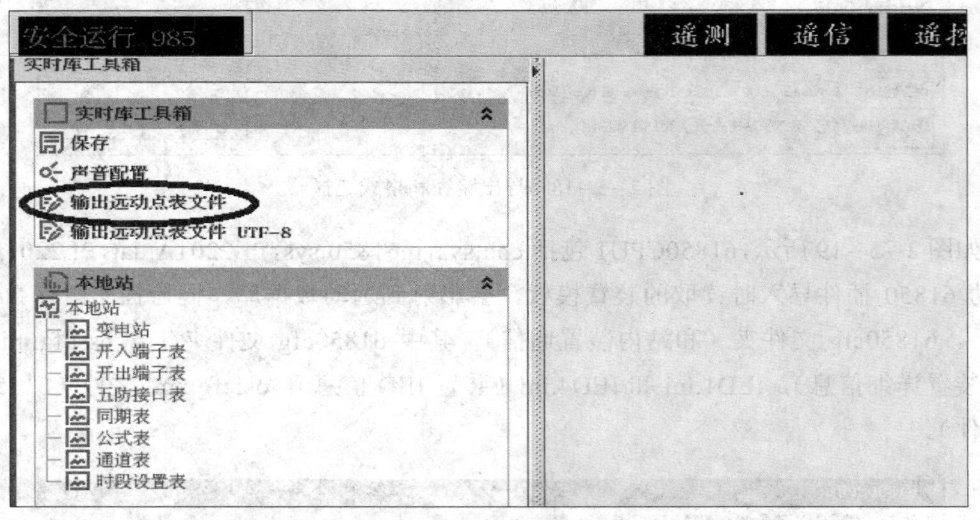

图 2–5–20　监控实时库

2.5.3.4　工程制作

准备完毕后，便可进行远动工程制作。本章节分别介绍 61850 站工程、2000 站工程配置，具体如下所述。

新建工程提供了两种方式，一种是单击“新建工程”，在树状结构下进行新建工程及插件分配，另一种是“新工程向导”的方式进行。

1. 61850 站工程制作

（1）插件功能分配。在工程菜单选择“新工程向导”，如图 2–5–21 所示。

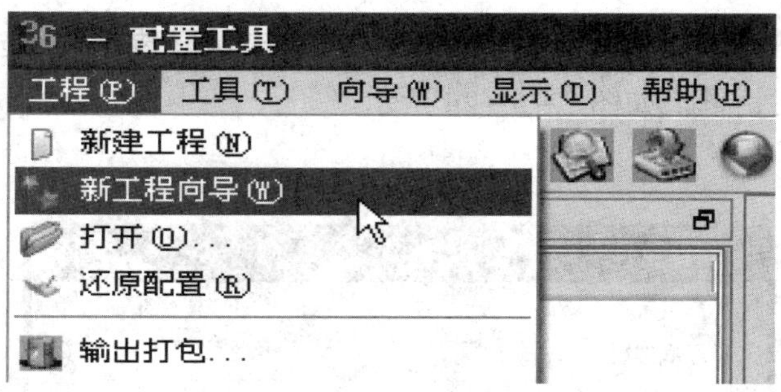

图 2-5-21 新工程向导

在弹出的向导对话框中输入工程名称，工程路径默认，如图 2-5-22 所示。

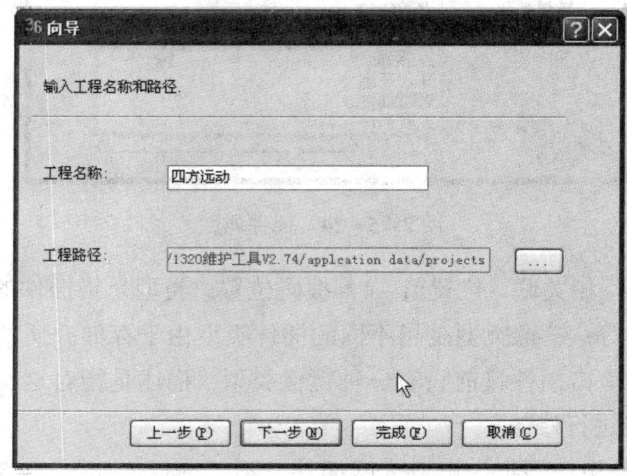

图 2-5-22 工程名称及路径

选择“下一步”，出现插件分配的对话框，如图 2-5-23 所示。该对话框是 CSC1321 硬件结构的后视示意图，最左侧固定为主 CPU，最右侧为电源，中间 10 个插槽位置根据实际的硬件配置进行设置。

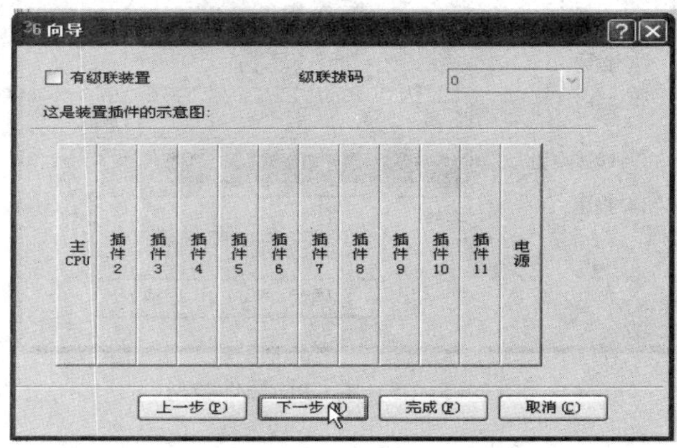

图 2-5-23 插件功能分配

其中，级联拨码在远动应用中固定为0，前面的有级联装置不勾选。点击每个插件，将弹出插件属性的对话框，如图2-5-24所示。

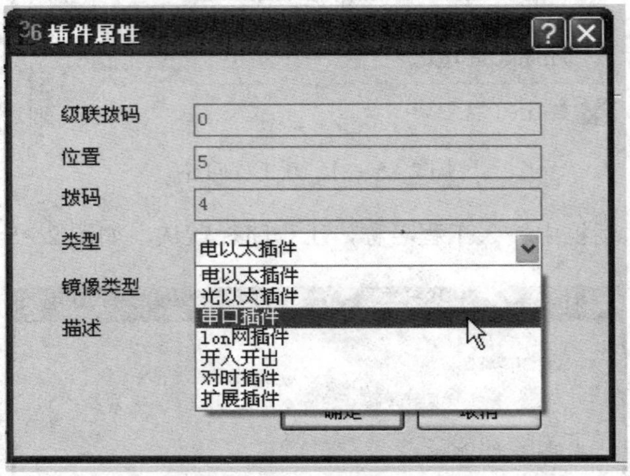

图2-5-24　插件属性

“位置”“拨码”互相关联，位置值-1=拨码位置。类型是指插件的硬件类型，主要包括电以太、串口插件等；镜像类型是指不同的插件类型由于存储介质的不同又分多种镜像类型，以太网插件、串口插件目前只有一种镜像类型；描述是指对这块插件属性的文字说明，可根据插件功能进行修改。

主CPU插件“类型”固定为电以太网插件，不能选择，如图2-5-25所示。

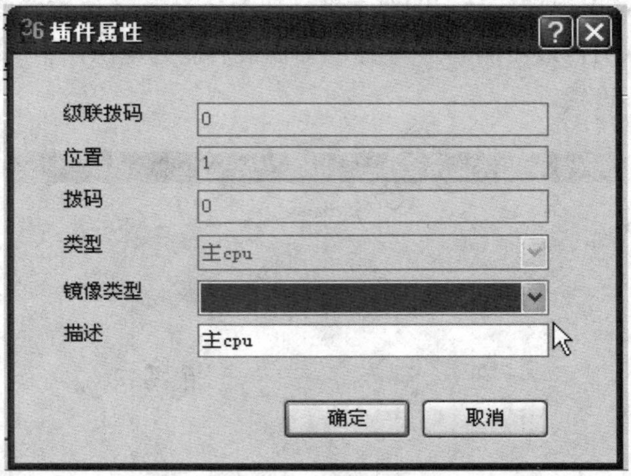

图2-5-25　主CPU插件类型

主CPU的镜像类型也只有三种，包括-C，-D，-N，如图2-5-26所示。

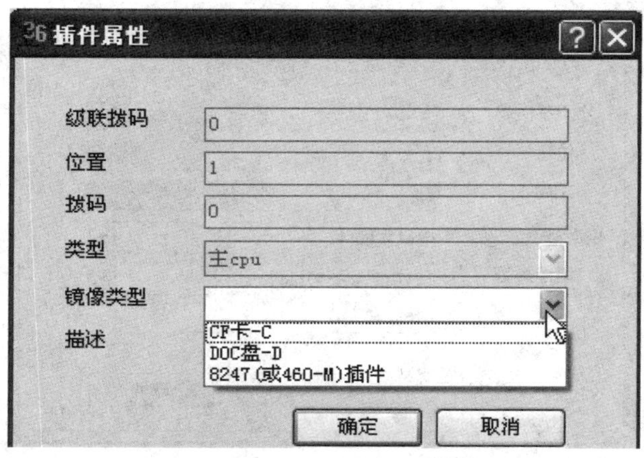

图2-5-26　主CPU镜像

目前新站主CPU及电以太网全部用-N插件，对应维护工具选择8247（或460-M）插件，主CPU设置完成，点击确定，如图2-5-27所示。

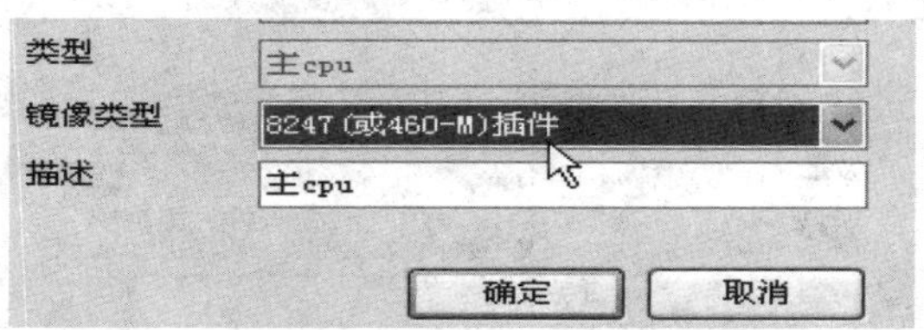

图2-5-27　主CPU镜像类型

预先分配插件2和3做61850接入用，点击插件2，弹出属性对话框，选择电以太网插件，描述改为61850接入1。电以太网插件分多种镜像类型，需要根据实际设备进行选择，如图2-5-28所示。

图2-5-28　电以太网插件镜像类型

目前新站全部用-N插件，对应维护工具选择8247（或460-M）插件，点击确定，如图2-5-29所示。

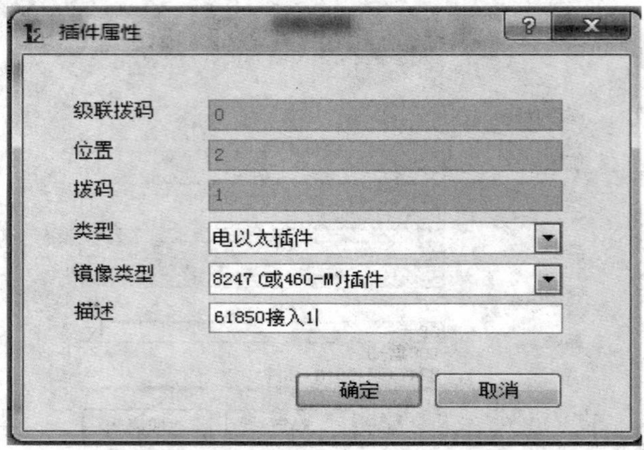

图 2-5-29　61850 接入 1 插件配置

插件 3 设置同插件 2，根据实际插件类型选择相应的镜像类型，配置如图 2-5-30 所示。

插件属性
级联拨码 0
位置 3
拨码 2
类型 电以太插件
镜像类型 8247(或460-M)插件
描述 61850接入2
确定
取消

图 2-5-30　插件 3 设置

分配插件 4 为 104 远动通信板，点击插件 4，弹出属性对话框，选择电以太网插件，描述改为“104 通信”，如图 2-5-31 所示。点击确定完成 104 插件分配。

插件属性
级联拨码 0
位置 6
拨码 5
类型 电以太插件
镜像类型 8247(或460-M)插件
描述 104通讯
确定
取消

图 2-5-31　104 插件配置

分配插件5为串口远动规约通讯板，点击插件5，弹出属性对话框，选择串口插件，镜像类型只有一种“串口及其他”，描述未作修改默认为“串口插件5”，点击确定完成串口插件分配，如图2-5-32所示。

图2-5-32 串口插件配置

其他辅助功能插件（对时、开入开出等）不作配置，在配置制作过程中需要注意备用插件不要添加到配置中。各插件功能分配完成，如图2-5-33所示。

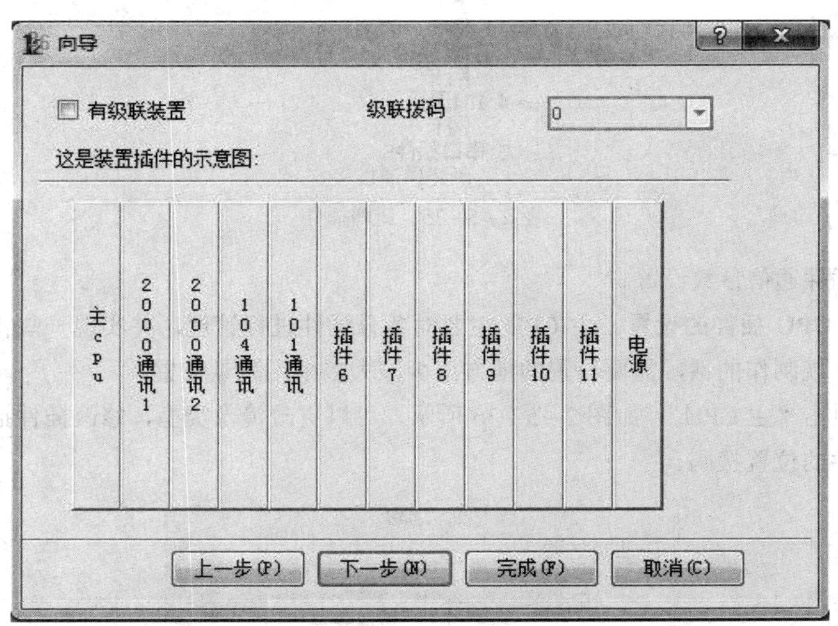

图2-5-33 插件功能分配图

点击“完成”，进入树状结构界面，如图2-5-34所示，开始对每个插件进行具体的功能设置。

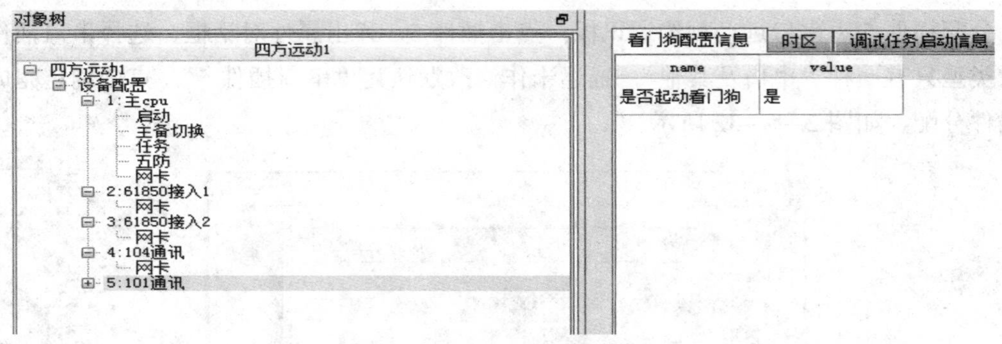

图 2-5-34 配置的树状结构图

在树状结构中，点击“设备配置”，工具右侧将出现插件列表，检查插件位置和拨码以及功能分配是否和实际硬件配置一致。

如果需要继续增加新的插件，在树状结构下进行，右键点击“设备配置”，左键选择增加插件，如图 2-5-35 所示，弹出插件属性的对话框，根据硬件配置进行相关设置。

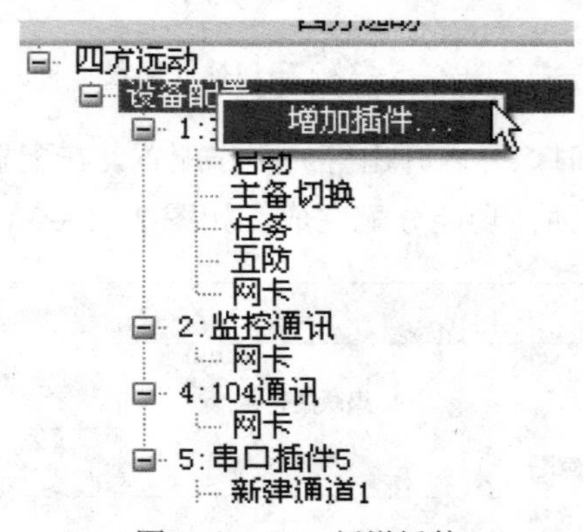

图 2-5-35 新增插件

（2）插件通信参数设置。

1）主 CPU 插件的设置。主 CPU 主要对各分插件进行管理，并实现一些特殊功能，如果只是常规制作的话，需要设置的地方很少，大多采用默认设置。

右键单击“主 CPU”，如图 2-5-36 所示，可以更改镜像类型，修改插件描述，但不可修改插件的位置拨码。

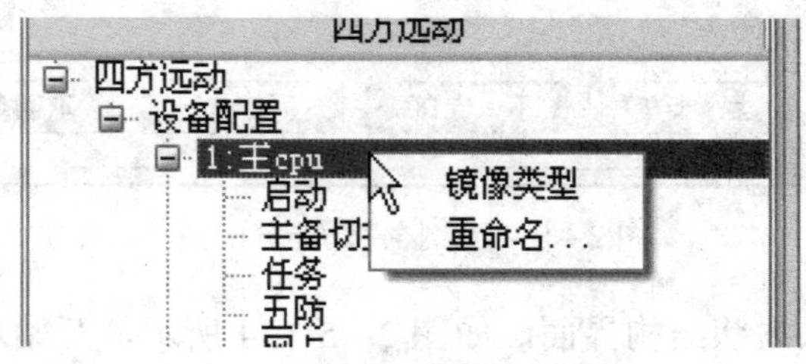

图 2-5-36 主 CPU 插件修改项

左键单击“主 CPU”，如图 2－5－37 所示，对插件属性进行设置，可进行“IP 地址”“路由配置”“看门狗”“时区”“调试任务启动”等设置，由于常规应用不使用主 CPU 的网卡通信，因此 IP 及路由等都不需要设置，采用默认。但是“启动”中有一项“DOC 使能”，无特殊要求时必须设置为“不”。

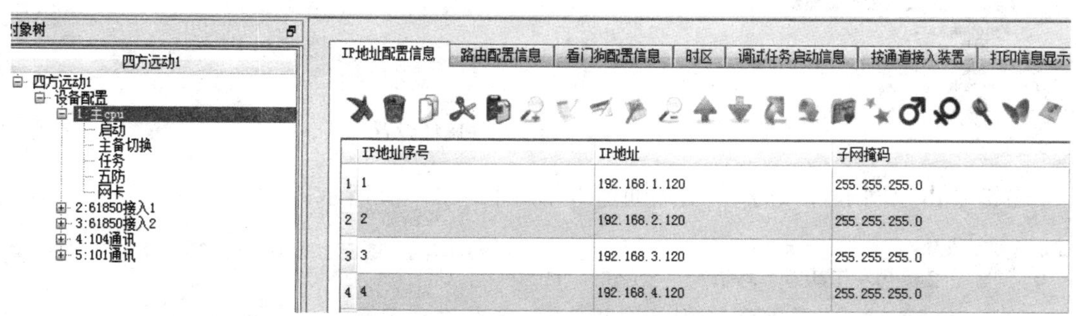

图 2－5－37　主 CPU 插件属性设置

2）61850 接入插件的设置。右键单击“61850 接入 1”插件，可进行删除插件、修改拨码、更改镜像类型、修改插件描述的操作，如图 2－5－38 所示。

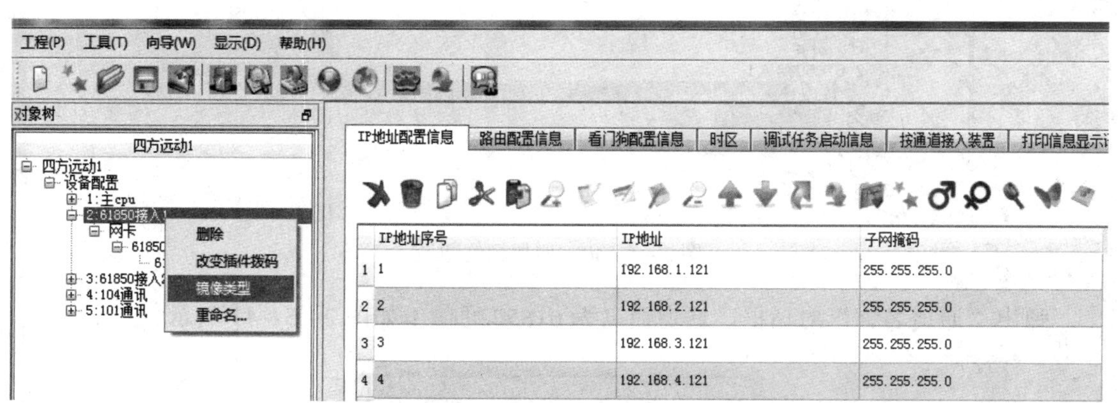

图 2－5－38　61850 通信插件修改项

若出现插件损坏的情况，需要换到备用插件上或者更换插件，就需要修改拨码位置和镜像类型，保证配置的拨码位置与实际插件位置一致，保证配置与更换插件后镜像类型一致。

左键单击 61850 接入 1 插件，如图 2－5－39 所示对插件属性进行设置，可进行“IP 地址”“路由配置”“看门狗”“时区”“调试任务启动”等设置，IP 地址和子网掩码设置为综自系统统一分配的地址。综自网络不需要路由设置；其他项采用默认设置。

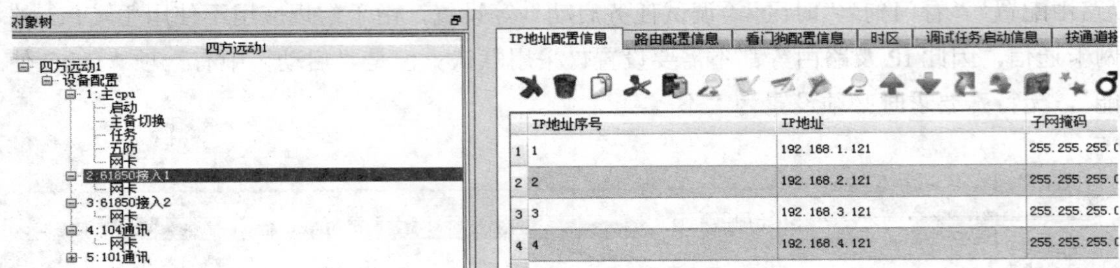

图 2-5-39　通信插件属性设置

右键单击“网卡”，选择“增加通道”，如图 2-5-40 所示。

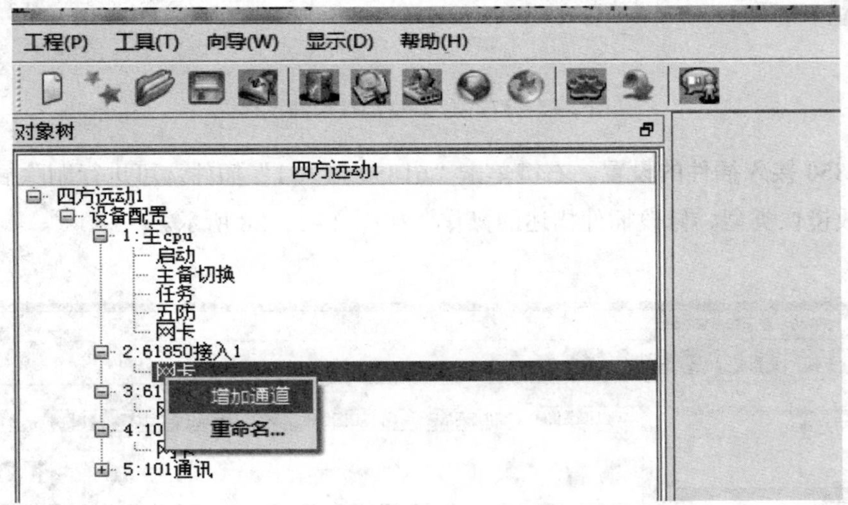

图 2-5-40　增加规约通道

弹出“通道名称”对话框，通道命名为 61850 通信 1 如图 2-5-41 所示。

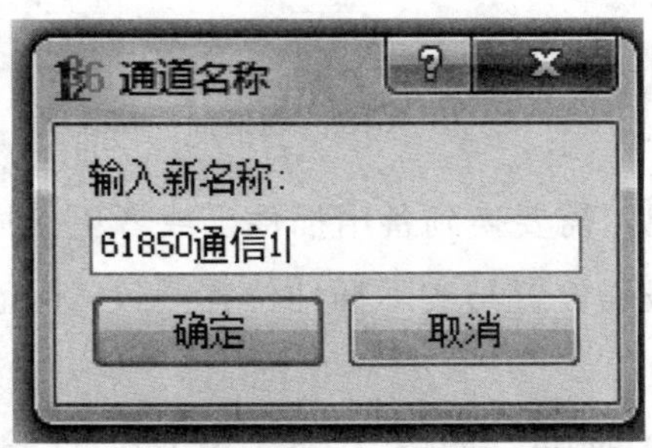

图 2-5-41　通道命名

点击确定，出现如图 2-5-42 所示界面，给通道关联规约。远动和站内装置通信属于接入功能，在接入规约里选择 61850 接入规约，左键双击。

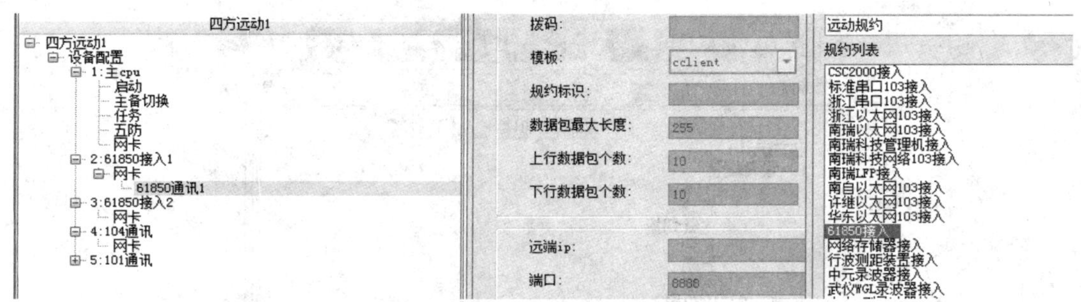

图 2-5-42 通道关联规约

然后是通道设置了，通道设置内容基本可以采用默认设置，如图 2-5-43 所示。

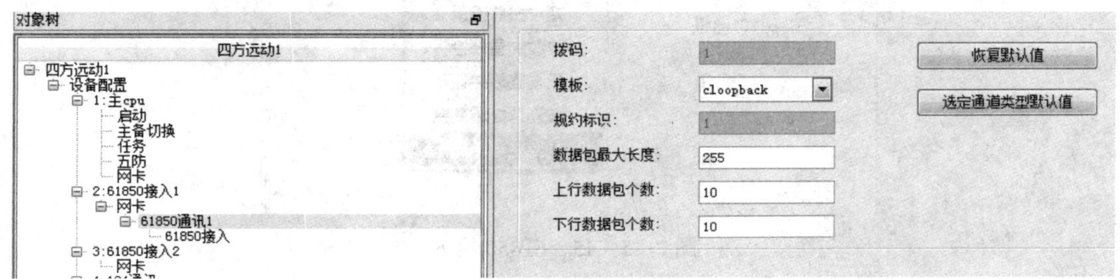

图 2-5-43 61850 通道设置

关注右侧的模板项，必须选择 cloopback 项，若由于手误改成了别的模板类型，会导致 61850 进程无法启动的现象，此时需要单击右侧的恢复默认值。

右键单击通道 61850 通信 1 能进行“删除”“复制通道”“粘贴通道”“重命名”等操作，如图 2-5-44 所示。

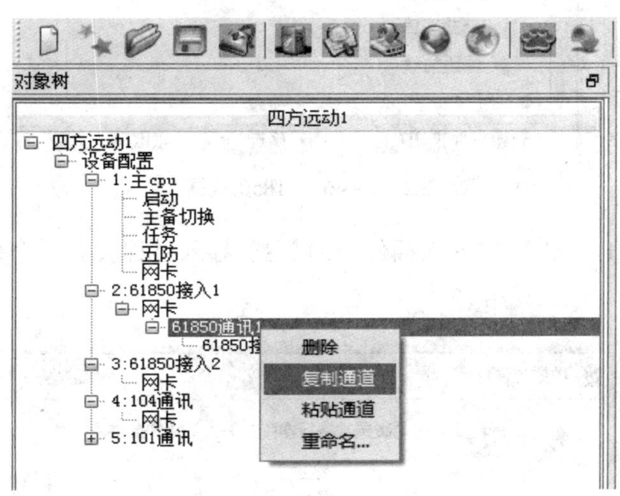

图 2-5-44 通道删除

将该插件上的装置导入，如下所述。右键单击 61850 接入，出现图 2-5-45 所示界面。

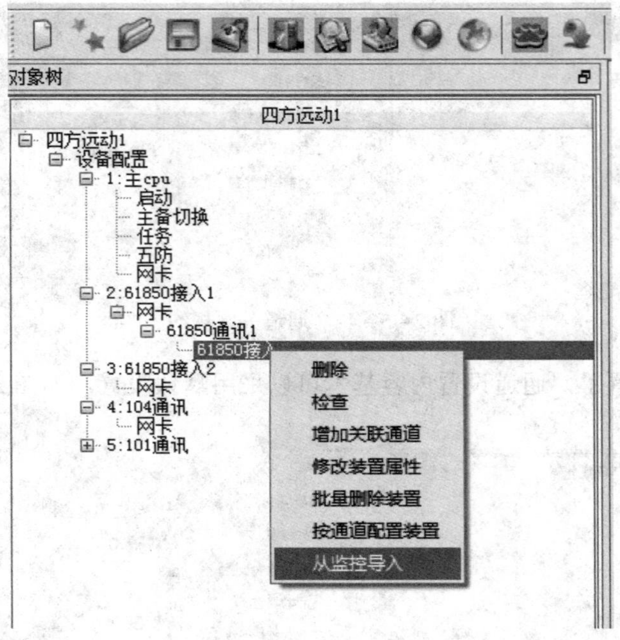

图 2-5-45　61850 接入

选择从监控导入，出现 61850 数据源路径，选择相应的目录文件，如图 2-5-46 所示。

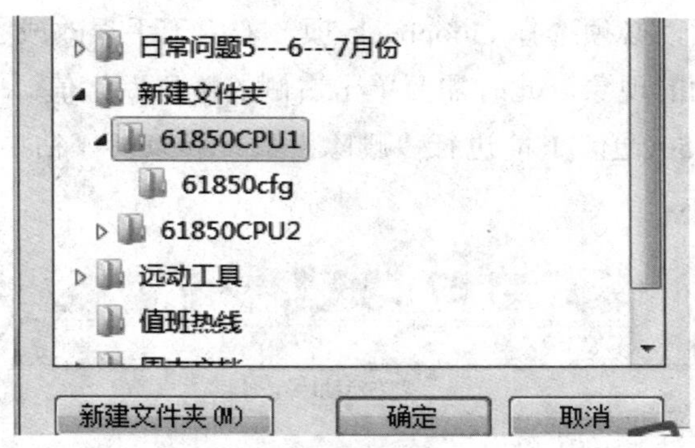

图 2-5-46　61850 数据

选择 61850CPU1，单击确定导入插件一的装置，导入过程会有几个提示，如图 2-5-47 所示。

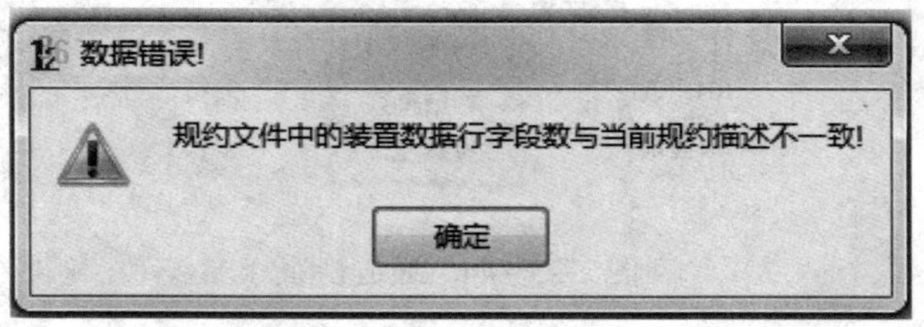

图 2-5-47　数据错误

这里是正常的提示，单击确定，然后会提示导入装置模板的提示，如图 2－5－48 所示，继续单击确定。

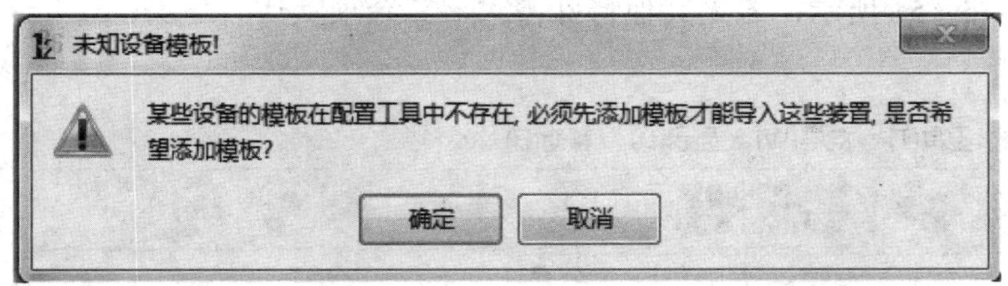

图 2－5－48　模板导入

这时会出现导入过程中会提示修改某些属性，如图 2－5－49 所示。装置排列顺序为监控输出时的顺序，无法修改，根据该顺序生成内部规约地址。

属性修改对话框

模板库中的某些模板没有附加的版本描述信息，请添加.

	规约	模板名	地区	创建时间	创建人	原始型号	建立方式	最
1	61850接入	CL2211A	北京	2014-07-07 16:18:18		CL2211A		
2	61850接入	CL2213B	北京	2014-07-07 16:18:18		CL2213B		
3	61850接入	CL2215A	北京	2014-07-07 16:18:18		CL2215A		
4	61850接入	CL2217B	北京	2014-07-07 16:18:18		CL2217B		
5	61850接入	CL2219A	北京	2014-07-07 16:18:18		CL2219A		
6	61850接入	CL221BB	北京	2014-07-07 16:18:18		CL221BB		
7	61850接入	CL221DA	北京	2014-07-07 16:18:18		CL221DA		
8	61850接入	CL221FB	北京	2014-07-07 16:18:18		CL221FB		

图 2－5－49　属性修改

设备导入成功，在装置信息页，如图 2－5－50 所示，装置模板名称即装置实例化名称，服务器号即装置的 ID32（十进制的，同 61850cfg 下的 IEDx），内部规约地址即远动点表中五字节 ID 的设备号，装置地址 1、2 即接入的各个装置的实际 IP 地址。

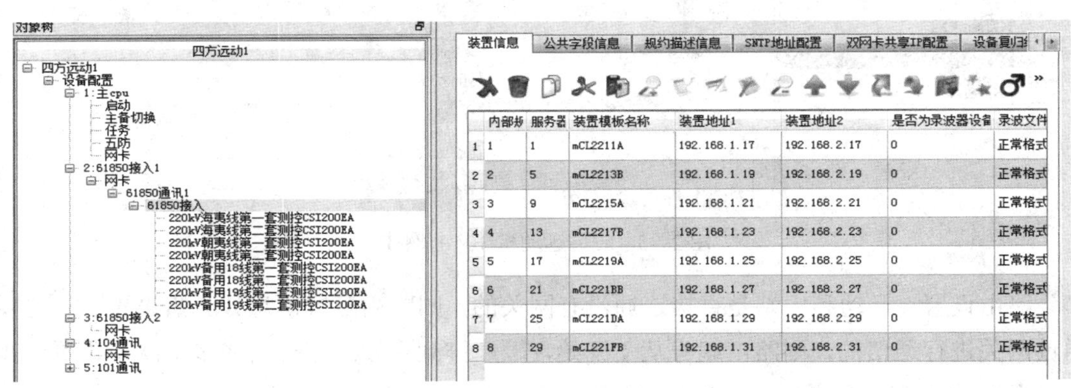

	内部规	服务器	装置模板名称	装置地址1	装置地址2	是否为录波器设备	录波文件
1	1	1	mCL2211A	192.168.1.17	192.168.2.17	0	正常格式
2	2	5	mCL2213B	192.168.1.19	192.168.2.19	0	正常格式
3	3	9	mCL2215A	192.168.1.21	192.168.2.21	0	正常格式
4	4	13	mCL2217B	192.168.1.23	192.168.2.23	0	正常格式
5	5	17	mCL2219A	192.168.1.25	192.168.2.25	0	正常格式
6	6	21	mCL221BB	192.168.1.27	192.168.2.27	0	正常格式
7	7	25	mCL221DA	192.168.1.29	192.168.2.29	0	正常格式
8	8	29	mCL221FB	192.168.1.31	192.168.2.31	0	正常格式

图 2－5－50　61850 接入 1 装置信息

“公共字段”中有几处设置需要注意：“调试状态”不需启用，可通过命令行启用或停止调试状态；“是否需要对时”项，目前远动屏蔽使用 SNTP 方式给站内装置对时，默认为不，如图 2-5-51 所示，若无其他特殊需求，其余项默认。

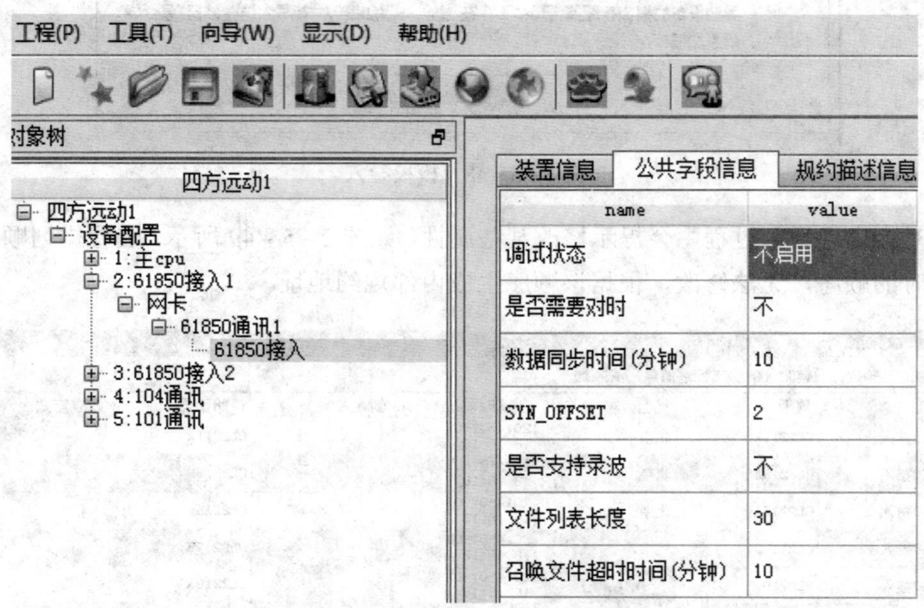

图 2-5-51　公共字段信息设置

插件 2 和插件 3 做类似设置，这里不再做说明，到此接入 61850 插件配置工作完成。

3）远动 104 插件的设置。单击 104 通信插件，在右侧的 IP 地址配置信息处修改调度和远动机通信的远动机 IP，如图 2-5-52 所示。

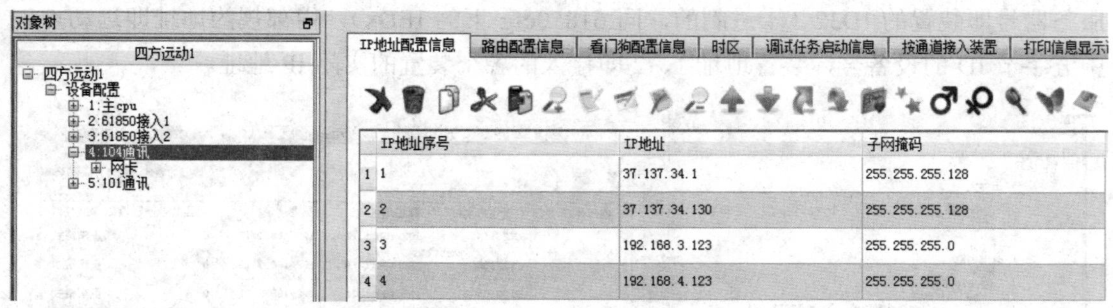

图 2-5-52　远动机 104 插件 IP

路由设置，远动和主站是直接连通没有网关的，则路由配置信息处无需设置。若需要通过网关进行通信的，则路由编号从 1 开始，顺序排列。如果需要增加多个路由设置，在该界面右键单击，增加一行或多行，如图 2-5-53 所示。

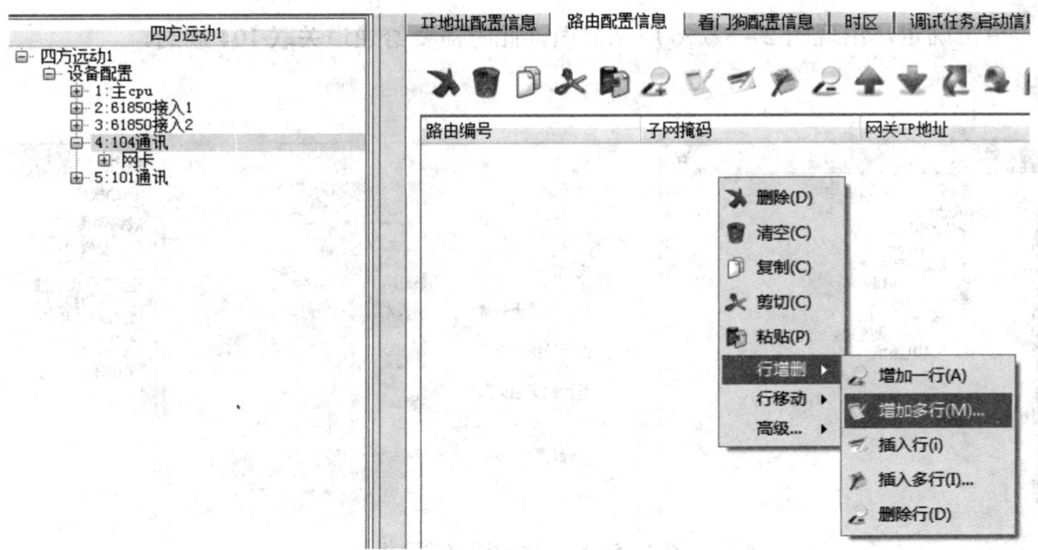

图 2－5－53 路由设置

在经过104参数分析后，每台远动机均需和4台调度主机通信，故需添加4行路由，分别找到对应的主站IP，针对刚才配置的插件的IP地址，需要配置的路由信息如图2－5－54所示。

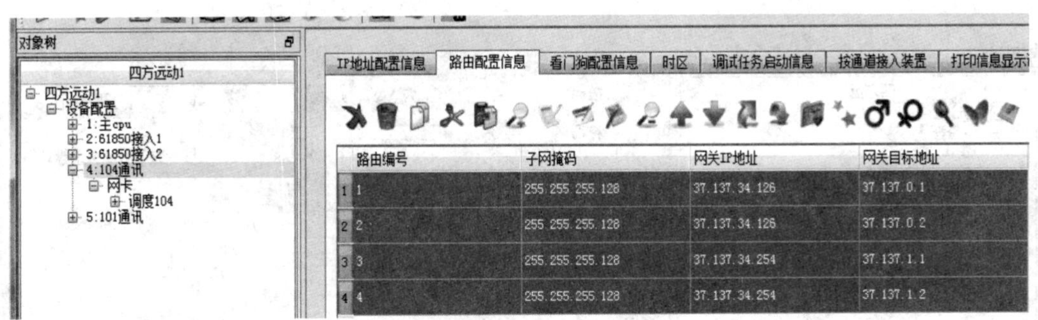

	路由编号	子网掩码	网关IP地址	网关目标地址
1	1	255.255.255.128	37.137.34.126	37.137.0.1
2	2	255.255.255.128	37.137.34.126	37.137.0.2
3	3	255.255.255.128	37.137.34.254	37.137.1.1
4	4	255.255.255.128	37.137.34.254	37.137.1.2

图 2－5－54 路由配置信息

路由配置信息里的网关目标地址就是调度主站的IP。

右键单击“网卡”，选择“增加通道”，弹出“通道名称”对话框，通道命名为“调度104”，如图2－5－55所示。

通道名称
输入新名称:
调度104
确定 取消

图 2－5－55 增加通道

单击确定，出现图 2－5－56 所示界面，此时需要给通道关联 104 规约。

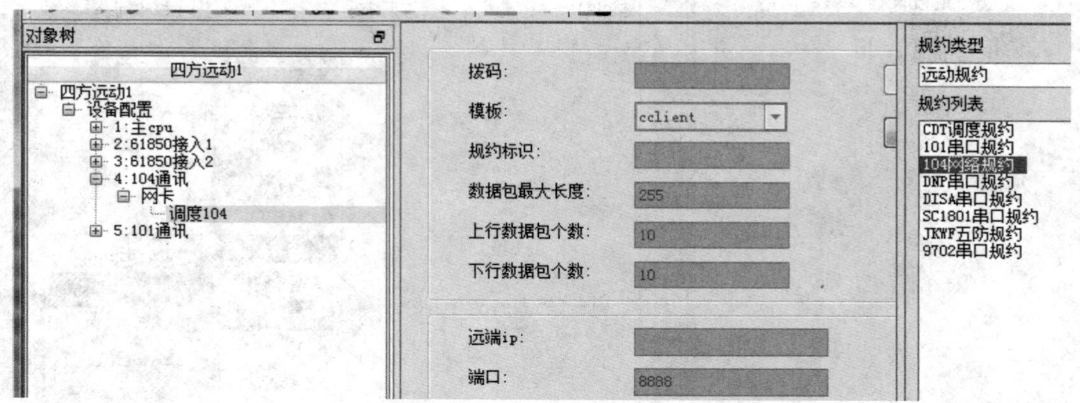

图 2－5－56　远动通道关联规约

如图 2－5－56 所示，在界面的最右端，规约类型下拉菜单处选择远动规约，然后再下面的规约列表处左键双击“104 网络规约”。

关联 104 规约后出现的界面如图 2－5－57 所示。

图 2－5－57　通道设置

通道设置有三个地方，模板必须保证为“cserver”，“远端 ip”为允许与远动机进行 tcp 连接的调度主站 IP 地址，端口号 104 规约里一般定义为 2404，也可根据主站网络的要求进行修改。由于已先添加了路由配置信息，故会自动关联第一个主站 IP，查看端口号和给定的 2404 一致，故通道参数到此不需修改。

单击 104 网络规约，在右面的窗口可以看到公共字段信息、规约字段现象和 RTU 字段信息等，如图 2－5－58 所示。

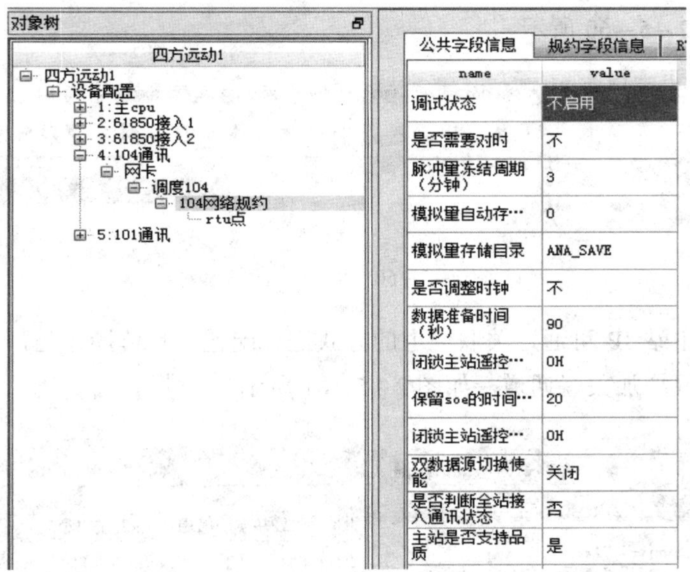

图 2-5-58　104 网络规约

公共字段信息处的信息一般采用默认，有特殊要求的可做修改。

规约字段信息处，根据开始时做的参数分析，这里无需修改，也采用默认的，如图 2-5-59 所示。

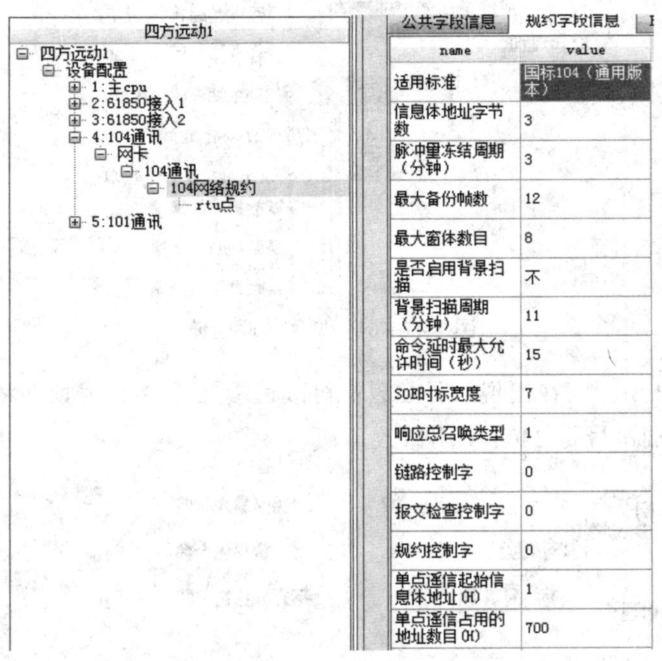

图 2-5-59　规约字段信息

RTU 字段信息处需要根据提供的参数做修改，默认值是 1，调度给定的是 27，转换为 16 进制是 1b。需要注意的是如果链路地址与调度约定的不一致，将导致不响应总召及遥控。修改后如图 2－5－60 所示。

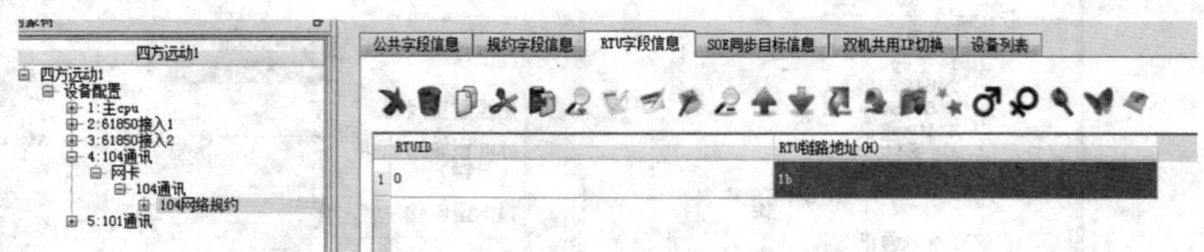

图 2－5－60　RTU 字段信息

互为主备的主站 IP 可通过关联通道的方式进行配置。具体操作是，在 104 网络规约处右键单击，选择增加关联通道，如图 2－5－61 所示。

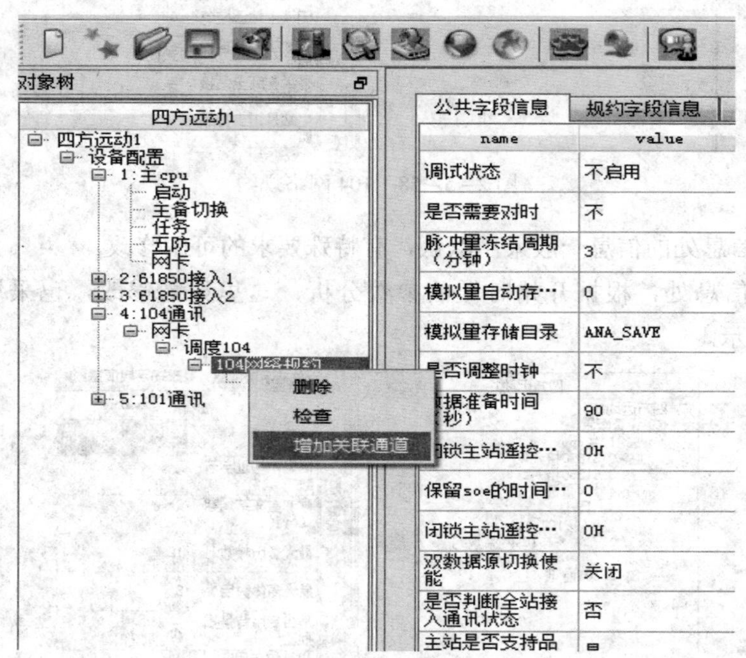

图 2－5－61　增加关联通道

如图 2－5－62 所示，在出现的界面只需修改远端 ip 和端口号，即将出现的远端 ip 修改为 37.137.0.2，端口号是 2404 不用修改。

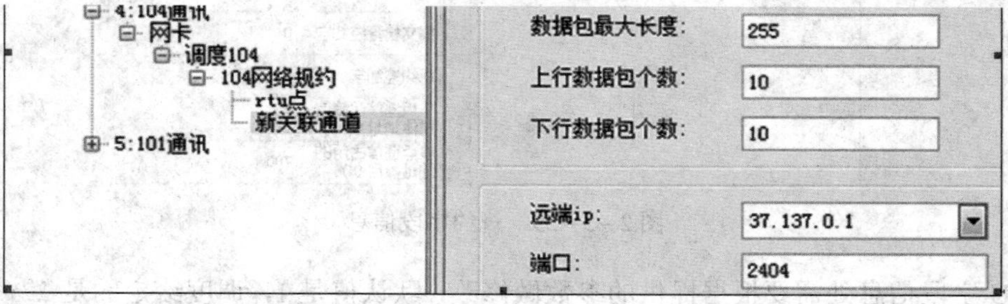

图 2－5－62　关联通道

可以修改调度备机的名称，即在新建关联通道上单击右键，选择重命名，如图 2－5－63 所示。

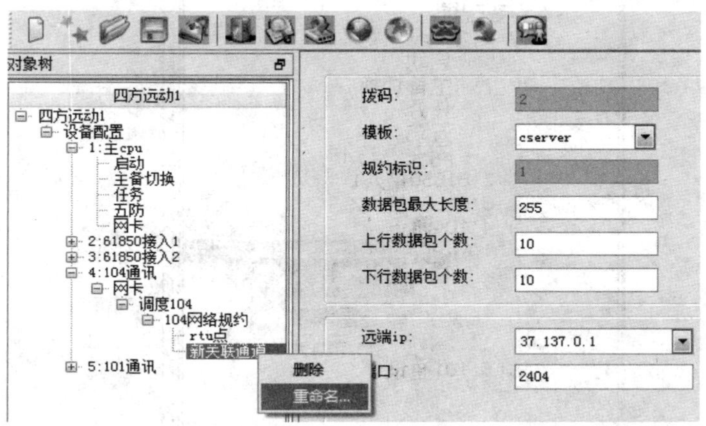

图 2－5－63　重命名

然后再出现的界面填写需要的名称，如图 2－5－64 所示。

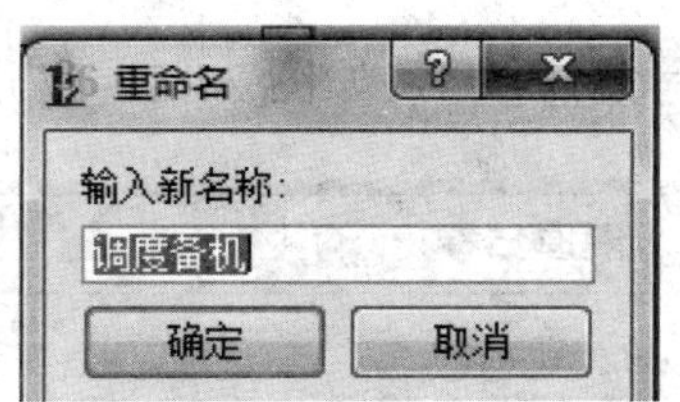

图 2－5－64　备机命名

到此，调度 104 通道配置完成，若调度 104 通道的 2 个主机是同时访问一台远动机 1，则需要重复调度 104 的设置方式，重新添加通道设置调度备机，如图 2－5－65 所示。

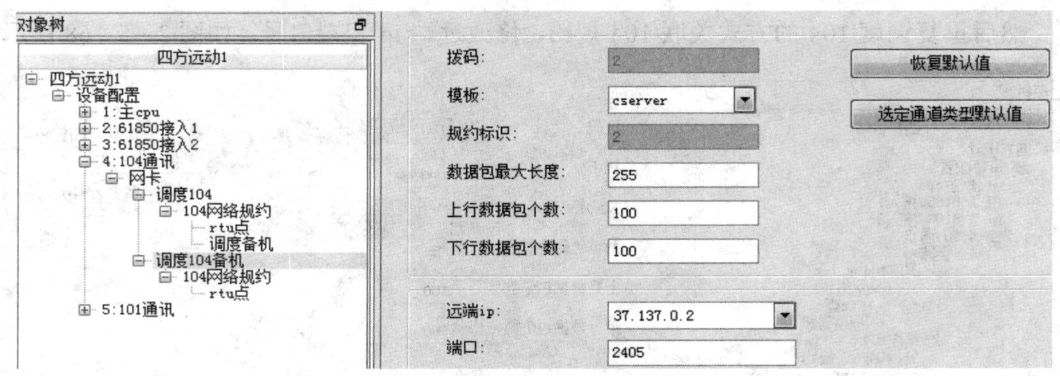

图 2－5－65　调度 104 设置

104 通信配置还有集控的 104，它的设置参照调度 104 进行设置，如在 104 插件的网卡上右键单击，选择增加通道，如图 2－5－66 所示。

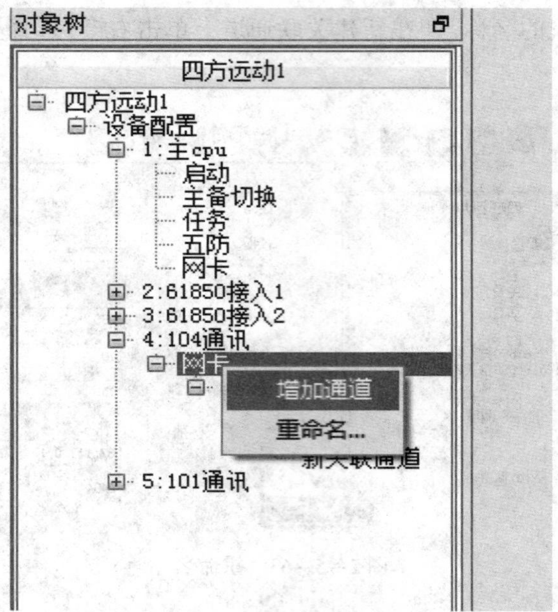

图 2-5-66　增加通道

在新出现的通道名称上填写集控 104，如图 2-5-67 所示。

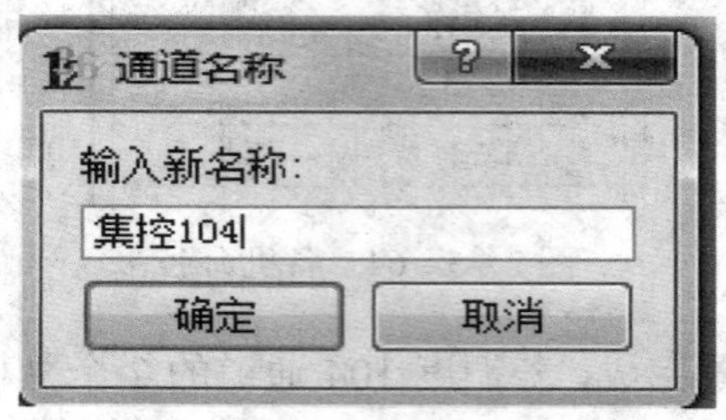

图 2-5-67　集控 104

然后重复调度 104 的方式关联 104 规约，修改远端 ip 和端口号。如图 2-5-68 所示。

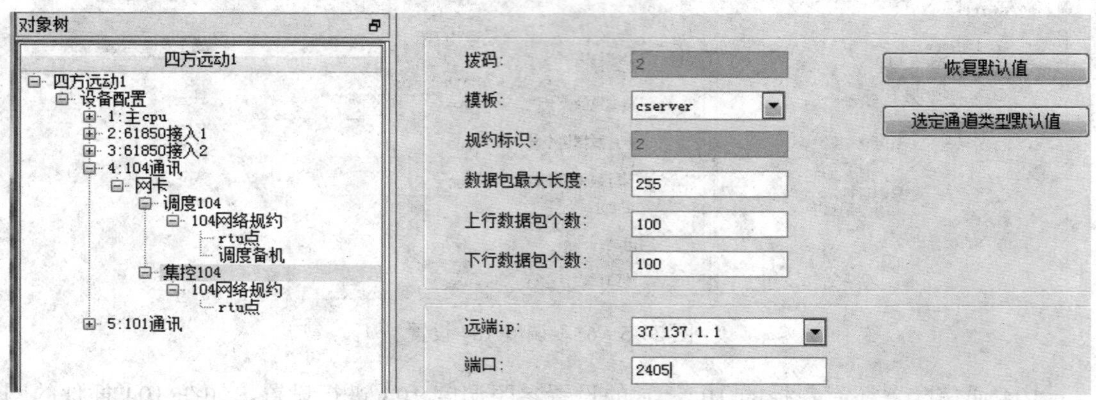

图 2-5-68　集控 104 通道设置

远端 104 通信参数设置全部完成。

4）串口插件设置。与以太网插件（61850 通信插件、104 通信插件）不同，串口插件不需要添加通道，而是根据插件串口数量分配了六个通道，如图 2－5－69 所示。

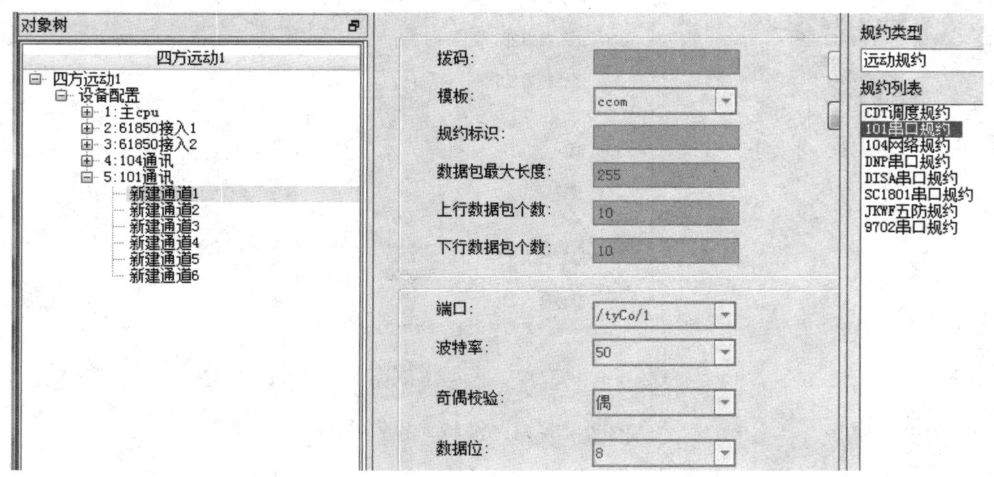

图 2－5－69 串口插件配置

左键单击通道 1，在右侧的规约类型里选择远动规约，在规约列表里选择“101 串口规约”，如图 2－5－69 所示。双机“101 串口规约”，即把通道 1 关联为 101 规约。

通道设置界面如图 2－5－70 所示，此处需要选择插件的物理串口端口，默认通道号与串口号是关联的，也可人为设置对应关系，比如默认通道 1 对应串口 1，即 tyCo1，如果串口 1 损坏，需要改用串口 2，可以在此选择“/tyCo/2”修改对应关系（建议不修改，而改用通道 2）。

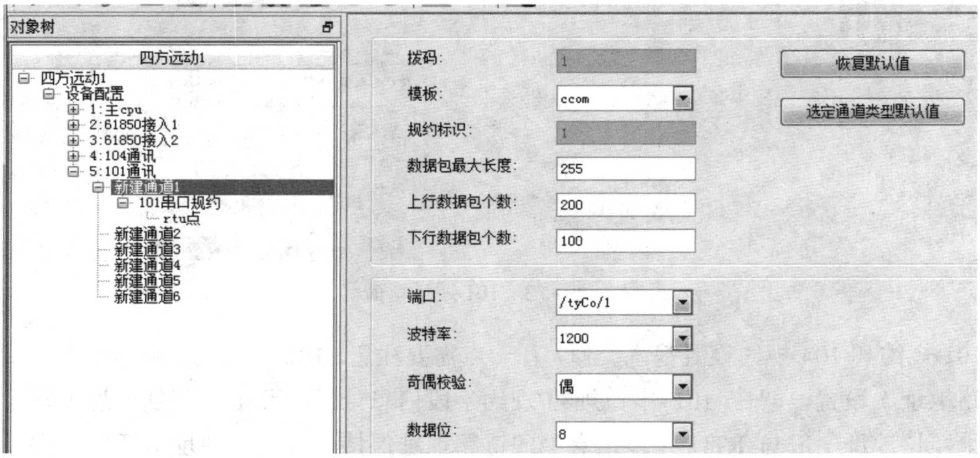

图 2－5－70 通道设置界面

波特率、校验根据调度提供的参数设置，其他采用默认设置，如图 2－5－71 所示。

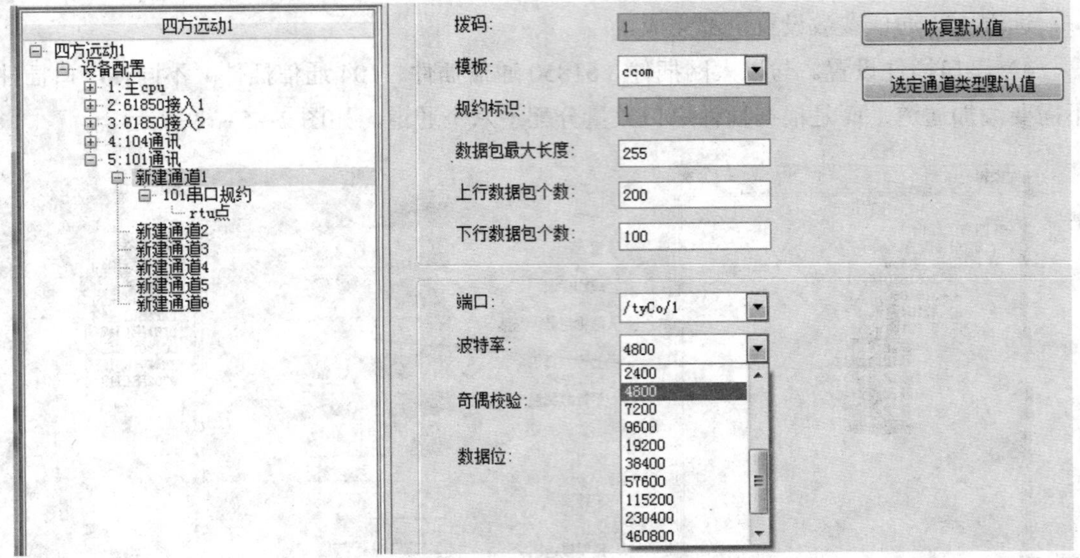

图 2－5－71　波特率设置

这时也可修改通道的名称，方法同前述，右键单击新建通道 1，选择重命名，如图 2－5－72 所示。

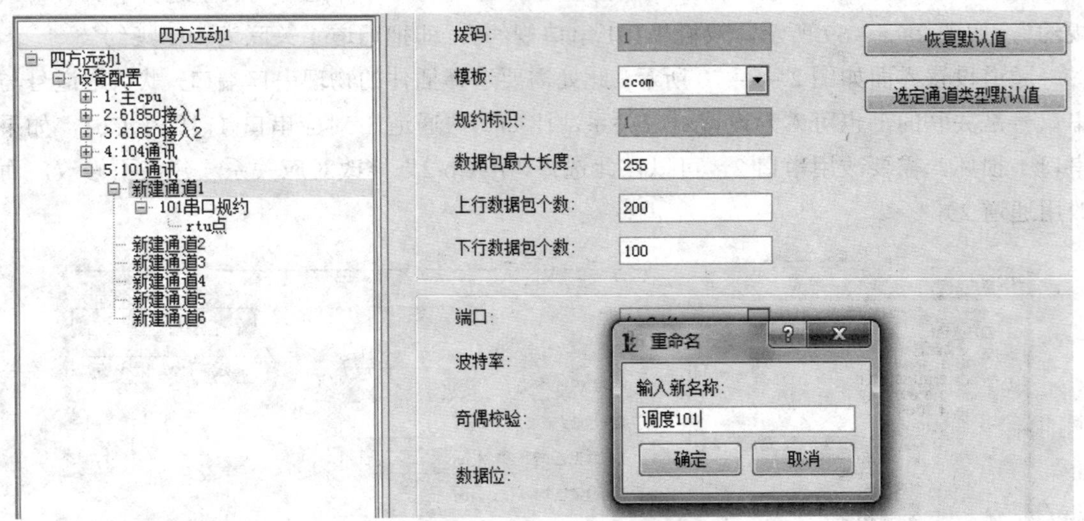

图 2－5－72　101 通道重命名

101 规约和 104 规约设置基本类似，有一点需要注意，101 规约比 104 规约多 1 处“公共链路地址”设置，即在 101 串口规约/规约字段信息处，需要根据调度信息填写公共链路地址，该地址一般与 RTU 字段信息中的链路地址保持一致，该地址由调度提供，如果调度不对该地址做要求，需要从报文中获知该地址。这里根据信息我们应该填写 1b（H），如图 2－5－73 所示。

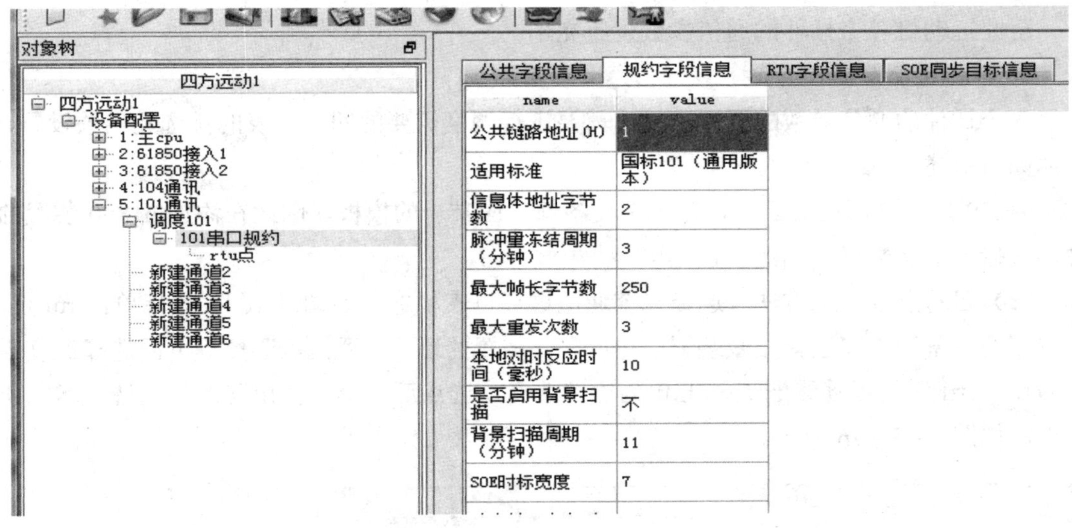

图 2-5-73　101 公共地址

同时修改 RTU 字段信息里的 RTU 链路地址（H）为 1b，如图 2-5-74 所示。

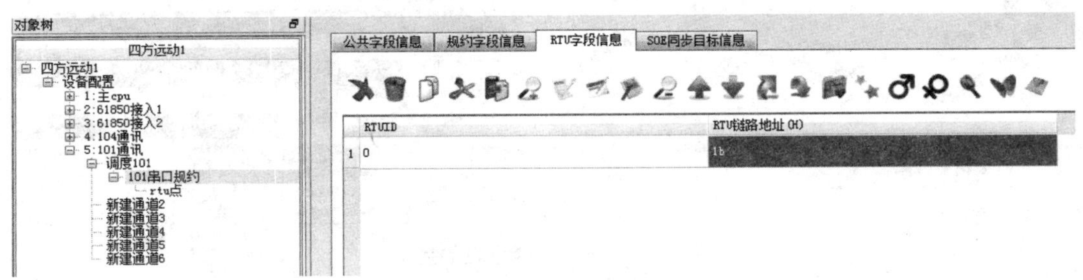

图 2-5-74　101 链路地址

配置完成后，检查通道与串口对应关系是否正确、通信参数是否正确，以及在通道里设置的波特率、校验方式和 101 串口规约/公共字段信息里的是否一致，如图 2-5-75 所示。

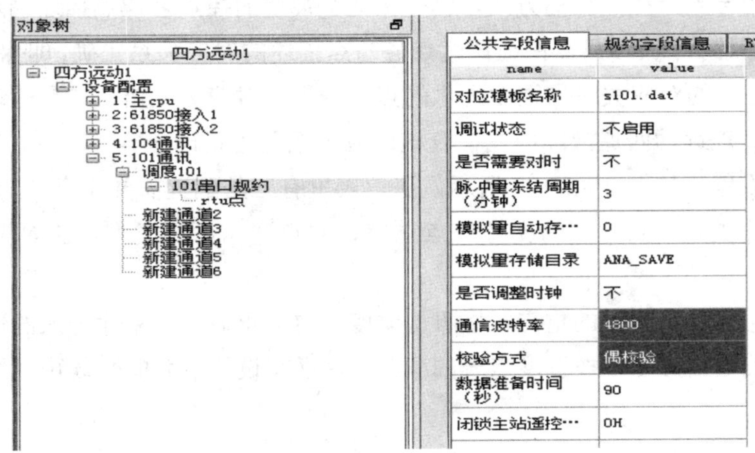

图 2-5-75　101 公共字段信息

至此远动机各个插件的通信参数设置完毕。

2. 四遥点表设置

各个插件的通信参数配置完成后，需要进行调度需要的四遥点表的挑选及相关设置，具体如下所述。

61850 规约是面向对象的，每一个设备都对应唯一的模板，因此在添加 61850 装置的时候，接入信息数据库已经挑选完毕。

（1）四遥点表挑选方法。选择一个通道进行点表挑选，如调度 104。鼠标单击 rtu 点，在右侧的设备列表下选择相应装置，然后在该装置的遥信、遥测、遥控等页面选择调度需要的点，ctrl 键为不连续选点，shift 为连续选点，选点后右键，在出现的界面选择增加所选点，如图 2－5－76 所示。

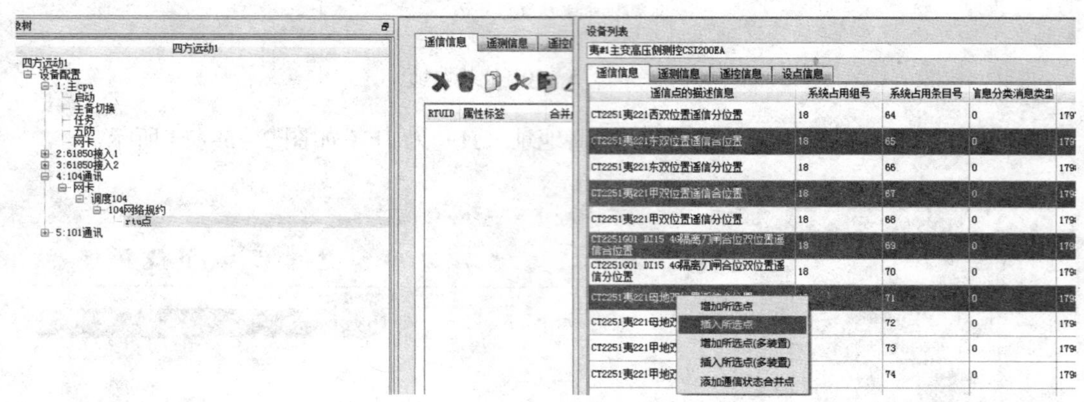

图 2－5－76　四遥点表的挑选

遥测、遥信和遥控的挑选方法相同，先选装置，在选择点类型（遥测、遥控、遥信等），然后挑选具体的点。

远动的四遥点表配置，本质上是调度点号与装置的相应控点名通过点描述进行关联映射的过程，采用导入监控数据的方式，已经保证了装置的控点名与点描述的对应关系，所以配置里隐藏了监控点名，只需保证调度点号与点描述的对应关系正确，即保证配置里“点号”与“点描述”的对应关系与调度提供的点表一致。对应关系错误，是远动四遥最常见的故障原因。处理远动四遥故障应先检查该对应关系是否正确。

（2）遥信设置。如图 2－5－77 所示，遥信表里有三处配置需要注意。

首先是遥信类型，104 规约支持单点遥信、双点遥信两种类型，工具默认选用单点遥信。

其次是点号，这是配置的重点，按照与调度约定的点表，对刚才导入的遥信点设置点号。在导入监控数据时尽量按调度点表的顺序，这样在设置点表的时候可以维护工具的高级功能设置点号。

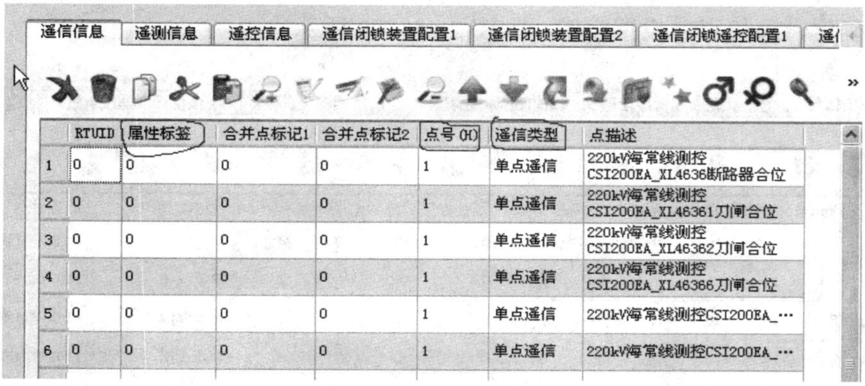

图 2－5－77 遥信点表

在遥信配置界面，右键单击“点号”表格列要设置点号的第一个点，出现图 2－5－78 所示界面，选择“高级”—“格式化列”，出现“插入行号”对话框，如图 2－5－79 所示。“起始数”填起始遥信点的点号，“跳跃数”填 1 表示后面的点号顺序排列，该列属性默认为 16 进制。

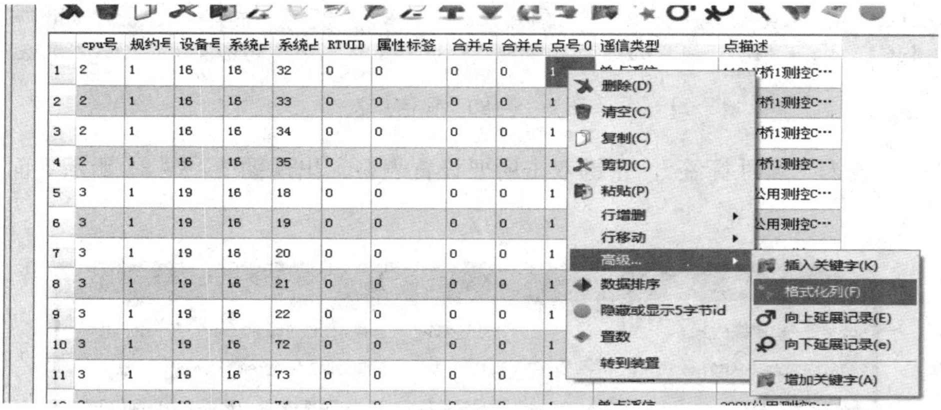

图 2－5－78 格式化列菜单

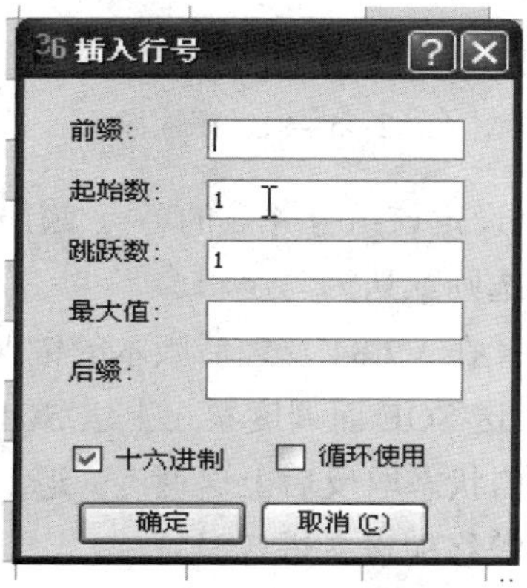

图 2－5－79 点号设置

点击确定，遥信点号设置完毕，如图 2－5－80 所示。

遥信信息 | 遥测信息 | 遥控信息 | 遥信闭锁装置配置1 | 遥信闭锁装置配置2 | 遥信闭锁遥控配置1 | 遥信闭锁遥

	cpu号	规约号	设备号	系统点	系统点	RTUID	属性标签	合并点	合并点	点号 0	遥信类型	点描述
1	2	1	16	16	32	0	0	0	0	1	单点遥信	110kV桥1测控C…
2	2	1	16	16	33	0	0	0	0	2	单点遥信	110kV桥1测控C…
3	2	1	16	16	34	0	0	0	0	3	单点遥信	110kV桥1测控C…
4	2	1	16	16	35	0	0	0	0	4	单点遥信	110kV桥1测控C…
5	3	1	19	16	18	0	0	0	0	5	单点遥信	380V公用测控C…
6	3	1	19	16	19	0	0	0	0	6	单点遥信	380V公用测控C…
7	3	1	19	16	20	0	0	0	0	7	单点遥信	380V公用测控C…
8	3	1	19	16	21	0	0	0	0	8	单点遥信	380V公用测控C…
9	3	1	19	16	22	0	0	0	0	9	单点遥信	380V公用测控C…
10	3	1	19	16	72	0	0	0	0	A	单点遥信	380V公用测控C…
11	3	1	19	16	73	0	0	0	0	B	单点遥信	380V公用测控C…
12	3	1	19	16	74	0	0	0	0	C	单点遥信	380V公用测控C…
13	3	1	1	16	20	0	0	0	0	D	单点遥信	10kV石顺甲线C…

图 2－5－80　遥信点表

第三项置为“属性标签”，左键双击所要设置表格，出现图 2－5－81 所示界面，共有 8 项设置。

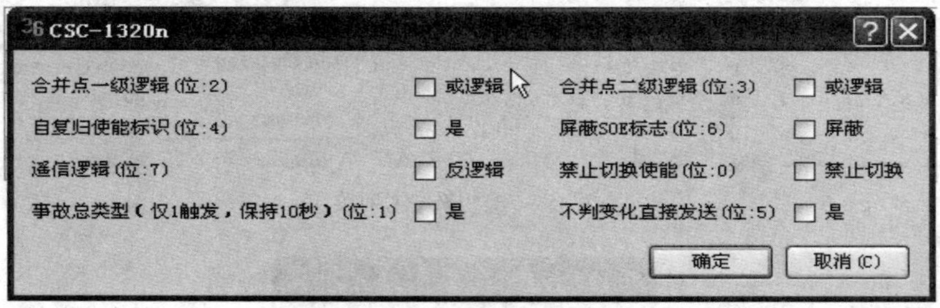

CSC-1320n

合并点一级逻辑（位:2）　□ 或逻辑　　合并点二级逻辑（位:3）　□ 或逻辑
自复归使能标识（位:4）　□ 是　　屏蔽SOE标志（位:6）　□ 屏蔽
遥信逻辑（位:7）　□ 反逻辑　　禁止切换使能（位:0）　□ 禁止切换
事故总类型（仅1触发，保持10秒）（位:1）　□ 是　　不判变化直接发送（位:5）　□ 是

确定　取消（C）

图 2－5－81　属性标签

合并点一、二级逻辑：用来设定该组合并点的各点使用的逻辑，勾选后边的“或逻辑”，则该组合并点采用或逻辑，不选则默认为与逻辑。

自复归使能标示（位：4）：在 V2.84 及之后版本的镜像文件里，该点暂未使用。

屏蔽 SOE 标志：在装置上送 SOE 而调度禁止上送 SOE 时选中。

遥信逻辑：用来对接入遥信状态取反后上送调度。遇到需要遥信状态取反的情况，建议在间隔层设备或者调度主站等终端设备进行设置。

事故总类型（仅 1 秒触发，保持 10 秒）：该功能仅使用 255 255 255 x y 的虚点，一般在合并点里出现，当子点长期保持为 1，而由子点触发的母点需要定时复归的，需要勾选，仅保持 10 秒后复归。

（3）遥测设置。如图 2－5－82 所示，共有四处需要配置。

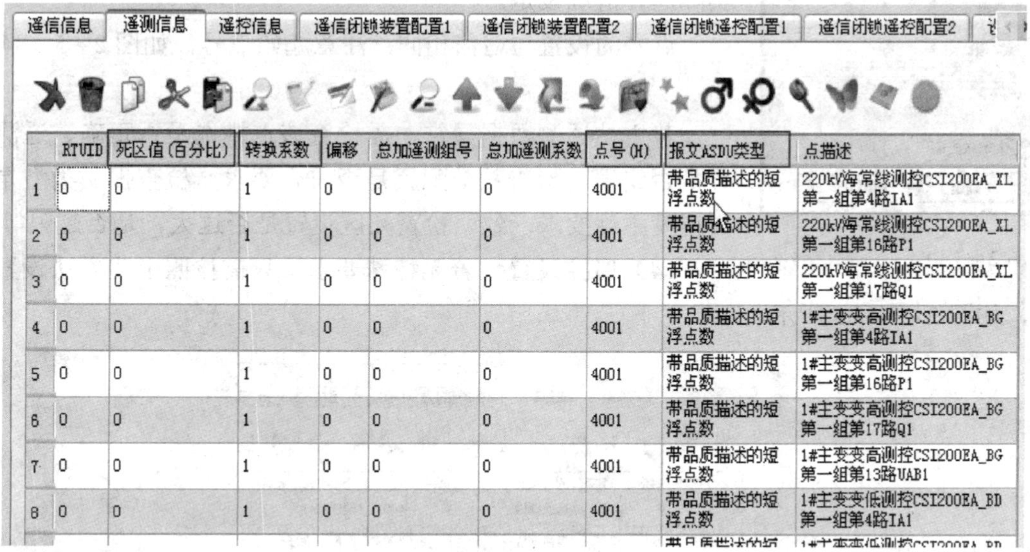

遥信信息 | 遥测信息 | 遥控信息 | 遥信闭锁装置配置1 | 遥信闭锁装置配置2 | 遥信闭锁遥控配置1 | 遥信闭锁遥控配置2

	RTUID	死区值(百分比)	转换系数	偏移	总加遥测组号	总加遥测系数	点号(H)	报文ASDU类型	点描述
1	0	0	1	0	0	0	4001	带品质描述的短浮点数	220kV海常线测控CSI200EA_XL第一组第4路IA1
2	0	0	1	0	0	0	4001	带品质描述的短浮点数	220kV海常线测控CSI200EA_XL第一组第16路P1
3	0	0	1	0	0	0	4001	带品质描述的短浮点数	220kV海常线测控CSI200EA_XL第一组第17路Q1
4	0	0	1	0	0	0	4001	带品质描述的短浮点数	1#主变变高测控CSI200EA_BG第一组第4路IA1
5	0	0	1	0	0	0	4001	带品质描述的短浮点数	1#主变变高测控CSI200EA_BG第一组第16路P1
6	0	0	1	0	0	0	4001	带品质描述的短浮点数	1#主变变高测控CSI200EA_BG第一组第17路Q1
7	0	0	1	0	0	0	4001	带品质描述的短浮点数	1#主变变高测控CSI200EA_BG第一组第13路UAB1
8	0	0	1	0	0	0	4001	带品质描述的短浮点数	1#主变变低测控CSI200EA_BD第一组第4路IA1

图 2－5－82　遥测相关

104 规约支持多种报文类型，如图 2－5－83 所示。

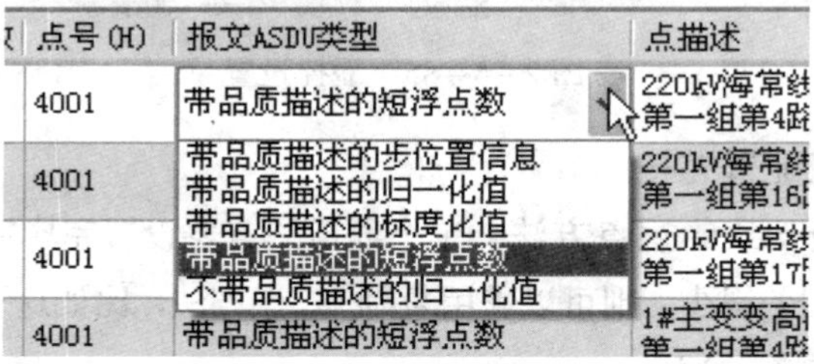

点号(H)	报文ASDU类型	点描述
4001	带品质描述的短浮点数	220kV海常线第一组第4路
4001		220kV海常线第一组第16路
4001		220kV海常线第一组第17路
4001	带品质描述的短浮点数	1#主变变高第一组第4路

下拉选项：带品质描述的步位置信息；带品质描述的归一化值；带品质描述的标度化值；带品质描述的短浮点数；不带品质描述的归一化值

图 2－5－83　遥测数据类型

最常用的是归一化值（分带品质与不带品质两种）和带品质的浮点数，类型的选择需要和调度一致。转换系数的配置与报文类型相关，浮点数时，转换系数值与后台一致，调度端系数为 1；归一化值时转换系数为“满码值（如 32767、4096 等）/ 二次额定值”，调度系数为“一次额定值 / 满码值”。考虑到现场遥测可能超越额定值，造成大于额定值的数据不能正常上送，可以将额定值放大一个系数，如 1.2 倍，这样归一化值的转换系数为“满码值/（二次额定值×1.2）”，调度系数为“一次额定值×1.2 /满码值”；二者在日常维护中有所区别，如更改间隔 TA 变比，上送浮点数给调度时，需要修改远动转换系数；上送归一化值需要远动和调度同时修改系数。

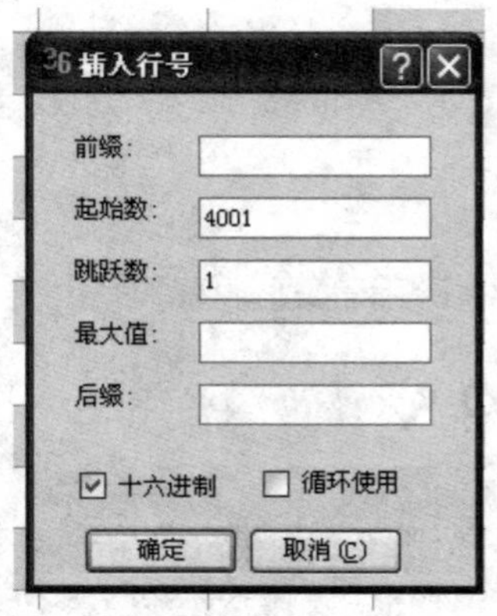

图 2-5-84 遥测点号

死区值是变化遥测的限制，遥测变化超过该值才上送变化遥测，如果数据量比较大，应该把一些精度要求不高的遥测设置死区值，以保证重要遥测的及时上送，该值大小由调度根据实际运行情况设定。

点号的设置与遥信相同，注意起始点号，如图 2-5-84 所示。

若主站遥测数据异常，需检查该点挑选是否正确、遥测点号是否错误、检查系数配置是否符合要求、检查报文类型是否与调度主站要求一致、检查死区设置是否过大，是否越限等。

（4）遥控设置。若无特殊要求，只需按照上述方法设置点号，如图 2-5-85 所示。

遥信信息 | 遥测信息 | 遥控信息 | 遥信闭锁装置配置1 | 遥信闭锁装置配

	RTUID	对应通	对应通	遥控类型	遥控参	点号0	点描述
1	0	0	0	普通遥控	0	6001	调压降档
2	0	0	0	普通遥控	0	6002	同期功能压板
3	0	0	0	普通遥控	0	6003	1M刀闸
4	0	0	0	普通遥控	0	6004	2M刀闸
5	0	0	0	普通遥控	0	6005	线路刀闸
6	0	0	0	普通遥控	0	6006	旁母刀闸
7	0	0	0	普通遥控	0	6007	调压降档

图 2-5-85 遥控设置

至此，基本的点表配置完毕。

（5）多个通道点表一致的挑点方法。单个通道的点表设置完毕后，其他通道如果有和改通道 rtu 点一致的或者相差很少，则可以采用复制 rtu 点方法，比如这个站调度 104 和集控 104 通道点表一致，则复制方法如下：

在调度 rtu 点处右键选择复制远动点，如图 2-5-86 所示。

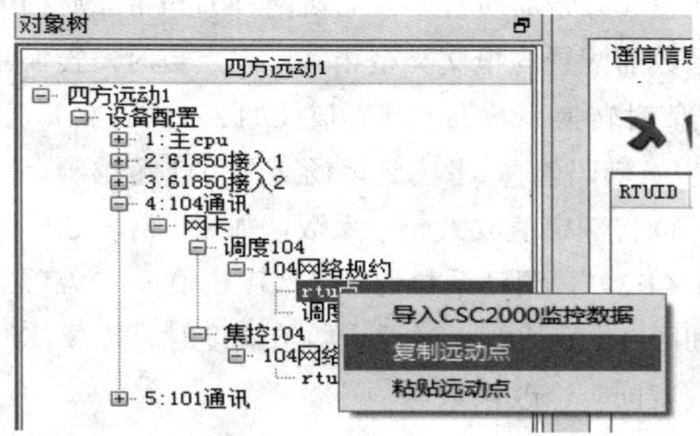

图 2-5-86 复制远动点

然后在其他通道（集控 104）的 rtu 点右键选择粘贴远动点，如图 2-5-87 所示。

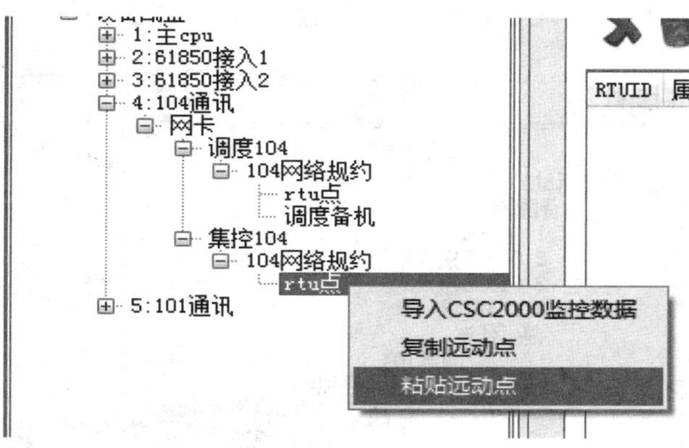

图 2-5-87 粘贴远动点

3. 常规 103 站工程制作

全站规约为 2000 规约或者 61850 站里有个别装置出 2000 规约的时候，工程制作流程同 61850 站，区别如下：

区别 1：2000 规约插件在关联规约后，在 2000 接入规约处右键选择“从监控导入”。这种方法是错误的，如图 2-5-88 所示。

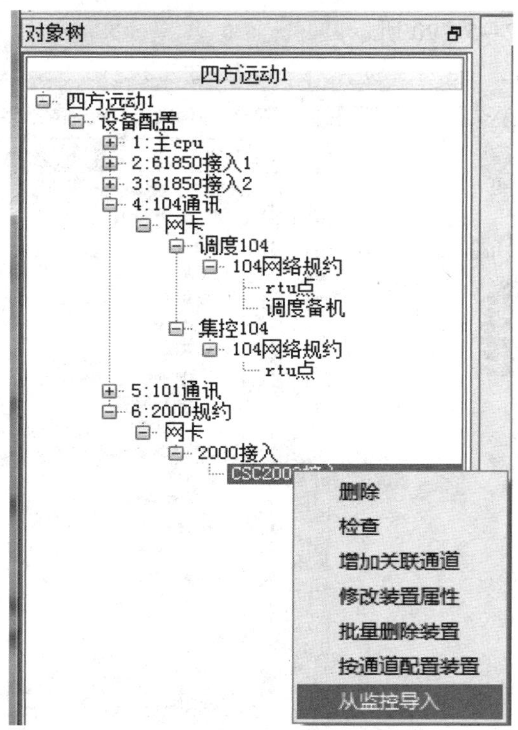

图 2-5-88 错误导入 2000 装置

区别 2：2000 规约导入装置和点表，需要先添加 2000 接入插件和关联 2000 规约后，然后在 rtu 点处右键选择“导入 CSC2000 监控数据”，如图 2-5-89 所示。

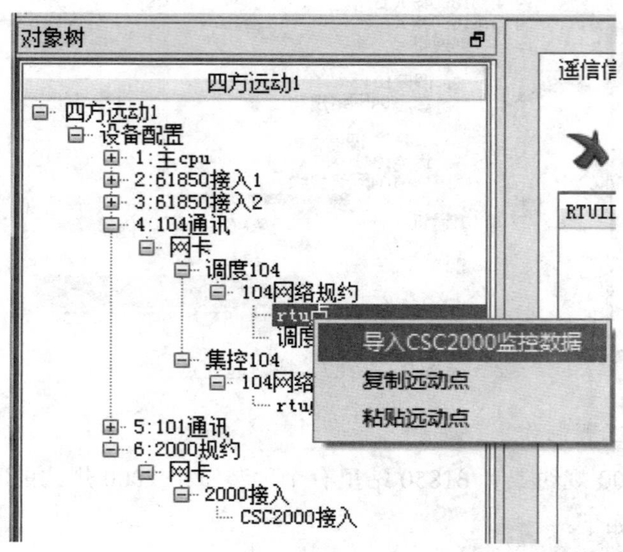

图 2-5-89　导入 CSC2000 监控数据

选择导入 CSC2000 监控数据，会出现选择选择 CSC2000 数据路径的对话框，根据实际路径进行更改，如图 2-5-90 所示。

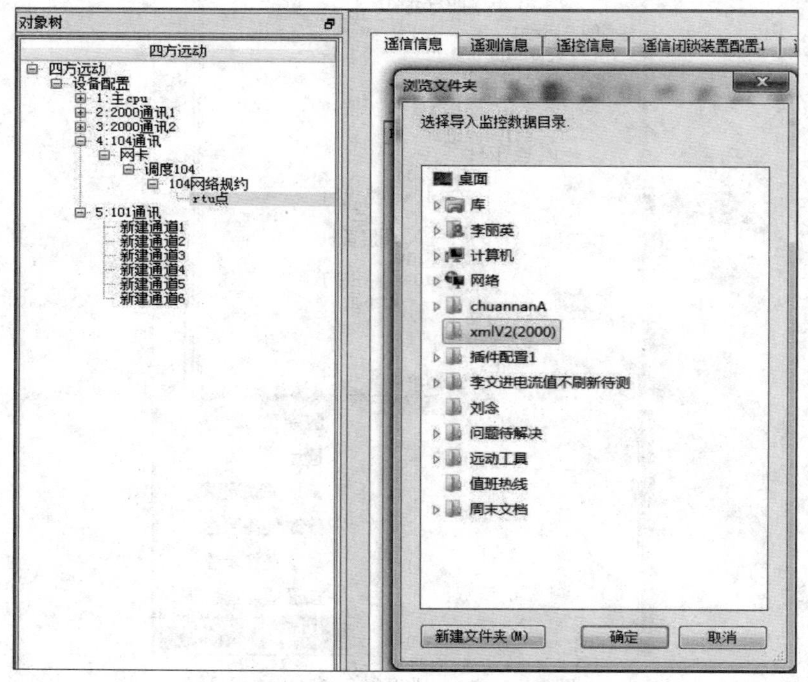

图 2-5-90　CSC2000 监控数据

选择 CSC2000 数据后，单击确定。四方公司有两套监控“V2”和“WizCon”，以 V2 系统为例，源类型选择“V2”，单击确定，然后自出现的对话框四遥点文件类型选择“XML”，分别如图 2－5－91 和图 2－5－92 所示。

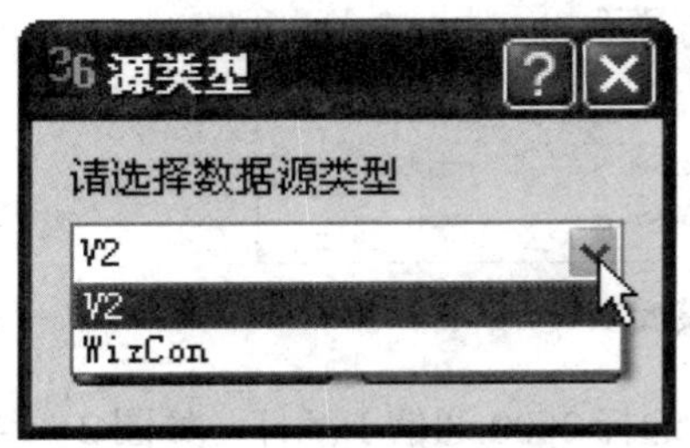

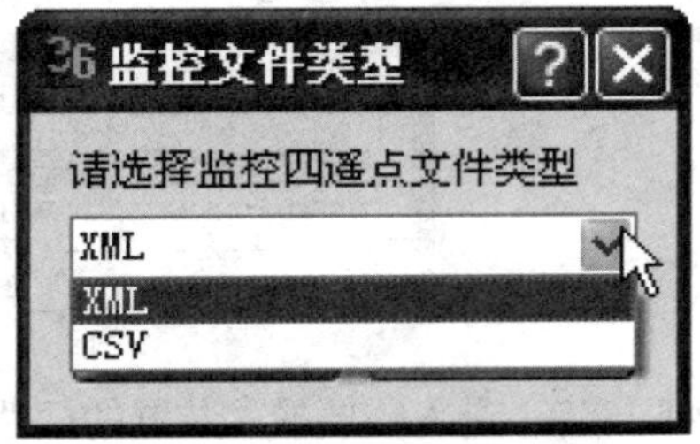

图 2－5－91 CSC2000 源类型　　图 2－5－92 四遥点数据类型

在四遥点文件类型处单击确定后，可以看到监控数据库有哪些装置，即“可导入的设备”，选择要用到的装置，这次选择前 20 个装置接入到插件 2，点击向右的箭头，则所选设备添加进“所选设备”列表，如图 2－5－93 所示。

图 2－5－93 可导入的设备

单击下一步，出现如图 2－5－94 所示的装置模板参数界面。

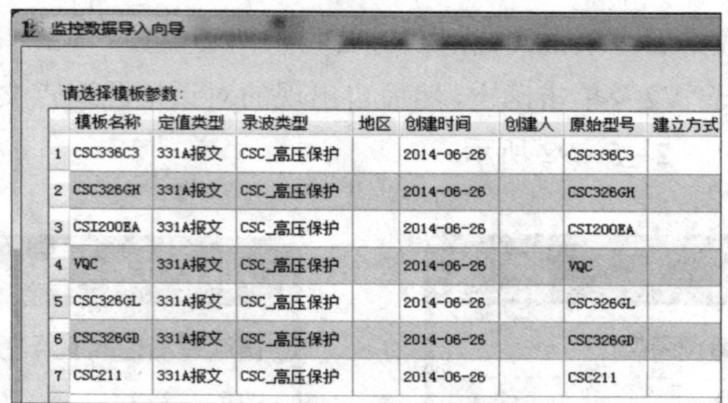

图 2-5-94 模板参数

单击下一步，进入需要导入装置的插件界面，选择 2000 通信 1 插件，如图 2-5-95 所示。

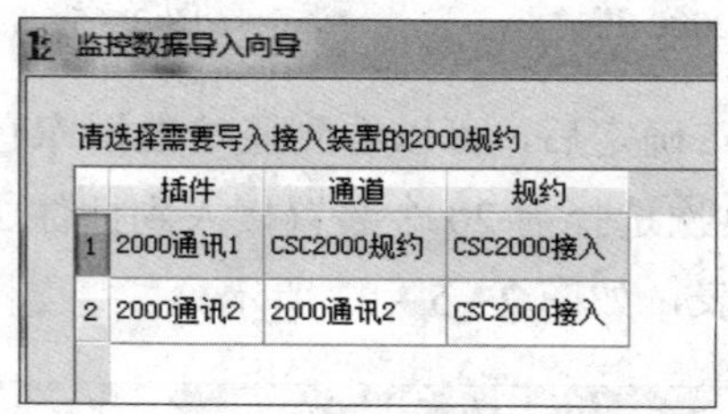

图 2-5-95 选择导入装置的插件

单击下一步，进入挑选四遥点的界面，如图 2-5-96 所示。

在以上所示界面中，可以在“设备列表”选择需要添加的装置，在“点类型”中选择四遥量的类型，则左下侧表格里将出现所选的某装置的某种类型的四遥量信息。

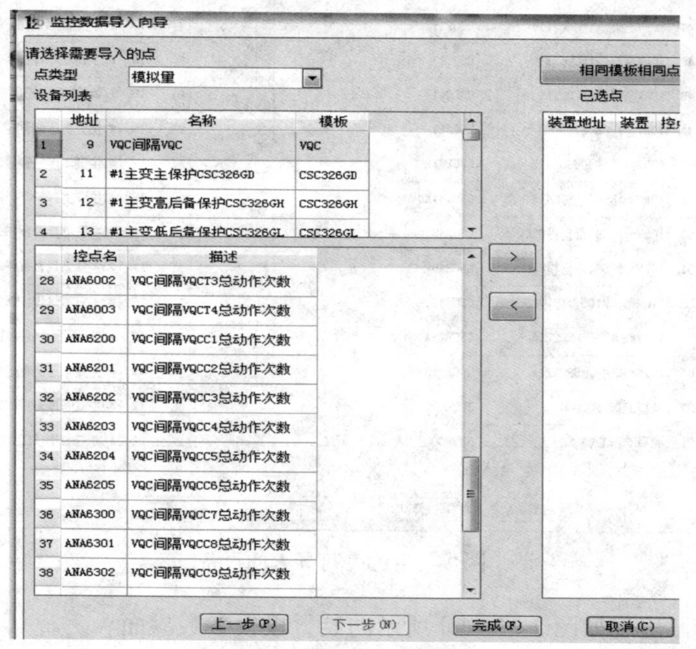

图 2-5-96 需要导入的点

单击点类型，选择数字量，先挑选遥信点，如图2-5-97所示。

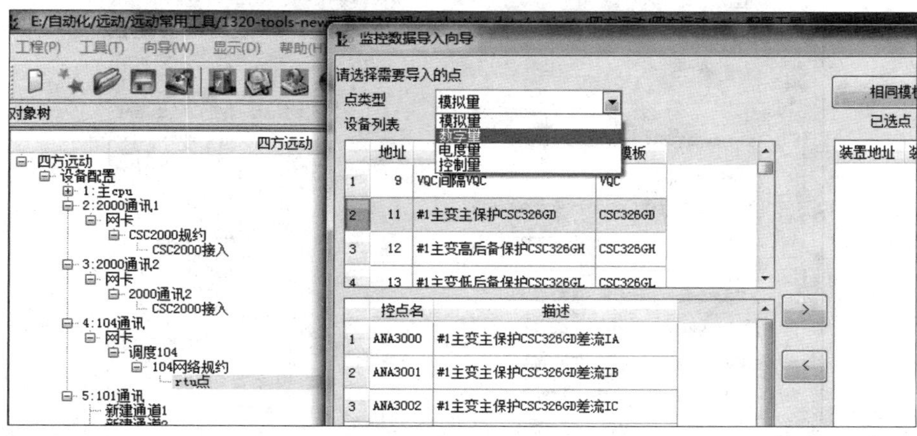

图2-5-97　点类型

假设选择110kV桥1测控CSI200EA的几个遥信点，如图2-5-98所示，单击向右的箭头便可添加到右侧的“已选点”列表。

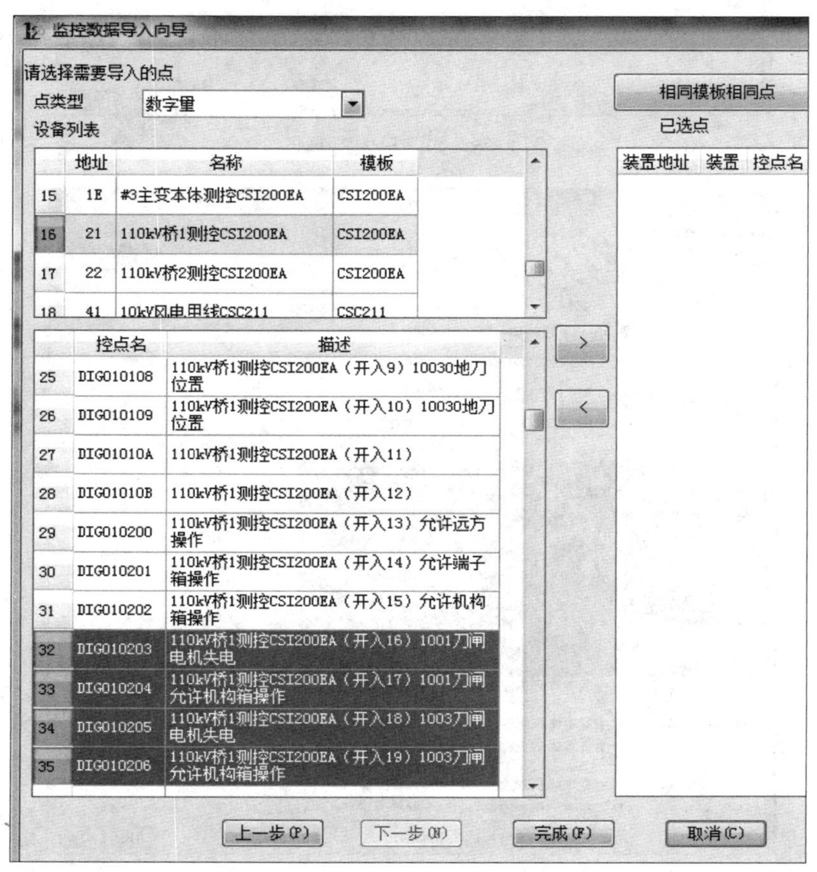

图2-5-98　导入遥信点

同样的方法添加遥测和遥控，分别如图 2-5-99 和图 2-5-100 所示。

图 2-5-99 导入遥测点

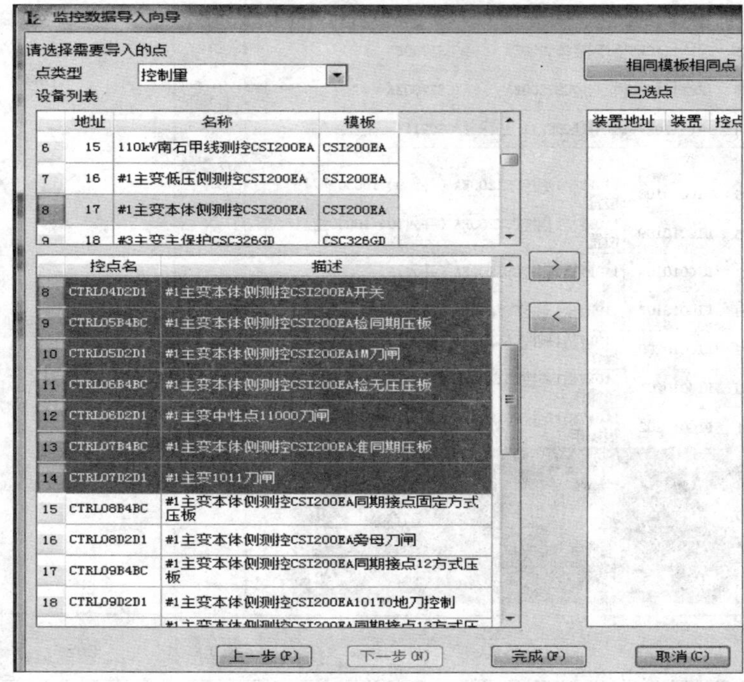

图 2-5-100 导入遥控点

经过上述三个步骤，单击完成，就把遥测、遥信、遥控等数据导入进 CSC1321 维护工具的 rtu 点，并且装置也导入到了插件 2，如图 2－5－101 所示。

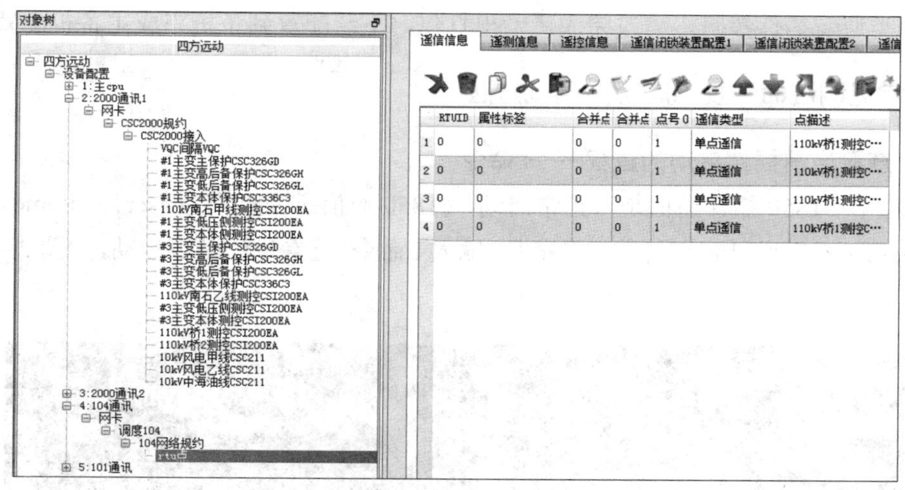

图 2－5－101　四遥数据

插件 3 的 2000 通信装置可参考上述步骤导入。

需要注意的是，在导入 CSC2000 数据的时候，最好一次把需要的四遥信息点全部挑选完毕，否则新增点或者修改点时候还需要重复上述步骤。

在挑选完四遥点表后，就是四遥点表的设置，具体设置同 61850 站的四遥点表设置。

2.5.4　主备机同步

CSC1321 系统不支持主备机自动同步，需要进行一些手动设置。尽量先在一台远动机上完成调试后，再做主备机同步。

首先用还原配置的方式打开主机配置，如图 2－5－102 所示。

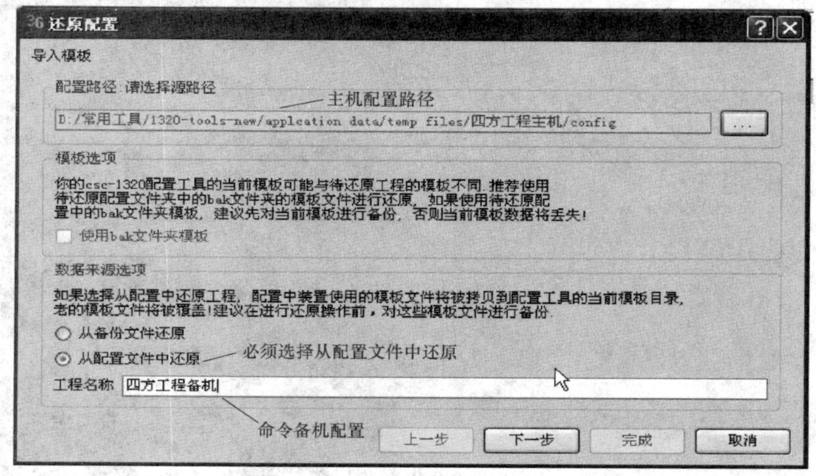

图 2－5－102　打开主机配置

正常情况下，主备机的硬件结构应该是完全一样的，这时候只需要在备机配置中修改各插件的 IP 地址，刷新 CSC2000 插件规约的 IP。如果硬件配置不同，需要根据实际情况修改插件类型及插件拨码。修改完成后输出打包，下装配置到备机完成主备机配置同步。

2.5.5 常见调试命令及组态工具调试方法

2.5.5.1 查看当前插件启动的进程——i 命令

（1）查看 61850 插件通信是否正常启动，61850 通信所需进程为 cserver 和 m61850_1，方法是：telnet 或者通过超级终端登录插件，输入 i 命令，查看进程是否启动，如图 2-5-103 所示。

```
dbt          dbtExec        1a83a28 120 PEND     530c24  1a83508        0
cserver      cserverModel   1a48868 120 PEND     55fa40  1a47498  3d0002
cloopback    cloopbackMod   1a2af88 120 PEND     55fa40  1a29bb8  3d0002
bus_2        ptoExec        1a6e158 120 PEND     530c24  1a6dc38        4
clk          clkExec        1a61bf8 120 PEND     530c24  1a616f8        0
m61850_1     ptoExec        1a1c318 120 PEND     530c24  1a1bdf8        4
dbgSvr_3     ptoExec        16bce18 120 READY    521a34  16bc818        4
```

图 2-5-103　61850 插件进程

如果 cserver 无法启动，联系技术专责处理，一般是模板的问题，就是配置工具的问题。

如果 m61850_1 进程无法启动，是因为程序检查接入配置信息发现错误，一般是装置地址重复、模板名称有汉字或者超过 80 字节、模板中四遥描述有无法识别字符、读取其他配置错误等。这些错误可通过分析根目录下的 err、log 文件来确认。

（2）CSC2000 插件通信所需进程为 cudp2000 和 m2000_1，telnet 或者通过超级终端登录插件，输入 i 命令，查看进程是否启动，如图 2-5-104 所示。

```
Telnet 192.188.234.3
-> i

  NAME         ENTRY          TID    PRI  STATUS      PC       SP      ERRNO  DELAY
------------ ------------ -------- --- ---------- -------- -------- ------- -----
tExcTask     excTask       1fd1d00   0 PEND       5686e8  1fd1be0    d0003     0
tLogTask     logTask       1fcf2d8   0 PEND       5686e8  1fcf1c8        0     0
tShell       shell         1e3ac40   1 READY      564a68  1e3a800        0     0
tWdbTask     wdbTask       1e5c1d8   3 PEND       55fa40  1e5c0c8        0     0
tNetTask     netTask       1f145d0  50 PEND       55fa40  1f144e0        0     0
tPortmapd    portmapd      1e7a6c8  54 PEND       55fa40  1e7a468   3d0002     0
tTelnetd     telnetd       1e77b78  55 PEND       55fa40  1e77a08   360003     0
tFtpdTask    4cbca8        1e75618  55 PEND       55fa40  1e75458        0     0
tMountd      mountd        1e731b0  55 PEND       55fa40  1e72f70   3d0002     0
tNfsd        nfsd          1e70708  55 PEND       55fa40  1e70498   3d0002     0
tTelnetOut_telnetOutTas    186f618  55 READY      55fa40  186f2f8        0     0
tTelnetIn_1telnetInTask    186d4c8  55 PEND       55fa40  186d0d8        0     0
tSntpsTask   4e36c0        1e5e7d0  56 PEND       55fa40  1e5e550        0     0
tNfsd3       nfsdRequestP  1e6cda8  60 PEND       5686e8  1e6cc58        0     0
tNfsd2       nfsdRequestP  1e69448  60 PEND       5686e8  1e692f8        0     0
tNfsd1       nfsdRequestP  1e65ae8  60 PEND       5686e8  1e65998        0     0
tNfsd0       nfsdRequestP  1e62188  60 PEND       5686e8  1e62038        0     0
tTffsPTask   flPollTask    1fa9eb0 100 DELAY      5643e4  1fa9e00        0     1
refreshDog   38ca28        1874648 118 READY      5643e4  1874598        0     0
taskmon_245ptoExec         1880ba8 119 PEND       530c24  1880688        4     0
dbt          dbtExec       1a94070 120 PEND       530c24  1a93b50        0     0
cudp2000     cudp2000Mode  1a67b20 120 PEND       55fa40  1a66750   3d0002     0
cserver      cserverModel  1a58eb0 120 READY      521a34  1a57a00   3d0002     0
cloopback    cloopbackMod  1a3b5d0 120 READY      521a34  1a3a120   3d0002     0
bus_2        ptoExec       1a7c838 120 PEND       530c24  1a7c318        4     0
clk          clkExec       1a16900 120 PEND       530c24  1a16400        0     0
m2000_1      ptoExec       1a0a3a0 120 READY      521a34  1a09da0        4     0
dbgSvr_3     ptoExec       188d108 120 READY      521a34  188cb08        4     0
```

图 2-5-104　CSC2000 插件进程查看

如果 cudp2000 进程未启动，检查规约中的 IP 地址与插件 IP 地址设置是否一致，两者需要保持一致，如图 2-5-105 和图 2-5-106 所示。

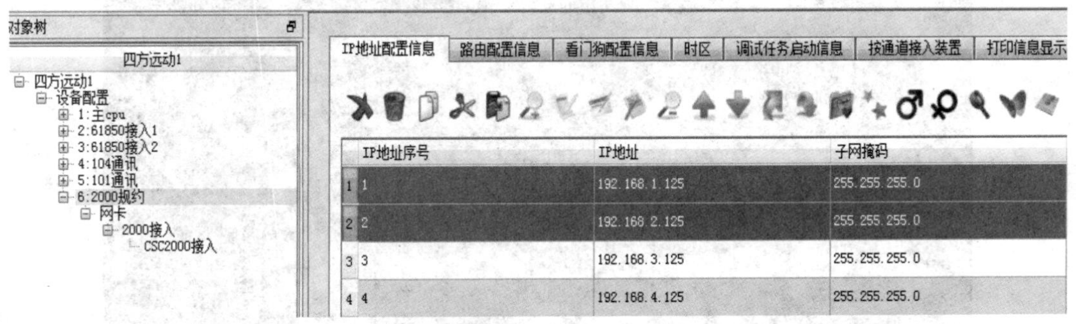

图 2-5-105 插件 ip

图 2-5-106 规约 ip

如果 m2000_1 进程未启动，程序检查接入配置信息发现错误，一般是装置地址重复、模板名称有汉字或者过长，或者模板内容有不识别字符，或者其他读取配置错误。这些错误可通过分析根目录下的 err、log 文件来确认。

（3）远动进程命名规则为 S + 规约名称 + 下划线 + 该规约在插件中的顺序号（远动插件可以有多个规约），例如 S104_1、S104_2、Scdt_1、S101_2、Sdisa_3 等，如图 2-5-107 所示。

```
-> i

  NAME         ENTRY          TID      PRI  STATUS        PC       SP      ERRNO   DELAY
---------- ------------ -------- --- ---------- -------- -------- ------- -----
tExcTask   excTask      7bfa1d0    0 PEND         68bb78  7bfa0b0        0     0
tLogTask   logTask      7bf7760    0 PEND         68bb78  7bf7650        0     0
tShell     shell        7981498    1 READY        687c5c  7981058        0     0
tNetTask   netTask      7aa10e8   50 PEND         682a64  7aa0ff8        0     0
tPortmapd  portmapd     799f620   54 PEND         682a64  799f3c0   3d0002     0
tTelnetd   telnetd      799ca88   55 PEND         682a64  799c918   360003     0
tFtpdTask  5ea524       799a4e0   55 PEND         682a64  799a320        0     0
tMountd    mountd       7998030   55 PEND         682a64  7997df0   3d0002     0
tNfsd      nfsd         7995540   55 PEND         682a64  79952d0   3d0002     0
tTelnetOut_telnetOutTas 6e8f748   55 READY        682a64  6e8f428        0     0
tTelnetIn_6telnetInTask 6e8d518   55 READY        6828b0  6e8d198        0     0
tSntpsTask 605694       79834a0   56 PEND         682a64  79831e0        0     0
tNfsd3     nfsdRequestP 7991b98   60 PEND         68bb78  7991a48        0     0
tNfsd2     nfsdRequestP 798e1f0   60 PEND         68bb78  798e0a0        0     0
tNfsd1     nfsdRequestP 798a848   60 PEND         68bb78  798a6f8        0     0
tNfsd0     nfsdRequestP 7986ea0   60 PEND         68bb78  7986d50        0     0
tTffsPTask flPollTask   7bc3280  100 DELAY        6875a8  7bc31d0        0     2
refreshDog 503cd4       6f7f6e0  118 DELAY        6875a8  6f7f5d0        0    26
taskmon_245ptoExec      6f3fc58  119 PEND         653310  6f3f738        4     0
dbt        dbtExec      6fcd410  120 PEND         653310  6fccef0        0     0
cserver    cserverModel 6f92250  120 PEND         682a64  6f90e80   3d0002     0
cloopback  cloopbackMod 6f74970  120 PEND         682a64  6f735a0   3d0002     0
bus_2      ptoExec      6fab478  120 PEND         653310  6faaf58        4     0
clk        clkExec      6f9ef18  120 PEND         653310  6f9ea18        0     0
s104_1     ptoExec      6f64a68  120 PEND         653310  6f64548        4     0
dbgSvr_3   ptoExec      6f4c1b8  120 PEND         653310  6f4bc98        4     0
tDcacheUpd dcacheUpd    7bc6eb8  250 DELAY        6875a8  7bc6df8   3d0002     9
```

图 2-5-107 远动 104 插件进程查看

如果所配置远动规约进程未启动，首先检测 rtu 库中是否有重点，全选且仅选四遥表中的五字节 ID，点击工具栏中的放大镜检查，如图 2-5-108 所示。

遥信信息 | 遥测信息 | 遥控信息 | 遥信闭锁装置配置1 | 遥信闭锁装置配置2 | 遥信闭锁遥控配置1 | 遥信闭锁遥控配

	cpu号	规约号	设备号	系统点	系统点	RTUID	属性标签	合并点	合并点	点号0	通信类型	唯一性检查(C)
1	2	1	4	255	0	0	16	1	0	1	单点遥信	事故总
2	2	1	5	255	0	0	16	1	0	1	单点遥信	事故总
3	2	1	6	255	0	0	16	1	0	1	单点遥信	事故总
4	2	1	7	255	0	0	16	1	0	1	单点遥信	事故总
5	2	1	1	255	0	0	16	1	0	1	单点遥信	事故总
6	2	1	10	255	0	0	16	1	0	1	单点遥信	事故总

图 2-5-108 远动插件重点检查

其他导致进程无法启动的问题一般为规约字段中的内容设置和四遥中规约相关的设置存在问题，需要根据具体配置分析。

2.5.5.2 61850 插件和站内装置通信状态——I 命令

通信进程启动正常后，通过 I 命令确认跟每台装置的连接状态，如图 2-5-109 所示。

```
==========================================================
装置 网-A 网-B FD-A FD-B IP-A              名称
---- ---- ---- ---- ---- ----------------- ------------
   1 断开 断开 0    0    192.168.1.33      PT6601
   2 断开 断开 0    0    192.168.1.34      CT6601
==========================================================

value = 68 = 0x44 = 'D'
```

图 2-5-109 查看站内连接状态

图中第一列为顺序号，第二列为 A 网连接状态，第三列为 B 网连接状态，第六列为装置 A 网 IP 地址，第七列为装置名称。

（1）通信正常时，应该一个网卡显示“正常”，一个显示“连接”。

（2）两个都显示中断时，说明对应的网卡 ping 不通，检查网络。

（3）两个网卡均显示连接，表示跟所连接装置初始化失败，常见原因 IED*.ini 与装置不一致，报告实例号与其他系统冲突，报告实例号范围、个数等装置自身设置问题。

（4）若图 2－5－109 中无装置，说明通信子系统初始化失败，读取 csscfg.ini 或者 IED*.ini 失败，通过测试确认存在问题的文件，发给技术专责分析。由于操作系统资源限制，远动用的通信子系统不具备自动分析功能。

2.5.5.3 61850 插件和站内装置连接次数——L 命令

可通过 L 命令查看装置连接次数，如图 2－5－110 所示。

```
通讯子系统 启动 时间: 2012-11-16 13:44:13
装置 IP-A              Times-A Last-link-Time-A     Times-B Last-link-Time-B
   1 192.168.1.33      0       0                    0       0
   2 192.168.1.34      0       0                    0       0
```

图 2－5－110 查看 61850 装置连接次数

Times－A、Times－B 表示 A、B 网的正常连接次数，调试时如果发现连接次数在几分钟内不断增加，说明 CSC1321 的报告实例号与其他站控层设备冲突，需要核实所有站控层设备是否按规定设置了报告实例号，远动主、备机分别设置为 3 和 5。

2.5.5.4 ping 站内装置和主站 IP 或路由——ping 命令

通信进程启动正常后，telnet 登录插件，通过 ping 命令确认跟每台装置的网络连接正常，命令格式如：ping “装置的 ip”，3，表示去 ping 该装置 3 次。

2.5.5.5 维护工具的调试功能

维护工具兼具调试功能，可以在装置运行过程中对实时数据和传输的报文进行实时监视，包括对外通信的报文、内部通信内容以及各种调试信息。同时，可以模拟设置信息点的数值。

进入工具，点击左下方的“调试”，调试模块的主界面如图 2－5－111 所示。

在“没有在调试的设备”处点击右键，选择“增加主机”，就会出现一个窗口，输入要调试 CSC1321 主 CPU 的 IP 地址，如图 2－5－112 所示。当前仅允许增加一台调试主机，如果需要同时调试多台 CSC1321 装置，可以复制多个维护工具到不同目录并运行，打开各自的工程进行调试。

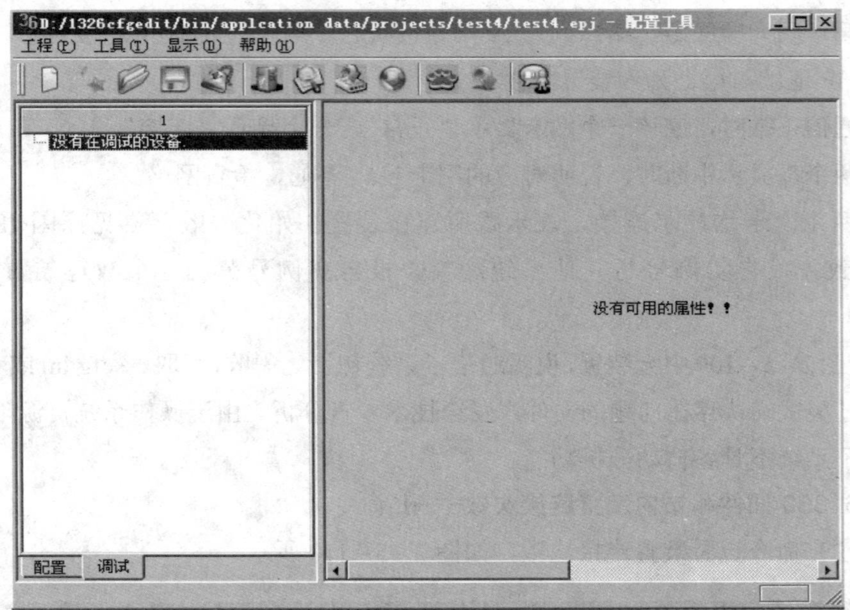

图 2-5-111　维护工具调试界面

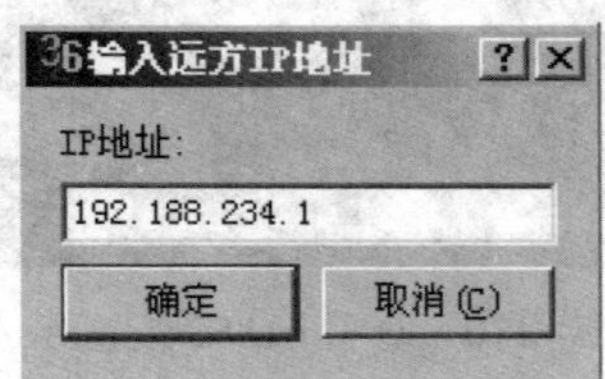

图 2-5-112　增加调试主机

输入了 IP 地址后确定，界面上“没有在调试的设备”更改为“正在调试：1 台主机”，同时下面出现了该 IP 所代表的主机。右键点击根节点，选择“设置”菜单，显示“调试设置”对话框，可以对报文路径、是否自动显示调试信息窗口及调试信息内容等进行设置，如图 2-5-113 所示。

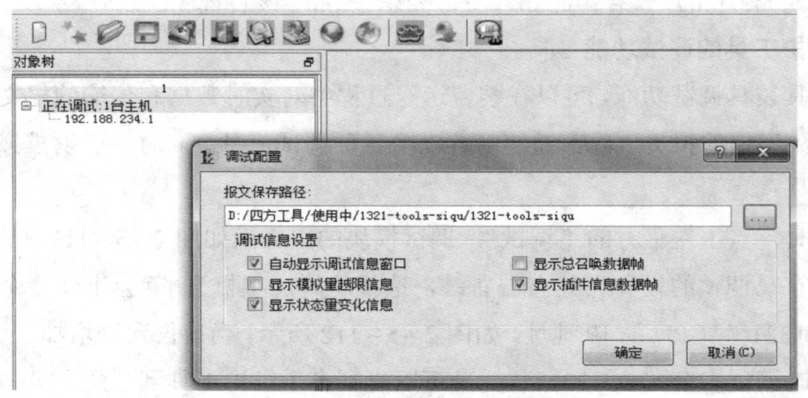

图 2-5-113　调试设置

在 IP 地址节点上点击右键，可从菜单开始调试操作如图 2－5－114 所示。

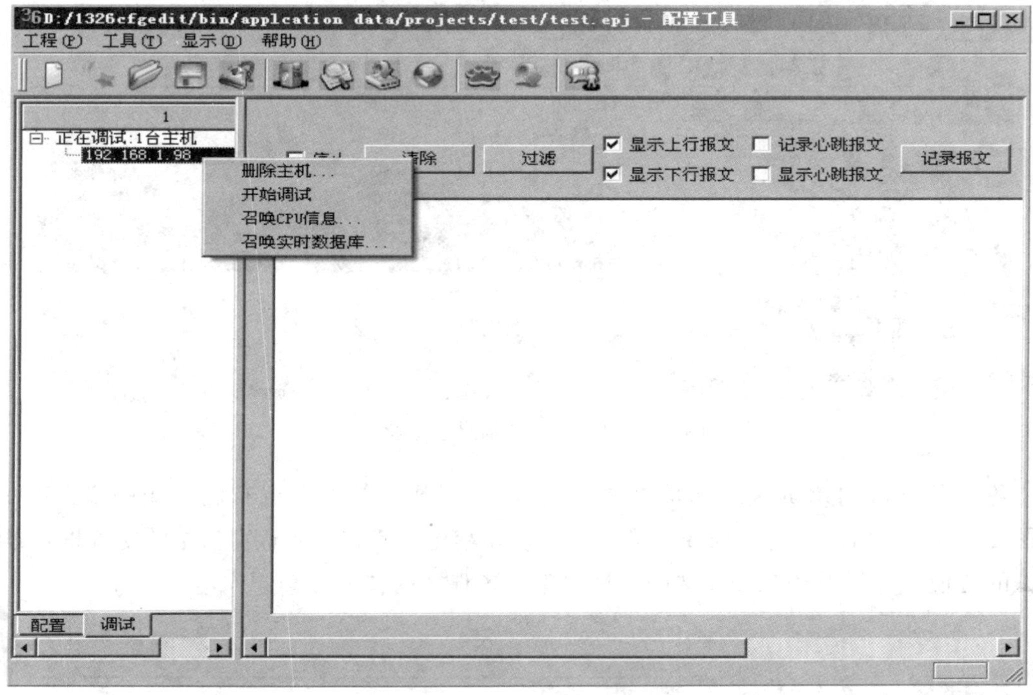

图 2－5－114 开始调试

选择“开始调试”，工具自动进行各插件和实时库信息的召唤。如图 2－5－115 所示，在右边的窗口的下方可以看到维护工具与 CSC1321 装置的所有通信报文，右边窗口的上方提供了报文操作的按钮或选项，用来控制报文的显示方式，如报文过滤、清除、停止显示、刷新时间设置等。

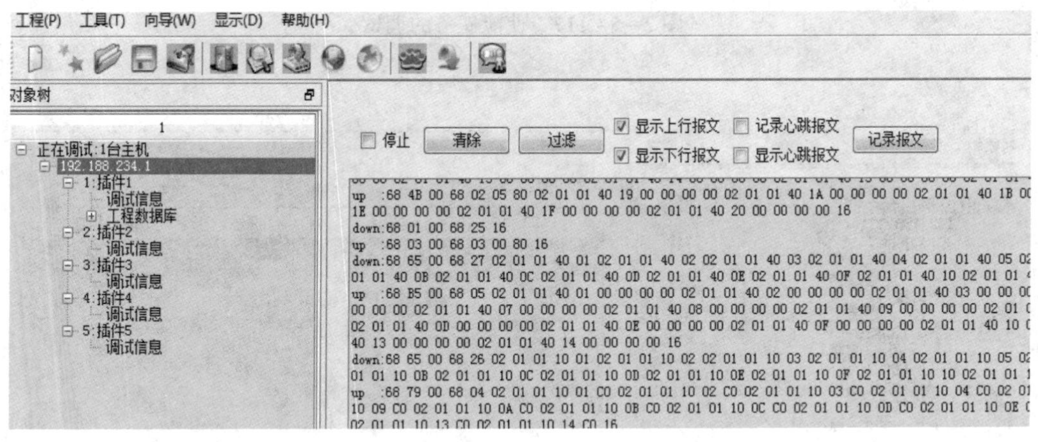

图 2－5－115 调试窗口

在某插件处点击，可以在右边窗口中看到插件上当前运行的任务列表，如图 2－5－116

所示。

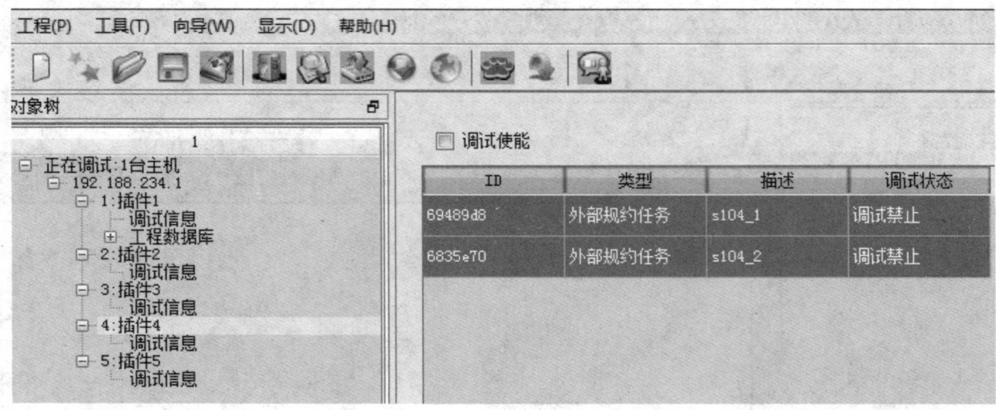

图 2－5－116　任务信息查看及设置

各任务默认的调试状态都是“禁止调试”。在某任务处点击右键，如图 2－5－117 和图 2－5－118 所示，可以选择切换调试使能和禁止的状态。注意窗口中的复选框是插件调试的总使能，只有在此使能选中的情况下，各任务的使能才会起作用。

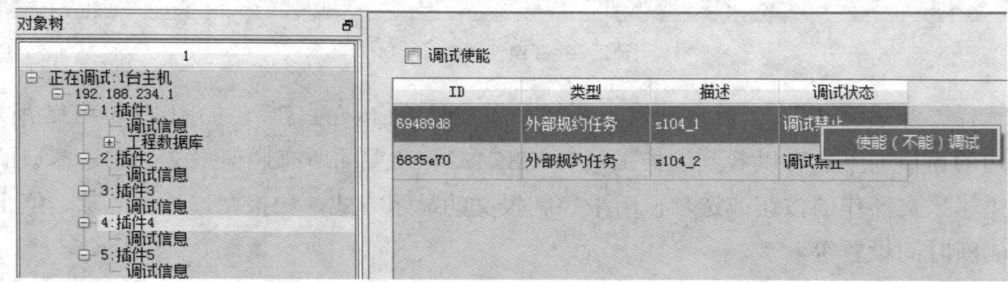

图 2－5－117　使能任务的调试

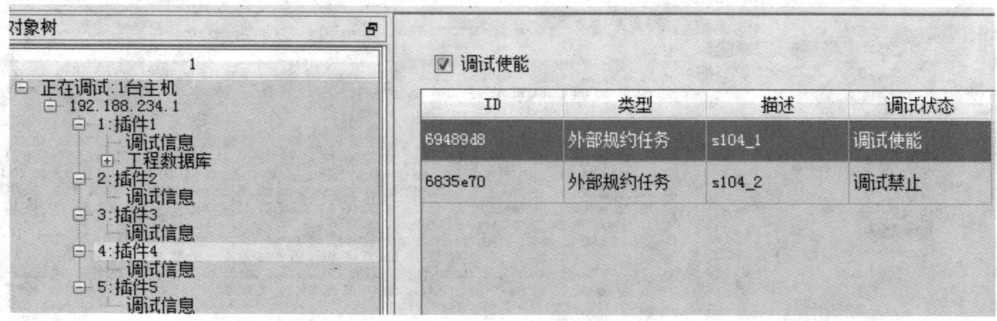

图 2－5－118　使能后的状态

设置成使能后，可以在左侧点击“调试信息”查看相关任务的调试信息。调试信息

显示界面分三部分，左侧保持不变，右侧上方是本插件所有任务列表，支持同时查看一个或多个任务的调试信息，前提是这些任务都已经设置成调试使能状态。右侧下方就是具体调试信息的显示窗。调试窗口中，支持按原始报文信息等方式进行查看，如图 2-5-119 所示。

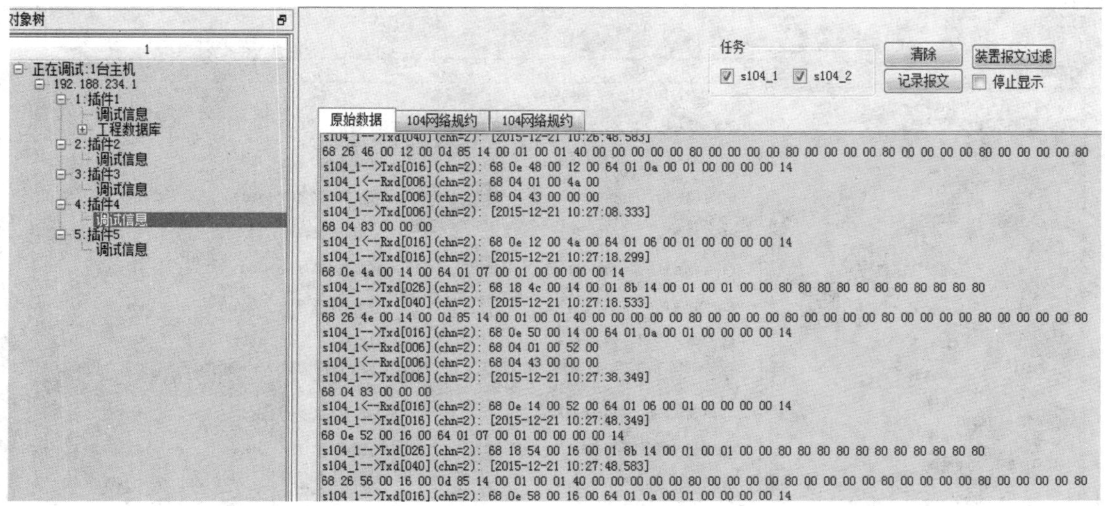

图 2-5-119 报文

报文显示窗口和调试信息显示窗口中可以缓存一些报文信息，供分析查看。报文显示窗口可以设置缓存大小，最大为 10000 行，调试信息窗口可以缓存 600 条报文。用户可以暂停刷新报文，然后对报文进行复制保存，如图 2-5-120 所示。

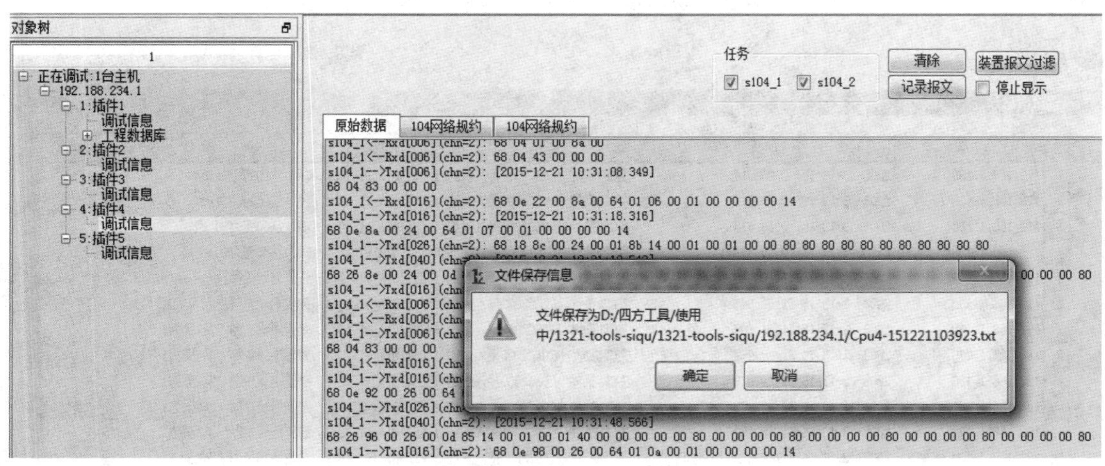

图 2-5-120 报文存储

在主CPU下面的工程实时库中，按工程结构列出了调试实时库数据信息，如图2-5-121所示，可以按接入、转出、远动等方式查看调试实时库数据。在接入装置、转出装置或远动规约下，实时库中的数据分成“模拟量”“数字量”和“脉冲量”，选择这三个节点，可查看对应的实时库数据。

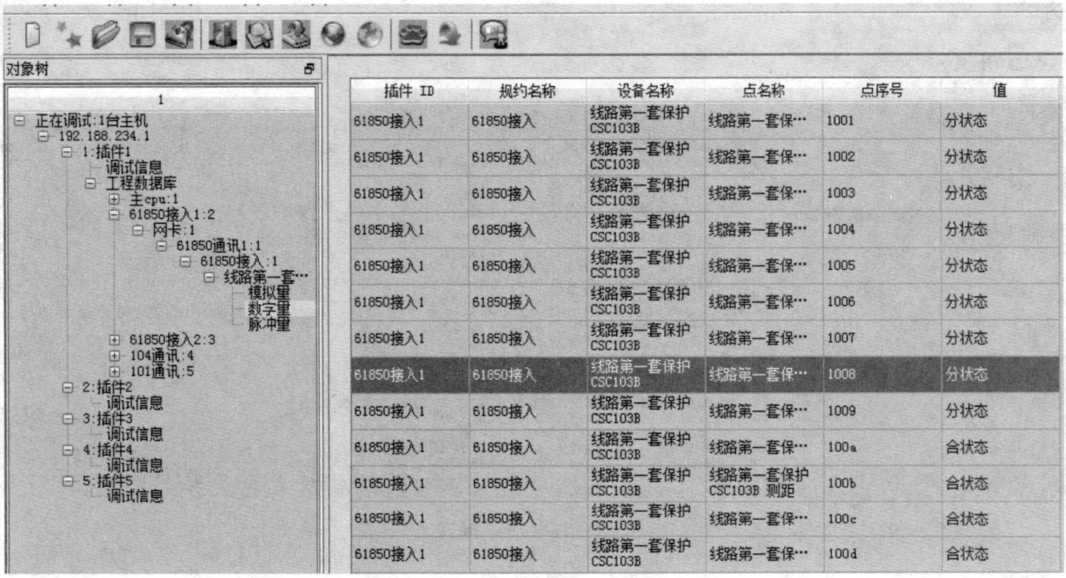

插件 ID	规约名称	设备名称	点名称	点序号	值
61850接入1	61850接入	线路第一套保护 CSC103B	线路第一套保…	1001	分状态
61850接入1	61850接入	线路第一套保护 CSC103B	线路第一套保…	1002	分状态
61850接入1	61850接入	线路第一套保护 CSC103B	线路第一套保…	1003	分状态
61850接入1	61850接入	线路第一套保护 CSC103B	线路第一套保…	1004	分状态
61850接入1	61850接入	线路第一套保护 CSC103B	线路第一套保…	1005	分状态
61850接入1	61850接入	线路第一套保护 CSC103B	线路第一套保…	1006	分状态
61850接入1	61850接入	线路第一套保护 CSC103B	线路第一套保…	1007	分状态
61850接入1	61850接入	线路第一套保护 CSC103B	线路第一套保…	1008	分状态
61850接入1	61850接入	线路第一套保护 CSC103B	线路第一套保…	1009	分状态
61850接入1	61850接入	线路第一套保护 CSC103B	线路第一套保…	100a	合状态
61850接入1	61850接入	线路第一套保护 CSC103B	线路第一套保护 CSC103B 测距	100b	合状态
61850接入1	61850接入	线路第一套保护 CSC103B	线路第一套保…	100c	合状态
61850接入1	61850接入	线路第一套保护 CSC103B	线路第一套保…	100d	合状态

图2-5-121　接入试实时库信息

实时库信息会自动刷新，如果需要强行进行刷新，可以在IP地址处点击右键，选择菜单中的“召唤CPU信息”和“召唤实时数据库”，如图2-5-122所示。此外，如果调试实时库中发生遥信变位或者遥测越限，还会出现变位或越限提示。

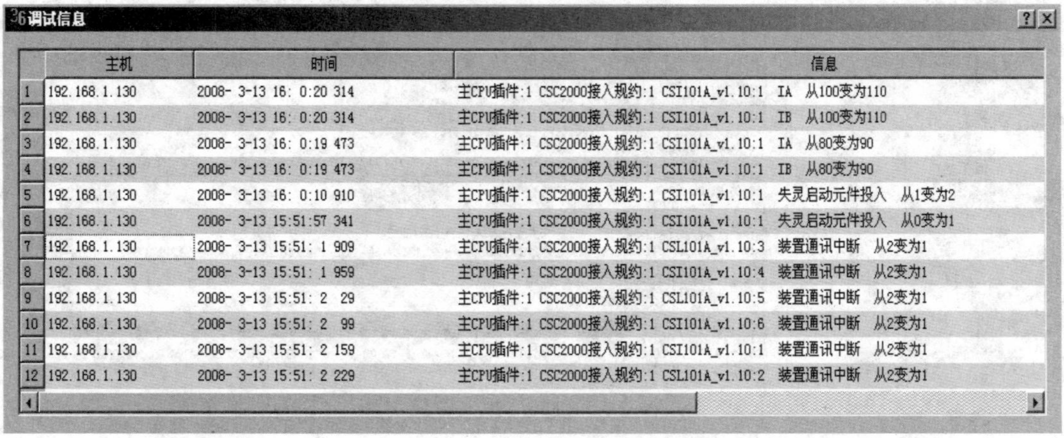

调试信息

	主机	时间	信息
1	192.168.1.130	2008- 3-13 16: 0:20 314	主CPU插件:1 CSC2000接入规约:1 CSI101A_v1.10:1 IA 从100变为110
2	192.168.1.130	2008- 3-13 16: 0:20 314	主CPU插件:1 CSC2000接入规约:1 CSI101A_v1.10:1 IB 从100变为110
3	192.168.1.130	2008- 3-13 16: 0:19 473	主CPU插件:1 CSC2000接入规约:1 CSI101A_v1.10:1 IA 从80变为90
4	192.168.1.130	2008- 3-13 16: 0:19 473	主CPU插件:1 CSC2000接入规约:1 CSI101A_v1.10:1 IB 从80变为90
5	192.168.1.130	2008- 3-13 16: 0:10 910	主CPU插件:1 CSC2000接入规约:1 CSI101A_v1.10:1 失灵启动元件投入 从1变为2
6	192.168.1.130	2008- 3-13 15:51:57 341	主CPU插件:1 CSC2000接入规约:1 CSI101A_v1.10:1 失灵启动元件投入 从0变为1
7	192.168.1.130	2008- 3-13 15:51: 1 909	主CPU插件:1 CSC2000接入规约:1 CSL101A_v1.10:3 装置通讯中断 从2变为1
8	192.168.1.130	2008- 3-13 15:51: 1 959	主CPU插件:1 CSC2000接入规约:1 CSI101A_v1.10:4 装置通讯中断 从2变为1
9	192.168.1.130	2008- 3-13 15:51: 2 29	主CPU插件:1 CSC2000接入规约:1 CSL101A_v1.10:5 装置通讯中断 从2变为1
10	192.168.1.130	2008- 3-13 15:51: 2 99	主CPU插件:1 CSC2000接入规约:1 CSI101A_v1.10:6 装置通讯中断 从2变为1
11	192.168.1.130	2008- 3-13 15:51: 2 159	主CPU插件:1 CSC2000接入规约:1 CSI101A_v1.10:1 装置通讯中断 从2变为1
12	192.168.1.130	2008- 3-13 15:51: 2 229	主CPU插件:1 CSC2000接入规约:1 CSL101A_v1.10:2 装置通讯中断 从2变为1

图2-5-122　变位或越限提示

实时库中的数据支持人工修改值，以方便调试对点，如图 2－5－123 所示。在某信息点处点击右键，选择“修改值”，进入修改数据值的界面，如图 2－5－124 所示。工具支持同时选中多个信息点统一修改，在界面上使用“＞＞”和“＜＜”选择其他点修改值。

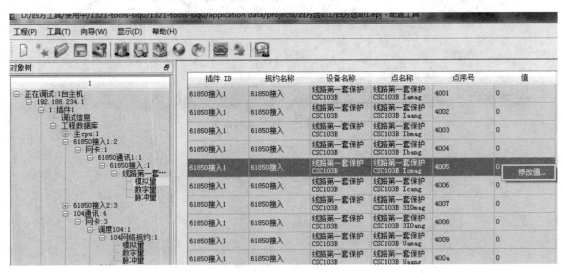

图 2－5－123　修改接入数据值 1

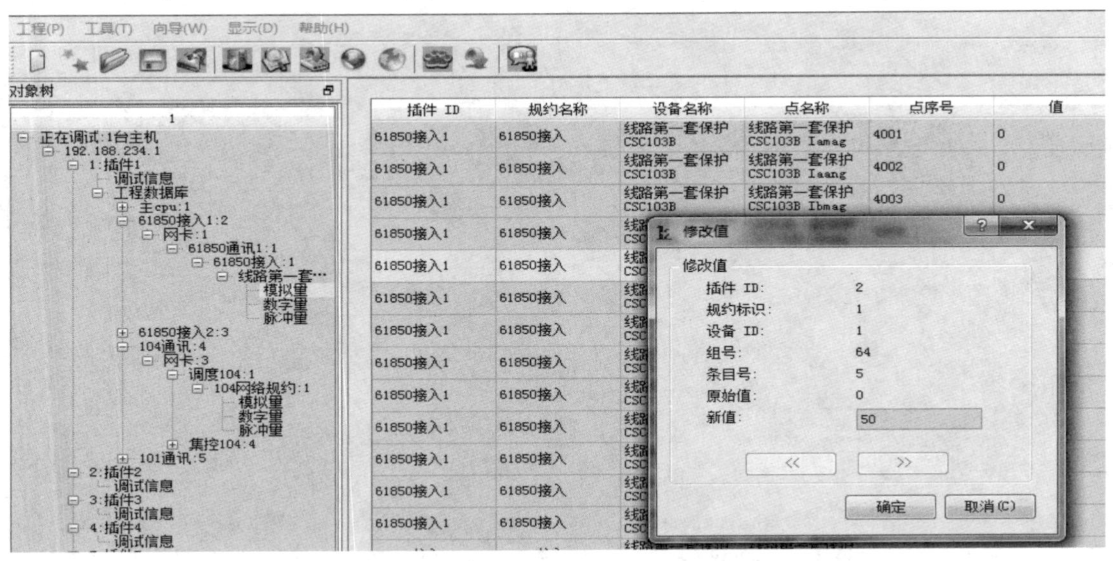

图 2－5－124　修改接入数据值 2

接入修改值后，若该点在远动 rtu 点库，则相应值为接入数据值*系数（rtu 处），本配置里系数为 1，因此和接入数据值一致，如图 2－5－125 所示。

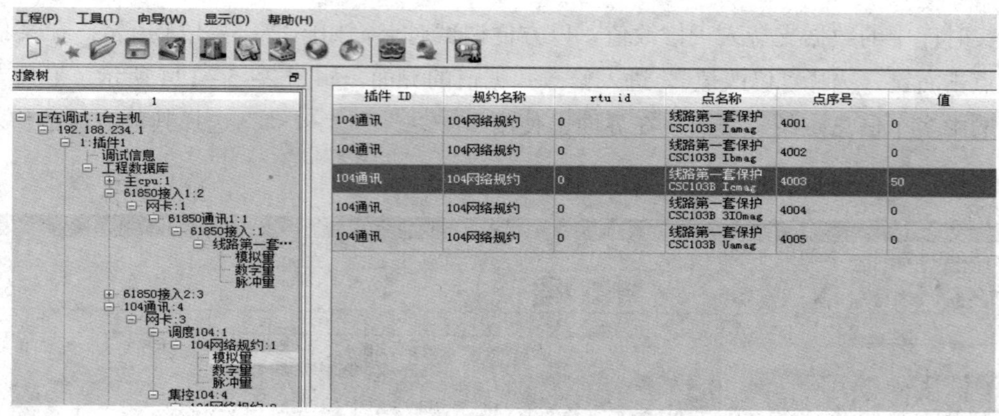

图 2-5-125　远动实时库值

3 9000 系列厂站自动化系统

3.1 PCS9700 变电站监控系统

PCS9700 厂站监控系统支持 IEC 60870－5－103、IEC 61850 等通信协议，能够满足常规变电站、智能变电站等常见设备监控对后台监控系统的需求。

PCS9700 监控系统可以在多种计算机操作系统中安装，如 Windows、Linux 及 Unix 等系统，因网络安全防护需要，变电站等生产场所要求使用非 Windows 系统。本章以运行在 Linux Red Hat 6.5 操作系统下的 PCS9700 监控系统为例进行介绍，如图 3－1－1 所示。

图 3－1－1　Red Hat 6.5 操作系统启动后显示页面

3.1.1 启动与关闭监控系统

3.1.1.1 启动监控系统控制台

（1）操作系统的启动：按机箱上的电源键启动，在操作系统自检后会出现操作系统的登录弹窗，输入相应的账号和密码即可登录操作系统。

（2）监控系统的启动。单击桌面上的一个类似台式机（屏幕上写着 NR）的图标（本章以 PCSCON 版本为例，见图 3－1－2）启动控制台，控制台位于屏幕底部，和 Windows 操作系统中的任务栏类似，如图 3－1－3 所示。系统初始状态为“未登录”。需要注意的是，监控系统进程正常情况下是设置成开机自动启动，其在操作系统完全启动后才开始自动加载运行，一般需要数分钟的时间。

图 3－1－2　监控系统启动图标

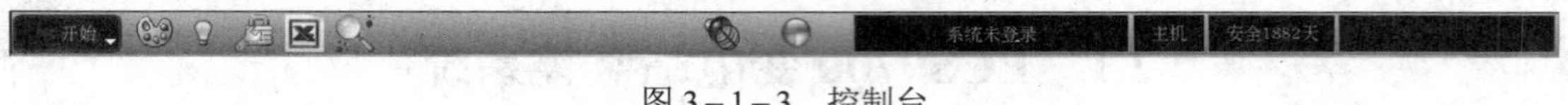

图 3－1－3　控制台

控制台左侧包含开始菜单及部分常用的快捷按钮。快捷按钮可以自主挑选设置，最多允许配置五个。点击相应按钮可以直接启动对应的程序。默认的快捷按钮包含开始菜单、图形浏览、实时告警窗口、五防系统、报表工具、历史事件检索窗口，见表 3－1－1。

表 3－1－1　　默 认 快 捷 程 序

程序图标	程序名	功能
	图形浏览	通过图形中的菜单索引可以进入四遥一览表、通信一览表、限值一览表等，也可通过左侧的画面导航窗格逐级选择需要浏览的画面
	实时告警窗口	实时告警窗口中会实时刷新变电站内的事件，在窗口的下方可以进行点击筛选，选择遥信、遥测、SOE、保护动作、保护告警、故障信息、操作记录、系统事件、检修态事件。同时在窗口上可以进行告警事项确认及设置过滤及屏蔽事项等
	五防系统	五防系统主要针对当地监控系统与五防系统一体式系统
	报表工具	报表功能主要为运维人员提供从历史事项等数据库中对数据进行一定的整理，以特定的格式进行展示，方便运维人员进行浏览和打印
	历史事件检索窗口	通过设置起始时间、结束时间、事件类型、间隔、装置等检索条件，实现对历史事件的快速检索，也可进行保存和打印

3.1.1.2　用户登录与注销

（1）用户登录。 单击控制台上的“系统未登录”，弹出用户登录对话框（见图 3－1－4）。选择用户名、输入密码、设置密码有效时间后，单击“确定”按钮，实现用户登录。值得注意的是，5 分钟～24 小时的选项表示所登录账号在登录多长时间后自动退出，而选择 0 分钟表示选择登录的账号永不退出。使用用户账号登录后控制台上显示当前登录用户和有效时间。

图 3－1－4　用户登录对话框

（2）用户注销。单击工具栏上的用户名，弹出用户注销确认对话框，确认后，系统进入“未登录”状态。

3.1.1.3　关闭监控系统控制台

（1）监控系统的关闭。单击 PCS9700 控制台开始菜单中的“退出系统”（见图 3－1－5），弹出密码输入对话框，选择用户名，输入密码，退出控制台。

（2）关闭监控系统。在桌面空白处上右键－Konsole，在弹窗中输入“sophic_stop”命令，会弹出提示语句“You will stop sophic system on this node. Are you sure？（y/n）”询问是否对后台程序进程进行停止操作，在提示语句后输入“y”并回车。在完全关闭后，对话窗中会出现“sophic_stop OK.”提示语句，见图 3－1－6。

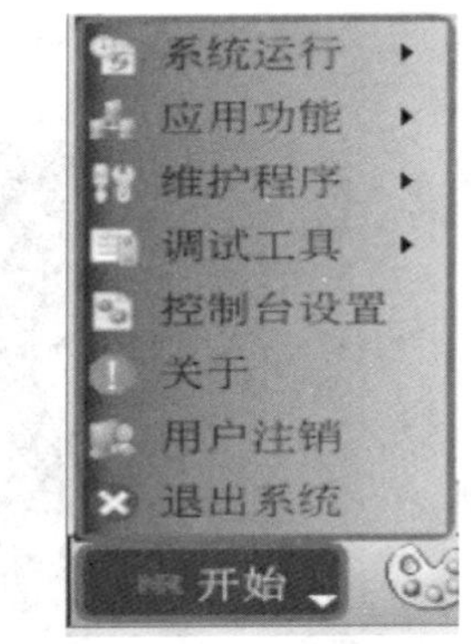

图 3－1－5　PCS9700 监控系统控制台开始菜单

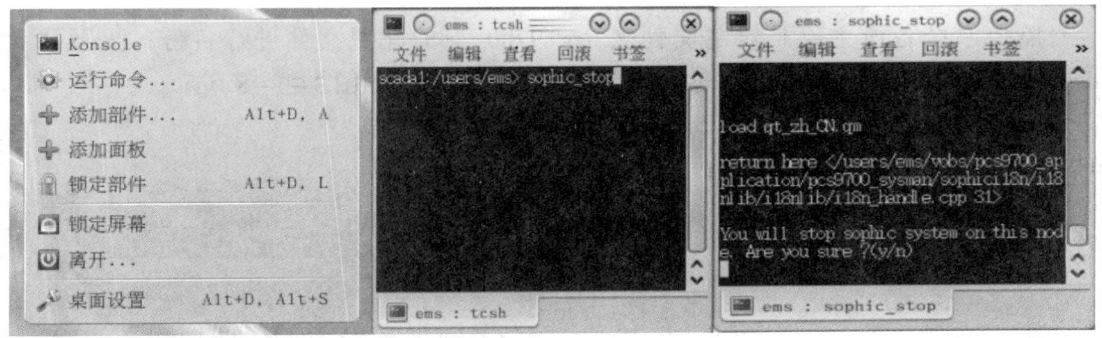

图 3－1－6　桌面右键菜单、输入关闭监控指令

（3）关闭或重启计算机。注意，严禁按电源键重启或断电重启，建议按照以下步骤输入指令进行操作。在桌面上右键－Konsole，先输入“su”进入“root”环境（类似 Windows 系统的管理员权限），输入 root 密码。值得注意的是，在 Linux 中，输入密码时光标无移动，页面不显示输入信息，在页面上无法看见任何变化，正确输入密码后回车即可。之后输入“init 5”指令进行关机或“init 6”指令进行重启。本版本的系统还设置了类似 Windows 操作系统的重启或关机菜单，单击操作系统页面上小红帽图标进入操作系统开始菜单，选择“离开”模块中的“关机”或“重启”即可，如图 3－1－7 所示。

3.1.2　监控系统的备份与恢复

在对数据信息进行变更前应做好备份工作，当工作工程中如发现异常等情况无法对数据信息进行修复时，应使用备份数据进行还原。PCS9700 厂站监控系统中有配置了数据信息进行备份和还原的相关模块，因此可以便捷地使用该工具实现数据的备份和还原。同样也可以使用指令的方式进行备份和恢复。注意：备份需要在监控系统进程运行时进行备份，还原则需要在监控系统进程关闭时进行还原。

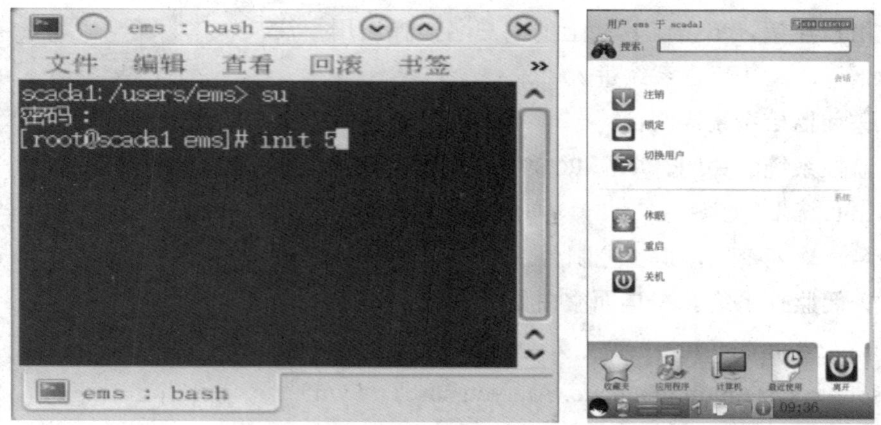

图 3-1-7 使用指令或菜单关闭或重启计算机

3.1.2.1 监控系统的备份

监控系统备份主要是对主文件夹-pcs9700 下的配置文件进行备份，主要包含 deployment、dbsec、dbsectest、fservice 等文件进行备份，如图 3-1-8 所示。

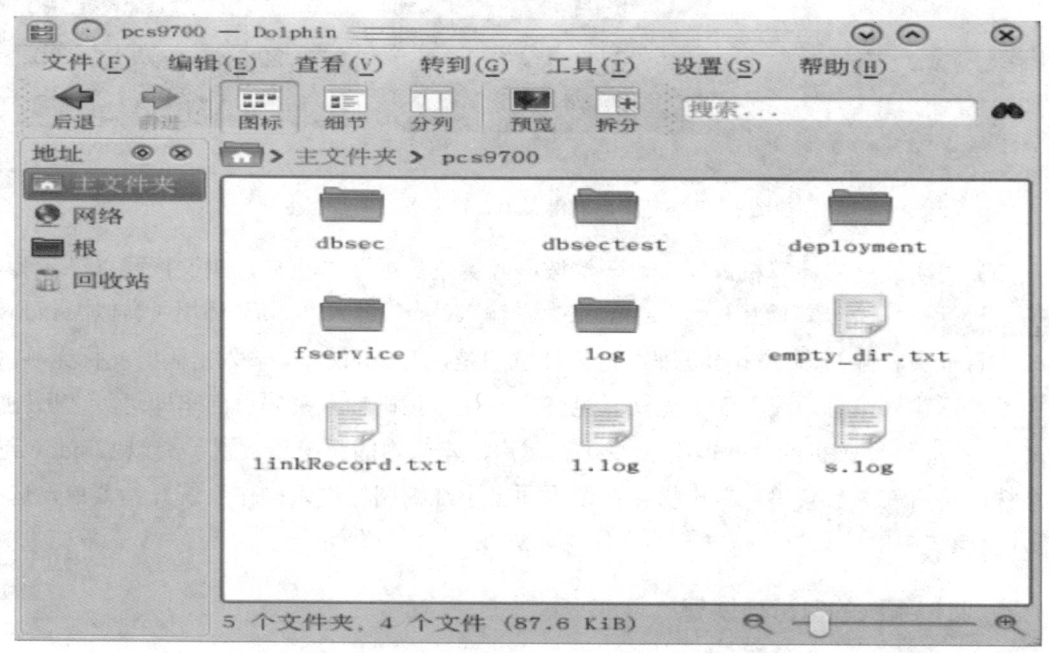

图 3-1-8 监控系统 pcs9700 文件夹下的主要配置文件

以下介绍使用工具模块及使用窗口输入指令两种方式进行备份。

（1）使用监控系统备份及还原工具模块进行备份。在桌面上右键-Konsole，输入“backup”并回车，弹出备份还原工具弹窗。该工具共包含“备份工具”“还原工具”及“历史备份还原工具”三个部分。选择上述工具时，在 Konsole 弹窗里会刷新正在执行的指令，

实际上备份还原工具等同于一个批处理执行文件。单击“备份工具”，在进程完成后，会弹出备份工具弹窗。默认的文件备份路径就是“/users/ems/pcs9700backup”，点击确定，弹窗开始读备份进度条。备份结束后，会有“备份成功”的弹窗提示。在备份路径下可以看到备份成功的打包文件。备份还原工具模块页面及进行备份操作的画面如图 3－1－9 所示。

图 3－1－9　备份还原工具模块页面及进行备份操作的画面

（2）使用操作指令进行备份。PCS9700 系统在桌面上右键－Konsole，打开相关的终端操作指令窗。在弹窗中输入“tar cvf pcs9700－20220725.tar pcs9700”，输入完毕后回车，系统开始对所整个需要备份的文件进行打包。一般在进行备份时，会以备份时的日期加入压缩包的命名中，像本指令中 20220725 就表示在 2022 年 7 月 25 日进行备份，方便后续工程人员对不同的备份文件进行查阅。

（3）查看备份内容。在主界面上打开主文件夹，在主文件夹－PCS9700backup 的文件夹路径下存有历史备份的文件。通过备份日期可以对相关文件进行查找，打开其中一个文件夹，可以看到，备份内容并非和原始的 pcs9700 的文件夹内容一一对应，而是对原有的内容进行了一定的拆分及合并。备份文件夹路径及备份文件夹下存储内容如图 3－1－10 所示，备份文件包含内容见表 3－1－2。

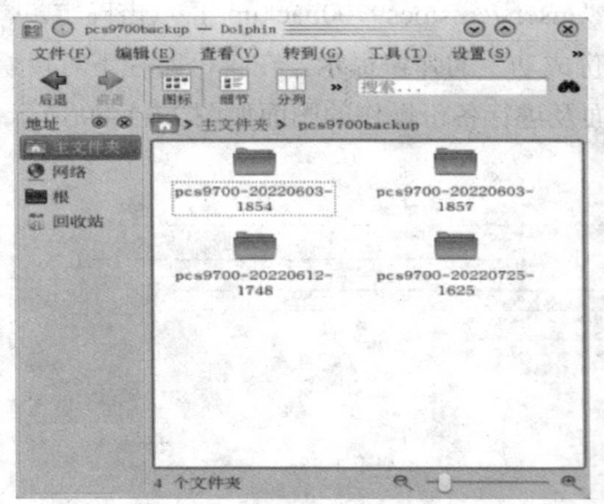

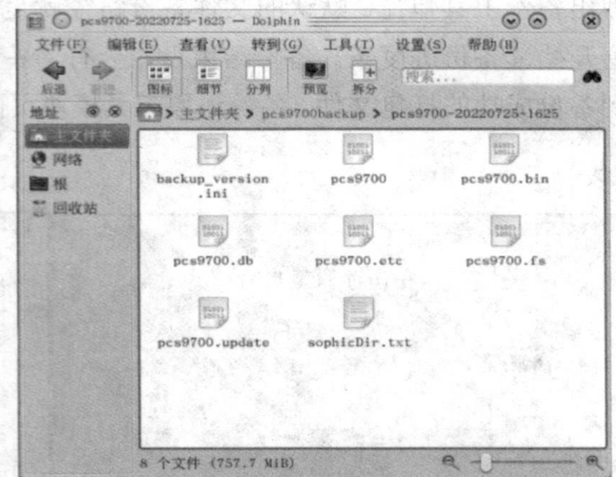

图 3-1-10 备份文件夹路径及备份文件夹下存储内容

表 3-1-2 备份文件包含内容

文件名	文件内容说明
pcs9700	备份文件的主体内容，包含了 deployment 下的绝大部分文件
pcs9700.bin	deployment 文件夹内的 bin 等文件夹的内容
pcs9700.etc	deployment 文件夹内的 etc 主要配置文件
pcs9700.update	deployment 下 update 文件夹部分内容
pcs9700.db	对 dbsec 和 dbsectest 文件夹内容进行合并备份
pcs9700.fs	fservice 文件夹
backup_version	版本信息

3.1.2.2 监控系统的还原

和备份过程类似，还原也可以采用使用工具模块及使用窗口输入指令两种方式进行还原。注意，在进行还原时，最好将当地后台监控设备置于离线状态，可通过拔除和站控层连接的网线方式实现。在还原操作完成后，并检查设备确实处于正常运行状态，再恢复当地后台机与站控层系统间的网络连接。

1. 使用监控系统备份及还原工具模块进行还原

（1）退出当前监控系统。还原时，需要先关闭当前的监控系统，在桌面上右键-Konsole，输入“sophic_stop”操作，前文已经介绍。

（2）启动备份还原工具。在桌面上右键-Konsole，输入“backup”并回车，弹出备份还原工具弹窗，单击“还原工具”，此时会弹出提示窗“请确认已经关闭 pcs9700 系统”。如此时尚未关闭 PCS9700 系统，仍可以在操作系统中进行“sophic_stop”命令对监控系统进行关闭。确认监控系统已关闭后，点击“确定”，如图 3-1-11 所示。

在弹出弹窗中点击“浏览”选择需要还原的数据。一般情况下选择“不带节点信息还

原”后，单击“下一步”。

弹窗中开始显示正在还原的进度情况，还原操作结束后会有“还原结束!!!”的提示信息。

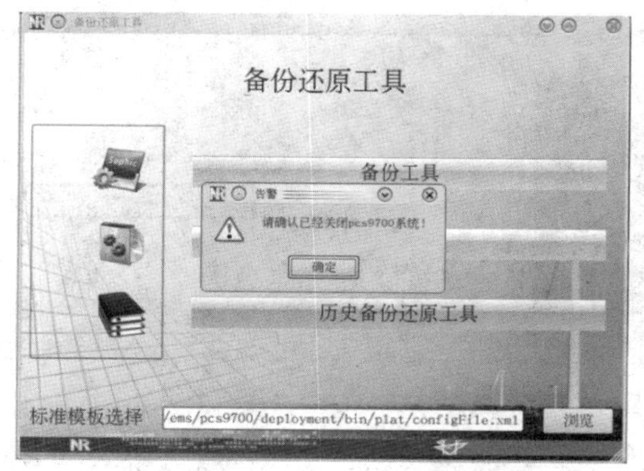

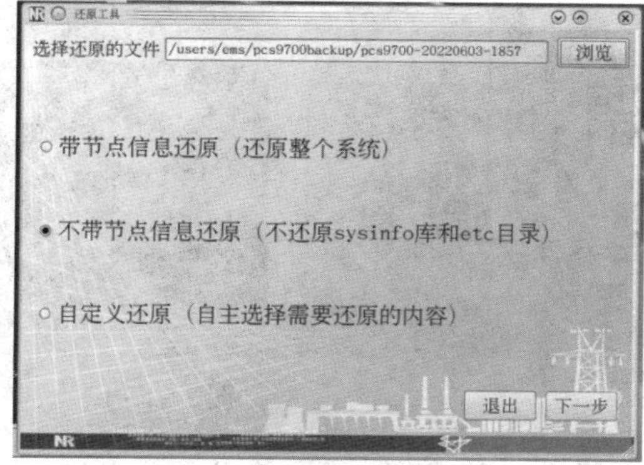

图 3－1－11　备份还原工具模块进行还原操作的画面

（3）重启或关闭计算机。还原后，必须关闭或重启计算机才能生效。

2. 使用操作指令进行还原

（1）退出当前监控系统。进行“sophic_stop”操作。

（2）还原相关配置。在 Konsole 弹窗中输入“mv pcs9700 pcs9700－back”将现运行文件夹改名成带 back 后缀。

输入解压缩命令。如本次需要用 pcs9700－20220725.tar 的备份数据进行还原，则在弹窗中继续输入“tar cvf pcs9700－20220725.tar”命令后回车。

（3）关闭或重启计算机。还原后，必须关闭或重启计算机才能生效。

3.1.3　当地监控后台常用配置修改

最常用的编辑包括图形组态编辑及数据库组态编辑。

（1）图形组态工具。图形组态工具进入有两种方式（见图 3－1－12）。方式一是在控制台中点击“开始—维护程序—图形组态”。方式二是在 Konsole 弹窗中输入“drawgraph”指令。上述两种方法使用后，都会出现“输入密码”的弹窗页面。选择具备修改权限的账号，输入密码后进入图形编辑页面。

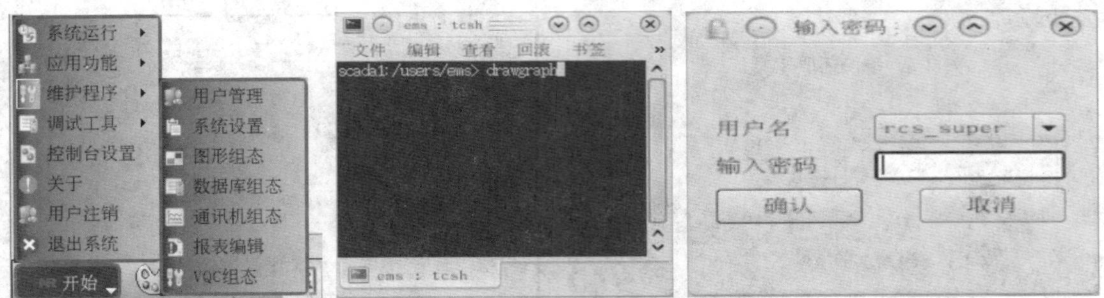

图 3－1－12　进入图形组态工具方式

图形组态页面主要包含菜单栏、工具栏、画面字典、绘图区以及图元设备区等，如图 3－1－13 所示。

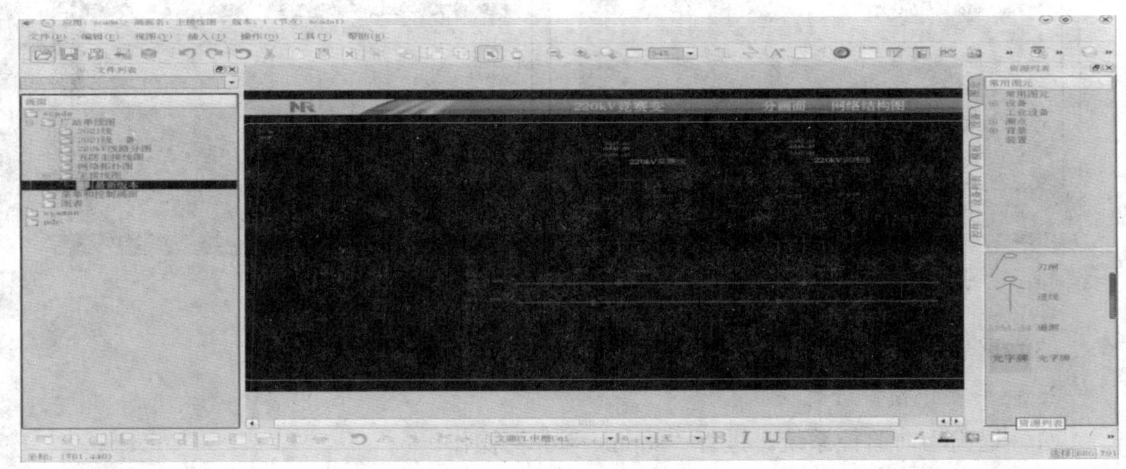

图 3－1－13　图形组态页面

（2）数据库组态工具。与进入图形组态工具方式类似，数据库组态工具进入也有两种方式。方法一是在控制台中点击“开始—维护程序—数据库组态”。方法二是在 Konsole 弹窗中输入“pcsdbdef”指令。默认进入数据库组态画面时为浏览状态，如需进行切换成编辑状态，需要点击上方的锁具标识“切换数据库浏览和编辑状态”操作，此时弹出“权限校验”对话框，选取可进行数据库修改的账号及输入密码进行权限验证。

数据库组态工具页面主要包含菜单栏、工具栏、数据编辑区、配置索引区等，如图 3－1－14 所示。

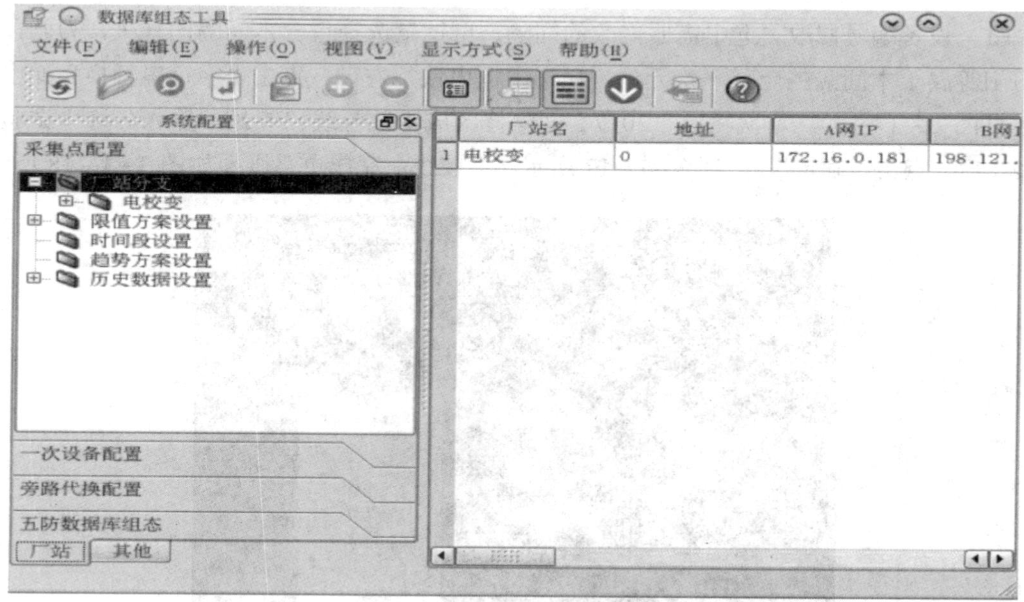

图 3－1－14　数据库组态工具页面

3.1.3.1　间隔更名

间隔更名是日常运维时经常维护的事项，尤其在 10kV 备用线投运时，经常涉及命名的变更。PCS9700 监控系统提供了便捷的间隔更名操作，主要分为以下三个步骤。本次以将“220kV 竞赛线 2017”间隔更名成“220kV 试验线 2022”为例进行操作。

1. 数据备份

在做任何的数据修改前，一定要做好数据的备份工作。

2. 图形界面修改

进入图形组态工具，并选择具有修改权限的账号登录。在左侧“画面”窗口中双击“scada”页面，双击“主接线图－最新版本”，打开相应的主接线编辑画面，如图 3－1－15 所示。

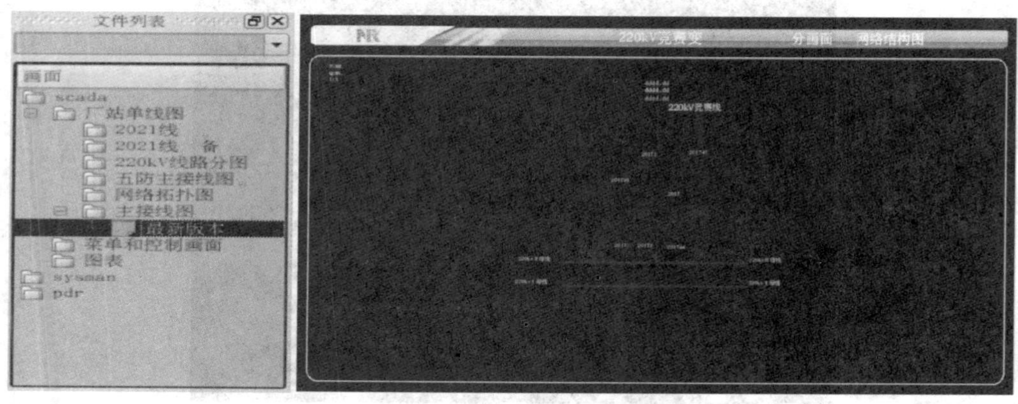

图 3－1－15　进入主接线画面进行编辑

（1）设备编号修改。选中需要修改的间隔，可批量选择包含本间隔的开关，刀闸，接地刀闸等属于本间隔的全部一次元件，在选中框内鼠标右键，点击“字符串替换”弹出弹窗（见图 3－1－16）。本次将原“2017”间隔修改成“试验线 2022”，输入名称“试验线 2022”后，点击“确定”，如图 3－1－17 所示。主接线上完成更名画面如图 3－1－18 所示。

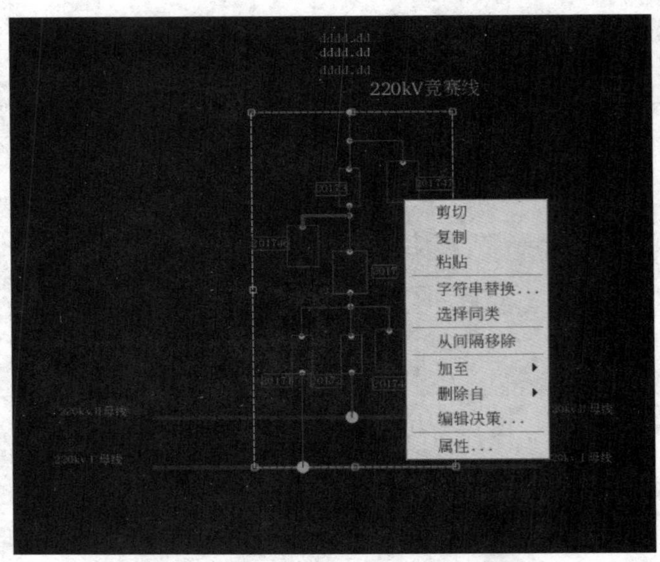

图 3－1－16　选择需要更名间隔进行字符串替换

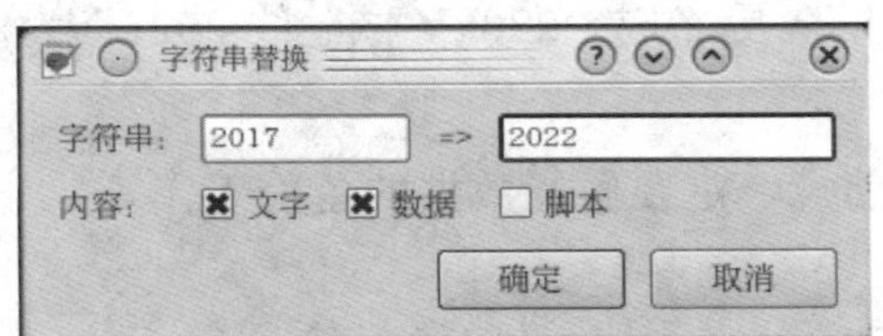

图 3－1－17　字符串替换

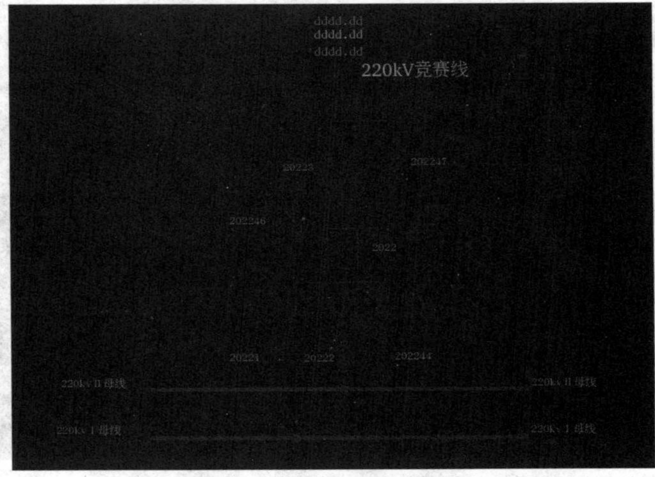

图 3－1－18　主接线上完成更名画面

（2）间隔名称的文本修改。双击“220kV 竞赛线”文本，在“文字”栏中将相应文字替换成“220kV 试验线”后点击“确定”，点击左上角的保存图标对已修改完画面进行“保存”，此时修改完成的画面图形将自动保存在草稿箱中。

（3）画面发布。注意，草稿箱内的文件只能理解成是另存的副本文件，只有在发布后，才会对原画面进行更新。发布的具体操作步骤是：在左侧的文件列表栏中，选中主接线图，右键点击“发布画面”。弹窗会询问“增加版本号？”，可以按需求选择“是”或“否”，通常可以选择“否”。发布成功后，会有“画面已成功发布”的弹窗提醒（见图 3－1－19）。发布完成后，可以看到主接线图文件列表下的草稿图成功替换了最新版本。

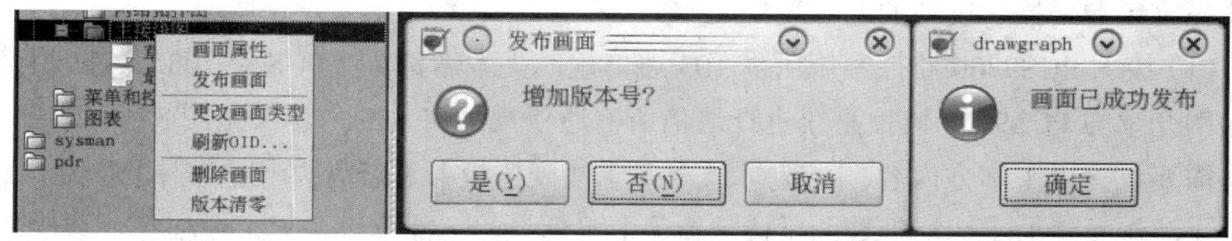

图 3－1－19　对修改后的草稿画面进行发布操作

（4）填库。单击工具栏里的“填库”，弹出“确定填库？”的提示窗口，选择“是”，弹出“成功填库，是否要发布？”的提示，选择“是”，画面中将会出现正在发布的提示（见图 3－1－20）。发布成功后，会有“发布成功”的弹窗提醒。填库工作可以实现将已在画面修改的内容修改到数据库组态中。

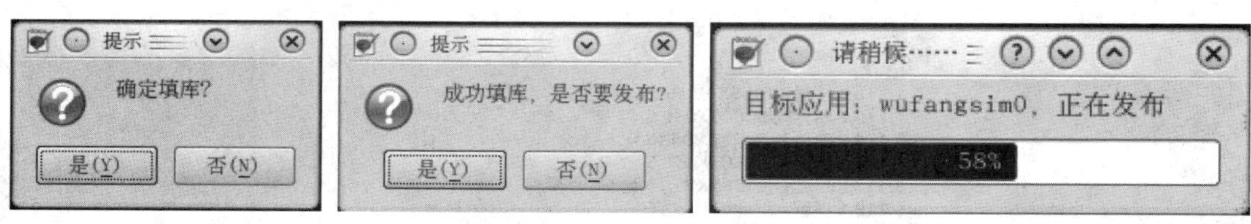

图 3－1－20　对新画面进行填库操作

3. 数据库组态修改

进入“数据库组态工具”编辑页面，注意点击锁具标识切换至数据库编辑状态。

（1）修改未体现在一次主接线图中的设备名称编号。先在左侧“系统配置－一次设备配置－一次设备分支”菜单下寻找在图形页面中已经变更的间隔，如在“电校变－电压等级－220：220kV－2022”间隔下检查，相应的一次设备均已完成了名称的变更。如在该相应菜单下存在如 TV、二次空开等未体现在一次主接线图里的信息，可以在该菜单下双击待修改部分进行进一步修改。

（2）对组态中的设备名称进行修改。在左侧“系统配置－采集点配置－厂站分支”下双击变电站名称，如本例中双击“电校变”，在右侧的窗口中找到需要更改的设备“220kV 竞赛 2017 线测控”。双击装置名，并对名称进行编辑修改成“220kV 试验 2022 线测控”。修改完成后点击工具栏中的带回车符号的小圆柱图标，实现“将逻辑库数据发布到物理库中”的发布功能。在发布成功后，页面会有“发布完成”的提示框。

3.1.3.2 增加二次设备

PCS9700 当地监控系统在添加新的设备时，可以使用通信规约文本导入的方式，确定所需通信设备的交互信息。PCS9700 当地监控系统能同时接入 IEC 61850 和 IEC 103 等不同规约通信方式。在实际工程应用中，在当地监控系统配置文件更新时，可以分成 103 规约接入变电站、未配置 SCD 的 61850 规约通信站及已配置 SCD 的 61850 规约通信站。

1. 采用 103 通信规约变电站新增装置

对于站内采用 103 规约方式进行通信的变电站，为建立监控后台和设备的通信连接，需要先收集需要接入设备的通信规约文本。

（1）接入 PCS9700 监控系统所需 103 通信规约文本结构。以 PCS－9705A－H2 型号测控为例介绍与 PCS9700 监控系统进行通信所需通信规约文本的内容（见图 3－1－21）。该文本需要包含以下部分内容：[名称]、[类型]、[硬压板]、[遥信]、[遥测]、[遥控]、[档位]、[动作元件]、[运行告警]、[特殊遥信] 等信息。若部分设备无上述信息，该模块可为空。

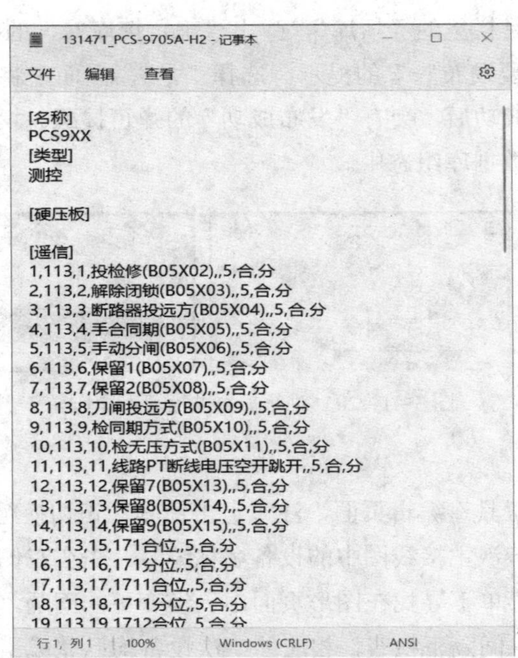
131471_PCS-9705A-H2 - 记事本

文件 编辑 查看

[名称]
PCS9XX
[类型]
测控

[硬压板]

[遥信]
1,113,1,投检修(B05X02),,5,合,分
2,113,2,解除闭锁(B05X03),,5,合,分
3,113,3,断路器投远方(B05X04),,5,合,分
4,113,4,手合同期(B05X05),,5,合,分
5,113,5,手动分闸(B05X06),,5,合,分
6,113,6,保留1(B05X07),,5,合,分
7,113,7,保留2(B05X08),,5,合,分
8,113,8,刀闸投远方(B05X09),,5,合,分
9,113,9,检同期方式(B05X10),,5,合,分
10,113,10,检无压方式(B05X11),,5,合,分
11,113,11,线路PT断线电压空开跳开,,5,合,分
12,113,12,保留7(B05X13),,5,合,分
13,113,13,保留8(B05X14),,5,合,分
14,113,14,保留9(B05X15),,5,合,分
15,113,15,171合位,,5,合,分
16,113,16,171分位,,5,合,分
17,113,17,1711合位,,5,合,分
18,113,18,1711分位,,5,合,分
19,113,19,1712合位,,5,合,分

行 1，列 1 | 100% | Windows (CRLF) | ANSI

图 3－1－21 PCS－9705A－H2 型号测控 103 通信规约文本

（2）103 通信规约文本导入。参照前面的方法打开数据库组态工具，并切换至编辑状态。在上方菜单栏中单击“文件”，点选“装置型号配置”，在弹出的“装置型号配置”弹窗中点击“从文件导入”，在下拉类型菜单中选择“103 标准配置文件”，如图 3－1－22 所示。

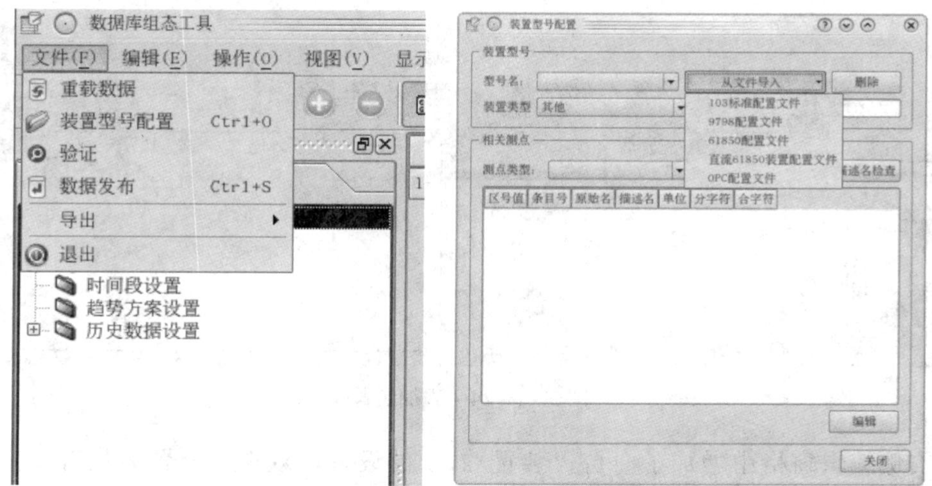

图 3-1-22 数据库组态工具中装置型号配置窗格

在弹出的“打开”中选择规约文本保存的文件夹位置，并点击选中后单击“打开”。上述操作完成后“装置型号配置”窗口中将显示已导入的规约文本的相关信息，包含区号值、条目号、原始名、描述名、单位等信息，此时单击右下角“关闭”即可，如图 3-1-23 所示。

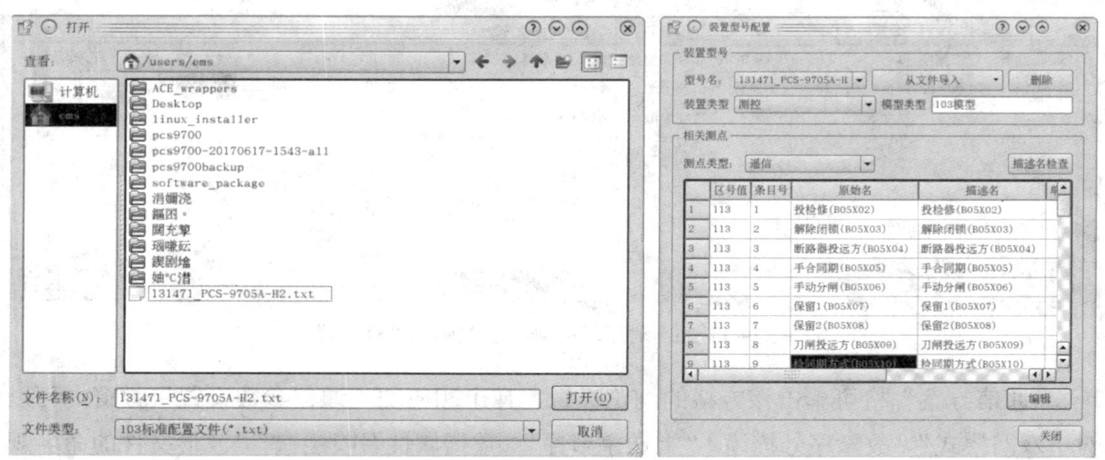

图 3-1-23 装置型号配置文件导入

上述例子中，103 通信规约选择了一台测控装置的模型进行导入。对于保护装置的文本导入方法是一样的。通常来说，对于保护装置无法直接和当地监控后台机实现通信，该 103 规约文本表示经过了变电站内的规约转换器后转发的报文情况。

（3）增加设备。下面以增加一台“220kV 训练 2021 线测控”为例进行操作介绍。

单击“采集点配置 - 厂站分支”下的变电站名，选中后变电站名底色变成蓝色，此时右键选择“添加装置”或者单击工具栏内的“+”号，如图 3-1-24 所示。

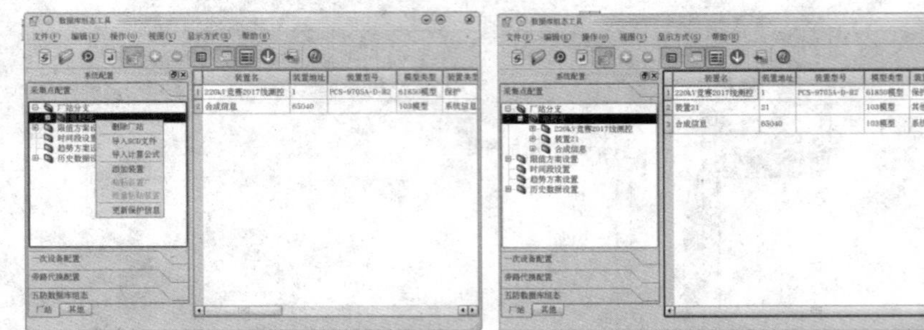

图 3－1－24　添加装置

在右侧编辑窗格中增加了一台“装置 21”的设备，双击“装置名栏”，将“装置 21”修改成“220kV 训练 2021 线测控”，装置地址为“21”，装置型号可对已导入工程配种中的设备型号进行选择，此处点选上一步骤中已经导入的“PCS9705A”型号装置，如图 3－1－25 所示。

数据库组态工具

文件(F)　编辑(E)　操作(O)　视图(V)　显示方式(S)　帮助(H)

	装置名	装置地址	装置型号	模型类型	装置类型	装置标识	A网IP	B网IP	通讯方案	处理标记
1	220kV竞赛2017线测控	1	PCS-9705A-D-H2	61850模型	保护	CL2017	172.16.22.17	172.17.22.17	默认方案	处理允许，报警允许
2	220kV训练2021线测控	21	131471_PCS-9…	103模型	测控	D21	198.120.0.21	198.121.0.21		处理允许，报警允…
3	合成信息	65040		103模型	系统信息		0.0.0.0	0.0.0.0		处理允许，报警允许

图 3－1－25　对新增的测控装置属性进行设置

“通信方案”格可单击该方格的浏览标识，弹出相应的“通信参数设置”弹窗，可以对“双网模式”“故障序号描述”“上送字节序”“数据属性召唤层次”“波形文件的命名规则”“RptEna 缺省值”“定制区号基值”及“波形文件目录”等进行设置（见图 3－1－26）。可以单击右上角“新建”，输入“方案名”，对上述参数进行选择，点击“确认”即可保存成一种通信参数设置方案。本次新增测控装置选择“默认方案”。

另外，也可以在左侧导航窗里，直接选择“采集点配置－厂站分支－电校变－220kV 训练 2021 线测控”并用鼠标左键双击，会显示出该设备的详细属性设置信息（见图 3－1－27）。重点是对装置名、装置地址、装置型号、装置类型和处理标记进行设置。在 103 规约类型下，通信参数重点关注装置地址。

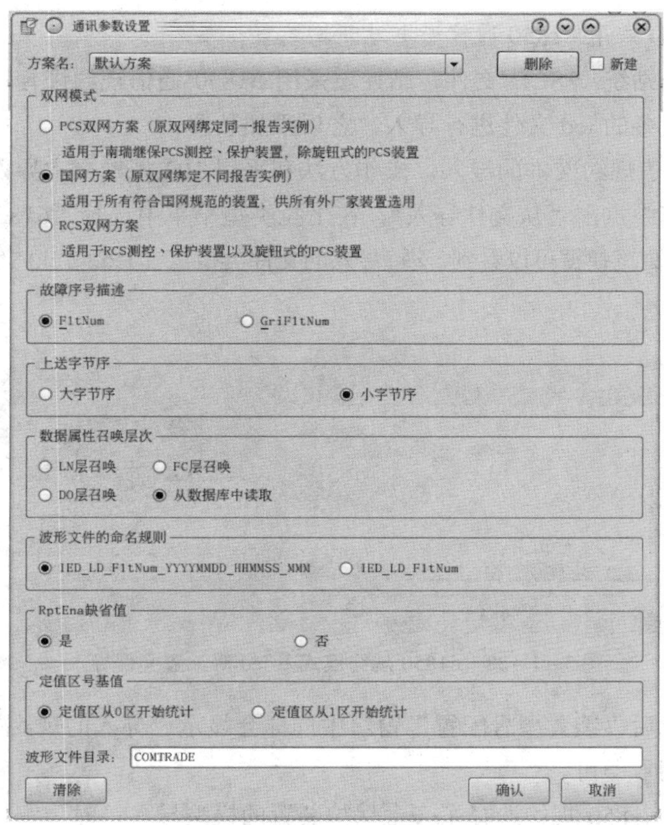

图 3－1－26　测控装置设置的通信参数方案

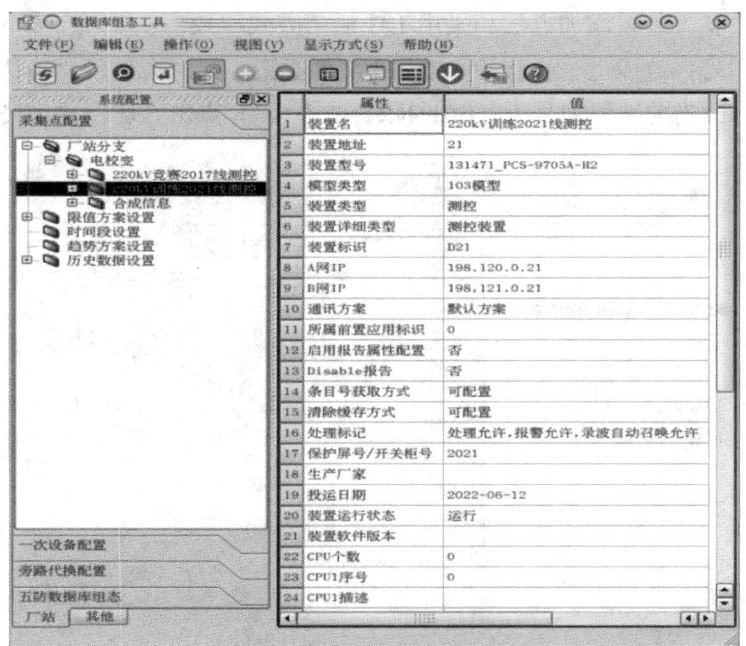

图 3－1－27　装置的详细属性设置信息页面

2. 未配置 SCD 采用 61850 通信变电站新增装置

对于未配置全站统一 SCD 文件，站控层采用 61850 通信规约进行通信的变电站，可以通过所需接入设备的 icd 文件进行导入，之后添加装置。

（1）61850 通信规约文本的导入。操作方法和采用 103 规约文本导入的方法一致，在装置型号配置弹窗中点击“从文件导入”，在下拉类型菜单中选择“61850 配置文件”。

在弹出的打开浏览弹窗可以看到，支持导入的文件类型包含 icd 或 cid 文件，如图 3－1－28 所示。

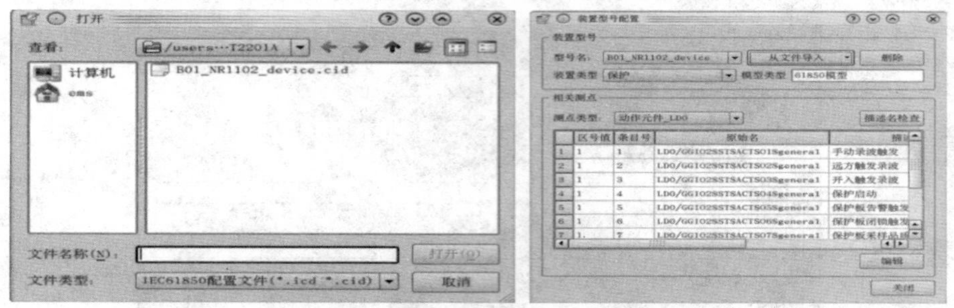

图 3－1－28　61850 规约模式下 icd 等配置文件导入

上述操作完成后“装置型号配置”窗口中同样会显示已导入的规约文本的相关信息，单击右下角“关闭”即可。

上述例子中，61850 规约选择了一台保护装置的模型导入，对于测控、直流设备监控装置等，导入方法完全一致。

（2）新增设备。装置添加方法和采用 103 通信方式一致。主要差异在设备属性设置。

将“装置型号”改成上一步骤导入的 cid 文件类型，此时会显示“确认修改”弹窗，询问“确认要修改当前装置型号为：B01_NR1102……”，点击“是”，如图 3－1－29 所示。

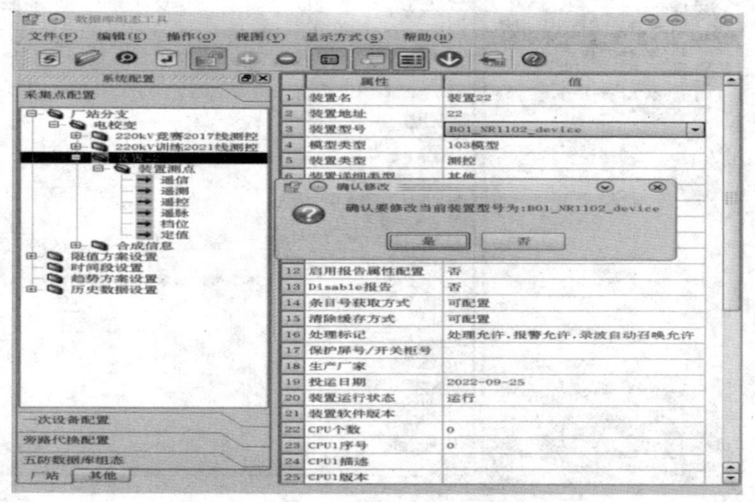

图 3－1－29　新增设备的装置型号进行选择

对 61850 通信规约，重点是对装置名、装置型号、装置类型、装置标识、A 网 IP、B 网 IP、通信方案及处理标记进行设置。和 103 模型关注装置地址不同，61850 通信模式下设备通信需要核对设备的 IP 地址及装置标识。通常情况下装置标识设置成该设备的 IEDname。如本次增加的设备为 PCS978 型号的主变保护，设置装置名为“220kV #1 主变保护 A 套”，IEDname 为“PT2201A”。新增设备的属性设置如图 3-1-30 所示。

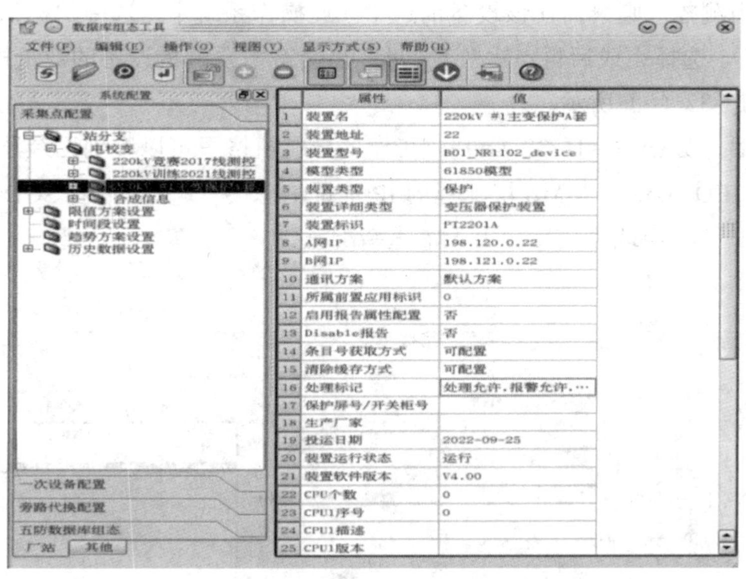

图 3-1-30　新增设备的属性设置

3. 已配置 SCD 文件的变电站新增装置

在左侧导航窗里，选择“采集点配置-厂站分支-电校变”，右键选择“导入 SCD 文件”。在打开的浏览文件中选中需要导入的 SCD 文件，如图 3-1-31 所示。

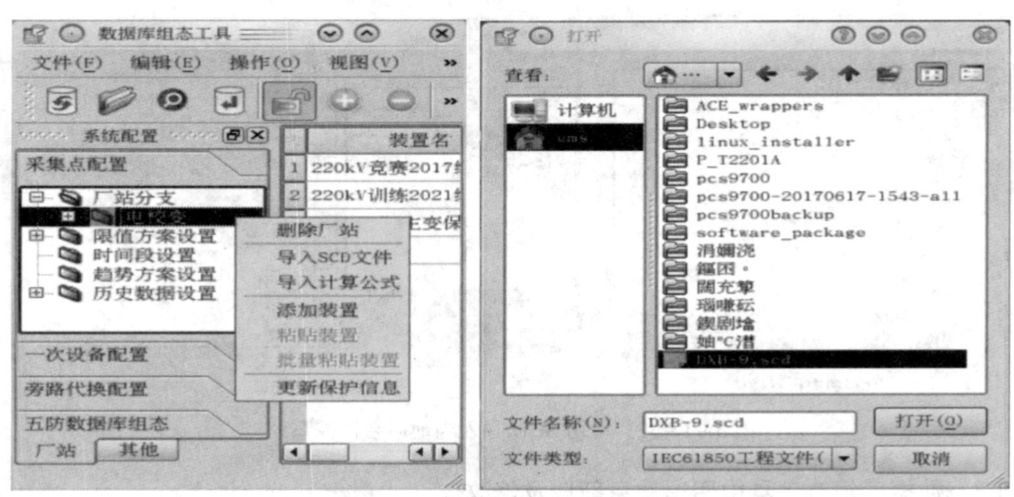

图 3-1-31　导入变电站 SCD 文件

在弹出的“导入 SCD”弹窗中，二次系统导入设置中选择“导入二次系统”选项后点击“下一步”[见图 3-1-32（a)]。注意慎重选择“SCD 中未定义装置从数据中删除”，该选项会导致 scd 文件中没有的装置会删掉，原监控系统中已添加的各类装置均被删除。

在下一步中，需要进行“设置导入二次系统使用的相关参数和选择导入内容”操作[见图 3-1-32（b)]，如无需导入全部设备，可以在装置名称前进行勾选，例如本次操作仅导入“全站公用测控”则只需在该设备前选中（此操作系统中，选中的标识是该设备前的方框里有“×”）。选择完成后再点击“下一步”后会有需要解析设备的数量提示，点击“完成”，如图 3-1-32（c）所示。

导入完成后［见图 3-1-32（d)]，在设备导航窗格里可以看到已经添加好的设备，SCD 配置里的 IEDname 及 MMS 层配置的 IP 地址信息会一起导入，若 SCD 里对站控层地址做好了分配，则在当地监控后台上无需重新配置。

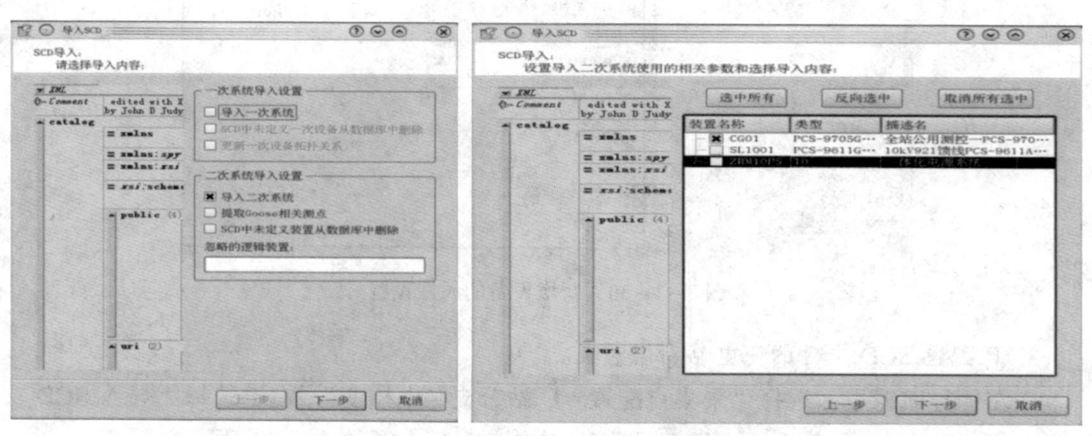

(a) 二次系统导入设置　　(b) 选择导入内容

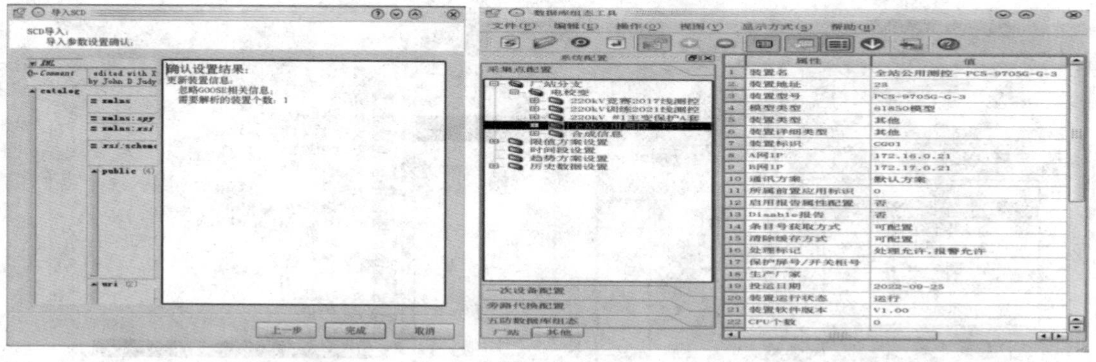

(c) 参数设置确认　　(d) 导入完成

图 3-1-32　应用 SCD 导入当地后台监控系统

3.1.3.3　数据库组态工具中四遥信息新增及修改

对于站内通信方式使用 103 规约或未配置 SCD 的 61850 通信规约形式，可以在当地

监控后台机上对遥信、遥测、遥控等信息名称进行变更，对于已配置 SCD 的变电站，推荐从源端在 SCD 上进行修改，不单独直接当地后台监控系统上进行修改。

1. 遥信

本部分着重对采用 103 规约通信及未配置全站 SCD 的类型进行修改。以上一节中对已经增加的“220kV 训练 2021 线测控”遥信修改为例进行说明。

在“采集点配置－厂站分支－变电站名称”中（本例为“电校变”下）的“220kV 训练 2021 线测控”底下的“装置测点－遥信”，进行相关设置。

（1）遥信名称修改。注意原导入 txt 模板中的一次设备名称为 171，而本次新增间隔的编号为 2021。一种方式是在 txt 文档里直接进行修改，另外一种方式是在数据库组态中对每个遥信的描述名进行修改，这里介绍遥信名直接修改的方法。

1）采用字符串替换的方法。替换操作方法，先选取整列的描述名后，此时整列变成蓝色的底，再用鼠标左键点击一下蓝色区域，会弹出字符串替换的弹窗，将“171”全部替换成“2021”即可。这种方法对于在新增设备进行修改时能极大提升效率。

2）逐个修改。对于仅有少量的遥信名称变化的，可以采用此方法。通常要新增遥信时，可在此测控下找到相应需要接入的遥信开入，对名称直接进行编辑，如图 3－1－33 所示。

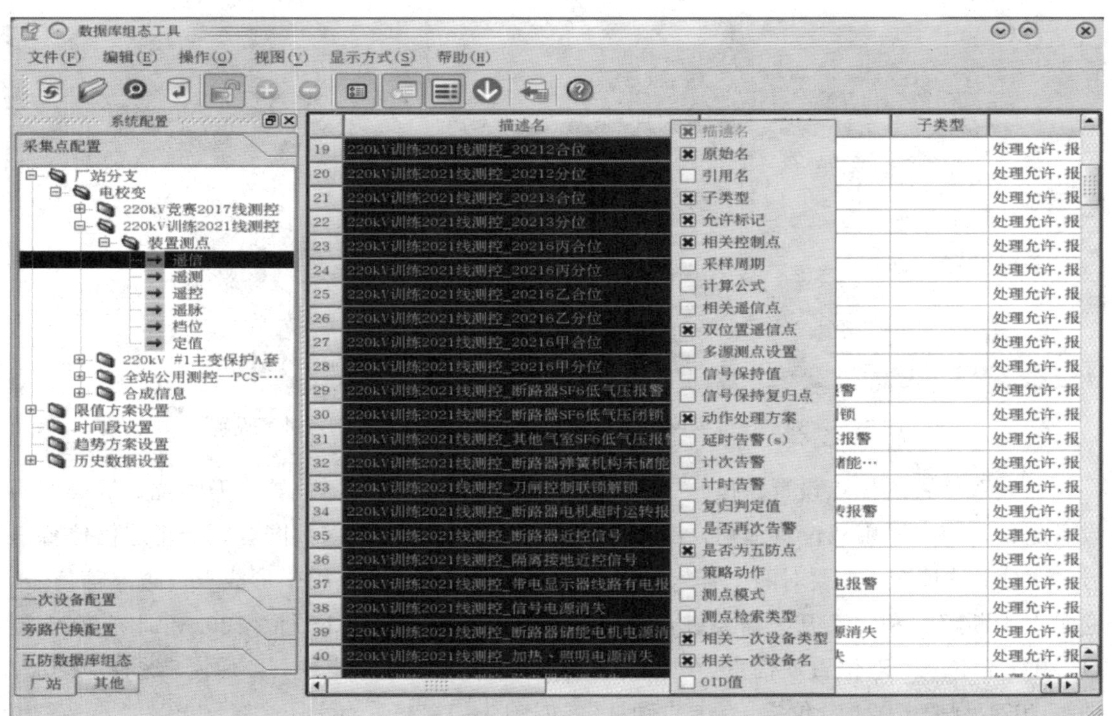

图 3－1－33　遥信名称等属性进行编辑

遥信可以设置非常多种的属性。默认展示的属性包含描述名、原始名、子类型、允许标记、相关控制点、双位置遥信点、动作处理方案、是否为五防点、相关一次设备类型和相关一次设备名。实际上还有很多隐藏的属性可供设置，点击上方的表头（如点击描述名、原始名等）在单击鼠标右键，可以展示出可供挑选展示的属性类型，未被选中的属性类型在当前画面中不展示。工程现场可以根据实际的需要展示，以供便捷地进行配置。

（2）相关控制点设置。需要进行遥控的设备，如断路器、隔离刀闸等，需要通过遥信变位判断是否遥控成功，因此需做好遥信和遥控点的关联。如需要进行 2021 断路器遥控设置，在遥信列表中找到第 15 行“220kV 训练 2021 测控_2021 合位”，“相关控制点”列，点击空格，会弹出“遥控点选择”弹窗，在弹窗中选择“220kV 训练 2021 测控_2021 遥控”，点击“确认”（见图 3－1－34）。值得一提的是每个遥控点均只能进行一次关联，在进行其他遥信点关联时，会默认将已关联的遥控点不显示在选择窗中。对于 103 规约通信方式，只需要合位行进行相关控制点设置，分位行不需要进行设置。

图 3－1－34　在数据库组态工具中对遥信点的相关控制点进行设置

（3）双位置遥信点设置。按照二次远控大修的要求，断路器位置、刀闸位置等类型的设备遥信，需要采用双位置遥信，由相关的合位开入和分位开入共同合成一个遥信位置信号。针对上述情况，需要对两个开入量对应的遥信量进行关联，用于形成双位置遥信信号，通常对于断路器和隔离开关需要进行双位置遥信点设置。如第 15 行“220kV 训练 2021 测控_2021 合位”，“双位置遥信点”列，点击空格，会弹出“遥信点选择”弹窗。选择“220kV 训练 2021 测控_2021 分位”，点击“确认”，如图 3－1－35 所示。

	描述名	始	子类型	允许标记	相关控制点	双位置遥信点	动作处理方案	是否为五防点	关一次设备类	关一次设备
4	220kV训练2021线测控_手合同期(B05X05)			处理允许,报警允许,…			遥信告警	否		
5	220kV训练2021线测控_手动分闸(B05X06)			处理允许,报警允许,…			遥信告警	否		
6	220kV训练2021线测控_保留1(B05X07)			处理允许,报警允许,…			遥信			
7	220kV训练2021线测控_保留2(B05X08)			处理允许,报警允许,…			遥信			
8	220kV训练2021线测控_刀闸投远方(B05X09)			处理允许,报警允许,…			遥信			
9	220kV训练2021线测控_检同期方式(B05X10)			处理允许,报警允许,…			遥信			
10	220kV训练2021线测控_检无压方式(B05X11)			处理允许,报警允许,…			遥信			
11	220kV训练2021线测控_线路PT断线电压空开跳开			处理允许,报警允许,…			遥信			
12	220kV训练2021线测控_保留7(B05X13)			处理允许,报警允许,…			遥信			
13	220kV训练2021线测控_保留8(B05X14)			处理允许,报警允许,…			遥信			
14	220kV训练2021线测控_保留9(B05X15)			处理允许,报警允许,…			遥信			
15	220kV训练2021线测控_2021合位			处理允许,报警允许,…	220kV训练2021线测控_2021遥控		遥信			
16	220kV训练2021线测控_2021分位			处理允许,报警允许,…			遥信			
17	220kV训练2021线测控_20211合位			处理允许,报警允许,…	220kV训练2021线测控_20211遥控		遥信			
18	220kV训练2021线测控_20211分位			处理允许,报警允许,…			遥信			
19	220kV训练2021线测控_20212合位			处理允许,报警允许,…	220kV训练2021线测控_20212遥控		遥信			
20	220kV训练2021线测控_20212分位			处理允许,报警允许,…			遥信			
21	220kV训练2021线测控_20213合位			处理允许,报警允许,…	220kV训练2021线测控_20213遥控		遥信			
22	220kV训练2021线测控_20213分位			处理允许,报警允许,…			遥信			
23	220kV训练2021线测控_20216丙合位			处理允许,报警允许,…	220kV训练2021线测控_20216丙遥控		遥信			
24	220kV训练2021线测控_20216丙分位			处理允许,报警允许,…			遥信			
25	220kV训练2021线测控_20216乙合位			处理允许,报警允许,…	220kV训练2021线测控_20216乙遥控		遥信			
26	220kV训练2021线测控_20216乙分位			处理允许,报警允许,…			遥信			
27	220kV训练2021线测控_20216甲合位			处理允许,报警允许,…	220kV训练2021线测控_20216甲遥控		遥信告警	否		
28	220kV训练2021线测控_20216甲分位			处理允许,报警允许,…			遥信告警	否		
29	220kV训练2021线测控_断路器SF6低气压报警			处理允许,报警允许,…			遥信告警	否		
30	220kV训练2021线测控_断路器SF6低气压闭锁			处理允许,报警允许,…			遥信告警	否		
31	220kV训练2021线测控_其他气室SF6低气压报警			处理允许,报警允许,…			遥信告警	否		
32	220kV训练2021线测控_断路器弹簧机构未储能…			处理允许,报警允许,…			遥信告警	否		

遥信点选择

检索条件

厂站：电校变

检索方式 按装置检索

装置：220kV训练2021线测控

测点类型：遥信点

220kV训练2021线测控_手合同期(B05X05)
220kV训练2021线测控_手动分闸(B05X06)
220kV训练2021线测控_保留1(B05X07)
220kV训练2021线测控_保留2(B05X08)
220kV训练2021线测控_刀闸投远方(B05X09)
220kV训练2021线测控_检同期方式(B05X10)
220kV训练2021线测控_检无压方式(B05X11)
220kV训练2021线测控_线路PT断线电压空开跳开
220kV训练2021线测控_保留7(B05X13)
220kV训练2021线测控_保留8(B05X14)
220kV训练2021线测控_保留9(B05X15)
220kV训练2021线测控_2021合位
220kV训练2021线测控_2021分位
220kV训练2021线测控_20211合位
220kV训练2021线测控_20211分位
220kV训练2021线测控_20212合位

清除 确认 取消

图 3－1－35 在数据库组态工具中进行双位置遥信设置

在“220kV 训练 2021 测控_2021 合位”行选择“220kV 训练 2021 测控_2021 分位”进行关联后，监控系统会自动在分位栏关联合位信息，从而实现双位置遥信点相互关联的功能，无需重复设置，如图 3－1－36 所示。

	描述名	始	子类型	允许标记	相关控制点	双位置遥信点	动作处理方案	是否为五防点	关一次设备类	关一次设备
4	220kV训练2021线测控_手合同期(B05X05)			处理允许,报警允许,…			遥信告警	否		
5	220kV训练2021线测控_手动分闸(B05X06)			处理允许,报警允许,…			遥信告警	否		
6	220kV训练2021线测控_保留1(B05X07)			处理允许,报警允许,…			遥信告警	否		
7	220kV训练2021线测控_保留2(B05X08)			处理允许,报警允许,…			遥信告警	否		
8	220kV训练2021线测控_刀闸投远方(B05X09)			处理允许,报警允许,…			遥信告警	否		
9	220kV训练2021线测控_检同期方式(B05X10)			处理允许,报警允许,…			遥信告警	否		
10	220kV训练2021线测控_检无压方式(B05X11)			处理允许,报警允许,…			遥信告警	否		
11	220kV训练2021线测控_线路PT断线电压空开跳开			处理允许,报警允许,…			遥信告警	否		
12	220kV训练2021线测控_保留7(B05X13)			处理允许,报警允许,…			遥信告警	否		
13	220kV训练2021线测控_保留8(B05X14)			处理允许,报警允许,…			遥信告警	否		
14	220kV训练2021线测控_保留9(B05X15)			处理允许,报警允许,…			遥信告警	否		
15	220kV训练2021线测控_2021合位			处理允许,报警允许,…	220kV训练2021线测控_2021遥控	220kV训练2021线测控_2021分位	遥信告警	否		
16	220kV训练2021线测控_2021分位			处理允许,报警允许,…		220kV训练2021线测控_2021合位	遥信告警	否		
17	220kV训练2021线测控_20211合位			处理允许,报警允许,…	220kV训练2021线测控_20211遥控		遥信告警	否		
18	220kV训练2021线测控_20211分位			处理允许,报警允许,…			遥信告警	否		
19	220kV训练2021线测控_20212合位			处理允许,报警允许,…	220kV训练2021线测控_20212遥控		遥信告警	否		
20	220kV训练2021线测控_20212分位			处理允许,报警允许,…			遥信告警	否		
21	220kV训练2021线测控_20213合位			处理允许,报警允许,…	220kV训练2021线测控_20213遥控		遥信告警	否		
22	220kV训练2021线测控_20213分位			处理允许,报警允许,…			遥信告警	否		
23	220kV训练2021线测控_20216丙合位			处理允许,报警允许,…	220kV训练2021线测控_20216丙遥控		遥信告警	否		
24	220kV训练2021线测控_20216丙分位			处理允许,报警允许,…			遥信告警	否		
25	220kV训练2021线测控_20216乙合位			处理允许,报警允许,…	220kV训练2021线测控_20216乙遥控		遥信告警	否		
26	220kV训练2021线测控_20216乙分位			处理允许,报警允许,…			遥信告警	否		
27	220kV训练2021线测控_20216甲合位			处理允许,报警允许,…	220kV训练2021线测控_20216甲遥控		遥信告警	否		
28	220kV训练2021线测控_20216甲分位			处理允许,报警允许,…			遥信告警	否		
29	220kV训练2021线测控_断路器SF6低气压报警			处理允许,报警允许,…			遥信告警	否		
30	220kV训练2021线测控_断路器SF6低气压闭锁			处理允许,报警允许,…			遥信告警	否		
31	220kV训练2021线测控_其他气室SF6低气压报警			处理允许,报警允许,…			遥信告警	否		
32	220kV训练2021线测控_断路器弹簧机构未储能…			处理允许,报警允许,…			遥信告警	否		

图 3－1－36 在数据库组态工具中进行双位置遥信设置后显示结果

（4）遥信的常用属性设置说明。

1）子类型：主要有断路器、隔离刀闸等，按照遥信点所描述的内容进行设置。

2）相关控制点：对于选择型的遥控，需要对遥控和遥信进行关联。关联好后，遥信会自动加上“遥控允许”的标志。另外遥信和遥控关联时相互的，也就是可以在遥控的设置页面添加相关的遥信点，实现两者的互关联关系。

3）双位置遥信点：对于采用双点开入形成双位置遥信时需要进行设置。

4）动作处理方案：通常设置好遥信的子类型后，会按照系统设置的默认处理方案。当然也可以自主进行修改。但要注意的是，每次修改设备类型，原设置好的方案会被该类型的自动关联方案覆盖。动作处理方案和告警的等级音响以及在告警窗的颜色有关。

5）是否五防点：当本地监控后台和五防机为一体化五防时必须勾上。

2. 遥控

本部分依然侧重对采用 103 规约通信及未配置全站 SCD 的采用 61850 规约通信类型进行修改。依然以已经增加的“220kV 训练 2021 线测控”遥控修改为例进行说明。

在“采集点配置－厂站分支－变电站名称”中（本例为“电校变”下）的“220kV 训练 2021 线测控”底下的“装置测点－遥控”，进行相关设置。

（1）遥控名称修改。在遥信名称修改中已进行阐述，方法一致。

（2）相关状态设置。如在“遥信”列表中进行了“相关控制点”设置，在遥控列表的“相关状态”列中会显示已经关联好的遥信点，对于双位置遥信，相关状态应显示合位信息，如图 3－1－37 所示。

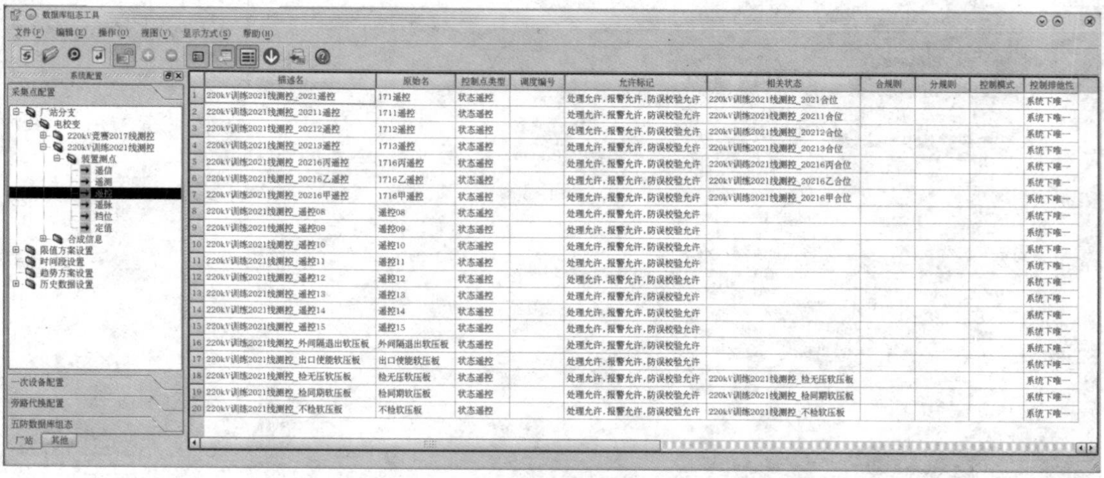

	描述名	原始名	控制点类型	调度编号	允许标记	相关状态	合规则	分规则	控制模式	控制排他性
1	220kV训练2021线测控_2021遥控	171遥控	状态遥控		处理允许,报警允许,防误校验允许	220kV训练2021线测控_2021合位				系统下唯一
2	220kV训练2021线测控_20211遥控	1711遥控	状态遥控		处理允许,报警允许,防误校验允许	220kV训练2021线测控_20211合位				系统下唯一
3	220kV训练2021线测控_20212遥控	1712遥控	状态遥控		处理允许,报警允许,防误校验允许	220kV训练2021线测控_20212合位				系统下唯一
4	220kV训练2021线测控_20213遥控	1713遥控	状态遥控		处理允许,报警允许,防误校验允许	220kV训练2021线测控_20213合位				系统下唯一
5	220kV训练2021线测控_20216丙遥控	1716丙遥控	状态遥控		处理允许,报警允许,防误校验允许	220kV训练2021线测控_20216丙合位				系统下唯一
6	220kV训练2021线测控_20216乙遥控	1716乙遥控	状态遥控		处理允许,报警允许,防误校验允许	220kV训练2021线测控_20216乙合位				系统下唯一
7	220kV训练2021线测控_20216甲遥控	1716甲遥控	状态遥控		处理允许,报警允许,防误校验允许	220kV训练2021线测控_20216甲合位				系统下唯一
8	220kV训练2021线测控_遥控08	遥控08	状态遥控		处理允许,报警允许,防误校验允许					系统下唯一
9	220kV训练2021线测控_遥控09	遥控09	状态遥控		处理允许,报警允许,防误校验允许					系统下唯一
10	220kV训练2021线测控_遥控10	遥控10	状态遥控		处理允许,报警允许,防误校验允许					系统下唯一
11	220kV训练2021线测控_遥控11	遥控11	状态遥控		处理允许,报警允许,防误校验允许					系统下唯一
12	220kV训练2021线测控_遥控12	遥控12	状态遥控		处理允许,报警允许,防误校验允许					系统下唯一
13	220kV训练2021线测控_遥控13	遥控13	状态遥控		处理允许,报警允许,防误校验允许					系统下唯一
14	220kV训练2021线测控_遥控14	遥控14	状态遥控		处理允许,报警允许,防误校验允许					系统下唯一
15	220kV训练2021线测控_遥控15	遥控15	状态遥控		处理允许,报警允许,防误校验允许					系统下唯一
16	220kV训练2021线测控_外间隔退出软压板	外间隔退出软压板	状态遥控		处理允许,报警允许,防误校验允许					系统下唯一
17	220kV训练2021线测控_出口使能软压板	出口使能软压板	状态遥控		处理允许,报警允许,防误校验允许					系统下唯一
18	220kV训练2021线测控_检无压软压板	检无压软压板	状态遥控		处理允许,报警允许,防误校验允许	220kV训练2021线测控_检无压软压板				系统下唯一
19	220kV训练2021线测控_检同期软压板	检同期软压板	状态遥控		处理允许,报警允许,防误校验允许	220kV训练2021线测控_检同期软压板				系统下唯一
20	220kV训练2021线测控_不检软压板	不检软压板	状态遥控		处理允许,报警允许,防误校验允许	220kV训练2021线测控_不检软压板				系统下唯一

图 3－1－37　数据库组态工具中设备遥控设置画面

同样的，如果在遥信表中未设置相关遥控点的情况下，直接在遥控点的“相关状态”列点击，在弹出的“遥信点选择”框中选择相应遥信点，点击“确认”完成关联，如图 3－1－38 所示。

图 3－1－38 对遥控的相关状态进行设置

（3）调度编号设置及控制模式设置（见图 3－1－39）。在各遥控点的“调度编号”列按照当地运维人员的操作习惯输入相应的内容，用于在当地监控后台机上进行遥控操作时，需要操作人员输入相应的设备编号（或相关要求确认双重编号）进行确认，如本例中在断路器 2021 行中输入编号“2021”。

控制模式分成“直控”“选择型控制”“加强型直控”“加强型选择控制”，在相应的单元格通过下来菜单进行点选。对于断路器、隔离刀闸等设备，通常采用“加强型选择控制”模式。

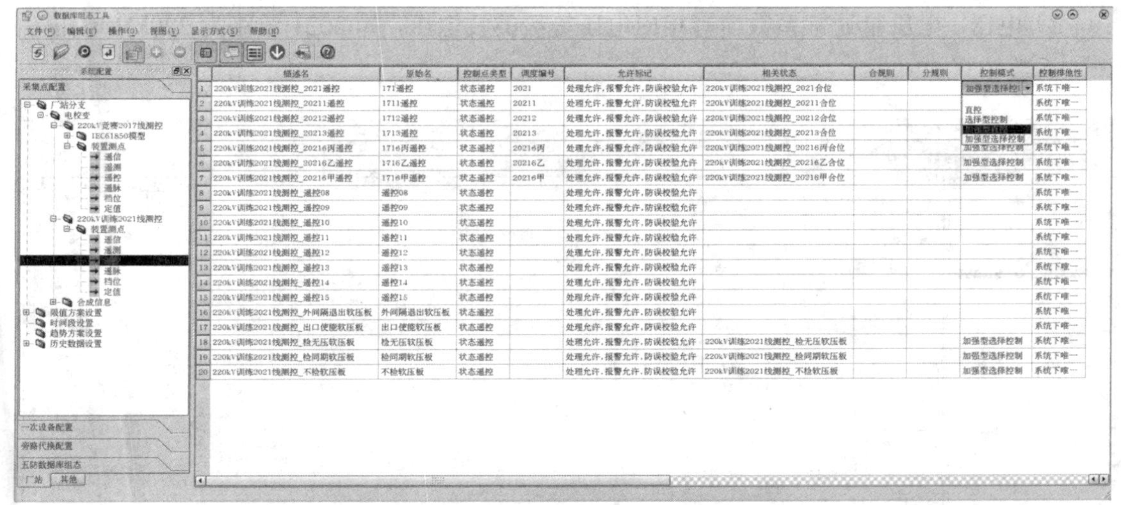

图 3－1－39 对遥控的调度编号及控制模式进行设置

（4）遥控的常用属性设置说明。

1）调度编号：遥控操作时需要输入相应的设备编号进行确认。

2）控制点类型：提供了状态遥控、数值遥控、档位遥控、调档急停、程序化操作、风机遥控等模式进行选择。一般情况下，断路器、隔离刀闸及接地刀闸等设备选“状态遥控”，主变升降档位选“档位遥控”，主变调档急停选“调档急停”。

3）允许标记：提供了“处理允许”“报警允许”“防误校验允许”“遥控闭锁忽略允许”等选项，可多选。其中，如不采用站控层五防时，可以勾选“遥控闭锁忽略允许”，表示该设备遥控不受变电站内的“遥控闭锁点”遥信闭锁。

4）相关状态：如在遥信页面关联相关控制点，则遥控列表中的相关状态会自动生成；反之，如在遥控列表中设置关联状态，对应遥信点的相关控制点也会自动生成。

5）合规则：遥控的合闸规则，可以编辑一些闭锁条件。

6）分规则：遥控的分闸规则，可以编辑一些闭锁条件。

7）控制模式：包含“直控”“选择性控制”“加强型控制”和“加强型选择控制”四种模式，根据实际需要进行选择。一般情况下，断路器和隔离开关的遥控选择“加强型选择控制”，保护复归遥控选择“直控”。

3. 遥测

遥测的设置和传输数据的类型有关。在遥测菜单中主要进行系数的设置，最常见的需要设置的量有电流、电压和功率，如图 3－1－40 所示。

（1）采用整型码值进行上送。常用于使用 103 规约 RCS 装置，电流、电压和功率设置方法各不相同。

1）电流。电流量系数通常填写电流互感器（TA）一次电流的额定值，如 2021 线路 TA 测量组的变比为 1200/5，则系数栏填写 1200。

2）电压。电压量通常系数填写相应电压等级的线电压，如 2021 线路为 220kV 电压等级，系数填写 220。

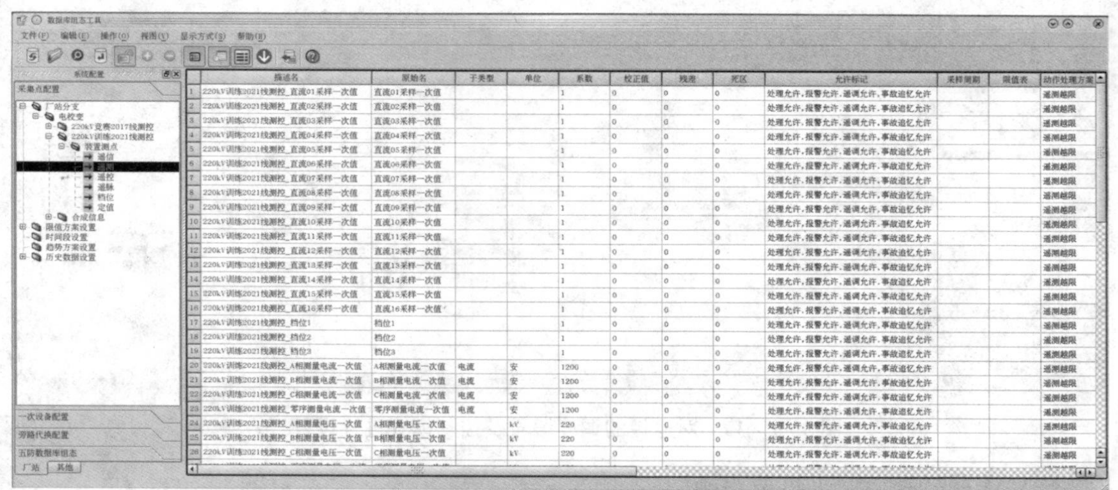

图 3－1－40　采用 103 规约通信的设备遥测系数设置

3）功率。功率分为有功功率和无功功率，系数即为视在功率额定值，单位为兆瓦。可采用以下公式计算：视在功率额定值 = 1.732 × 电流一次额定值（单位 A）× 电压一次额定值（单位 kV）÷1000，如本例中设置的有功功率和无功功率的系数为 457.25。

（2）采用浮点数上送的遥测系数设置。对于采用 61850 通信的变电站，遥测上送方式均采用浮点数，此时不管时电流、电压或功率，系数统一设置成 1。

（3）遥测的常用属性设置说明。

1）子类型：主要设置本条遥测代表类型，可以设置成"电压""电流""有功""无功""保护电流""保护电压"等类型。频率的类型可以选择"周波"。子类型的设置在生成历史统计模型时有用。历史统计模型会将所有未设置子类型的条目全部归类为其他类型。

2）单位：按实际情况设置，常用设置有"A""kV""Hz""MW""MVA""Mvar"等。

3）系数：前文已经对于采用整型或浮点型上送方式的系数设置进行了详细的介绍。

4）校正值：用来设置偏移量。

5）采样周期：表示历史存储的周期，通常在实际工程中会设置成 15 分钟。

6）限值表：对于需要设置遥测越限报警的遥测量可关联限值表。

3.1.3.4　数据库组态工具中的一次设备配置

在添加了测控装置、保护装置及其他通信装置时，仅仅是在采集点配置的相关菜单中有相关信息的变更，而和采集点对应的一次设备，需要在左侧系统配置的导航窗格中选到"一次设备配置"选格。下面以新增"220kV 训练 2021 线"线路间隔为例，阐述一次设备配置中的常见操作。该间隔的一次接线图如图 3－1－41 所示。

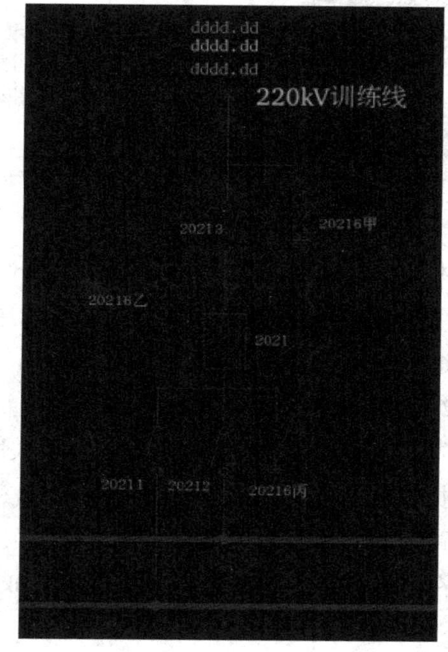

图 3－1－41　220kV 训练 2021 线间隔的一次接线图

1. 新增一次设备

在数据库组态工具中点击左侧"系统配置"窗格里的"一次设备配置"选项，逐层打开相应的目录菜单，单击相应电压等级的层级，如本次操作单击"一次设备分支－电校变－电压等级－220：220kV"，该选项变成蓝底，右键弹窗中点击"新增间隔"（见图 3－1－42）。双击新增的间隔，如本例中显示为"间隔 3"，将右侧"间隔名称"格中的值"间隔 3"修改为"2021"。

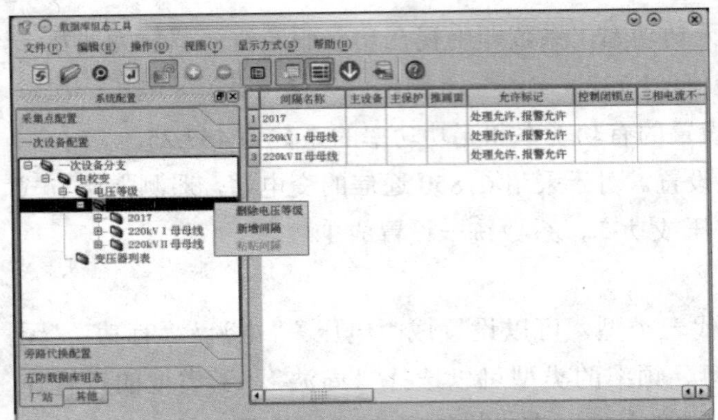

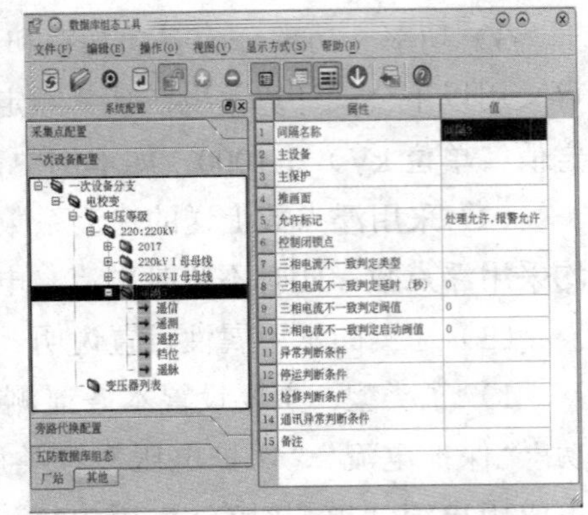

图 3-1-42　一次设备配置中新增间隔

修改完间隔名称后，单击“2021”间隔，右键进行“增加一次设备”的操作（见图 3-1-43）。可以增加“线路”“开关刀闸”等。

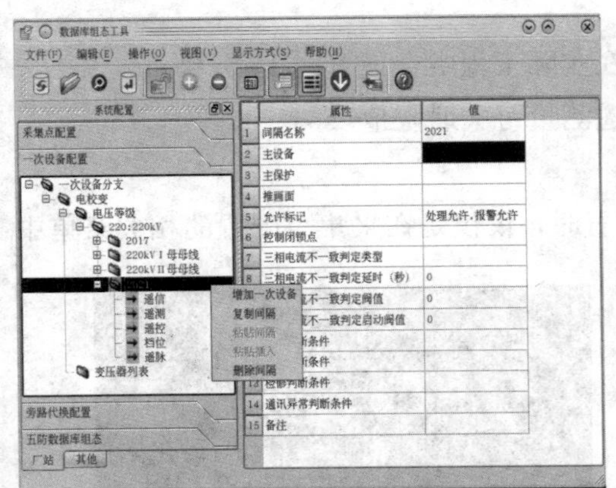

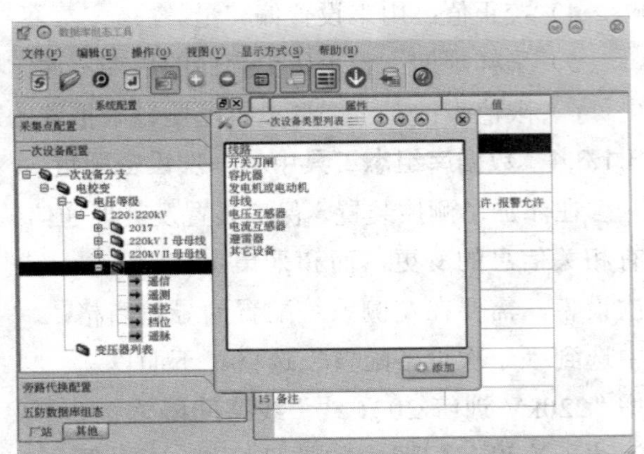

图 3-1-43　增加一次设备的操作

本例中，需要添加“线路”“断路器”“隔离开关”等设备，其中断路器和隔离开关均选择“开关刀闸”类型。添加完成后，需要双击每个一次设备进行编辑。可以在名称栏中对值进行编辑设置。

2. 一次设备属性编辑

（1）线路设备设置。线路设备需要关联相关的遥测电压作为系统上设备带电显示颜色的拓扑着色的电源点。先双击线路名称，线路需要将“线路类型”修改成“进线”。再单击线路下的“遥测”选项，右键进行“关联测点”操作，如图 3-1-44 所示。

在测点列表中，装置栏中点击“220kV 竞赛 2017 线测控”后的小倒三角符号，下拉选择“220kV 训练 2021 线测控”装置，在待选测点中找到需要关联的线路同期电压，如本例为“同期测量电压一次值”，选中后，点击中间的“＞”，所选遥测点进入“选中测点”后，单击右下角“关闭”即可，如图 3-1-45 所示。

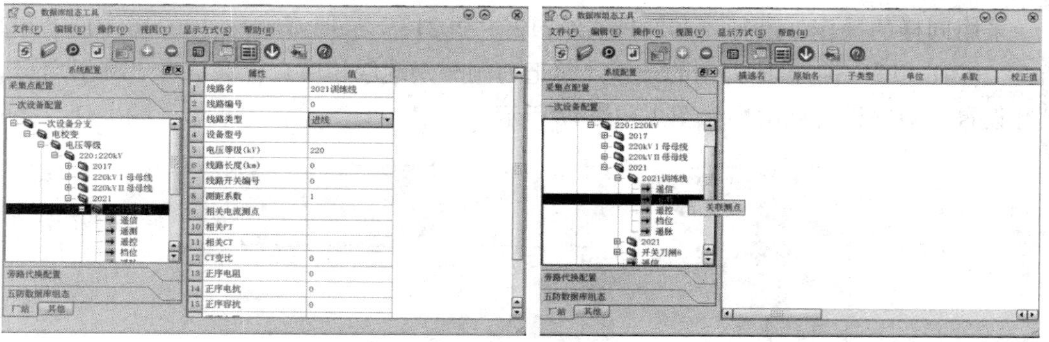

图3－1－44　对一次设备中的进线新增“关联测点”

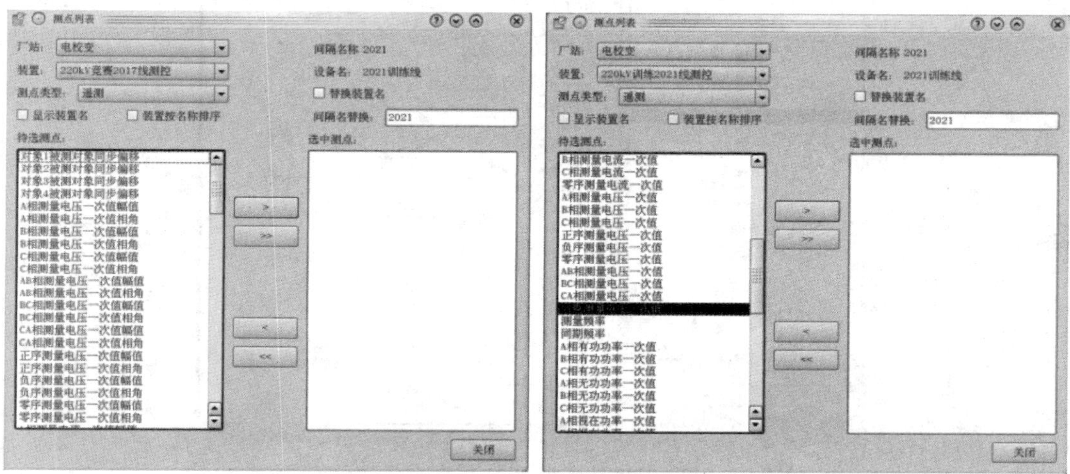

图3－1－45　对进线与线路同期电压进行关联

（2）断路器和隔离开关设备设置。断路器需要进行“跳闸判别点”设置。对103规约站，关联相关开关的合位即可。跳闸点设置后，点击2021断路器底下的遥信栏，可以看到遥信栏已经关联了相关的断路器合位遥信点，图3－1－46所示。

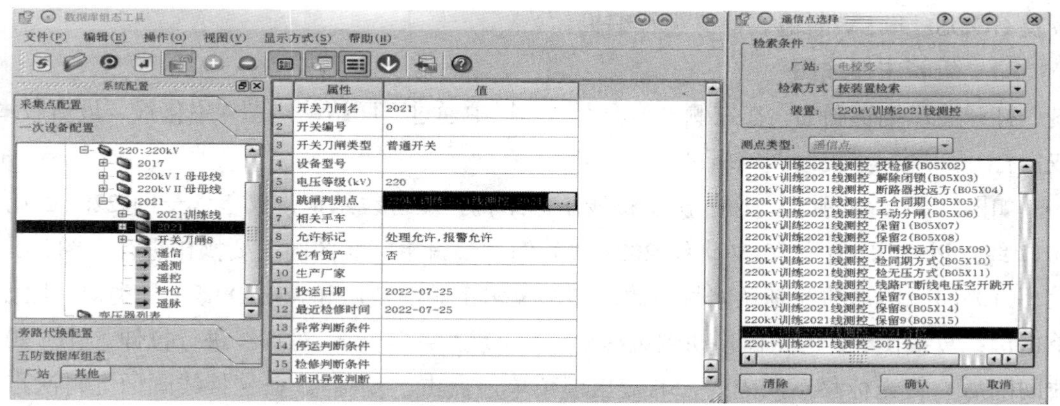

图3－1－46　断路器进行跳闸判别点的遥信点选择

采用同样的操作，进行“20211”“20212”“20213”三把刀闸及“20216 丙”“20216 乙”“20216 甲”三把接地刀闸的设置，每把刀闸分别选取相应合位遥信对“跳闸判别点”进行设置。最终设置完结果如图 3－1－47 所示。

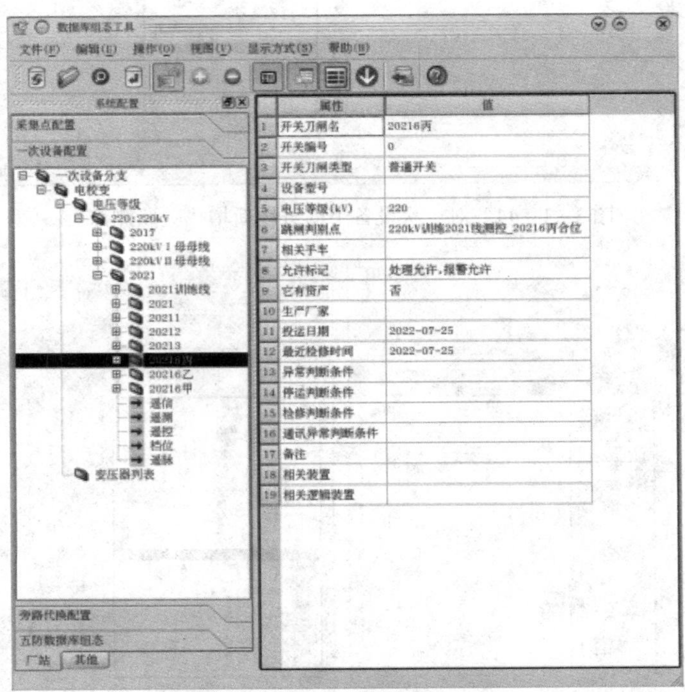

图 3－1－47　220kV 训练 2021 线所有一次设备展示

3.1.4　图形组态工具

画面编辑需要对有变动的图形页面进行修改，主要包含了主接线图部分和各分间隔图等，对于智能变电站采用 GOOSE 及 SV 传输模式的，还需要对原间隔的联调回路相关压板及 GOOSE 和 SV 断链表信息进行编辑。

3.1.4.1　编辑主接线图

打开图形编辑画面，在左侧“画面”菜单栏中通过“厂站单线图－主接线－最新版本”双击打开，进行主接线图编辑。

如图 3－1－48 所示，原一次主接线图的结构为双母线结构，仅包含一回 220kV 竞赛 2017 线，以新增一回 220kV 训练 2021 线为例对编辑主接线图的主要操作进行介绍。

（1）间隔图形的绘制及编号修改。图形编辑工具的使用和 VISIO 等工具类似，比如，单击母线直线图元，将光标移动到边缘处，会出现“↔”符号，对直线进行拉伸。全选 2017 线间隔后，将光标移至间隔内，右键出现菜单，点击“复制”。在主接线画面上再次点击右键，点击“粘贴”，并将粘贴的新图元移动到合适位置（见图 3－1－49）。类似间隔更名的操作，将复制出的 2017 线使用“字符串替换”变更成 2021 线。“220kV 竞赛线”文本

替换成“220kV 训练线”。注意到地刀的编号方式不一致，因此在字符串替换的基础上，需要逐一双击各地刀编号进行编辑。

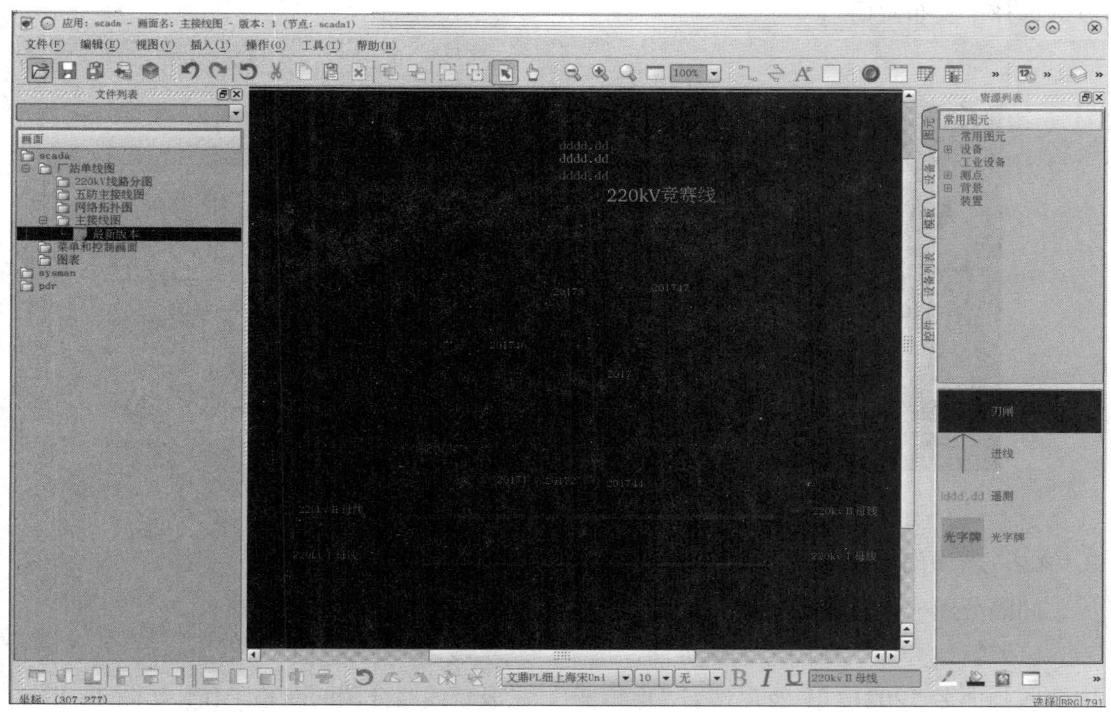

图 3－1－48　一次主接线图

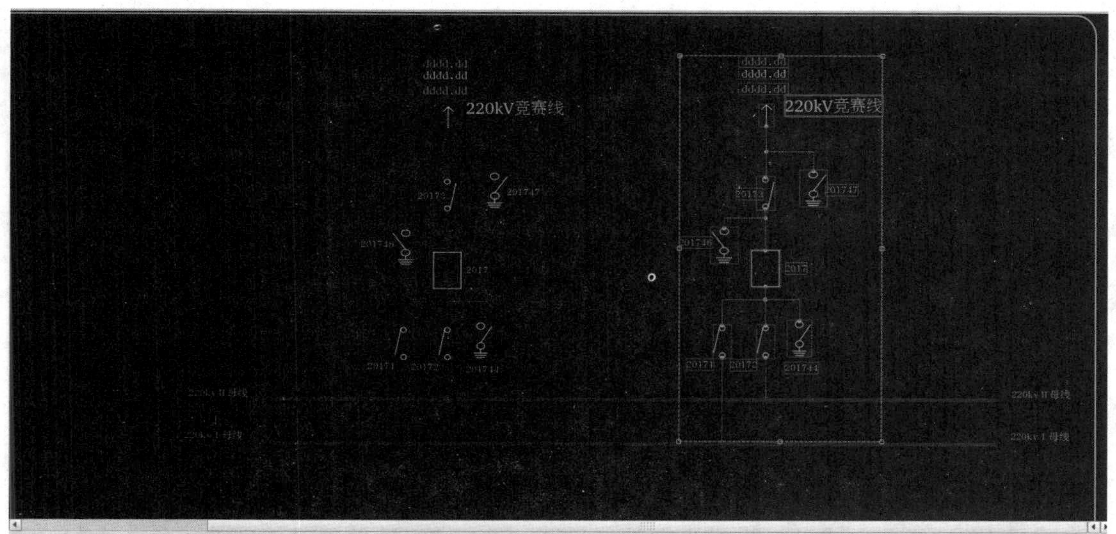

图 3－1－49　主接线图中对已有 2017 间隔图形进行复制

（2）加入间隔。名称编号修改完毕后，选中包含开关、刀闸及线路全部图元后，右键选择“加入间隔”选项，弹出“间隔列表”弹窗。点击“增加”，出现“增加间隔”弹窗，输入间隔名称“2021”后点击“确定”（见图3-1-50）。此时在间隔列表中点选“2021”后，点击“确定”。编辑完毕后点击左上角的“保存”，在左侧的导航窗格中点击主接线图，右键选择“发布画面”。

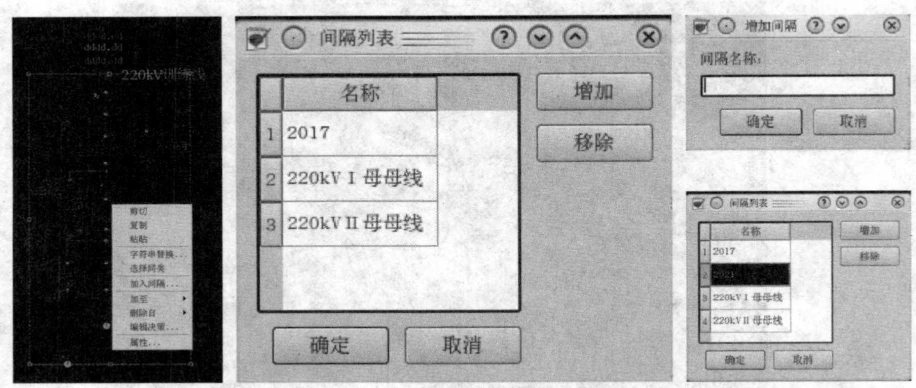

图3-1-50　一次设备加入间隔操作

3.1.4.2　新增间隔分图

间隔分图一般包含设备的一次接线、遥测量列表、光字牌列表等部分。

（1）新建分图。在图形编辑页面，选中厂站单线图，右键选择“增加画面”，在弹窗中输入画面名“2021线”及厂站名“电校变”，完成新线路分图的新建工作，如图3-1-51所示。

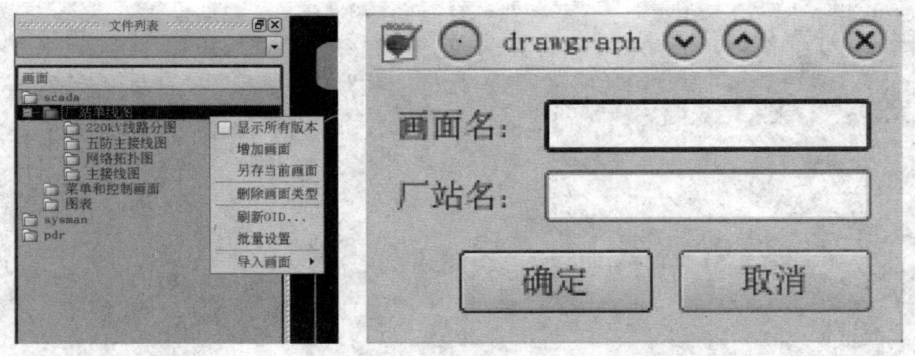

图3-1-51　间隔分图的新建

（2）绘制一次接线图部分。分图一般包含该间隔内的全部一次设备，和在主接线图中绘制方式类似，亦可从主接线图中复制粘贴，此处不再赘述。

（3）通过插入方式批量生成光字牌（见图3-1-52）。单击菜单中的“插入”栏，该目录下有“自动生成遥测列表”“自动生成遥信列表”等多种类型数据可进行相应图元的插入。

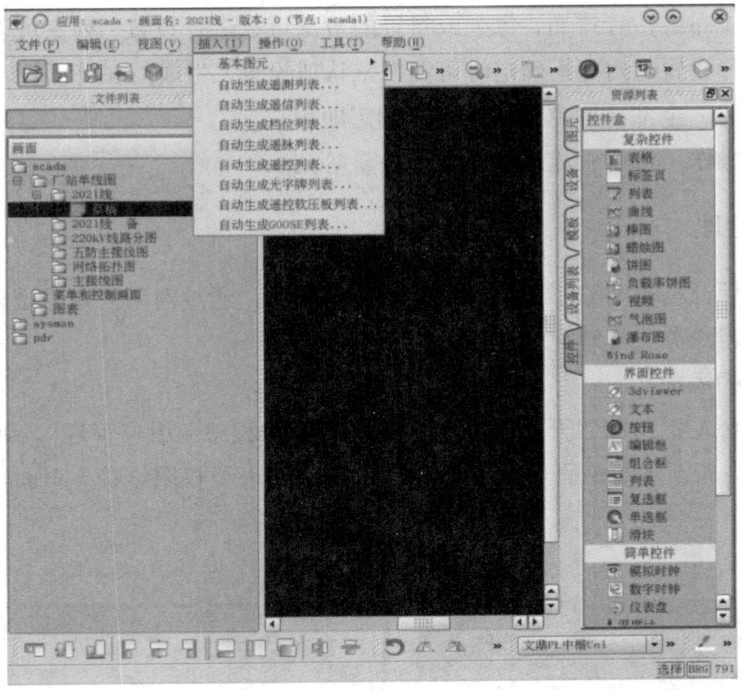

图 3－1－52 在间隔分图中执行插入光字牌等操作

通过选择“自动生成遥信列表”，弹出“drawgraph”弹窗，输入“标题”，在装置的下拉框中选择对应的测控装置，在“测点名”框中选中需要生成光字牌的相关遥信（见图 3－1－53），点击“＞”后，选择的遥信点就进入待生成光字牌池。右侧基本设置例

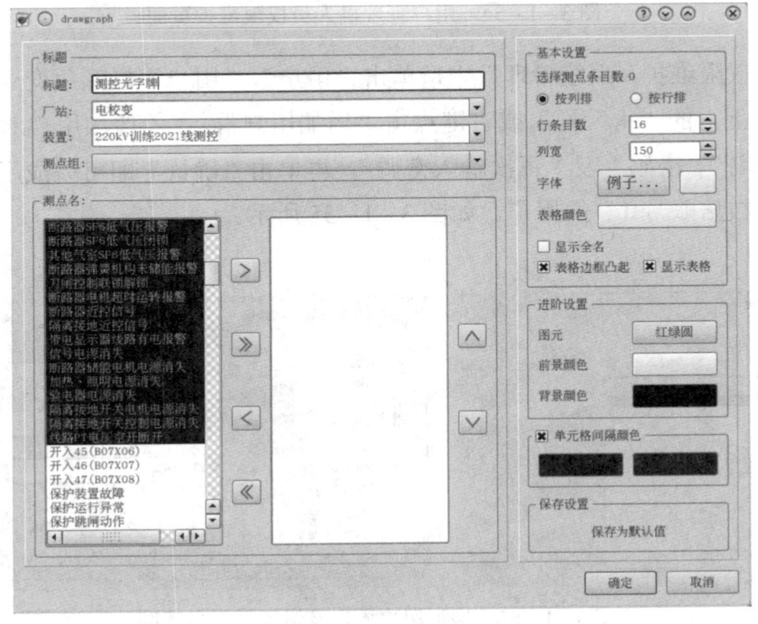

图 3－1－53 自动生成遥信列表功能中 drawgraph 弹窗

可以选择按列排布或按行排布，每列或每行的数量可以进行设置。列宽可以根据所选信号名称的长度进行设置，列宽不确定时可以按默认值设置，生成后在外面图形页面使用鼠标对宽度进行拉伸。全部设置完成后，点击确定即可。

仿照上述操作，可以生成遥测量及遥控量等列表。

3.1.5 用户管理

当地监控后台机需要给不同用户设置相应的账号，通过对不同账号提供不同的权限，实现对访问的用户分配最小化的应用权限。

3.1.5.1 用户的添加

单击控制台左下角的“开始”菜单，选择“维护程序－用户管理”。弹出“人员权限维护”弹窗，输入正确的密码后点击“确认”，进入“人员权限维护”页面，如图3－1－54所示。

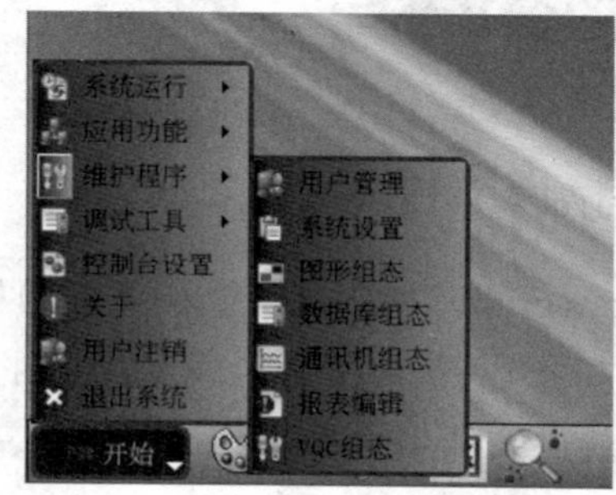

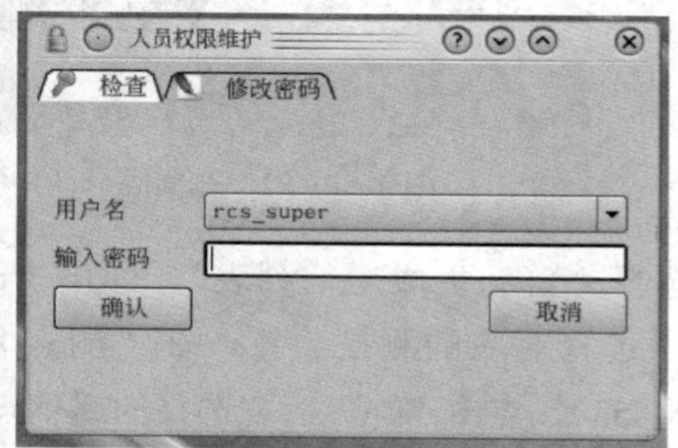

图3－1－54　用户管理机人员权限维护页面

在“人员权限维护－系统管理”中，单击“用户”，“用户”栏颜色变成蓝底，表示已经选中，点击上方的“＋”号，或右键点击“增加用户”，在“增加用户对话框”中输入需要的“用户名”“密码”及“再次输入密码”，再单击“确认”即可完成用户的创建。如本次创建了“技培账号1”的用户，如图3－1－55所示。

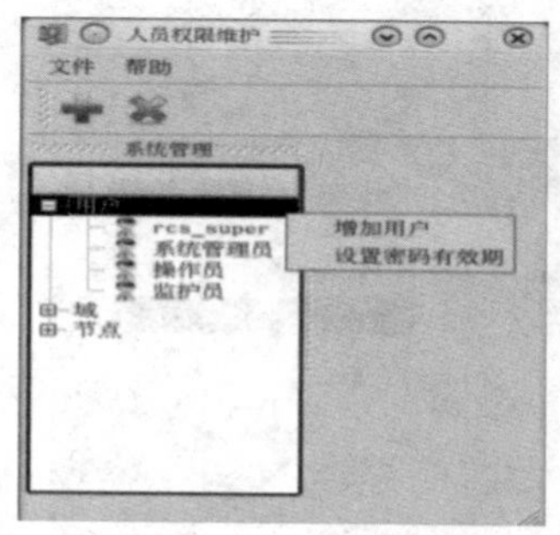

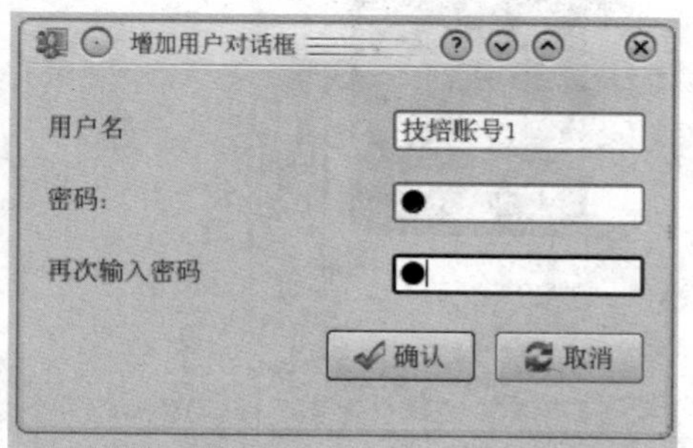

图3－1－55　增加用户操作及增加用户对话框

3.1.5.2　用户权限配置

每个账号均可按照实际需求分配相应的权限，可以分别进行编辑（见图 3－1－56）。如在左侧“用户”展开菜单中，单击新创建的“技培账号 1”的用户，在右侧中点击“角色”窗口，对所创建的账号进行角色权限分配，在各个功能模块下的相应权限上单击，对于已分配权限，在前方的方框里会填入“×”符号，同时原本文字前的红色“×”符号会变化成绿色的“√”符号。编辑完无需保存，重启画面和控制台生效。

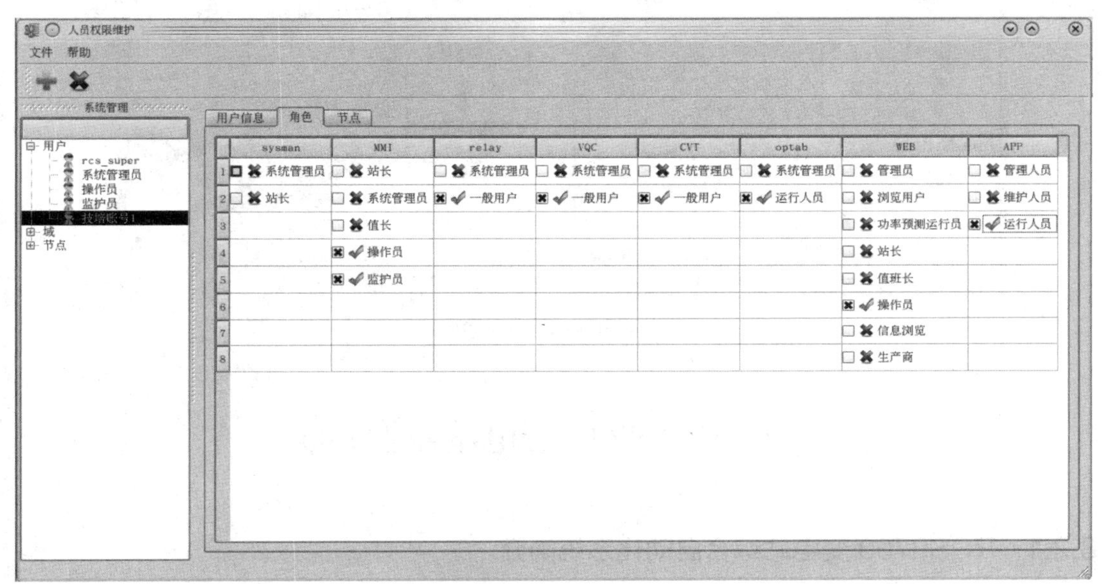

图 3－1－56　账号权限配置

3.1.5.3　用户密码修改

单击控制台左下角的“开始”菜单，选择“维护程序－用户管理”。弹出“人员权限维护”弹窗，在弹窗中从“检查”模块切换至“修改密码”模块。在“用户名”选择需要修改的人员名字后，输入旧密码、新密码以及确认新密码后，点击修改密码即可，如图 3－1－57 所示。

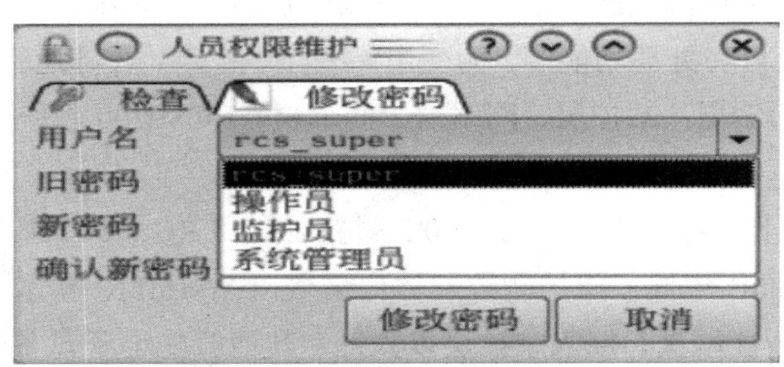

图 3－1－57　修改密码

3.1.5.4 用户的删除

在“人员权限维护－系统管理”中，单击“用户”下的指定用户，如“技培账号 1”栏颜色变成蓝底，表示已经选中，点击上方的红色“×”号，或右键点击“删除用户”，点击后会弹出“删除用户成功”的弹窗通知，如图 3－1－58 所示。

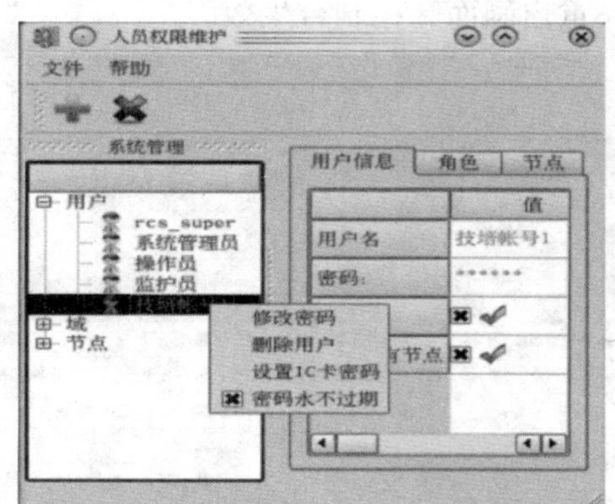

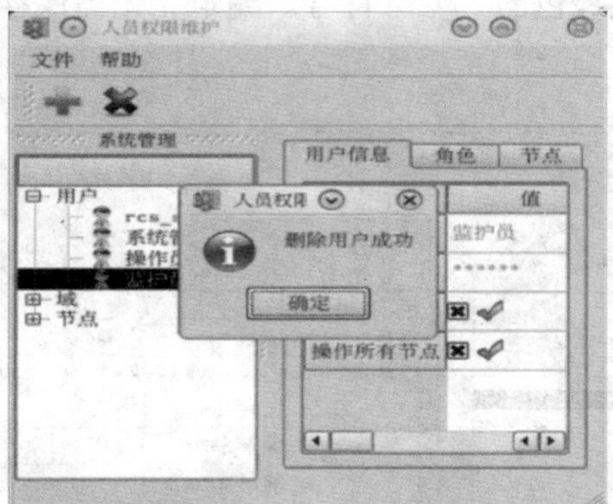

图 3－1－58 删除用户

3.2 RCS9700 变电站监控系统

3.2.1 RCS9700 变电站综合自动化系统简介

RCS9700 型分层分布式变电站综合自动化系统采用先进的技术，精心的设计，使变电站保护和测控既相对独立又相互融合，保护装置工作不受测控和外部通信的影响，确保保护的安全性和可靠性，同时又实现信息共享，为变电站综合自动化提供了一个完整的解决方案。借助于先进的计算机网络通信技术，实现变电站内外各子系统、装置的信息交换。

RCS9700 变电站综合自动化系统不仅支持各种电压等级变电站所需的保护、监视、控制功能，还提供变电站自动化所需的各种高级应用功能，如高压超高压变电站中所需的故障信息、录波信息分析和处理功能等，为变电站安全、稳定、经济运行提供了坚实的保障。该系统从整体上分为三层：站控层、网络层、间隔层。RCS9700 系统大致有以下四种典型方式。

典型结构一（见图 3－2－1）：RCS9700C 测控装置和 RCS9000 继电保护装置直接上站控层以太网；RCS9600B 型低压保护测控一体化装置以 WorldFIP 高速工业级现场总线组网后，经 RCS－9782 智能网关，接入站控层以太网；其他智能电子设备，如其他厂家的继电保护装置、智能电能表、直流屏等，经 RCS3794 规约转换器接入站控层以太网。

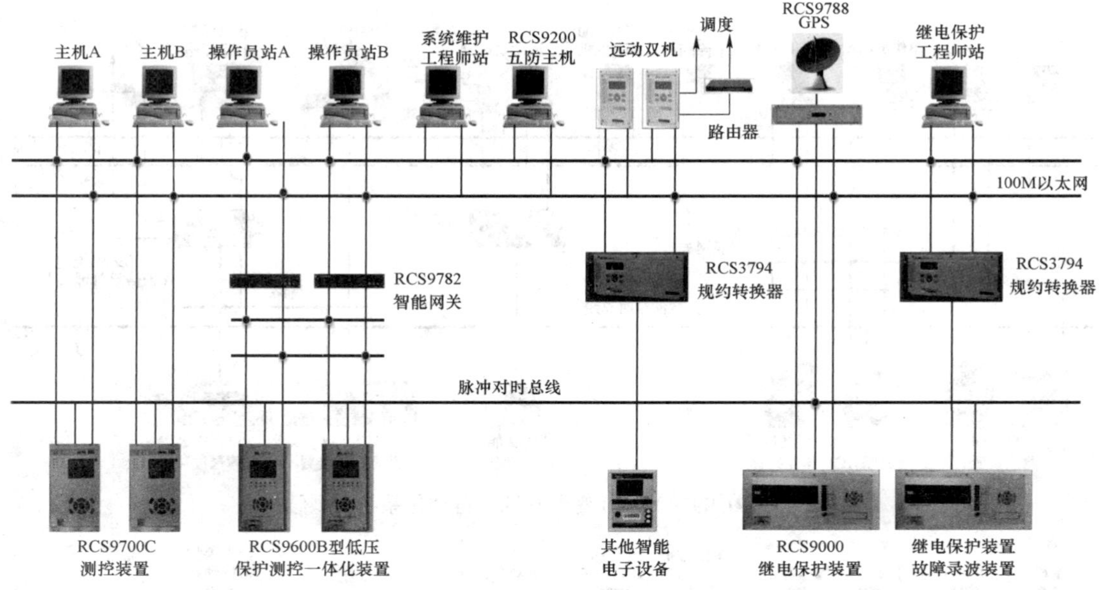

图 3－2－1　RCS9700 V5.0 变电站综合自动化系统典型结构一

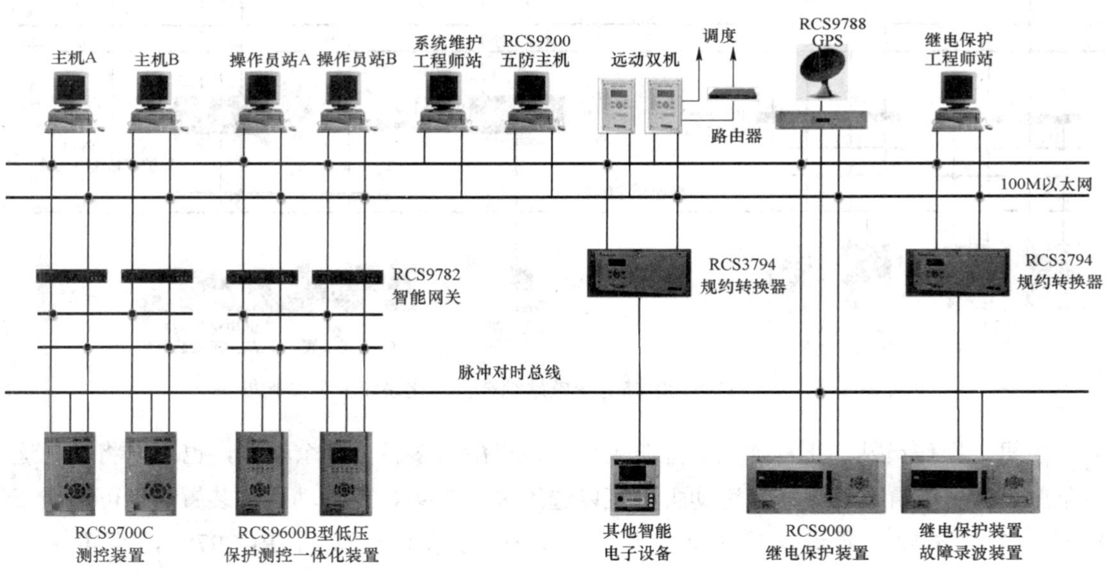

图 3－2－2　RCS9700 V5.0 变电站综合自动化系统典型结构二

典型结构二（见图 3－2－2）与典型结构一不同的是：RCS9700C 测控装置以 WorldFIP 高速工业级现场总线组网后，经 RCS9782 智能网关（可双机冗余配置），接入站控层以太网。智能网关可与 RCS9600B 型低压保护测控一体化装置公用，也可以独立设置。

典型结构三、四（见图 3－2－3、图 3－2－4）分别是在典型结构一、二的基础上，配置独立的 RCS9793 继电保护信息管理装置及其配套设备，构成继电保护和故障信息管理系统子站。

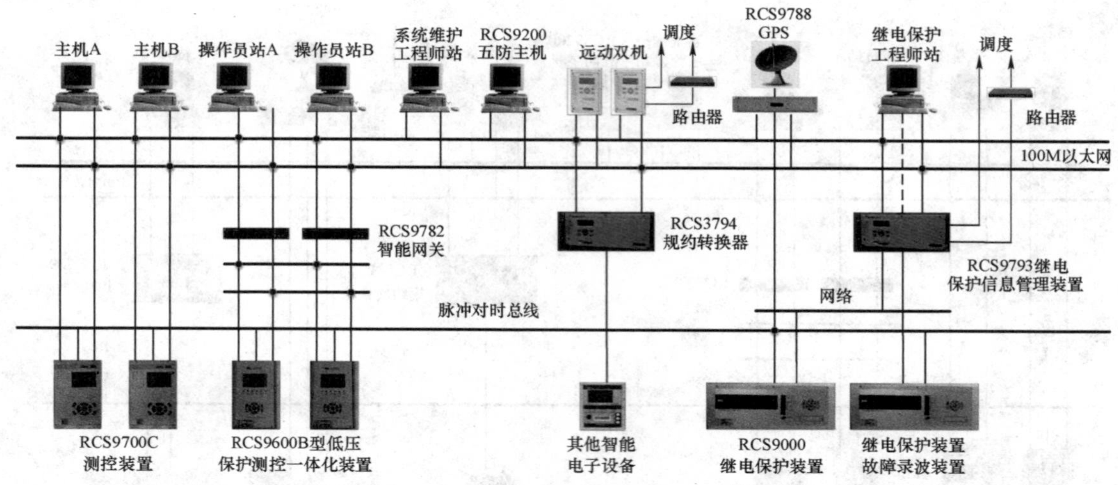

图 3-2-3　RCS9700 V5.0 变电站综合自动化系统典型结构三

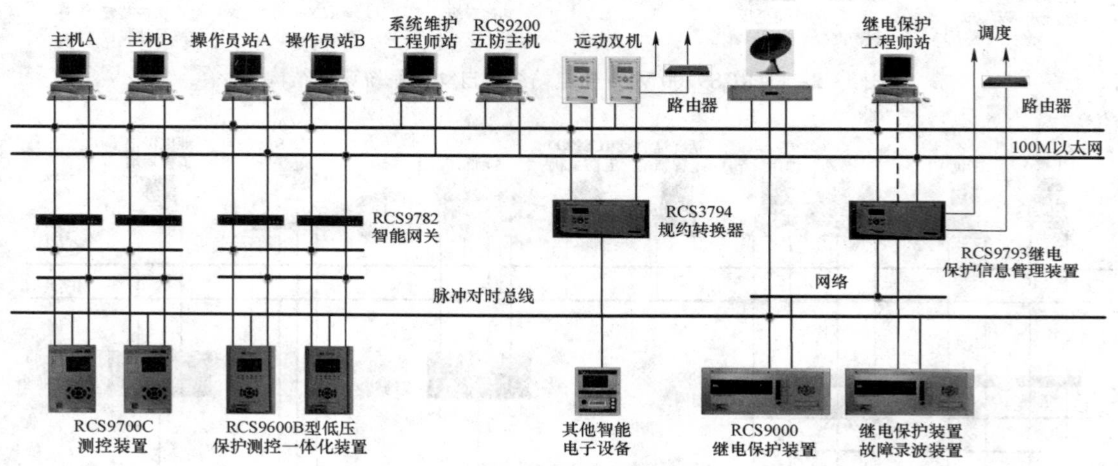

图 3-2-4　RCS9700 V5.0 变电站综合自动化系统典型结构四

主机、操作员站、工程师站、五防主机，可以配置多机，冗余配置，也可以将功能适当集中，甚至配置单机系统。远动主机可以选用 RCS9698C/D 远动通信装置，也可选用工控机＋串口扩展＋通道切换＋通道接口。GPS 接收机可选用 RCS9785，也可采用 RCS9698C/D 远动通信装置内嵌的 GPS 模块，或者两者都用。

3.2.2　系统维护工具使用

RCS9700 变电站监控系统数据维护工具在工作中常用的有四个模块，分别是系统设置、权限编辑、数据库编辑、画面编辑，双击桌面 RCS9700 V5.0 变电站综合自动化系统软件图标，启动进入系统。进入软件后点击控制栏“开始”菜单中的“维护工具”程序组，就可分别进入相应模块，如图 3-2-5 所示设置界面。

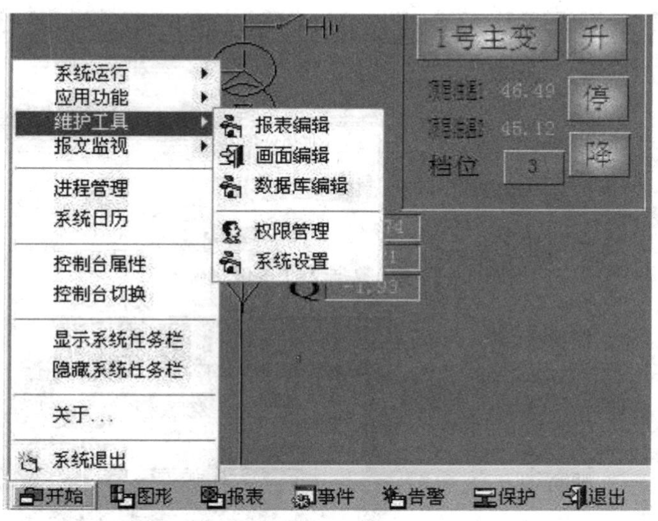

图 3－2－5　系统数据维护工具模块菜单

系统设置模块可对 RCS9700 系统进行数据文件保存路径设置、SCADA 设置、遥控超时及遥控权限设置、各类数据时间判别设置、事件打印设置、插件管理等功能。

权限编辑模块可对 RCS9700 系统各类用户进行权限及密码设置管理。

数据库编辑模块是 RCS9700 系统的核心，对厂站的数据进行更改都需用到此模块。厂站的配置、删除，装置新增及地址配置，四遥配置，厂站画面的间隔制作等都在此模块实现。

画面编辑模块可对厂站主接图及各间隔分画面的制作，各界面的光字牌等画面信息设置更改也是在此模块实现。

本节通过变电站缺陷处理或技改工作遇到的常见问题整理，对新增间隔或间隔更名、增删改遥信、遥测系数更改、遥控新增等工作进行 RCS9700 V5.0 变电站综合自动化系统进行编辑，从而学习 RCS9700 V5.0 变电站综合自动化系统维护工具的使用。

3.2.2.1　系统数据库备份与还原

在 RCS9700 V5.0 变电站综合自动化系统工作时，有对系统进行编辑修改前都应对数据库先进行备份，在备份完成后方可进行相应工作，这样才能保证在对后台系统进行更改后，若不能正常运行能够进行还原。因此掌握 RCS9700 V5.0 变电站综合自动化系统的备份是对后台进行工作的基础，本节以 RCS9700（MYSQL 版）作为实例进行教学（即使用的是 MYSQL 作为数据库）。注意：在备份与还原前应退出主备机后台。

1. MYSQL 版监控系统备份

后台数据备份包含数据文件备份及数据配置备份，其中数据文件备份包含 D:\RCS_9700 目录下的 bin（bin 文件夹内可只备份 ini 文件夹）、component、画面、ini 四个文件夹内容，如图 3－2－6 所示。点击开始－显示系统任务栏，在跳出对话框选择系统管理员账户，输入密码从而显示系统任务栏，如图 3－2－7 所示，打开要备份文件夹目录对需备份的文件夹进行复制打包至备份文件夹即可。

图 3－2－6　数据文件备份文件夹

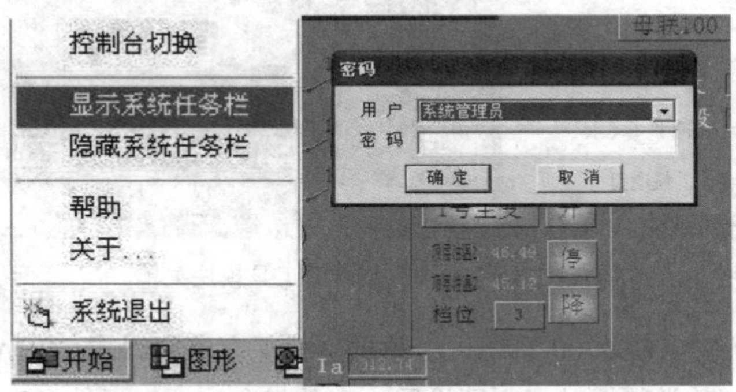

图 3－2－7　显示系统任务栏操作

数据配置备份需使用后台工具 BackRestEvents 进行备份，生成一个.bak 文件。

步骤一：BackRestEvents 工具打开方式 1：可进入电脑左下角的开始－程序－RCS9700 变电站综合自动化系统 V5.0－数据库备份还原，打开备份还原工具，如图 3－2－8 所示。方式 2：可通过文件夹路径 D:\RCS_9700\bin 双击打开 BackRestEvents.exe，图标为 BackRestEvents. exe 。

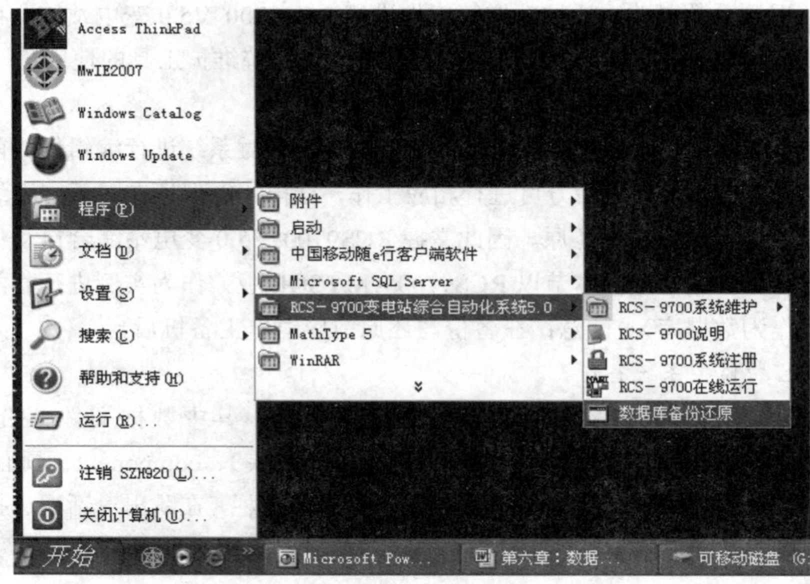

图 3－2－8　BackRestEvents 工具打开方式

步骤二：在跳出的对话框中，填入主机名，主机名为后台电脑的主机名，各变电站不同，应对主机名进行确认，在我的电脑－属性－计算机名里查看，安全认证选择 MYSQL 服务器，登录名 root，密码 6 个“1”然后点击连接，如图 3－2－9 所示。

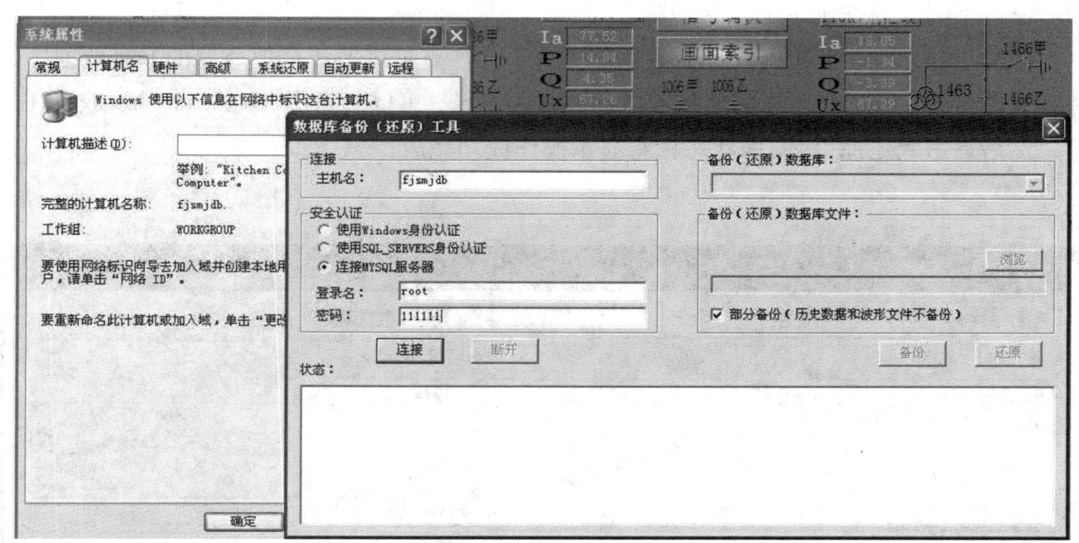

图 3－2－9　数据库备份设置

步骤三：按照图 3－2－10 所示，“备份（还原）数据库”栏选择“rcs9700_mysql”，“备份（还原）数据库文件”栏通过浏览选择备份文件的放置路径，可以按默认路径选择，默认文件名称，也可点击浏览进行选择备份路径并修改备份文件名称，点击“备份”即可，状态栏将显示操作成功完成，至此数据库 bak 文件备份完成。

图 3－2－10　数据库备份路径选择

2. MYSQL 版监控系统还原

对数据库备份的目的就是能够还原，对数据库还原的操作同样使用后台工具 BackRestEvents，还原是备份的逆过程，整个操作过程也基本上同备份过程，只是略微不同而已。不同之处在于下面 4 个步骤。

步骤一：通过“备份（还原）数据库文件”栏，点击浏览选择要还原的 bak 数据库文件放置的位置，注意要还原的文件应放在磁盘根目录，可以参考图 3－2－11 所示放置在 C 盘，然后点击“还原”，同样状态栏将显示操作成功完成。

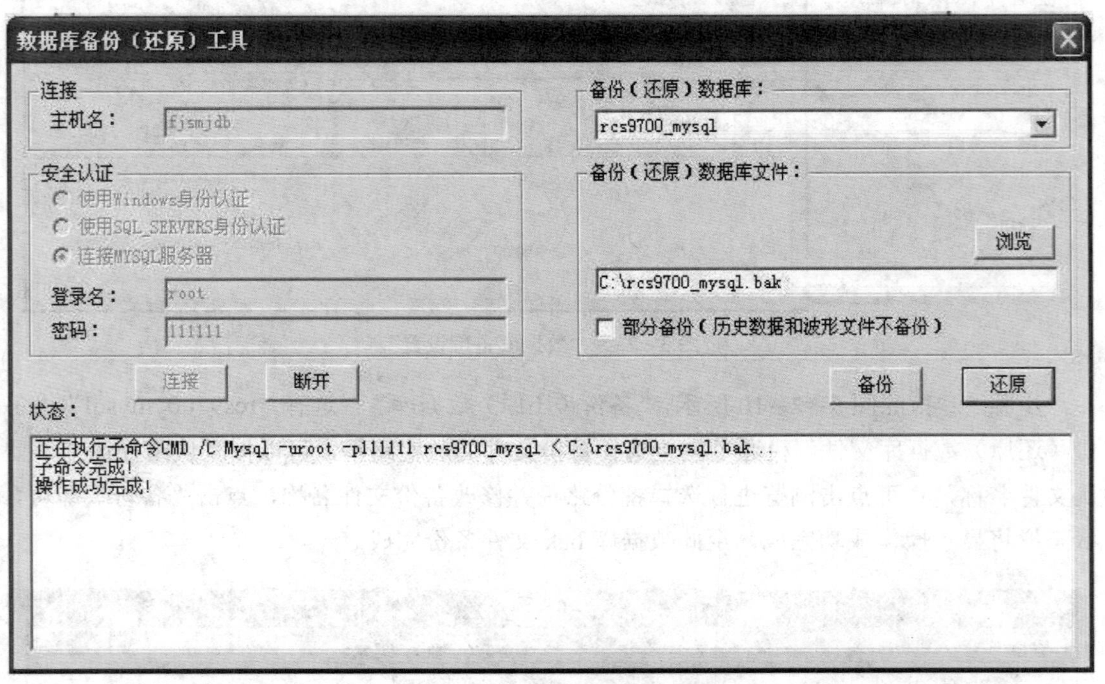

图 3－2－11　数据库还原路径选择

步骤二：将备份的四个文件夹覆盖安装目录 D：\RCS_9700 中的 bin（注意：bin 文件夹只是覆盖改文件夹内部的子 ini 文件夹）、component、画面、ini 四个文件夹内容。

步骤三：在路径下 D：\RCS_9700\bin\ini，找到 rcspro.ini rcspro.ini 文件，打开该 rcspro.ini 文件后按图 3－2－12 所示修改，删除 DATABASE 和 Password 中间部分，然后保存该 ini 文件。

步骤四：重新打开综自后台软件，双击桌面图标，跳出“DBManager”对话框，点击“确定”，在跳出的“选择数据源”对话框中选择“机器数据源”，双击“RCS9700_MYSQL”，如图 3－2－13 所示，至此，主数据还原完成，如有备机重复步骤四。

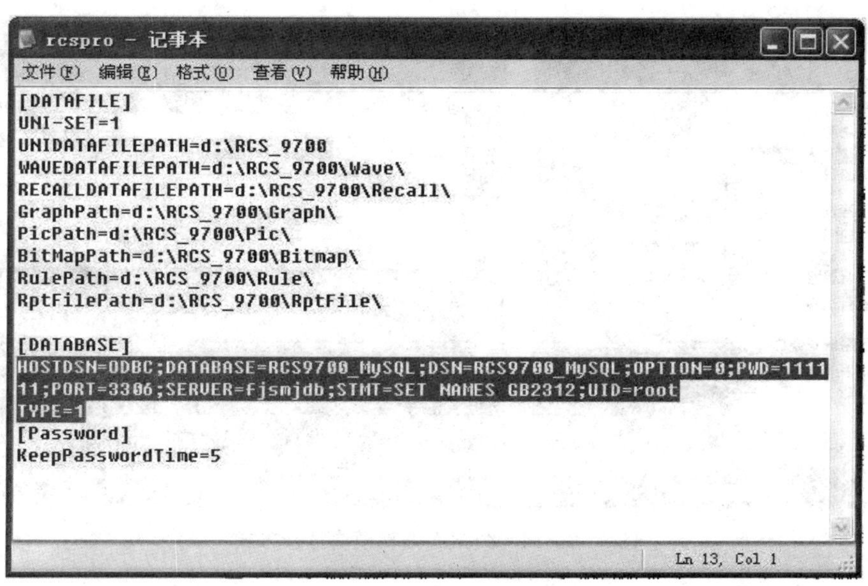

图 3－2－12 rcspro.ini 文本文件修改内容

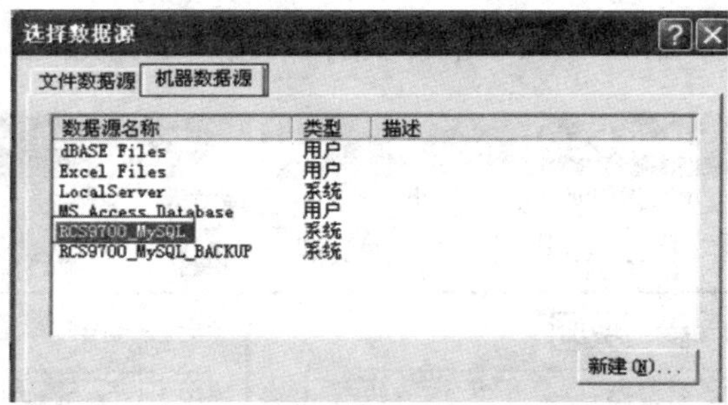

图 3－2－13 还原后综自软件重启设置

3.2.2.2 新增装置或间隔更名

在技改工作中有对间隔新增或设备变更，遇到备用间隔启用需进行间隔更名，因为所有数据信息都在数据库编辑模块内进行操作，展示给用户的接线图与间隔信号图在画面编辑进行制作，因此就要使用到数据库编辑、画面编辑模块。

1. 数据库编辑

数据库编辑是 RCS9700 变电站监控系统的一个组成部分，是一个数据的定义和维护系统，由它生成的数据是界面编辑系统中装置、间隔、设备等动态图元关联数据点的数据来源，是 RCS9700 变电站监控系统在线运行的基础。

首先进入数据库编辑模块，在跳出对话框选择“系统管理员”用户，输入密码，点击确定进行模块，见图 3－2－14。

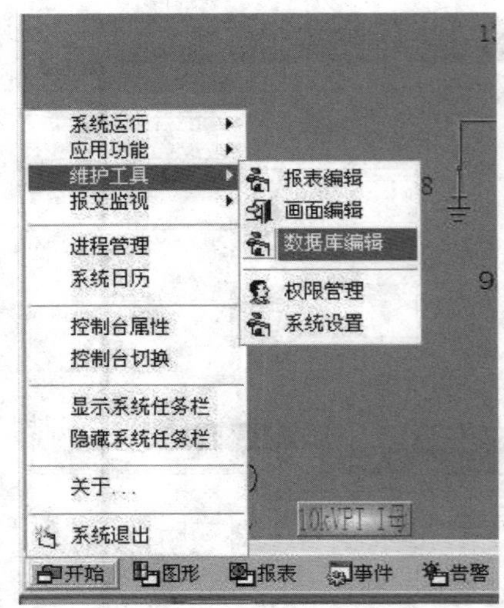

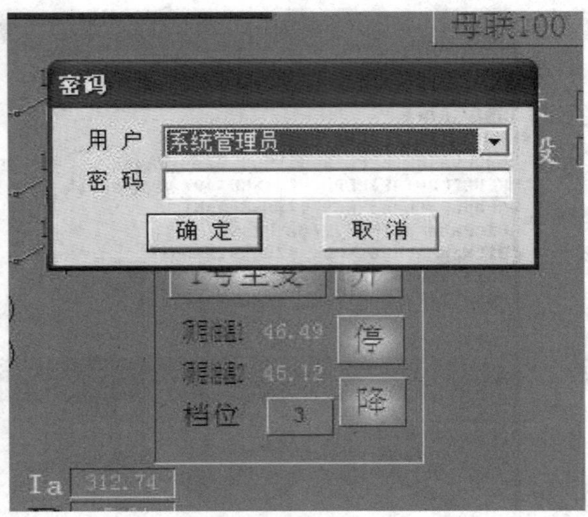

图 3－2－14　数据库编辑模块打开方式

进入数据库维护工具后，操作窗口左边为树型列表，点击系统列表厂站前的“＋”号展开树型列表，显示本厂站的装置与间隔，再展开装置，显示本厂站已添加的所有装置，当选中“装置”时，点击工具栏上的 ✚ 可进行装置的添加，选中要删除的装置点击工具栏上的 ▬ 删除，在跳出的对话框点击“是”完成删除，见图 3－2－15。

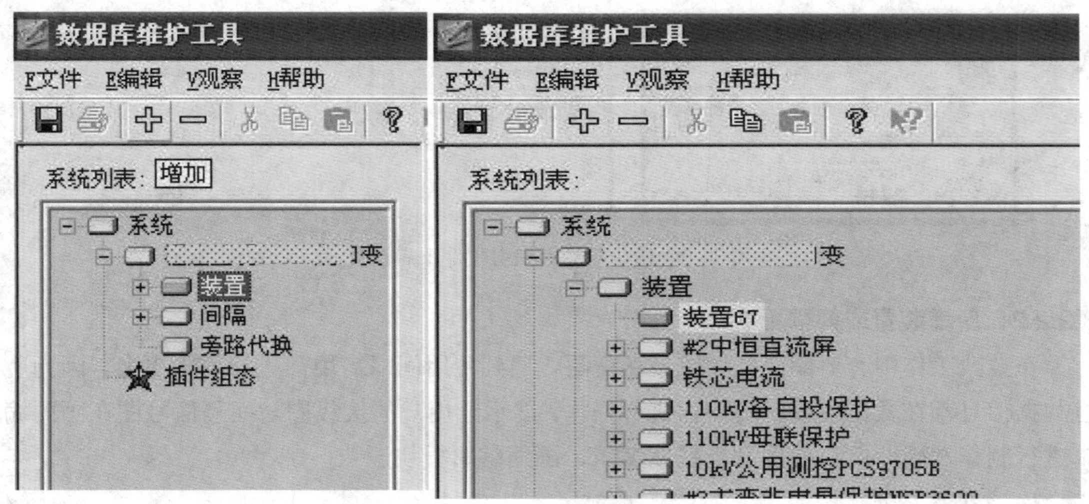

图 3－2－15　装置的增减

遥信、遥测、遥控、脉冲和档位信息的配置是按照每一个装置进行的，对每一台装置而言，确定了装置型号，也就确定了该装置的测点信息列表，而且该测点信息列表只可修改属性定义，不可增加、删除，当选中要编辑的装置时，在装置的定义窗口中可以看到装置的 14 个属性设置，对需要设置的属性进行更改即可，不更改的可用默认值。

例 3－2－1　工作中需新增一装置型号为 RCS9705AV3.51 的测控装置，所属间隔为

“110kV 竹富线 149 间隔”，配置本站地址为 67，配色方案为“默认方案”，投运日期为 2022 年 2 月 23 日。

此时只需新增装置（见图 3－2－16），并按上述所给信息对装置属性进行设置，如图 3－2－17 所示，即在数据库完成新增装置，点击工具栏保存，后续只要进行画面新增，使用画面编辑模块，在下文画面编辑进行介绍。

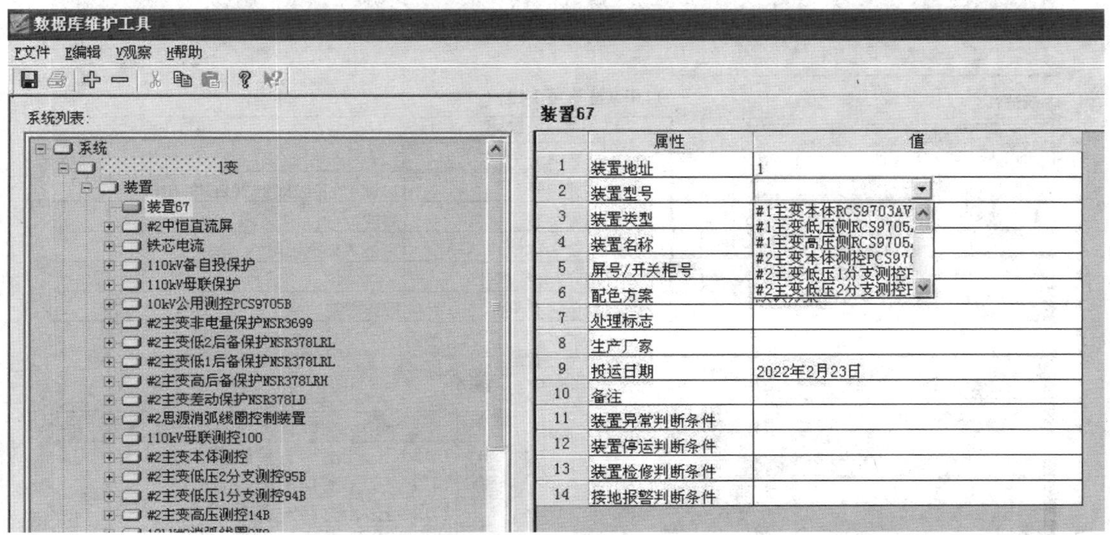

图 3－2－16　新增装置

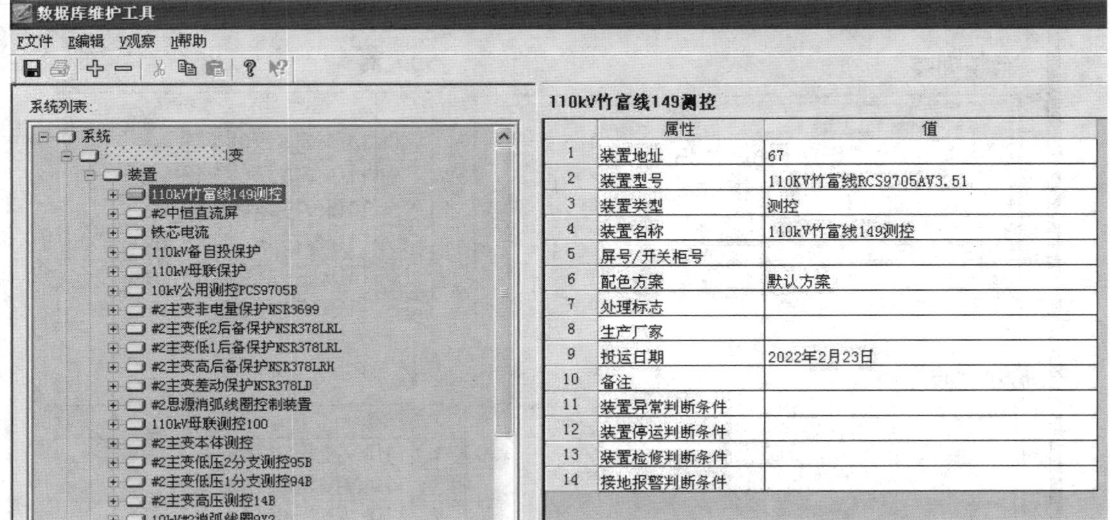

图 3－2－17　装置属性设置

例 3－2－2　工作中对原有间隔进行更名，如将“110kV 竹富线 149”更改为“110kV 技培线 149”。

此时只需进行更改“装置名称”属性，由于遥信、遥测、遥控、脉冲和档位信息的配置是按照每一个装置进行的，因此本装置所属遥信、遥测、遥控间隔名称也一并被修改，更改后点击保存并退出，如图 3－2－18 所示，画面名称变更见下文画面编辑。注意：一些装置间互报的遥信点名称，如装置闭锁、装置失电等信号，应在遥信属性里的点名单独进行更名，参见下文遥信新增。

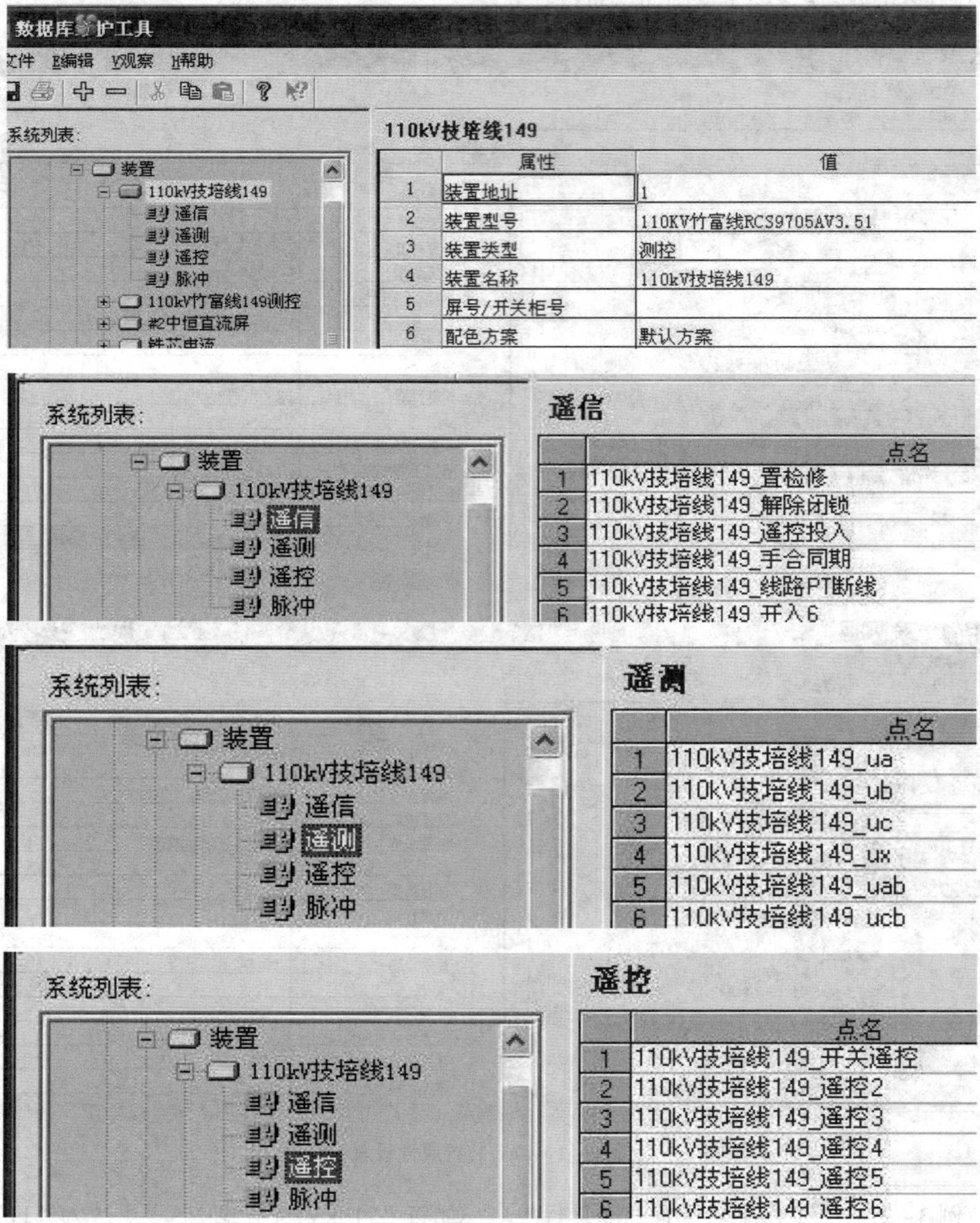

图 3－2－18　间隔名称变更

2. 画面编辑

用户在使用RCS9700 V5.0变电站综合自动化系统时，最直接的就是在画面上进行间隔信息的查看与遥控遥调等操作，因此数据库编辑是基础，画面编辑才是最终展示给用户的结果。

首先进入画面库编辑模块，在跳出对话框选择“系统管理员”用户，输入密码，点击确定进行模块，方法同数据库编织模块。

画面编辑模块提供了方便的编辑功能，使作图效率更高，提供报表、列表自动生成工具，加快作图速度。对于画面中经常使用的符号，例如开关、刀闸、接地、变压器等都是图形复合组件，由组件化通用图形平台图形建模工具制作，并在画面编辑模块中已经提供并列出，使用画面编辑模块编辑画面时直接调用便是。画面工具栏将鼠标放在图标上停留会显示该工具作用。

例3-2-3　工作中对原有间隔进行更名，如将“10kV#4荆开线954”更改为“10kV技培线954”。

进入画面编辑器后，在左侧有“名称”列表，通过展开画面列表，可查看各分图，找到“10kV#4荆开线954”分图，选中分图双击可在右侧查看编辑分图画面，右击分图可对分图进行编辑、删除、复制、剪切、重命名操作。此时进行间隔分图更名，右击分图选中重命名即可更改分图名称，如图3-2-19所示。

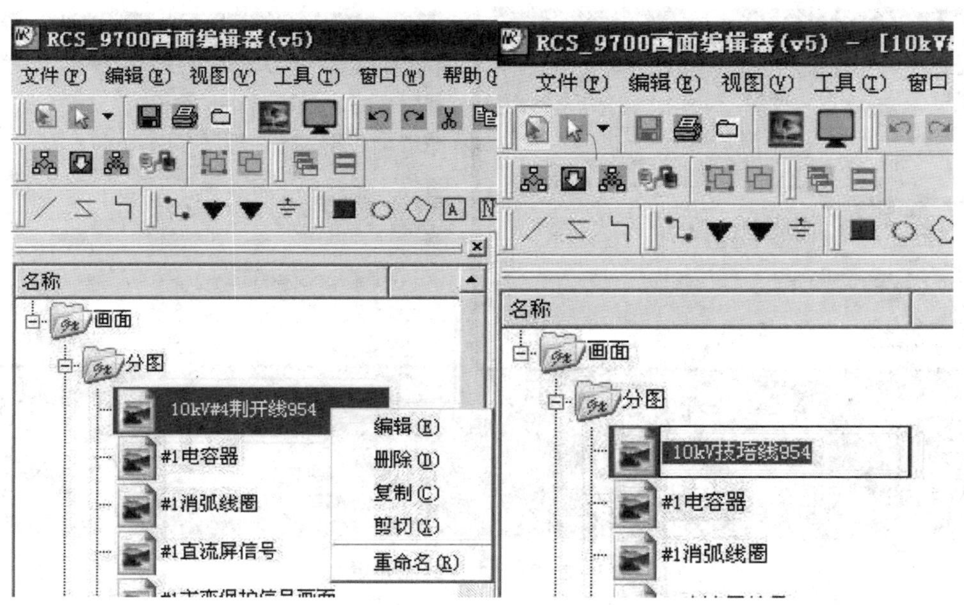

图3-2-19　间隔分图更名

进行画面内的名称更名，选中要更改的图元进行双击，在跳出的对话框属性编辑中选择“标签设置”，在“标签文字”中“10kV#4荆开线954”更改为“10kV技培线954”，点击应用并进行保存，即完成画面中该图元的更改，如图3-2-20所示。使用相同方法对主接线分图画面内“10kV#4 荆开线 954”的名称进行更改，如图 3-2-21 所示，根据各变电站的分图画面不同，需更改的分图也有所不一样，但应做到将相关间隔所有名称都进行更改完整，完成后点击工具栏保存，进行保存并退出画面编辑。

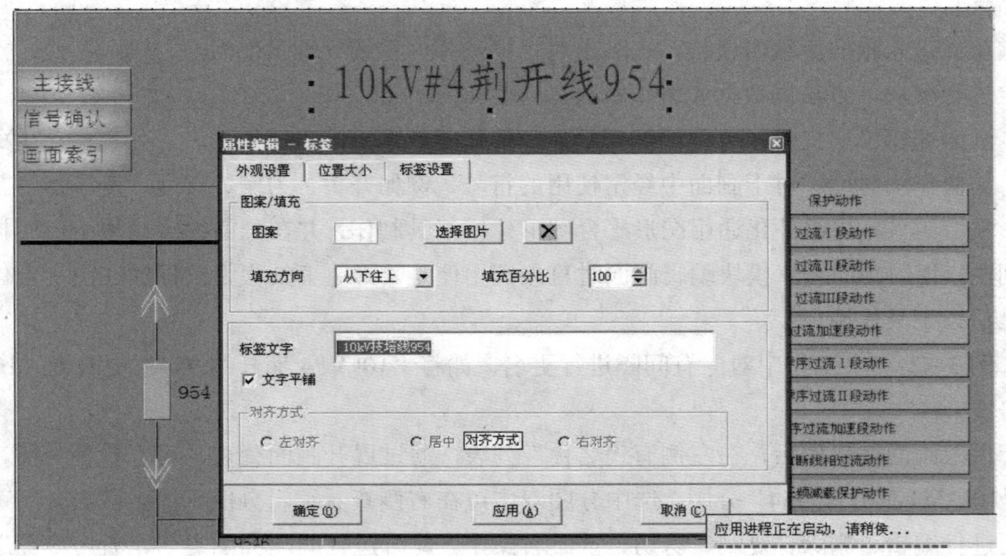

图 3-2-20　分画面图元更名

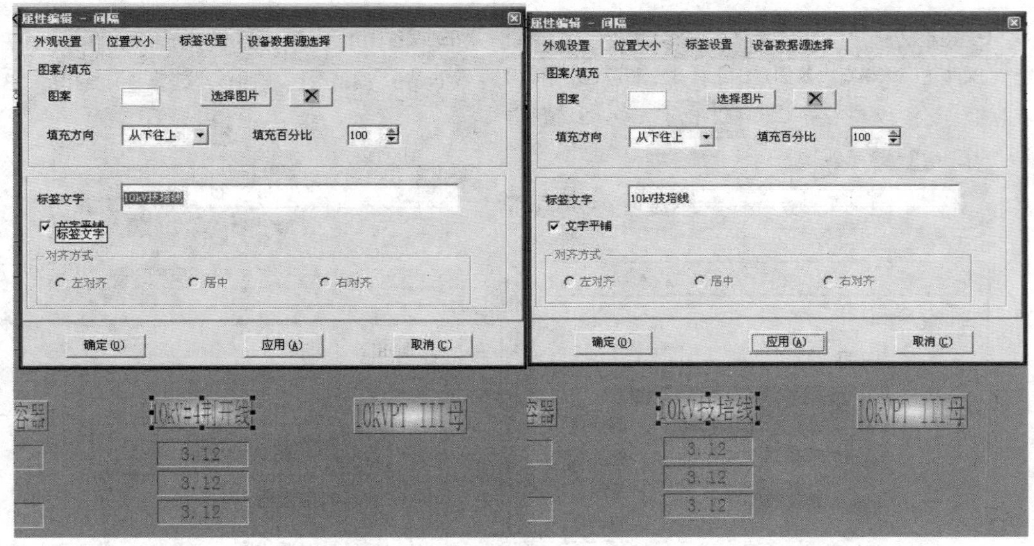

图 3-2-21　主接线图元更名

若是新增间隔，则选中分图选择要新增间隔相同类型的间隔右击选择复制，然后在列表分图处右击进行粘贴，对粘贴新间隔重命名，画面编辑，此时需对画面光字牌重新进行关联，还需在主接线图进行画面编辑新增间隔，并制作跳转图元，完成后进行保存并退出画面编辑。

3.2.2.3 遥信点新增或更名

在RCS9700 V5.0变电站综合自动化系统中，遥信是按装置配置，新增的是测控装置的测点，可根据测控装置外部实际接线进行配置。因此，遥信点新增工作大部分是在测控装置进行，其余在合成信息进行新增。

本节以型号RCS9705A测控装置为例，分别以新增普通开入遥信、开关双位置遥信、合成点遥信为例，学习对RCS9700 V5.0变电站综合自动化系统的使用。

1. 数据库编辑

首先进入数据库编辑模块，鼠标左键双击树型列表的“装置”，展开要进入的测控装置，展开该装置下的遥信、遥测、遥控、脉冲和档位，鼠标左键单击“遥信”，右侧出现如图3-2-22所示的操作界面，在右边的遥信配置界面中用户可以方便的进行配置，对需要设置的属性进行更改即可，不更改的可用默认值。

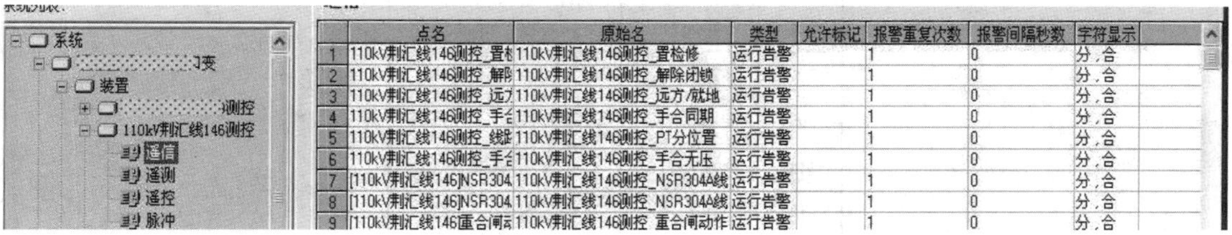

图3-2-22 遥信配置界面

例3-2-4 在原有110kV荆汇线146测控装置开入32新增“110kV荆汇线146操作电源空开断开”信号。

打开数据库编辑后找到系统列表中的“110kV荆汇线146测控”并展开，鼠标左键单击“遥信”，在右边的遥信配置界面表中，查看装置第32个开入点或原始名为开入32是否为空点，点名未进行命名，如图3-2-23所示。

图3-2-23 遥信开入原始名

将此开入进行重命名，双击点名可进行编辑，将点名修改为“110kV荆汇线146操作电源空开断开”，在输入点名时注意格式与原来要相同，可在已有点名进行复制，粘贴至要修改的点名处再进行修改。将类型选择为“运行告警”，其他属性可按默认值设置，不进行改动，见图3-2-24，完成后点击数据库工具栏保存后退出数据库编辑。此遥信新增后，在测控屏上的接线应查看图纸及对应测控装置的说明书，110kV荆汇线146测控型号为 RCS9705A，版本号为 V3.51，查看说明书与图纸找到开入 32 对应的端子排进行接线即可，如图 3－2－25 所示为装置背板图，开入 32 对应的内部线为 n518，在图纸上找到对应端子排，将开入接至该端子外侧，现场接线前应先进行模拟该开入量动作，查看综自后台动作报文与光字牌，确保开入正确。

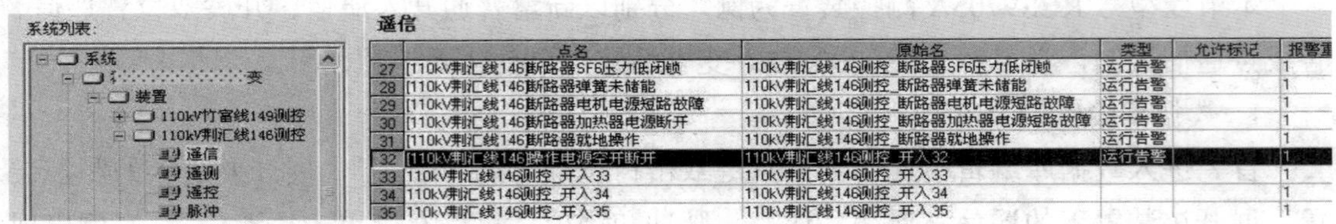

	点名	原始名	类型	允许标记	报警
27	[110kV荆汇线146]断路器SF6压力低闭锁	110kV荆汇线146测控_断路器SF6压力低闭锁	运行告警		1
28	[110kV荆汇线146]断路器弹簧未储能	110kV荆汇线146测控_断路器弹簧未储能	运行告警		1
29	[110kV荆汇线146]断路器电机电源短路故障	110kV荆汇线146测控_断路器电机电源短路故障	运行告警		1
30	[110kV荆汇线146]断路器加热器电源断开	110kV荆汇线146测控_断路器加热器电源短路故障	运行告警		1
31	[110kV荆汇线146]断路器就地操作	110kV荆汇线146测控_断路器就地操作	运行告警		1
32	[110kV荆汇线146]操作电源空开断开	110kV荆汇线146测控_开入32	运行告警		1
33	110kV荆汇线146测控_开入33	110kV荆汇线146测控_开入33			1
34	110kV荆汇线146测控_开入34	110kV荆汇线146测控_开入34			1
35	110kV荆汇线146测控_开入35	110kV荆汇线146测控_开入35			1

图 3－2－24　新增遥信属性配置

YX1

501	开入17	开入18	502
503	开入19	开入20	504
505	开入21	开入22	506
507	开入23	开入24	508
509	电源监视1	光耦公共1–	510
511	开入25	开入26	512
513	开入27	开入28	514
515	开入29	开入30	516
517	开入31	开入32	518
519	电源监视2	光耦公共2–	520
521	开入33	开入34	522
523	开入35	开入36	524
525	开入37	开入38	526
527	开入39	开入40	528
529	电源监视3	光耦公共3–	530

图 3－2－25　新增遥信装置背板图

例 3－2－5　对 110kV 荆汇线 146 开关遥信进行技改，将原来单位置遥信改为双位置遥信。

进行双位置遥信配置方法与例 3－2－4 基本相同，不同的是遥信配置属性 3 类型选择“断路器”，需多配置遥信配置属性 15“双位置遥信”属性，使用单位置时 110kV 荆汇线 146 开关合位的“双位置遥信”属性栏为空，如图 3－2－26 所示。

当新增 110kV 荆汇线 146 开关分位时，在这两个遥信点中的“双位置遥信”属性栏进行配置，在 146 开关合位关联 146 开关分位，在 146 开关分位将自动关联 146 开关合位，如图 3－2－27 所示。

图 3－2－26　“双位置遥信”属性栏为空

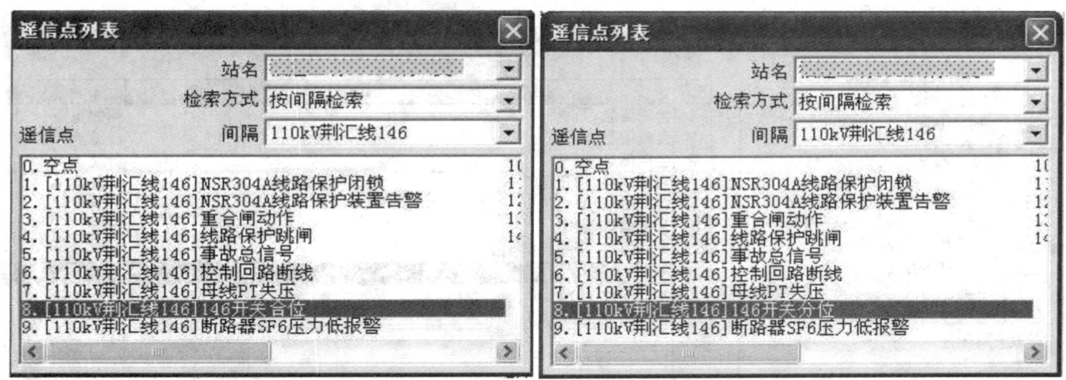

	点名	双位置遥信
1	110kV荆汇线146测控_置检修	
2	110kV荆汇线146测控_解除闭锁	
3	110kV荆汇线146测控_远方/就地	
4	110kV荆汇线146测控_手合同期	
5	110kV荆汇线146测控_线路PT断线	
6	110kV荆汇线146测控_手合无压	
7	[110kV荆汇线146]NSR304A线路保护闭锁	
8	[110kV荆汇线146]NSR304A线路保护装置告警	
9	[110kV荆汇线146]重合闸动作	
10	[110kV荆汇线146]线路保护跳闸	
11	[110kV荆汇线146]事故总信号	
12	[110kV荆汇线146]控制回路断线	
13	[110kV荆汇线146]母线PT失压	
14	[110kV荆汇线146]146开关合位	[110kV荆汇线146]146开关分位
15	[110kV荆汇线146]146开关分位	[110kV荆汇线146]146开关合位
16	[110kV荆汇线146]1461刀闸合位	[110kV荆汇线146]1461刀闸分位
17	[110kV荆汇线146]1461刀闸分位	[110kV荆汇线146]1461刀闸合位
18	[110kV荆汇线146]1466丙接地刀闸合位	[110kV荆汇线146]1466丙接地刀闸分位
19	[110kV荆汇线146]1466丙接地刀闸分位	[110kV荆汇线146]1466丙接地刀闸合位

图 3－2－27　“双位置遥信”属性配置

例 3-2-6 新增合成点“110kV 荆汇线 146 间隔热备用状态”。

进行合成点新增时，要理清该合成点由哪些点进行逻辑运算而来，本节为方便讲解，以“110kV 荆汇线 146 间隔热备用状态”作为合成点进行说明，实际站内无此信号，此点动作应由 146 开关分位、1461 刀闸合位、1463 刀闸合位、146 控制回路断线分、146 弹簧未储能分这几个遥信与的关系来判断。

首先打开数据库编辑后找到系统列表中的“合成信息”并展开，鼠标左键单击“遥信”，在右边的遥信配置界面表中，查得未使用合成点“合成信息_虚遥信 7”，如图 3-2-28 所示。

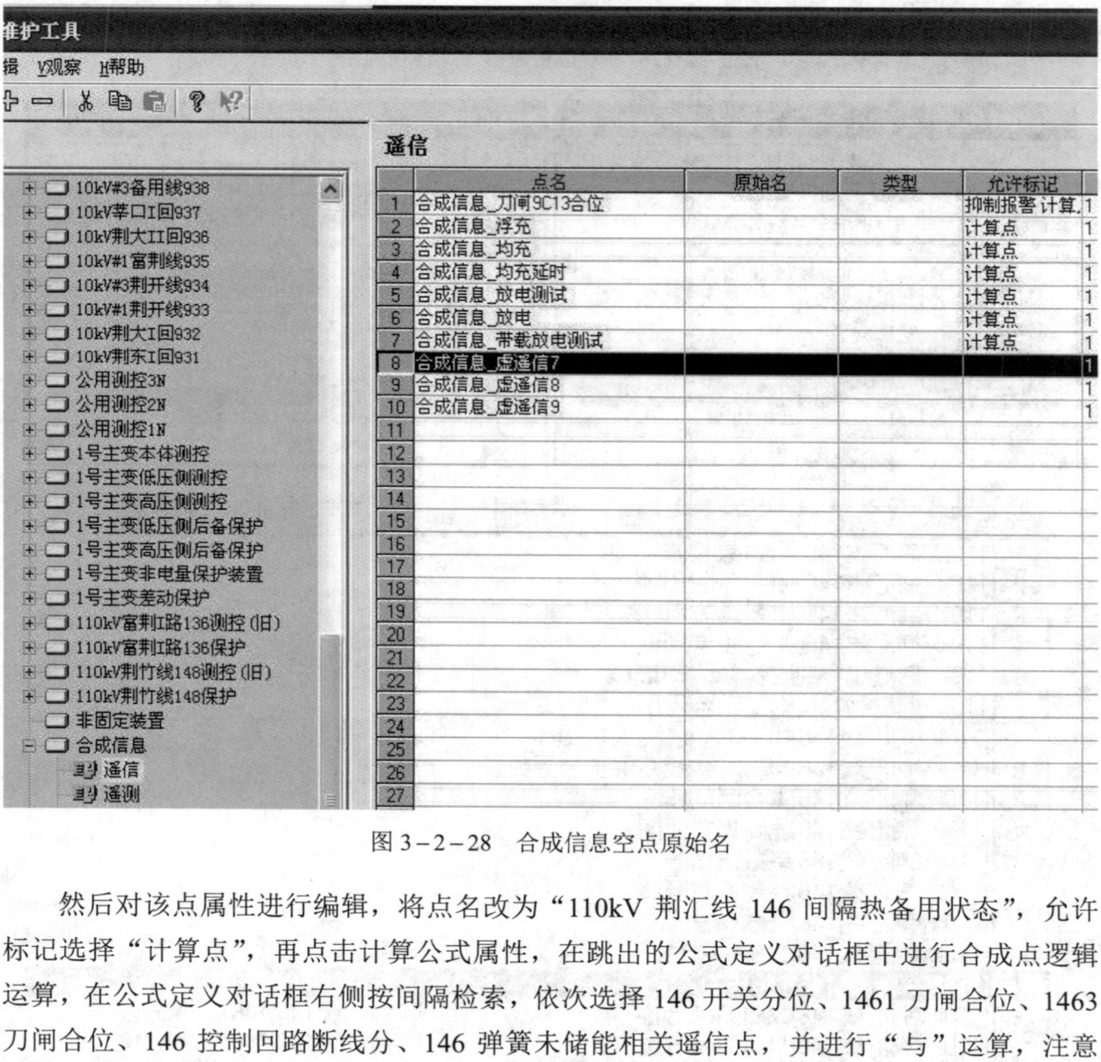

图 3-2-28 合成信息空点原始名

然后对该点属性进行编辑，将点名改为“110kV 荆汇线 146 间隔热备用状态”，允许标记选择“计算点”，再点击计算公式属性，在跳出的公式定义对话框中进行合成点逻辑运算，在公式定义对话框右侧按间隔检索，依次选择 146 开关分位、1461 刀闸合位、1463 刀闸合位、146 控制回路断线分、146 弹簧未储能相关遥信点，并进行“与”运算，注意的是 146 控制回路断线、146 弹簧未储能遥信要的是分位，即未动作信号，在进行“与”运算前要先进行“非”运算，如图 3-2-29 所示。其余属性按默认设置，完成后点击数据库工具栏保存后退出数据库编辑。

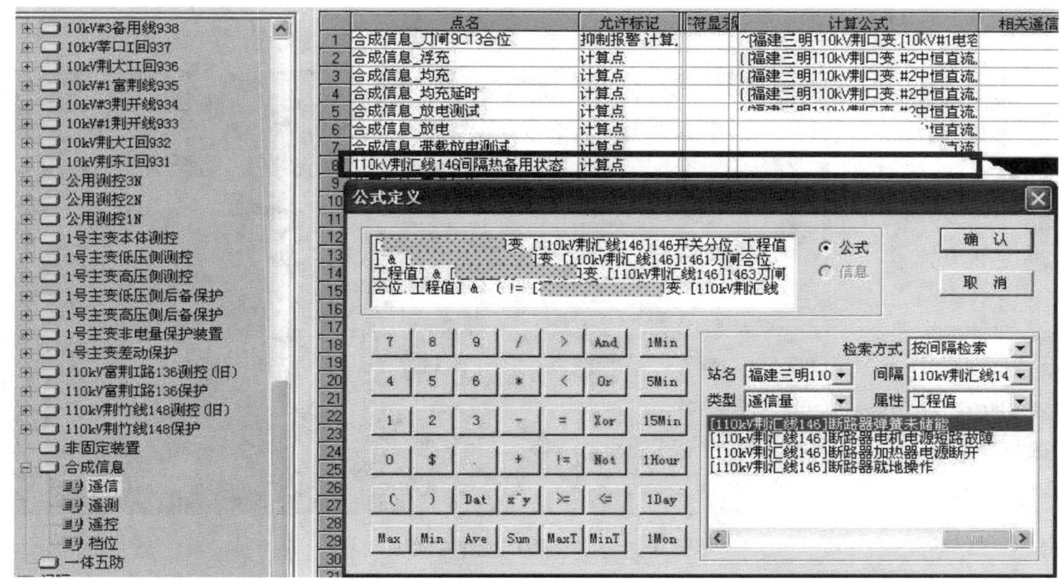

图 3－2－29　合成信息计算公式编辑

2. 画面编辑

以上已完成遥信点数据库编辑，要完整完成一个遥信点的新增还需进行画面编辑，进行光字牌或接线图制作，否则无法在画面上看到该遥信点动作，只能在告警事项窗中查看。光字牌制作方法有多种，本节介绍其中一种方法，对原有的光字牌进行复制，粘贴至画面空白处进行重新布局，然后对光字牌测标签进行重命名，并重新关联测点信息。以下对例 3－2－4 进行画面光字牌制作。

首先进入画面编辑模块，选择“荆汇线 146 测控分图”双击进入编辑，进行新增遥信点光字牌制作，拉选要制作的同类型的光字牌，右击进行复制，见图 3－2－30。

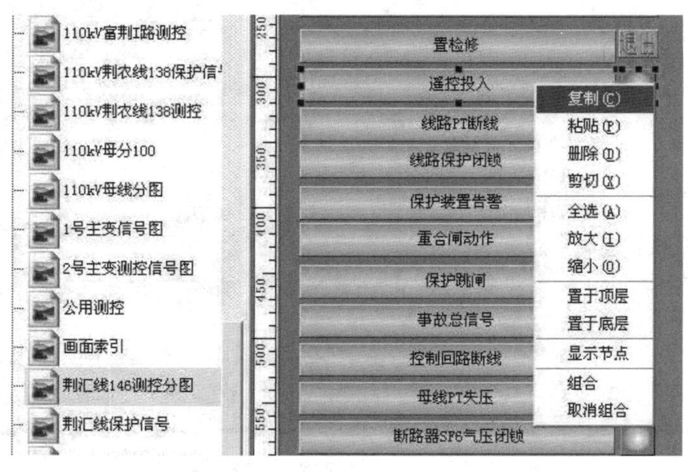

图 3－2－30　复制已有光字牌

接着在画面空白处右击进行粘贴，选中粘贴光字牌长按左键进行拖动调整位置，如图 3－2－31 所示。

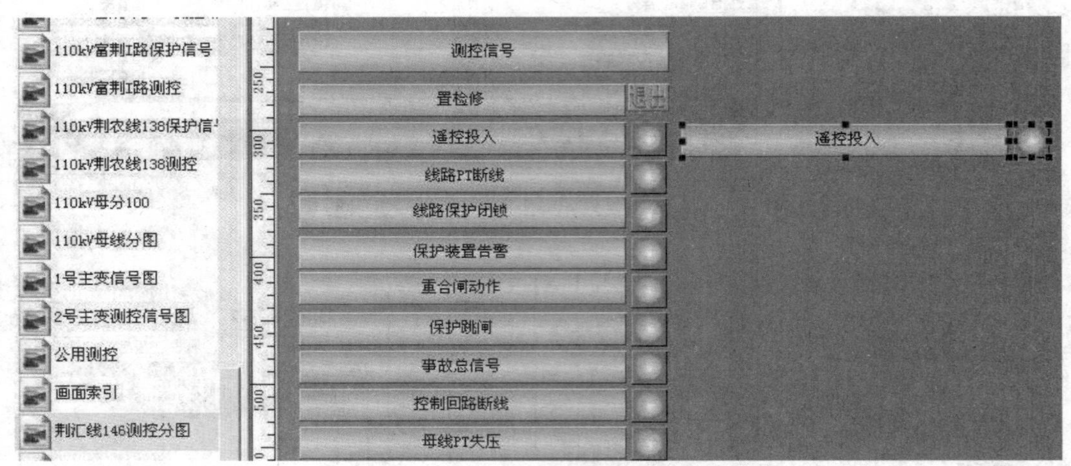

图 3－2－31　新增光字牌布局

然后进行光字牌标签修改，双击光字牌标签选择标签设置，在标签文字内输入“操作电源空开断开”，点击应用并确定，如图 3－2－32 所示，在标签属性编辑里还可以进行标签的外观设置，位置大小设置，可根据需要进行设置。

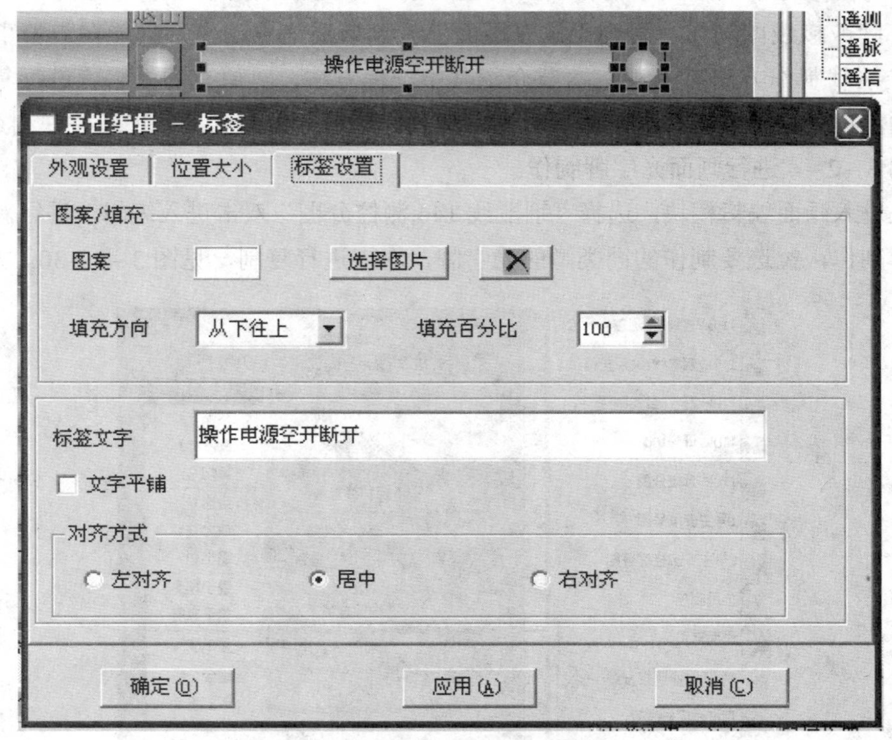

图 3－2－32　新增光字牌命名

最后进行光字牌测点关联，双击图标，在跳出属性编辑对话框选择测点数据源选择，检索方式为按装置，选择装置“110kV 荆汇线 146 测控”，在测点名里找到“110kV 荆汇线 146 操作电源空开断开”双击选择，点击应用并确定，如图 3－2－33 所示，同样可在此界面进行其他属性设置。至此，新增光字牌完成，点击画面编辑工具栏保存后退出画面编辑模块。对于双位置遥信无需进行光字牌新增，合成点光字牌新增方法与上述相同。

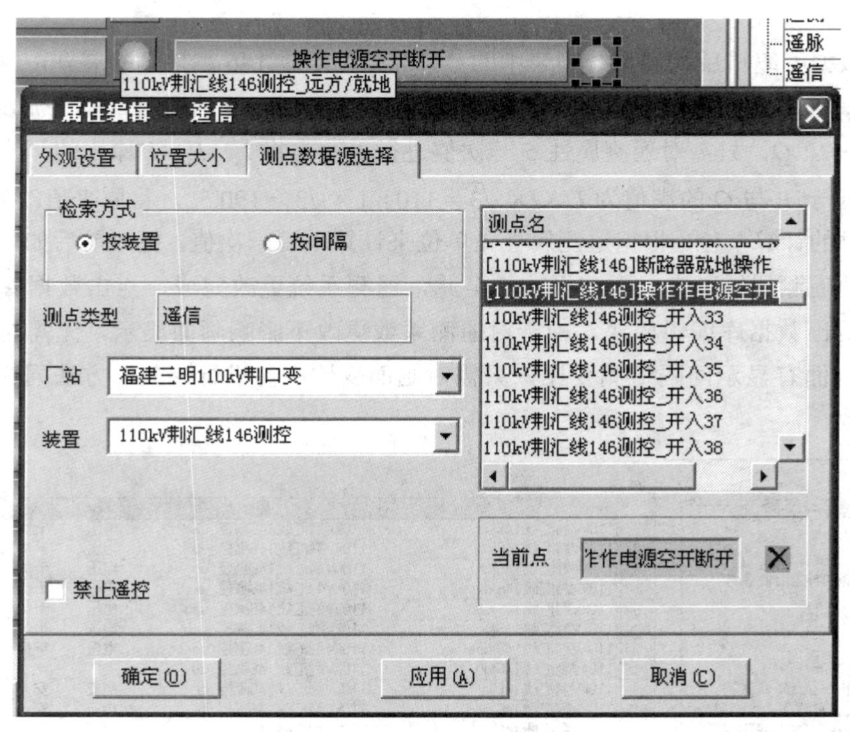

图 3－2－33　新增光字牌遥信点关联

3.2.2.4　遥测系数更改

在 RCS9700 V5.0 变电站综合自动化系统中，遥测信息是通过测控装置上送的，对于低电压等级设备是保测一体装置。测控装置可上送电压、电流、功率、直流、档位等遥测信息。在日常工作中，在更换电流互感器后，电流互感器变比变更后，需对遥测系数进行更改。本节以型号 RCS9705A 测控装置为例，对遥测系数更改，学习对 RCS9700 V5.0 变电站综合自动化系统的使用。

首先进入数据库编辑模块，鼠标左键双击树型列表的“装置”，展开要进入的测控装置，展开该装置下的遥信、遥测、遥控、脉冲和档位，鼠标左键单击“遥测”，右侧出现如图 3－2－34 所示的操作界面，在右边的遥测配置界面中用户可以进行配置，对需要设置的属性进行更改即可，不更改的可用默认值。

	点名	原始名	类型	单位	一次值	校正值	残差	警重复次	报
1	[110kV荆汇线146]ua	110kV荆汇线146测控_ua	电压	千伏	110.0	0.0	0.0	1	0
2	[110kV荆汇线146]ub	110kV荆汇线146测控_ub	电压	千伏	110.0	0.0	0.0	1	0
3	[110kV荆汇线146]uc	110kV荆汇线146测控_uc	电压	千伏	110.0	0.0	0.0	1	0
4	[110kV荆汇线146]ux	110kV荆汇线146测控_ux	电压	千伏	110.0	0.0	0.0	1	0
5	[110kV荆汇线146]uab	110kV荆汇线146测控_uab	电压	千伏	110.0	0.0	0.0	1	0
6	[110kV荆汇线146]ucb	110kV荆汇线146测控_ucb	电压	千伏	110.0	0.0	0.0	1	0
7	[110kV荆汇线146]uca	110kV荆汇线146测控_uca	电压	千伏	110.0	0.0	0.0	1	0
8	[110kV荆汇线146]u0	110kV荆汇线146测控_u0			1.0	0.0	0.0	1	0
9	[110kV荆汇线146]ia	110kV荆汇线146测控_ia	电流	安	800.0	0.0	0.0	1	0

图 3－2－34　遥测配置界面

例 3－2－7　110kV 荆汇线 146 间隔 TA 变比由 800/5 更换为 1000/5，对相关遥测系数进行更改。

打开数据库编辑后找到系统列表中的“110kV 荆汇线 146 测控”并展开，鼠标左键单击“遥测”，在右边的遥测配置界面表中，更换 TA 变比后影响的遥测量有电流及功率，即 I_a、I_b、I_c、P、Q，只需对遥测属性 5 一次值进行更改。将 I_a、I_b、I_c 原来的一次值 800 改为 1000，由于 P 与 Q 的满值为 $U \times I \times \sqrt{3} = 110 \times 1 \times \sqrt{3} = 190.52$，将原来值改为 190.52，注意计算时的计算单位，根据遥测属性 4 单位来计算填写一次值，更改前后如图 3－2－35 所示。其他遥测属性不变，无需更改。至此，遥测系统更改完成，点击数据库编辑工具栏保存后退出数据库编辑模块。由于对遥测系数更改不影响画面显示，无需对画面进行编辑，若画面有显示间隔遥测变比，只需对画面变比标签进行修改，方法同遥信点光字牌标签更改。

10kV莘口II回952
10kV#2备用线951
10kV文笔线944
110kV荆汇线146测控
遥信
遥测
遥控
脉冲
110kV荆汇线146保护
110kV富荆I路136测控
110kV荆竹线148测控
10kV#3金烤线943
10kV#2富荆线942
10kV荆东II回941
10kV母分900

遥测

	点名	原始名	类型	单位	一次值
1	[110kV荆汇线146]ua	110kV荆汇线146测控_ua	电压	千伏	110.0
2	[110kV荆汇线146]ub	110kV荆汇线146测控_ub	电压	千伏	110.0
3	[110kV荆汇线146]uc	110kV荆汇线146测控_uc	电压	千伏	110.0
4	[110kV荆汇线146]ux	110kV荆汇线146测控_ux	电压	千伏	110.0
5	[110kV荆汇线146]uab	110kV荆汇线146测控_uab	电压	千伏	110.0
6	[110kV荆汇线146]ucb	110kV荆汇线146测控_ucb	电压	千伏	110.0
7	[110kV荆汇线146]uca	110kV荆汇线146测控_uca	电压	千伏	110.0
8	[110kV荆汇线146]u0	110kV荆汇线146测控_u0			1.0
9	[110kV荆汇线146]ia	110kV荆汇线146测控_ia	电流	安	800.0
10	[110kV荆汇线146]ib	110kV荆汇线146测控_ib	电流	安	800.0
11	[110kV荆汇线146]ic	110kV荆汇线146测控_ic	电流	安	800.0
12	[110kV荆汇线146]i0	110kV荆汇线146测控_i0			1.0
13	[110kV荆汇线146]p	110kV荆汇线146测控_p	有功	兆瓦	152.416
14	[110kV荆汇线146]q	110kV荆汇线146测控_q	无功	兆乏	152.416
15	[110kV荆汇线146]s	110kV荆汇线146测控_s			1.0

10kV莘口II回952
10kV#2备用线951
10kV文笔线944
110kV荆汇线146测控
遥信
遥测
遥控
脉冲
110kV荆汇线146保护
110kV富荆I路136测控
110kV荆竹线148测控
10kV#3金烤线943
10kV#2富荆线942
10kV荆东II回941

遥测

	点名	原始名	类型	单位	一次值
1	[110kV荆汇线146]ua	110kV荆汇线146测控_ua	电压	千伏	110.0
2	[110kV荆汇线146]ub	110kV荆汇线146测控_ub	电压	千伏	110.0
3	[110kV荆汇线146]uc	110kV荆汇线146测控_uc	电压	千伏	110.0
4	[110kV荆汇线146]ux	110kV荆汇线146测控_ux	电压	千伏	110.0
5	[110kV荆汇线146]uab	110kV荆汇线146测控_uab	电压	千伏	110.0
6	[110kV荆汇线146]ucb	110kV荆汇线146测控_ucb	电压	千伏	110.0
7	[110kV荆汇线146]uca	110kV荆汇线146测控_uca	电压	千伏	110.0
8	[110kV荆汇线146]u0	110kV荆汇线146测控_u0			1.0
9	[110kV荆汇线146]ia	110kV荆汇线146测控_ia	电流	安	1000.0
10	[110kV荆汇线146]ib	110kV荆汇线146测控_ib	电流	安	1000.0
11	[110kV荆汇线146]ic	110kV荆汇线146测控_ic	电流	安	1000.0
12	[110kV荆汇线146]i0	110kV荆汇线146测控_i0			1.0
13	[110kV荆汇线146]p	110kV荆汇线146测控_p	有功	兆瓦	190.5200
14	[110kV荆汇线146]q	110kV荆汇线146测控_q	无功	兆乏	190.5200
15	[110kV荆汇线146]s	110kV荆汇线146测控_s			1.0

图 3－2－35　遥测更改配置

3.2.2.5　遥控点新增及画面制作

在 RCS9700 V5.0 变电站综合自动化系统中，在设备间隔画面中可对间隔内的开关、刀闸、软压板以及主变的档位进行遥控操作。本节以型号 RCS9705A 测控装置为例，分别进行新增刀闸遥控、软压板遥控，学习对 RCS9700 V5.0 变电站综合自动化系统的使用。

1. 数据库编辑

首先进入数据库编辑模块，鼠标左键双击树型列表的“装置”，展开要进入的测控装置，展开该装置下的遥信、遥测、遥控、脉冲，鼠标左键单击“遥控”，右侧出现如图 3-2-36 所示的操作界面，在右边的遥信配置界面中用户可以进行配置，对需要设置的属性进行更改即可，不更改的可用默认值。

	点名	原始名	调度编号	类型	允许标记	
1	110kV荆汇线146测控_146开关遥控	110kV荆汇线146测控_146开关遥控	146	遥控		分闸，合
2	110kV荆汇线146测控_1461刀闸遥控	110kV荆汇线146测控_1461刀闸遥控		遥控		分闸，合
3	110kV荆汇线146测控_1463刀闸遥控	110kV荆汇线146测控_1463刀闸遥控		遥控		分闸，合
4	110kV荆汇线146测控_闭锁重合闸	110kV荆汇线146测控_遥控4		遥控		分闸，合
5	110kV荆汇线146测控_遥控5	110kV荆汇线146测控_遥控5		遥控		分闸，合
6	110kV荆汇线146测控_遥控6	110kV荆汇线146测控_遥控6		遥控		分闸，合
7	110kV荆汇线146测控_遥控7	110kV荆汇线146测控_遥控7		遥控		分闸，合
8	110kV荆汇线146测控_保护信号复归	110kV荆汇线146测控_遥控8		遥控		分闸，合
9	110kV荆汇线146测控_遥控9	110kV荆汇线146测控_遥控9		遥控		分闸，合
10	110kV荆汇线146测控_遥控10	110kV荆汇线146测控_遥控10		遥控		分闸，合
11	110kV荆汇线146测控_遥控11	110kV荆汇线146测控_遥控11		遥控		分闸，合
12	110kV荆汇线146测控_遥控12	110kV荆汇线146测控_遥控12		遥控		分闸，合
13	110kV荆汇线146测控_遥控13	110kV荆汇线146测控_遥控13		遥控		分闸，合
14	110kV荆汇线146测控_遥控14	110kV荆汇线146测控_遥控14		遥控		分闸，合
15	110kV荆汇线146测控_遥控15	110kV荆汇线146测控_遥控15		遥控		分闸，合
16	110kV荆汇线146测控_遥控16	110kV荆汇线146测控_遥控16		遥控		分闸，合
17	110kV荆汇线146测控_投检同期软压板	110kV荆汇线146测控_投检同期软压板		遥控		分闸，合
18	110kV荆汇线146测控_投检无压软压板	110kV荆汇线146测控_投检无压软压板		遥控		分闸，合
19	110kV荆汇线146测控_投不检软压板	110kV荆汇线146测控_投不检软压板		遥控		分闸，合
20						

图 3-2-36　遥控配置属性

例 3-2-8　对 110kV 荆汇线 1461 刀闸进行技改新增遥控功能，将遥控点设置在遥控 2。

打开数据库编辑后找到系统列表中的“110kV 荆汇线 146 测控”并展开，鼠标左键单击“遥控”，在右边的遥控配置界面表中，查看装置第 2 个遥控点是否为空点，未使用，如图 3-2-37 所示。

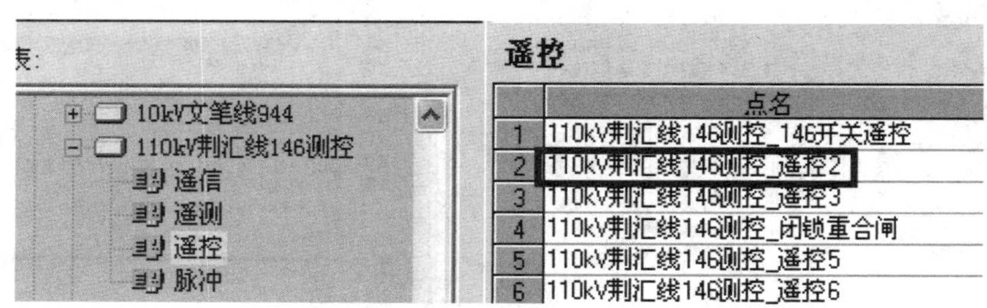

图 3-2-37　遥控空点确认

将遥控 2 进行重命名，双击点名可进行编辑，将点名修改为“110kV 荆汇线 146 测控_1461 刀闸遥控”，在输入点名时注意格式与原来要相同，可在已有点名进行复制，粘贴至要修改的点名处再进行修改。填写调度编号 1461，遥控操作时校验用，类型选择遥控，其他属性按默认值，此时查看属性设置 7 相关遥信为空，如图 3－2－38 所示。

遥控

10kV文笔线944
110kV荆汇线146测控
遥信
遥测
遥控
脉冲

	点名	原始名	调度编号	类型	相关遥信
1	110kV荆汇线146测控_146开关遥控	110kV荆汇线146测控_146开关遥控	146	遥控	[110kV荆汇线146]146开关合位
2	110kV荆汇线146测控_1461开关遥控	110kV荆汇线146测控_1461刀闸遥控	1461	遥控	
3	110kV荆汇线146测控_遥控3	110kV荆汇线146测控_1463刀闸遥控		遥控	
4	110kV荆汇线146测控_闭锁重合闸	110kV荆汇线146测控_遥控4		遥控	
5	110kV荆汇线146测控_遥控5	110kV荆汇线146测控_遥控5		遥控	
6	110kV荆汇线146测控_遥控6	110kV荆汇线146测控_遥控6		遥控	

图 3－2－38　遥控相关遥信确认

属性设置 7 相关遥信设置需进入遥信属性配置进行，进入遥信属性配置，找到 110kV 荆汇线 1461 刀闸合位，将属性允许标记设置为遥控允许，点击相关遥控，在跳出的遥控点列表检索方式选择按装置检索，装置选择 110kV 荆汇线 146 测控，在遥控点中双击选择 110kV 荆汇线 146 测控_1461 刀闸遥控，如图 3－2－39 所示。至此，遥控点新增完成，点击数据库工具栏保存并退出。

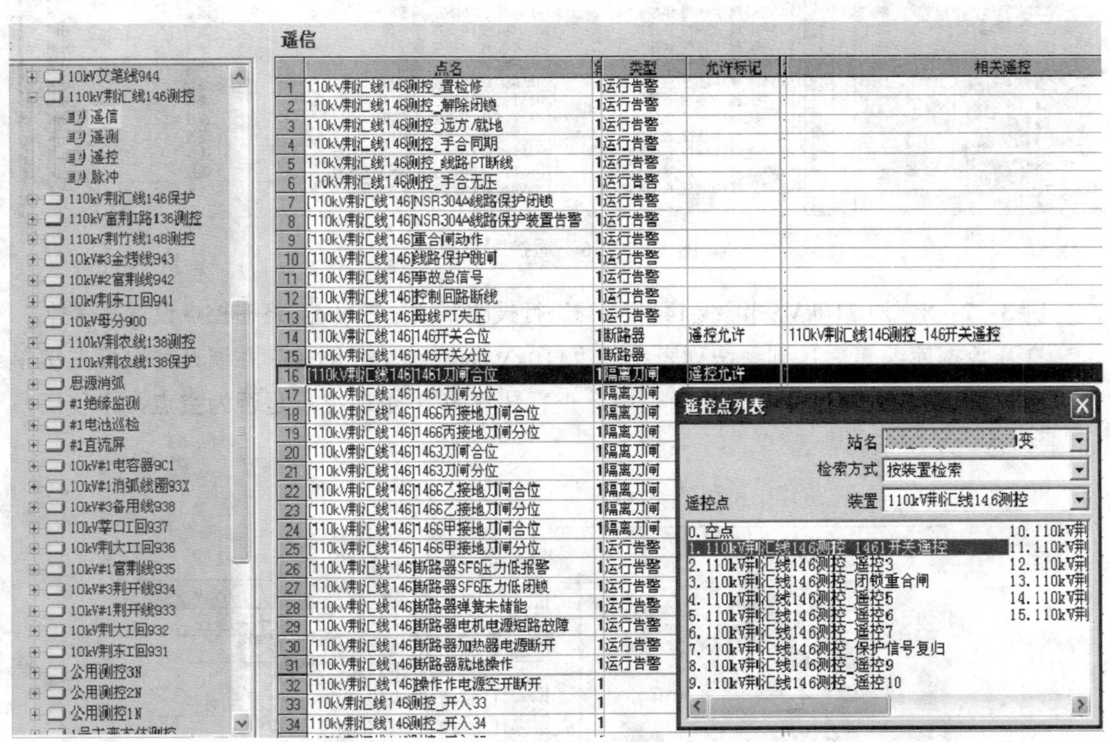

	点名		类型	允许标记	相关遥控
1	110kV荆汇线146测控_置检修	1	运行告警		
2	110kV荆汇线146测控_解除闭锁	1	运行告警		
3	110kV荆汇线146测控_远方/就地	1	运行告警		
4	110kV荆汇线146测控_手合同期	1	运行告警		
5	110kV荆汇线146测控_线路PT断线	1	运行告警		
6	110kV荆汇线146测控_手合无压	1	运行告警		
7	[110kV荆汇线146]NSR304A线路保护闭锁	1	运行告警		
8	[110kV荆汇线146]NSR304A线路保护装置告警	1	运行告警		
9	[110kV荆汇线146]重合闸动作	1	运行告警		
10	[110kV荆汇线146]线路保护跳闸	1	运行告警		
11	[110kV荆汇线146]事故总信号	1	运行告警		
12	[110kV荆汇线146]控制回路断线	1	运行告警		
13	[110kV荆汇线146]母线PT失压	1	运行告警		
14	[110kV荆汇线146]146开关合位	1	断路器	遥控允许	110kV荆汇线146测控_146开关遥控
15	[110kV荆汇线146]146开关分位	1	断路器		
16	[110kV荆汇线146]1461刀闸合位	1	隔离刀闸	遥控允许	
17	[110kV荆汇线146]1461刀闸分位	1	隔离刀闸		
18	[110kV荆汇线146]1466丙接地刀闸合位	1	隔离刀闸		
19	[110kV荆汇线146]1466丙接地刀闸分位	1	隔离刀闸		
20	[110kV荆汇线146]1463刀闸合位	1	隔离刀闸		
21	[110kV荆汇线146]1463刀闸分位	1	隔离刀闸		
22	[110kV荆汇线146]1466乙接地刀闸合位	1	隔离刀闸		
23	[110kV荆汇线146]1466乙接地刀闸分位	1	隔离刀闸		
24	[110kV荆汇线146]1466甲接地刀闸合位	1	隔离刀闸		
25	[110kV荆汇线146]1466甲接地刀闸分位	1	运行告警		
26	[110kV荆汇线146]断路器SF6压力低报警	1	运行告警		
27	[110kV荆汇线146]断路器SF6压力低闭锁	1	运行告警		
28	[110kV荆汇线146]断路器弹簧未储能	1	运行告警		
29	[110kV荆汇线146]断路器电机电源短路故障	1	运行告警		
30	[110kV荆汇线146]断路器加热器电源断开	1	运行告警		
31	[110kV荆汇线146]断路器就地操作	1	运行告警		
32	[110kV荆汇线146]操作作电源空开断开	1			
33	110kV荆汇线146测控_开入33	1			
34	110kV荆汇线146测控_开入34	1			

图 3－2－39　遥控属性设置

在测控屏上的接线应查看图纸及对应测控装置的说明书，110kV 荆汇线 146 测控型号为 RCS9705A，版本号为 V3.51，查看说明书与图纸找到遥控 2 对应的端子排进行接线即可，如图 3－2－40 所示为装置背板图，遥控 2 对应的内部线为出口公共端 n706、出口跳 n707、出口合 n708 在图纸上找到对应端子排，将开入接至该端子外侧。实际现场接线前应在后台模拟该遥控点，并在端子排上有万用表导通档测量，以确保遥控点正确。

YK1

701	出口公共1	跳1	702
703	合1	备用1+	704
705	备用1−	出口公共2	706
707	跳2	合2	708
709	备用2+	备用2−	710
711	出口公共3	跳3	712
713	合3	装置闭锁+	714
715	装置闭锁−	出口公共4	716
717	跳4	合4	718
719	出口公共5	跳5	720
721	合5	出口公共6	722
723	跳6	合6	724
725	出口公共7	跳7	726
727	合7	出口公共8	728
729	跳8	合8	730

图 3－2－40　装置遥控背板图

例 3－2－9　新增 110kV 荆汇线 146 测控_投不检软压板，将遥控点设置在遥控 19。

新增 110kV 荆汇线 146 测控_投不检软压板设置与例 3－2－8 基本相同，参考例 3－2－8 进行操作，不同之处为软压板无需填写调度编号，也不用进行外回路接线。

2. 画面编辑

以上已完成遥控点数据库编辑，要完整完成一个遥控点的新增还需进行画面编辑，否则无法进行在画面进行遥控操作。若新增遥控相关遥信在间隔画面中已有光字牌或遥信相关设备，就不用进行画面新增，在间隔画面运行窗口点击原有的光字牌或遥信相关设备就可进行遥控操作，如刀闸遥控，完成数据库编辑后，在间隔画面运行窗口中点击 1461 刀闸，在跳出的遥信操作框中的遥控操作不呈现灰色状态，可进行遥控操作，如图 3－2－41 所示。

若新增遥控相关遥信在间隔画面中无光字牌或遥信相关设备，可参照例 3－2－4 画面光字牌制作，如 110kV 荆汇线 146 测控_投不检软压板光字牌制作完成后，在间隔画面运行窗口点击投入，在跳出的遥信操作框中的遥控操作已不呈现灰色状态，可进行遥控操作，如图 3－2－42 所示。

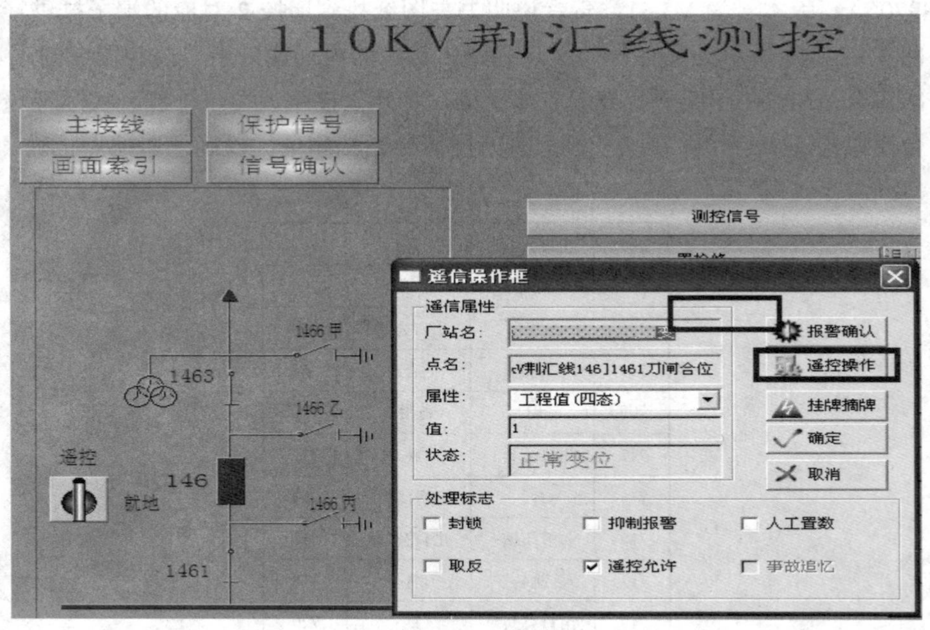

图 3－2－41　刀闸遥控操作界面

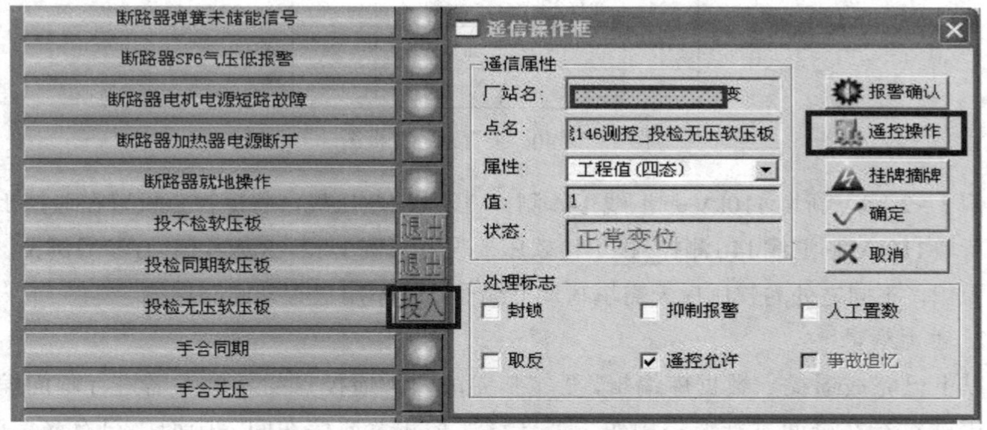

图 3－2－42　软压板遥控操作界面

3.2.2.6　系统常用配置及人员权限编辑

1. 系统常用配置

系统设置是 RCS9700 变电站综合自动化系统的一个组成部分，是 RCS9700 变电站综合自动化系统在线运行的基础。首先进入系统设置模块，在跳出对话框选择“系统管理员”用户，输入密码，点击确定进行模块，见图 3－2－43。进入系统设置模块可进行多项系统设置，设置项目及方法见表 3－2－1。

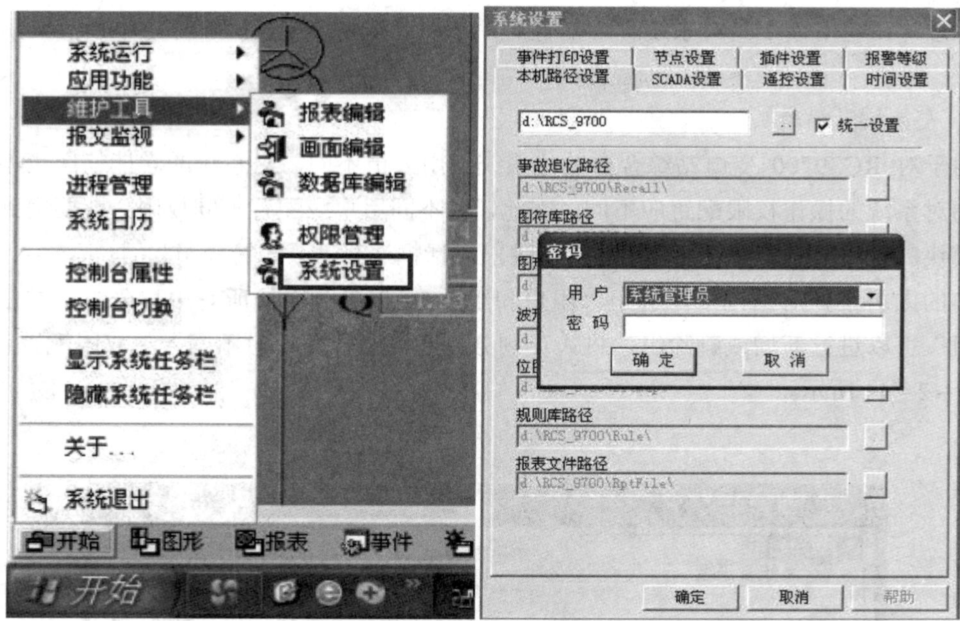

图 3－2－43　系统设置模块打开方式

表 3－2－1　　系统设置项目及方法

序号	项目名称	项目作用	设置方法
1	本机路径设置	对系统在本机上存放某些运行信息的路径进行设置	选择“统一设置”，可在输入框中输入系统路径或者点击“…”按钮选择系统路径。 不选择“统一设置”，则用户可以在下方的各个路径输入框中输入或者点击“…”按钮选择各个路径
2	SCADA 设置	对 SCADA 运行时的一些功能进行设置	可对测点定时保存、历史采样、旁路检测、网络拓扑、保护定值下装等功能进行勾选，选中表示启用
3	遥控设置	实现对遥控各阶段时间、监护校验、编号校验、五防校验、同期校验等设置	1）时间设置，填入时间即可，单位为秒。 2）启用的功能进行勾选
4	时间设置	对系统所使用的一些时间参数进行输入	时间设置，填入时间即可，单位为秒
5	事件打印设置	设置事件打印的方式和需打印的事件类型	1）可勾选打印方式进行选择打印。 2）可进行勾选打印类型进行选择
6	节点设置	选择要配置的节点	列表框中勾选要选择要配置的节点
7	插件管理	插件用于实现外系统（如五防、模拟屏等）与本监控系统信息的交互	插件增加和删除： 增加：单击“增加插件”按钮，即可增加一个插件，按要求选择即可。 删除：选择要删除的插件，然后单击“删除插件”按钮
8	报警等级	报警等级一共提供了 256 个等级	通过描述的输入，可以对每个等级进行命名，应用只能对有描述的报警等级进行利用，并且在其他地方只显示报警的描述，不再级别的数字

注意：在使用该工具对系统进行配置后，必须退出系统中所有程序，重新启动后方可生效。

2. 人员权限编辑

由于对 RCS9700 变电站综合自动化系统使用人员不同，对系统的功能使用也不同，对应的对系统的操作权限配置应不同。因此，对不同用户应配置不同权限，就要用到权限管理模块。同样，进入权限管理模块，在跳出对话框选择“系统管理员”用户，输入密码，在跳出的人员维护对话框中，选中“用户和组”，可以看到系统所有用户分组，右击“用户和组”可以进行新增或删除组，将人员划分到不同组，便于对不同人员权限配置管理，如图 3－2－44 所示。

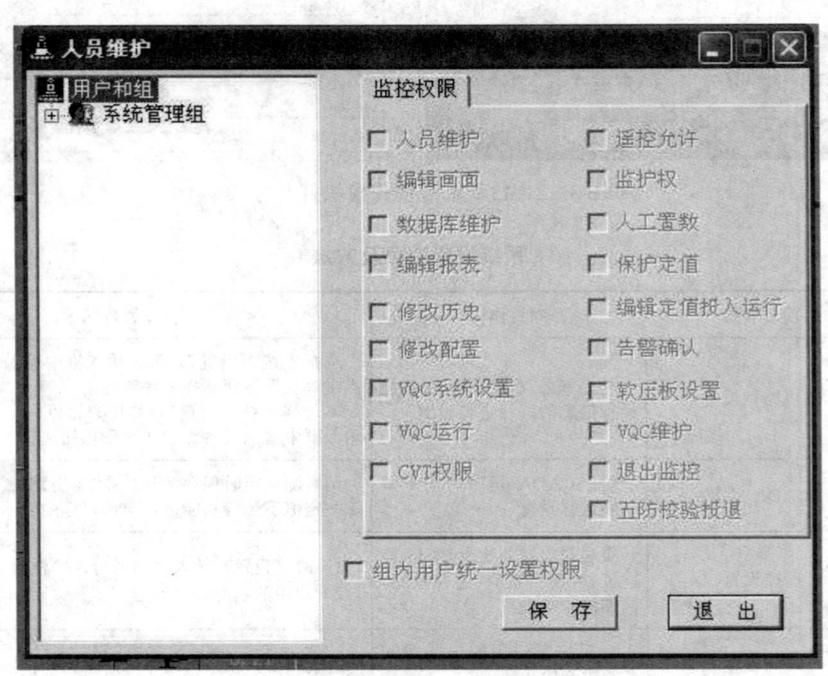

图 3－2－44　用户和组管理

若要对用户进行密码与权限编辑，展开“系统管理组”可看到组内的用户，选中要修改的用户，此时在对话框的右侧的监控权限可进行勾选，可按用户需要进行权限配置，勾选表示启用，不勾表示禁用，如图 3－2－45 所示。配置完成点击保存并退出即可。

选中用户进行右击，可进行用户密码更改、更改组别及用户删除的操作，常用的操作为密码更改，点击“更改密码”，在跳出的“更改密码”对话框中输入旧密码，再输入两遍新密码，点击确定可进行更改，如图 3－2－46 所示。若是用户的密码忘记，可将该用户删除，点击“删除用户”即可，然后选中管理组右击，进行用户新增。

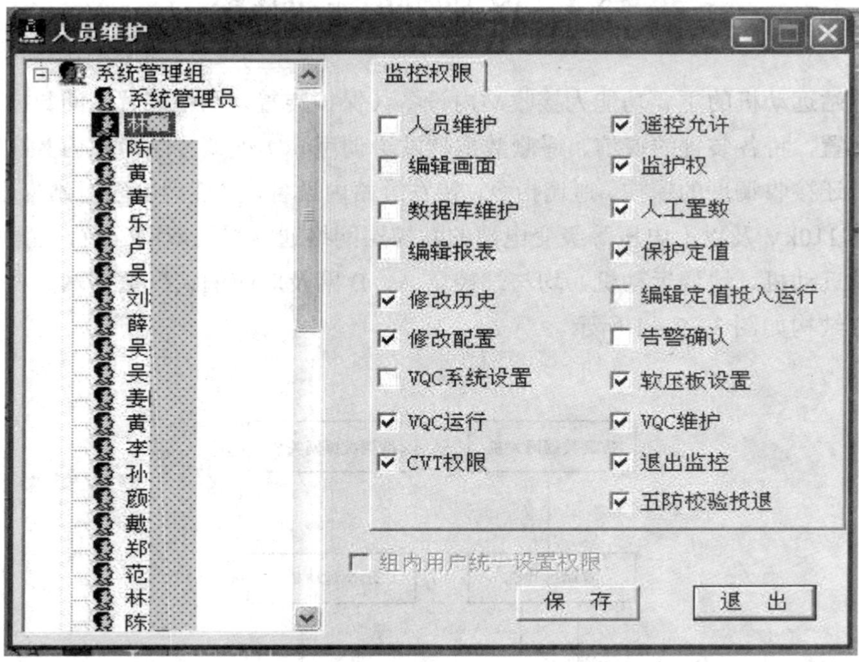

图 3-2-45 用户权限配置

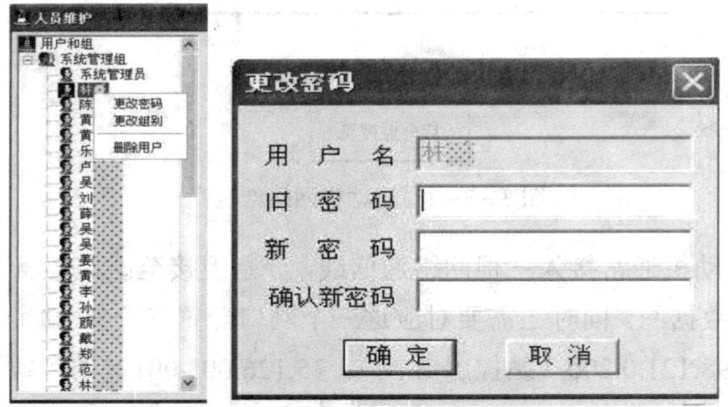

图 3-2-46 用户密码管理

对用户权限编辑完成后，点击“保存”，会跳出数据保存成功的对话框，然后点击“退出”系统，如图 3-2-47 所示。

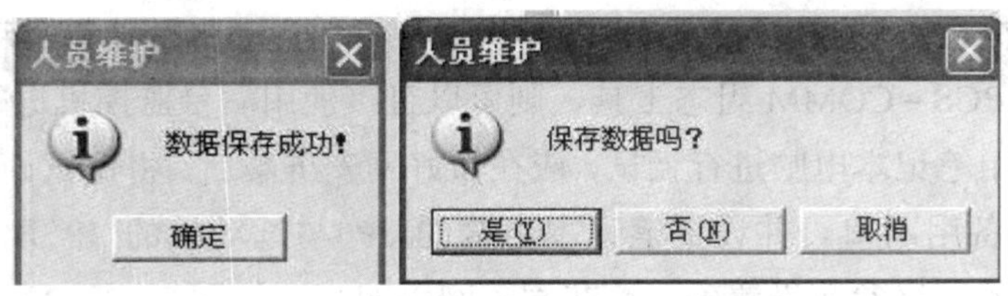

图 3-2-47 用户权限编辑数据保存

3.3 PCS9799 远动装置

变电站远动机的主要功能为接收站内设备（保护装置、测控装置）的数据，并根据点表进行配置，将各装置的遥信、遥测数据转发给调度，实现调度端对站内数据的监测。同时远动机还接收调度的遥控、遥调指令，转发给站内设备，实现调度端对站内设备的控制。

目前 110kV 及以上电压等级变电站的站控层网络通常采用双网配置，配置的两台远动机（省调远动机、地调远动机）均与站控层 A、B 网及对应的调度数据网关机通信，远动机的网络结构如图 3－3－1 所示。

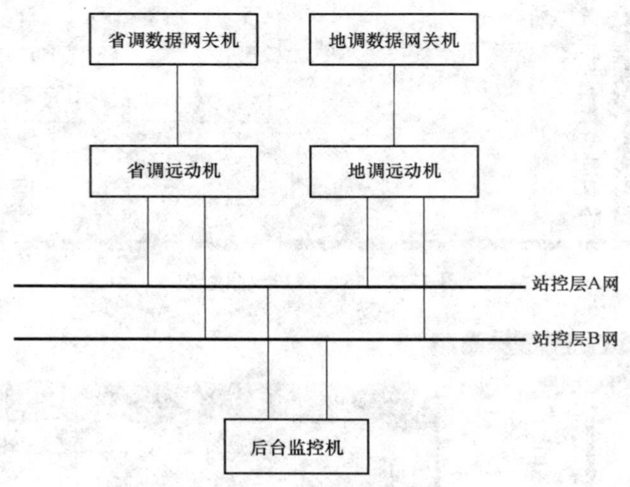

图 3－3－1 远动机网络结构图

因此每一台远动机通常接入三根网络通信线，分别连接至站控层 A 网交换机、站控层 B 网交换机、调度数据网。同时还需要对应这三个网口配置三个 IP 地址，如 198.120.0.200（站控层 A 网）、198.121.0.200（站控层 B 网）、35.126.008.001（调度数据网）。

3.3.1 数据备份及恢复

3.3.1.1 与远动机网络通道的建立

在进行远动机组态配置时，首先要进行调试计算机与远动机物理通道的建立。

由于后台监控机可以通过站控层 A/B 网实现与省调远动机及地调远动机的通信，若后台监控机安装有 PCS－COMM 组态工具，则可以直接使用后台监控机进行远动机调试。

若要另外使用笔记本电脑进行调试，应在做好网安屏蔽后，将调试计算机接入 A/B 网站控层交换机的备用网口。并设置笔记本电脑的 IP 与远动机的 IP 地址（可通过查看 PCS9799 远动机的网络参数设置确认）在同一网段即可，如图 3－3－2 所示。

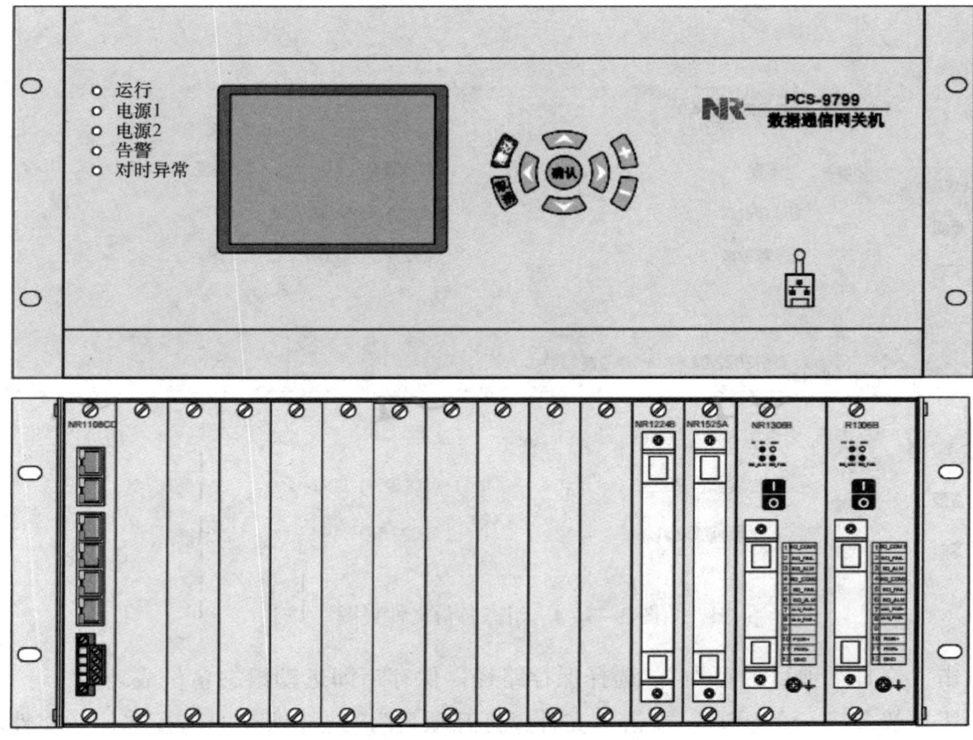

图 3-3-2 PCS9799 装置前面板及背板图

3.3.1.2 远动机的连接及组态上装

网络通道建立后，打开 PCS-COMM 组态工具，点击左上角的“通信-上装组态”，在弹出的“IP 输入窗口”中输入所要连接的远动机的 IP 地址，通信装置型号无需勾选，如图 3-3-3 所示。点击“确定”，即可完成远动机的组态上装。

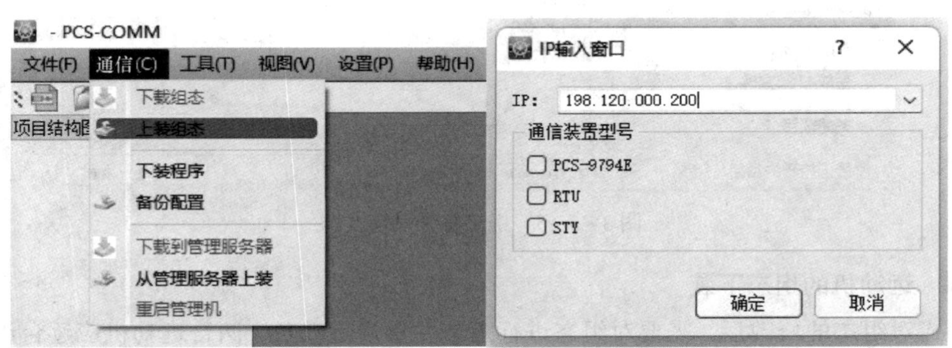

图 3-3-3 组态通信连接图

3.3.1.3 远动机数据的备份及恢复

在修改远动机的组态之前以及远动机组态修改完成之后，均需要对两台远动机的组态分别进行备份。可参考图 3-3-4 建立备份文件夹。

图 3－3－4　组态备份文件夹图

点击“文件－项目另存为”，选择保存路径，保存后即远动组态备份成功。

若需要恢复备份的组态，点击“文件－打开项目”，选择保存的工程文件（文件名后缀为.pmc）即可，如图 3－3－5 所示。

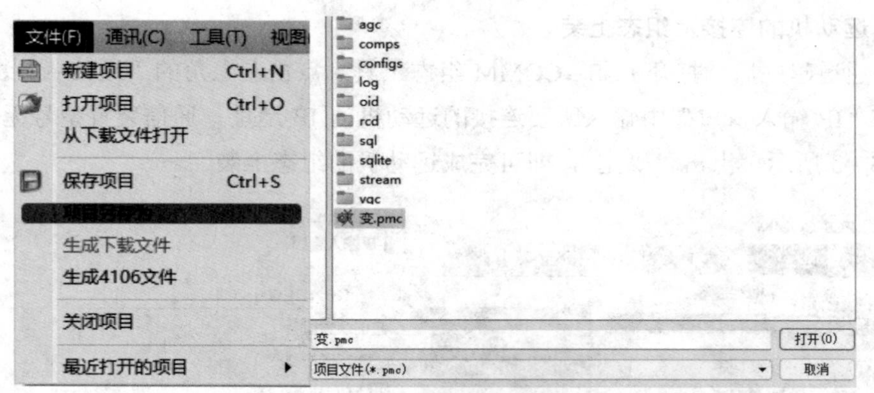

图 3－3－5　组态备份及恢复图

3.3.1.4　远动机的组态下装

完成对组态的修改后，需要对组态进行下装并重启远动机。两台远动机应逐台进行修改和重启，在一台通信恢复正常后，再对另一台进行修改，防止在配置修改过程中造成全站的通信中断。

点击“通信－下载组态”，等待下载进程完成。下载完成后，远动机需要进行重启修改方能生效。重启可以选择软重启或硬重启。软重启即通过组态工具，点击“通信－重启管理机”即可。硬重启则是直接将远动机断电进行重启。

3.3.2 遥信编辑

3.3.2.1 遥信转发表编辑

在最左侧的项目结构图（见图 3－3－6）中选择“规约－规约配置－板卡 1（根据实际选择板卡）－连接列表－连接 2：标准 104 调度规约－单点遥信引用表”，即可弹出遥信引用表配置界面图，如图 3－3－7 所示。

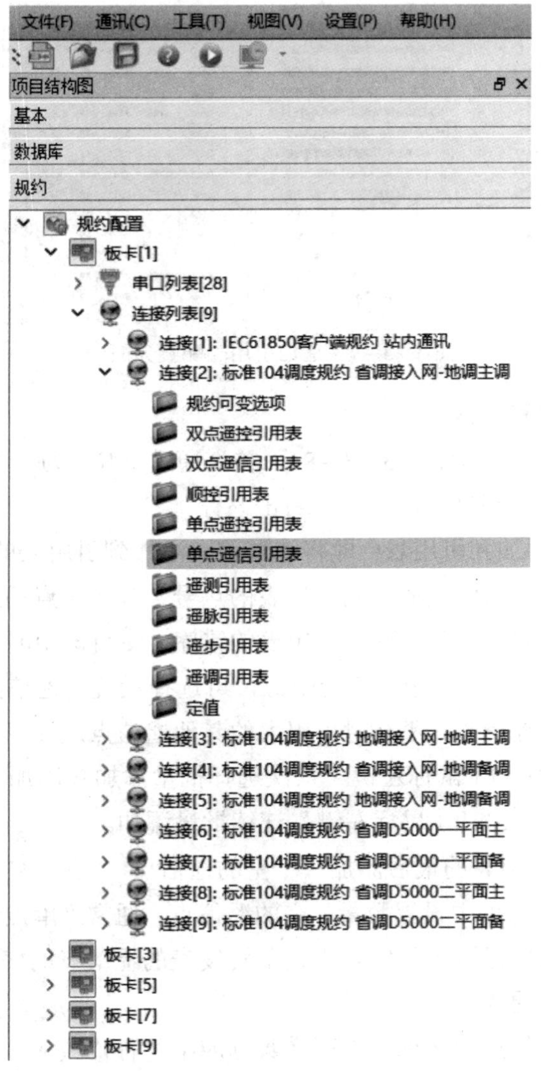

图 3－3－6 项目结构图

引用表配置界面图可以分为三部分，最左侧为项目结构图，中间为对应的引用表，最右侧为远动机数据库内的各个装置及其遥信、遥测、遥控点。

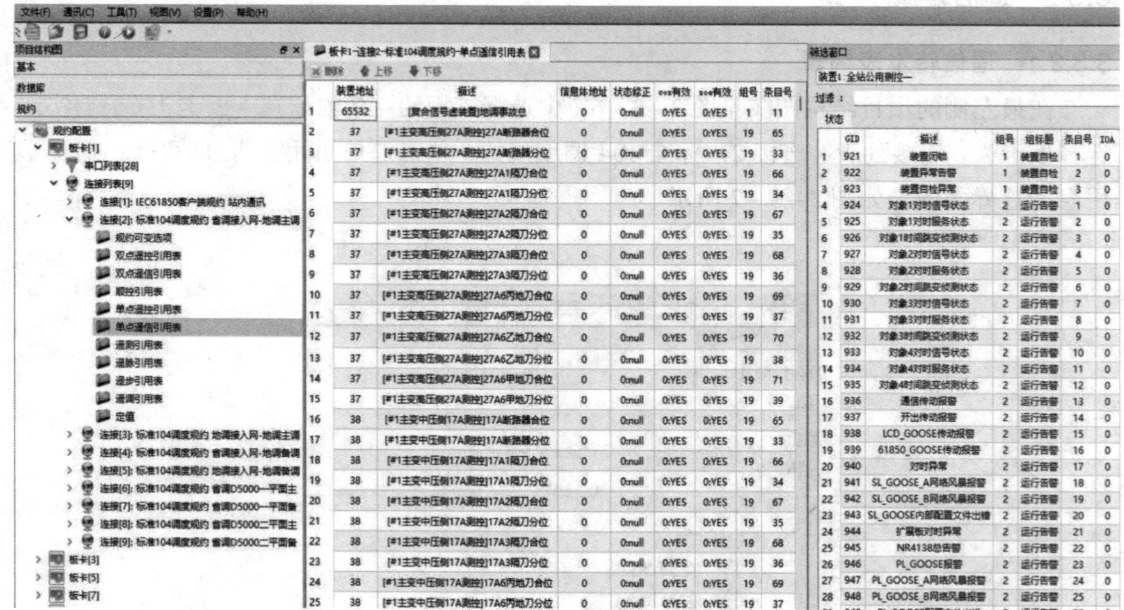

图 3－3－7　遥信引用表配置界面图

3.3.2.2　遥信点的增加和替换

在右侧的“筛选窗口”（见图 3－3－8），首先通过下拉选项，找到要添加的遥信点所属的装置，然后在下方找到目标遥信点，右击该行。

弹出的选项中，“添加到引用表”即将该遥信点添加到引用表的最后；“添加到引用表指定位置”可选择设置该遥信点添加到引用表的点号，该遥信点插入后，会将其插入点号之后的所有遥信点向后移动一行，造成引用表的错序，使用该功能时应注意对引用表的影响；“替换转发表 GIN”主要用于替换遥信点，可选择设置该遥信点在引用表的点号，并自动删除该点号原本的遥信点，不会对引用表的其他遥信点造成影响。添加同一台装置的多个遥信点时，可以“Ctrl＋鼠标左键”依次选择批量添加（添加多个点的插入顺序按点击选择的顺序排列）或“Shift＋鼠标左键”连续批量添加。

“添加空点”即在引用表的最后添加一个空的遥信点，“添加空点*N*”即在引用表的最后添加 *N* 个（可在弹出选项中设置数量）空的遥信点。通常“单点遥信寻址模式”设置为连续寻址模式，因此需要通过添加空点来调节转发表的遥信点的序号。

3.3.2.3　遥信点描述的更改

若要更改引用表遥信点的名称，需要在数据库中进行修改。

点击左侧项目结构图中的“数据库”，选择所要更改的遥信点所属的装置。在右侧找到要修改名称的遥信点，单击其“描述”一栏，即可对遥信点名称进行修改（见图 3－3－9）。在数据库修改后，引用表处的遥信点名称将自动更改保持一致。

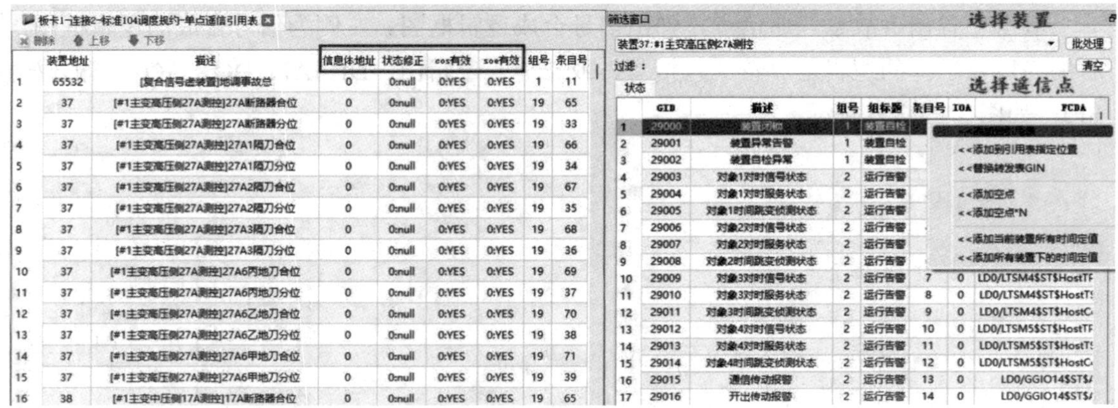

图 3－3－8 遥信引用表

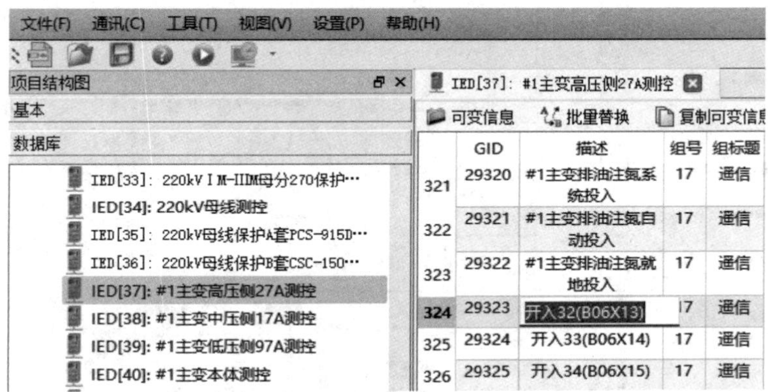

图 3－3－9 遥信点描述修改

3.3.2.4 省调事故总信号修改

省调事故总信号，是由各 220kV 开关间隔、主变三侧开关间隔的事故总合成一个虚拟遥信点后上送。

选择“数据库－虚装置配置－复合信号虚装置”，在右侧找到“省调事故总”虚遥信点，如图 3－3－10 所示。

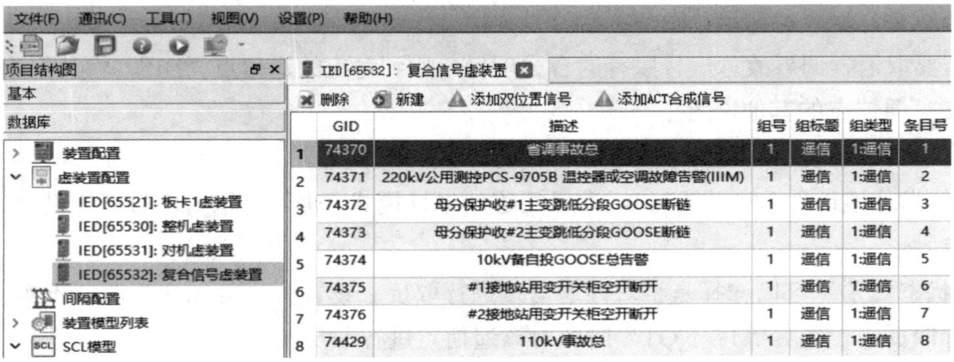

图 3－3－10 省调事故总信号

双击“省调事故总”遥信点，弹出信号合成逻辑框图。左侧为信号合成的逻辑框图，右侧为可以选择的逻辑运算符（包括与、或、非等逻辑门，DI、AI、DO、AO 等输入/输出），如图 3－3－11 所示。

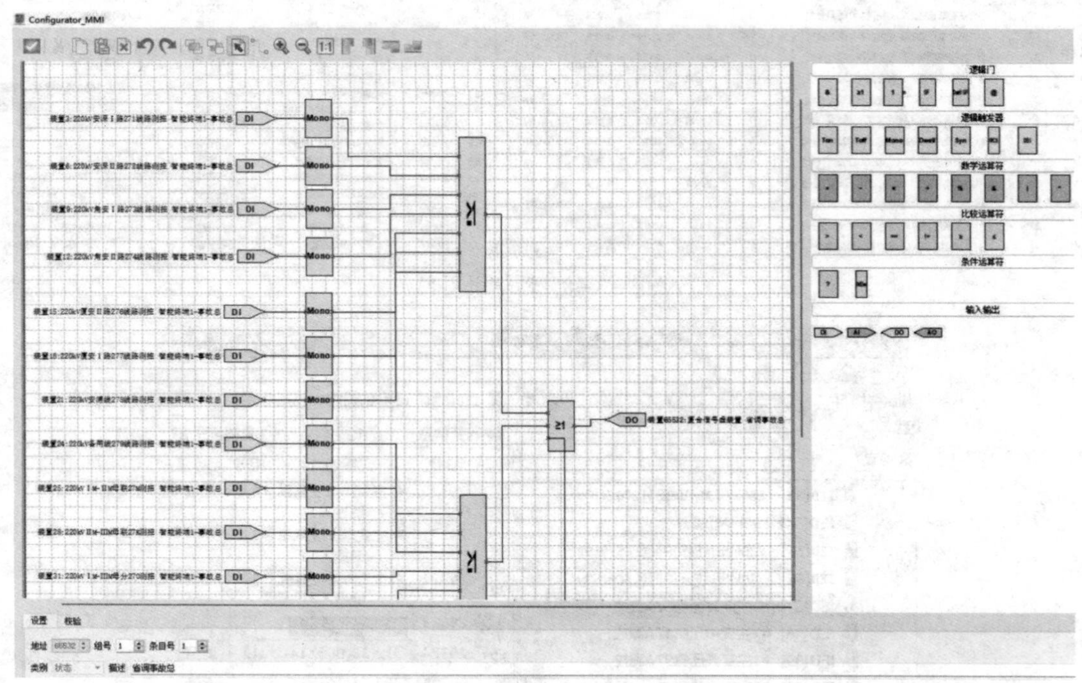

图 3－3－11　省调事故总信号合成逻辑框图一

双击逻辑框图中的“DI”，在弹出界面中即可选择该“DI”的遥信点作为信号输入，如图 3－3－12 所示。

“Mono”用于设置信号动作后经过设定的延时（通常为 10 分钟）后复归。各“DI”输入信号经过“≥1”与逻辑后，输出“DO”省调事故总信号。

若要新增省调事故总信号的合成项目，在逻辑运算符中将“DI”拉至逻辑框图中并关联要增加的遥信点，接入新增的“Mono”，最后接入“≥1”（需要双击该运算符，增加输入端子数量）运算符即可。

若要取消省调事故总信号原有的合成项目，找到对应的遥信点“DI”，将其删除即可。

3.3.2.5　遥信点的其他设置

在遥信引用表中，还可以对遥信点进行一些补充设置。

“信息体地址”通常设置为 0，即采用连续寻址模式。也可以输入序号直接设置该遥信点的点号。

“状态修正”可以选择是否对该遥信点进行取反。设置为“0：null”时即不对该遥信点进行取反，设置为“1：NOT”时即对该遥信点进行取反。

“COS 有效”“SOE 有效”可以选择是否上送该遥信点的 COS 报文和 SOE 报文。设置

为“0：YES”时上送，设置为“1：NO”时不上送。

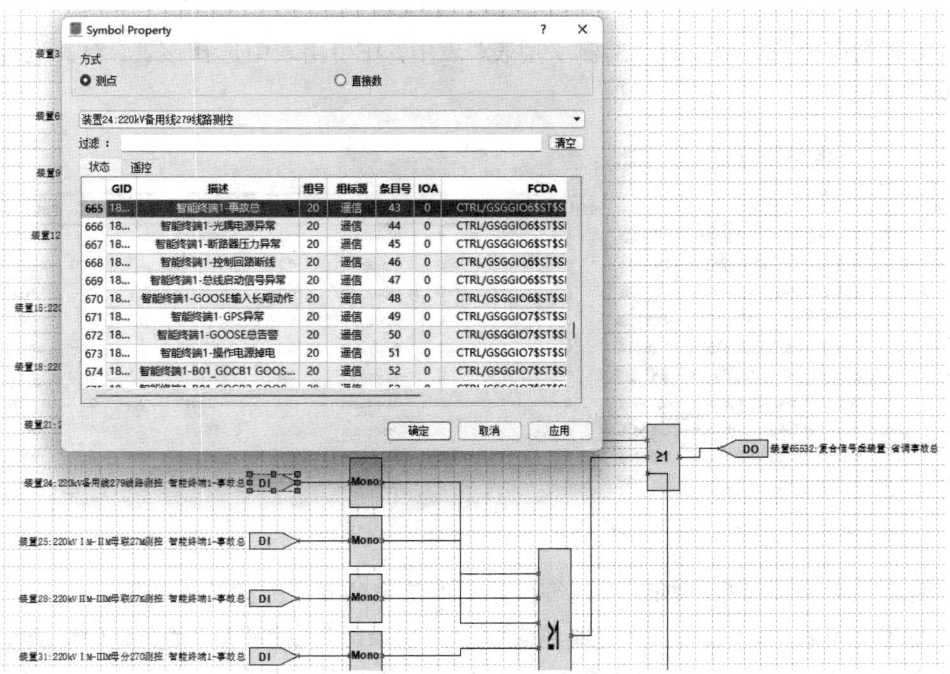

图 3－3－12　省调事故总信号合成逻辑框图二

选择遥信点后，可以在引用表的右上角选择“删除”“上移”“下移”。右击该行后，在弹出的选项中，“移动 GIN”即将该遥信点移动到指定位置，“交换 GIN”即将将该遥信点与指定遥信点交换位置，“空点替代”即将该遥信点替换为空点，“插入空点”即在该遥信点上方增加指定数量的空点，如图 3－3－13 所示。

IED[65532]：复合信号虚装置　板卡1-连接2-标准104调度规约-单点遥信引用表

删除　上移　下移

	装置地址	描述	信息体地址	状态修正	cos有效	soe有效	组号	条目号	FCDA
1	65532	[复合信号虚装置]地调事故总	0	0:null	0:YES	0:YES	1	11	
2	37	[#1主变高压侧27A测控]装置闭锁	0	0:null	0:YES	0:YES	1	1	LI…Val
3	37	[#1主变高压侧27A测控]27A断路器分位	0	0:null	0:YES	0:YES	19	33	C…Val
4	37	[#1主变高压侧27A测控]27A1隔刀合位	0	0:null	0:YES	0:YES	19	66	C…Val
5	37	[#1主变高压侧27A测控]27A1隔刀分位	0	0:null	0:YES	0:YES	19	34	C…Val
6	37	[#1主变高压侧27A测控]27A2隔刀合位	0	0:null	0:YES	0:YES	19	67	C…Val
7	37	[#1主变高压侧27A测控]27A2隔刀分位	0	0:null	0:YES	0:YES	19	35	C…Val
8	37	[#1主变高压侧27A测控]27A3隔刀合位	0	0:null	0:YES	0:YES	19	68	C…Val
9	37	[#1主变高压侧27A测控]27A3隔刀分位	0	0:null	0:YES	0:YES	19	36	C…Val
10	37	[#1主变高压侧27A测控]27A6丙地刀合位	0	0:null	0:YES	0:YES	19	69	C…Val
11	37	[#1主变高压侧27A测控]27A6丙地刀分位	0	0:null	0:YES	0:YES	19	37	C…Val
12	37	[#1主变高压侧27A测控]27A6乙地刀合位	0	0:null	0:YES	0:YES	19	70	C…Val
13	37	[#1主变高压侧27A测控]27A6乙地刀分位	0	0:null	0:YES	0:YES	19	38	C…Val
14	37	[#1主变高压侧27A测控]27A6甲地刀合位	0	0:null	0:YES	0:YES	19	71	C…Val
15	37	[#1主变高压侧27A测控]27A6甲地刀分位	0	0:null	0:YES	0:YES	19	39	C…Val
16	38	[#1主变中压侧17A测控]17A断路器合位	0	0:null	0:YES	0:YES	19	65	C…Val

移动GIN
交换GIN
空点替代
插入空点
复制
粘贴到表尾
复制属性
粘贴属性
递增
垂直表头
比较
回填用户描述
批量拷贝
删除
批量匹配

图 3－3－13　遥信引用表编辑

3.3.3 遥测编辑

引用表的遥信点是添加在“遥测引用表”表中，在引用表中选择该表，对其进行编辑，如图 3－3－14 所示。

板卡1-连接2-标准104调度规约-遥测引用表

删除　上移　下移

	装置地址	描述	信息体地址	乘积系数	偏移量	变化门槛类型	变化门槛值	遥测类型	上限值	下限值	零限值启用	零漂抑制值
1	34	[220kV母线测控]母线1A相测量电压一次值 幅值	0	1.0	0	0:percent	0.2	2:ASDU13	0	0	1:NO	0
2	34	[220kV母线测控]母线1B相测量电压一次值 幅值	0	1.0	0	0:percent	0.2	2:ASDU13	0	0	1:NO	0
3	34	[220kV母线测控]母线1C相测量电压一次值 幅值	0	1.0	0	0:percent	0.2	2:ASDU13	0	0	1:NO	0
4	34	[220kV母线测控]母线1AB相测量电压一次值 幅值	0	1.0	0	0:percent	0.2	2:ASDU13	0	0	1:NO	0
5	34	[220kV母线测控]母线1BC相测量电压一次值 幅值	0	1.0	0	0:percent	0.2	2:ASDU13	0	0	1:NO	0
6	34	[220kV母线测控]母线1CA相测量电压一次值 幅值	0	1.0	0	0:percent	0.2	2:ASDU13	0	0	1:NO	0
7	34	[220kV母线测控]母线4A相测量电压一次值 幅值	0	1.0	0	0:percent	0.2	2:ASDU13	0	0	1:NO	0
8	34	[220kV母线测控]母线2A相测量电压一次值 幅值	0	1.0	0	0:percent	0.2	2:ASDU13	0	0	1:NO	0
9	34	[220kV母线测控]母线2B相测量电压一次值 幅值	0	1.0	0	0:percent	0.2	2:ASDU13	0	0	1:NO	0
10	34	[220kV母线测控]母线2C相测量电压一次值 幅值	0	1.0	0	0:percent	0.2	2:ASDU13	0	0	1:NO	0

图 3－3－14　遥测引用表编辑

遥测点的增加、替换、描述更改等操作与遥信点的操作方式基本相同。

在遥测引用表中，还可以设置遥测点的“乘积系数”“偏移量”“变化门槛类型”“变化门槛值”“上限值”“下限值”“零限值启用”“零漂抑制值”。

“乘积系数”即将遥测值乘上该系数后再上送。“偏移量”即将遥测值加上或减去该数值后再上送。可以通过这两个选项，根据需要对遥测数值进行相应的修正。

“变化门槛类型”选择为“0：percent”时，“变化门槛值”按设置的百分比计算，超过该变化值时，触发变化量上送。选择为“1：solid”时，“变化门槛值”按设置的固定数值计算。设置这两个选项的主要目的是为了防止遥测点在数值变化不大时频繁上送，造成数据传输通道的拥堵。

“上限值”“下限值”分别代表该遥测允许上送的最大值和最小值。

“零限值启用”设置为“1：NO”时，对该遥测点不启动零漂抑制。设置为“0：YES”时，对该遥测点启动零漂抑制，遥测数值小于“零漂抑制值”时，该遥测点上送的数值置零。零漂抑制的主要目的是为了消除装置的零漂数值并使遥测数值置零。

3.3.4 遥控编辑

引用表的遥控点通常是添加在“双点遥控引用表”表中，在引用表中选择该表，对其进行编辑，如图 3－3－15 所示。

遥控点的增加、替换、描述更改等操作与遥信点的操作方式基本相同。

在遥控引用表中，还可以设置遥测点的“关联闭锁遥信”“关联闭锁状态”“检强合跳转”“检同期跳转”“检无压跳转”“检合环跳转”等。

“关联闭锁遥信”双击后可以选择站内的任意一个遥信点作为该遥控点的闭锁遥信点。

“关联闭锁状态”可下拉选择“0：无”“1：分”“2：合”“3：分或无效”“4：合或无效”，用于设置该闭锁遥信点的状态。

“检强合跳转”双击后可以选择站内的任意一个遥控点作为该遥控点的强合跳转控点。“检同期跳转”“检无压跳转”等的功能类似。

板卡1-连接2-标准104调度规约-双点遥控引用表

删除　上移　下移

	装置地址	描述	信息体地址	附加属性	关联闭锁遥信	关联闭锁状态	检强合跳转	检同期跳转	检无压跳转	检合环跳转
1	40	[#1主变本体测控]主变升档	0	0	0	0:无	0	0	0	0
2	40	[#1主变本体测控]主变降档	0	0	0	0:无	0	0	0	0
3	40	[#1主变本体测控]主变急停	0	0	0	0:无	0	0	0	0
4	40	[#1主变本体测控]双位置1（不检）	0	0	0	0:无	0	0	0	0
5	40	[#1主变本体测控]主变110kV中性点闸刀	0	0	0	0:无	0	0	0	0
6	37	[#1主变高压侧27A测控]27A（一般）	0	0	0	0:无	0	0	0	0
7	37	[#1主变高压侧27A测控]27A1闸刀位置	0	0	0	0:无	0	0	0	0
8	37	[#1主变高压侧27A测控]27A2闸刀位置	0	0	0	0:无	0	0	0	0
9	37	[#1主变高压侧27A测控]27A3闸刀位置	0	0	0	0:无	0	0	0	0
10	37	[#1主变高压侧27A测控]27A6丙接地闸刀位置	0	0	0	0:无	0	0	0	0

图3-3-15　遥控引用表编辑

3.3.5　其他参数设置

3.3.5.1　通信参数设置

在远动机配置时首先需要导入通信规约，即对下站内61850规约和对上104调度规约，同时还应设置该规约对应的物理网口。

在左侧的项目结构图中选择“规约－规约配置－板卡1－连接列表”，可以查看该板卡的规约配置，如图3-3-16所示。

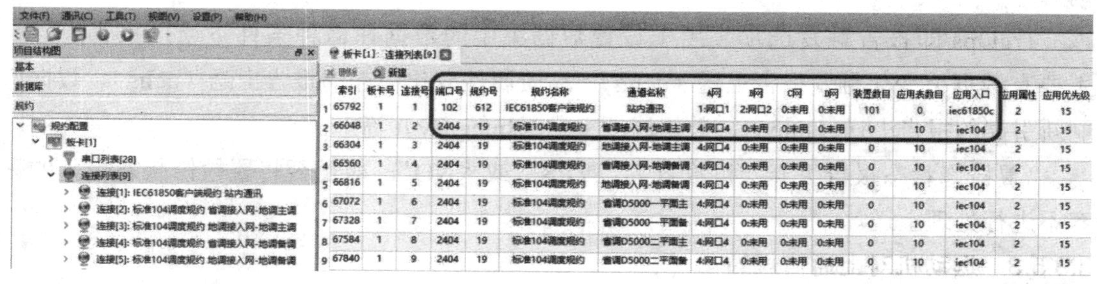

板卡[1]：连接列表[9]

删除　新建

	索引	板卡号	连接号	端口号	规约号	规约名称	通道名称	A网	B网	C网	D网	装置数目	应用表数目	应用入口	应用属性	应用优先级
1	65792	1	1	102	612	IEC61850客户端规约	站内通讯	1:网口1	2:网口2	0:未用	0:未用	101	0	iec61850c	2	15
2	66048	1	2	2404	19	标准104调度规约	省调接入网-地调主调	4:网口4	0:未用	0:未用	0:未用	0	10	iec104	2	15
3	66304	1	3	2404	19	标准104调度规约	地调接入网-地调主调	4:网口4	0:未用	0:未用	0:未用	0	10	iec104	2	15
4	66560	1	4	2404	19	标准104调度规约	省调接入网-地调备调	4:网口4	0:未用	0:未用	0:未用	0	10	iec104	2	15
5	66816	1	5	2404	19	标准104调度规约	地调接入网-地调备调	4:网口4	0:未用	0:未用	0:未用	0	10	iec104	2	15
6	67072	1	6	2404	19	标准104调度规约	省调D5000一平面主	4:网口4	0:未用	0:未用	0:未用	0	10	iec104	2	15
7	67328	1	7	2404	19	标准104调度规约	省调D5000一平面备	4:网口4	0:未用	0:未用	0:未用	0	10	iec104	2	15
8	67584	1	8	2404	19	标准104调度规约	省调D5000二平面主	4:网口4	0:未用	0:未用	0:未用	0	10	iec104	2	15
9	67840	1	9	2404	19	标准104调度规约	省调D5000二平面备	4:网口4	0:未用	0:未用	0:未用	0	10	iec104	2	15

图3-3-16　远动机规约配置图

第一行为远动机对站内（对下）的通信，智能变电站采用IEC 61850规约，站控层A网接入远动机的网口1，站控层B网接入远动机的网口2，连接的装置数目101台。第二行为远动机对调度端（对上）的通信，采用标准104调度规约，接入远动机的网口4。

3.3.5.2　远动机对下通信规约

选择“连接列表－连接［1］IEC 61850客户端规约－站内通信－规约可变选项”，可对远动机对下的通信规约进行修改配置，如图3-3-17所示。

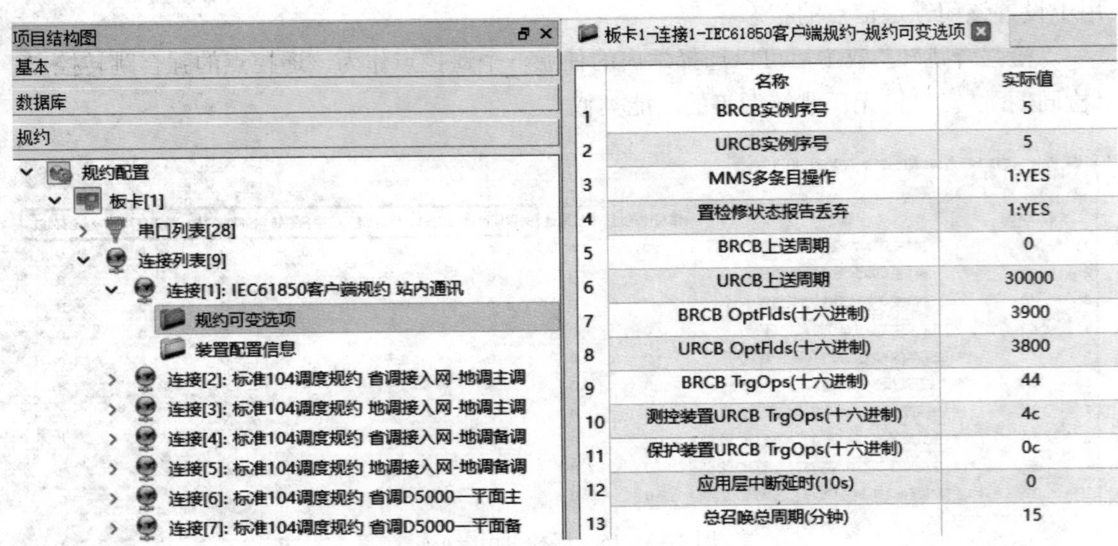

	名称	实际值
1	BRCB实例序号	5
2	URCB实例序号	5
3	MMS多条目操作	1:YES
4	置检修状态报告丢弃	1:YES
5	BRCB上送周期	0
6	URCB上送周期	30000
7	BRCB OptFlds(十六进制)	3900
8	URCB OptFlds(十六进制)	3800
9	BRCB TrgOps(十六进制)	44
10	测控装置URCB TrgOps(十六进制)	4c
11	保护装置URCB TrgOps(十六进制)	0c
12	应用层中断延时(10s)	0
13	总召唤总周期(分钟)	15

图 3-3-17　远动机对下规约可变选项配置图

BRCB 指缓存报告控制块，主要用于遥信类数据。URCB 指非缓存报告控制块，主要用于遥测类数据。

在 IEC 61850 规约中，保护装置、测控装置作为服务器端，远动机作为客户端。各客户端装置应配置不同的报告实例号。若远动机与站控层的其他客户端（如后台监控机）使用相同的报告实例号，会导致只有先初始化该报告实例号的客户端可正常工作。

远动机的数据采集支持站控层双网冗余连接方式，冗余连接应使用同一个报告实例号。

TrgOps 即报告触发选项，用于设置数据集中的数据在何种条件下通过报告上送。主要有数据值变化触发报告上送（dchg）、品质属性变化引起的报告上送（qchg）、数据值刷新引起的报告上送（dupd）、数据周期上送（Integrity）等。

“置检修状态报告丢弃”可设置为“YES”或“NO”，即是否将置检修状态报告的丢弃不进行处理上送。

3.3.5.3　远动机对上通信规约

选择“连接列表－连接 1 标准 104 调度规约省调接入网－地调主调－规约可变选项”，可对远动机对上的通信规约进行修改配置。

在“基本参数”一栏中，“通信响应启动延时（秒）”，是指远动机重启后需经过该响应延时后才响应主站的总召。设置该延时的目的是为了等远动机建立了与站内各设备的通信连接后再响应主站总召，因此不应设置过小。而设置过大则将导致远动机响应主站总召时间过长，因此通常设置为 150 秒左右，如图 3-3-18 所示。

“厂站服务器端口号”固定设置为 2404，“主站端 IP 地址”应根据实际设置正确。

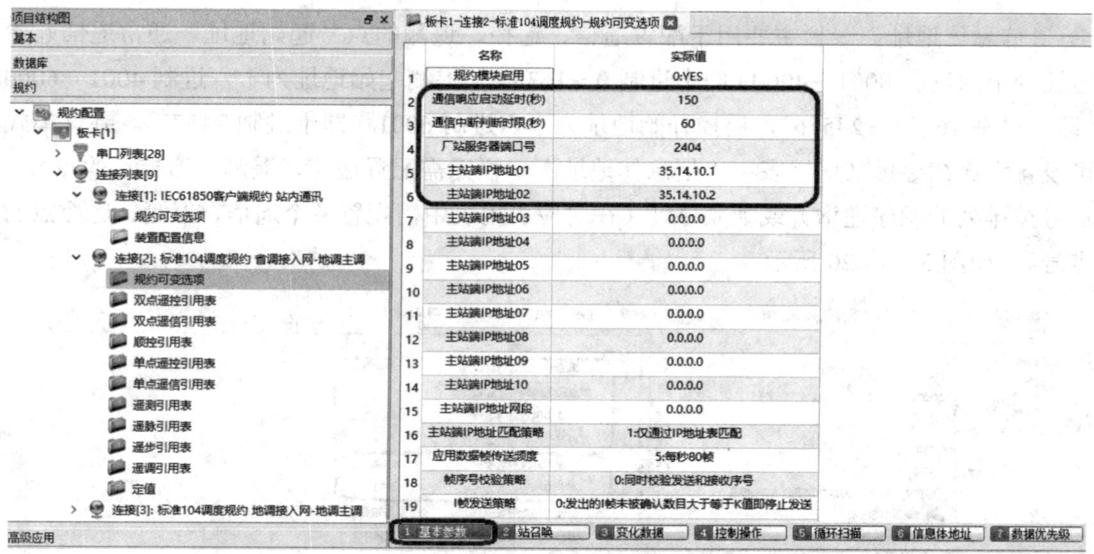

图 3-3-18 远动机对上规约可变选项——基本参数

“站召唤”一栏主要设置总召唤、分组召唤、读数据等方式下遥测、遥信的应用服务数据单元（Application Service Data Unit，ASDU）设置。ASDU 是由数据单元标识符和信息体两部分构成的，如图 3-3-19 所示。

图 3-3-19 远动机对上规约可变选项——站召唤

“信息体地址”一栏主要用于配置遥信、遥控、遥测的点号起始地址。通常遥信起始地址为十六进制 0001～4000（即十进制 0～16384），遥测起始地址为十六进制 4001～6000（即十进制 16385～24576），遥控开始地址为十六进制 6001（即十进制 24577）。寻址模式可设置为连续寻址（引用表中“信息体地址”一栏无需配置遥信、遥测、遥控点的点号，点号按排列的顺序递增）或独立寻址（在对应引用表中需配置各个遥信、遥测、遥控点的点号），如图 3－3－20 所示。

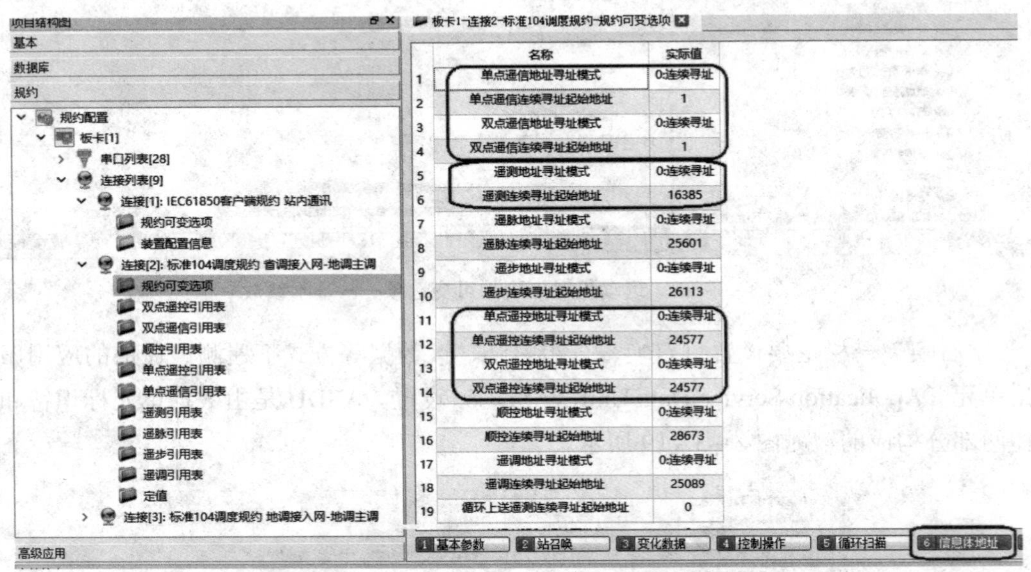

图 3－3－20　远动机对上规约可变选项——信息体地址

数据优先级即远动机上送数据的优先顺序，该站设置为“按优先级号排序、低号优先发送”，如图 3－3－21 所示。

在 IEC 104 规约中，“U 帧”用于发送、启动、停止、测试命令，用于控制链路状态，通常设置数据优先级最高。“S”帧用于对收到的“I 帧”（信息帧）信息的确认，通常优先级次之。按该站的优先级顺序设置，之后的主要还有“遥控遥调”、遥信的“COS”“总召唤”、遥信的“SOE”“遥测变化”。

COS 即事件变位记录，记录的是确认变位的时间。SOE 即事件顺序记录，记录的是变位发生的时刻。比如遥信点在“2022－03－01 11:00 1 秒 10 毫秒”发生变化，则调度主站收到的该遥信点 SOE 的时间即为该时刻，而 COS 记录时间可能为“2022－03－01 11:00 1 秒 20 毫秒”。

SOE 是以带时标信息的方式记录重要状态信息的变化，为分析电网故障提供依据。SOE 的内容包括遥信对象名称、状态变化和动作时间，包含断路器跳、合闸记录，保护及自动装置的动作顺序记录。SOE 要求具备很高的时间分辨率，一般要求不大于 1ms。

由于 SOE 数据量相对较大，数据发送优先级在 COS 之后。

图 3-3-21　远动机对上规约可变选项——数据优先级

3.3.6　装置的增加/删除

对于智能变电站，由于技改、扩建等工作造成站内装置发生增加或删除时，需要对 SCD 文件中的配置进行修改。对应的远动机上的装置变更，可以通过将修改后的 SCD 文件导入远动机组态进行修改。

点击“工具－更新 SCD 文件”，在弹出的选项框中找到更新后的 SCD 文件进行导入，数据库内的装置模型会相应进行变更，如图 3-3-22 所示。

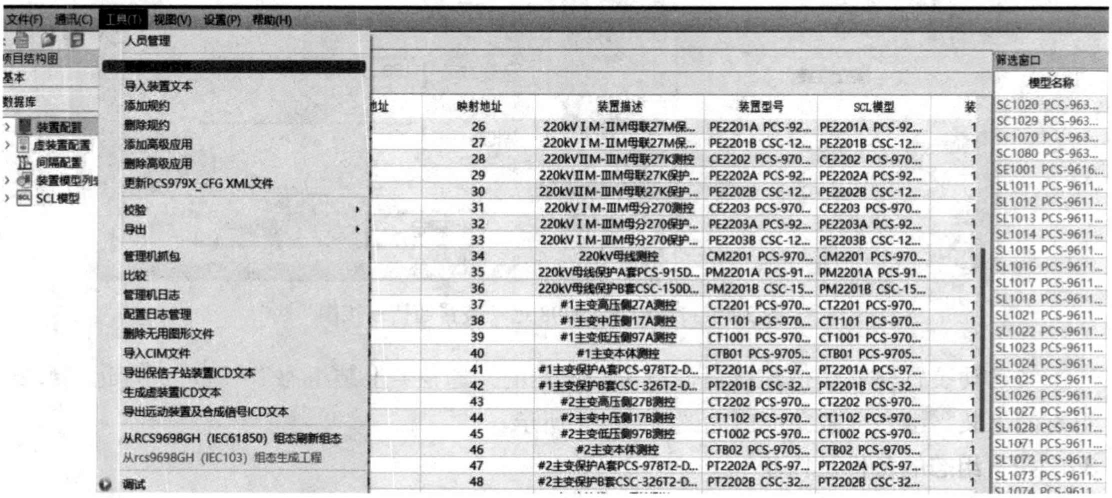

图 3-3-22　远动机 SCD 配置更新图

3.4 RCS9698 远动装置

3.4.1 数据备份及恢复

3.4.1.1 远动机的连接及组态上装

RCS9698 远动装置物理网络的建立方法与 PCS9799 远动装置相同。完成物理网络的建立后，可以通过快捷方式启动工具或者直接双击 bin 目录下的 RCS9798.exe 启动工具。

在工具启动之前，首先要选择登录用户并正确输入密码，确定后启动组态工具。如果选用“系统管理员”启动工具后，之后的操作不在进行密码验证，所有操作默认为“系统管理员”行为。而选用其他用户启动工具，每一次保存组态、下装组态、上装组态、下装文件和远程启动都要进行用户密码验证。

打开组态工具后，点击左上角的“通信－参数设置”。在弹出的“连接参数设置”窗口中“远程 IP”一栏输入所要连接的远动装置的 IP 地址，“端口”默认为“7000”，点击“确定”，如图 3－4－1 所示。

再点击“通信－建立连接”，即可实现与远动装置的通信连接。

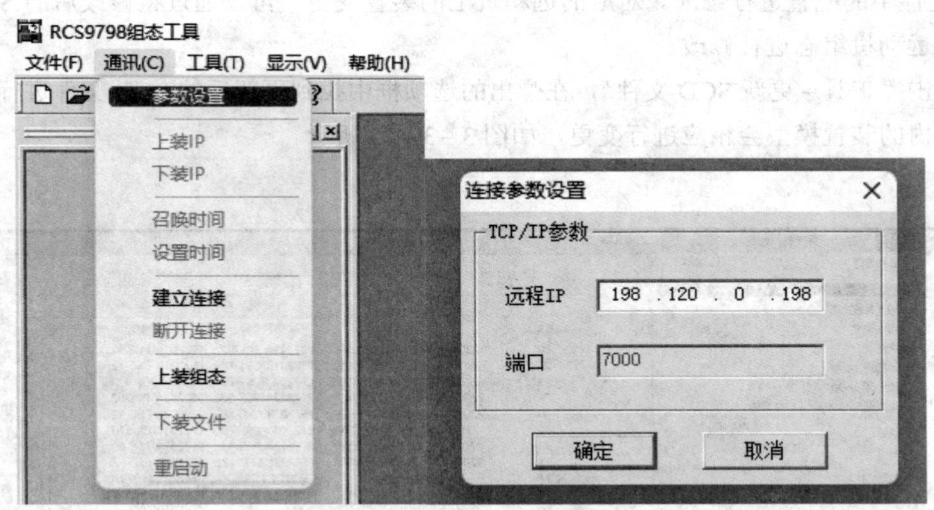

图 3－4－1　RCS－9798 远动装置通信连接图

与远动装置建立通信连接后，点击左上角的“通信－上装组态”，即可进行远动装置组态的上装。组态上装完成后如图 3－4－2 所示。

3.4.1.2 组态的备份及恢复

在修改远动装置的组态之前和组态修改完成后，均需要对两台远动装置的组态分别进行备份。

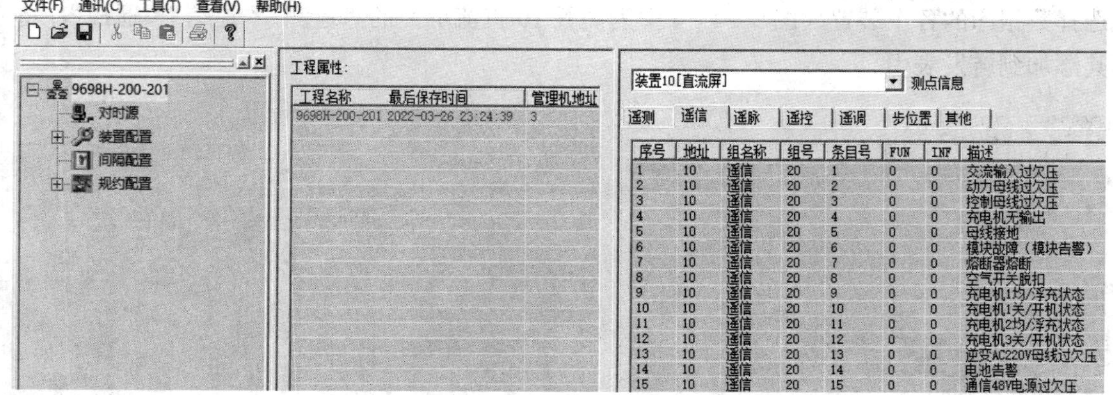

图 3－4－2　RCS9798 远动装置组态画面图

点击“文件－工程另存为”，选择保存路径，保存后即远动组态备份成功。同时还需要将本地电脑的远动组态工具安装目录文件夹内的“Ini”文件夹备份，如图 3－4－3 所示。

图 3－4－3　远动装置组态备份图

恢复备份组态时，点击“文件－打开工程”，选择备份保存路径下的备份文件即可。

3.4.1.3　远动装置的组态下装

完成对组态的修改后，需要对组态进行下装并重启远动装置。

点击“通信－下装文件”，等待下装进程完成。下装完成后，远动装置需要进行重启修改方能生效。重启可以选择软重启或硬重启。软重启即通过组态工具，点击“通信－重启动”即可。硬重启则是直接将远动装置断电进行重启。

3.4.2　遥信编辑

3.4.2.1　遥信转发表编辑

点击左侧的“规约配置－板卡 1（根据实际选择板卡）－网络（根据实际选择网络或串口）－地址 1 标准 104 调度规约”，界面中间的为各个转发表，通常使用的转发表为“遥测”“单点遥信”“双点遥控”。界面右侧的为数据库的装置及其遥信遥测等列表，可通过选择数据库的各个装置（图 3－4－4 中为装置 10 直流屏）的“遥测”“遥信”“遥控”，将其添加到转发表中。

图 3－4－4　RCS9798 远动装置组态配置界面图

3.4.2.2　遥信点增加

在左侧转发表中选择“单点遥信”，对其进行编辑，如图 3－4－5 所示。

在右侧列表找到目标装置，点击“遥信”，选择需要新增的遥信点，右击该行，弹出“添加到引用表”指示，点击后即可将该遥信加入转发表（也可以直接在该条目上双击添加）。添加同一台装置的多个遥信点时，可以“Ctrl＋鼠标左键”依次选择批量添加（添加多个点的点号顺序不受点击选择的顺序影响，按数据库默认的序号排列）或“Shift＋鼠标左键”连续批量添加。

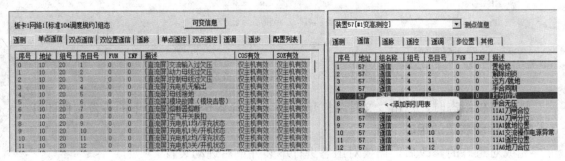

图 3－4－5　遥信点增加图

增加的遥信点会默认添加在转发表的最后一行。作为新增的遥信点，通常也都是加在点表的最后，因此不需要再进行改动。

3.4.2.3　遥信点替换

若要替换旧的遥信点，例如替换该遥信转发表的第一个遥信点，则可以在遥信转发表右击新增的遥信点，选择“移动引用 GIN”。在弹出的界面中，输入要移动的位置，如图 3－4－6 所示。

移动后，该遥信点会将其插入位置之后的所有遥信点向后移动一行，造成点表的错序。因此还应在点表中选择被替换的遥信点，右击该行，选择“删除引用 GIN”，将该遥信点删除，如图 3－4－7 所示。

图 3－4－6　遥信点替换图

图 3－4－7　遥信点删除图

3.4.2.4　遥信点描述更改

若要更改转发表遥信点的名称，无法直接在转发表处修改，需要在数据库中进行修改。

点击左侧“装置配置－装置总表”，选择所要更改的遥信点所属的装置。在右侧找到要修改名称的遥信点，单击“描述”，即可对遥信点名称进行修改，如图 3－4－8 所示。在数据库修改后，转发表处的遥信点名称将自动更改保持一致。

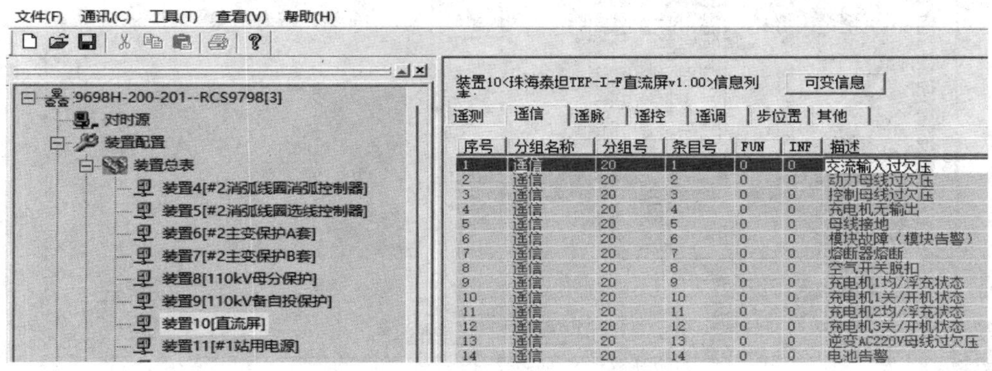

图 3－4－8　遥信点名称修改图

3.4.2.5　事故总虚遥信编辑

在最左侧列表中点击“装置配置－虚拟装置－复合信号虚装置”，在中间列表中选择“遥信”。右击后，在弹出选项中，选择“添加事故总信息”，如图 3－4－9 所示。

在弹出的如图 3－4－10 所示的“遥信量复合运算表达式编辑”中，左侧依次找到需要添加的各个间隔的事故总遥信点，点击“遥信量>>”添加到右侧列表。“运算符”可以选择设置信号的合成逻辑为“非（not）”“或（or）”“与（and）”“异或（xor）”。通常使用默认的“或（or）”逻辑合成事故总信号。

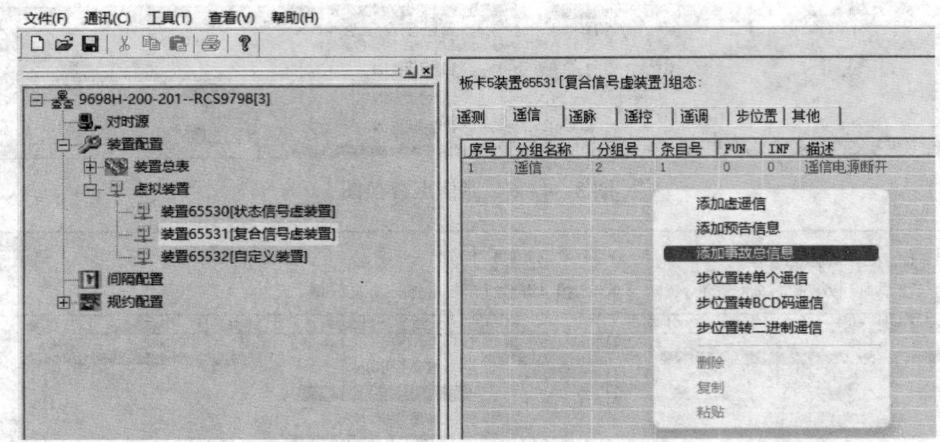

图 3-4-9　事故总信号的增加图

单击选择右侧参与信号合成的遥信点，点击“<<取消”后则可以将该遥信点从合成信号中删除。

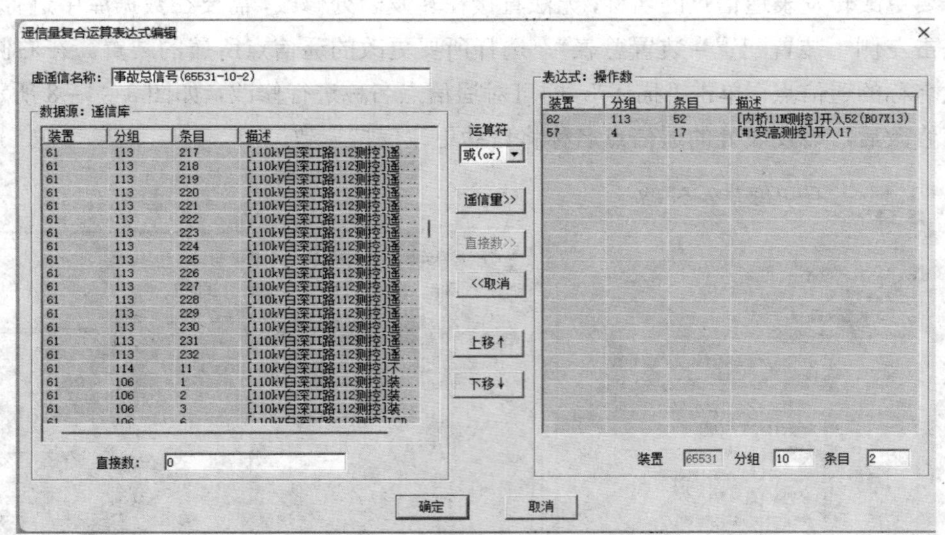

图 3-4-10　遥信量复合运算表达式编辑图

配置完成后，点击“确定”后，在遥信列表中即可生成事故总虚遥信，如图 3-4-11 所示。

对于已有的事故总虚遥信，直接双击该遥信点，进入“遥信量复合运算表达式编辑”图对其进行修改。

3.4.2.6　遥信点的其他设置

在遥信转发表中，还可以对遥信点进行一些补充设置。

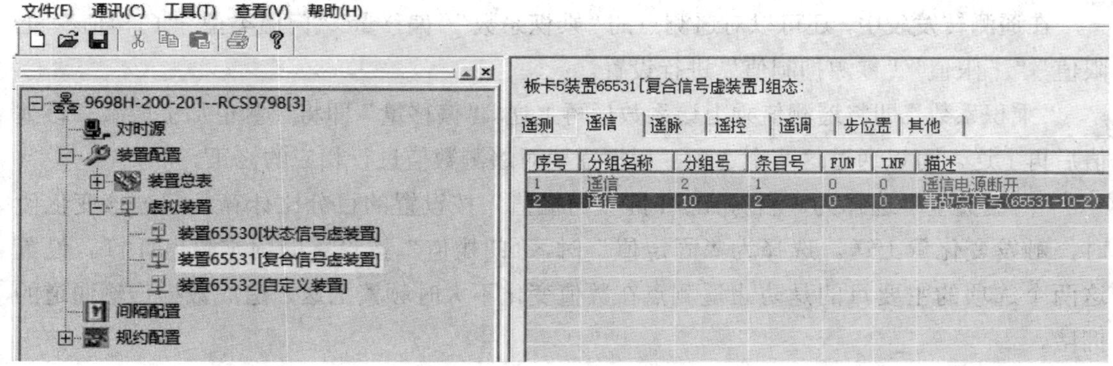

图 3-4-11 事故总信号点图

在转发表中，找到需要进行取反的遥信点，点击“状态修正”一栏。在下拉选项中，“不修正”即不对该遥信点进行取反，“状态修正”即对遥信点进行取反，如图 3-4-12 所示。

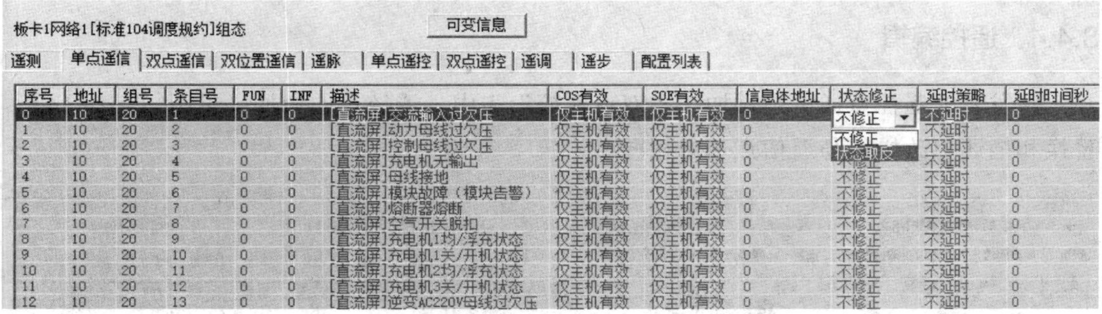

板卡1网络1[标准104调度规约]组态 可变信息

遥测 | 单点遥信 | 双点遥信 | 双位置遥信 | 遥脉 | 单点遥控 | 双点遥控 | 遥调 | 遥步 | 配置列表

序号	地址	组号	条目号	FUN	INF	描述	COS有效	SOE有效	信息体地址	状态修正	延时策略	延时时间秒
0	10	20	1	0	0	[直流屏]交流输入过欠压	仅主机有效	仅主机有效	0	不修正	不延时	0
1	10	20	2	0	0	[直流屏]动力母线过欠压	仅主机有效	仅主机有效	0	不修正	不延时	0
2	10	20	3	0	0	[直流屏]控制母线过欠压	仅主机有效	仅主机有效	0	状态取反	不延时	0
3	10	20	4	0	0	[直流屏]充电机无输出	仅主机有效	仅主机有效	0	不修正	不延时	0
4	10	20	5	0	0	[直流屏]母线接地	仅主机有效	仅主机有效	0	不修正	不延时	0
5	10	20	6	0	0	[直流屏]模块故障（模块告警）	仅主机有效	仅主机有效	0	不修正	不延时	0
6	10	20	7	0	0	[直流屏]熔断器熔断	仅主机有效	仅主机有效	0	不修正	不延时	0
7	10	20	8	0	0	[直流屏]空气开关脱扣	仅主机有效	仅主机有效	0	不修正	不延时	0
8	10	20	9	0	0	[直流屏]充电机1均/浮充状态	仅主机有效	仅主机有效	0	不修正	不延时	0
9	10	20	10	0	0	[直流屏]充电机1关/开机状态	仅主机有效	仅主机有效	0	不修正	不延时	0
10	10	20	11	0	0	[直流屏]充电机2均/浮充状态	仅主机有效	仅主机有效	0	不修正	不延时	0
11	10	20	12	0	0	[直流屏]充电机3关/开机状态	仅主机有效	仅主机有效	0	不修正	不延时	0
12	10	20	13	0	0	[直流屏]逆变AC220V母线过欠压	仅主机有效	仅主机有效	0	不修正	不延时	0

图 3-4-12 遥信点取反图

“COS 有效”“SOE 有效”可以选择是否上送该遥信点的 COS 报文和 SOE 报文。点击可以在下拉选项中选择设置为“仅主机有效”“主备机均有效”“主备机均无效”。

“延时策略”点击后可以在下拉选项中选择设置为“不延时”“延时变分”“延时变合”，并可在“延时时间秒”中填写延时的时间。

3.4.3 遥测编辑

遥测点的增加（见图 3-4-13）、替换和描述更改操作与遥信点基本相同。

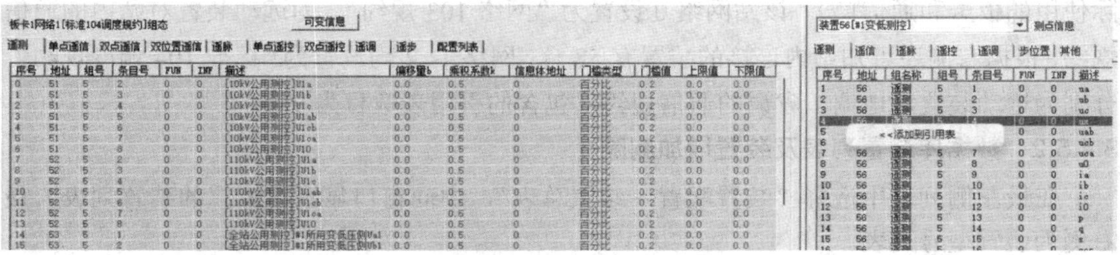

板卡1网络1[标准104调度规约]组态 可变信息

遥测 | 单点遥信 | 双点遥信 | 双位置遥信 | 遥脉 | 单点遥控 | 双点遥控 | 遥调 | 遥步 | 配置列表

序号	地址	组号	条目号	FUN	INF	描述	偏移量b	乘积系数k	信息体地址	门槛类型	门槛值	上限值	下限值
0	51	5	2	0	0	[10kV公用测控]U1a	0.0	0.5	0	百分比	0.2	0.0	0.0
1	51	5	3	0	0	[10kV公用测控]U1b	0.0	0.5	0	百分比	0.2	0.0	0.0
2	51	5	4	0	0	[10kV公用测控]U1c	0.0	0.5	0	百分比	0.2	0.0	0.0
3	51	5	5	0	0	[10kV公用测控]U1ab	0.0	0.5	0	百分比	0.2	0.0	0.0
4	51	5	6	0	0	[10kV公用测控]U1cb	0.0	0.5	0	百分比	0.2	0.0	0.0
5	51	5	7	0	0	[10kV公用测控]U1ca	0.0	0.5	0	百分比	0.2	0.0	0.0
6	51	5	8	0	0	[10kV公用测控]U10	0.0	0.5	0	百分比	0.2	0.0	0.0
7	52	5	2	0	0	[110kV公用测控]U1a	0.0	0.5	0	百分比	0.2	0.0	0.0
8	52	5	3	0	0	[110kV公用测控]U1b	0.0	0.5	0	百分比	0.2	0.0	0.0
9	52	5	4	0	0	[110kV公用测控]U1c	0.0	0.5	0	百分比	0.2	0.0	0.0
10	52	5	5	0	0	[110kV公用测控]U1ab	0.0	0.5	0	百分比	0.2	0.0	0.0
11	52	5	6	0	0	[110kV公用测控]U1cb	0.0	0.5	0	百分比	0.2	0.0	0.0
12	52	5	7	0	0	[110kV公用测控]U1ca	0.0	0.5	0	百分比	0.2	0.0	0.0
13	52	5	8	0	0	[110kV公用测控]U10	0.0	0.5	0	百分比	0.2	0.0	0.0
14	53	5	1	0	0	[全站公用测控]#1所用变低压侧Ua1	0.0	0.5	0	百分比	0.2	0.0	0.0
15	53	5	2	0	0	[全站公用测控]#1所用变低压侧Ub1	0.0	0.5	0	百分比	0.2	0.0	0.0

装置56[#1变低测控] 测点信息

遥测 | 遥信 | 遥脉 | 遥控 | 遥调 | 步位置 | 其他

序号	地址	组名称	组号	条目号	FUN	INF	描述
1	56	遥测	5	1	0	0	ua
2	56	遥测	5	2	0	0	ub
3	56	遥测	5	3	0	0	uc
4	[illegible]	[illegible]	[illegible]	[illegible]	[illegible]	[illegible]	[illegible]
5		<<添加到引用表			0	0	uab
6					0	0	ucb
7	56	遥测	5	7	0	0	uca
8	56	遥测	5	8	0	0	u0
9	56	遥测	5	9	0	0	ia
10	56	遥测	5	10	0	0	ib
11	56	遥测	5	11	0	0	ic
12	56	遥测	5	12	0	0	i0
13	56	遥测	5	13	0	0	p
14	56	遥测	5	14	0	0	q
15	56	遥测	5	15	0	0	s

图 3-4-13 遥测点增加图

在遥测转发表中，还可以对遥测点的“乘积系数”“偏移量”“门槛类型”“门槛值”“上限值”“下限值”“零漂抑制值”进行设置。

“乘积系数”即将遥测值乘上该系数后再上送。“偏移量”即将遥测值加上或减去该数值后再上送。可以通过这两个选项，根据需要对遥测数值进行相应的修正。

“门槛类型”选择为“百分比”时，“门槛值”按设置的百分比计算，超过该变化值时，触发变化量上送。选择为“固定值”时，“门槛值”按设置的固定数值计算。设置这两个选项的主要目的是防止遥测点在数值变化不大时频繁上送，造成数据传输通道的拥堵。

“上限值”“下限值”分别代表该遥测允许上送的最大值和最小值。

“零漂抑制值”不填入数值时，不启用零漂抑制功能。填入设定数值后，当遥测数值小于设定值时，该遥测点上送的数值置零。零漂抑制的主要目的是消除装置的零漂数值并使遥测数值置零。

3.4.4 遥控编辑

转发表的遥控点通常是添加在“双点遥控”表中。遥控点的增加（见图 3-4-14）、替换和描述更改操作与遥信点基本相同。

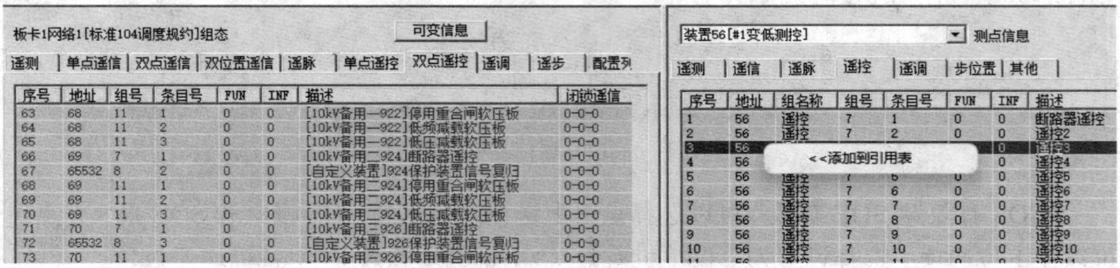

图 3-4-14 遥控点增加图

3.4.5 其他参数配置

3.4.5.1 远动装置的通信规约

如图 3-4-15 所示，在最左侧列表中点击“规约配置-板卡 1-网络”（选择现场实际使用的板卡和通信口）。该站网络 0 设置为“网络 103 规约”，为远动装置对站内的通信规约，根据右侧还可知站内连接的装置有 58 台；网络 1、2 均设置为“标准 104 调度规约”，分别为远动装置对地调、省调的通信规约，包含的引用表数目为 9 个。

3.4.5.2 数据库装置列表及装置增加删除

在最左侧列表中选择“装置配置-装置总表”，中间窗口显示已配置的装置列表，最右侧为装置型号列表。

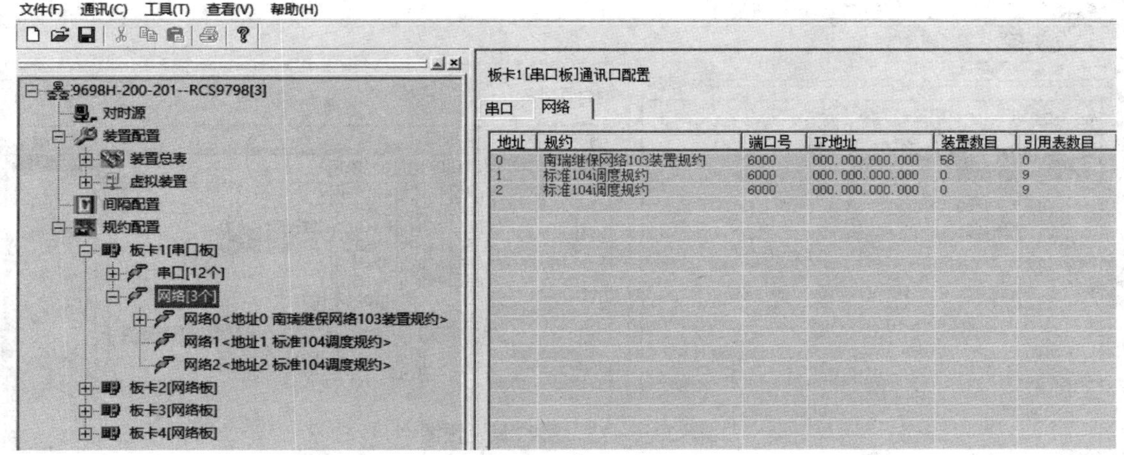

图 3-4-15　远动装置规约配置图

装置型号列表中选中要添加的装置类型，点击右键选择“添加装置”菜单或者直接在该条目上双击，便可在装置列表中增加一新装置，其型号就是装置型号列表中选中的装置类型，默认装置描述名和装置类型一致，同时该装置的测点信息前加上了装置的描述名。

在中间窗口的装置列表中选择要删除的装置条目（也可同时选中多个），点击右键，在弹出菜单中选择“删除（Delete）”项，或直接按下Delete键，便可在装置列表中删除该装置，同时删除其他间隔或端口中的该装置条目和所有该装置的引用测点信息，如图3-4-16所示。

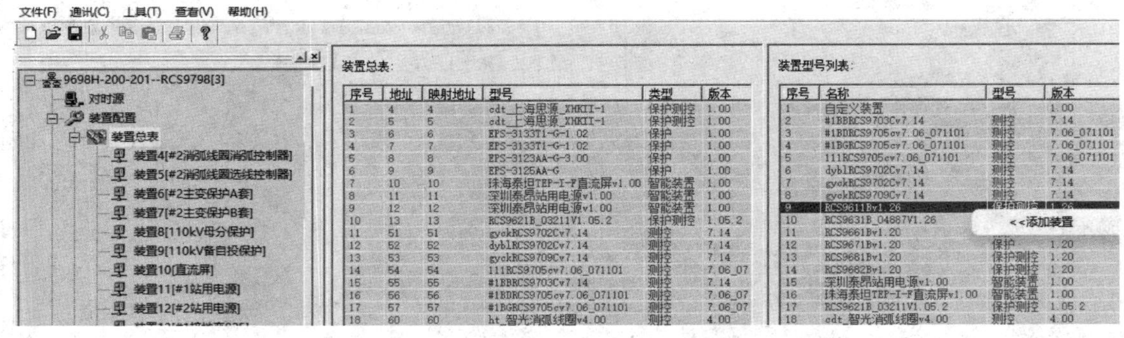

图 3-4-16　数据库装置的增加与删除图

3.4.5.3　对时源的设置

在最左侧列表中选择“对时源”，中间窗口出现对时源配置信息。

点击右键，在弹出的菜单中选择“删除对时源”可删除所有被选中的对时源条目。如果需要配置多个对时源，点击右键在弹出的菜单中选择“添加对时源”可增加新的对时源配置条目。点击某对时源条目对应的单元格可以修改对时源所在的板卡和通信口，设置对时源的优先级，如图3-4-17所示。

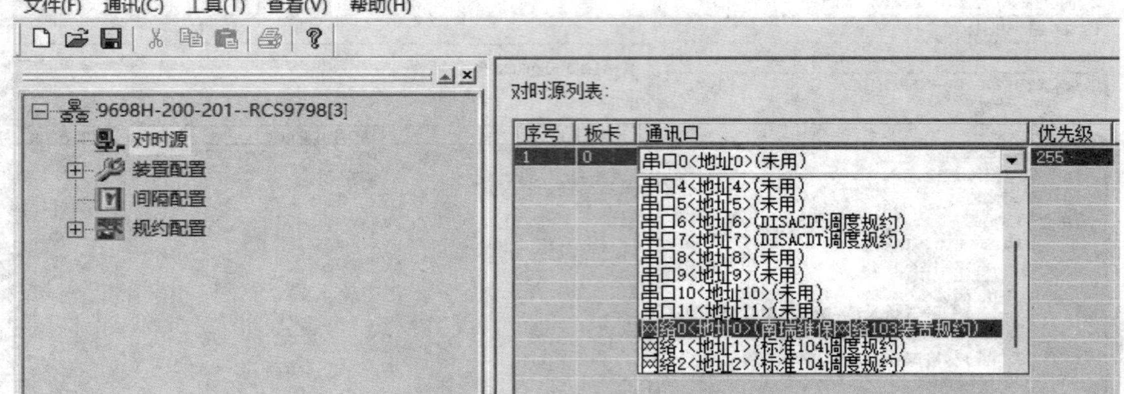

图 3-4-17　对时源设置图

3.4.5.4　端口配置信息的复制

在组态工具最左侧的某个规约端口上点击右键，弹出菜单。若当前端口配置规约为对下通信规约，菜单项都为不可用状态，即对下规约不可复制（对下规约只需有一个）。若当前端口配置规约为对上通信规约，“复制配置”项可用。选择“复制配置”，进行复制操作，之后在目标端口上点击右键，若端口没有配置规约或者已经配置了对上规约，“粘贴配置”菜单项才可用，选择该菜单项，进行粘贴操作，将前一个端口的配置完整复制到目标端口之上，如图 3-4-18 所示。

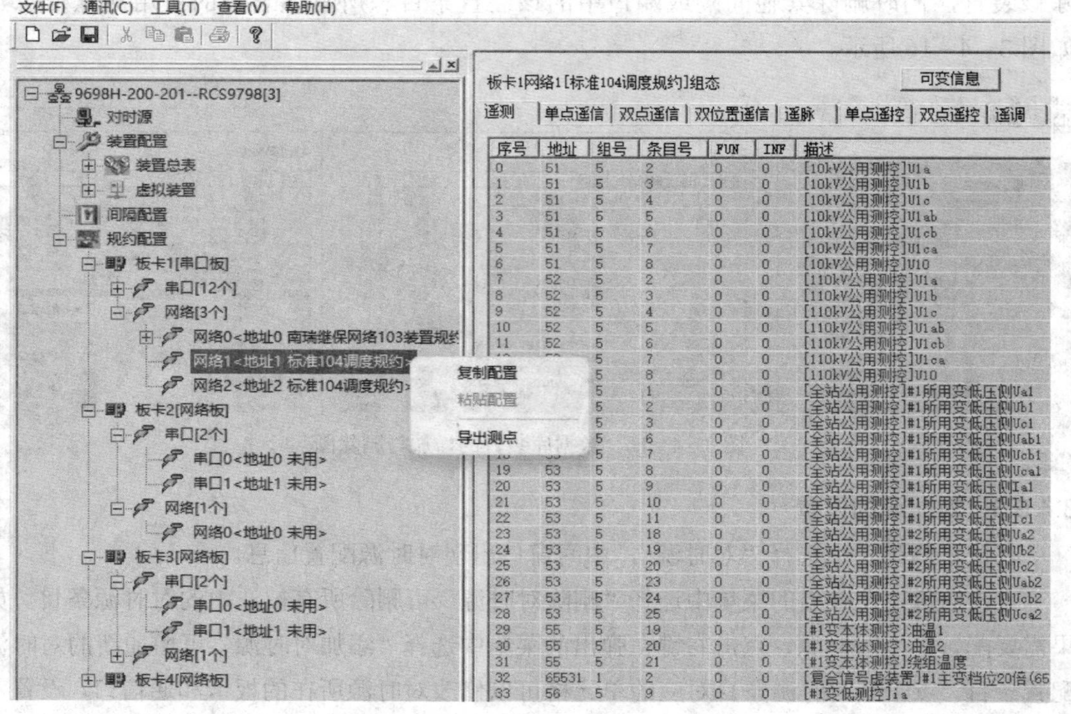

图 3-4-18　规约配置复制图

4　NS系列厂站自动化系统

4.1　NS3000一体化监控系统

4.1.1　NS3000一体化监控系统简介及结构

NS3000（V8.0以上版本，基于Redhat操作系统，后文一律简称V8系统）变电站计算机监控系统采用分层分布式模块化思想设计，系统分为两层：站控层和间隔层。站控层与间隔层之间通过通信网络相连。其典型结构如图4－1－1所示。

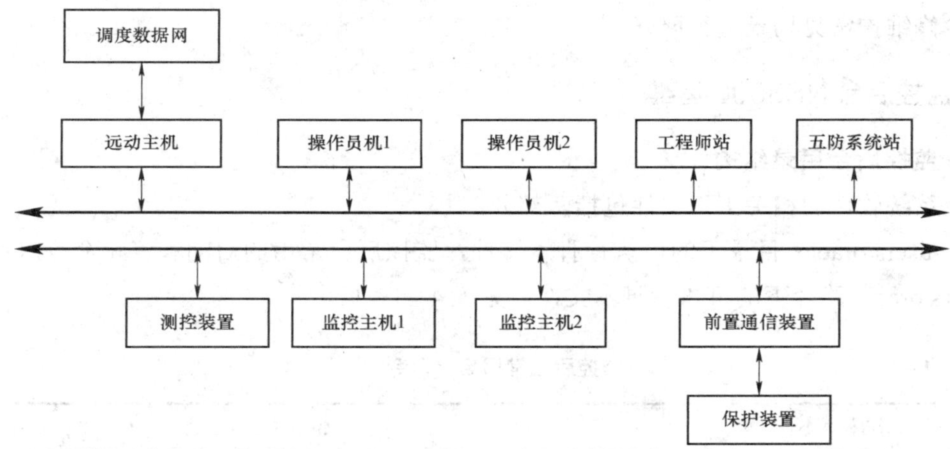

图4－1－1　NS3000厂站自动化系统典型结构

站控层设备一般由监控主机（主备冗余配置）、操作员工作站（可按需配置）、工程师工作站、远动主机、前置通信装置、测控装置等部分组成，全面提供变电站设备的状态监视、控制、信息记录与分析等功能。

对于220kV及以上电压等级变电站或用户电站，通常至少配置一主一备模式的双监控主机，也可根据实际情况配置操作员工作站；对于110kV及以下电压等级变电站或用户电站，从经济角度考虑，通常只配置单台监控主机。

间隔层设备主要是测控装置，用于采集变电站或电厂现场开关等一次设备的各种电气量和状态量，同时站控层设备通过间隔层设备实现对一次设备的遥控。各间隔相互独立，仅通过通信网互连。当采用其他厂家型号的测控装置时，增加了两台主从备用的通信控制器，站控层设备通过通信控制器获取测控设备的信息，不直接与测控装置打交道。

远动工作站主要用于与上级调度交换现场的数据，目前现场统一采用双主机配置，确保任一时刻某一台远动工作站因某种原因退出运行时，另一台远动主机仍独立完成与调度端进行数据交换。

小室前置通信装置（现场经常称作保护管理机）：主要用于与变电站或用户电厂内第三方的智能设备如：保护装置、直流屏、电能表等进行通信，以达到信息共享的目的，方便运行监视。

由于采用统一平台监控系统，全站用统一组态模式，站控层系统包括后台系统、远动系统和若干小室的前置通信装置，只需在监控后台对数据库组态统一配置后，下装到各站控层设备，无需对各个设备分别进行配置。因此，监控后台数据库统一配置将成为整个厂站自动化系统维护的重点。

由于篇幅限制，本章节仅针对近年现场常见 V8 系统配合的 NSC332 总控装置（既可以用作远动工作站，也可以用作智能接口管理机使用）及采用 IEC 61850 统一模型接入的 NSD500 系列测控装置（包括 NSD500 M2 及 NSD 500M4 型测控装置）进行讲解，且仅针对日常检修维护常见场景进行展开。

4.1.2 监控后台 NS3000 运维

4.1.2.1 监控后台目录结构

监控系统软件的相关工程文件包括两部分：

（1）/users/oracle 目录下的可执行脚本文件，监控后台常用的启动和停止命令时通过调用/users/oracle 路径下的可执行脚本文件，见表 4－1－1。

表 4－1－1　　监控后台常用启停命令

常用启停命令	说明
START（启动 NS3000 系统）	启动 NS3000 监控系统应用程序
STOP（关闭 NS3000 系统）	此命令先关闭 NS3000 应用程序，再关闭 oracle 数据库
REBOOT（重启系统）	此命令先关闭 NS3000 应用程序，再关闭 oracle 数据库，最后重启操作系统
SHUTDOWN（关机）	此命令先关闭 NS3000 应用程序，再关闭 oracle 数据库，最后关闭操作系统并关掉电源
startdb（启动 oracle 数据库）	用 SQL 语言只启动 oracle 数据库。一般被包含在 START 文件里执行
stopdb（关闭 oracle 数据库）	用 SQL 语言只关闭 oracle 数据库。一般包含在 STOP、REROOT、SHUTDOWN 的三个文件里执行

oracle 数据库一旦启动后，关闭操作系统或者重启机器前一定先要用命令将数据库关闭，否则会造成不可预计的后果！因此为了使用方便，START 命令中有 startdb 命令，而 STOP、REBOOT、SHUTDOWN 中有 stopdb 命令。

（2）/users/oracle/ns2000 目录下的工程数据目录，见表4－1－2。

表4－1－2 工 程 数 据 目 录

工程数据目录名称	对应中文名称
Exe	可执行程序目录
Sys	系统配置文件目录
Data	工程数据目录
db_save	保存文档数据库文件目录
db_save_ascii	将数据库保存为 ascii 文档目录
field_describe	描述数据库界面文件目录
field_describe_default	用户设定的本机显示格式保存文件目录
print_data	打印信息缓冲区文件存放目录
dup_tmp_1	1#网数据库同步文件目录
dup_tmp_2	2#网数据库同步文件目录
Export	数据库表备份文件目录
pro_sys	规约配置文件目录
sql_sentence	数据库脚本文件目录
Pas	网络拓扑入库文件目
Log	程序运行记录保存目录
front_save	前置通信报文保存目录
sample_save	历史采样检索数据保存目录
warn_save	历史告警浏览检索数据保存目录
sql_tmp	sql 同步临时文件存放目录
wf_sys	五防操作票系统的配置文件目录
Comtrade	IEC 61850 变电站中召唤故障报告时的存放目录
setting_sys	IEC 61850 变电站中保护定值界面的配置目录
sg_data	事故反演时的数据保存目录

4.1.2.2 监控后台启动及停止

（1）启动：在桌面右键选择打开终端，输入 START 直接启动监控后台，启动时间依服务器配置，完全启动一般需要等候3分钟左右，启动后终端窗口不断刷新报告，请勿关闭。如图4－1－2所示。

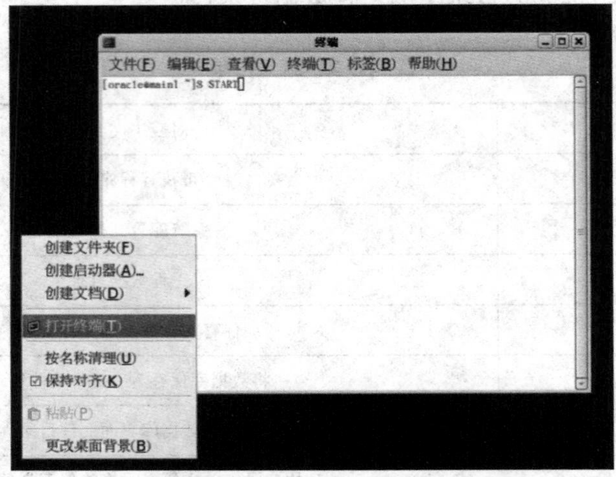

图4－1－2　监控后台的启动

（2）关闭：在桌面右键选择打开终端，输入STOP直接停止监控后台及相关进程，注意重启前请先保存修改的数据库相关配置。

4.1.2.3　备份及还原

1. 备份

监控后台提供备份工具backup_data用于日常备份，备份程序具体路径为users/oracle/ns2000/sql_sentence/backup_data。

backup_data 工程备份文件，备份数据保存在/users/oracle/backup目录下。它执行的内容包括：

（1）用export_tables 工具生成数据库备份文件。

（2）删除历史数据，缺省删除当前时间之前一年内的数据。

（3）生成备份摘要：备份时间、软件版本、工程名称、备份人名称、备份日期。

（4）备份data、export、sys、pro_sys、setting_sys/config、setting_sys/modelfiles目录。

（5）备份文件START、POWEROFF、REBOOT、SHUTDOWN、STOP、startdb、stopdb、/etc/hosts文件。

在备份前，保证NS3000监控系统处于运行状态，至少保证数据库启用状态，才能调用数据库进行备份；备份过程见图4－1－3。备份过程中，会多次提示操作：

（1）提示是否需要需要覆盖已有备份，选y。

（2）提示是否继续，选y。

（3）提示是否备份历史数据，可根据需要选择自行选择，一般选n。

（4）备份中途会提示输入备份文件名称及备份人员，可根据习惯自行命名，一般推荐以工作当天日期命名，便于区分。

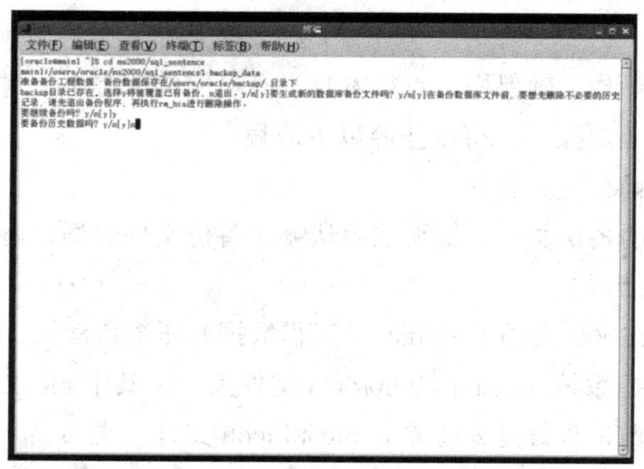

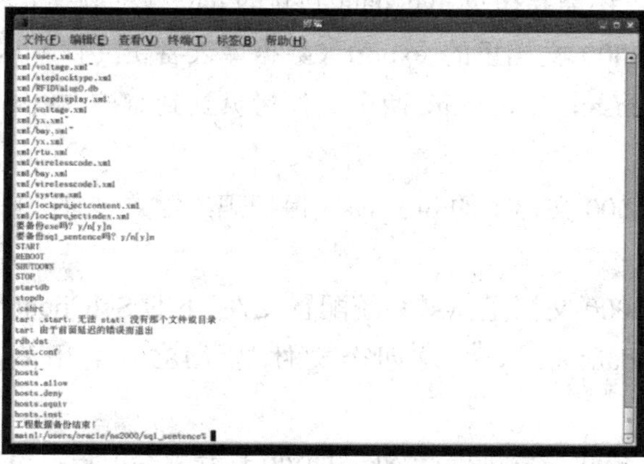

图4-1-3　监控后台的备份

（5）备份末尾会提示是否备份exe文件夹及sql_sentence文件夹，选n，即完成备份。

（6）最后，将oracle下的backup文件夹复制，并重命名为backup+日期+主机名的方式留存，如：backup20220322mian1，方便其他人员查阅使用，同时也避免下次备份是覆盖，造成前一次备份文件丢失，如图4-1-4所示。

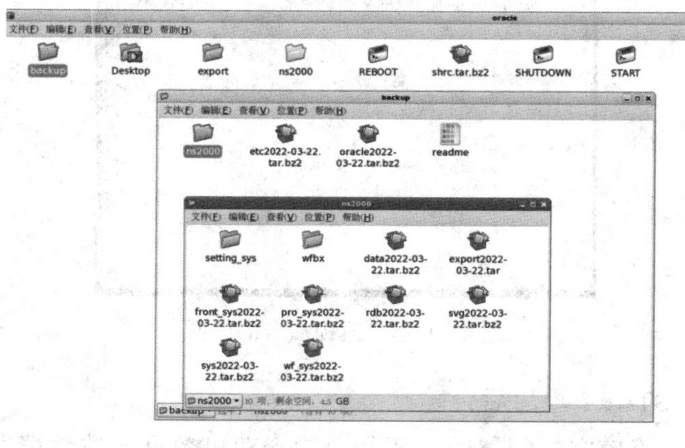

图4-1-4　监控后台备份路径

2. 还原

如现场涉及还原操作，确保操作系统本身没有异常的前提下，对监控后台系统，仅针对数据库和画面进行还原操作，可以按照以下流程：

（1）在还原工作前，做好备份。

（2）准备好正常的备份文件，如无法确认哪个备份文件合适，请与厂家工程人员做好沟通核对，切勿随意还原！

（3）将 backup/ns2000 文档里的 data（工程数据）压缩包解压，将里面的 pic 及 icon 两个文件夹拷贝到监控系统 oracle/ns2000/data 文件夹内，其中 pic 文件夹是图形，icon 文件夹是图元；在拷贝前，最好是先将原先 pic 和 icon 文件夹重命名一下，避免拷贝直接覆盖；如果站内有 AVC，还需要拷贝 avc_data 到新的 data 文件夹。

（4）将 backup/ns2000 文档里的 export（数据库表备份文件）压缩包解压，将里面的 opendata.dmp.gz 和 opensample.dmp.gz 两个文件拷贝到到监控系统 oracle/ns2000/export 文件夹内覆盖。

（5）将 backup/ns2000 文档里的 pro_sys（保护规约配置文件）拷贝到 oracle/ns2000 覆盖同名文件夹。

（6）将 backup/ns2000 文档里 sys（系统配置文件）下的 SclClient.Scd、SclClient.Scd.dat、TplBdaMap.sys、TplBdaMap2.sys（这四个文件是 61850 需用到），拷贝到监控系统 oracle/ns2000/sys 里覆盖。

（7）先执行 STOP 停止后台进程，然后 startdb 打开数据库后，再到 users/oracle/ns2000/sql_sentence 路径下，执行 oracle_reinstall 命令进行还原，如图 4-1-5 所示。也可以执行 import_opendata 和 import_opensample 单独还原数据库和历史库，注意执行 oracle_reinstall 时不会提示是否进行，切不可中断，切记做好相关备份！

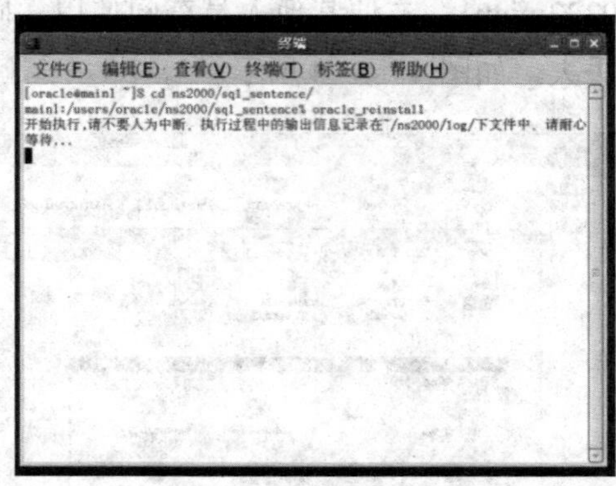

图 4-1-5　监控后台的还原

（8）STOP 后，START 重启后台。

（9）对于主备双监控主机配置的，还需要检查双机数据一致性情况，在 users/oracle/ns2000/sql_sentence 路径下，执行 sync_db，选择从 A 网进行还是从 B 网进行。如果主备机是双网运行，则可以 A、B 网任意选一个，如果是单网运行，则只能选择A网。

输入 1 是检测工程数据库的一致性，比如遥信定义表、遥测定义表、装置表、网络参数表，此类都属于工程数据。

输入 2 是检测历史数据一致性，检查遥信变位表、逻辑设备工况表、遥测历史表，此类属于历史数据。

输入 3 是手动同步历史数据库，两台机器的历史记录会相互同步。

输入 4 是一般用于发现工程数据库不一致，则用来进一步检查主备机的同一张表不同点，查问题用。

（10）检查数据一致性无误后，还要检查同步进程是否正常，在终端里面输入 tnsping ora1 与 tnsping ora2，检查无误后，还原备份完成。检查数据同步情况，显示 OK 表示同步进程正常。

4.1.2.4 控制台菜单简介

控制台的位置应在屏幕下方操作系统状态栏之上，并始终在最前面。控制台窗口从左到右分为四个区域，包括开始菜单区域，快捷键区域、控制区域和系统参数区域，如图 4-1-6 所示。

图 4-1-6 控制台的布局

控制台启动方式为：

（1）命令方式：在目录/users/oracle/ns2000/exe 下输入 nspanel 即可。

（2）系统自启动脚本 START 中自行启动。

开始菜单：点击此菜单，可弹出上拉操作菜单，红色部分包括子菜单。开始菜单图标右侧显示“开始”。开始菜单包括调试工具、维护程序、应用功能、用户登录、用户注销、退出系统，如图 4-1-7 所示。

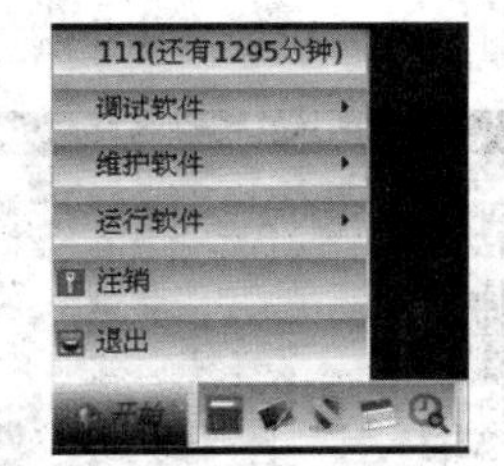

图 4-1-7 开始菜单的布局

4.1.2.5 人员权限管理

用户管理将用户分为超级用户（即用户管理的超级用户系统管理员 sa）、普通用户两种。各个普通用户的权限的不同，此处权限是指在监控系统里所具有的权限，如遥控、数据库操作、画面编辑等。现有系统将普通用户分为几种类型：一般用户、保护操作员、超级用户、系统维护员、值班员。还可以根据运行权限的需要定义不同的普通用户类型。

系统管理员 sa 具有增加、修改、添加、删除普通用户的权限，普通用户只可以查看自己的属性。

（1）开始菜单选择“运行软件－系统管理－账户管理”，如图 4-1-8 所示，用 sa 用户登入，sa 用户默认口令为空，可根据需要修改。

（2）选择某一用户后，点击修改，可以修改用户名称及所属用户组别，但不能修改密码。如需要修改密码，需要登入该用户，才能进行修改密码，点击“属性”按钮后，如图 4－1－9 所示。从图中可看出 111 用户的用户信息和权限信息，但是不能修改，唯一能修改的只是已有的口令信息。

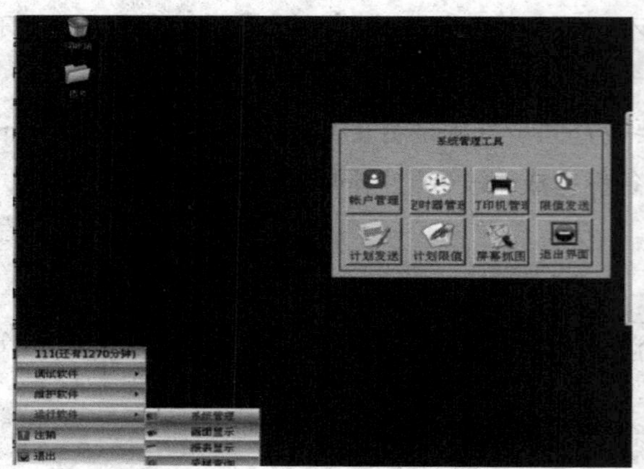

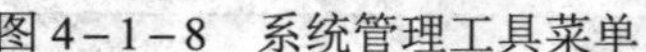
图 4－1－8　系统管理工具菜单

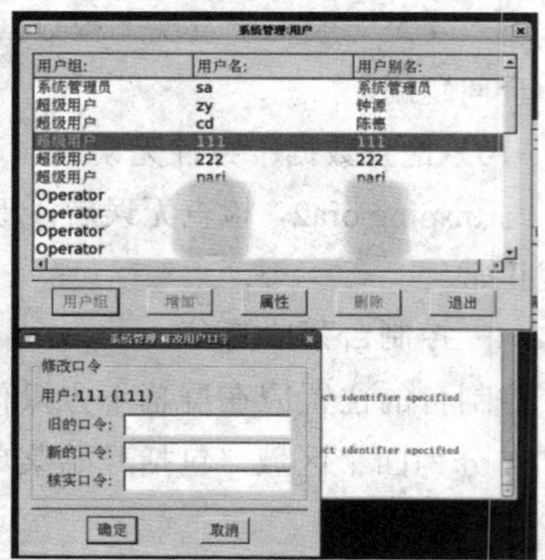

图 4－1－9　账户管理菜单

（3）添加用户。点击添加，输入用户名及用户别称，ID 号默认即可，根据实际情况选择用户组名，再根据实际需要勾选登入结点和所属责任区，一般可点击全部勾选，最后输入密码口令和核实口令，点击确定生效，如图 4－1－10 所示。

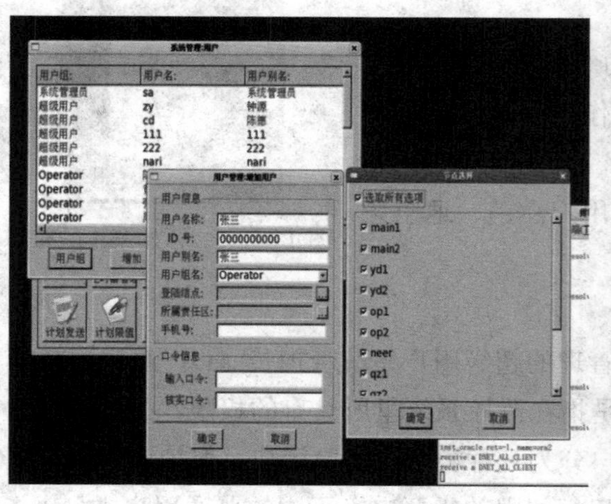

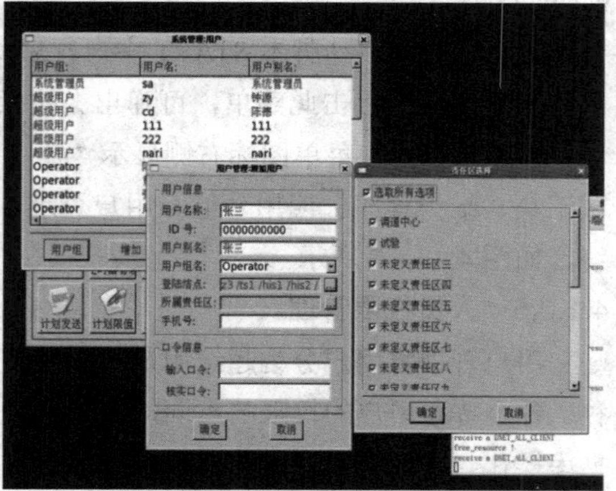

图 4－1－10　添加用户菜单

（4）删除用户，选择需要删除用户名，点击删除，确认即可，如图 4－1－11 所示。

（5）修改用户组，点击用户组，选择需要编辑的用户组，在基本权限和 SCADA 权限中勾选所需要的功能权限，点击确认保存，如图 4－1－12 所示。

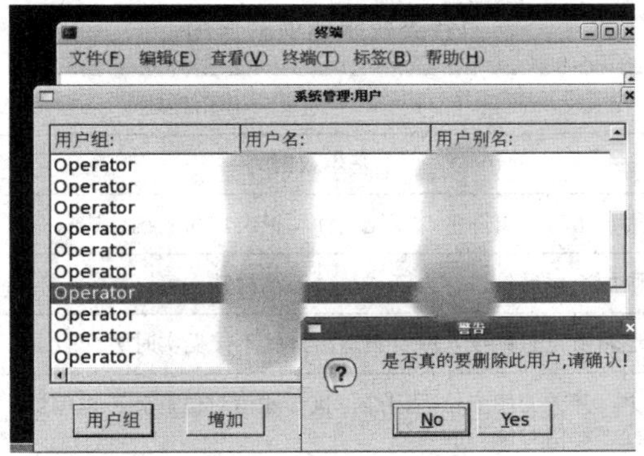

图 4-1-11　删除用户菜单

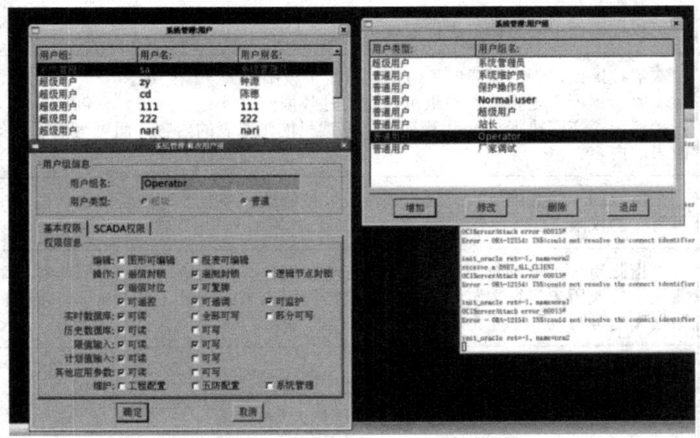

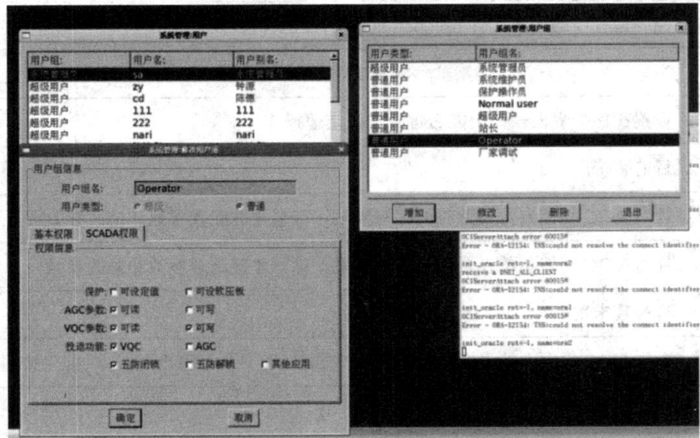

图 4-1-12　修改用户组菜单

表 4-1-3 中具体描述各类权限选项的作用。

表 4-1-3　　各类权限选项的作用

权限名称	作用描述
基本权限	
编辑	是指此用户组可编辑图形、图元文件和报表。而系统默认只有可读权限
遥信封锁	可以在画面上对遥信进行人工置数、遥测封锁：可以在 graphide 上对遥测量进行遥测置数
逻辑节点封锁	可以对逻辑节点封锁投入或封锁退出，就不接受实时数据的刷新
遥信对位	在画面中，开关刀闸变位后闪烁，执行遥信对位后就不再闪烁。光字牌闪烁后执行的“清光字”也就是执行“遥信对位”的功能
可置牌	可以在画面上对设备置检修、接地、故障、危险四种标志牌
可遥控	可以在画面上对可遥控的设备进行遥控
可遥调	可以在画面上对遥调量进行遥调
可监护	在遥控遥调过程中需要监护时，具有监护权限的人才能监护。 实时数据库：是指此用户组可以对实时数据库进行哪些操作。它包括只读、全部可写、部分可写三种权限。亦即执行 dbtool 程序时，只读只能浏览表的内容，而可写除了具备可读的权限，还能修改表的内容
部分可写	在特定的一张表中可设定只有某些表可被修改。当要改这些表的具体内容时，就需要具有“部分可写”的权限
历史数据库	是指此用户组可以对历史数据库进行哪些操作。它包括只读、可写两种权限。即用曲线工具修改曲线、修改历史告警浏览和历史采样数据检索出来的记录、报表显示时修改报表值时，都要有历史数据库的可写权限才能完成
限值输入	是针对限值表进行的操作
工程配置	控制台程序的配置文件 user.def 中的维护人员的权限
五防配置	数据库组态工具中是否可以操作操作票类下的表的权限
系统管理	控制台程序的配置文件 user.def 的系统管理员的权限
SCADA 权限	
可设定值	设置在保护界面操作上能否进行修改定值操作
设软压板	目前暂未用
AGC 参数	针对 AGC 功能参数设置时的读写权限。可写才能配置参数和修改参数。目前暂未用
VQC 参数	针对 VQC 功能参数设置时的读写权限。可写才能配置参数和修改参数
其他应用参数	目前暂未用
功能投退 VQC	操作 VQC 界面上的“全站启动 VQC 功能”和“全站退出 VQC 功能”按钮功能时需要此权限
AGC	目前暂未用
五防闭锁	当在画面上对某个可遥控对象要进行遥控解锁时，需要“五防闭锁”权限。有此权限的人对某设备“遥控解锁”后，在画面上该设备的旁边就自动出现一个醒目的“解锁”标志牌。同样，画面上设备的操作菜单中的“闭锁解除”也需要五防闭锁权限
其他应用	投退其他应用时需要的权限。目前暂未用

4.1.2.6 画面浏览及编辑

启动图形编辑器有两种方式：① 在控制台面板上选择维护－图形编辑；② 在命令窗口进入/users/oracle/ns2000/exe 目录，执行 graphide 命令。

（1）打开画面，可以使用控制台的画面显示快捷按钮进入，也可通过开始菜单－运行软件－画面显示进入，选择网络打开，点击所需画面确定进入画面，如图 4－1－13 所示。

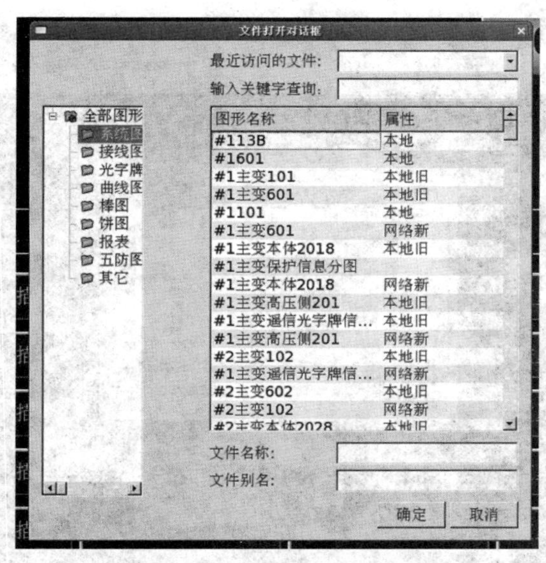

图 4－1－13 图形画面选择菜单

图 4－1－13 中左侧为一树状结构，分为系统图、接线图、光字牌图、曲线图、饼图、棒图、报表及其他。当使用鼠标左键双击类别名称，可打开 / 关闭该类图形，当选中某一图形后，双击该图形名称或单击“确定”按钮可打开图形，若某图形只保存在本地，则在该图形后标出（本地），若该图形只存在网络上，则在该图形后标出（网络），若本地图形与网络图形一致，则只显示图形名称，若本地图形与网络图形都经过修改，则会显示两个同一图形名称，并在后面分别标出“（本地）”“（网络）”或“（本地一新）”“（网络一旧）”或“（本地一旧）”“（网络一新）”。

（2）在浏览画面时，如需要修改画面内容，可以直接通过右上角的切换到编辑态快速进入，修改后可以点击网络保存；按“确定”按钮则完成保存。

按下“网络保存”按钮后，则将该图形保存到网络上，若本地图形与网络图形一致，则弹出提示信息，提示无需保存；否则本地将自动保存更新。

如果遇到间隔更名需要变更图形名称的，可以先选择本地另存为，重新命名后点击确认，再点击网络保存，此外，相关联的画面跳转热敏点重新关联新的图形文件，画面中文本也需要对应替换。

图形名称不能超过 20 个字节，一个汉字算 2 个字节。建议输入图形别名，限制在 16 个字符内，以方便后面定义事故推画面。

（3）画面编辑。在画面编辑状态下，可以使用常用的 Ctrl+C 复制、Ctrl+V 粘贴、Ctrl+X 剪切、Ctrl+Z 撤销上一步操作、Ctrl+Shift+Z 恢复上一步操作等快捷键操作；编辑画面各区域功能见图 4-1-14。

图 4-1-14　画面编辑界面布局

在画面编辑状态下，尽可能使用已有图元进行复制粘贴，可以提高图元使用效率，由于 V8 系统数据库所包含的条目较多，在图元选择的数据库连接时跳出的检索窗口难以快速定位，下面将展示常用图元的检索窗口信息。

4.1.2.7　告警信息查询

现场处理缺陷或核对信号时，经常需要根据条件查询某一时间段的历史信号，监控后提供了告警信息查询工具，在系统下方控制台中点击告警信息查询快捷按钮进入。

右侧查询参数设置工具栏，可设置起止时间，根据需求选择厂站、装置、逻辑设备等参数，点击查询按钮即可进行查询，如图 4-1-15 所示；点击保存文件，可将查询结果默认以 xls 格式保存在/users/oracle/ns2000/warn_save 路径下，可导出进一步分析。点击查找可以在已有条目下继续筛选，点击隐藏按钮可以隐藏右侧查询参数设置工具栏。

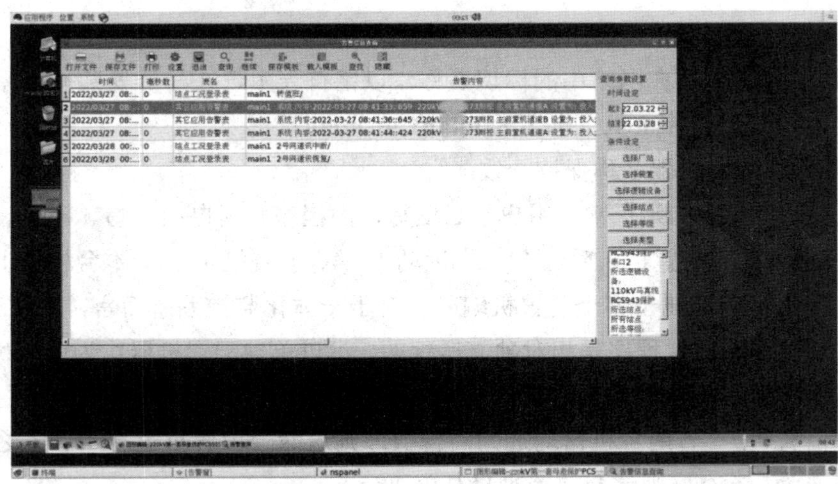

图 4-1-15 查询窗口界面

4.1.2.8 实时数据库维护

由于数据库较多，本节重点内容均用黑体加粗标明，读者在使用时可根据目标，查阅相关小节内容，并留意加粗的内容。

有两种方法启动 dbtool：① 从 NS3000 系统的控制台上选择：以系统维护员权限登录后，用鼠标单击“系统维护”图标，再单击“数据库编辑”。② 在/users/oracle/ns2000/exe 目录下直接运行 dbtool。

1. 系统配置类

大部分信息供查看，其中告警信息配置表、状态量表、告警类型定义表、外设信息表一般不做设定，不再展开说明。

（1）结点信息表。定义组成一体化监控系统的计算机和前置设备，如图 4-1-16 所示。

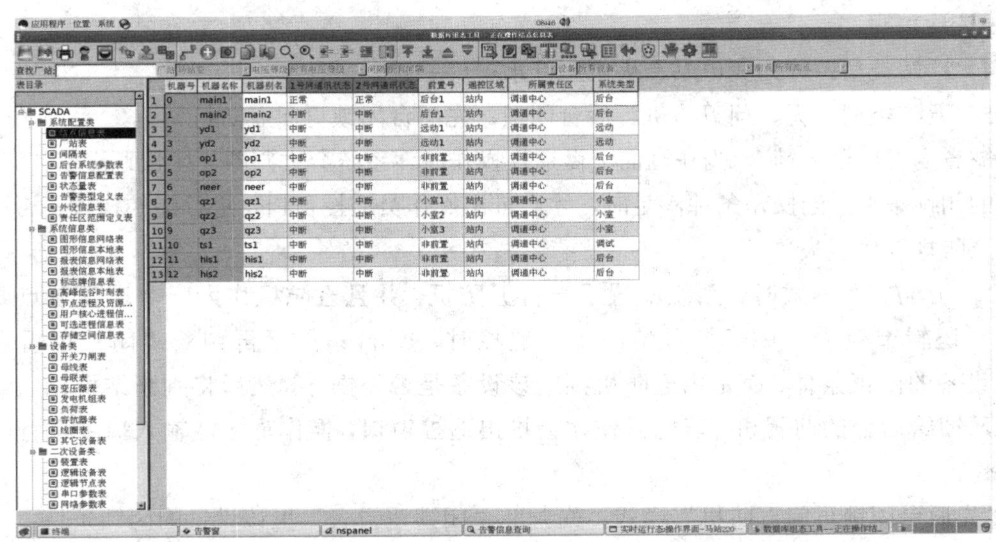

图 4-1-16 节点信息表页面

1）机器号：从 0 开始，顺序递增。

2）**机器名称**：机器在网络中的标识名称，以字符表示，**在机器安装操作系统时就已定义好机器名，一般监控主机主机名为 mian1 或 mian2**。

3）机器别名：和机器名称保持一致。

4）通信状态分为中断/正常，用户不必填写，由程序判断自动填写。

5）前置机号：非前置机、后台 1～2、远动 1～4、前置机 1～8。本台机器上是否运行前置程序，如果运行，属于哪个前置机编号。**对于一体化监控系统而言，总共可以有 14 个概念上的前置机，前置程序是相对独立运行的**。可以单独配置机器作为前置机运行，也可以用主备服务器主机兼做前置机运行。对于操作员站、工程师站等不运行前置程序的机器，选“非前置机”。**若两台机器均选为后台 1，则这两台前置机也有主、备之分。若只是一台机器选为后台 1，则这台前置机只是单机运行**。

6）遥控区域：站内、远方、调度、就地。站内指，在变电站内监控系统后台机器上做遥控。远方是在变电站外，但机器仍属于监控系统后台一部分的机器上做遥控。就地是指在非后台机器及调度外的地方做遥控。

7）所属责任区：选取责任区表中定义的责任区，一般都选取同一责任区，责任区也与账户设置中责任区选项对应。

8）系统类型：后台、远动、小室和调试。根据具体的对象做选择。

（2）厂站表。定义系统的厂站及其相关属性。一个变电站对应一条记录。本系统可以在一个变电站或集控中心内使用。

1）厂站编号：从 0 开始，最大值为 255。系统可以定义最多 256 个厂站。

2）厂站名称：变电站命名。

3）厂站别名：系统只用于监控当前变电站时填 F01；作为集控站时可按 F01、F02、F03…依次填写。

4）厂站类型：分为变电站、火电厂、水电厂三种。

5）**五防类型**：无、问五防机、后台闭锁、先后台闭锁再问五防机。

缺省为“后台闭锁”，当在画面上做遥控操作时，系统会去判断“闭锁逻辑表” 里该设备的闭锁条件，当操作条件满足时，才会推出操作员遥控窗口，进行遥控操作；否则提示“五防规则校核失败！”

“问五防机”模式时，系统配置了一台五防机，并且五防机作为一个逻辑节点要填写在“逻辑节点表”中。此种情况下，遥控时，后台系统不再判断“闭锁逻辑表”里该设备的闭锁条件，而是**由五防机判断该设备是否能操作，然后将判断结果以通信的方式反馈给后台的前置机，若能操作才会推出遥控窗口，操作员才能输入口令进行下一步操作。**

“先后台闭锁再问五防机”模式，先判断“闭锁逻辑表”里该设备的闭锁条件，当满足时再发给五防机判断。一般选择“问五防机”模式。

6）事故标志：程序自动填写域。

7）光字标志：程序自动填写域。

8）安全天数：程序自动更新安全天数（可修改）。

9）设定通道：分为自动选择、通道一～通道七。接一个站（单通道）时填“自动选择”。

在画面浏览画面时，对某一图元按右键，选择参数检索，可以查看数据库连接的具体信息，如图4－1－17所示。

图4－1－17　参数检索框

（3）间隔表。一般按电力系统运行习惯来划分间隔；在装置表中，常见的保护、测控等装置，需要将设备归类到某一间隔中去，**主要用于观察间隔光字标志状态和设置事故推画面功能。**

间隔表中通过间隔别名的设置，将各条间隔记录划分到不同的电压等级和间隔类型，方便以后进行分类筛选。

一个间隔可有多个光字，与遥信定义表中的标志序号对应。在事故推画面时用到，填写画面的全名（不带后缀）。**习惯上每个装置都配备一个间隔记录与之匹配。**

（4）后台系统参数表。

1）序号：值固定。

2）**调试模式**：是/否。缺省为否。

是：在此状态下做遥控时，遥控操作对话框中，操作员输入口令处显示“调试模式”，不用输入操作员口令和请求监护员输入口令，如果条件满足，直接进行遥控预置操作。

否：在此状态下，做遥控的步骤是：在设备操作条件满足的条件下，要推出操作员遥控窗口和监护员口令窗口，输入正确的口令后才能下发遥控预置命令。

3）SOE推告警窗：是/否。缺省为否。若为“是”，则在告警窗中SOE事件会显示。

4）安全天数、系统电压、系统频率，安全天数初始为0，显示在panel控制台上。系统电压、系统频率的域值在控制台上也有显示。

5）**遥调需要监护**：是/否。缺省为否。若为“是”，则遥调过程与开关刀闸设备的遥控过程相同，需操作员和监护员完成。若为“否”，则在遥控对话框中，只要操作员输入口令后，就可以“遥控执行”。

6）数据库版本号：当前版本号。

7）登录用户、有效时间：当前的登录用户及其有效时间。

8）发送和接受对时源设定：发送对时源 LD 必须选择系统节点，如远动、小室、后台，如图 4－1－18 所示，接受对时源 LD 选择发送对时源实际接受对时类型，如网络对时、GPS 对时，采用 B 码对时可以不填此域。

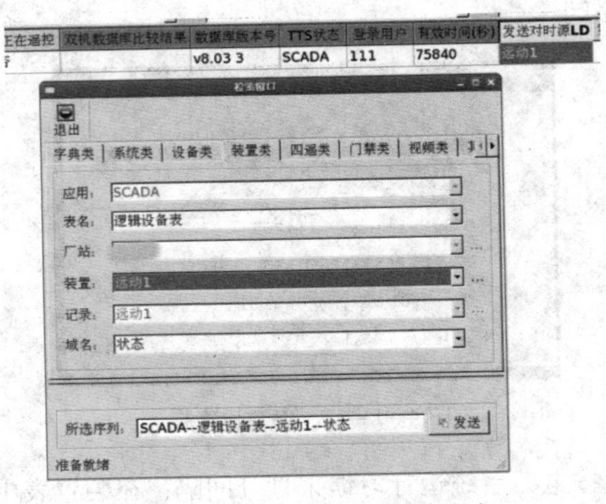

图 4－1－18　发送对时源检索窗

2. 系统信息类

此类表大多数是由系统的某些操作或者变化而自动触发生成的表。一般情况下不用填写，供用户查看相关信息。其中报表信息网络表、报表信息本地表、高峰低谷时刻表、节点进程及资源信息表、用户核心进程信息表、可选进程信息表、存储空间信息表不做展开说明。

（1）图形信息网络表。**此表记录的是图形编辑加网络保存后，图形文件的信息。一旦在图形编辑器里将图形进行网络保存后，则此表里就会自动生成一条记录。**若再次修改那张图后进行网络保存，刚才生成的那条记录的内容就会被更新。

1）图形名称：图形编辑后保存的名称不能超过 20 个字节，并且不能有特殊字符。若名称全是汉字的话，就是 10 个汉字。

2）**图形别名：**保存时不输入内容的话就为空，**图形别名必须是在第一次保存文件时输入，在这张表里手动修改是无效的，修改后将无法打开！**

3）图形类别：系统图、接线图、光字牌图、曲线图、棒图、饼图、报表、五防图、其他。图形编辑后保存时有图形类别选项，保存为一种类型。此功能是将图形归类，好管理。

4）图形编号：保存时不输入内容的话就缺省为 0。

5）图形分割类型：缺省的是图形不分割，为 0。

6）图形平面数：缺省为4个平面，可以在图形编辑时修改。

7）图形分割行数、图形分割列数：缺省为0。一旦图形被分割后，经多人编辑后再融合成1个文件，它们的域值就不为0。

8）图形版本号：由系统自动填写。

9）图形网络拓扑标记：缺省为0。一旦图形通过了网络拓扑功能的节点入库后，域值为一固定值。

（2）图形信息本地表。此表记录的是图形编辑后本地保存后的图形文件信息。表的各个域和“图形信息网络表”一致。

（3）标志牌信息表。**当用户在图形显示界面上对某一个设备进行置牌操作后，就会触发这张表生成一条记录。当解除该标志牌后，对应的记录就会被自动删除。**

1）图形名称：显示在哪个图形里进行了置牌操作。

2）设备别名：显示哪个设备被置牌。

3）设备X位置、设备Y位置：即设备在图形文件中的绝对坐标（x, y）。

4）标志牌号：检修置牌、接地置牌、危险置牌、故障置牌、检修解除、接地解除、危险解除、故障解除、解锁。

5）**标签：对置牌操作的说明，在检修调试工作结束前，可以查看此表检查是否有遗漏摘牌。**内容为：用户名（用户别名）、置牌类型、置牌时间、置牌时的标签（即置牌时输入的标签内容项，一般是注释性的内容），如图4-1-19、图4-1-20所示。

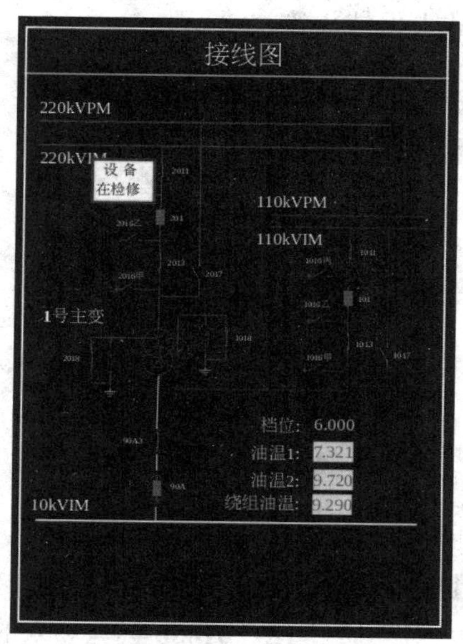

图4-1-19 监控画面的置牌显示

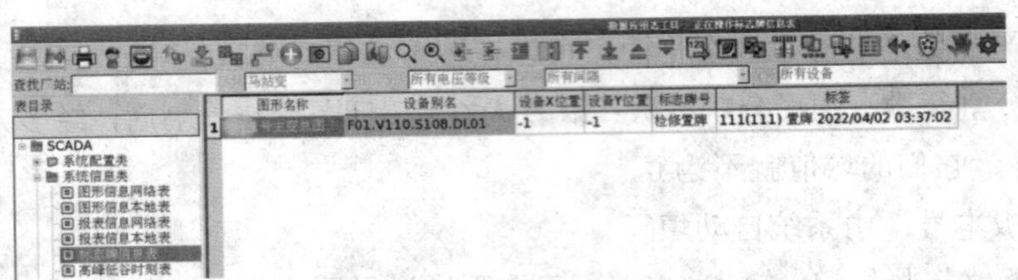

图 4－1－20　数据库置牌信息

3. 设备类

V8 后台监控系统统一组态不仅是后台和总控统一配置，也体现了一次设备和二次设备的统一配置，所以必须定义一次设备和二次设备。

在设备类的表中，相当于建立一次设备模型，当在图形网络拓扑入库正确后，"连接点"处有值。而当运行拓扑程序后，"拓扑着色"域才有值。其中母线表、母联表、变压器表、发电机组表、负荷表、容抗器表、线圈表不做展开说明。

（1）开关刀闸表。定义系统里的开关、刀闸、接地刀闸及光字牌设备、变压器遥调（升档、降档、急停）信号，后两者的"开关刀闸类型"均为开关或者其他的虚开关刀闸遥信。

1）对于记录保存而言，开关刀闸名称、开关刀闸别名是必填的。对于采用 IEC 61850 模型导入的装置，开关刀闸表记录会自动生成，无需手动添加。

开关刀闸别名在生产时，需要填选信息，如图 4－1－21 所示，选择对应间隔、开关类型和子类型，输入别名，可以自由输入，但不要与其他记录名称重复，一般同一间隔不同记录仅末尾编号不同，格式上保持一致。

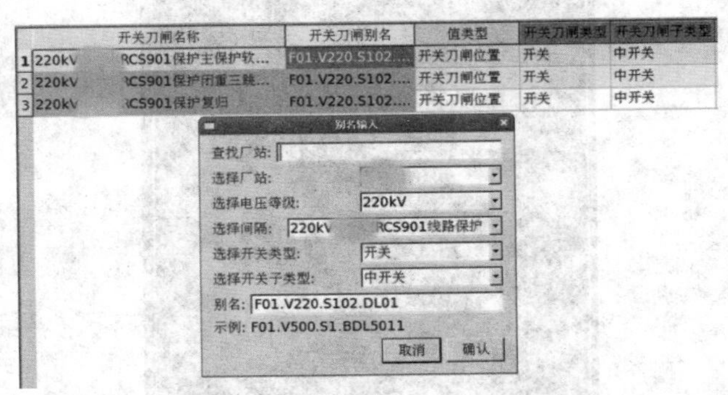

图 4－1－21　开关刀闸别名输入窗

2）值类型：统一选择开关刀闸位置。

3）开关刀闸类型：通过填写开关刀闸别名后自动得到。对于开关、保护管理机接入的装置遥控对象，选择开关；对于通过 IEC 61850 模型导入的，会自动生成记录。

4）开关刀闸子类型：通过填写开关刀闸别名后自动得到，对于开过刀闸类型为开关的，默认为中开关，对于其他类型，默认为普通。

5）位置和状态：显示目前一次设备位置和状态，通信中断时状态为遥信无效，无效时无法进行遥控。

6）告警方式：位置和状态项用于在告警窗里显示告警信息时，将追加在开关刀闸名称后面。信号0—1变位时，报“/”前的描述，1—0变位时，报“/”后面的描述。

7）拓扑着色：不做设置。

8）是否遥控：要做遥控的设备，此域必须选“是”。若选是，则在“四遥类”的遥控关系表中自动生成一条记录。而系统约定只能是“开关刀闸表”中的记录对应的设备才可以做遥控。

9）当前控制区域：站内、远方、调度、就地。默认值为站内/远方。

10）双位判断延时：缺省为3秒。在延时时间内，当开关等双位置信号变位过程中出现了（1，1）或（0，0），在3秒那一时刻，若仍是这样，则报双位不一致。若过了3秒，信号已到正确的位置，则报该信号变位。实际现场中，一般开关3秒延时已能满足。而刀闸由于设备的原因往往动作过程慢，因此延时时间要设长一点。

11）事故判断延时：缺省为3秒。在开关变为分的前后3秒时间内，若遥信定义表中与此开关事故判断有关的信号动作了，则认为该开关是事故跳闸。

12）变位次数：缺省为0。当最大变位次数>0时，每变位一次，则累加一次。当达到最大变位次数时，变位次数自动清零。

13）最大变位次数：不填则缺省为0。若填，则开关或遥信信号变位次数到达最大变位次数后要报警，同时对应的变位次数要自动清零。

14）事故次数：开关事故后，系统自动累加一次。

15）五防值、锁类型、锁号：在操作预演或者五防操作票模式时用。

16）分闸判偷跳：选“是”时，只要不是后台遥控的分闸，就算开关偷跳。

17）遥控分允许、遥控合允许：这两个域与五防规约有关，由通信规约自动填写。

18）所属责任区：遥控所属责任区，可以根据现场需求勾选。

（2）其他设备表。定义系统中的保护通信设备、AVQC及其他的设备。

1）其他设备名称：填写所有保护通信设备、AVQC及其他的设备。

2）其他设备别名：填选二次设备对于间隔表中记录，别名不应重复，填选后此设备将关联到间隔表中信息。

3）其他类型：**一般选保护设备**。全站事故总及工况及不在pro_sys规约配置文件中的装置选其他设备。

4）状态：显示目前装置工况，一般为投入或退出。

5）相关逻辑设备别名：该设备对应的二次设备类的逻辑设备。在保护转遥信工具和远方修改定值功能转发，将此记录与逻辑设备联系起来。

6）保护类型：一般为保护型号，名称与oracle/ns2000/pro_sys中的配置文件的名称（型号+.sys）一致，如图4-1-22所示。

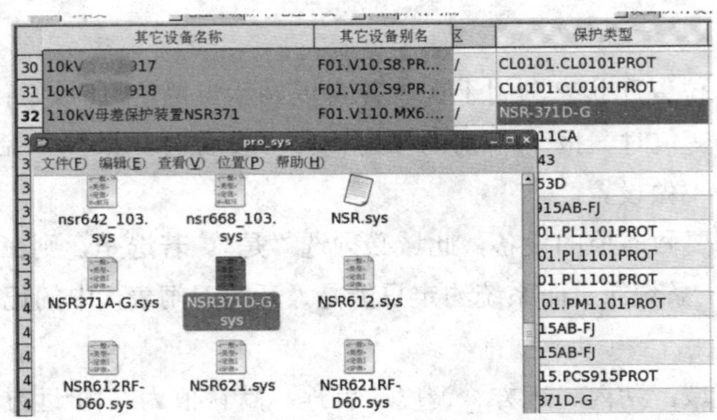

图 4-1-22 配置文件路径

7）保护功能类型：默认全部勾选，可根据需要勾选。

8）转发地址一、二、三…：主要用于远动主机的远方修改定值功能，默认为-1，如需要转发可以根据需要填写装置编号，并与保信主站核对一致。对于采用专用保信子站实现接入的装置，不需要在此域置数，此参数现场多用于10、35kV保测一体装置。

9）转发 CPU 号 1、2、3…：默认为 0，无需修改。

4. 二次设备类

二次设备类主要定义一些与通信相关的设置。自 V8.0.1 版本开始通信的方式和内容有了较大扩展：例如，在一个**典型的变电站应用里，包括一套后台系统、一套远动系统和若干套小室前置机系统（即保护管理机）。每套系统内部的几台机器独立构成一套子系统，封闭运行。**子系统内部多台机器之间使用 dnet 内部数据总线收发数据，子系统与子系统之间的通过 net103 外部数据总线交互数据。

对于常规站，只要配置装置表、逻辑设备表、串口参数表和网络参数表即可。而对于 IEC 61850 装置，会自动生成逻辑节点表。对于直接接入站控层的 NSD500 测控等无需接入小室前置机的设备，由后台和远动分别独立采集控制。

（1）装置表。

1）装置序号：从 0 开始，可以跳号。

2）装置名称：根据现场情况命名。

3）装置别名：点选装置类型，除了远动主机选择远动，其余统一选择装置，命名不重复。

4）引用名：采用 IEC 61850 模型导入时生成。

5）装置类型：测控、保护、虚装置、系统节点等。虚装置是和前置无关的，虚装置一般用于实现虚遥信，如遥信合并，通信中断等信号，不需要与前置通信，因此不需要设置相关通信参数。除了后台、远动、保护管理机选择系统节点，一般装置选择测控或保护，五防机选择五防。

6）状态：投入、退出。由前置程序自动填写。

7）**转出前置号**：由于各子系统间使用 net103 规约的 UDP－IP 报文进行数据传输，所以如果两个系统节点之间需要数据传输（单向或双向）都需要在对应的系统节点的转出前置号中选择对方的前置号，否则在通信调试中无法看到相应的系统节点也无法发送相应的数据报文；如系统节点“后台”的转出前置号应该选择所有的系统节点（“远动”和“小室”），而系统节点“远动”和“小室”的转出前置号应该至少选择系统节点“后台”。

系统中需要通过 net103 转发数据的（通过保护管理机进行转发通信），一般选择后台和远动。五防机只和后台通信，转出对象只选择后台。虚装置不需要选择转出对象。系统节点也需要选择转出前置，小室类一般选择后台和远动，远动和后台需要选择除本身之外其他系统节点，如图 4－1－23 所示。可以直接和后台、远动通信的，不用填选转出前置号。

	装置序号	装置名称	装置别名	引用名	装置类型	状态	转出前置号	通讯方式
97	133	jg_zf1	F01.I209		测控	投入		其它
98	136	220kV第一套母差保护PCS…	F01.I214	PCS915	测控	退出		其它
99	137	jg_zf_A	F01.I196		测控	投入		其它
100	66	尤特五防	F01.I128		五防	退出	后台1/	UDP
101	4	小室1	F01.QZ1		系统节点	退出	后台1/远动1/	UDP
102	5	小室2	F01.QZ2		系统节点	退出	后台1/远动1/	UDP
103	6	小室3	F01.QZ3		系统节点	退出	后台1/远动1/	UDP
104	41	220kV线路PSL603保护串口1	F01.I101		测控	退出	后台1/远动1/	串口
105	42	220kVRCS901线路保护串…	F01.I102		测控	退出	后台1/远动1/	串口
106	47	220k[illegible]RCS901保护…	F01.I108		测控	退出	后台1/远动1/	串口
107	48	220kV旁母270线路保护串…	F01.I109		测控	退出	后台1/远动1/	串口
108	49	220kV[illegible]	F01.I110		测控	退出	后台1/远动1/	串口
109	50	1号中恒直流屏串口5	F01.I111		测控	退出	后台1/远动1/	串口
110	67	110kV旁路ISA311CA保护…	F01.I129		保护	退出	后台1/远动1/	串口
111	68	110k[illegible]RCS943保护…	F01.I130		保护	退出	后台1/远动1/	串口
112	69	110k[illegible]RS753D保…	F01.I131		保护	退出	后台1/远动1/	串口
113	74	#1主变保护 串口4	F01.I136		保护	退出	后台1/远动1/	串口
114	77	110kV母差RCS915保护串…	F01.I139		保护	退出	后台1/远动1/	串口
115	115	2号中恒直流屏串口6	F01.I190		测控	退出	后台1/远动1/	串口
116	134	220kV[illegible]74PRS-753…	F01.I210		测控	退出	后台1/远动1/	串口
117	138	220kV第二套母差保护NSR…	F01.I215		测控	退出	后台1/远动1/	串口
118	140	110kV母差保护装置NSR37…	F01.I217		测控	退出	后台1/远动1/	串口
119	70	#2主变第一套RCS978保护…	F01.I132		保护	退出	后台1/后台2/远动1/远动2/	串口
120	73	#2主变非电量保护和第二…	F01.I135		保护	退出	后台1/后台2/远动1/远动2/	串口
121	117	[illegible]消弧线圈2	F01.I193		测控	退出	后台1/远动1/远动2/小室1/	串口
122	118	[illegible]380V交流系统	F01.I194		测控	退出	后台1/远动1/远动2/小室1/	串口
123	2	远动1	F01.YD1		系统节点	退出	后台1/小室1/小室2/小室3/	UDP
124	0	后台	F01.HT		系统节点	退出	远动1/小室1/小室2/小室3/	UDP

图 4－1－23　装置转出前置号

8）通信方式：异步、CAN、终端服务器、UDP、TCP_CLIENT、TCP_SERVER、UDP＋TCP_CLIENT、UDP＋TCP_SERVER、其他、内部总线 Dnet 等。**采用 IEC 61850 模型的装置选其他，系统节点选 UDP，虚装置选内部总线 Dnet，接入小室保护管理机的装置选择串口，调度通道选择 TCP_SERVER，不同厂家不同通信方式选择的类型有所区别。**

9）1 号装置工况、2 号装置工况：对应后台主机 1 和后台主机 2 工况，程序自动填写。

10）主前置机通道 A、主前置机通道 B…：对应后台主机（一般指 main1）A 网、B 网工况，C 网、D 网一般无配置。

11）备前置机通道 A、备前置机通道 B…：对应后台备机（一般指 main2）A 网、B 网工况，C 网、D 网一般无配置。

12）**所属间隔：选择间隔表中对应间隔名称，主要用于光字牌及事故推画面等功能。**

（2）逻辑设备表。

1）逻辑设备序号：从 0 开始，可以跳号。

2）逻辑设备名称：根据现场情况命名，应尽量和装置表中一致。

3）**逻辑设备别名：点选装置类型，选择装置表中对应记录进行关联，且多个逻辑设备可以同属于一个装置，命名不重复。**

4）引用名：采用 IEC 61850 模型导入时生成。

5）逻辑设备类型：主逻辑设备、子逻辑设备、其他逻辑设备、虚逻辑设备。**直接与前置通信的设备为主逻辑设备。**一个装置有两个逻辑地址，不用于通信的设备为子逻辑设备。不与前置通信的设备为虚逻辑设备。除此之外的为其他逻辑设备。**一般都为主逻辑设备。**

6）状态：投入、退出、封锁投入、封锁退出，系统自动填写。

7）**规约类型与规约子类型：规约类型对于装置通信规约参数设定，但不涉及具体信息，“规约子类型”与“规约类型”密切相关，与相应规约类型对应，缺省值为 0，如“规约类型”为网络 103，则通信程序查找的配置文件为$HOME/ns2000/front_sys 目录下的 net103.sys。**

当同一规约，但通信设置与常规设置不同时，则要手动生成一个规约配置文件，同时将规约子类型设为不为 0 的正整数。如将 net103.sys 拷贝成 net103_1.sys，在 net103_1.sys 中设置这个规约特殊的通信配置，同时将“规约子类型”设成“1”，则通信程序查找的配置文件为$HOME/ns2000/front_sys 目录下的 net103_1.sys，如图 4－1－24 所示。

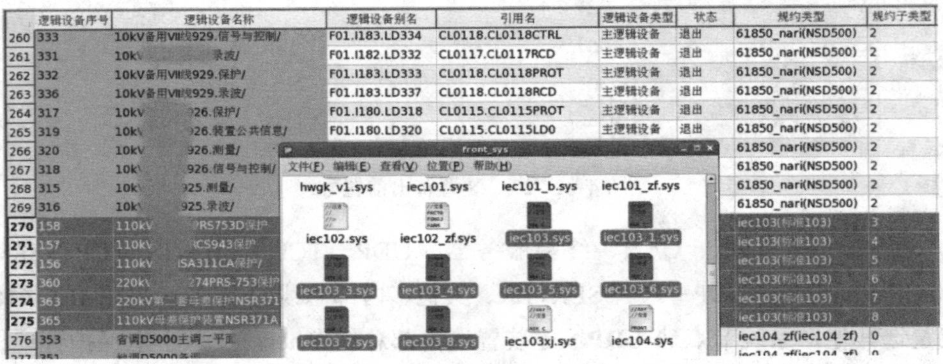

图 4－1－24　规约类型及子类型配置文件路径

对于系统节点，一般选择 net103 规约（网络 103），对于虚装置选择 vir（logicCal）。

8）主站地址：与规约类型有关，**对于调度类如 104 规约，主站地址即为 RTU 地址，必须同主站端协商一致，否则会出现通信问题。CDT 规约接入装置（如直流系统、消弧线圈控制器等装置），主站地址一般填 1。**对于大部分站内通信规约，主站地址不起作用。

9）**转发表号：调度通道和五防通道需要点选转发表号，转发表具体内容在转发类中配置。**

10）规约类别：一般选择保护或测控，IEC 61850 导入的为 61850 类，**此域会影响规约类型下拉可选择的内容。**有些规约类型同时存在于多个规约类别中，此时规约类别不同并不产生影响。

11）调度工作方式：除调度通道选择双主（同一数据源），其他选择双主（不同数据源）。

12）**间隔地址、介质号、管理机地址、逻辑地址、装置地址：**

a. 逻辑地址和装置地址应尽量保持一致，一般理解为四段地址。

b. 对于站内通信的装置，四段地址不能重复。

c. 对于 61850 类装置、调度通道不需要填写四段地址。

d. 管理机地址都默认为 0，不需要填写。

e. 保护等设备以串口方式直接与前置（一般指保护管理机）通信，是目前常规变电站主流的接入方式，四段地址为：

所接入前置的间隔地址/串口号＋1/0/装置地址。因此必须先确认接入前置的间隔地址，再填写接入装置的间隔地址；介质号＝串口号＋1，串口号是前置背板硬件接口顺序决定的，在串口参数表中可以查询；装置地址是装置面板上通信参数中设置的串口地址，逻辑地址是保护管理机转出后的地址；当采用手牵手方式接入同一个串口的多个装置，其串口地址不能重复，且必须采用同一规约类型和规约子类型，如图 4－1－25。

	逻辑设备序号	逻辑设备名称	规约类别	间隔地址	介质号	管理机地址	逻辑地址	装置地址
1	5	小室2	测控类	211	0	0	0	0
2	94	1号中恒直流屏串口5	测控类	211	6	0	1	1
3	160	＃2主变第一套RCS978保护	保护类	211	2	0	1	1
4	161	＃2主变第二套保护RCS978保护	RTU规约	211	4	0	62	62
5	162	＃2主变非电量RCS974保护	保护类	211	4	0	63	63
6	163	＃1主变第一套RCS978保护	保护类	211	5	0	42	42
7	164	＃1主变第二套RCS978保护	保护类	211	5	0	44	44
8	165	＃1主变非电量RCS974保护	保护类	211	5	0	43	43
9	337	2号中恒直流屏串口6	测控类	211	7	0	2	2
10	343	思源消弧线圈2	测控类	211	0	0	75	75

图 4－1－25 串口通信配置情况

f. 保护装置以网络方式前置通信，四段地址为：间隔地址/介质号/0/装置地址＋CPU 地址，不同厂家的 net103 规约配置不同，差异较大，不再详细展开。

g. 对于虚厂站类型的逻辑节点，四段地址为：间隔地址/0/0/虚装置地址，**由于虚装置实际不需要通信，四段地址不重复即可。注意全站公用的虚遥信、遥测或遥控需要通过归属到某一虚装置来实现。**

（3）逻辑节点表。对于 IEC 61850 模型接入设备，会自动生成逻辑节点表，一般不用单独配置。

（4）串口参数表。**在装置表选定为串口通信类型的装置，则会在此列表对于生成一条记录，需要配置与之相符的通信参数。由于一个串口号只能对应一组串口参数，所有采用**

手牵手方式接入某个串口的装置，其对应的逻辑设备都必须归属于装置表中对应的记录，并在对应的串口参数表中被同一设定参数。

1）装置 ID 号：和装置表中装置名称一一对应。

2）**接入前置号：选择接入的前置机**，应与逻辑设备表中关系保持一致，正确选择后，在工具栏所接前置号筛选框中可以快捷切换前置对象，以达到快速检索目的，如图 4-1-26 所示。

马站变 | 接入前置号 所有接入前置号 | 所有装置 | 所有逻辑设备

所有接入前置号 / 后台1 / 远动1 / 小室1 / 小室2 / 小室3

	装置ID号	接入前置号	串口号	波特率	校验方式	停止位数	串口通讯方式	备串口号	备波特率
1	220kV线路PSL603保护串口1	小室1/	1	9600bps	偶校验	1位	RS485	-1	
2	220kVRCS901线路保护串口2	小室1/	2	9600bps	偶校验	1位	RS485	-1	
3	220kV RCS901保护串口9	小室1/	9	9600bps	偶校验	1位	RS485	-1	

图 4-1-26　筛选框的使用

3）**串口号：根据现场实际接入串口位置填写**，如图 4-1-27 所示。

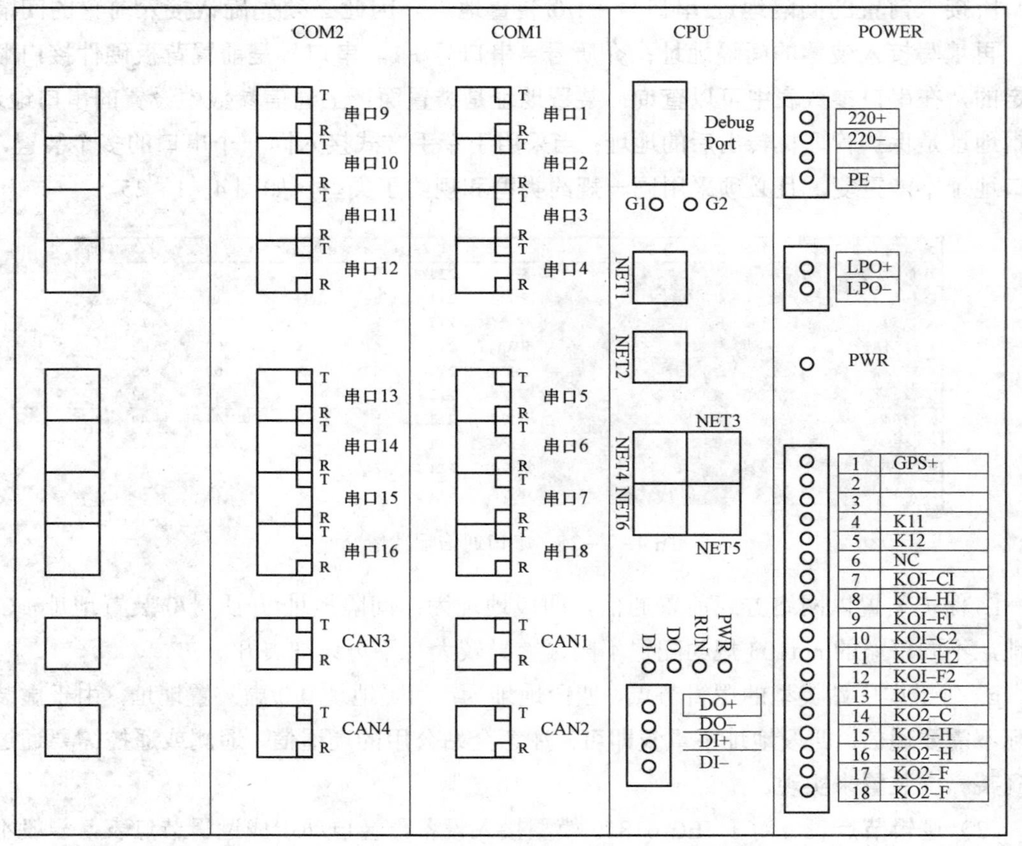

图 4-1-27　NCS332 总控装置后面板示意图

4）波特率、校验方式、停止位数、串口通信方式：串口相关参数，根据接入装置的实际情况填写，大部分参数可以在接入装置面板的通信参数中设置，如波特率和校验方式，停止位数可能为固化设置，可参照装置说明书。

（5）网络参数表。

在装置表和逻辑设备表选定为网络方式类型的装置，则会在此列表对于生成一条记录，需要配置与之相符的通信参数。

1）装置 ID 号：和装置表中装置名称一一对应。

2）通信方式：和装置表中通信方式一一对应。

3）接入前置号：选择接入的前置机，应与逻辑设备表中关系保持一致。对于大部分直接经系统标准网络方式的装置，选择后台和远动；对于系统节点，选择自身；对于五防，选择后台；对于调度通道，选择远动；如经小室或远动间接接入，则只选择接入的前置。

4）**A 网 IP、B 网 IP、备 A 网 IP、备 B 网 IP：填入装置 A、B 网 IP 地址，对于有主备方式的系统节点，如后台（mian1 和 mian2）和远动（yd1 和 yd2），需要填写备 IP 地址。虚装置不填 IP，调度通道、五防只填 A 网 IP。**

5）1#TCP 端口、2#TCP 端口：**多为调度通道填写，一般为 2404，需要和主站协商。**网安告警转发也需要配置端口号 8800，1#和 2#对于主机和备机。

6）**1#UDP 源端口号、1#UDP 目的端口号：一般系统节点或填写 8000，五防装置或其他采用 net103 方式通信的装置的 UDP 端口参数由厂家给定，虚装置可以不填端口号。**

5. 四遥类

主要针对四遥做一些配置，之前的设备类和二次设备类设置是为了四遥类的展开做铺垫。

（1）遥信定义表。定义系统中所有遥信的属性，主要与设备类建立联系。**对于常规站，需手动添加开关刀闸信息及其他遥信。若开关的动合、动断触点分两个端子接入，则需填两条记录。**对于 IEC 61850 数字化站，需在用 map_61850 工具映射了 IED，LD，LN 后，将 LN 与开关刀闸表的设备关联后，再做 DA 映射，则遥信定义表中也包括开关刀闸的记录。

1）遥信名称：61850 模型装置可以直接导入，对于通过前置接入的设备，需要自己建立记录并命名。

2）遥信别名、遥信类型、遥信子类型。

a. 遥信别名：此域需要填选关联设备类中相关的设备，可以是开关刀闸表中的设备，也可以是其他设备表中的设备；**对于需要遥控的设备，在开关刀闸表中已经建立好相关记录，对于普通遥信，选择其他设备类中的二次设备，如图 4－1－28 所示。**

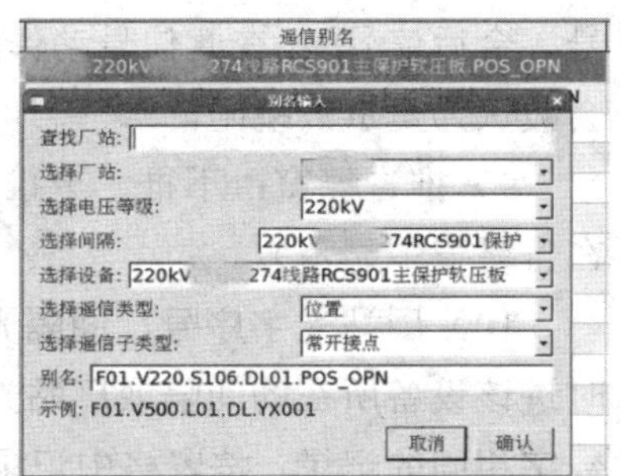

图 4－1－28 遥信别名输入窗

b. 遥信类型和遥信子类型：

a）普通遥信：一般类型的信号，适用大部分情况。

b）位置：和遥控相关联的遥信，子类型根据实际情

况选择常开或者双位置，复归或者软压板一般选择常开，开关刀闸多为双位置，即开关刀闸合位、分位遥信，需要根据实际遥信情况填选。

c）保护信号：预告信号、保护信号、事故总、合后信号。

d）预告信号：不会造成开关跳闸的一些告警性质的信号。

e）保护信号：信号动作，同时它相关的逻辑设备下的开关跳闸，则认为是事故跳闸，这个信号为保护信号。

f）事故总：变电站内任意一个开关跳闸，都会触发此信号动作，则将这个信号设定为事故总信号，子类型可选事故总 1～8。

上面填选完成后，别名会自动生成一个名称，可以在末尾填入编号，所填写编号不能重复。

3）值类型：一般选择保护事件。

4）设定通道：对于变电站运用，填“自动选择”。

5）当前通道：显示当前通道状态情况。

6）遥信值：分、合、不定态、合不定态、检修。状态：遥信的各种状态。如遥信正常、遥信无效等。品质：通信的品质。

7）确认方式：默认方式（缺省）、无需确认、自动确认、人工确认。

a. 默认方式：按照 sys/Warndefine.sys 里的定义来确认，相关项是 need_confirm，stop_confirm。

b. 自动确认：需确认的信号类型信号发生后，过 stop_confirm 里设置的时间后自动确认。

c. 人工确认：在告警窗中人工鼠标点击确认或在光字牌画面中清光字确认。

8）信号延时、事故判断延时信号延时。

a. 信号延时：缺省为 0。若延时时间＞0，当信号变位为合，过了延时时间，信号仍为合时，则系统报该信号变位合。若在延时内（“信号保持设为 0”），该信号又变为分，则从此刻算起，隔延时时间后，系统报信号分。即在信号保持时间设为 0 的情况下，设置信号延时将不丢掉信号。

b. 事故判断延时：缺省为 3 秒。根据该保护信号的类型（事故总、事故信号、预告信号、合后信号）。在此信号动作的前后 3 秒，根据类型，与事故判断有关的开关分闸，将会被认为是事故跳闸。

9）推告警窗：不推、全推、动作推、复归推。缺省为全推（即信号动作或复归时都在告警窗中显示）。

10）厂站光字序号、间隔光字序号、间隔光字序号 2～10：序号缺省为 −1，大于 0 时进该设备所在的间隔或厂站光字牌，且填写数字越大，在光字牌上显示的顺序越靠后，数字相同的记录，按表格中记录序号顺序排列。序号 100 的为次要光字。两者闪烁的颜色不一样。**当一个间隔的信号大于 80 时，必须分成两个光字。**每个信号可同时属于一个多个光字，在相应的间隔光字序号的域中填序号即可。

11）**极性：正极性（缺省）、反极性。当需要将装置上送的信号状态取反时，可将此域设置为反极性，同时应考虑将此信号名称做相应变更。**

12）自动复归：是/否。缺省为否。此域用于：有些信号装置只能发出动作的报文，不能发复归的报文。用户需要这个信号的复归报警时，将此域置为“是”，则监控前置软件会在该信号动作后，过段时间发出复归信号。

13）关于计时计次功能的域用户需填写的域为计次告警值、计时告警值；计次动作次数、上次动作时间、计时累计时间域由系统自动填写；“计时计次清零时刻”在 sys 目录下的 proc_config.sys 文件中配置，遥信定义表中此域不用。一般用于用户指定某些信号的统计告警功能，达到告警值后告警，系统在指定时间自动清零。如北京用户要求开关油泵打压时间在一天中打压时间到达告警值后告警。若某个信号的计次告警值＞0，当这个信号一天中的动作次数到达这个值时，系统告警，累计次数清零的时刻由“计时计次清零时刻”的时刻决定。

14）语音告警次数、语音文件类型、语音告警类型语音告警次数：缺省为 0，不做展开。

15）**是否转发一、二、三、…、八：是、否。缺省为否。若置为“是”，则“转发类”的相应遥信转发表中就会自动添加一条记录，相当于将记录添加到对于转发表中。但一般不在此域直接进行设置，仅供查看记录的转发情况。**

16）是否总召：是/否，缺省为否。一般用于 IEC 61850 模型设备，有些装置遥信品质变化不主动上送的情况下，置成“是”，则根据该信号（一般为检修压板）的位置变化，系统发总召报文主动召唤该装置数据以刷新实时数据。

17）告警类型、知识库关联、推理类型：与专家告警系统有关，不做展开。

18）重复告警：用于遥信动作后未复归重复告警功能。当遥信动作后超过设定时间仍未复归时，在告警窗口再次告警，设定时间在 sys/proc_config.sys 中设置。

19）**事故总 1～8：是、否（缺省）。若置为“是”，该记录参与对应的事故总信号触发，参与的遥信个数不限。需要注意的是，事故总信号本身在此域填“否”，事故总信号是通过设定遥信类型为事故总，遥信子类型为事故总 1～8 中其中一个，作为一个总信号来显示所有触发信号的情况。**

20）或信号 1～8：是、否（缺省）。若置为“是”，该遥信参与对应的或信号计算，参与的遥信个数不限。

（2）遥测定义表。定义系统中所有遥测的相关属性。

1）遥测名称、遥测别名：对于记录保存而言，遥测名称、遥测别名必填。遥测别名需要选择关联间隔和设备类，对于 IEC 61850 模型装置通过导入会自动生成。

2）遥测类型、遥测子类型：对于 IEC 61850 模型装置通过导入会自动生成。对于虚遥测或者接入小室前置的装置，遥测类型选普通遥测，子类型选普通。

3）设定通道：对于变电站运用，填“自动选择”。当前通道：系统自动判断。

4）是否遥调：如果选“是”并保存，则会在“遥调定义表”中生成一条相应的记录。

5）遥测值、状态、品质、越限状态：系统自动填写的域。遥测的状态，如遥测正常、遥测无效、遥测封锁等。

6）是否采样：是/否。缺省为否。选择 “是”，则会在“四遥参数类”的“遥测采样定义表”里自动添加一条记录，同时该记录中的历史采样相关域会被系统自动填上域值。

7）是否限值：是/否。缺省为否。选择“是”，则会在“计算类”的“限值表” 中增加一条记录。

8）**死区值：当遥测量在设定的死区值的左右范围内变化时，系统认为该遥测量的值还是原来的值。**

9）**归零值、相关开关：当遥测量在设定的归零值的左右范围内变化时，系统认为该遥测量的值都是零。**当出现的遥测数很小时，若相关开关选择的设备是合状态，则不做归零处理；若相关开关是分状态，则归零。

10）确认方式：默认方式、无需确认、自动确认、人工确认。

11）合理值上限、合理值下限：一般情况下不设定，系统缺省为零。若两者都设置后，遥测量在这范围内则认为是合理的，系统会处理该数据。**一旦遥测量在这范围之外则认为是无效的数据，系统不会对它进行处理。**

12）是否转发一、二、三、…、八：是、否。缺省为否。若置为“是”，则“转发类”的相应遥测转发表中就会自动添加一条记录。

13）有实时曲线：当置该域为“是”时，实现有实时曲线功能。**此功能消耗资源较大，有实时曲线的遥测总数不能超过 100 个。**在遥测定义表中配置“有实时曲线”，画面中的实时曲线，采样间隔为 1 秒，刷新周期为 5 秒，显示周期在曲线定义时设置，最大 30 分钟，最小 5 分钟。当事故发生时，系统在事故后 2 分钟，将事故发生前 30 分钟，事故后 2 分钟的全部变化遥测保存到 ns2000/sg_data 目录下，文件名为事故发生时间。

在事故追忆状态下，可以查看事故前后的实时曲线。可以在画面中连一个按钮前景，发命令 send_rpttool –type 7512 F03，用来在需要保存实时曲线时，触发人工事故，其中 F03 是要触发人工事故的厂站别名。

14）波动异常判定时间（秒）：对于需判定波动异常的遥测，在遥测定义表中配置异常判定时间，在限值表中定义限值。当遥测从越上限－越下限－越上限，或从越下限－越上限－越下限的变化周期小于判定时间时，报“波动异常”。

15）告警类型、知识库关联：与智能告警系统有关。

16）通道差值告警值：比较两个通道遥测的绝对值。

（3）遥控关系表。定义需遥控设备的一些属性。**只要在开关刀闸表中的“是否遥控”选为“是”，遥控关系表中才能触发生成一条记录。**

1）遥控名称、遥控别名：对于记录保存而言，遥控名称、遥控别名必填。遥控别名需要选择关联间隔和设备类，对于 IEC 61850 模型装置通过导入会自动生成。

2）遥控类型、遥控子类型：遥控、遥调、直接遥控、直接遥调、无监护遥控、无监护遥调、无监护直接遥控、无监护直接遥调、保护复归。

a. 遥控：系统缺省，开关、刀闸、接地刀闸的遥控类型，需要遥控预置反校成功后才能执行遥控开出命令。

b. 遥调：变压器升档、降档、急停遥调操作、定值区切换的遥控类型。

c. 直接遥控：不需要进行遥控预置和返校，直接遥控命令开出的一些遥控操作的遥控类型，如开关的远方复归、保护屏的远方复归。此处有关“遥调”的遥控类型，在画面上遥调时，弹出的都是遥控对话框，界面上是遥调的内容。

d. 直接遥调：“遥调”“无监护遥调”时，遥调界面上都有“遥调预置”，需预置反校成功后，才能遥控开出；而“直接遥调”“无监护直接遥调”，遥调界面上无“遥调预置”，有“遥调执行”，可以直接遥控开出。“无监护遥控”“无监护直接遥控”时，遥控对话框上就无“请求监护”了，不用输入监护员口令。

e. 保护复归：一般用于接入小室保护管理机的装置软复归使用。

遥控子类型：统一设备为默认的普通。

3）同期方式：分，合、同期合、有压合、无压合、合环合、试验合、装置复归、接地试跳。缺省为分/合，可多项选择。

4）需要防误闭锁：缺省为“是”。若选为“否”，则做遥控时不再进行防误闭锁检查，即使不满足遥控操作条件，也可以将遥控命令发出。

5）是否解锁：是/否。缺省为否。当在图形界面上对某个遥控对象执行了“遥控解锁”后，此域值变为“是”，当再执行“遥控闭锁”后，此域值变为“否”。解锁后做遥控不再判闭锁逻辑。

6）遥控编号：可为空。若填写，则在遥控界面上需要输入此处的编号才能进行下一步。

7）有压合使能信号、有压合使能状态、无压合使能信号、无压合使能状态、试验合使能信号、试验合使能状态：当该信号为合时，才能在遥控界面上选择相应遥控选项。不设使能信号时，所有选项都可选。

8）设定通道、当前通道：对于变电站运用，填“自动选择”；当前通道，由系统自动判断。

9）是否转发一、二、三、…、八：是、否。缺省为否。若置为“是”，则“转发类”的相应遥控转发表中就会自动添加一条记录。

（4）遥调定义表。可以对变压器的升档、降档、急停添加记录；或者将“遥测定义表”的“是否遥调”选择“是”并保存，会在本表中触发生成一条相应的记录。也可以手动添加一条记录并配置。

一般变压器升档、降档、急停只有遥控，无对应的遥信。而系统约定只能是“开关刀闸表”中的记录对应的设备可以做遥控，因此要在“开关刀闸表”加“××变压器升档（降档、急停）”或者“××变压器遥调”记录，“是否遥控”选为“是”，则“遥控关系表”

中才有记录。

1）**遥调对象 ID：选择设备类－变压器表－域名：任选即可。**

2）**遥调操作名、遥控操作名：遥调操作名为升、降、停，对应遥控操作名合、分。选择应根据现场二次回路接入测控位置决定，一般选择合为升档、分为降档，也可以升、降都为合操作。**

3）**遥控 ID：选择四遥类－遥控关系表－对应间隔的记录－域名：任选即可。**

4）遥调方式、微调数值：**一般选择遥控方式**。微调方式，按定义的“微调数值”做出每一次的遥调下发。设点方式，每次在做遥调时会弹出一个对话框，要求手动输入一个下发定值。

（5）遥信通道表。补充定义系统中遥信与通信报文的映射关系，对应“遥信定义表”自动生成相关记录，定义与二次设备类的联系。

1）遥信 ID 号：遥信定义表记录自动生成，且一一对应。

2）通道号：变电站填“单通道”。

3）遥信生数据、品质：由系统自动生成。

4）**逻辑设备别名：必填选。**一个遥信必须关联其所属装置的逻辑设备，否则信号不能被正确解释报警。

5）**点号：必填，缺省值为－1。实际点号与它在通信控制单元中的点号或者测控装置中的点号有关。**从 0 开始，点号不能重复。

6）**通用标识符，常规站实现对保护装置遥信、遥测、遥控、定值等功能定义，采用四段地址格式，但一般只填写后面两个，通常格式为 0/0/fun（或组号）、info（或条目号）。**

7）信号来源方式，包括四种：

a. 厂点号，常规站信号选择此项，并要同时填写“逻辑设备别名”和“点号”，需要根据具体规约选择，虚装置、CDT 规约接入装置（如直流系统、消弧线圈控制器等装置）选此类型。

b. 引用名，IEC 61850 模型装置选用，导入时由系统自动生成。

c. 通用标识符：在遥控通道表中选择此类型。

d. 保护事件转：通过保护管理机转入转出的信号（多为 103 规约），选择此类型。

（6）遥测通道表。补充定义系统中遥测的相关属性，对应“遥测定义表”自动生成相关记录。

1）遥测 ID 号：由系统自动生成。

2）通道号：变电站填“单通道”。

3）遥信生数据、品质、越限状态：由系统自动生成。

4）关于系数的域：基值（D）：必填，是遥测的最小码值对应的工程值。**一般情况下为遥测量的低量程，为 0。而某些遥测量则不是，如频率，温度变送器（4～20mA），则是 0mA 所对应的一次值。**

额定值（系数 C）：默认为0，是遥测的最大码值对应的工程值。**一般为遥测量的高量程，一旦设置额定值，调整系数必须填写。**

调整系数（系数 B）：默认为0，与不同测控装置厂家的测控装置通信时各有不同。

一次工程值的算法与规约有关系。

a. 规约定义遥测以原码值传送给前置：

$$\text{一次工程值}=\frac{\text{原码值}\times\text{调整系数}B\times\text{额定值}C}{8\times2048}+\text{基值}D$$

b. 规约定义遥测以浮点数传送给前置，这时送的浮点数的值就是一次工程值。基值就是工程值的最低量程，额定值就是它的额定高量程，调整系数为1.0，前置就会有一个根据公式a，b反算的过程。

c. 第三方通信如直流屏等送给前置的遥测，根据其规约定义调整系数，基值和额定值同b项，如遥测它是乘100后送给前置，则调整系数就是0.01。

d. 对于IEC 61850数字化站，装置遥测输出一般以浮点数上送给后台。无论装置本身有没有配置实际TA、TV变比，根据公式计算：一次工程值＝装置送出值×调整系数B×额定值C＋基值D。

通常测控装置通过在scd组态中配置变比、零漂、死区等参数，后台数据库中调整系数B、额定值C、基值D默认设置为0，一次工程值＝装置送出值。

5）老数据判断时间：缺省为0，一般设置60秒以上。即系统判断超过这个时间后，该遥测仍然和这时间之前的值相同，则认为这是个老数据，其状态从“遥测正常”变成“不变化”，在画面上该数据的颜色也会变成相应的遥测不变化时的颜色。

6）逻辑设备别名：一个遥测必须关联其所在采集装置的逻辑设备，一般会自动生成。

7）点号：不填则系统缺省为－1。从0开始，**同一逻辑设备下的间隔点号不能重复。**

8）通用标识符：与103规约类型有关，一般不配置。

9）信号来源方式，包括四种：厂点号、引用名、通用标识符和保护事件转。**采用IEC 61850模型接入的为引用名，采用保护管理机接入的装置一般选厂站点（多为直流系统或消弧线圈等装置）。**

10）变化率告警值，遥测变化幅度过大告警。

（7）遥控通道表。补充定义系统中遥控的相关属性。对应“遥控关系表”自动生成相关记录。

1）遥控ID号：由系统自动生成。

2）通道号：变电站填“单通道”。

3）执行过程：分为有选择和无选择两种，一般默认设置有选择。

4）逻辑设备别名：必填。该遥控对象实际上是哪个装置上遥控开出，就填哪个装置对应的逻辑设备，一般会自动生成。

5）点号：不填则系统缺省为－1。从0开始，**同一逻辑设备下的间隔点号不能重复。**

6）通用标识符：**与103规约类型有关，采用四段地址格式，但一般只填写后面两个，通常格式为0/0/组号（或fun）、条目号（或inf）。**

7）信号来源方式，包括四种：厂点号、引用名、通用标识符和保护事件转，和遥信通道表定义相同。**通过保护管理机转入转出的遥控（多为103规约），选择通用标识符，虚遥控（多为保护软复归）选择厂站点。**

（8）信号引用名表。IEC 61850模型装置选用，导入时由系统自动生成，包括遥信、遥测、遥控引用名，不需要维护，不做展开。

6. 计算类

主要介绍公式定义表和常用定义表。

（1）公式定义表。

1）结果定义：选择四遥类某个表中某记录的某个域，如遥信定义表中的“遥信值”、遥测定义表中的“遥测值”。

2）时间片：缺省为2，该公式为2秒计算一次，可根据需要填写时间。

3）状态：计算结果的遥测状态，系统自动填写。

4）公式串：用检索器填写完公式后，点击复杂查询发送，则公式串处显示为“******”。以主变档位虚遥测为例，如图4－1－29所示。

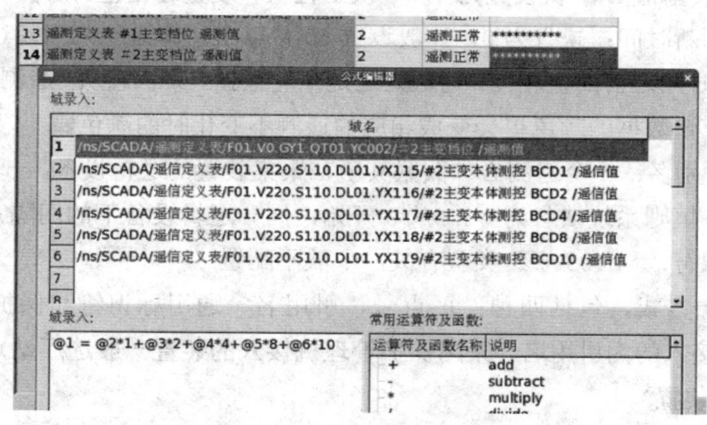

图4－1－29 公式编辑器

（2）常用定义表。定义一些常用的内置计算算法，可方便地由系统来实现计算。

1）结果ID号：用检索器填写，为所计算结果的域。

2）来源数目：计算结果所需要的相关计算分量的个数。ID1、…、ID25：为相关计算分量的ID，填选四遥类中遥测定义表中的遥测值或遥信定义表中的遥信值。

3）计算类型：档位、BCD档位、电压电流、系统频率等，最常用的包括有档位和BCD档位，工况转遥信。**系统中的主变的档位必须在常用定义表中添加相应记录来确定。**

a. **档位：如#1主变分接头在高压侧，共19档，并有19个档位遥信。**则“结果ID”为“变压器表#1主变分接头位置”，“来源数目”为19，“ID1”为“遥信定义表#1主变档位1

信号”，……，“ID19”为“遥信定义表#1 主变档 19 信号”。

算法：档位＝1.0*ID1 值（1/0）＋2.0*ID2 值（1/0）＋…＋19.0*ID19（1/0）值

b. **BCD 档位：如#1 主变分接头在高压侧，档位信号为 BCD 档位信号，共 5 个信号。**则“结果 ID”为“变压器表#1 主变分接头位置”，“来源数目”为 5，“ID1”为“遥信定义表#1 主变 BCD 档位 1 信号”，……，“ID5”为“遥信定义表#1 主变 BCD 档位 5 信号”。

算法：档位＝1.0*ID1 值（1/0）＋2.0*ID2 值（1/0）＋4.0*ID3 值（1/0）＋8.0*ID4 值（1/0）＋10.0*ID5 值（1/0）

c. **工况转遥信：工况转遥信是见结果 ID 中的工况转为 ID1、ID2、ID3 中的遥信值，这与档位类型的输入、输出情况恰好相反。**

“结果 ID”选择需要进行工况转遥信的装置（装置表）或逻辑设备（逻辑设备表），域名选状态。当选择装置时“来源数目”填 5，“ID1”“ID2”“ID3”“ID4”“ID5”分别对应“装置状态”“装置通道 A 状态”“装置通道 B 状态”“装置通道 C 状态”“装置通道 D 状态”**通常“来源数目”填 3，即分别对应“装置状态”“装置通道 A 状态”“装置通道 B 状态”**。

7. 转发类

定义系统中的四遥转发。如转发给五防机，或转发给远动主机 NSC330 系列。

（1）遥信转发。由“四遥类”中“遥信定义表”的“是否转发一、二、三、四…”置为“是”而自动触发生成到对应的转发表中。

1）遥信 ID 号：转发记录的名称，一般自动生成，也可以通过手动添加记录或者通过转发快捷工具实现添加。

2）遥信值：由系统自动生成的实时工程值。

3）**转发顺序号：与转发目标之间约定的顺序，从 0 开始，对于远动机来说就是四遥点号。同一转发表的转发顺序号不能重复。**

4）是否屏蔽：缺省为否。若选择“是”，则后台系统将以“屏蔽值”中设定的遥信值送给转发目标逻辑设备，而非实时遥信值了。

5）COS 使能、SOE 使能：默认为“是”。选择否后将屏蔽 COS 遥信或 SOE 遥信。

6）按双点转发、按开关位置转发：支持双点遥信格式的规约如 101/104，可以选择“按双点转发”，但需要同时将 “按开关位置转发”置“是”，才可以将双位遥信的不定态转发出来，此时转发表中选择相应开关的任意位置遥信即可；如果没有将“按开关位置转发”置“是”，只会把单点遥信的值 0 和 1 对于转换为双点遥信的值 1 和 2 进行转发。一般主站多接受单点遥信类型，并在主站端做后期处理。

（2）遥控转发。由“四遥类”中“遥控关系表”的“是否转发一、二、三、四…”置为“是”而自动触发生成到对应的转发表中。

1）遥控 ID 号：转发记录的名称，一般自动生成，也可以通过手动添加记录或者通过转发快捷工具实现添加。

2）同期方式：一般和遥控关系表中同期方式保持一致，默认为分/合。

3）遥控使能：是，接受主站遥控；否，封锁主站遥控。

4）直控使能：是，无需遥控选择；否，需要遥控选择。

5）遥控类型：一般选普通遥控（包括开关、刀闸、主变调档、软压板遥控等），接入小室保护管理机的装置软复归选择保护复归。

（3）遥测转发。由“四遥类”中“遥测定义表”的“是否转发一、二、三、四…”置为“是”而自动触发生成到对应的转发表中。

1）遥测 ID 号：转发记录的名称，一般自动生成，也可以通过手动添加记录或者通过转发快捷工具实现添加。

2）转发顺序号：与转发目标之间约定的顺序，从 0 开始，同一转发表的转发顺序号不能重复。

3）遥测值、基值、系数、死区：由系统自动生成的实时值，如果设置了后面的基值、系数、死区，那么遥测值将通过这些参数进行修正：$y=A*(x-B)$，即：转发后的码值＝系数 x（转发前的工程值－基值），其中：A 为遥测转发表中的系数，B 为遥测转发表中的基值，y 为转换后的码值，x 为转换前的工程值。为了保证后台和远动数据的一致性，方便数据核对，在转发表中不再做修正处理。

4）是否屏蔽、转发值：缺省为否。若选择“是”，则后台系统将以“转发值”中设定的值送给转发目标逻辑设备，而非实时遥测值了。

5）数据类型：一般选浮点数。

8. 注意事项

（1）同一逻辑设备中的遥信点号、遥测点号、遥控序号、转发顺序号不能重复，均从 0 开始。

（2）遥信、遥测录完库且点号都填后，要在界面上点“生成序号库”按钮。之后再改动点号，也要点“生成序号库”。

（3）输入域值时，如果某些项无法输入内容，则要利用检索器工具输入。所以建议组态前就在控制台上启动检索器。

（4）以下数据库新建记录、修改记录情况后，需要点界面上的“生成序号库”按钮。

1）修改系统配置类的相关表：结点信息表、间隔表。

2）修改二次类的相关表：装置表、逻辑设备表、逻辑节点表。

3）修改四遥类的相关表：遥信定义表、遥测定义表、遥控定义表、电能表。

4）修改转发类的相关表：遥信、遥测、电能转发表。

5）以上表的修改中，除了修改表的记录名称外，其他修改操作后，均要点“生成序号库”。

4.1.2.9 遥信参数的修改和新增

1. 硬点遥信的新增和修改

测控装置的硬点数量是固定的，在后台导入装置模型时自动生成遥信定义表和遥信通道表，现场人员只需要将遥信定义表中空点遥信开入记录名称修改与现场一致即可。需要注意的是，在使用遥信二次回路空点前，应先检查数据库中对应记录是否已被命名为某个信号，即已被占用，此外，使用前也需要对空点进行短接测试，检查开入是否能否正常变位。

对于需要取反的遥信记录，在遥信定义表中找到“极性”一列，此域选择“负”即为取反。

对于需要加入事故总信号的遥信，在遥信定义表中找到“事故总 1”“事故总 2”……，根据需要接入的事故总类型，将对于域填选为“是”。例如“某 10kV 间隔开关事故总”添加触发“地调事故总”，先查看“地调事故总”的遥信子类型，如果子类型是“事故总 1”，则在“某 10kV 间隔开关事故总”这条记录的“事故总 1”这个域填选“是”。

2. 软点遥信的新增和修改

软点遥信的新增一般针对保护升级的情况，此时需要厂家提供对应版本的装置码表。

如图 4－1－30 所示，点击保护管理快捷按钮，进入保护操作界面，选择需要新增遥信的装置，右键选择规约配置、配置工具打开或者文本工具打开。这里一般使用配置工具打开，如图 4－1－30～图 4－1－32 所示，在最后添加一行，根据装置码表输入名称和组号、条目号，转发条目号依次顺延，其他设置保持一致即可点击保存。需要注意，一旦保存后，组号、条目号就无法在配置工具里修改了，需要进入文本工具中修改保存。

图 4－1－30 保护管理快捷按钮

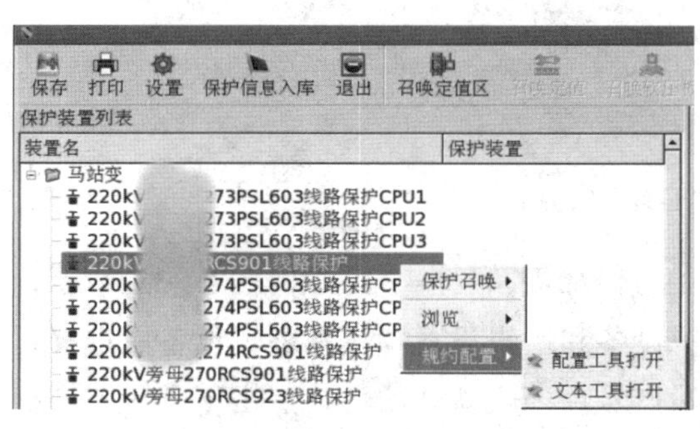

图 4－1－31 保护管理工具界面

如果发现配置工具保存异常的情况，可能是后台版本升级的原因，这时需要用文本工具手动添加遥信信息。如图 4－1－33 所示，可以手动添加一行信息到对应的分类中，如添加“长期有差流”信号，属于事件 178（FUN 号），227（INF 号）；复制上面一行信息进行修改，将“＜＞”中的 INF 号和中文名称按照厂家提供码表修改后，其余参数可保质一致，**最后一列数字是由 FUN 号（或组号）和转发条目号组成**，计算方法为：FUN 号*256＋转发条目号，转发条目号可以从 0/1/2 开始，具体数值由现场决定，第二行的转发条目号＋1，依次类推。一般可以采用类推方法，新增信息可以等于上一行数值＋1。

../pro_sys/RCS901A-103.sys

打开　保存　升级　退出

文件目录
- 一般
- 转发
- 通用分类数据
  - 178
  - 99

	组号	条目号	名称	告警类型	上告警窗	语音文件	1850引用	.850功能约	转发组号	转发条目号
42	178	194	存储器出错	ACT	1		REF	ST	178	42
43	178	195	程序出错	ACT	1		REF	ST	178	43
44	178	196	定值出错	ACT	1		REF	ST	178	44
45	178	49	该区定值无效	ACT	1		REF	ST	178	45
46	178	50	CPU采样异常	ACT	1		REF	ST	178	46
47	178	189	零序长期起动	ACT	1		REF	ST	178	47
48	178	214	装置长期起动	ACT	1		REF	ST	178	48
49	178	51	DSP采样异常	ACT	1		REF	ST	178	49
50	178	200	跳合出口异常	ACT	1		REF	ST	178	50
51	178	222	定值校验出错	ACT	1		REF	ST	178	51
52	178	44	直流电源异常	ACT	1		REF	ST	178	52
53	178	202	光耦电源异常	ACT	1		REF	ST	178	53
54	178	241	TV断线	ACT	1		REF	ST	178	54
55	178	240	线路TV断线	ACT	1		REF	ST	178	55
56	178	206	TA断线	ACT	1		REF	ST	178	56
57	178	210	TWJ异常	ACT	1		REF	ST	178	57
58	178	212	跳闸开入异常	ACT	1		REF	ST	178	58
59	178	192	通道异常	ACT	1		REF	ST	178	59
60	178	42	监视方向闭锁	ACT	1		REF	ST	178	60
61	178	199	保护升级	ACT	1		REF	ST	178	61

图 4-1-32　保护模板编辑界面

RCS943.sys (~/ns2000/pro_sys) (1 of 2) -

文件(F)　编辑(E)　工具(T)　语法(S)　缓冲区(B)　窗口(W)　帮助(H)

```
        <206>TA断线                DIAG    1     1.wave  REF    ST      45638
        <210>TWJ异常               DIAG    1     1.wave  REF    ST      45639
        <203>控制回路断线          DIAG    1     1.wave  REF    ST      45640
        <184>过负荷                DIAG    1     1.wave  REF    ST      45641
        <150>角差整定异常          DIAG    1     1.wave  REF    ST      45642
        <186>数据接收错            DIAG    1     1.wave  REF    ST      45643
        <187>严重误码              DIAG    1     1.wave  REF    ST      45644
        <199>纵联码接收错          DIAG    1     1.wave  REF    ST      45645
        <192>通道异常              DIAG    1     1.wave  REF    ST      45646
        <227>长期有差流            DIAG    1     1.wave  REF    ST      45647
        <43>差动退出               DIAG    1     1.wave  REF    ST      45648
        <248>远跳异常              DIAG    1     1.wave  REF    ST      45649
    <6>软压板
        <1>投差动保护软压板    SWITCH  1     2.wave  REF    FC     1536
        <3>投零序Ⅰ段软压板     SWITCH  1     2.wave  REF    FC     1538
        <4>投零序Ⅱ段软压板     SWITCH  1     2.wave  REF    FC     1539
        <5>投零序Ⅲ段软压板     SWITCH  1     2.wave  REF    FC     1540
        <6>投零序Ⅳ段软压板     SWITCH  1     2.wave  REF    FC     1541
        <7>不对称速动软压板    SWITCH  1     2.wave  REF    FC     1542
        <8>双回线速动软压板    SWITCH  1     2.wave  REF    FC     1543
        <9>投闭锁重合软压板    SWITCH  1     2.wave  REF    FC     1544
        <2>投距离保护软压板    SWITCH  1     2.wave  REF    FC     1537
    <2>定值区号
```

图 4-1-33　文本工具编辑界面

打开数据库组态，点击上方保护转虚遥信工具，如图 4-1-34、图 4-1-35 所示，进入保护转遥信导向窗口，点录入选择对应保护设备和逻辑设备，注意逻辑设备应选择保护，而不是开关刀闸表中的遥控对象。填写起始点号，一般默认即可，点击下一步，转换结果窗口中，会显示新增信号情况，点击开始转换即可完成添加。查看遥信定义表和遥信通道表中，已完成遥信新增，如图 4-1-36 所示。

图 4-1-34　保护转遥信按钮

配置完成后，将后台一体化配置文件 rdb 下装到装置接入的保护管理机和远动机中，具体步参照 4.1.2 节内容。同时，还需要将 /users/oracle/ns2000/pro_sys 文件夹中对应的 sys 文件通过 ftp 下装到管理机及远动机对应 pro_sys 文件夹中覆盖。

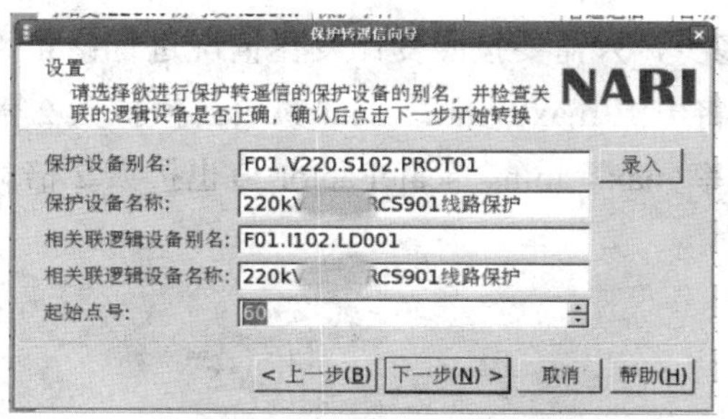

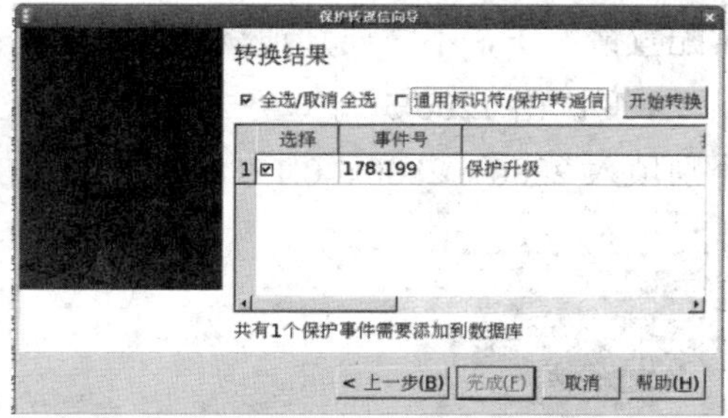

图 4－1－35　保护转遥信向导菜单

59	220kV	RCS901线路保护跳闸开入异常	马站变.220kV	RCS9...	保护事件		普通遥信	自动选择
60	220kV	RCS901线路保护通道异常	马站变.220kV	RCS9...	保护事件		普通遥信	自动选择
61	220kV	RCS901线路保护监视方向闭锁	马站变.220kV	RCS9...	保护事件		普通遥信	自动选择
62	220kV	RCS901线路保护保护升级	马站变.220kV	RCS9...	保护事件		普通遥信	自动选择

59	220kV	RCS901线路保护通道异常	单通道	0	无效/	.220kV杨...	58	0.0.178.192	保护事件转
60	220kV	RCS901线路保护监视方...	单通道	0	无效/	.220kV杨...	59	0.0.178.42	保护事件转
61	220kV	RCS901线路复归虚信号	单通道	0		.远动1虚...	101	0.0.0.0	厂点号
62	220kV	RCS901线路保护保护升级	单通道	0	无效/	220kV杨...	60	0.0.178.199	保护事件转

图 4－1－36　数据库中核对新增遥信

3. 遥测参数的修改

对于测控上送的遥测数据，首先要确定后台设置的参数，打开遥测通道表，查看基值、额定值、调整系数是否为 0，如果为 0，说明遥测参数在组态工具内设定。如果不为 0，说明采用后台参数，如图 4－1－37 所示。对于采用后台参数的调整变比，可以按照变化情况进行修正；例如 TA 变比由 1200:5 调整至 2400:5，那么应将三相电流原有值扩大 2 倍，同时，对应的功率 P、Q 也相应扩大 2 倍。

	遥测ID号	通道号	遥测生数据	品质	越限状态	基值(D)	额定值(C)	调整系数(B)
1	220kV 测控273线路有功功率	单通道	-101.604	无效/	0	0.000	0.000	0.000...
2	220kV 测控273线路无功功率	单通道	2.131	无效/	0	0.000	0.000	0.000...
3	220kV 测控273线路功率因素	单通道	-0.999	无效/	0	0.000	0.000	0.000...
4	220kV 测控273线路频率	单通道	49.969	无效/	0	0.000	0.000	0.000...
5	220kV 测控273线路线电压Uab	单通道	231.032	无效/	0	0.000	0.000	0.000...
6	220kV 测控273线路相电压A相	单通道	133.467	无效/	0	0.000	0.000	0.000...
7	220kV 测控273线路相电压B相	单通道	133.257	无效/	0	0.000	0.000	0.000...
8	220kV 测控273线路相电压C相	单通道	133.177	无效/	0	0.000	0.000	0.000...
9	220kV 测控273线路相电压零序	单通道	0.000	无效/	0	0.000	0.000	0.000...
10	220kV 测控273线路电流A相	单通道	251.847	无效/	0	0.000	0.000	0.000...

图 4－1－37　遥测通道表

对于大多数采用组态工具配置的测控装置遥测参数，在组态软件中进行修正。如图 4－1－38 所示，在组态中选择间隔，右侧工具栏展开到 LD－选择 MEAS（测量）－测量参数配置，中间窗口可以查看配置情况。

max 和 min 是指一次电流最大值和最小值，一般现场按照 1.2 倍 TA 一次额定电流大小计算，电压最小值一般填 0，电流和功率最小值填负最大值。频率和功率因素不用修改。db 和 zerodb 是变化死区和零值死区对应的原码值，一般不用修改。scaleFactor 指最小刻度值，scaleFactor＝max/满码值，不同装置不同遥测类型满码值不同，以说明书为准。在正常配置情况下，不需要知道满码值具体是多少，只需要按照变比变化情况进行修正。依旧以 TA 变比由 1200:5 调整至 2400:5 为例，将电流 max、min、scaleFactor 值扩大 2 倍，即分别填入 2880、2880、0.17587071226；功率 max、min、scaleFactor 值也扩大 2 倍。

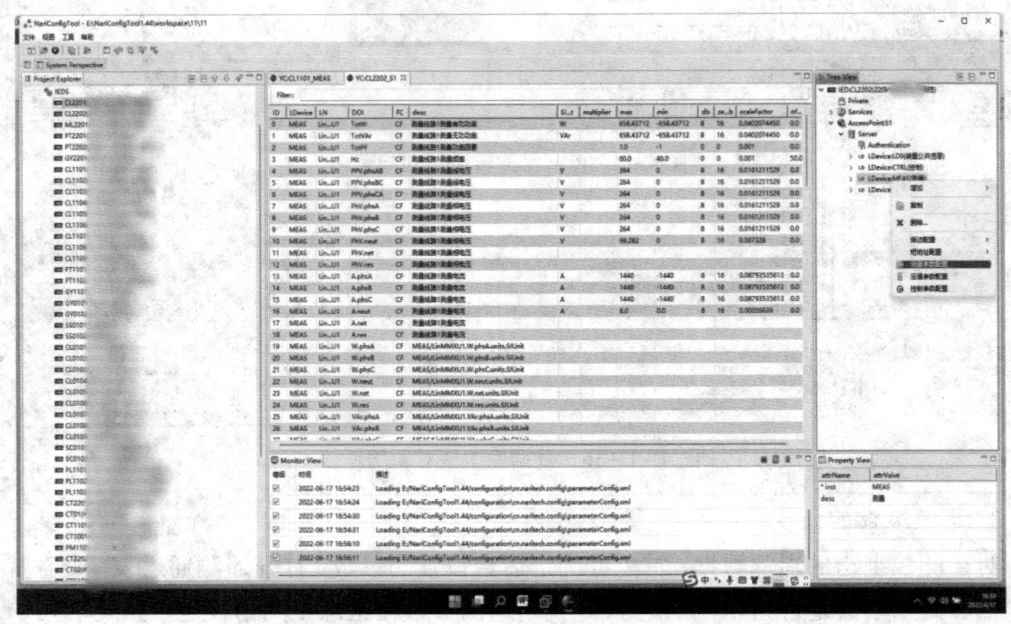

图 4－1－38　组态工具界面

4. 遥控参数的新增

（1）刀闸遥控的新增。测控采用 61850 规约，修改遥控需要进行 scd 组态配置，并导出配置下装。首先要确认 scd 工程文件是最新的，一般由厂家人员留档，班组也可以实时更新留档保存。

打开组态软件，如图 4－1－39 所示；进去软件主界面，选择文件－打开工程，选择最新的工程文件，如图 4－1－40 所示。

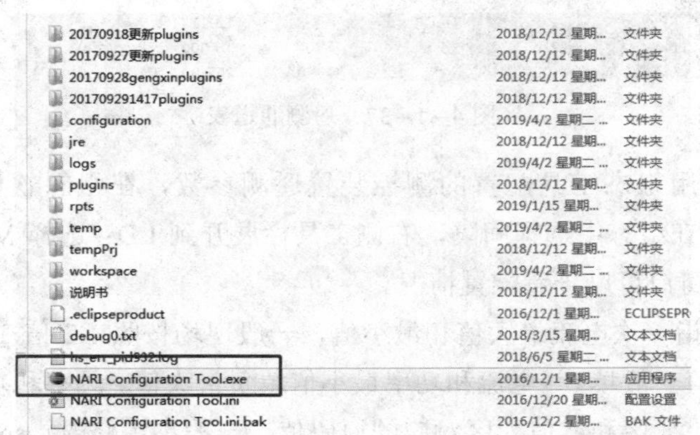

图 4－1－39　组态软件路径

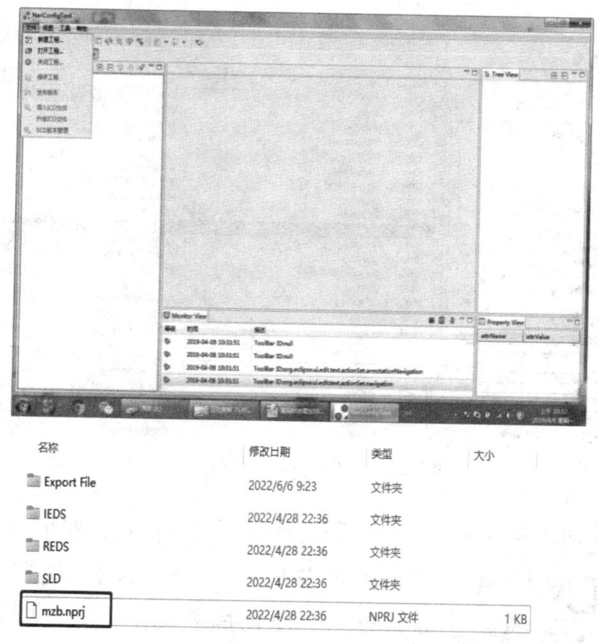

图 4－1－40　打开工程

进入 scd 组态配置工具，打开最新工程文件，双击要修改的间隔测控装置，点击左侧＞展开树形图，找到 CTRL（控制），按右键选择短地址配置－MMS 短地址，可以看到所有控制相关配置情况，如图 4－1－41 所示。例如新增 2731 刀闸遥控，找到 FC 为 ST 的一行，sAddr 中显示 DDI：2@0002@0003，表示双点位置，0002 对应遥信 3 表示 2731 刀闸的动合触点，0003 对应遥信 4 表示 2731 刀闸的动断触点，现场遥信二次回路必须按照组态配置接入。刀闸遥控分、合闸回路按图纸接入线路 1 刀闸 1 位置遥控。

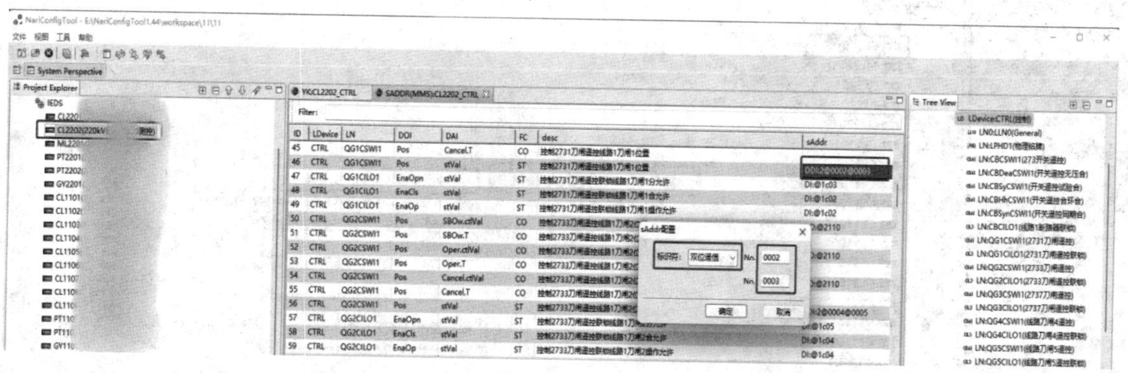

图 4－1－41　遥控对应遥信短地址设置

修改完成后，继续修改 LN 描述，如图 4－1－42 所示，点击左侧＞展开树形图，找到 CTRL（控制），按右键选择，描述配置－LN（0）描述，在中间窗口 desc 一列可以看到所有 LN 描述，单击即可修改，修改后会以黄色高亮显示，右键菜单选择保存。

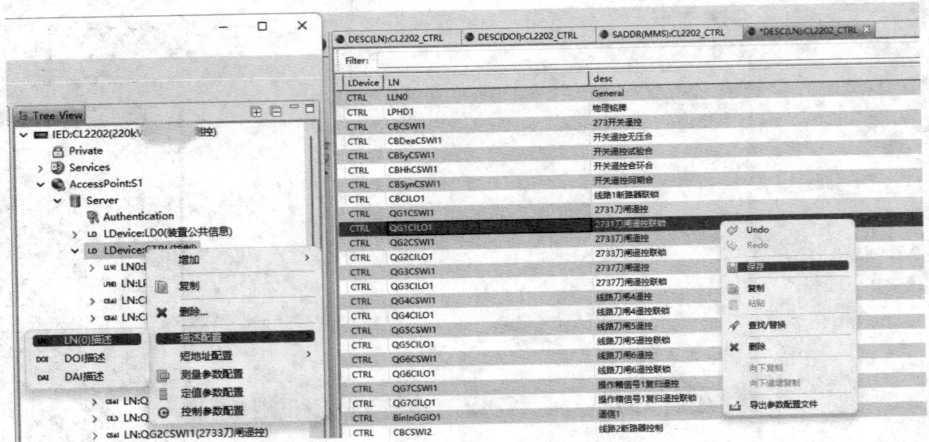

图 4-1-42　修改描述名称

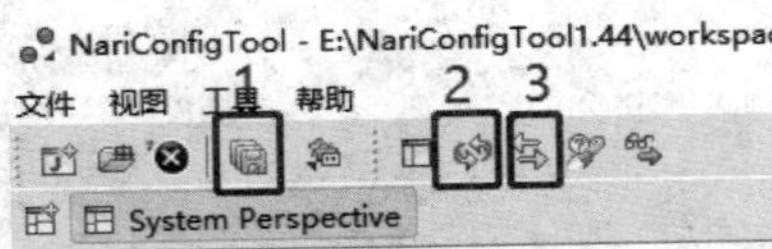

图 4-1-43　保存配置步骤

对于刀闸位置遥信 3 和遥信 4，也需要对应修改描述，点击左侧>展开树形图，找到 CTRL，按右键选择，描述配置-DOI 描述，在中间窗口 desc 一列可以看到所有 DO 描述，单击即可修改，修改后会以黄色高亮显示，右键菜单选择保存。

修改完成后，按图 4-1-43 所示步骤顺序操作点击三个按钮。再按图 4-1-44 右键对应测控装置，导出下装文件。

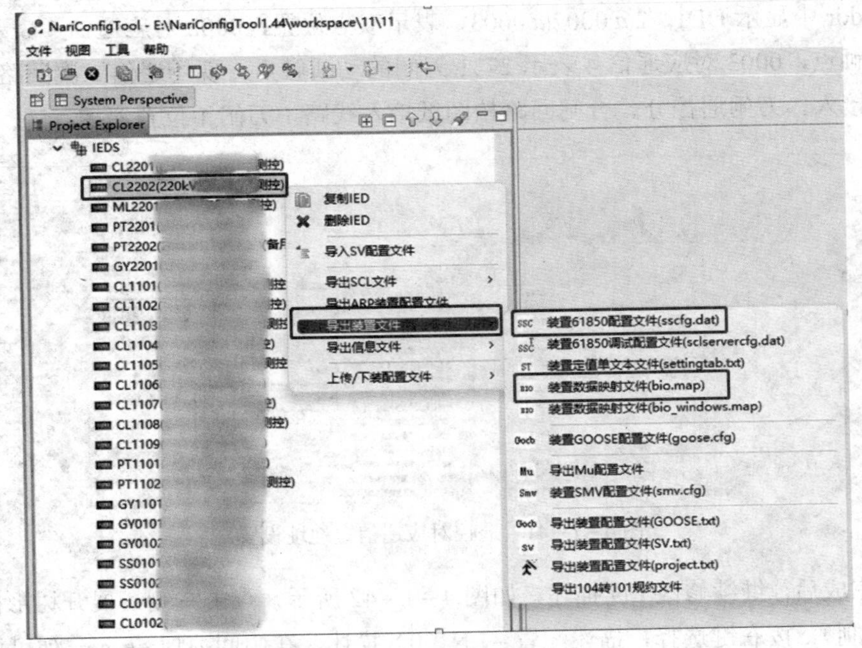

图 4-1-44　导出配置文件

生成的文件放在 X:\NariConfigTool1.44\workspace\（工程名称）\Export File\Device Configuration File\（装置名称）\S1 文件夹下。**以上工程组态配置过程建议由厂家人员修改导出，以保证厂家备份与现场一致。用 FTP 将两文件下装到对应测控装置，重启后即可生效。**

在后台开关刀闸表中找到线路 1 刀闸 1 位置遥控这条记录，双击修改名称，保存后生成序列号。遥控关系表也需要对于修改名称，遥控通道表中对应记录会自动更新名称。

在遥信定义表中，找到对应的遥信记录，**注意这条记录不是普通遥信开入，而是一个有特定名称的双位置遥信**，即线路 1 刀闸 1 位置，将此遥信名称修改为 2731 刀闸遥控线路 1 刀闸 1 位置，和组态中保持一致。

（2）软压板遥控的新增。首先，在开关刀闸表中添加一条记录，填写开关刀闸名称，填选开过刀闸别名信息，选择对应电压等级、间隔名称，开关类型和开关子类型一般可以选择开关和中开关，也可以参照本装置其他软压板的配置填选。是否遥控填选“是”，自动在遥控关系表中生成一条记录。

在遥控关系表中，检查遥控类型，一般选遥控；继续配置遥控通道表，填选逻辑设备别名，选择对应设备，也可以采用右键选择块复制、块粘贴的方式。填入点号、通用标识符、信号来源方式。点号要求不重复，通用标识符填写需要根据厂家提供装置码表填写，信号来源方式可以参照其他软压板配置填选。

在遥信定义表中，找到此软压板遥控对应的遥信记录，填选遥信别名。以主保护软压板为例，在间隔中选择保护装置，在设备中选择对应的软压板，遥信类型选位置，遥信子类型选常开，如图 4－1－45 所示。

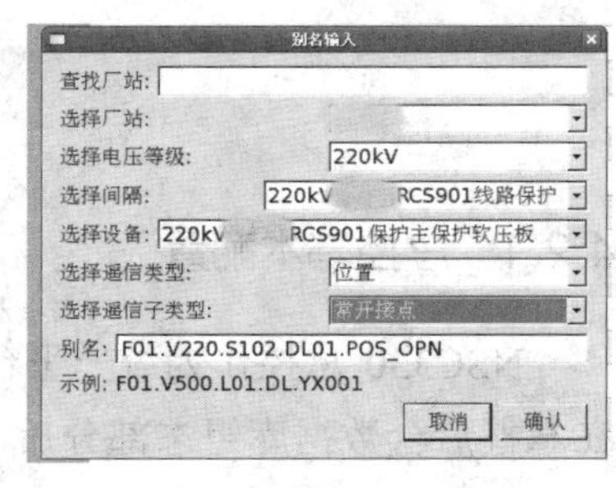

图 4－1－45　遥控别名输入

最后，还需要参照 2.6.9.1 新增软点遥信的方法，配置 sys 文本中软压板遥控信息，并把配置好的 sys 文件通过 ftp 下装到管理机及远动机对应 pro_sys 文件夹中覆盖。

（3）硬接点复归遥控的新增。进入 scd 组态配置工具，打开最新工程文件，双击要修改的间隔，在右侧配置框出现间隔信息，点击左侧＞展开树形图，找到 CTRL（控制），按右键选择短地址配置－MMS 短地址，可以看到所有控制相关配置情况，如图 4－1－46 所示。

例如，线路 1 刀闸 4 位置要改成遥控复归，控合，右键选择线路 1 刀闸 4 位置，DOI 一列为 Pos，DAI 一列为 stVal 的一行，双击 sAddr，跳出窗口，标识符中选择单位遥信，No 中填入一个空的硬点遥信开入，注意这里所填的数字式 16 进制，从 0 开始。选好空点后，最好修改此遥信的对应名称，防止后期被误用导致出现遥控失败问题。

如图 4－1－46 中填写 0063，换算十进制 99，遥信点从 1 开始，因此对应遥信 100，可以在描述配置中修改。同样，在监控后台和测控图纸中，被使用的空点也应标注清楚。

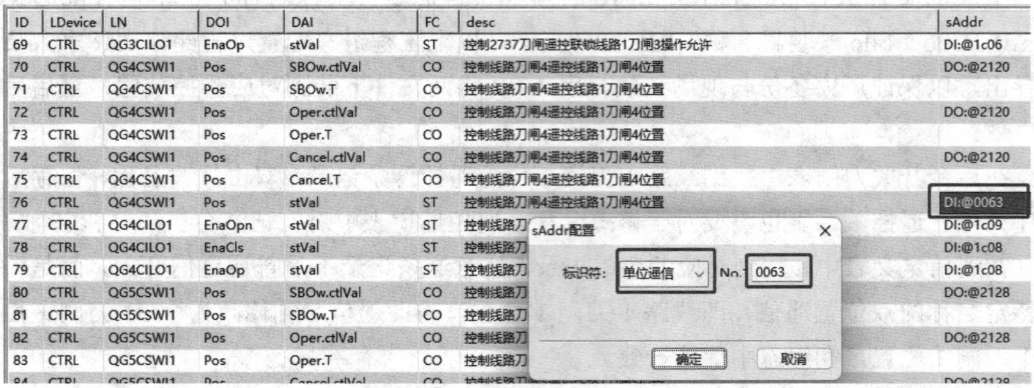

ID	LDevice	LN	DOI	DAI	FC	desc	sAddr
69	CTRL	QG3CILO1	EnaOp	stVal	ST	控制2737刀闸遥控联锁线路1刀闸3操作允许	DI:@1c06
70	CTRL	QG4CSWI1	Pos	SBOw.ctlVal	CO	控制线路刀闸4遥控线路1刀闸4位置	DO:@2120
71	CTRL	QG4CSWI1	Pos	SBOw.T	CO	控制线路刀闸4遥控线路1刀闸4位置	
72	CTRL	QG4CSWI1	Pos	Oper.ctlVal	CO	控制线路刀闸4遥控线路1刀闸4位置	DO:@2120
73	CTRL	QG4CSWI1	Pos	Oper.T	CO	控制线路刀闸4遥控线路1刀闸4位置	
74	CTRL	QG4CSWI1	Pos	Cancel.ctlVal	CO	控制线路刀闸4遥控线路1刀闸4位置	DO:@2120
75	CTRL	QG4CSWI1	Pos	Cancel.T	CO	控制线路刀闸4遥控线路1刀闸4位置	
76	CTRL	QG4CSWI1	Pos	stVal	ST	控制线路刀闸4遥控线路1刀闸4位置	DI:@0063
77	CTRL	QG4CILO1	EnaOpn	stVal	ST	控制线路刀	DI:@1c09
78	CTRL	QG4CILO1	EnaCls	stVal	ST	控制线路刀	DI:@1c08
79	CTRL	QG4CILO1	EnaOp	stVal	ST	控制线路刀	DI:@1c08
80	CTRL	QG5CSWI1	Pos	SBOw.ctlVal	CO	控制线路刀	DO:@2128
81	CTRL	QG5CSWI1	Pos	SBOw.T	CO	控制线路刀	
82	CTRL	QG5CSWI1	Pos	Oper.ctlVal	CO	控制线路刀	DO:@2128
83	CTRL	QG5CSWI1	Pos	Oper.T	CO	控制线路刀	

sAddr配置
标识符：单位遥信 No. 0063
确定 取消

图 4－1－46　遥控复归对应遥信短地址设置

完成组态配置后，需要导出文件下装到对应装置并重启生效。

在后台开关刀闸表中找到线路 1 刀闸 4 位置遥控这条记录，双击修改名称，保存后生成序列号。遥控关系表也需要对于修改名称，遥控通道表中对应记录会自动更新名称。

在后台遥信定义表中，找到此硬接点复归遥控对应的遥信记录，填选遥信别名。注意，除了上述例子中所指的“线路 1 刀闸 4 位置”这个双位置遥信记录，还有一个选定的空点遥信开入对应的普通遥信记录，也需要修改名称，避免日后被误用。

4.2　NSC330 总控

4.2.1　总控基本配置

NSC330 总控作为统一平台的重要组成部分，与监控后台共用一个数据库组态，因此在掌握后台数据库组态部分后，不用再对总控做重复配置，仅需要更新下装部分文件即可完成，一定程度上提高了工作效率。

NSC330 总控既可以作为远动主机，也可以作为小室的保护管理机使用，只是配置有所区别，主要的数据库部分内容已在监控后台统一组态中完成。本章对数据库主体部分内容不再赘述，具体细节可查阅 4.1.2.8 节内容，仅针对总控非数据库配置内容讲解，并根据现场常用场景举例说明，供读者参考借鉴。

备份有两种方式：

（1）**通过 ftp 工具实现 NSC330 装置内文件的备份，只需要备份/jffs2 下所有内容，现场多采用此方式。需要注意的是，升级加固后的总控采用 sftp 方式传输，固定端口号 30022。**

（2）通过 telnet 工具（Windows 下超级终端、SecureCRT、cmd 命令窗口或 Linux/Unix 下 telnet 命令，升级加固后采用 ssh 方式登入）登录到总控装置，在命令窗口运行 330bak.sh

备份 NSC330 装置的工程配置数据文件到 330bak.tar.bz2，再通过 ftp 工具申请出来备份。

配置文件下装：

（1）通过 ftp 工具（Windows 下 FlashFXP 或 Linux 下 gftp）实现 NSC330 装置内文件的上装；**ftp 和 telnet 登录用户名 oracle，密码 ns2000；如经过升级和安全加固，密码可能被重置。**/jffs2 目录结构，如图 4－2－1 所示。

名称	修改日期	类型	大小
atop_syslog	2021/7/31 18:28	文件夹	
oracle	2021/7/31 18:28	文件夹	
syslog	2021/7/31 18:29	文件夹	
.ash_history	2019/9/4 19:39	ASH_HISTORY 文...	1 KB
330bak.sh	2014/11/22 18:42	SH 文件	1 KB
330ip	2014/11/28 0:20	配置设置	1 KB
330res.sh	2014/11/22 18:42	SH 文件	1 KB
330test	2014/11/22 18:42	文件	26 KB
atop_runled	2021/8/1 1:22	文件	4 KB
back_res	2014/11/22 18:42	文本文档	1 KB
config.sh	2005/3/2 6:31	SH 文件	1 KB
env.sh	2014/11/22 18:42	SH 文件	1 KB
hosts	2005/3/2 6:31	文件	1 KB
install	2014/11/22 18:42	文本文档	1 KB
install_sd.sh	2014/11/22 18:42	SH 文件	2 KB
ntpd	2021/8/1 1:22	文件	6 KB
pre-user.sh	2019/9/4 19:05	SH 文件	1 KB
profile	2014/11/22 18:42	文件	1 KB
sd_hd	2021/8/1 1:23	文本文档	0 KB
user.sh	2019/9/4 19:05	SH 文件	4 KB

图 4－2－1　NSC330 总控 jffs 目录结构

（2）下装文件后，应保证文件属性为可执行。可通过 ftp 工具修改 NSC330 装置/jffs2 目录下及/jffs2/oracle/ns2000/exe 下所有文件的属性为可执行（属性为 777）。

（3）NSC330 装置中 FLASH 采用压缩存储，能存放约 100M 左右的文件，**jffs2 为 FLASH 的映射目录，不能删除，如果不慎删除了根目录的 jffs2 链接，可用 telnet 登录后，在/下运行命令"ln_－s_/mnt/jffs2_jffs2"恢复（_为空格）。**

（4）通常参数修改，可以通过监控后台工具直接下装到对应装置上，无需手动处理。对于需要手动下装文件的操作，后文会明确指出。

点击工具栏"下装数据库组态"按钮，接入组态下装窗口，左侧是节点 IP 地址，节点 1、2、3、4 的 IP 均可手动设置，设置后下次打开依旧生效。点击左侧小框可勾选需要下装的装置 IP，可以同时下装到多个总控装置。一般不涉及小室规约转换功能时，无需下装到小室节点的装置，只需要下装到远动主机中。**右侧目的节点设置，填入用户名和密码后，直接点击启动传输即可开始 FTP 传输，传输完成后信息窗口中有信息提示，说明**

传输完成，如图 4-2-2 所示。

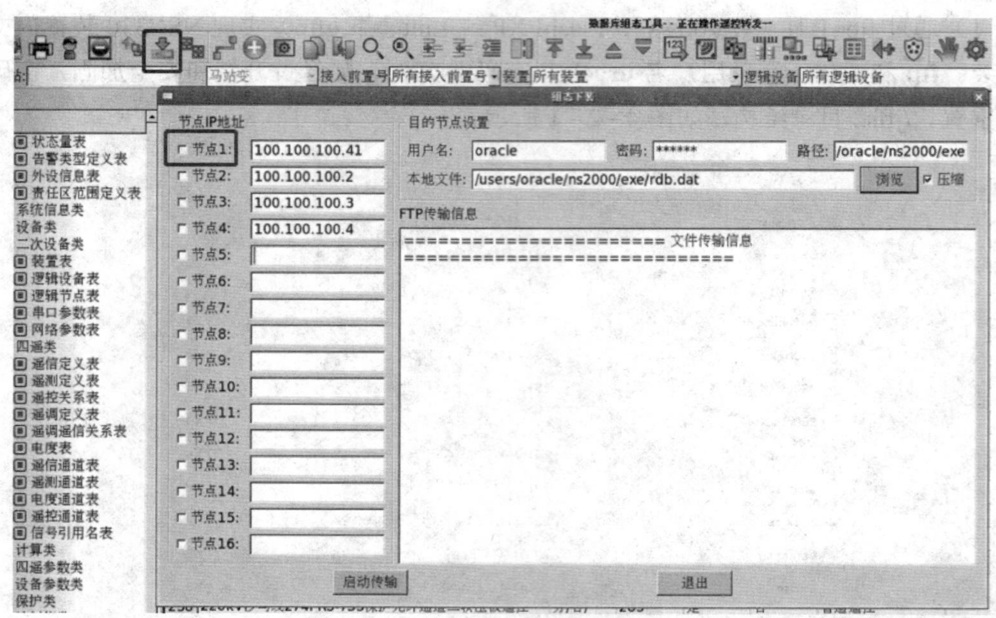

图 4-2-2　组态下装窗口

一般传输时间在 10～20 秒之间不等，如在很短时间（1～3 秒）就显示传输完成，有可能下装的 rdb 文件存在异常，应引起警觉。

rdb 在本地监控主机路径为/users/oracle/ns2000/exe/rdb.dat，在窗口中有明确显示。如 rdb.dat 文件不正确（通常表现为容量偏小），可以手动删除此文件，然后重启监控后台程序，会自动生成新的 rdb.dat 文件，对于主备双机配置的变电站，还可以通过比较另一台主机 rdb.dat 文件的容量大小来确认是否存在异常。

4.2.2　转发表编辑

远动转发表配置一般采用快捷转发工具来实现，如图 4-2-3 所示，红色框内是快捷转发工具按钮。在快捷转发工具左侧窗口，左上是装置列表，点击后左下部分显示可选择转发信息，“√”表示已添加到转发表中，转发表中不允许出现重复的条目信息。右上角可以选择转发表类型，下方下拉菜单可以选择转发表编号，转发表具体对应主站对象可以在逻辑设备表－转发表号中查看。

未在转发表中条目可以通过双击加入转发表首行，通过点击转发号填写具体的转发序号；也可以点击需要插入的转发位置之前的一条记录，例如要添加到转发点 5，则点击转发点 4，然后双击添加，再修改转发号。

对于个别无法通过快捷转发工具进行转发的信息，即不属于遥信定义表、遥测定义表、遥控关系表里的条目，需要手动在转发类，对应转发表中手动添加一条记录。如图 4-2-4

所示，遥测转发表中，主变档位遥测在变压器表中定义，需要手动添加记录并选择“设备类－变压器表－间隔选择－域名选分接头位置”。

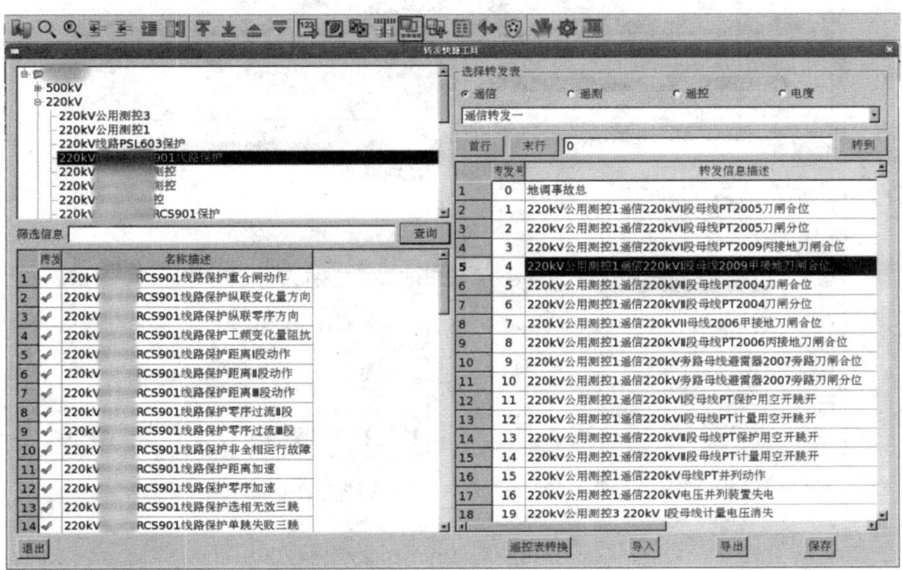

图 4－2－3　快捷转发工具窗口

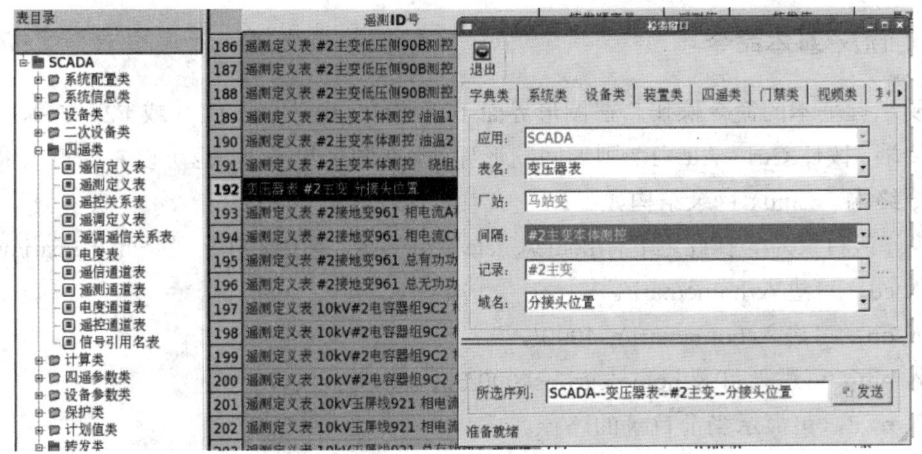

图 4－2－4　手动添加转发记录

4.2.3　遥信合并编辑

日常维护中，当有涉及遥信合并的工作，其中最经常用“事故总”信号的编辑。可以采用图 4－2－5 中红框所示“合并遥信快捷工具”按钮。左侧是可选装置及装置内部遥信条目，右侧是结果遥信描述和计算遥信列表，通过点选中间“加入”按钮，能够简单实现遥信合并，在结果遥信名称一栏中右键，可以添加一条记录，并在遥信定义表中自动添加对应条目。

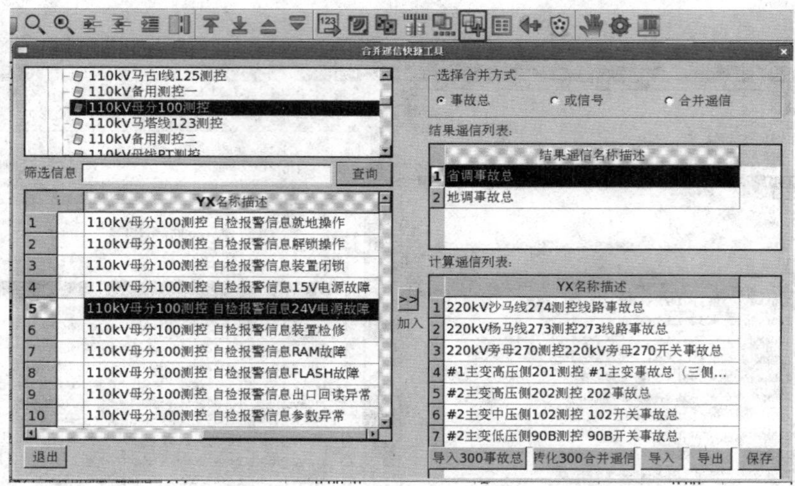

图 4-2-5　合并遥信快捷工具

4.3　NS4000 监控系统

4.3.1　Linux 基本命令

需要掌握基本的命令操作。在图形界面下，按住 Ctrl+Alt+F1（或 F2～F6），则可进入命令终端。按住 Ctrl+Alt+F7 则返回图形界面。在图形界面下，也可以右键点击 Konsole 打开命令终端。Linux 目录结构如下：

最高一级目录为/，在此之下有/home/、/etc/、/dev/等。系统工作目录是/home/nari/ns4000/。

输入 cd，可进入/home/nari/。

输入 op，可进入/home/nari/ns4000/。

输入 bin，可进入目录/home/nari/ns4000/bin/。

输入 pwd，可显示当前目录的路径。

输入 ls，可查看当前目录下的文件和子目录。

输入 ls －ltr（或直接输入 l），可查看详细信息，并以修改时间排序。

输入 cd your_subDir，可进入你的下一级子目录。

输入 cd ..，可返回上一级目录。

综上，结合 ls 和 cd 命令可以遍历机器所有的文件和目录。

查看或修改计算机主机名与网络命令（见图 4-3-1～图 4-3-3）：setup（输入回车后需要输入 root 用户密码，一般是 root123）如图 4-3-2 所示，main 就是计算机名，

100.100.100.41 就是网络 IP 地址。

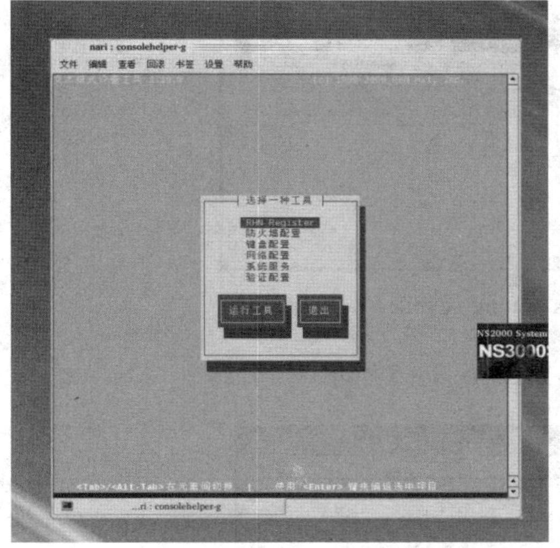

图 4-3-1　setup 展示图

图 4-3-2　计算机名图示

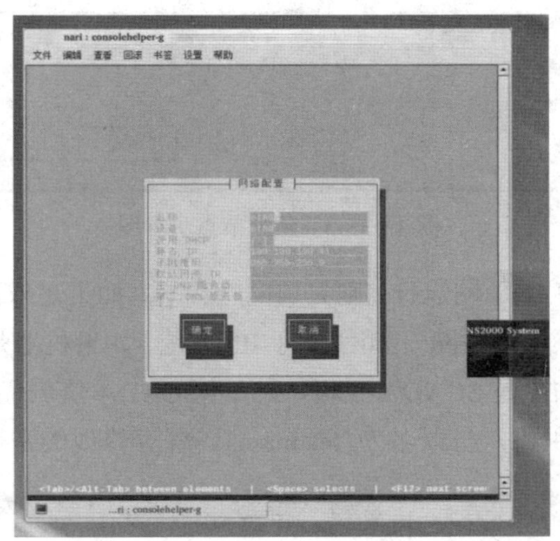

图 4-3-3　setup 网络配置图

4.3.2　NS4000 监控运维

4.3.2.1　系统配置（sys_setting）

进入系统后打开命令提示符，输入 bin 进入命令文件夹，再输入 sys_setting 会打开系统配置界面，下图是一个已经配置好的单网运行的多机系统，有两个主机，两个工作站。在系统配置界面中，可以通过点击“编辑节点”图标修改节点内容，如图 4-3-4 所示。

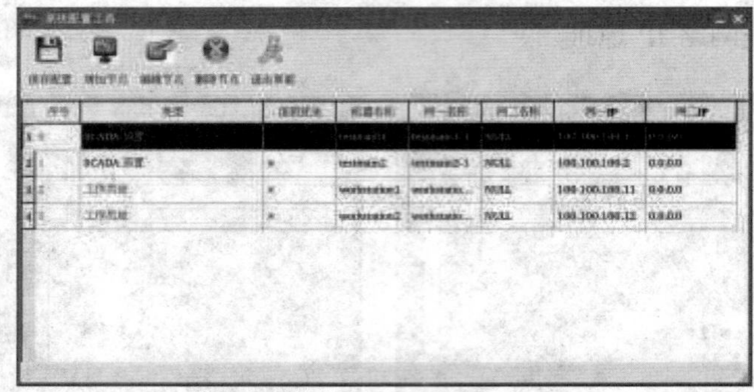

图 4－3－4　sys_setting 展开图

也可点击“增加节点”，弹出编辑窗口，如图 4－3－5 所示。

添加节点

节点名称:

网一名称:

网一 I P: __.__.__.__

网二名称:

网二 I P: __.__.__.__

是否SCADA

SCADA值班优先:

确认　取消

图 4－3－5　新增节点示意图

节点名称为机器名称，单网运行，则只填网一内容，如果是双网则“网一名称”和“网二名称”都需要填写，然后填写网一和网二的 IP 地址。如果机器是 SCADA 机器则在“是否 SCADA”后打钩，如果是 SCADA 主机，则在“SCADA 值班优先”后打钩。图 4－3－6 编辑的是一台 SCADA 主机，机器名为 testmain1。保存修改的密码为 naritech。

编辑节点

节点名称: testmain1

网一名称: testmain1-1

网一 I P: 100.100.100.1_

网二名称: testmain1_2

网二 I P: 0_.0_.0_.0_

是否SCADA ☑

SCADA值班优先: ☑

确认　取消

图 4－3－6　新增节点信息填写示意图

对一个变电站，直接与装置通信的机器就是 SCADA 机，需要勾选是否 SCADA，包括监控主备机、远动机、保信子站等，工作站不是 SCADA 机，SCADA 机还需要填写 61850 报告号，全站的 SCADA 机的 61850 报告号不能重复，且不能太大，要少于 16，应尽量从 1 开始填。

4.3.2.2 系统备份（nssbackup）

监控后台提供备份工具 nssbackup 用于日常备份，备份程序具体路径为 home/nari/ns4000/bin，如图 4－3－7 所示。

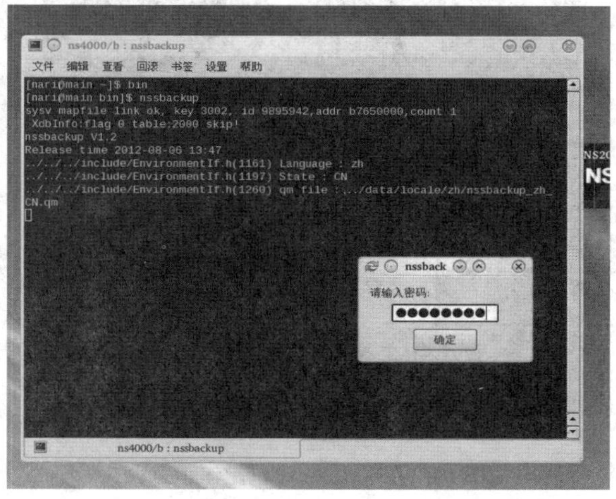

图 4－3－7 系统备份操作示意图

如图 4－3－8 所示，右键打开命令提示符，输入 bin，回车后进入 bin 文件夹，再输入 nssbackup，输入密码 naritech，弹出对话框，如果完全备份需要选择“参数库数据”和“系统程序”，如果日常备份只需要选择“参数库数据”，点击“备份”后再选择备份在哪个文件夹内，确定即开始备份过程，当系统备份完毕后可关闭对话框。

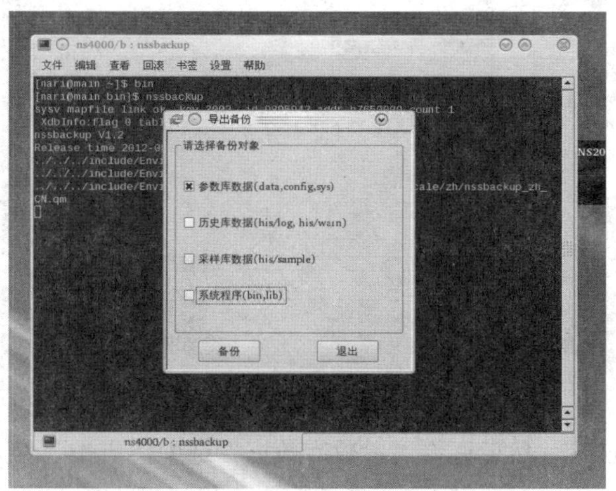

图 4－3－8 系统备份操作弹窗图

4.3.2.3 系统还原（nssrecover）

如现场涉及还原操作，确保操作系统本身没有异常的前提下，对监控后台系统，仅针对数据库和画面进行还原操作，首选先确认需要还原哪个备份文件夹，然后右键打开命令提示符，输入 bin 进入 bin 文件夹，再输入 nssrecover，密码是 naritech，进入系统还原程序（应确保系统在关闭状态），如图 4－3－9 所示。

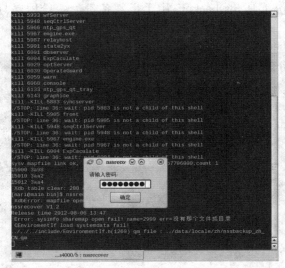

```
kill 5933 wfServer
kill 5948 seqCtrlServer
kill 5966 ntp_gps_qt
kill 5967 engine.exe
kill 5987 relayhost
kill 5991 state2yx
kill 6001 dbserver
kill 6004 ExpCaculate
kill 6029 optServer
kill 6039 OperateGuard
kill 6059 warn
kill 6068 console
kill 6133 ntp_gps_qt_tray
kill 6143 graphide
kill -KILL 5883 syncserver
./STOP: line 36: wait: pid 5883 is not a child of this shell
kill -KILL 5905 front
./STOP: line 36: wait: pid 5905 is not a child of this shell
kill -KILL 5948 seqCtrlServer
./STOP: line 36: wait: pid 5948 is not a child of this shell
kill -KILL 5967 engine.exe
./STOP: line 36: wait: pid 5967 is not a child of this shell
kill -KILL 6004 ExpCaculate
./STOP: line 36: wait:                             this shell
sysv mapfile link ok,                        7706000,count 1
15000 3a98
15010 3aa2
15012 3aa4
 Xdb table clear: 288
[nari@main bin]$ nssre
 XdbError: mapfile ope
nssrecover V1.2
Release time 2012-08-06 13:47
 Error: sysinfo sharemap open fail! name=2999 err=没有那个文件或目录
 CEnviromentIf load systemdata fail!
../../../include/EnvironmentIf.h(1260) qm file : ../data/locale/zh/nssbackup_zh_
CN.qm
```

nssreco
请输入密码:
确定
...s4000/b : nssrecover

图 4－3－9　系统还原操作示意图

进入程序后按以下步骤操作：

（1）选择需要还原的备份文件夹（只可选中该文件夹，不可双击进入），如图 4－3－10 所示。

图 4－3－10　系统还原操作弹窗图

（2）点击“Choose”，然后再将“参数库数据”选中，点击“导入”，即可开始还原。

（3）还原完毕后，关闭还原程序，然后在命令提示符内输入“sys_setting”后回车，

进入系统配置页面，将系统配置页面的主机名、ip 地址、实例号按照上述 4.3.2.1 所示内容进行填写，完毕后关闭系统配置。

（4）输入“./start”查看是否可成功重启。

4.3.2.4 启动系统（./start）

在桌面右键选择打开终端，输入 bin 后回车进入 bin 文件夹，输入“./start”回车，系统开始启动（见图 4－3－11）。完全启动一般需要等候 3～5 分钟左右，启动后终端窗口不断刷新报告，请勿关闭。

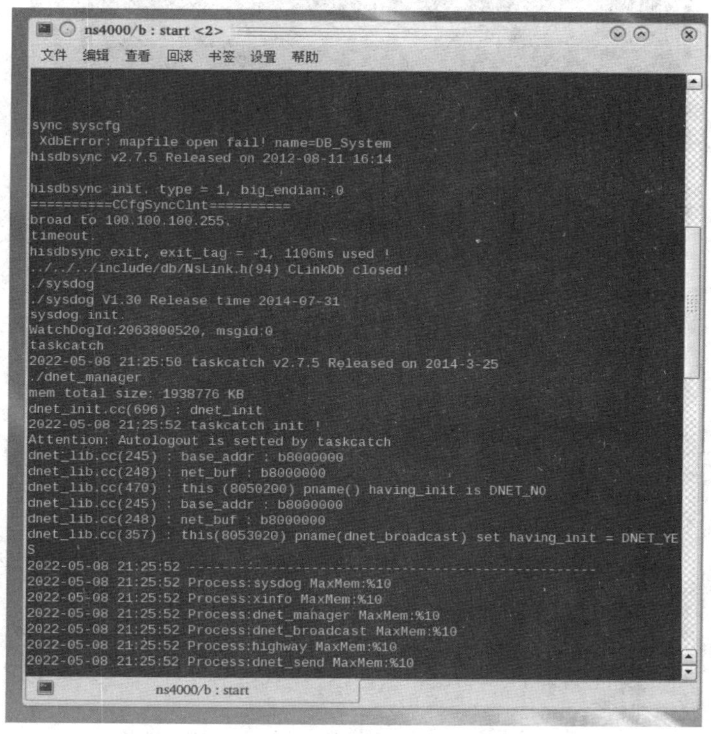

图 4－3－11 系统启动操作示意图

启动完毕后点击系统控制台第二个图标，再点击“操作界面”进入主接线图。

4.3.2.5 关闭系统（STOP）

在桌面右键选择打开终端，输入 bin 后回车进入 bin 文件夹，输入“STOP”回车（注意是大写），系统开始关闭（见图 4－3－12）。完全关闭一般需要等候 3～5 分钟左右，关闭后终端窗口停止刷新报告。

4.3.2.6 间隔扩建

在桌面控制台点击第一个图标，打开系统组态。**SCD 部分操作：**

（1）选择相应的间隔如“培训 2022 线”，右击，选择“复制间隔”（见图 4－3－13），到相应电压等级如“220kV”，粘贴间隔（见图 4－3－14），拷贝间隔个数选 1，填入间隔名称装置编号（见图 4－3－15）。

```
[nari@main ~]$ bin
[nari@main bin]$ STOP
kill 5804 sysdog
kill 5806 taskcatch
kill 5818 dnet_manager
kill 5819 dnet_broadcast
kill 5824 highway
kill 5825 dnet_send
kill 5828 xinfo
kill 5843 xdbms
kill 5854 twomac
kill 5868 hisdbsync
kill 5874 xlogsvr
kill 5881 xalarmsvr
kill 5883 syncserver
kill 5900 RealDataSyncMgr
kill 5902 RealDataSyncSvr
kill 5905 front
kill 5918 yk_operate_server
kill 5923 FrTcpServer
sh: line 0: kill: (5923) - 没有那个进程
kill 5933 wfServer
kill 5948 seqCtrlServer
kill 5966 ntp_gps_qt
kill 5967 engine.exe
kill 5987 relayhost
kill 5991 state2yx
kill 6001 dbserver
kill 6004 ExpCaculate
kill 6029 optServer
kill 6039 OperateGuard
kill 6059 warn
kill 6068 console
kill 6133 ntp_gps_qt_tray
kill 6143 graphide
```

ns4000/b : STOP

图 4-3-12　系统关闭操作示意图

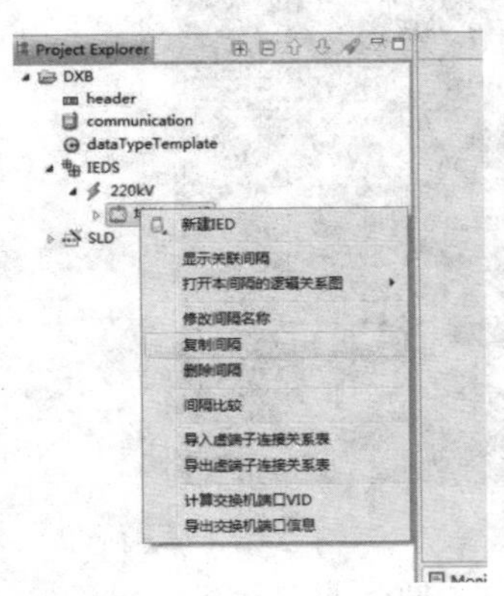

图 4-3-13　SCD 操作示意图 1

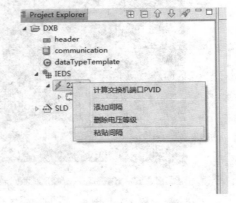

Project Explorer
DXB
header
communication
dataTypeTemplate
IEDS
SLD
计算交换机端口PVID
添加间隔
删除电压等级
粘贴间隔

图 4-3-14　SCD 操作示意图 2

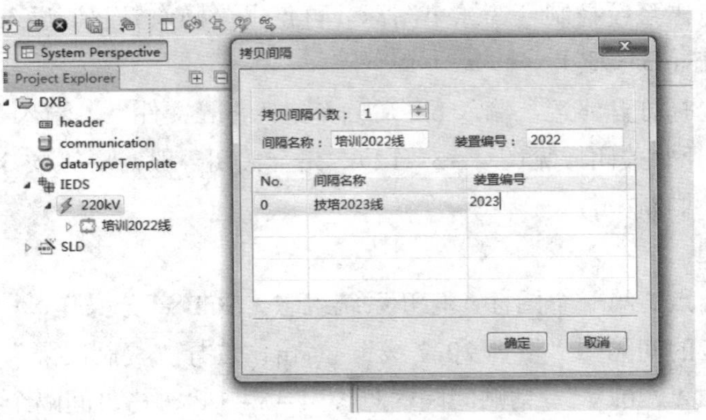

图 4-3-15　SCD 操作示意图 3

（2）选择“视图–通信参数配置”（见图 4–3–16），修改 IP、MAC、APPID，要求每个参数全站唯一（见图 4–3–17）。

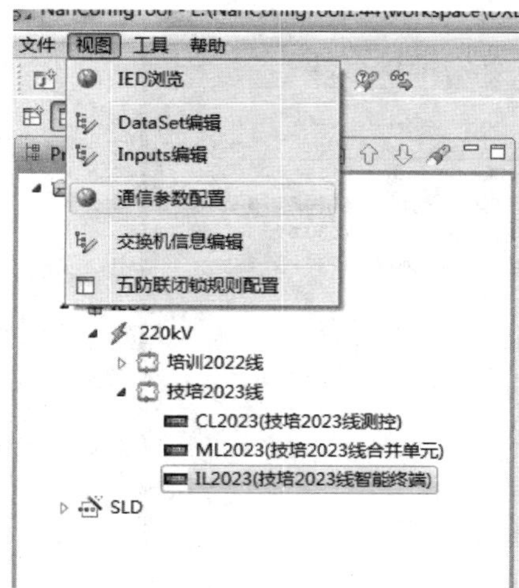

图 4–3–16 SCD 操作示意图 4

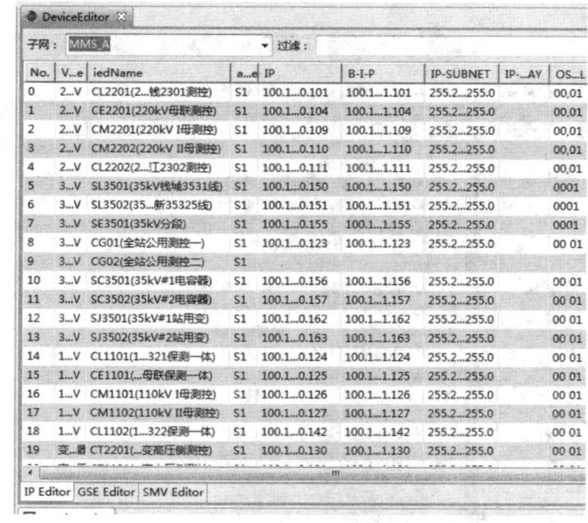

图 4–3–17 SCD 操作示意图 5

（3）新增相关虚端子，之后点击同步，刷新，保存，如图 4–3–18 所示。

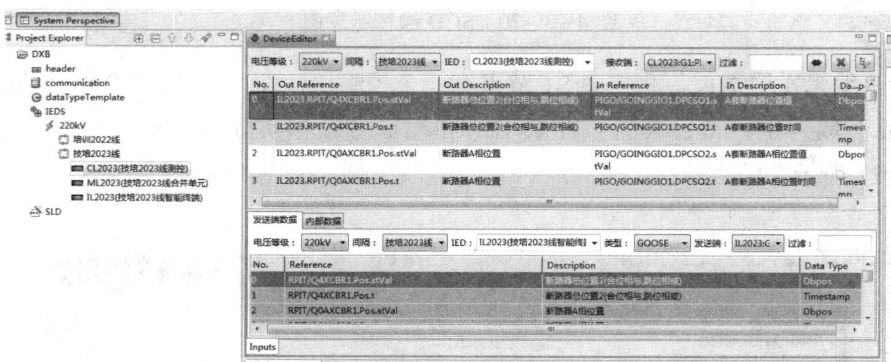

图 4–3–18 SCD 操作示意图 6

（4）完成 ARP 装置私有信息配置，如图 4–3–19 所示。

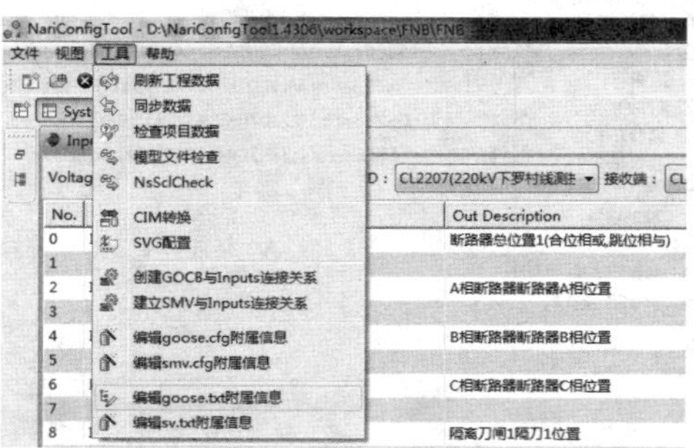

图 4–3–19 SCD 操作示意图 7

“GOOSE.TXT 附属编辑”实现 ARP 自身装置发送 GOOSE 控制块端口配置和该装置通过哪一个端口接收其他装置 GOOSE 控制块虚端子连线的配置，如图 4－3－20 所示。

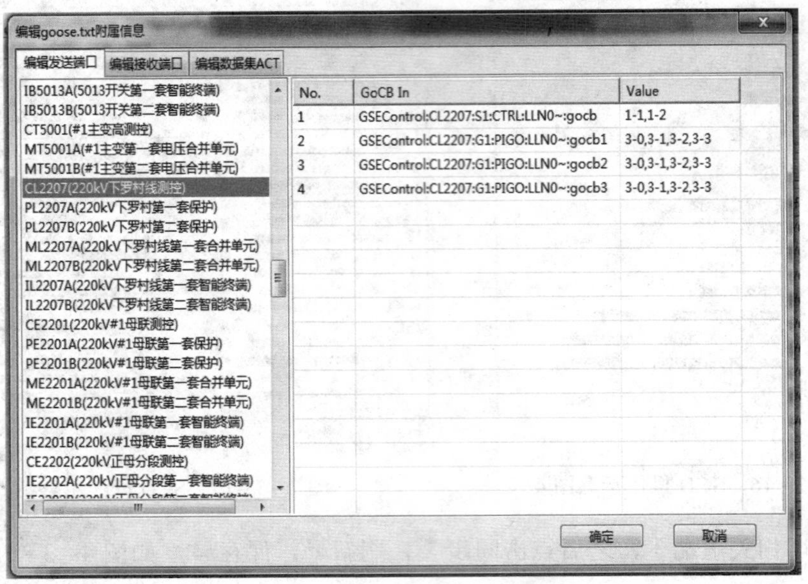

No.	GoCB In	Value
1	GSEControl:CL2207:S1:CTRL:LLN0~:gocb	1-1,1-2
2	GSEControl:CL2207:G1:PIGO:LLN0~:gocb1	3-0,3-1,3-2,3-3
3	GSEControl:CL2207:G1:PIGO:LLN0~:gocb2	3-0,3-1,3-2,3-3
4	GSEControl:CL2207:G1:PIGO:LLN0~:gocb3	3-0,3-1,3-2,3-3

图 4－3－20　SCD 操作示意图 8

配置“编辑发送端口”测控中 S1 节点有一个控制块，G1 节点有三个控制块，初始默认“Value”域为空。每台装置按照板卡号和端口号根据实际的装置板件进行配置，如图 4－3－21 所示。

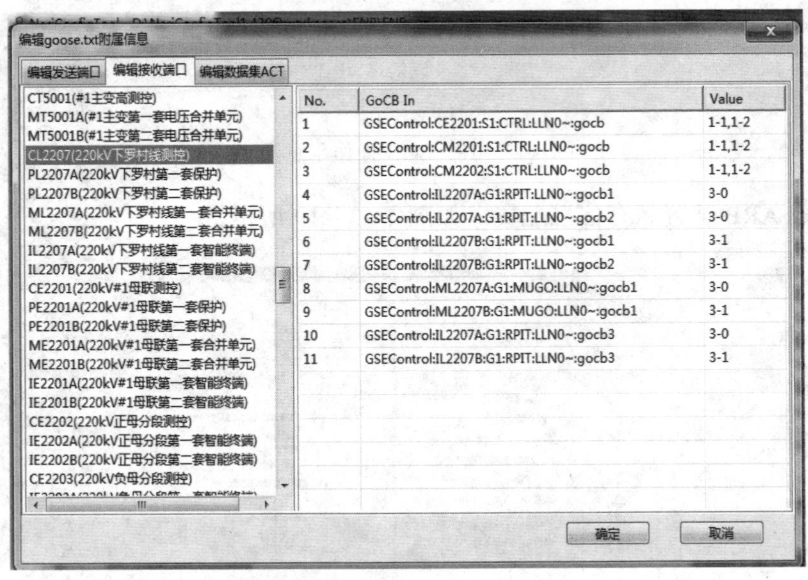

No.	GoCB In	Value
1	GSEControl:CE2201:S1:CTRL:LLN0~:gocb	1-1,1-2
2	GSEControl:CM2201:S1:CTRL:LLN0~:gocb	1-1,1-2
3	GSEControl:CM2202:S1:CTRL:LLN0~:gocb	1-1,1-2
4	GSEControl:IL2207A:G1:RPIT:LLN0~:gocb1	3-0
5	GSEControl:IL2207A:G1:RPIT:LLN0~:gocb2	3-0
6	GSEControl:IL2207B:G1:RPIT:LLN0~:gocb1	3-1
7	GSEControl:IL2207B:G1:RPIT:LLN0~:gocb2	3-1
8	GSEControl:ML2207A:G1:MUGO:LLN0~:gocb1	3-0
9	GSEControl:ML2207B:G1:MUGO:LLN0~:gocb1	3-1
10	GSEControl:IL2207A:G1:RPIT:LLN0~:gocb3	3-0
11	GSEControl:IL2207B:G1:RPIT:LLN0~:gocb3	3-1

图 4－3－21　SCD 操作示意图 9

配置“编辑接收端口”，在完成虚端子连线后“Value”域为空，需要根据光纤回路进行配置，S1 节点通过常规控层网络接收其他间隔测控装置位置信号。

（5）最后如图 4－3－22 所示导出 SCD 文件。

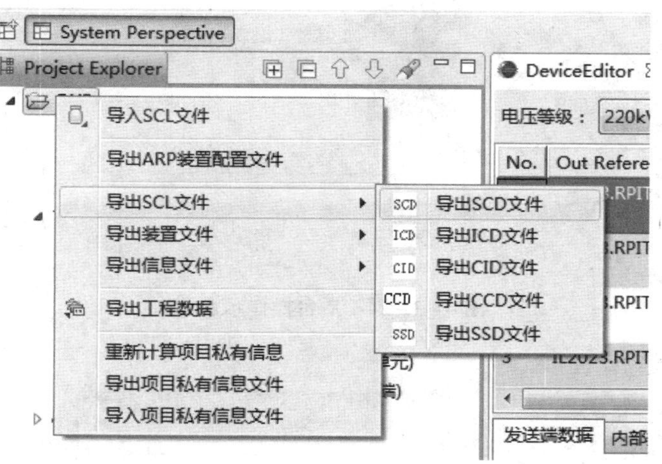

图 4－3－22　SCD 操作示意图 10

4.3.3　后台扩建操作

（1）后台－工具－SCL 解析 scd-dat－打开 SCD 文件－选到对应 SCD－“遥测数据集”改为普通－导出数据文件，如图 4－3－23～图 4－3－26 所示。

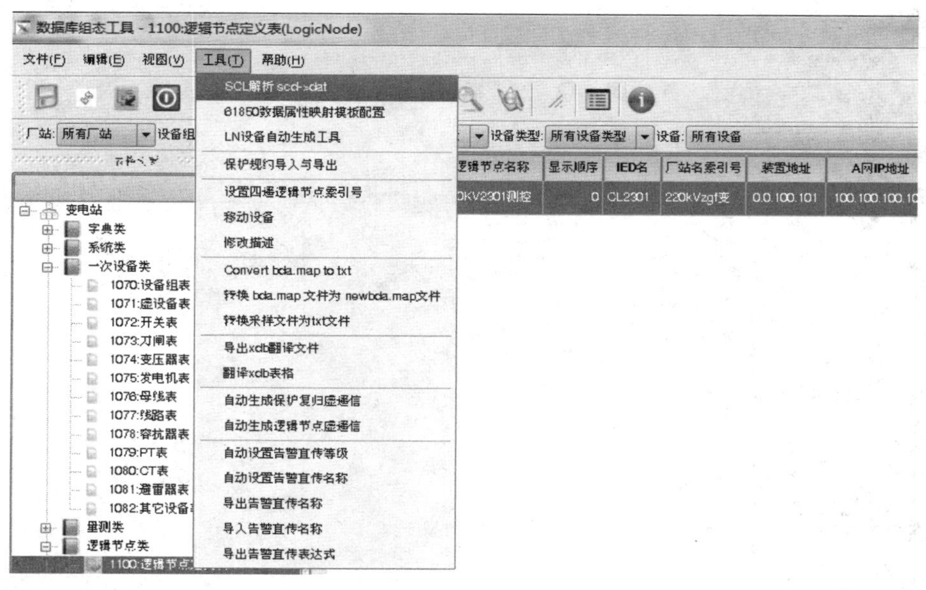

图 4－3－23　后台操作示意图 1

图 4-3-24　后台操作示意图 2

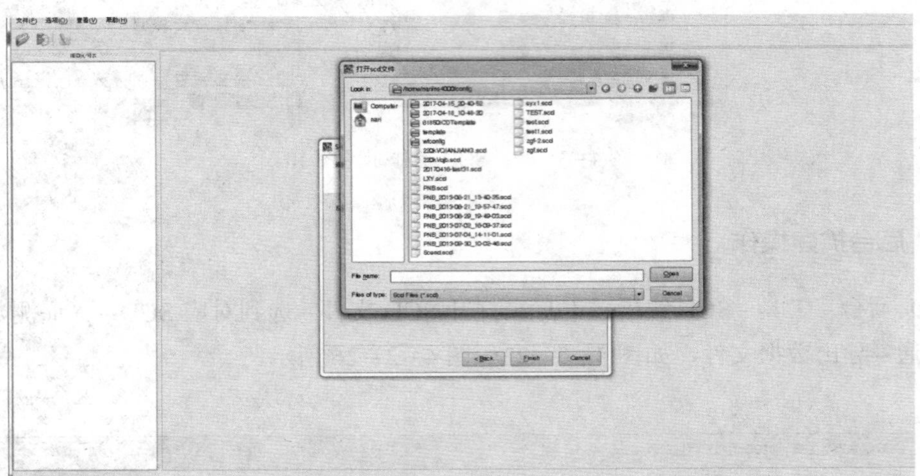

图 4-3-25　后台操作示意图 3

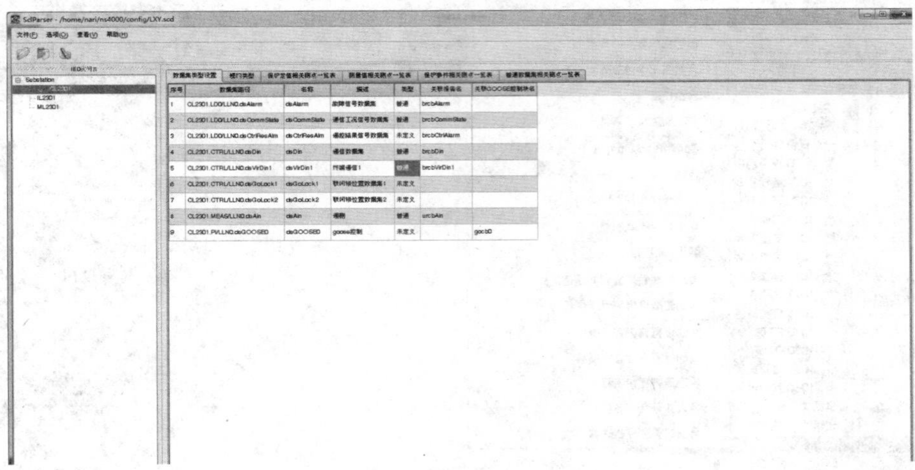

图 4-3-26　后台操作示意图 4

注意查看遥信数据集是否为“普通”。

（2）点击“ ”图标，导出数据文件，如图 4-3-27 所示。

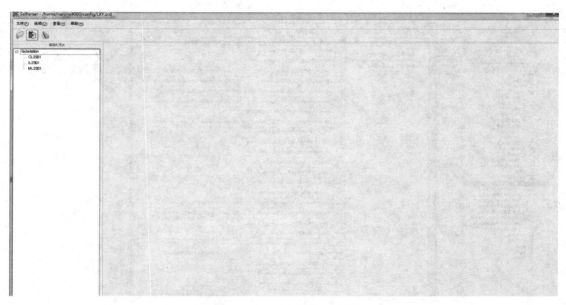

图 4-3-27　后台操作示意图 5

（3）点击“工具-61850 数据映射模板配置”，直接点击“Save”保存，之后关闭，如图 4-3-28 所示。

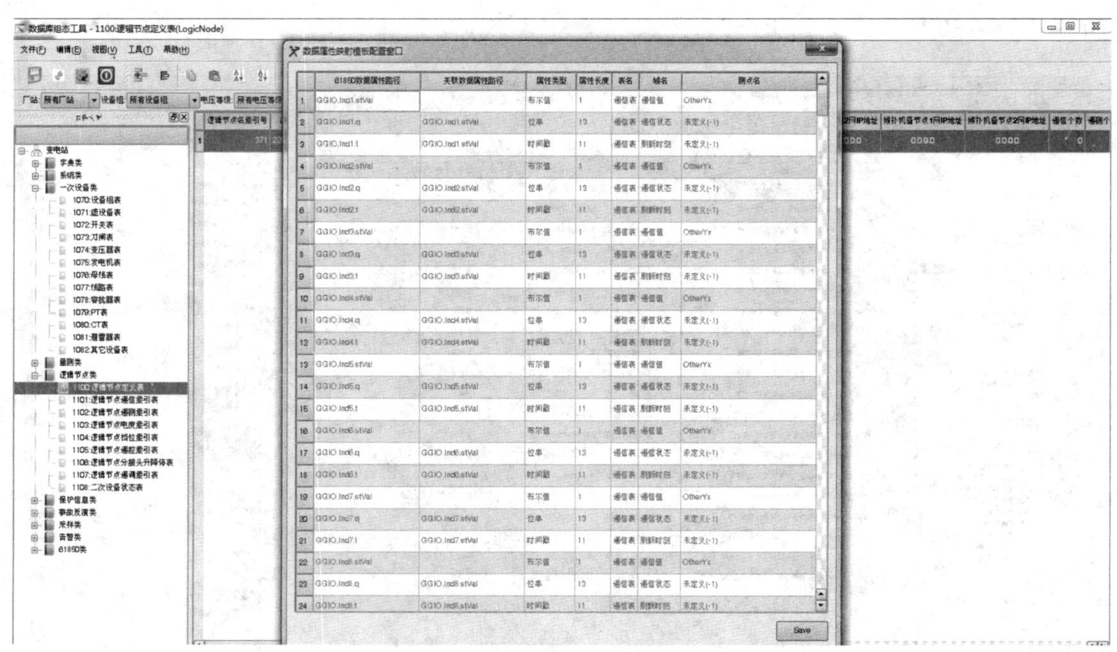

图 4-3-28　后台操作示意图 6

（4）点击“工具－LN 设备自动生成工具”，点击“自动生成设备和测点”之后确认，完成配置，如图 4－3－29 所示。

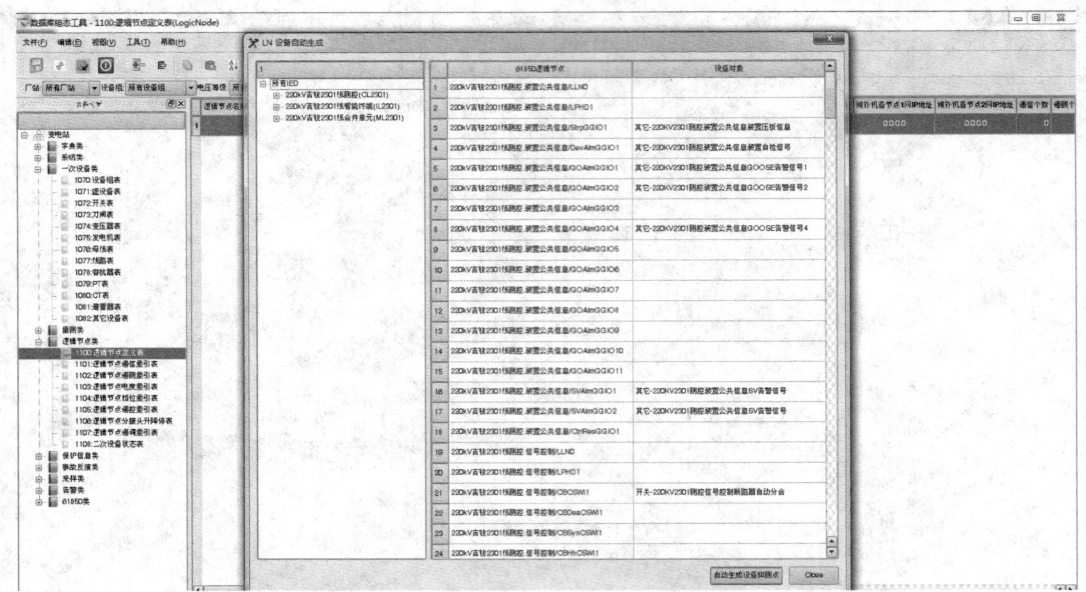

图 4－3－29　后台操作示意图 7

（5）需要遥控的设备在开关表和刀闸表找到“控制 REF”域输入该开关刀闸的 LN 名，控制 REF 的 LN 名从遥信表该开关刀闸位置遥信的“接线端子信息”域中查找，如图 4－3－30 所示

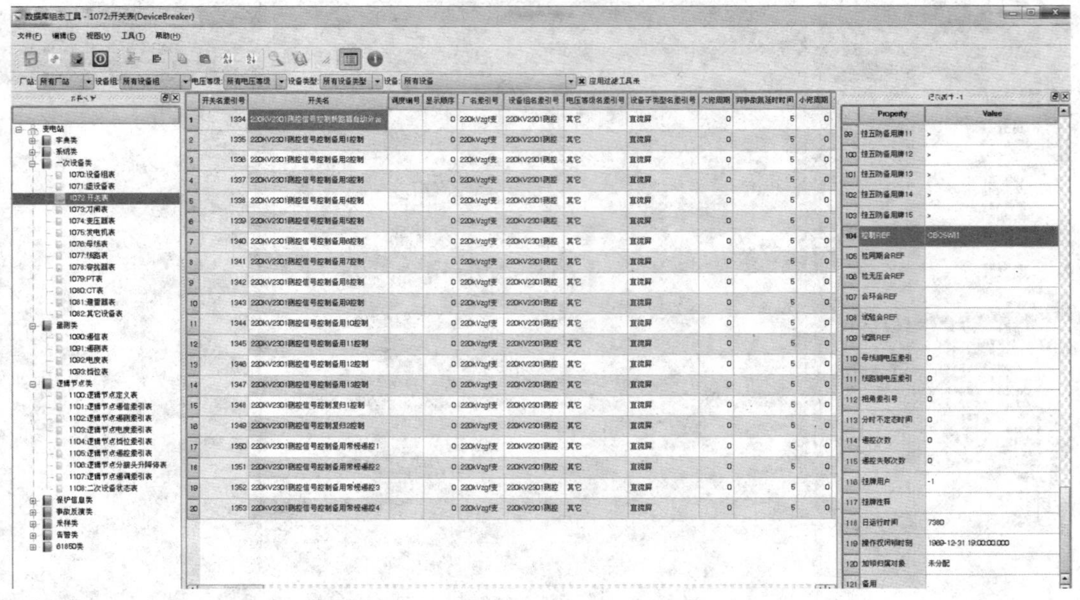

图 4－3－30　后台操作示意图 8

（6）主接线图中，选中被复制的间隔，点击“批量复制”，同时修改主接线图中其他文字描述，如图 4－3－31 所示。

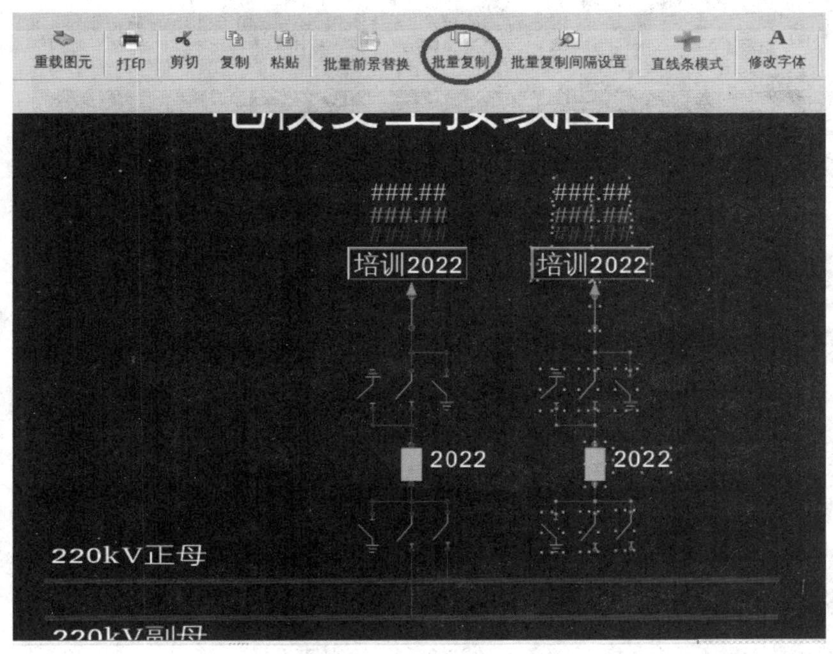

图 4－3－31 后台操作示意图 9

（7）网络打开分图，将被复制间隔分图本地另存为，然后全选中一点击批量前景替换，通信状态图标和光字牌需要单独重新关联，同时修改图中其他文字描述，如图 4－3－32 所示。

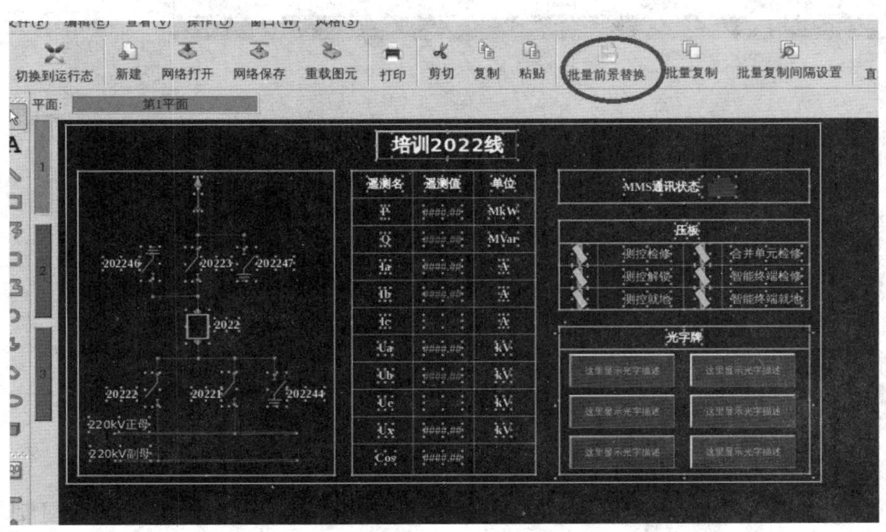

图 4－3－32 后台操作示意图 10

（8）回到主接线图，修改分图热敏点链接，如图 4－3－33 所示。

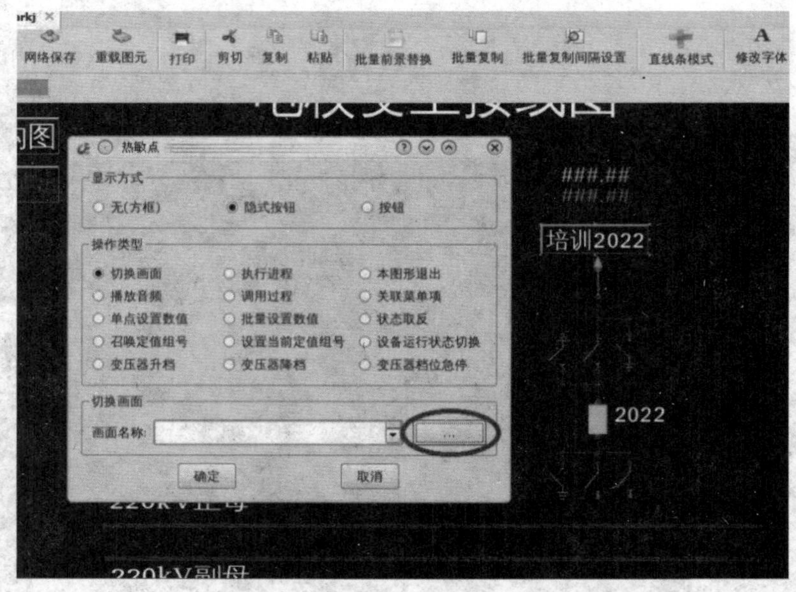

图 4－3－33　后台操作示意图 11

（9）站控层五防配置：打开“系统组态－设备组表”，在第 19、20 个域中，“存在开关”“存在刀闸”选项打勾，如图 4－3－34 所示。

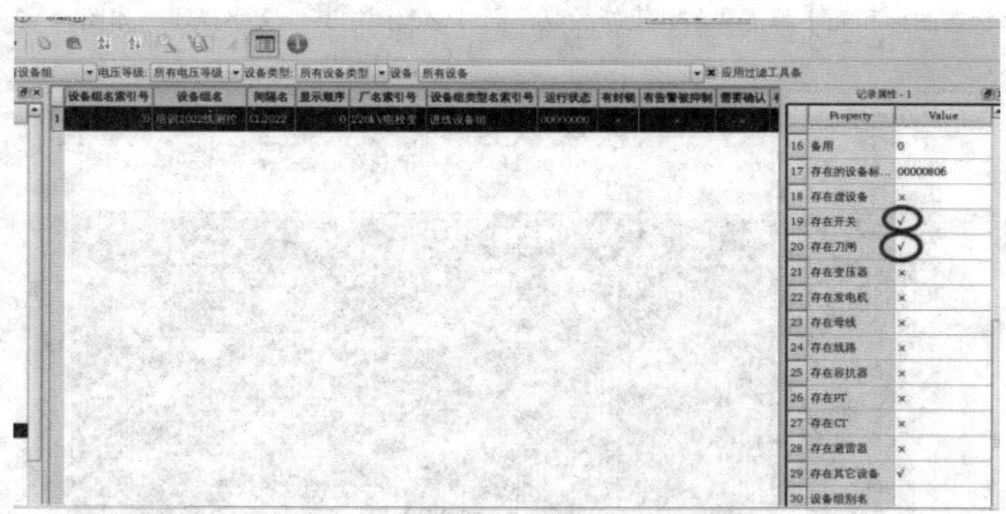

图 4－3－34　后台操作示意图 12

（10）打开综自后台 ns4000－config 文件夹，复制 wfRule61850.txt，在复制文本中修改间隔名（例如将 2022 改成 2023）。将文本中内容复制到原 wfRule61850.txt 文件中，然后保存。打开“五防编辑工具”，导入 IEC 61850 规则文本文件，如图 4－3－35 所示。

图 4－3－35　后台操作示意图 13

4.4　NSS201A 远动装置

4.4.1　远动装置简介

南瑞科技 NS4000（又称 NS3000S）为一体化平台运行方式，NSS201 远动机运行的系统软件是 NS4000 的一种运行方式之一。在文件 sys/nsstate.ini 文件中 RunState 确定了机器的运行方式，对应关系：1－监控后台；2－远动机；3－保信子站；4－规转机。nss201 软件配置图如图 4－4－1 所示。

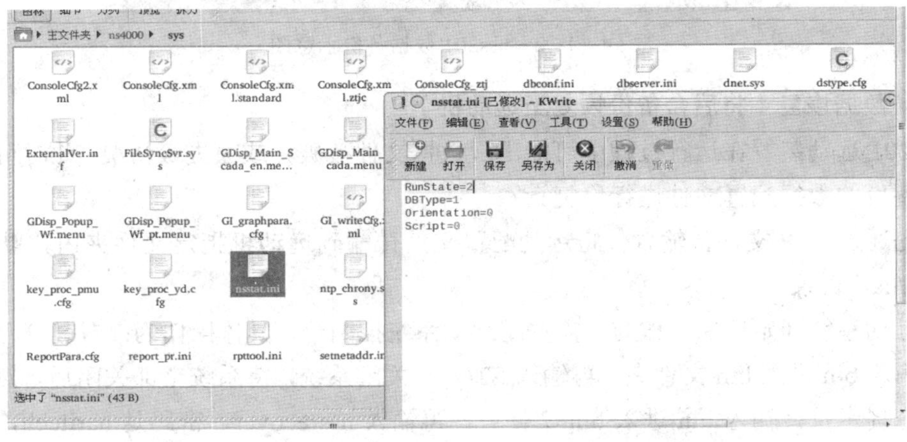

图 4－4－1　nss201 软件配置图

4.4.2 远动装置数据备份及恢复

4.4.2.1 数据备份

在对 nss201 远动装置进行任何数据修改及操作时均需先进行数据及程序文件的备份，因 nss201 与 ns4000 为同一平台，数据共享，因此备份方式与后台一致。具体操作方法如下：

系统提供的备份工具 nssbackup 与监控后台相同，备份程序具体路径为 home/nari/ns4000/bin。

右键打开命令提示符，输入 bin，回车后进入 bin 文件夹，再输入 nssbackup，输入密码 naritech，弹出对话框，如果完全备份需要选择“参数库数据”和“系统程序”，如果日常备份只需要选择“参数库数据”，点击“备份”后再选择备份在哪个文件夹内，确定即开始备份过程，当系统备份完毕后可关闭对话框，如图 4－4－2 所示。

图 4－4－2 nss201 数据备份示意图

4.4.2.2 数据恢复（将后台备份恢复至远动机）

nss201 远动装置在运行过程中可能出现数据文件被破坏或丢失等情况，此时可通过恢复以前备份的数据配置文件进行修复。

首先通过 FTP 文件传输软件将远动配置文件传输到远动机指定文件夹内，默认拷贝到 home/nari 目录下。

对远动系统开始还原操作前，需关闭远动系统控制台，具体操作为：右键打开命令提示符，输入 bin 进入 bin 文件夹，再输入 STOP，关闭系统，待系统全部关闭后，然后右键打开命令提示符，输入 bin 进入 bin 文件夹，再输入 nssrecover，密码是 naritech，进入系统还原程序（应确保系统在关闭状态），如图 4－4－3 所示。

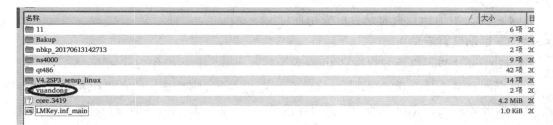

图 4-4-3 nss201 数据恢复示意图 1

进入程序后按以下步骤操作：

（1）选择需要还原的备份文件夹（只可选中该文件夹，不可双击进入），如图 4-4-4 所示。

图 4-4-4 nss201 数据恢复示意图 2

（2）点击“choose”，然后再将“参数库数据”选中，点击“导入”，即可开始还原。

（3）关闭还原程序，然后在命令提示符内输入“sys_setting”后回车，进入系统配置页面，将系统配置页面的主机名、IP 地址、实例号按照上述第 3 点所示内容进行填写，完毕后关闭系统配置，如图 4-4-5 所示。

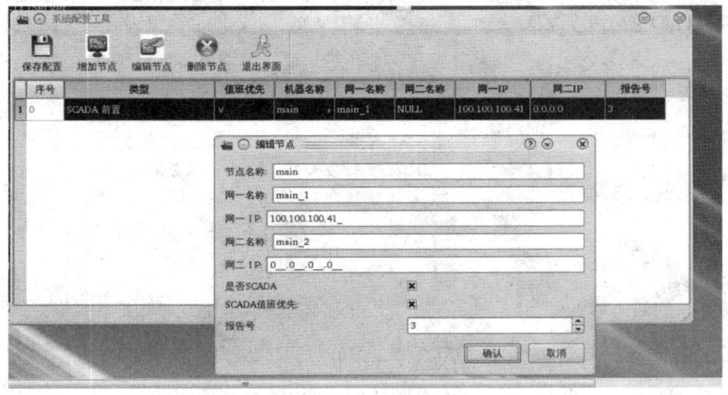

图 4-4-5 nss201 数据恢复示意图 3

（4）输入“./start”查看是否可成功重启。

4.4.2.3 远动装置启动

nss201 远动装置启动方式与 ns4000 后台基本一致，具体操作方法如下：

在桌面右键选择打开终端，输入 bin 后回车进入 bin 文件夹，输入“start_ns4000”回车，系统开始启动。完全启动一般需要等候 3～5 分钟，启动后终端窗口不断刷新报告，请勿关闭。

启动完毕后可以通过右键打开命令提示符，输入 bin，回车后再输入 frtool 查看远动各通道上送遥信与遥测状态是否正常。

4.4.2.4 远动装置关闭

远动装置传统运行过程中关闭或重启操作，均通过关闭相应装置直流空气开关完成，虽然此操作可以对远动装置彻底的断点，但是容易损伤 CPU 与硬盘，导致远动装置寿命缩短，因 nss201 远动装置运行平台与 ns4000 系统一致，因此可参照 ns4000 关闭系统方式开展。在桌面右键选择打开终端，输入 bin 后回车进入 bin 文件夹，输入“STOP”回车（注意是大写），系统开始关闭。完全关闭一般需要等候 3～5 分钟，关闭后终端窗口停止刷新报告。

4.4.3 远动工程数据库的配置

因为 nss201 远动装置与综自后台 ns4000 同平台，在日常运行维护中远动数据库应与监控保持数据库一致，ns4000 的远动机是信息一体化平台的一部分，本身就可以作为监控后台使用。所以，其数据库可以通过 scd 文件解析生成。但为了调试的便利，使得远动的数据库和监控后台的数据保持一致，是明智的做法。后台数据库做了相关修改时，也应同时手动将数据同步到远动机，同步数据的具体做法如下：

（1）用 sys_setting 配置远动机完成（见图 4-4-6）。该部分内容应只包括远动主备机。

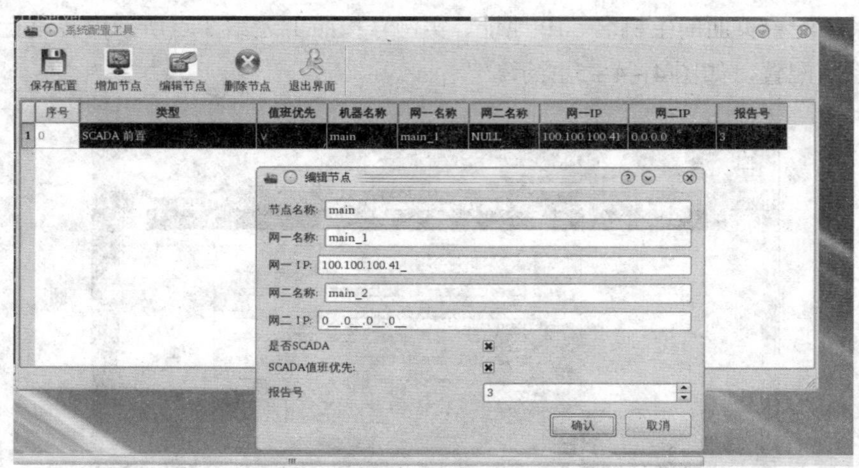

图 4-4-6　nss201 的 sys_setting 配置示意图

（2）在监控后台机的系统组态中后台机节点表中添加本站所有的机器和 IP 地址记录，包括监控机、操作员站、一体化五防机、远动机。需要填写的地方是机器名，IP 地址，监控机和远动机勾选 SCADA 节点，给每个机器填写 A 网 61850 报告号，注意不重复，报告号数字在 1～16。如果本站是双网架构，需要勾选所有机器的“是否双网”。在这个工作之前，应该所有机器的多机配置工作应已完成，即已经使用过 sys_setting 工具配置完成，因为 sys_setting 工具是会重写后台机节点表的，如图 4－4－7 所示。

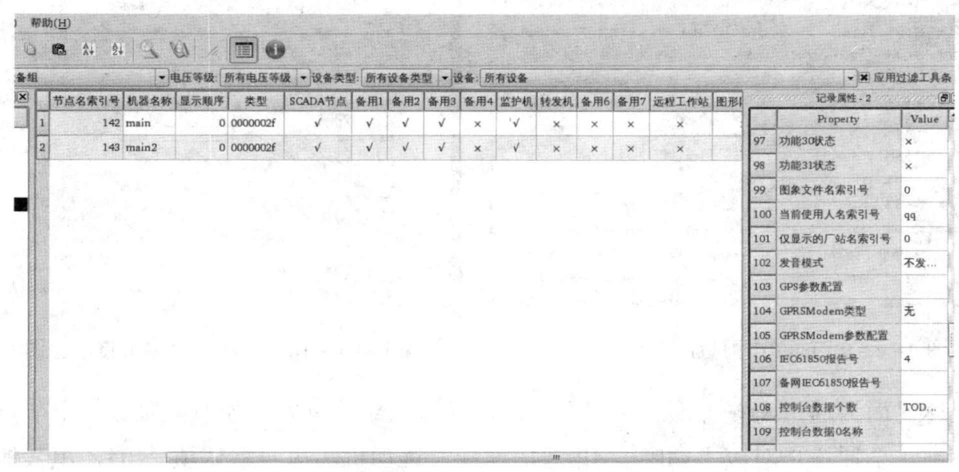

图 4－4－7　nss201 的 sys_setting 节点示意图

（3）将同步监控后台数据到远动，从监控后台使用备份恢复功能将后台机的参数库导入到远动机中，不覆盖前置数据即可（具体操作详见“数据恢复”章节）。

（4）修改远动特殊设置：从后台拷贝过来的数据，在远动机上有些设置需要修改，一是系统表的“五防投入”取消，另一个是“遥控不需要监护”勾上（见图 4－4－8）。否则调度遥控时，可能失败。

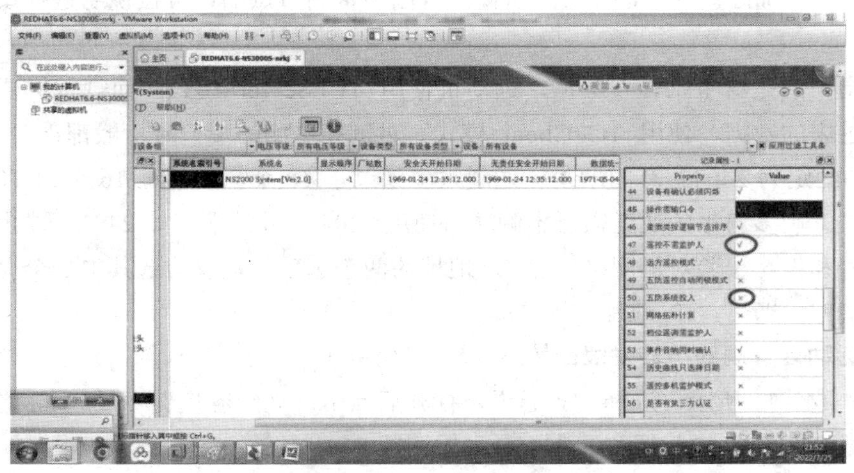

图 4－4－8　nss201 特殊设置示意图

4.4.4 远动组态配置

4.4.4.1 远动前置配置

打开一个终端，输入 bin，输入 frcfg，系统弹出界面如图 4-4-9、图 4-4-10 所示。

图 4-4-9 nss201 前置配置示意图

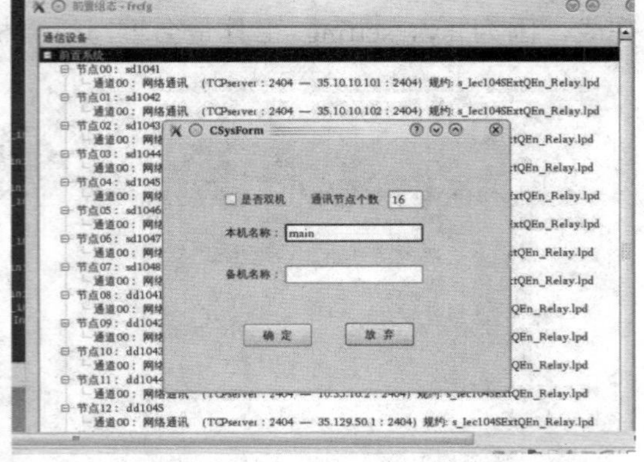

图 4-4-10 nss201 前置节点示意图

上述界面为通道配置界面，鼠标右键点击前置系统，可以增加节点数，每个节点对应调度主站一个通道，对应主站唯一 IP 通信地址，远动机端口号默认填 2404，填其他端口会造成通信中断。

前置默认配置是三个无通道的节点，这个配置需要修改，每一个节点下都应该存在一个通道，否则遥控时会出错。

对于网络配置方法，TCPserver 为发送装置（IP 设置为对侧节点 IP 地址）报文的模式，一般用来实现远动机向对侧发送数据，对应选择的 lpd 规约应该是 s 开头的。TCPclient 为接收装置（IP 设置为对侧节点 IP 地址）报文模式，对侧节点 IP 地址填写所连接服务器的装置 IP，对应 lpd 规约为 r 开头的名称。对侧和本侧节点端口号按说明进行填写，点击 OK。

一般常用的是给主站转发数据，远动机使用 TCPServer 模式。而规转机要接受其他装置发送过来的数据，使用 TCPClient 模式。对侧和本侧的端口号一般都需要双方约定，104 规约的约定为 2404。有的站 104 通道太多超过了 16 个，则超过 16 个的 TCP 连接将建立不起来。则多出来的通道需要本侧端口使用 2404 之外的端口如 2405。停止校验对侧节点端口号和停止校验对侧网络节点 IP 地址的两个选项，建议勾选其中一个“停止校验对侧节点端口”即可，IP 地址应该校验。

4.4.4.2 远动装置规约与转发表配置

如图 4-4-11 所示，选择一条通道，打开后点击“规约容量”，添加实际遥信（小于最大遥信数 16385）、实际遥测（小于最大遥测数 8192）。

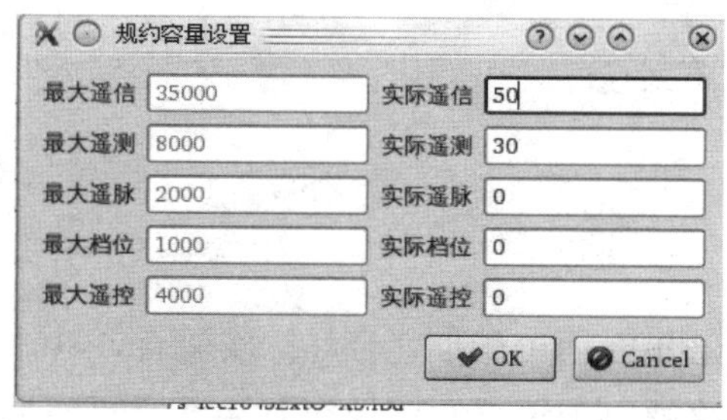

图 4－4－11 nss201 转发表示意图

点击规约组态，即可在遥信、遥测等四遥中选择测点。以遥信为例，如果对遥信的测点名称全部进行导入，即可鼠标点击，点击确定即可。相应的遥测和遥控的配置方法相同，需要注意的遥控转发表中，遥控点表是通过选择对应的遥信表记录来实现的，原则是画面遥控使用的遥信点，就是调度转发使用的遥信点。

1. 远动装置常用规约说明

所有的规约文件都存在于 bin 目录下，具体规约说明如下，目前调度 104 规约已统一使用 s_Iec104SExtQ.lpd 规约，如无特殊要求，现场请选择该规约：

s_Iec104SExtQ.lpd 标准 IEC104 转发，带高级应用互动。

s_iec104zf_ext.lpd 标准 IEC104 转发，不带高级应用互动。

s_iec104zf_changshunan.lpd 带最新顺控。

s_iec104zf_irassist.lpd 带智能辅助系统功能及视频联动，最新顺控。

s_iec104zf_irwarn.lpd 华东电网智能告警程序。

s_iec104zf_jinguyuan.lpd 带顺控，vqc，智能告警（午山模式），负荷控制功能。

s_iec104zf_lanxi.lpd 旧模式顺控功能。

s_iec104zf_open2000.lpd OPEN2000 后台顺控功能。

s_disa_zf.lpd 标准 DISAzf。

s_disalcd_zf.lpd 扩展 DISA 转发，与武汉液晶屏。

s_wfcdt_zf.lpd 农电五防通信程序。

s_dnp30_zf.lpd DNP30 通信程序。

s_Iec101SQ_HuaZhong.lpd 华中版 101 规约。

s_Iec104SExtQ_HuaZhong.lpd 华中版 104 规约。

2. 远动装置 104 规约配置说明

（1）IEC 104 系列规约参数说明。目前 nss201A 装置已全面采用 104 规约，标准 104 的起始地址是遥信 0001H，遥测 4001H，遥控 6001H。不同地区使用的规约存在起始地址等参数差别。104 系列规约中设置了扩展标记可用于遥测表和遥控表，对于遥测表中扩展标记用于转发不同的遥测精度。

Ext 104 遥测精度设置：

1：为 0 位小数。

2 或缺省值 0：为 1 位小数。

3：为 2 位小数。

4：为 3 位小数。

5：为 4 位小数。

对于遥控表，扩展标记 Ext 用于同期，合环，实验合，具体可以在遥控表 Ext 中选择不同合闸方式，则该点在给站内装置下发遥控令时会选择“同期合”命令。

1：同一个开关遥控选择 2 条同样的遥信记录。

2：一条 ext 为普通合，一条为相应的同期（合环，实验）合闸。

（2）通用 104 规约 s_Iec104SExtQ.lpd 参数设置。

针对 104 规约的全局参数配置文件，目前使用的通用 104 规约名称 s_Iec104SExtQ.lpd，其配置文件在 ns4000 文件夹下 data/FrontData/CMyIec104SExt Quality.ini。该文件在配置好 104 规约后，重启 front（右键打开命令提示符，输入 pkill front，回车后，再输入./front，重启成功），将自动在相应目录下生成。参数内容包括按照节点排列，如下列出节点 00 的参数及部分解释（并非默认参数），如图 4－4－12 所示。

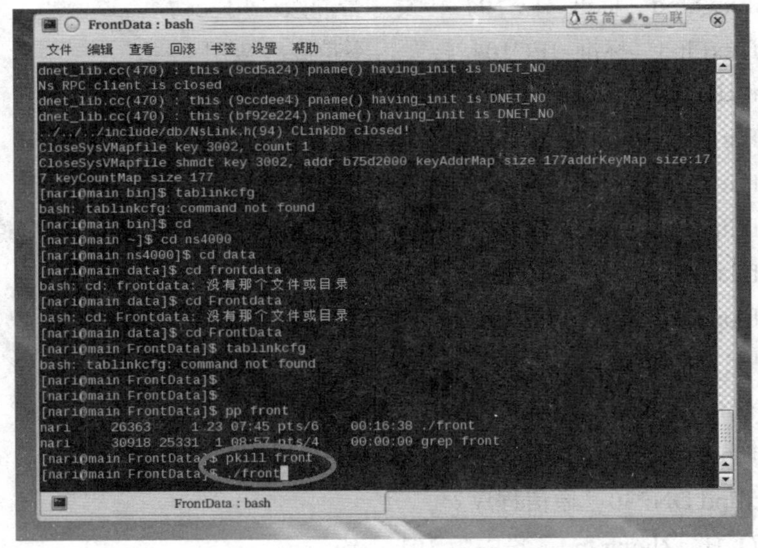

图 4－4－12　nss201 的 104 规约示意图

［NODE00］

DoRunWaitCount＝0

SysStartWait＝10

ProgramStartMode＝0

TimeAllowSet＝0

SystemRstModel＝0

StartClearCos = 0　断链重联后，是否清空 COS。

StartClearSoe = 0　断链重联后，是否清空 SOE。

OnceSendCosNum = 50

OnceSendSoeNum = 20

SystemUseAsduAddress = 0

YkBlockModel = 0

StartForbidEventWaitTime = 10　避免主备机切换时给调度发送已发送过的缓存变位信息。

QualityAutoSend = 0

QualityInvalid = 0

YcType = 0　遥测类型：0 为浮点，1 为归一化值。

YxType = 0

YcNeedTime = 0

TestForbid = 0　测试位（检修）品质禁止上送。

ChannelOID = −1　该通道工作状态保存到遥信 OID，格式为 1090xxxxxxxx。

YXIOA_START = 1　遥信起始地址 0001H。

YCIOA_START = 16385　遥测起始地址 4001H。

YKIOA_START = 24577　遥控起始地址 6001H。

YKIOA_END = 28672

YTIOA_START = 25089　遥调设值起始地址 6201H，对应遥控表 512。

DDIOA_START = 25601

DWIOA_START = 26113

YxGroupMin = 1

YxGroupMax = 8

YxGroupNum = 256

YcGroupMin = 9

YcGroupMax = 12

YcGroupNum = 128

DdGroupMin = 13

DdGroupMax = 16

DdGroupNum = 64

（3）通用 104 规约双位遥信转单点遥信配置。某些地区调度要求上送开关刀闸位置为分、合两个测点，或者只上送单点遥信的情况，目前现在智能测控装置只上送一个双位置遥信，则不满足要求，因此将开关位置关联到另外两个遥信中再分别上送。以某一开关遥信为例，打开数据库组态 dbconf，遥信表内新建两条虚遥信，根据开关命名要求修改名称，作为该开关的单点信号，这些单点信号的“设备名索引号”可以关联到对应的开关设备下；然后在该开关遥信选择域“是否生成双点遥信”打勾；在域“生成关联遥信 1”和“生成关联遥信 2”内分别选择刚才创建的两条虚遥信。

4.4.4.3 通道测试报文浏览工具

关于 nss201 远动装置通道报文浏览工具有 qspych 和 spych、FrontView 等，qspych 为图形化工具，SpyCh 为控制终端文本工具，FrontView 为可在自带笔记本上 windows 系统中运行的监视工具，推荐使用 qspych 工具和 FrontView 工具。本节仅针对主流的两个工具 qspych 和 FrontView 进行介绍。

1. qspych 报文浏览工具说明

bin 目录下有一个配置文件为 spychannel.xml。内容为空格分隔的四段 IP 地址，该地址为本机 front 报文的可监视网段广播地址，默认是 100 100 100 255。如果首次使用，可以将其修改为站控层的广播地址一致。该广播地址是为了保证，qspych 程序在一台机器上就能监视站内所有机器的通道报文。为避免同时监视的机器数量太多的问题，可以在需要监视的机器上运行 qspych 程序，并将文件 spychannel.xml 内容改为本机的 IP 地址，再重启 front 程序（右键打开命令提示符，输入 pkill front，回车后，再输入./front，重启成功）。如果只想监视某个单独的通道，也可在调试时将 frcfg 中其他通道的配置点击为禁止通信，调试完成后，再改回来即可，在改的过程中网络和串口配置不会丢失。

具体操作说明：打开控制台，切换到 ns4000/bin 目录下，输入./qspych，启动图形化通道报文浏览工具，打开前先保证 spychannel.xml 内容为本机（或本网络）地址，修改该文件需要重启 front 才能生效。实际使用时先点击停止，停止对所有通道的监视，在点击清除，清除右侧报文，再双击选中左侧列表中的某个通道，即可在右侧浏览其通道报文，如图 4－4－13 所示。

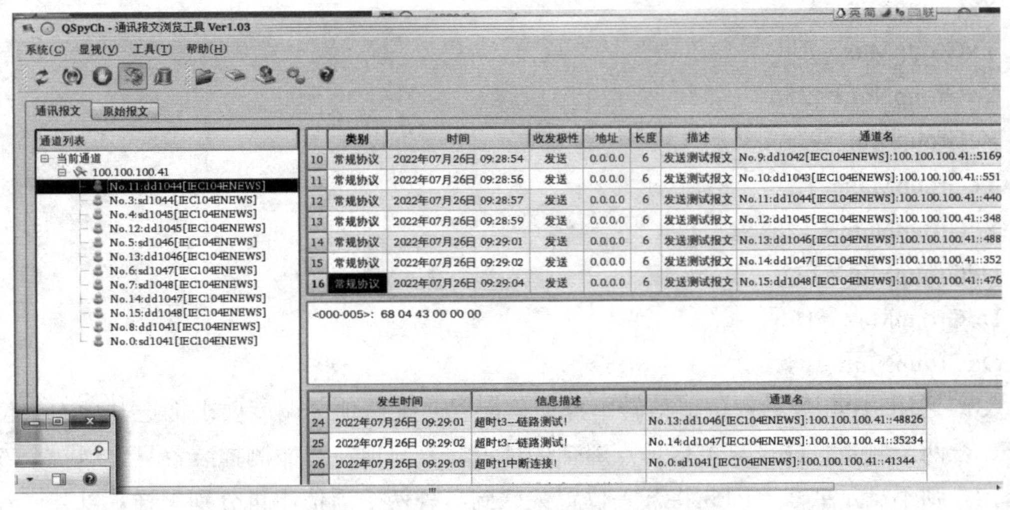

图 4－4－13　qspych 报文浏览工具示意图

主窗口分区域显示：

（1）通道列表：显示当前网内的所有通道。

（2）报文说明：显示通道列表中激活的通道所发送和接收的报文的说明。

（3）报文数据：显示选中的报文的数据，在滚屏模式下显示最新发送或接收的报文数据。

（4）调试信息：通道通信失败的相关信息。

工具栏显示：

（1）刷新：刷新通道列表。

（2）停止：停止浏览所有通道。

（3）清除：清除报文说明，报文数据，调试信息数据。

（4）滚屏：报文说明和调试信息区域自动随报文发送和接收向下滚动，报文数据区。域显示最近一条报文数据。

2. FrontView 报文浏览工具说明

为方便在笔记本上监视站内所有机器的报文，FrontView 工具是在 Windows 系统运行。FrontView 工具能够在网络上监视任何一台运行 NS3000S 系统的机器通道报文。该工具本身不是远动程序的一部分，在 Linux 系统上也无法执行。该工具能较方便的直接观察报文，不过缺点是报文没有经过解析，需要结合相应的报文解析工具才能较方便的获取调试信息。

操作方法：设置好笔记本 IP 地址，将笔记本连接上站控层交换机（或者直接连接远动机某个网卡），双击打开 FrontView 程序。点击左上角工具栏图标，可以连接需监视的机器，输入 IP 地址后左侧会列出当前机器运行的通道（见图 4－4－14）。双击其中一个通道，可以监视该通道报文，右侧列出的动态报文，红色的接 收报文，黑色的为机器发送报文。可以将报文复制到对应规约的报文解析工具，查看报文具体内容。

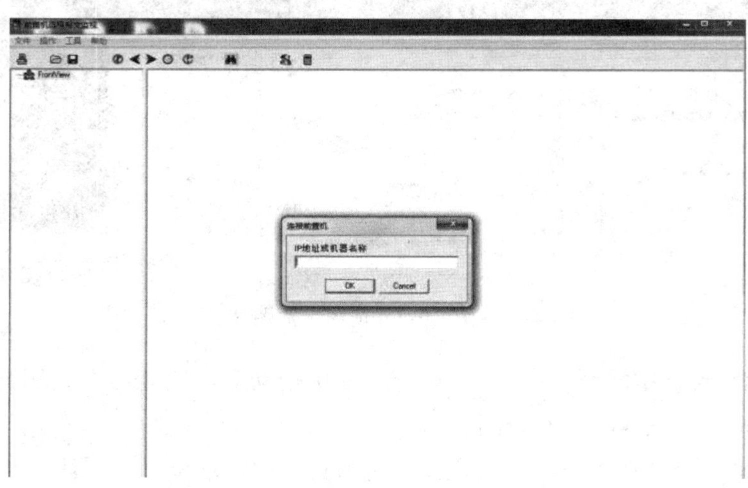

图 4－4－14　FrontView 报文浏览工具示意图

4.4.4.4 信号模拟工具 frtool 装置介绍

nss201A 远动装置后台系统自前置工具 frtool，主要用来对转发表里面的数据进行仿真模拟，方便工程调试，但是现场实际调试还需以装置实际发的点为主。（以下模拟是以 104 规约为例进行模拟调试）

（1）前置工具主要是读取 frcfg 里面配置数据，因此该使用之前要确保在 frcfg 工具里面已经配置了转发数据，具体详见图 4－4－15。

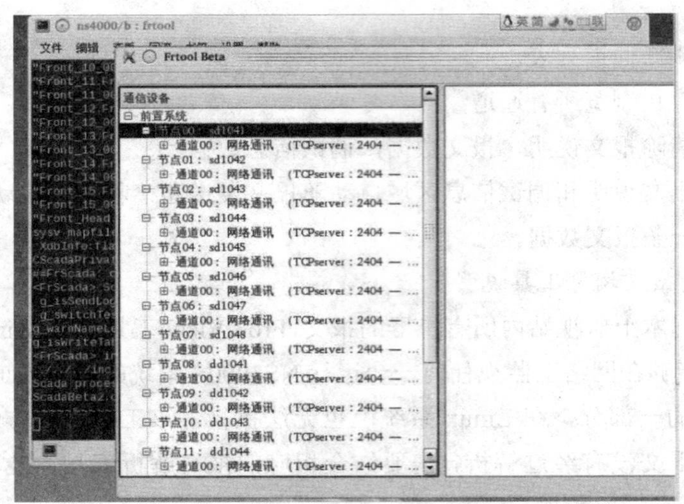

图 4－4－15 frcfg 配置示意图

（2）在 bin 目录下，输入 frtool 回车，启动前置工具，如图 4－4－16 所示。

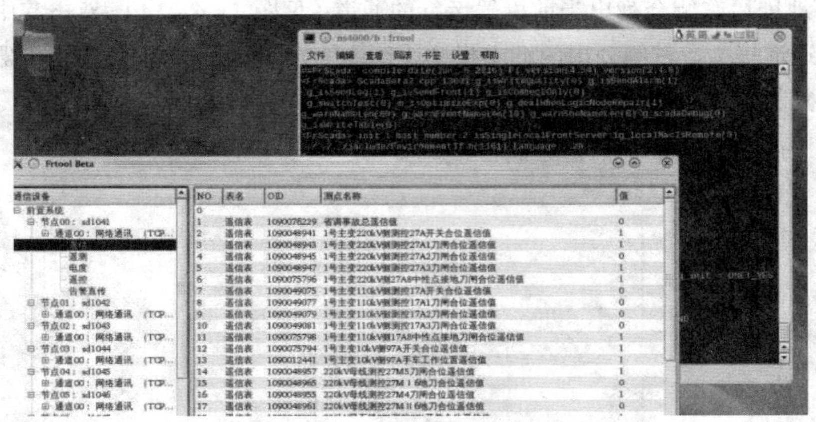

图 4－4－16 frtool 使用示意图（一）

（3）当前在 frcfg 中配置了的节点，在 frtool 中拖动分割线能够看到配置的节点，两者是一一对应关系，如图 4－4－17 所示。

（4）点击第一个节点的第一个通道，在树形目录中出现遥信、遥测、电度、遥控及告警直传，点击遥信会出现在 frcfg 中遥信表配置的遥信点。

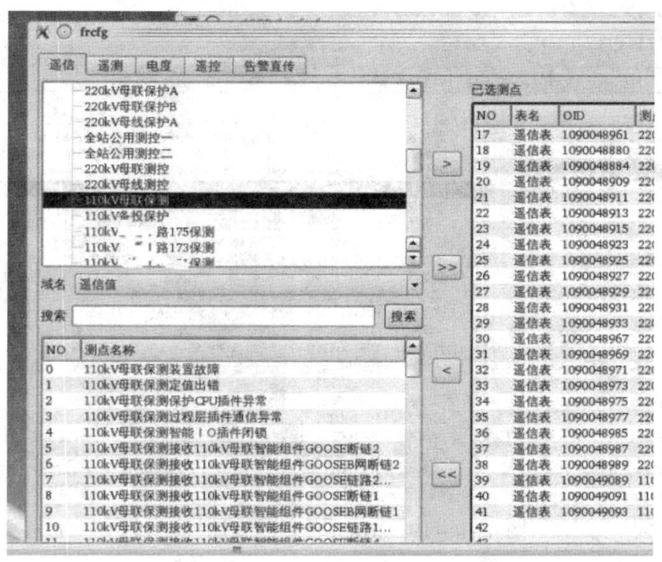

图 4－4－17　frtool 使用示意图（二）

（5）遥信有两种方式进行模拟，一种是双击遥信记录的值，另一种是右键选中菜单，只支持单点的模拟，遥控、告警直传与遥信模拟类似。选中其中一个点，鼠标左键双击值所在的列，该点就被模拟，在告警窗中有该点的告警记录。以点 1090075796 为例，双击值，产生模拟，改点的值由 0→1，并在告警窗中显示改点的告警记录。

（6）选中该点，右键选择 General，也会进行模拟，改点的值由 1→0，并在告警窗中显示改点的告警记录，图中右键菜单，选中 General，会同时产生 COS 及 SOE 模拟信息；选中 COS，只产生 COS 模拟；选中 SOE，只产生 SOE 模拟，如图 4－4－18 所示。

图 4－4－18　frtool 使用示意图（三）

（7）遥测的模拟：在树形目录中选中遥测，在右面就会显示遥测的记录，双击遥测值，弹出输入框，输入要模拟的遥测值。注意，遥测值设置的输入上限：50000，下限：－50000，精度：3，如图 4－4－19 所示。

图 4-4-19 frtool 使用示意图（四）

（8）在数据库中取反的遥信点，在模拟发送时会异常。如此可以使用命令实现该功能，假设当前 yx OID 为 1090075796，位置为 0，则发送合命令如下：

$ testscada（空格）yx（空格）75796（空格）pos（空格）1；testscada（空格）yx（空格）75796（空格）soe（空格）chg

输入分命令如下：

$ testscada（空格）yx（空格）75796（空格）pos（空格）0；testscada（空格）yx（空格）75796（空格）soe（空格）chg

设置遥测值（OID 为 1091002670）可以使用如下命令：

$ testscada（空格）yc（空格）2670（空格）value（空格）112.31

4.4.5 远动装置后台数据库相关参数解释

南瑞科技远动装置 nss201A 与后台 NS4000（又称 NS3000S）为一体化平台运行方式，因此数据库可以共享，其操作方法一致，表 4-4-1 就数据库中一些特定的域所具备的功能以及设置错误可能出现的状况进行描述。

表 4-4-1　　设置错误对照表

数据库表名称	域名（带序号）	功能	设置错误出现现象
逻辑节点定义表（1100）	IED 名（4）	定义装置在 scd 中唯一名字	装置与后台、远动通信中断
逻辑节点定义表（1100）	IP 地址（7）	定义装置在网络中唯一地址	装置与后台、远动通信中断
后台机节点表（1052）	IEC 61850 报告号（106）	定义后台（远动）实例号	设置非 1～16，或者不同后台报告号一致，后台（远动）与装置通信中断

续表

数据库表名称	域名（带序号）	功能	设置错误出现现象
遥信表（1090）	被封锁（36）	设置后遥信无法变位	设置为打钩后，遥信锁定在当前值
遥信表（1090）	报警被抑制（37）	设置后告警窗无该信号告警	设置为打钩后，遥信变位后无法进入告警窗
遥信表（1090）	置反（71）	设置后遥信状态与实际状态相反	设置为打钩后，遥信状态与实际状态相反
遥测表（1091）	残差（24）	显示值需要加上残差值	设置相应数值后，实际遥测值与显示值偏差值为残差值
遥测表（1091）	人工封锁（111）	设置后遥测值无法变化	设置为打钩后，遥测锁定在当前值
遥测表（1091）	标度系数（16）	显示值需要乘以标度系数值，正常设置为1	设置相应数值（最小0.001，设为0无效）后，实际遥测值与显示值偏差系数为填写的系数值
遥测表（1091）	参比因子（17）	显示值需要乘以参比因子值，正常设置为1	设置相应数值（最小0）后，实际遥测值与显示值偏差系数为填写的值
遥测表（1091）	基值（18）	显示值需要加上基值	设置相应数值后，实际遥测值与显示值偏差值为基值
开关表（1072）	是否直控（37）	设置为直控后开关遥控无法反校，直接执行	设置为打钩后，开关未经过反校，直接执行出口
开关表（1072）	一直控合（38）	设置后开关遥控只能遥控合闸	设置为打钩后，开关无法遥控分闸
开关表（1072）	一直控合（39）	设置后开关遥控只能遥控分闸	设置为打钩后，开关无法遥控合闸
开关表（1072）	控制REF（104）	正确设置后方可正常遥控（AUTOCSWI1）	填写错误后，开关无法遥控
刀闸表（1073）	是否直控（30）	设置为直控后刀闸遥控无法反校，直接执行	设置为打钩后，刀闸未经过反校，直接执行出口
刀闸表（1073）	一直控合（31）	设置后刀闸遥控只能遥控合闸	设置为打钩后，刀闸无法遥控分闸
刀闸表（1073）	一直控合（32）	设置后刀闸遥控只能遥控分闸	设置为打钩后，刀闸无法遥控合闸
刀闸表（1073）	控制REF（94）	正确设置后方可正常遥控（CSWI* 其中*为刀闸顺序号，第一个刀闸为2）	填写错误后，刀闸无法遥控
系统表（1050）	遥控反校超时（11）	设置限定时间后系统以该时间计时，超过时系统判定遥控失败	设置数值过低，会造成遥控失败（如设置为1）
系统表（1050）	五防系统投入（50）	设置站控层五防功能是否投入	设置为打钩后，站控层五防功能投入
系统表（1050）	系统控制模式（76）	通过设置可选择是否允许后台、调度主站遥控	设置为相应描述后，可以选择是否允许后台或调度遥控

续表

数据库表名称	域名（带序号）	功能	设置错误出现现象
系统表（1050）	系统运行方式（108）	通过设置可选择为监控后台、远动机或者其他设备	设置为相应描述后，可以选择为相应设备
设备组表（1070）	控制模式（15）	通过设置可选择是否允许后台、调度主站遥控	设置为相应描述后，可以选择是否允许后台或调度遥控
后台机节点表（1052）	有时间同步管理功能（35）	该功能决定后台是否启用SNTP对时功能	设置为打钩后，后台启用SNTP进行对时
frcfg远动配置	本机节点通信方式	该功能设置决定远动机通信方式（TCPserver）	设置错误后远动机与调度主站通信失败
frcfg远动配置	对侧节点IP地址	该功能设置决定远动机与特定主站通信	设置错误后远动机与调度主站通信失败
frcfg远动配置	本机节点端口号	该功能设置决定远动机端口号是否正确打开（2404）	设置错误后远动机与调度主站通信失败
frcfg远动配置	停止校验对侧网络节点端口号	该功能设置决定远动机是否校验主站端口号	因主站端口号不停变化，因此该选项必须选中

5 PRS7000 厂站自动化系统

5.1 PRS7000 一体化监控系统

5.1.1 监控系统的备份与恢复

在 Solaris 平台下，右键单击桌面空白处，然后左键单击打开终端，如图 5－1－1 所示。

图 5－1－1　打开终端

在控制终端中键入“dbManager”运行应用程序，如图 5－1－2 所示。

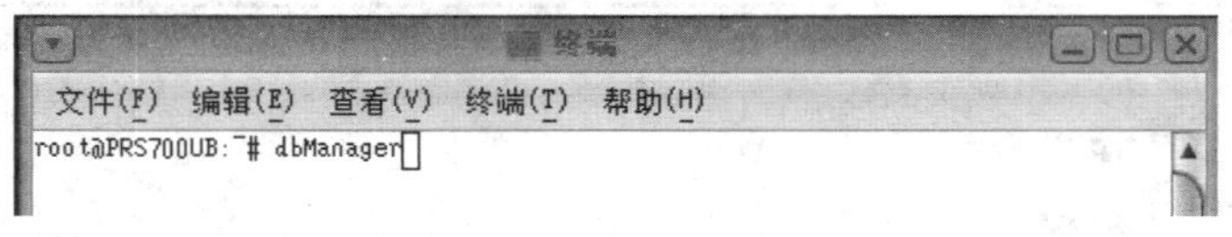

图 5－1－2　打开数据库管理系统命令

5.1.1.1　打开数据库

数据库程序运行后，在左边树形列表中选择要建立连接的数据服务器，如图 5－1－3 所示。其中 127.0.0.1 是临时库。下方不同的 IP 代表不同的服务器数据库。

选择数据库服务器界面后，按如下操作打开数据：

（1）使用鼠标右键单击选择的数据服务器节点，出现如图 5－1－1 所示菜单。

（2）选择“打开”选项。

（3）输入密码：nari。

具体服务器节点如下：监控主机 1 为 172.16.50.201；监控主机 2 为 172.16.50.202（IP 以现场实际为准）。由于现场网络节点共享，现场监控主机 1 服务器可同时备份监控主机 1

和监控主机 2 数据库。

图 5－1－3　程序运行界面

5.1.1.2　备份数据库

备份数据库按如下操作进行：

（1）选择需要备份数据库，如图 5－1－4 所示。

（2）点击鼠标右键，选择“数据库导出”命令。

（3）选择存盘文件位置，做好命名导出至所选路径相应文件夹即可，建议命名规范为：数据库名称＋日期，例如：prs7000＋年月日。注意要看到信息输出窗口出现“命令执行完毕”信息才可退出。

（4）其中 PRS7000 为配置库，PRS7000DATA 为历史数据库。

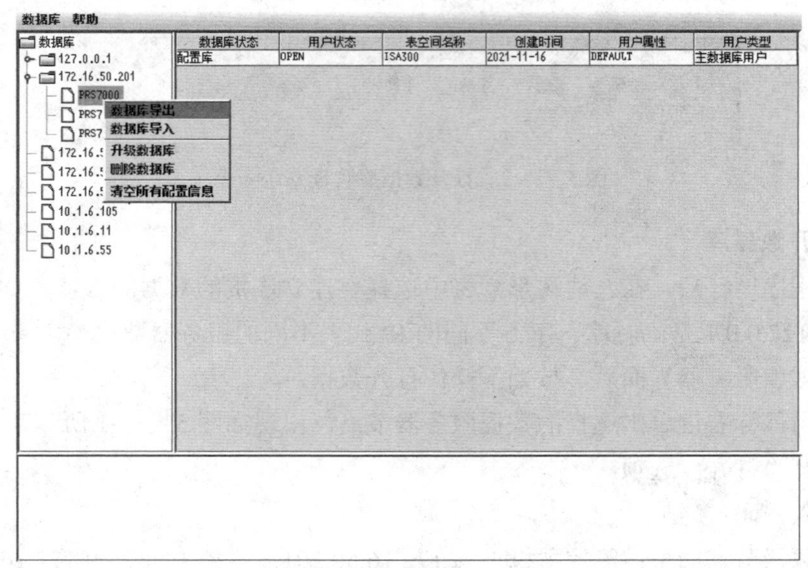

图 5－1－4　数据库维护工具服务器连接对话框

5.1.1.3 还原数据库

数据库还原有两种：覆盖原有数据库和新增加数据库。数据还原操作使用 Oracle 数据库导入工具 imp，数据库还原操作按如下步骤操作：

（1）选择要导入数据库服务器节点。

（2）在服务节点上，点击右键出现如图 5－1－5 所示图片。

（3）当在 IP 节点处选择“数据库导入”时会新增加数据库，而在现有数据库上选择“数据库导入”时会覆盖原有库。

（4）选择“导入数据库”命令。

（5）选择要导入数据文件，如图 5－1－6 所示。

（6）输入导入用户和密码（新增数据库时需要定义用户名，覆盖原有库则不需要再次定义用户名，密码默认均为 sa）。

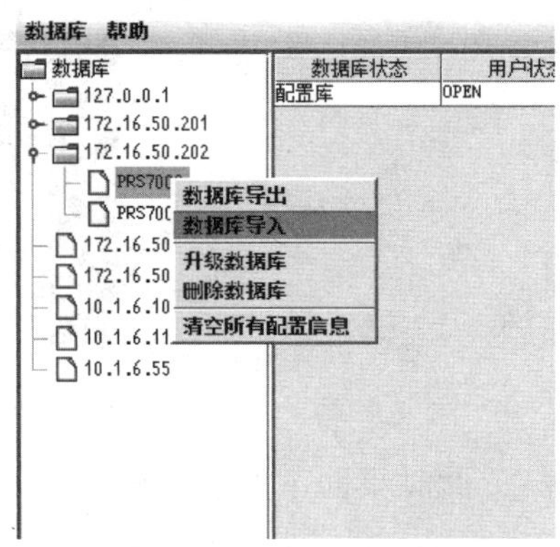

图 5－1－5 选择服务器节点

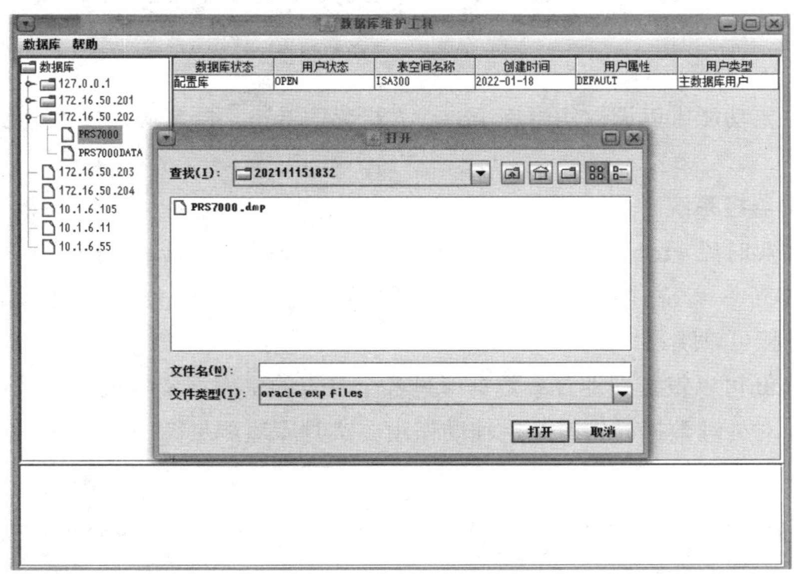

图 5－1－6 选择导入数据文件

日常运维中，可在备服务器进行修改完成后，将其数据库导出。然后将该数据库导入到主服务器，即可完成服务器之间的同步。

5.1.2 启动监控系统

5.1.2.1 启动监控系统控制台

在桌面空白处单击右键，然后左键单击打开终端。

如图 5－1－7 所示，在终端处输入“PRS7000START”然后回车（如果现场有快速启动界面，可以直接双击进行打开）。注意：服务器重启以后，可以直接启动 PRS7000START，其他情况，建议先运行 PRS7000STOP。

其中 PRS7000START 负责启动控制台，PRS7000STOP 负责结束。

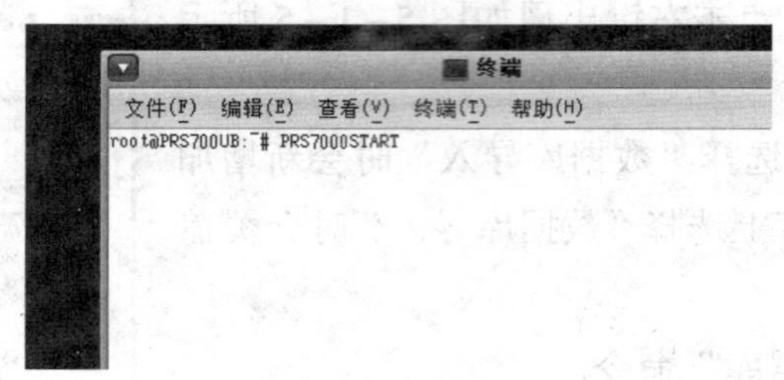

图 5－1－7　启动控制台命令

此时桌面下方会弹出系统控制台，启动控制台，如图 5－1－8 所示。

图 5－1－8　启动控制台

控制台主要功能可以调取实时库 rtdb，人机界面 hmi、告警窗、报表、数据库配置等操作。

5.1.2.2　启动监控系统

手动启动实时库 rtdb：在打开 PRS7000START 控制台以后，再打开一个新终端，输入 rtdb 指令并回车。若在控制台内自启动设置里添加了 rtdb，则 PRS7000START 会连带启动 rtdb，此步骤可以跳过。

实时库 rtdb 可以很直观地查看数据库里各个测点的生数据及实测值、是否人工置数、变比等信息，对处理数据异常有一定辅助作用。实时库遥测见图 5－1－9，实时库遥信见图 5－1－10。

查看(V) 帮助(H)

重载 四遥 保护 系统 厂站 福建.东林 间隔 500kV漳林Ⅱ路间隔 设备 所有设备 首页 末页 上一页 下一页 遥测：第

	信号ID	厂站名	间隔名	设备名	信号名	实测值	状态字	生数据	设置值	来　源	通信机	全表号	变　比	转换因子	加系数
1	299	福建.东林	500kV漳林Ⅱ路间隔	间隔信号	500kV漳林Ⅱ路总有功功率	-283.080	00000000	-283	0	通道采集	服务器	4135	1	1	0.0000
2	301	福建.东林	500kV漳林Ⅱ路间隔	间隔信号	500kV漳林Ⅱ路总无功功率	-26.200	00000000	-26	0	通道采集	服务器	4136	1	1	0.0000
3	303	福建.东林	500kV漳林Ⅱ路间隔	间隔信号	500kV漳林Ⅱ路功率因素	-0.997	00000000	0	0	通道采集	服务器	4138	1	1	0.0000
4	304	福建.东林	500kV漳林Ⅱ路间隔	间隔信号	500kV漳林Ⅱ路频率F4	49.981	00000000	49	0	通道采集	服务器	4139	1	1	0.0000
5	21	福建.东林	500kV漳林Ⅱ路间隔	间隔信号	500kV漳林Ⅱ路测量AB线电压	526.215	00000000	526	0	通道采集	服务器	4140	1	1	0.0000
6	22	福建.东林	500kV漳林Ⅱ路间隔	间隔信号	500kV漳林Ⅱ路测量BC线电压	524.280	00000000	524	0	通道采集	服务器	4142	1	1	0.0000
7	23	福建.东林	500kV漳林Ⅱ路间隔	间隔信号	500kV漳林Ⅱ路测量CA线电压	526.535	00000000	526	0	通道采集	服务器	4144	1	1	0.0000
8	24	福建.东林	500kV漳林Ⅱ路间隔	间隔信号	500kV漳林Ⅱ路A相测量电压	304.370	00000000	304	0	通道采集	服务器	4146	1	1	0.0000
9	25	福建.东林	500kV漳林Ⅱ路间隔	间隔信号	500kV漳林Ⅱ路B相测量电压	302.825	00000000	302	0	通道采集	服务器	4148	1	1	0.0000
10	26	福建.东林	500kV漳林Ⅱ路间隔	间隔信号	500kV漳林Ⅱ路C相测量电压	303.360	00000000	303	0	通道采集	服务器	4150	1	1	0.0000
11	31	福建.东林	500kV漳林Ⅱ路间隔	间隔信号	500kV漳林Ⅱ路A相测量电流	314.800	00000000	0	0	通道采集	服务器	4154	1000	1	0.0000
12	32	福建.东林	500kV漳林Ⅱ路间隔	间隔信号	500kV漳林Ⅱ路B相测量电流	311.600	00000000	0	0	通道采集	服务器	4156	1000	1	0.0000
13	33	福建.东林	500kV漳林Ⅱ路间隔	间隔信号	500kV漳林Ⅱ路C相测量电流	315.600	00000000	0	0	通道采集	服务器	4158	1000	1	0.0000

图 5－1－9　实时库遥测

查看(V) 帮助(H)

重载 四遥 保护 系统 厂站 福建.东林 间隔 500kV漳林Ⅱ路间隔 设备 所有设备

	信号ID	厂站名	间隔名	设备名	信号名	当前值	状态字	生数据	设置值
19	3082	福建.东林	500kV漳林Ⅱ路间隔	间隔信号	500kV漳林Ⅱ路第一套保护纵联差动保护动作	0	00000000	0	0
20	3083	福建.东林	500kV漳林Ⅱ路间隔	间隔信号	500kV漳林Ⅱ路第一套保护工频变化量阻抗动作	0	00000000	0	0
21	3098	福建.东林	500kV漳林Ⅱ路间隔	间隔信号	500kV漳林Ⅱ路第一套保护远跳经判据动作	0	00000000	0	0
22	3090	福建.东林	500kV漳林Ⅱ路间隔	间隔信号	500kV漳林Ⅱ路第一套保护距离加速动作	0	00000000	0	0
23	3096	福建.东林	500kV漳林Ⅱ路间隔	间隔信号	500kV漳林Ⅱ路第一套保护加速联跳动作	0	00000000	0	0
24	3011	福建.东林	500kV漳林Ⅱ路间隔	间隔信号	500kV漳林Ⅱ路第一套保护保护检修状态硬压板	0	00000000	0	0
25	3012	福建.东林	500kV漳林Ⅱ路间隔	间隔信号	500kV漳林Ⅱ路第一套保护远方操作硬压板	1	00000000	1	0
26	3087	福建.东林	500kV漳林Ⅱ路间隔	间隔信号	500kV漳林Ⅱ路第一套保护相间距离Ⅱ段动作	0	00000000	0	0
27	3077	福建.东林	500kV漳林Ⅱ路间隔	间隔信号	500kV漳林Ⅱ路第二套保护远跳不经判据动作	0	00000000	0	0
28	3068	福建.东林	500kV漳林Ⅱ路间隔	间隔信号	500kV漳林Ⅱ路第二套保护距离重合加速动作	0	00000000	0	0
29	3071	福建.东林	500kV漳林Ⅱ路间隔	间隔信号	500kV漳林Ⅱ路第二套保护零序过流Ⅲ段动作	0	00000000	0	0
30	3086	福建.东林	500kV漳林Ⅱ路间隔	间隔信号	500kV漳林Ⅱ路第一套保护接地距离Ⅱ段动作	0	00000000	0	0
31	3066	福建.东林	500kV漳林Ⅱ路间隔	间隔信号	500kV漳林Ⅱ路第二套保护接地距离Ⅱ段动作	0	00000000	0	0
32	3105	福建.东林	500kV漳林Ⅱ路间隔	间隔信号	500kV漳林Ⅱ路第二套保护B网通道故障	0	00000000	0	0
33	3106	福建.东林	500kV漳林Ⅱ路间隔	间隔信号	500kV漳林Ⅱ路第二套保护A网使用	1	00000000	1	0
34	3085	福建.东林	500kV漳林Ⅱ路间隔	间隔信号	500kV漳林Ⅱ路第一套保护相间距离Ⅰ段动作	0	00000000	0	0
35	3104	福建.东林	500kV漳林Ⅱ路间隔	间隔信号	500kV漳林Ⅱ路第二套保护A网通道故障	0	00000000	0	0
36	3100	福建.东林	500kV漳林Ⅱ路间隔	间隔信号	500kV漳林Ⅱ路第一套保护A网通道故障	0	00000000	0	0
37	3101	福建.东林	500kV漳林Ⅱ路间隔	间隔信号	500kV漳林Ⅱ路第一套保护B网通道故障	0	00000000	0	0
38	3102	福建.东林	500kV漳林Ⅱ路间隔	间隔信号	500kV漳林Ⅱ路第一套保护A网使用	1	00000000	1	0
39	3103	福建.东林	500kV漳林Ⅱ路间隔	间隔信号	500kV漳林Ⅱ路第一套保护B网使用	1	00000000	1	0

图 5－1－10　实时库遥信

用户登录：后台操作之前需登录操作人及监护人。单击菜单栏顶上的登入图标，可跳出登录框，正确输入用户名和密码即可登录。登录时长可以按需要进行选择。用户登录如图 5－1－11 所示。

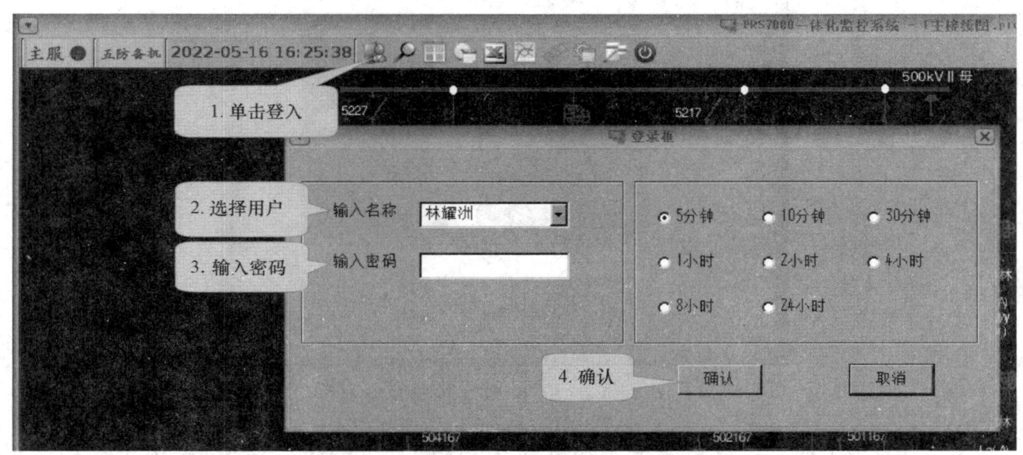

图 5－1－11　用户登录

5.1.3　监控后台常用配置修改

在桌面空白处右键打开“终端”，输入“cfgtool”回车，选择连接数据库。也可在控制台图标上进行点击选择，如图 5－1－12 所示。

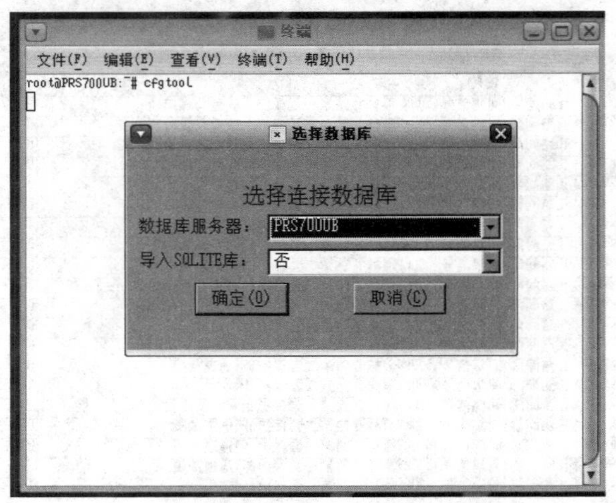

图 5－1－12　打开配置工具

点击“确定”。注：根据实际“数据库服务器”选择正确服务器。

输入正确的用户名及密码后点击“确定”（见图 5－1－13），即可进入数据库组态界面，如图 5－1－14 所示。

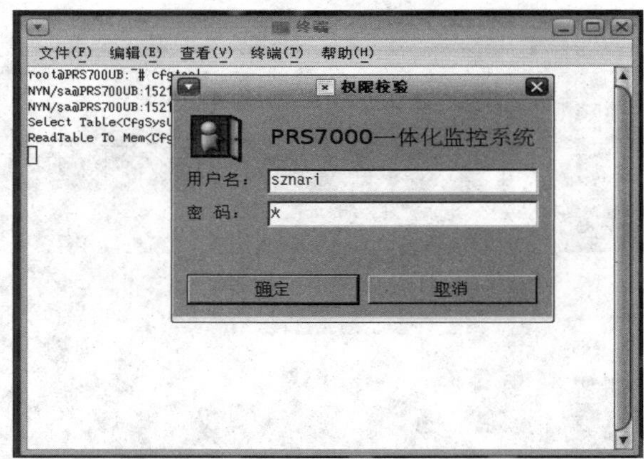

图 5－1－13　配置工具用户登入

（1）数据库组态，配置数据库，包括“用户组态”“网络配置”“二次设备配置”“间隔配置”等；“用户组态”可以进行用户配置修改、“网络配置”配置站控层设备的数量及网络地址、“二次设备配置”配置全站间隔层设备及其网络地址，“间隔配置”则配置具体间隔设备的测点信息。

（2）图形组态，主要是进行图形配置，如绘制图形，关联信号，制作光字牌等；

（3）通信机组态，主要是进行远动机的配置，如远动的 IP 信息配置，转发表编辑配置等。

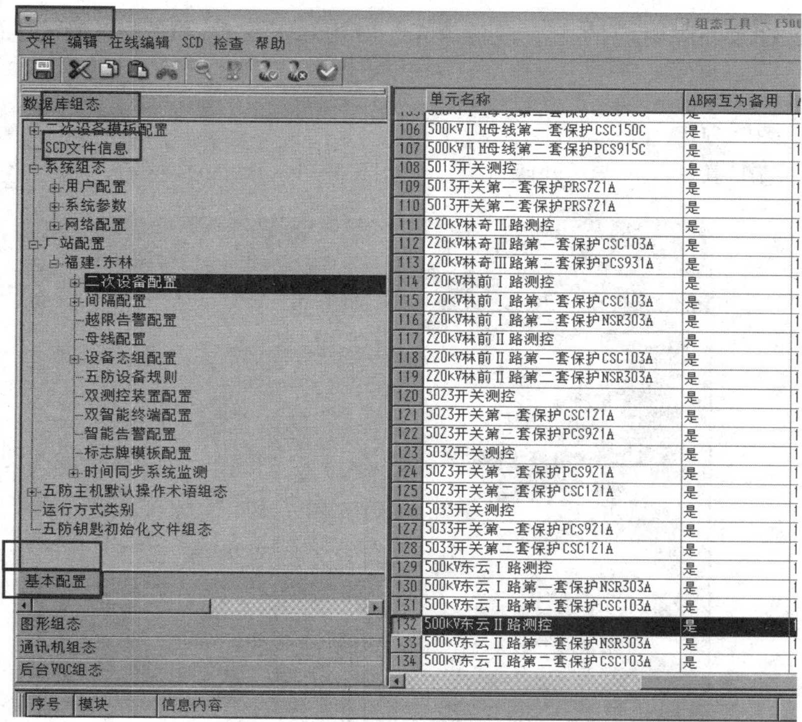

图 5-1-14 数据库组态界面

5.1.4 间隔更名

5.1.4.1 修改二次设备单元名称

点击“厂站配置－××变－二次设备配置”，如图 5-1-15 所示。

文件 编辑 在线编辑 SCD 检查 帮助

数据库组态

二次设备模板配置
SCD文件信息
系统组态
用户配置
系统参数
网络配置
厂站配置
福建.东林
二次设备配置
间隔配置
#1联变间隔
220kVⅠ－Ⅱ母线间隔
500kV漳林Ⅱ路间隔
220kV林州线222间隔
220kVⅠ/Ⅱ段母联21M间隔
35kV#1电抗器312间隔
220kV林奇Ⅰ路223间隔
220kV林美Ⅲ路225间隔
220kV林美Ⅱ路218间隔
220kV林美Ⅰ路217间隔
220kV林福Ⅱ路214间隔

	单元名称	单元ID	逻
1	#1联变第二套保护PRS778T5	1	服
2	#1联变第一套保护CSC326T5	2	服
3	35kV#1所用变保护测控	3	服
4	35kV#2电容器组保护测控	4	服
5	35kV#1电容器组保护测控	5	服
6	220kVⅠ－Ⅱ母线第二套保护BP2CA	6	服
7	220kVⅠ－Ⅱ母线第一套保护BP2CA	7	服
8	500kV漳林Ⅱ路第一套保护PCS931A	8	服
9	500kV漳林Ⅱ路第二套保护PSL603UA	9	服
10	220kV林州线第一套保护PCS931A	10	服
11	220kV林州线第二套保护PRS753A	11	服
12	220kV林奇Ⅰ路第二套保护PRS753A	12	服
13	220kV林奇Ⅰ路第一套保护PCS931A	13	服
14	220kV林美Ⅲ路第二套保护PCS902Z	14	服
15	220kV林美Ⅲ路第一套保护PCS931A	15	服
16	220kV林美Ⅱ路第二套保护PCS902Z	16	服
17	220kV林美Ⅱ路第一套保护PCS931A	17	服
18	220kV林美Ⅰ路第二套保护PCS902Z	18	服
19	220kV林美Ⅰ路第一套保护PCS931A	19	服
20	220kV林福Ⅱ路第二套保护PCS902Z	20	服
21	220kV林福Ⅱ路第一套保护PCS931A	21	服
22	220kV林福Ⅰ路第二套保护PCS902Z	22	服

图 5-1-15 二次设备配置

选择需要修改间隔对应的二次设备单元，双击单元名称，输入正确的二次设备单元名称。

5.1.4.2 修改间隔名称

点击“厂站配置－××变－间隔配置”，如图 5－1－16 所示。

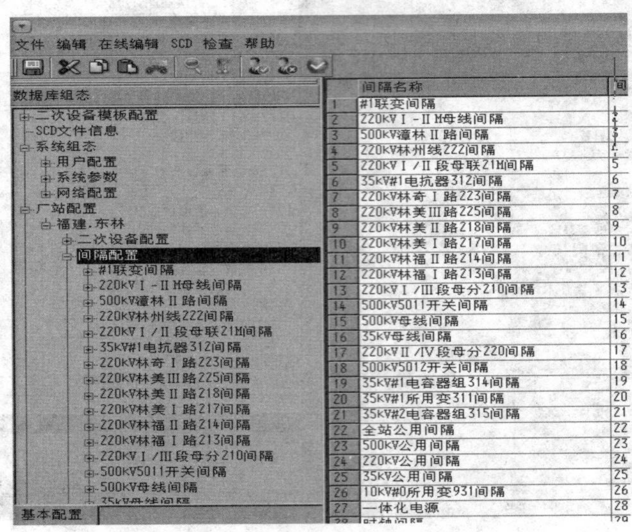

图 5－1－16 间隔配置

选择需要修改的间隔单元，双击单元名称，输入正确的间隔名称。

5.1.5 四遥修改

5.1.5.1 修改间隔信号名称

点击“厂站配置－××变－间隔配置－××间隔”，点击需要修改的间隔，右侧出现该间隔的四遥信息和一次设备。

（1）修改一次设备名称：点击一次设备，修改需修改的一次设备名称，如图 5－1－17 所示。

（2）修改遥信名称：点击菜单栏中的遥信，修改需修改的遥信名称，如图 5－1－18 所示。

修改完后点击左上角 文件 编辑 数据库组态 。若还有其他间隔需要修改，重复以上步骤。

修改完成后重新启动监控系统即可。

其他四遥名称修改同遥信及一次设备。

5.1.5.2 四遥信号编辑

5.1.5.2.1 遥信

1. 遥信基本属性编辑

在信号列表栏中可直接修改四遥信号部分属性，但对于某些无法直接更改的属性或者

非常重要的属性，可以通过以下两种方法进行编辑。

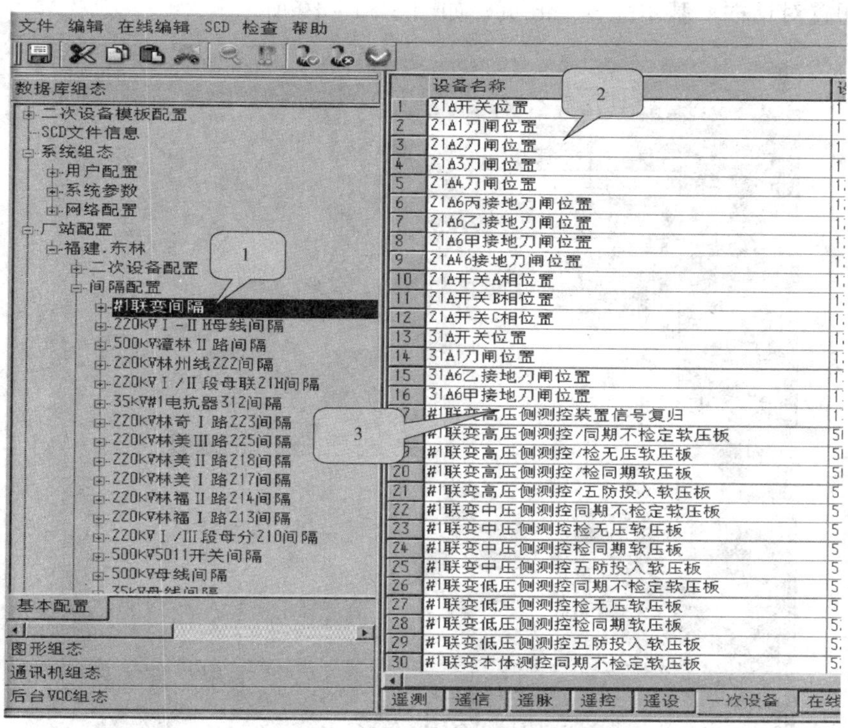

图 5－1－17 修改一次设备名称

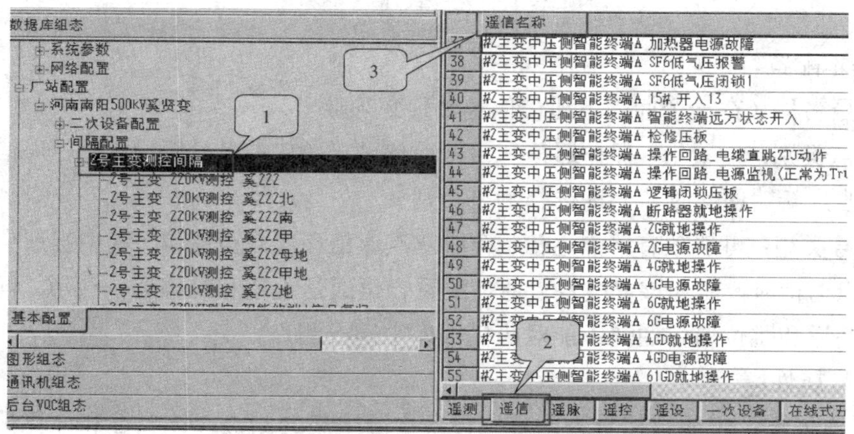

图 5－1－18 修改遥信测点名称

（1）双击某一具体信号的第一列，或在信号列表中选择一个信号后按右键，在弹出菜单中选择“编辑信号”将进入信号编辑画面，在此画面中可以编辑信号的属性。此种编辑方法不能改变信号的采集单元和测点号。

（2）如果需要改变某一信号的采集单元或者测点号，则须在信号列表中选中一个或多个信号后按右键，在弹出菜单中选择“采集单元选择…”或者“采集通道选择…”，而后进行相应修改。

遥信配置对话框，基本配置 Tab 页，如图 5－1－19 所示。

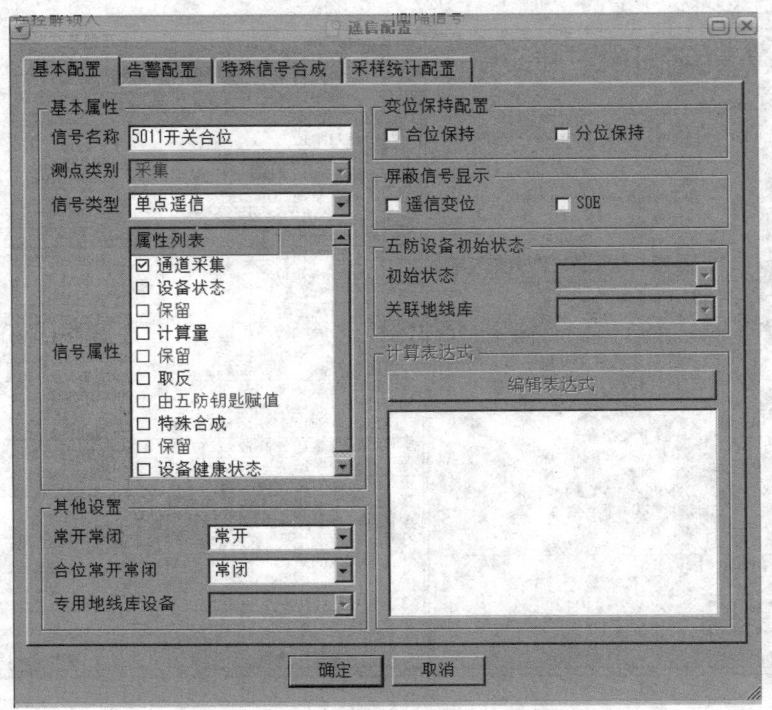

图 5－1－19　遥信信号编辑框

1）基本配置。

a. 信号名称（在一个间隔下遥信信号名称必须唯一）。

b. 测点类别：为采集、保护遥信和自检遥信之一（从设备模板导入时，遥信信号时不允许被修改，新建遥信时才允许选择测点类别）。

c. 信号类型：可选项有单点遥信、合成双点遥信和实双点遥信。其中当遥信信号配置为合成双点遥信时，需为该合成双点遥信配置合位遥信通道和跳位遥信通道。同时应注意合位遥信通道和跳位遥信通道不能对应模板库中同一测点。

d. 信号属性：

a）通道采集：表明该信号为间隔层设备实际采集的测点，该属性和计算量、特殊合成属性互斥（当遥信量选中通道采集信号属性时，该信号必须对应于某一个二次单元中一个具体测点）。

b）设备状态：表明该遥信量为设备状态量，注意需要遥控的开关刀闸需勾选后方可进行遥控关联。

c）网络状态（该标志未用）。

d）计算量：表明该遥信量为后台计算量（当该选项选中时，计算表达式配置区域中

编辑表达式按钮被激活，此时可以点击“编辑表达式”按钮配置该计算量信号计算表达式）。

e）取反：当此选项选中时，后台显示该遥信时变反显示。

f）特殊合成：选择特殊合成时，已经选择了的通道采集或计算量将被取消。特殊信号合成 Tab 页中的项目可以使用。

e. 变位保持配置。配置合位状态保持和分位状态保持，相当于人工置数。

f. 屏蔽信号配置。配置是否屏蔽该信号遥信变位和 SOE，相当于取消该信号扫描使能。

g. 五防设备初始状态。初始状态：当信号属性配置了由五防钥匙赋值后，该选项才可配置。

h. 表达式配置。只有在配置遥信量信号为计算量信号后，才可为遥信量配置表达式。

2）告警配置。告警配置 Tab 页，如图 5－1－20 所示。

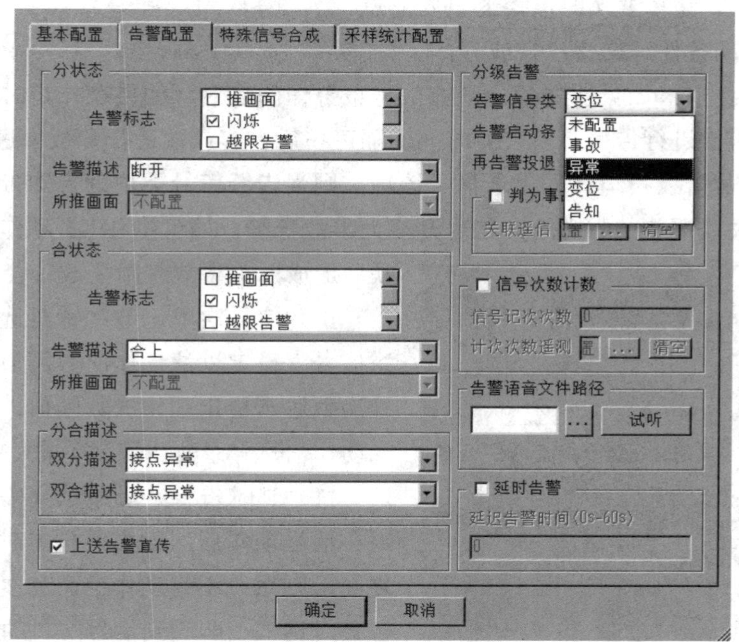

图 5－1－20 遥信信号告警配置

3）分状态告警配置：可配置该遥信量从 1 至 0 时的告警选项，包括是否推画面（如果选中该选项还需要配置所推何画面），是否闪烁，是否有语音告警，是否有光字牌显示。

4）合状态告警配置：可配置该遥信量从 0 至 1 时的告警选项，包括是否推画面（如果选中该选项还需要配置所推何画面），是否闪烁，是否有语音告警，是否有光字牌显示。

5）分合描述：配置当信号处于双位置不一致状态，即“00 态”或“11 态”时的描述。

6）告警信号类型配置（必需配置）。

备注：该项目的配置分类，参照上级调度机构发布的信息规范执行。

a. 告知告警：反映电网设备运行情况、状态监测的一般信息。主要包括隔离开关、接地刀闸位置信号、主变运行档位，以及设备正常操作时的伴生信号。该类信息需定期查询。

b. 异常告警（预告告警）：反映设备运行异常情况的报警信号，影响设备遥控操作的信号，直接威胁电网安全与设备运行，是需要实时监控、及时处理的重要信息。

c. 事故告警：是指由于电网故障、设备故障等，引起开关跳闸（包含非人工操作的跳闸）、保护装置动作出口跳合闸的信号以及影响全站安全运行的其他信号。是需实时监控、立即处理的重要信息。

d. 变位告警：特指开关类设备状态（分、合闸）改变的信息。该类信息直接反映电网运行方式的改变，是需要实时监控的重要信息。

7）告警启动条件可选择：合或分。

8）再告警投退：如果选择是，则该信号报警在确认后，如果在一定时间后告警未复归，则系统将再次进行告警。再告警时间间隔可在后台客户端运行参数中进行设置。

9）判为事故告警投退：如果选择了该项，则当告警信号类型为告知告警或预告告警时，可以根据关联遥信的状态将此信号升级为事故告警。如可将 KKJ 动作与开关分位关联后形成开关事故跳闸事故告警。

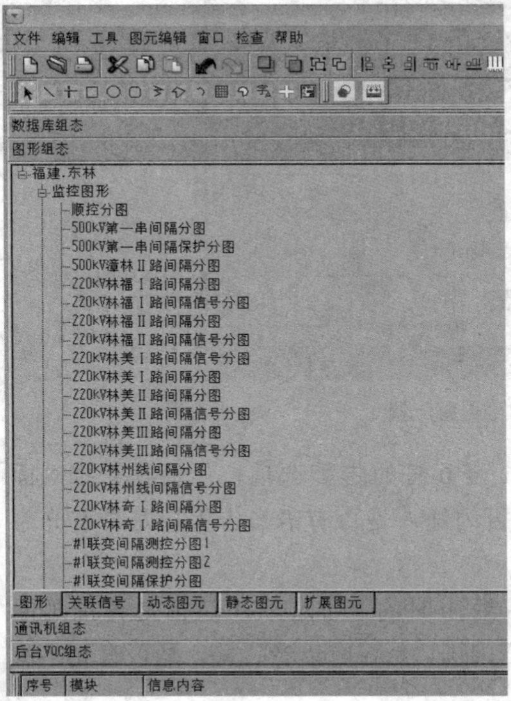

10）信号次数记数：针对选择需要计次过滤信号，设定过滤动作次数阈值。如果动作信号次数达到给定动作次数阈值，系统才将该信号动作信息登录到告警对话框。

11）延时告警：如果选择需要延时告警，则该信号动作后，如果在设定时间内动作信号复归，则系统不将动作信息和复归信息登录到告警对话框，即起到信号防抖的作用。

2. 遥信图形修改及生成

在数据库组态界面点击“图形组态”即可进入图形编辑窗口，如图 5－1－21 所示。

可以在列表中选择需要修改的分图或图元进行编辑。

3. 更改文字描述

双击图元文字，即可弹出编辑窗，进行更改，如图 5－1－22 所示。

图 5－1－21　图形编辑窗口介绍

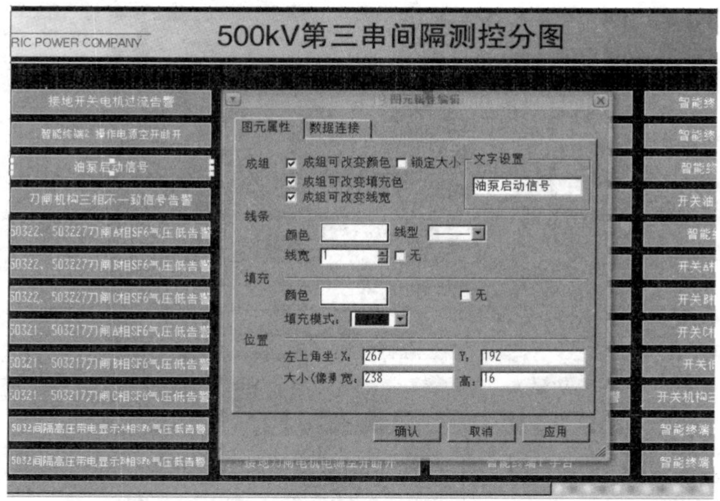

图 5-1-22　文字描述编辑

4. 遥信关联编辑

（1）通过拖拽的方式完成关联：点击“关联信号”，选中需要关联的信号；按住鼠标左键不放，移动鼠标，可以实现拖拽；将信号拖拽至相应的光字牌或图元，放手即可，如图 5-1-23 所示。

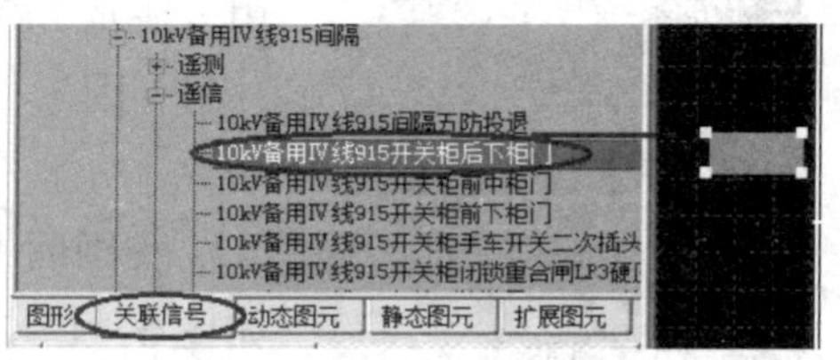

图 5-1-23　遥信拖拽关联

（2）通过编辑图元数据连接关联：右键点击图元，选择“图元编辑”；在弹窗中，选择“数据连接”—“常规”，如图，如图 5-1-24 所示。

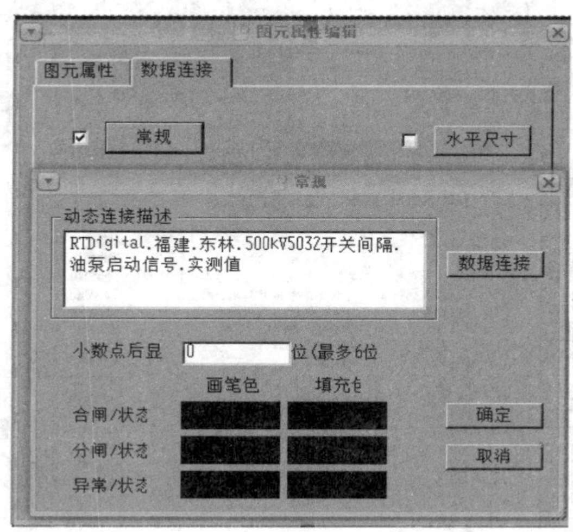

图 5-1-24　信号数据动态连接查看

弹窗中，选择“数据连接”，按照实际，选择信号类型、间隔、测点信息等，如图 5-1-25 所示。

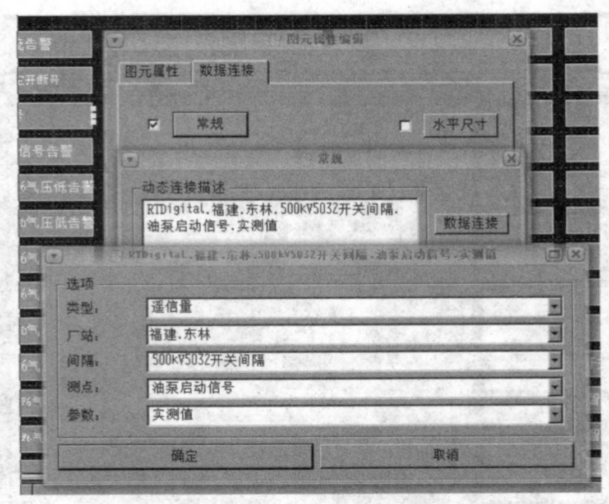

图 5-1-25　信号数据关联选择

5. 光字牌批量生成

遥信光字牌所占的区域比较大，建议新建一个空画面，专门用来生成光字牌，然后复制粘贴到目标画面，最后调整区域、尺寸等；因为一次选择的信号较多时，将使得生成的图元超出画面边界。

图 5-1-26　信号批量生成

空画面上选中一个现有的光字牌，右键选择信号批量生成，如图 5-1-26 所示。

选择后进入如图 5-1-27 所示，此处可进行全选、取消全选，以及任意选择。

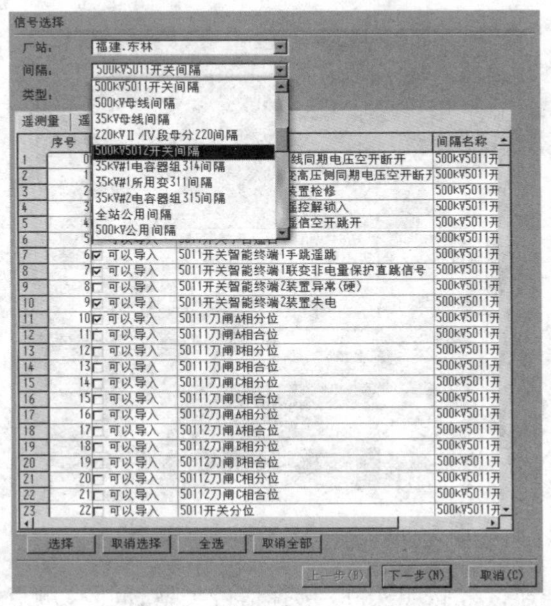

图 5-1-27　遥信信号选择

点击下一步，进入光字牌参数设置界面，如图 5－1－28 所示。

风格样式

说明： 数据连接类型：常规 遥信量 数量： 6

☑ 按列生成 设置每列信号个数 10

☐ 按行生成 设置每行信号个数 10

样式配置 遥信 遥测/遥脉

☑ 字内图外 信号名称 无此风格

☐ 字右图左 信号名称 0.00 信号名称

☐ 字左图右 信号名称 信号名称 0.00

字体配置 字体 大小 颜色 加粗 斜体 下划线

宋体 11 B I U

图元配置 画笔色 填充色

合闸状态

分闸状态 字体配置效果

异常状态

设置信号间隙 10

没有特殊要求，采用默认设置即可

上一步(B) 完成(F) 取消(C)

图 5－1－28 遥信光字牌参数设置

参数包括：按列/行生成，每行/列信号个数，样式配置，字体配置，图元配置等。点击完成，即可完成遥信光字牌生成，如图 5－1－29 所示。

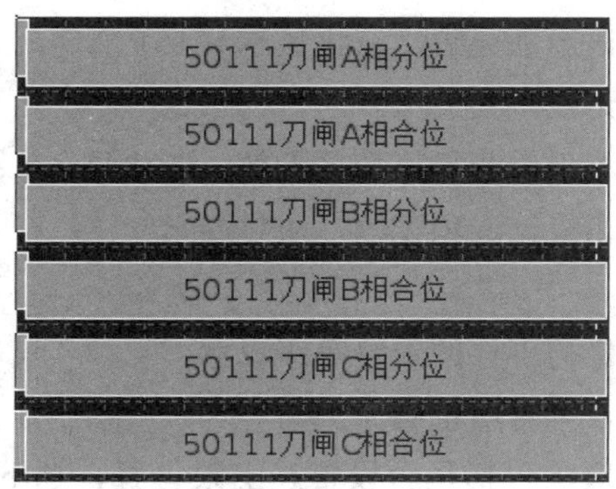

图 5－1－29 遥信光字牌

5.1.5.2.2 遥测

1. 遥测量基本属性编辑

遥测信号属性配置包括 4 个方面。遥测常规设置编辑框如图 5－1－30 所示。

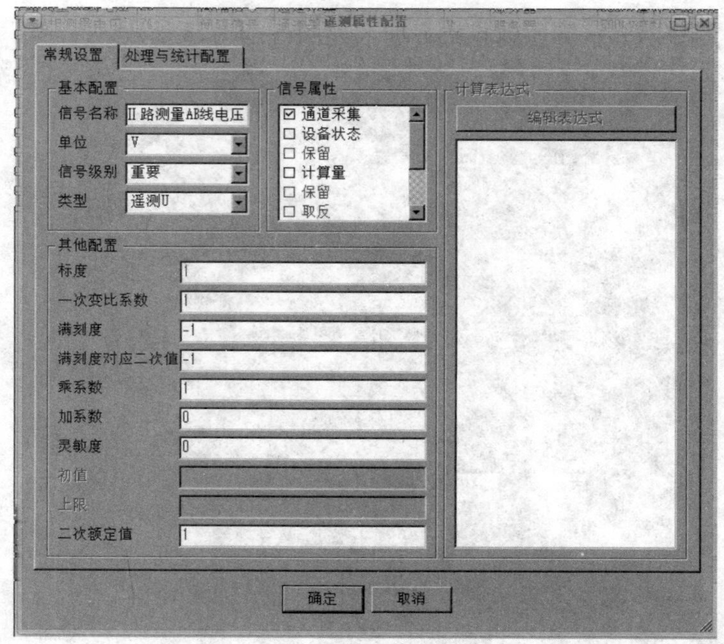

图 5-1-30　遥测常规设置编辑框

（1）信号属性。

1）通道采集：该属性和计算量属性互斥。当遥测量选中通道采集信号属性时，该信号必须对应于某一个二次单元中一个具体测点。

2）设备状态：标明该遥测量为设备状态量，档位为典型的遥测设备状态量。

3）网络状态（对于遥测量该选项无效，灰化显示）。

4）计算量：标明该遥测量为后台计算量（当该选项选中时，计算表达式配置区域中编辑表达式按钮被激活，此时可以点击“编辑表达式”按钮配置该计算量遥测计算表达式）。

5）取反（对于遥测量该选项无效，灰化显示）。

6）配置存储：该选项无效，不使用。

7）由五防钥匙赋值（对于遥测量该选项无效，灰化显示）。

8）特殊合成（对于遥测量该选项无效，灰化显示）。

（2）告警配置。

1）信号级别：越限告警的事件的告警等级设置。

2）告警画面：在信号告警时所推画面。

3）越限告警：可设置选项包括是否设置越上限告警、越下限告警、越上上限告警、越下下限告警，上限值、下限值、上上限值、下下限值，上限死区、下限死区、上上限死区、下下限死区。

其中死区和限值设置的逻辑规则如下：

a. 上上限＞上限＞下限＞下下限；

b. 上上限－上上限死区＞上限，即上上限死区不能同上限重叠；

c. 上限－上限死区＞下限＋下限死区，即上、下限死区不能重叠；

d. 下下限＋下下限死区＜下限，即下下限死区不能同下限重叠。

4）闪烁配置：配置遥测值在越限时画面对应信号是否闪烁。

（3）表达式配置。只有在配置遥测量信号为计算量信号后，才可为遥测量配置表达式。

（4）事故追忆配置。设置遥测跳变时，自动触发事故追忆。前提是系统参数中必须关联事故总信号。遥测处理与统计配置编辑框如图 5－1－31 所示。

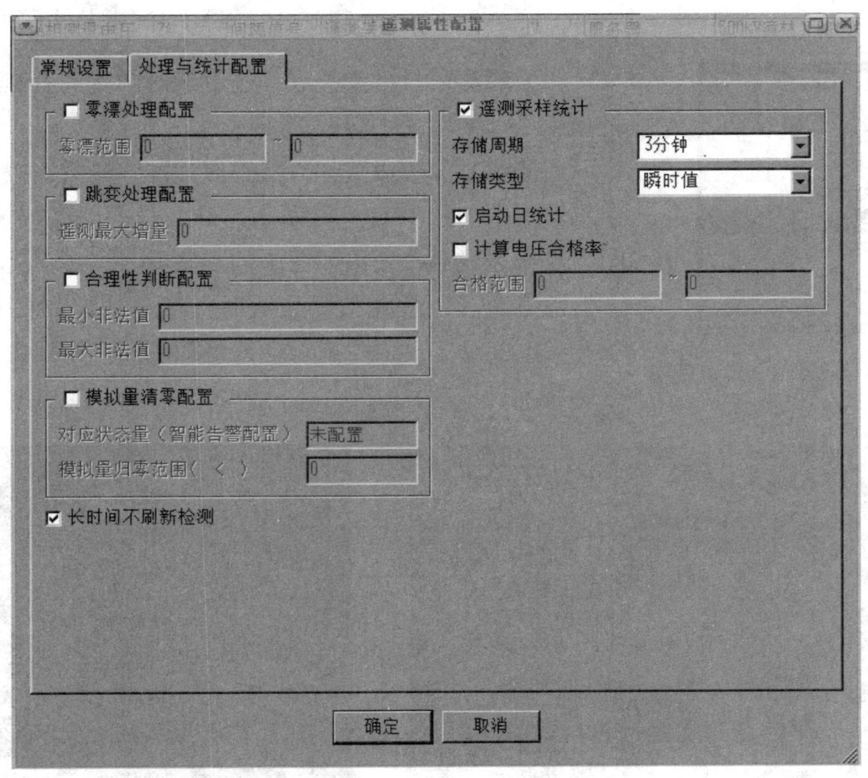

图 5－1－31 遥测处理与统计配置编辑框

处理与统计配置： 必须配置，否则无法在报表编辑中选择。

遥测采样统计：配置报表中需要存储的采样点。

存储周期：存储采样点的周期。

启动日统计：在报表中启动日统计。

2. 遥测图形修改及生成

（1）遥测关联编辑。遥测的信号关联与前面介绍的遥信关联一致。双击图元后，可以编辑小数点后的显示位数，如图 5－1－32 所示。

点选如图 5－1－33 所示的数据连接，可以修改该测点所关联的遥测信息。

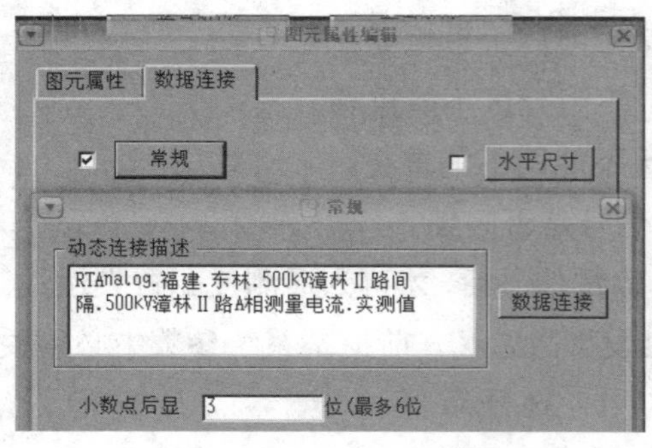

图 5－1－32　遥测图元属性编辑

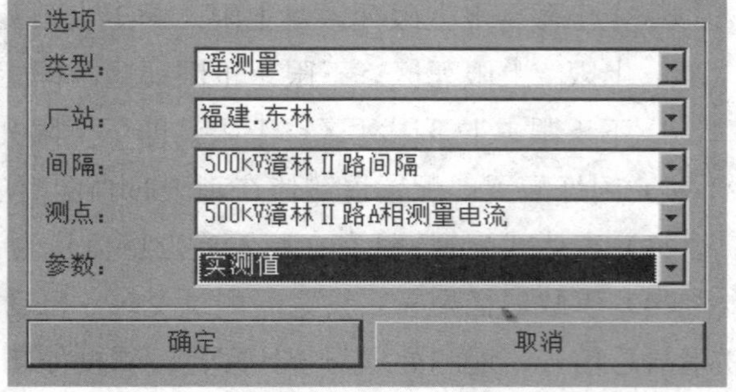

图 5－1－33　遥测数据连接属性编辑

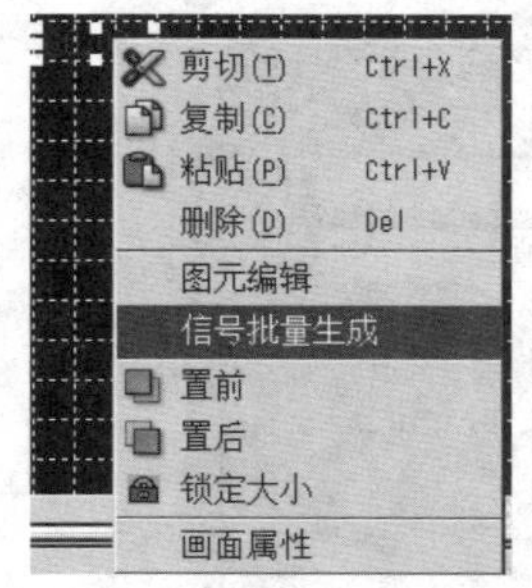

图 5－1－34　遥测信号批量生成

（2）遥测信号批量关联。选中遥测图元，右键选择信号批量生成，如图 5－1－34 所示。

遥测信号参数设置与遥信类似，推荐参数：按列生成、字左图右，如图 5－1－35 所示。

点击完成后，效果如图 5－1－36 所示。

注意事项：遥测信号生成时，默认的遥测信号名称长度为 20 个汉字，故生成后的最终效果还可根据实际情况进行调整。

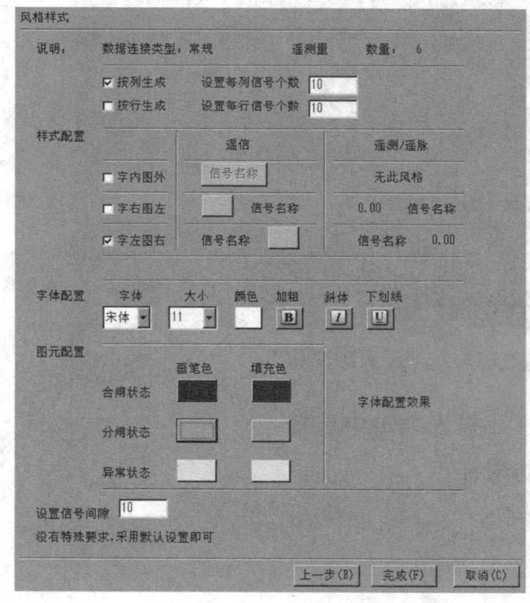

图 5－1－35　遥测信号属性

遥测量		
CT变比 4000/1		
项目	测量值	单位
Ia	0000.00	A
Ib	0000.00	A
Ic	0000.00	A
U a	0000.00	kV
U b	0000.00	kV
U c	0000.00	kV
U ab	0000.00	kV
U bc	0000.00	kV
U ca	0000.00	kV
F4	0000.00	Hz
P	0000.00	M W
Q	0000.00	M var
C O S	0000.00	

图 5－1－36　遥测效果

5.1.5.2.3　遥控

1. 遥控量基本属性编辑

遥控信号编辑框如图 5－1－37 所示。

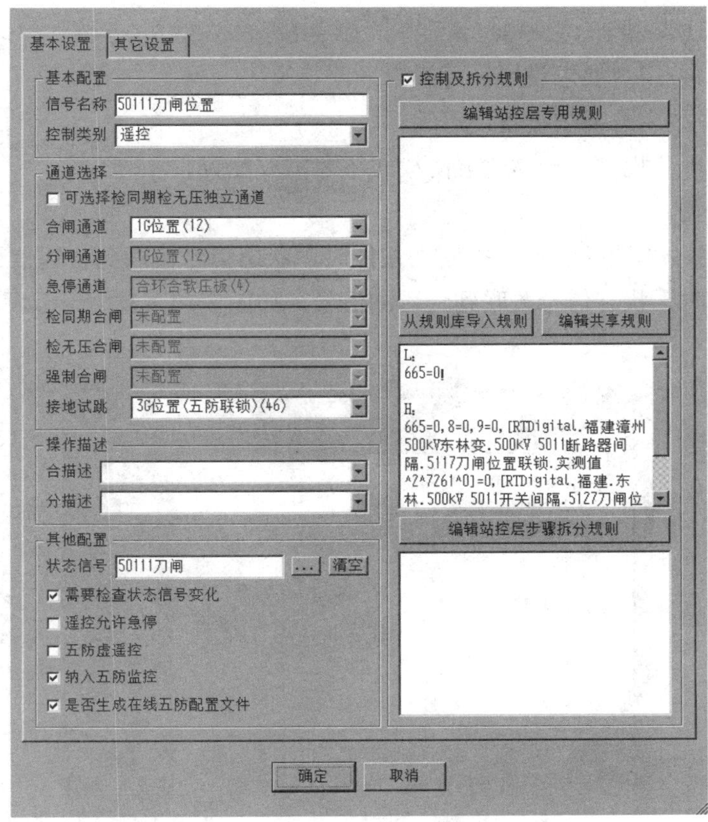

图 5－1－37 遥控信号编辑框

（1）基本配置。

1）信号名称（在一个间隔下遥控信号名称必须唯一）。

2）控制类别：

a. 遥控：普通遥控，遥控过程为先选择，再执行。

b. 遥控（直控）：不经遥控选择，直接发送遥控执行命令。

c. 遥调（遥控模式）：单点遥控模式，升、降、停需要两个遥控通道完成。

d. 遥调（遥调模式）：双点遥控模式，升、降、停在一个遥控通道实现。

e. 程控遥设：后台在程序化控制时所需要选择的遥控。该配置项为根据模板信息自动识别，无需配置选择。

f. 程控遥控：装置在程序化控制时所需要选择的遥控。该配置项为根据模板信息自动识别，无需配置选择。

（2）通道选择。

1）合闸（升档）通道。

2）分闸（降档）通道。

3）档位（急停）通道。

（3）操作描述。

1）合描述：按用户要求设置，可编辑。

2）分描述：按用户要求设置，可编辑。

（4）控制及拆分规则：一体化五防模式下才需要配置。

（5）其他配置。

1）状态信号：当遥控量控制类别为遥控时，状态信号关联到一遥信信号；当遥控量控制类别为遥调时，状态信号关联到一遥测信号，如图 5－1－38 所示。

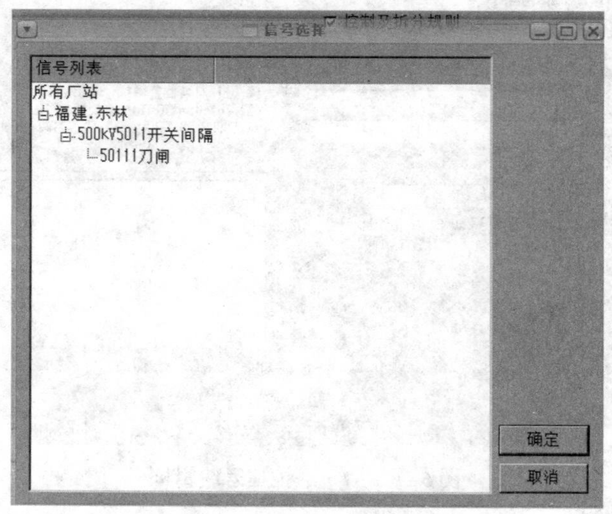

图 5－1－38　遥控状态信号选择编辑框

2）是否需要检查状态信号变化：表明该遥控操作的成功是否需要检查所关联的状态信号的变化。（遥控复归不需要勾选、一次设备和软压板一般需要勾选）

3）纳入五防监控：表明该遥控操作是否需要纳入五防监控闭锁范围。

4）五防虚遥控：当需要为某一个不具备遥控功能的设备配置闭锁规则时，则此属性必须配置。

2. 光字牌索引跳转编辑

（1）选择需要进行光字牌跳转的分图。

（2）双击需要进行跳转链接的光字牌可以进行文字编辑。

（3）点击数据连接标题栏，将右下角“鼠标左键”前勾选，即可编辑鼠标左键动作，如图 5－1－39 所示。

（4）在弹出的“鼠标左键编辑”可以选择需要跳转的画面分图，需注意的是这里填写的画面名称需与图形组态中能够选择的间隔分图完全一致，如此方可跳转成功，如图 5－1－40 所示。

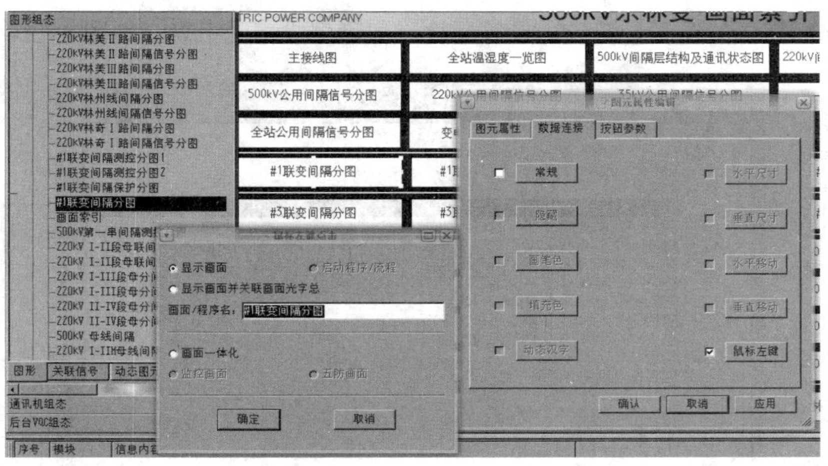

图 5－1－39　图元动作编辑框

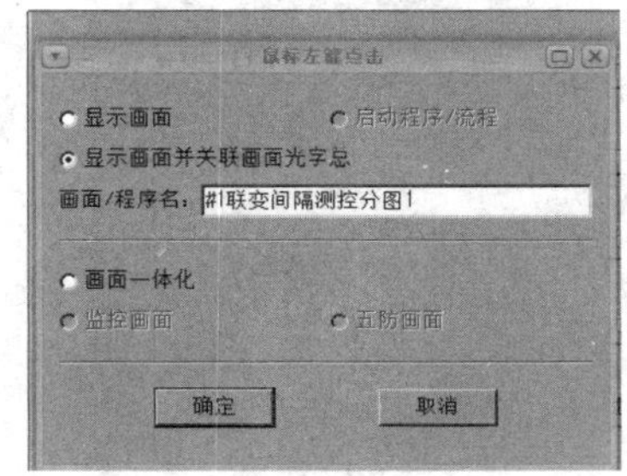

图 5－1－40　鼠标左键点击编辑框

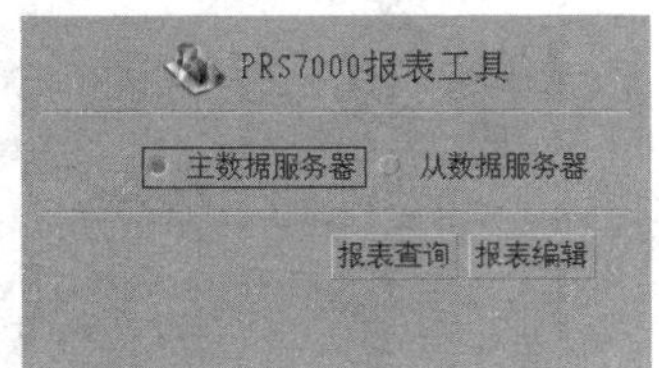

图 5－1－41　报表编辑框

5.1.5.3　报表配置

（1）点击控制台报表 report 按钮后可进行报表编辑，如图 5－1－41 所示。

（2）点击左上角新建，输入相应报表名称，如图 5－1－42 所示。

图 5－1－42　新建报表

（3）选择需要的遥测量及统计量等属性，即可生成相关报表，如图 5－1－43 所示。

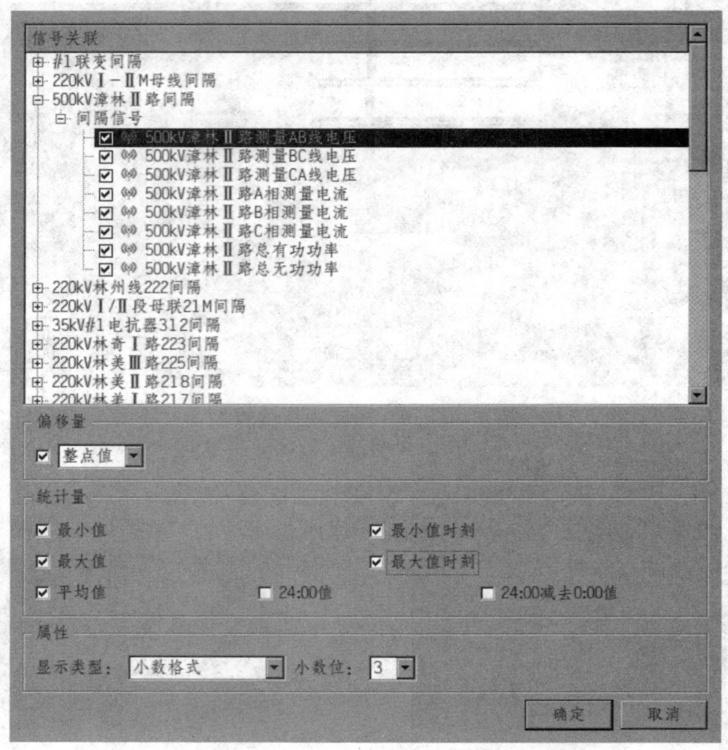

图 5－1－43　报表信号关联

5.1.6　用户配置

用户划分为五个种类，分别是运行值班人员、操作员、保护操作员、系统管理人员、超级用户。具体用户只能隶属于某一类用户。只有管理员和超级用户才有权限添加、编辑和删除用户。所有用户的密码只能由该用户本身修改，其他用户包括管理员和超级用户都无权修改。新用户的初始密码为“123456”。

一个完整的用户记录包括：

（1）用户名称：用来标识一个具体的用户。

（2）密码。

（3）工号（允许为空）。

（4）组别：标识用户身份，为运行值班人员、操作员、保护操作员、系统管理人员、超级用户之一。

（5）权限：用户操作权限，为一系列权限（客户机登录、维护机登录、服务器登录、查看定值、更改定值、变反操作、检修挂牌、开关跳合、远方就地、变压器升降、变压器急停、人工置数、查看报表、更改报表、配置查看和配置更改）的组合。

5.1.6.1 用户的添加及权限配置

以系统管理员或超级用户登录时，有三种途径添加新用户：

（1）在左侧树形视图上右键点击“用户配置”节点，将弹出具有“添加用户”的菜单，如图 5-1-44 所示。

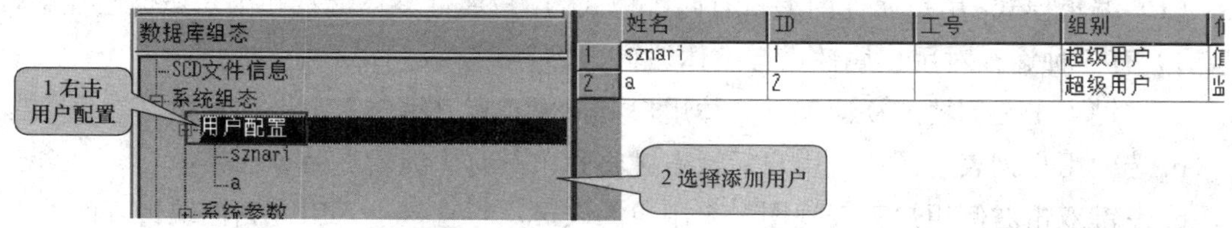

图 5-1-44 用户配置选择对话框

（2）在左侧树形视图上右键点击某一具体用户将弹出具有“添加用户”命令的菜单。

（3）右键点击右侧用户列表视图，将弹出具有“添加用户”命令的菜单。

点击“添加用户”命令后，将弹出图 5-1-45 对话框。

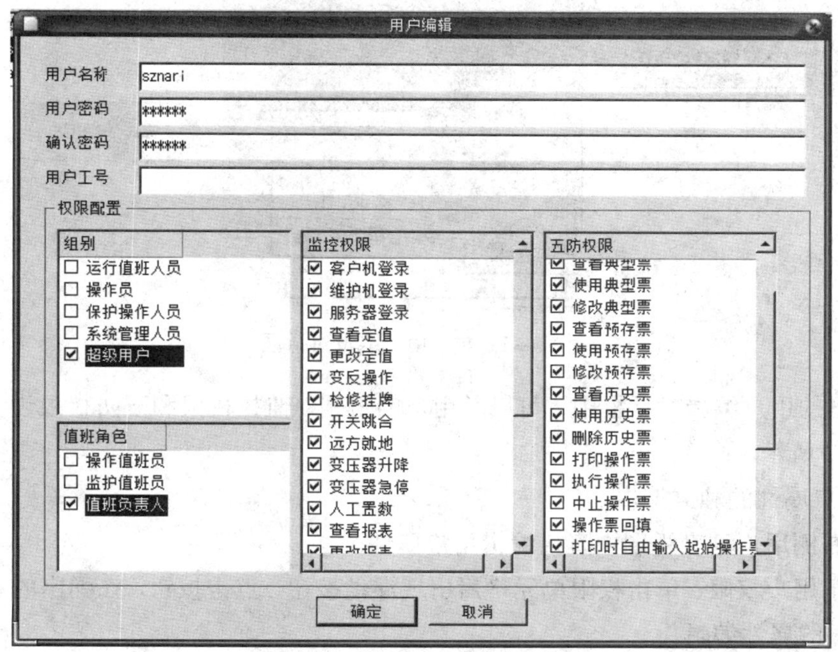

图 5-1-45 添加用户编辑对话框

对话框中密码和确认密码编辑框为只读不能编辑。缺省的用户密码为“123456”。点击对话框“确定”按钮后，对输入的用户名称，配置程序将搜索数据库来检查该名称是否与数据库中现有用户同名：如果同名，则提示输入另外的名称；如果是合法名称则接受编辑结果。对每一类用户，都有缺省的用户权限，在此基础上，可以添加或减少用户的权限，以适应现场的实际情况。

5.1.6.2 编辑用户

只有以系统管理员或者超级用户身份登录后，才能够编辑用户属性。用户属性的编辑包括“用户姓名的编辑”“用户组别编辑”“用户权限编辑”“用户工号编辑”和“用户密码的编辑”。需要注意的是在任何情况下用户只能修改自身的密码。

（1）编辑模式。用户属性的编辑有两种模式：用户属性整体编辑和用户属性独立编辑。

1）有三种途径对用户属性进行整体编辑。

a. 右键点击左侧树形视图某一具体用户将弹出具有“编辑”命令的菜单。

b. 选中用户列表视图一个用户后，右键将弹出具有“编辑”命令的菜单。

c. 左键双击右侧用户列表视图一个用户的人员，将直接进入用户属性编辑画面。

在点击弹出菜单“编辑”命令后，将显示用户属性编辑对话框，如图 5－1－46 所示。

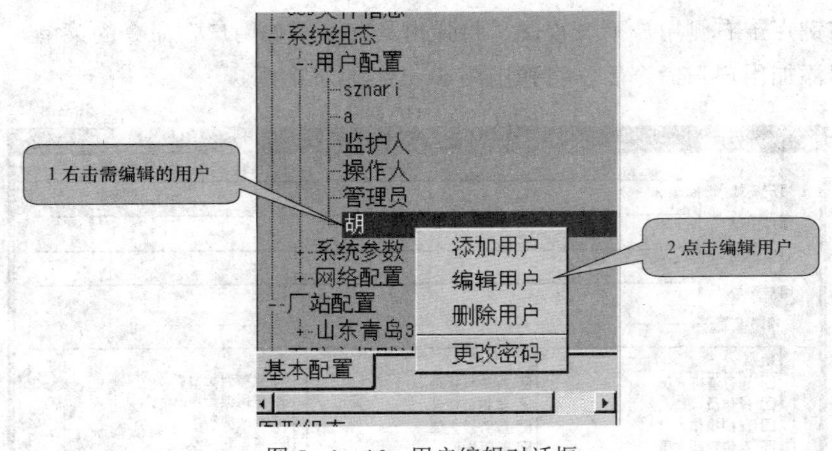

图 5－1－46　用户编辑对话框

在弹出的用户编辑对话框中，可以对用户的组别、监控权限和五防权限进行编辑，如图 5－1－47 所示。

2）用户属性的独立编辑。

a. 在右侧用户列表视图中直接编辑用户属性。

b. 对于用户权限，单击权限单元格后出现浮动按钮，点击按钮，在弹出的对话框中进行用户权限的属性编辑。

3）用户权限的批量编辑。可以一次修改多个用户的权限。方法是：先选定多个权限单元格，然后单击其中一格，此时此单元格上出现浮动按钮。单击此浮动按钮，弹出的对话框，如图 5－1－47 所示。在弹出的对话框中勾选权限，单击确定后退出。此时用户视图仍然保留着选择多个权限单元格。单击视图页面空白区，此时系统提示“是否修改所有选择的数据”。选择“是”即可修改多个用户权限。

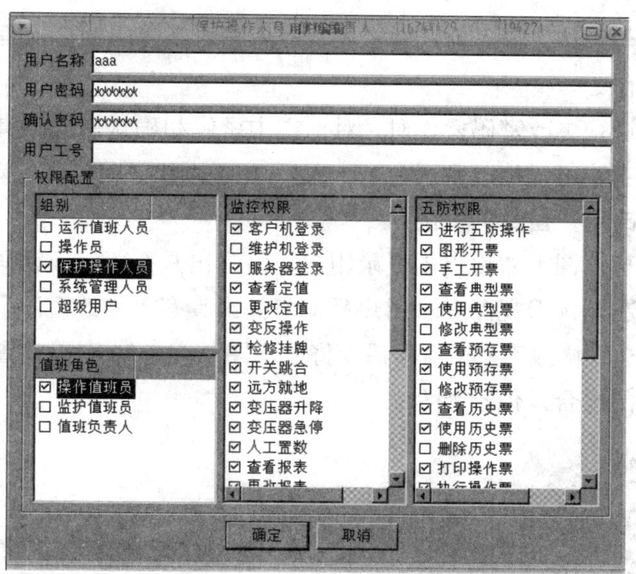

图 5－1－47　用户权限编辑对话框

（2）编辑内容。

1）“姓名”可以是任意符号和数字的组合，但不能为空。

2）“工号”根据最终用户的相应要求填写。

3）组别通过下拉列表选取。用户必须归属于某一“组别”，而且只能归属于一个组别。

4）对应于某一组别，都有默认的“权限”，可以在此基础上减少或者添加权限，如图 5－1－48 所示。

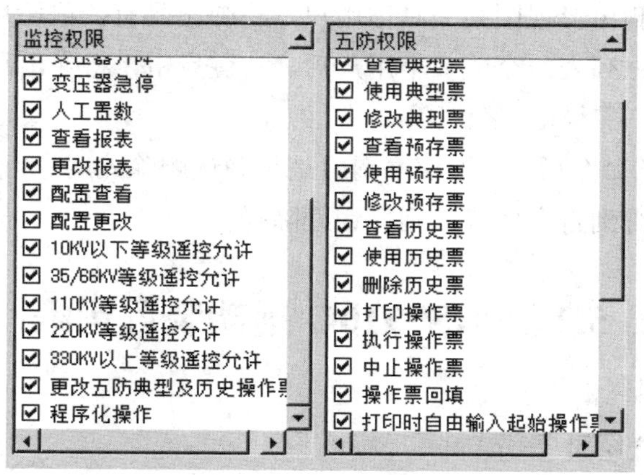

图 5－1－48　权限分配对话框

5.1.6.3　用户密码修改

在左侧树形视图上右键点击某一具体用户将弹出具有“更改密码”命令的菜单，如图 5－1－49 所示。

右键点击需修改的用户，在弹出的对话框中选择更改密码，输入该用户原始密码后，可进行新密码变更与确认。输入用户原密码，而后输入新密码并再次确认，最后点击确认键即可完成修改操作。

使用其他用户进行更改密码操作时，对话框中密码和确认密码编辑框灰化显示，不能编辑。只有用户自身才可以修改密码。

有两种途径修改用户自身的密码：

（1）在左侧树形视图上右键点击登录用户，将弹出具有“修改密码”命令的菜单。

（2）右键点击左侧树形视图登录用户后，将弹出具有“修改密码”命令的菜单。

在点击弹出菜单“修改密码”命令后，将显示图5－1－50密码设置对话框。密码可以是任意符号和数字的组合，但不能为空。

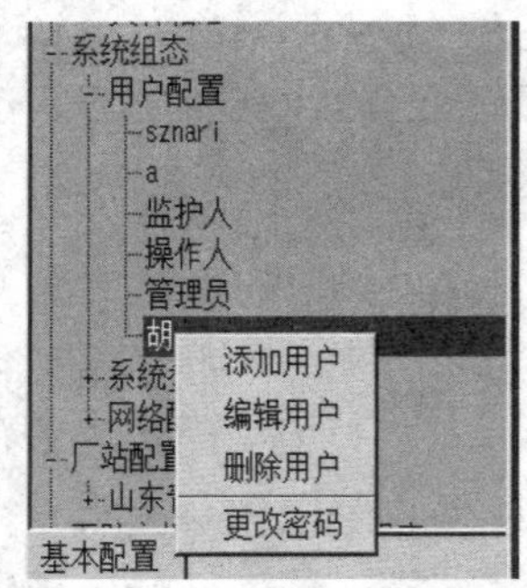

图5－1－49　更改密码对话框

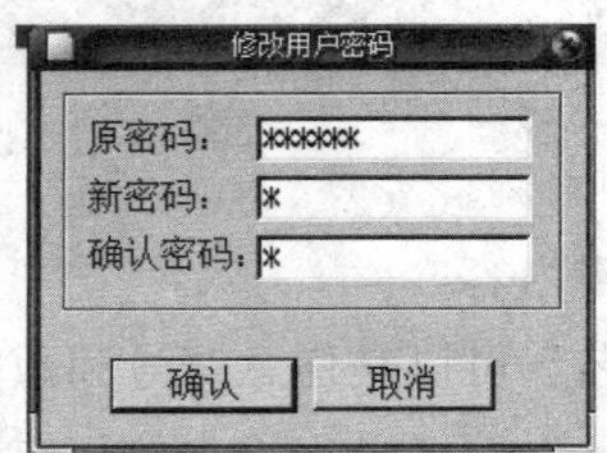

图5－1－50　密码修改对话框

5.1.6.4　用户的删除

以系统管理员或超级用户登录时，有两种途径删除用户：

（1）右键点击左侧树形视图某一具体用户，将弹出具有“删除用户”命令的菜单。

（2）选中右侧用户列表一个或多个用户后，右键点击，将弹出具有“删除用户”命令的菜单。

点击“删除用户”命令后，配置程序询问是否确认删除此用户：如果得到肯定的确认，则删除该用户；如果得到否定回答，则撤销删除操作。

5.2　PRS7910G远动装置运维

5.2.1　远动机文件介绍及备份

使用FTP工具通过内网地址登录工控机，用户名snari，密码a或root。登录成功后，home路径底下是7910G远动机程序和配置存储的地方，如图5－2－1所示。

其中，isa301D文件夹存放的是程序文件，sznari文件夹存放的是配置文件。备份时远动直接拷贝C盘文件至本地文件夹即可。这里面存放的是61850配置及装置与远动配置，如图5－2－2所示。

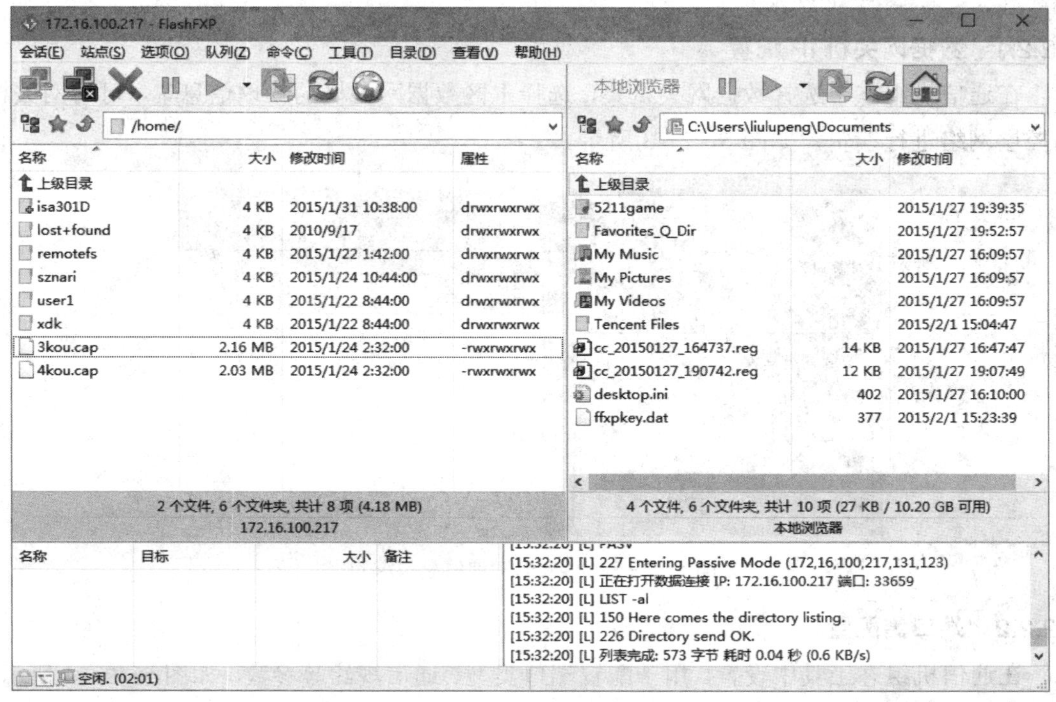

图 5-2-1 7910G 工控机 home 目录

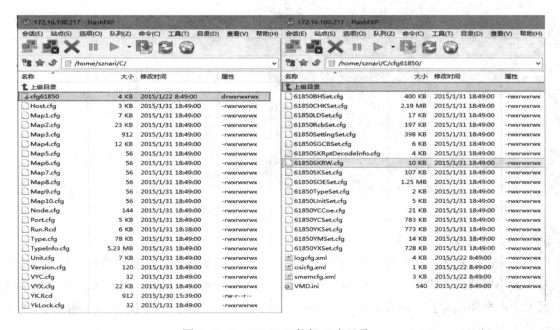

/home/sznari/C/

名称	大小	修改时间	属性
上级目录			
cfg61850	4 KB	2015/1/22 8:49:00	drwxrwxrwx
Host.cfg	3 KB	2015/1/31 18:49:00	-rwxrwxrwx
Map1.cfg	7 KB	2015/1/31 18:49:00	-rwxrwxrwx
Map2.cfg	23 KB	2015/1/31 18:49:00	-rwxrwxrwx
Map3.cfg	912	2015/1/31 18:49:00	-rwxrwxrwx
Map4.cfg	12 KB	2015/1/31 18:49:00	-rwxrwxrwx
Map5.cfg	56	2015/1/31 18:49:00	-rwxrwxrwx
Map6.cfg	56	2015/1/31 18:49:00	-rwxrwxrwx
Map7.cfg	56	2015/1/31 18:49:00	-rwxrwxrwx
Map8.cfg	56	2015/1/31 18:49:00	-rwxrwxrwx
Map9.cfg	56	2015/1/31 18:49:00	-rwxrwxrwx
Map10.cfg	56	2015/1/31 18:49:00	-rwxrwxrwx
Node.cfg	144	2015/1/31 18:49:00	-rwxrwxrwx
Port.cfg	5 KB	2015/1/31 18:49:00	-rwxrwxrwx
Run.Rcd	6 KB	2015/1/31 18:38:00	-rwxrwxrwx
Type.cfg	78 KB	2015/1/31 18:49:00	-rwxrwxrwx
TypeInfo.cfg	5.23 MB	2015/1/31 18:49:00	-rwxrwxrwx
Unit.cfg	7 KB	2015/1/31 18:49:00	-rwxrwxrwx
Version.cfg	120	2015/1/31 18:49:00	-rwxrwxrwx
VYC.cfg	32	2015/1/31 18:49:00	-rwxrwxrwx
VYX.cfg	22 KB	2015/1/31 18:49:00	-rwxrwxrwx
YK.Rcd	912	2015/1/30 15:39:00	-rw-r--r--
YkLock.cfg	32	2015/1/31 18:49:00	-rwxrwxrwx

/home/sznari/C/cfg61850/

名称	大小	修改时间	属性
上级目录			
61850BHSet.cfg	400 KB	2015/1/31 18:49:00	-rwxrwxrwx
61850CHKSet.cfg	2.19 MB	2015/1/31 18:49:00	-rwxrwxrwx
61850LDSet.cfg	17 KB	2015/1/31 18:49:00	-rwxrwxrwx
61850RcbSet.cfg	197 KB	2015/1/31 18:49:00	-rwxrwxrwx
61850SettingSet.cfg	398 KB	2015/1/31 18:49:00	-rwxrwxrwx
61850SGCBSet.cfg	6 KB	2015/1/31 18:49:00	-rwxrwxrwx
61850SKRptDecodeInfo.cfg	4 KB	2015/1/31 18:49:00	-rwxrwxrwx
61850SKRW.cfg	10 KB	2015/1/31 18:49:00	-rwxrwxrwx
61850SKSet.cfg	107 KB	2015/1/31 18:49:00	-rwxrwxrwx
61850SOESet.cfg	1.25 MB	2015/1/31 18:49:00	-rwxrwxrwx
61850TypeSet.cfg	2 KB	2015/1/31 18:49:00	-rwxrwxrwx
61850UnitSet.cfg	5 KB	2015/1/31 18:49:00	-rwxrwxrwx
61850YCCoe.cfg	21 KB	2015/1/31 18:49:00	-rwxrwxrwx
61850YCSet.cfg	783 KB	2015/1/31 18:49:00	-rwxrwxrwx
61850YKSet.cfg	773 KB	2015/1/31 18:49:00	-rwxrwxrwx
61850YMSet.cfg	14 KB	2015/1/31 18:49:00	-rwxrwxrwx
61850YXSet.cfg	728 KB	2015/1/31 18:49:00	-rwxrwxrwx
logcfg.xml	4 KB	2015/1/22 8:49:00	-rwxrwxrwx
osicfg.xml	1 KB	2015/1/22 8:49:00	-rwxrwxrwx
smemcfg.xml	3 KB	2015/1/22 8:49:00	-rwxrwxrwx
VMD.ini	540	2015/1/22 8:49:00	-rwxrwxrwx

图 5-2-2 7910G 工控机 C 盘目录

5.2.2 通信机组态配置

5.2.2.1 数据网关机 IP 配置

在通信机组态中选择数据网关机集，选择Ⅰ区数据网关机的物理信息集，可对网关机站控层网络进行编辑，如图 5–2–3 所示。

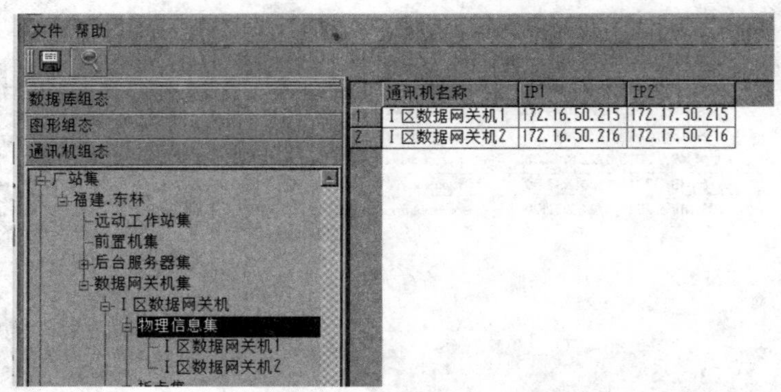

图 5–2–3 网关机物理信息集编辑

5.2.2.2 端口集配置

在通信机组态工具中设置，用于配置端口类型、通信规约等参数，如图 5–2–4 所示。

	名称	取值
1	端口状态	开放
2	端口名称	NET1
3	端口用途	测量
4	卡内序号	9
5	备用口	NET2
6	通讯规约	61850规约
7	端口类别	网络口
8	A机网络地址	172.16.50.215
9	B机网络地址	172.16.50.216
10	网络端口	2420
11	网络掩码	255.255.0.0
12	网关	
13	保留参数1(uns	0x00000000
14	保留参数2(uns	0x00000000
15	保留参数3(uns	0x00000000
16	保留参数4(uns	0x00000000
17	保留参数5(uns	0x00000000
18	保留参数6(uns	0x00000000
19	保留参数7(uns	0x00000000
20	保留参数8(uns	0x00000000
21	保留参数9(uns	0x00000000
22	保留参数10(un	0x00000000

图 5–2–4 网关机端口集编辑

5.2.2.3 监控集及转发集

不同的监控集用于配置不同的调度主站，需要正确填写调度主站的规约、IP、端口以及转发集等信息。信号转发集则用于按照主站要求配置需要转发的四遥信息。在右侧装置列表中选择相应装置的测点，按顺序拖拽到相应的转发点位即可，图 5–2–5 和图 5–2–6 均以遥信为例。

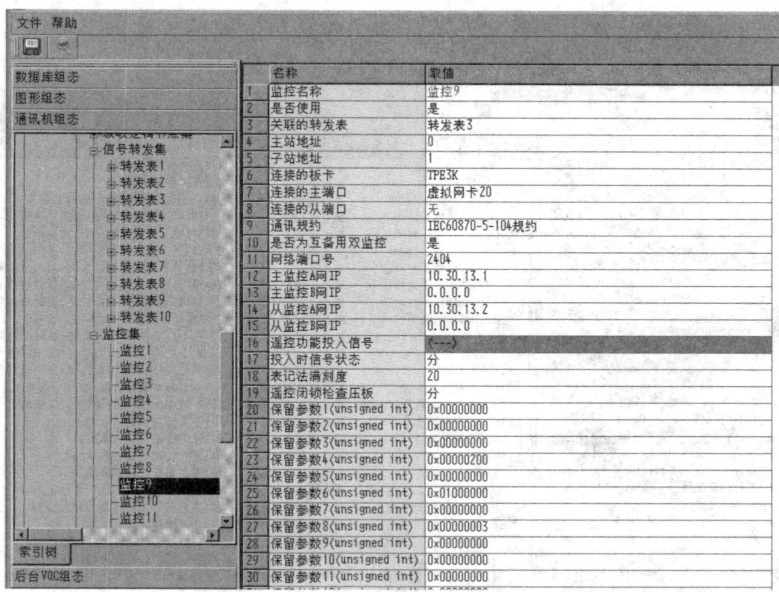

图 5-2-5　网关机监控集编辑

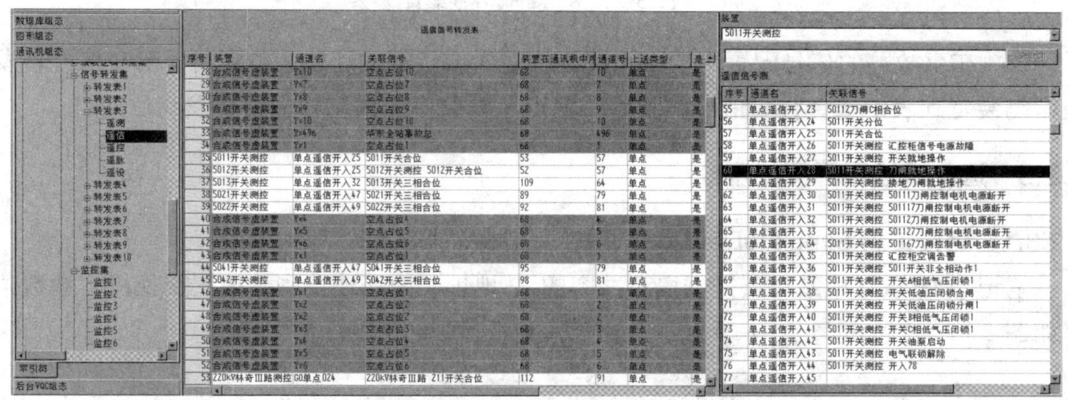

图 5-2-6　网关机转发集编辑

5.2.2.4　合成信号编辑

（1）某些场景下，需要对上送的四遥信息进行计算后转发调度，以事故总信号为例：在合成信号虚装置中添加“全站事故总信号”，并选择信号生成方式为遥信或，如图 5-2-7 所示。

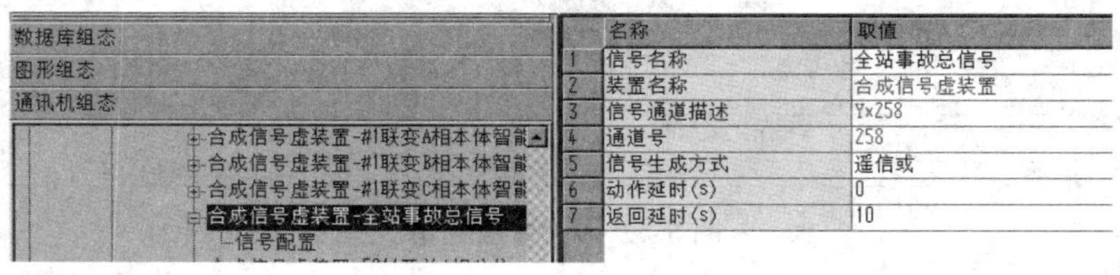

图 5-2-7　合成信号取值

（2）在事故总的信号配置中选取需要进行逻辑或运算的遥信采集点，如图 5-2-8 所示。

数据库组态
图形组态
通讯机组态
合成信号虚装置-220kV林美Ⅰ路第一
合成信号虚装置-220kV林美Ⅰ路线路
合成信号虚装置-220kV林福Ⅱ路第一
合成信号虚装置-220kV林福Ⅱ路线路
合成信号虚装置-220kV林福Ⅰ路第一
合成信号虚装置-220kV林福Ⅰ路线路
合成信号虚装置-5011开关第一套 重
合成信号虚装置-220kV Ⅰ/Ⅱ段母联
合成信号虚装置-5012开关第一套 重
合成信号虚装置-220kV Ⅰ/Ⅲ段母分
合成信号虚装置-500kV漳林Ⅰ路第一
合成信号虚装置-220kV Ⅱ/Ⅳ段母分
合成信号虚装置-#1联变A相本体智能
合成信号虚装置-#1联变B相本体智能
合成信号虚装置-#1联变C相本体智能
合成信号虚装置-全站事故总信号
信号配置
合成信号虚装置-5011开关A相分位
合成信号虚装置-5011开关A相合位
合成信号虚装置-5011开关B相分位
合成信号虚装置-5011开关B相合位
合成信号虚装置-5011开关C相分位
合成信号虚装置-5011开关C相合位
索引树
后台VQC组态

虚遥信配置

序号	装置	通道名	关联信号	装置ID
1	5011开关测控	单点遥信开入52	5011开关智能终端1事故总	54
2	5012开关测控	单点遥信开入52	5012开关智能终端1事故总	53
3	#1联变中压侧测控	单点遥信开入60	#1联变中压侧智能终端1事故总信号	37
4	220kV林福Ⅰ路测控	单点遥信开入7	220kV林福Ⅰ路智能终端1事故总信号	50
5	220kV林福Ⅱ路测控	单点遥信开入7	220kV林福Ⅱ路智能终端1事故总信号	49
6	220kV林美Ⅰ路测控	单点遥信开入7	220kV林美Ⅰ路线路智能终端1事故总信号	48
7	220kV林美Ⅱ路测控	单点遥信开入7	220kV林美Ⅱ路线路智能终端1事故总信号	47
8	220kV林美Ⅲ路测控	单点遥信开入7	220kV林美Ⅲ路线路智能终端1事故总信号	46
9	200kV林奇Ⅰ路测控	单点遥信开入7	220kV林奇Ⅰ路线路智能终端1事故总信号	45
10	220kV林州线测控	单点遥信开入7	220kV林州线智能终端1事故总信号	44
11	220kVⅠ-Ⅱ段母联测控	单点遥信开入6	220kV Ⅰ/Ⅱ段母联智能终端1事故总信号	52
12	220kVⅠ-Ⅲ段母分测控	单点遥信开入6	220kV Ⅰ/Ⅲ段母分智能终端1事故总信号	55
13	220kVⅡ-Ⅳ段母分测控	单点遥信开入6	220kV Ⅱ/Ⅳ段母分智能终端1事故总信号	51
14	#1联变低压侧测控	单点遥信开入33	#1联变低压侧智能终端1事故总信号	36
15	220kVⅢ-Ⅳ段母联测控	单点遥信开入6	220kV Ⅲ/Ⅳ段母联智能终端1事故总信号	73
16	5021开关测控	单点遥信开入59	5021开关智能终端1 事故总	90
17	5022开关测控	单点遥信开入60	5022开关智能终端1 事故总	93
18	5041开关测控	单点遥信开入59	5041开关智能终端1 事故总	96
19	5042开关测控	单点遥信开入60	5042开关智能终端1 事故总	99
20	#3联变中压侧测控	单点遥信开入68	#3联变中压侧智能终端1 事故总信号	85
21	#3联变低压侧测控	单点遥信开入49	#3联变低压侧智能终端1事故总信号	86
22	5013开关测控	单点遥信开入52	5013开关智能终端1 事故总	110
23	200kV林奇Ⅱ路测控	单点遥信开入7	220kV林奇Ⅱ路线路智能终端1事故总信号	76
24	220kV林奇Ⅲ路测控	GO单点149	220kV林奇Ⅲ路 智能终端1 事故总	113
25	220kV林前Ⅰ路测控	GO单点149	智能终端1 事故总	116
26	220kV林前Ⅱ路测控	GO单点149	智能终端1 事故总	119

图 5-2-8　合成信号配置

（3）在事故总的信号配置中选取需要进行逻辑或运算的遥信采集点。而后在信号转发集右侧装置列表中选择合成信号虚装置的测点，按顺序拖拽到相应的转发点位即可。

5.2.3　远动机远程界面使用介绍

5.2.3.1　远程工具 SimulateDevice 登录

笔记本 IP 设置成站控层同网段不冲突的 IP 地址，网线连接到站控层交换机。参数菜单如图 5-2-9 所示。

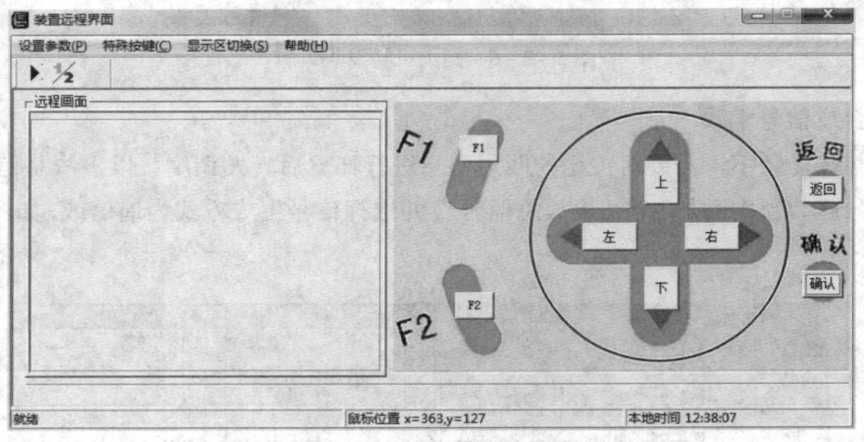

图 5-2-9　参数菜单

点击“设置参数”菜单下的“设置”一项，将会打开“装置参数设置”对话框（见

图 5－2－10）。该对话框上需要设置项目和设置的原则如下：

目标地址 1#机：设置第一台装置的 IP，不能为空或填入不合法的字符串。

目标地址 2#机：设置第二台装置的 IP，一般不使用。

源地址：不需设置。

协议：使用 TCP 协议。

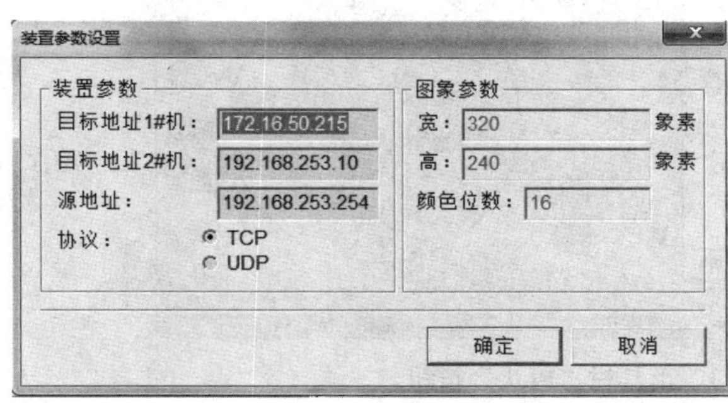

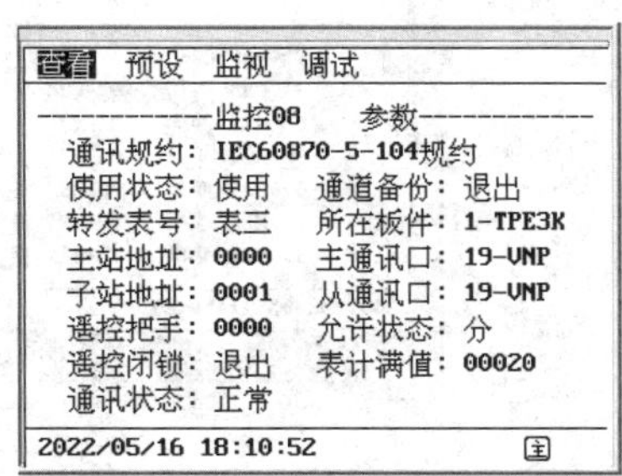

图 5－2－10 装置参数设置

修改目标地址 1#机为站控层 IP 地址如 172.16.50.215 即可登录远动机 1，同理可登录远动机 2。

5.2.3.2 建立连接

点击工具栏上的运行程序按钮，软件将按照前面所设置的参数开始连接，若参数设置不正确或网络不通，远程界面软件将会有 20 秒的无法操作，软件尝试重复连接过程，20 秒后将会弹出连接失败对话框。

在正常运行界面下显示的时间为计算机时间，而不是网关机的时间，若需查看网关机的时间，可以通过 CRT 连接后通过 date 命令查看或者在预设－时钟设置菜单查看。

5.2.3.3 查看信息

在监视模块下可以查询通信网关机对下和对上通信状态及测点信息（见图 5－2－11 和图 5－2－12），方便于日常维护。

查看 预设 监视 调试

装置基本信息

装 置 ID：0001

装置名称：PT5001B

上电状态：投入 所在板件：1-TPE3K

通道备份：投入 主通讯口：09-NET

通讯地址：2802 从通讯口：10-NET

切换次数：0000 现通讯口：09-NET

通讯状态：正常 过滤遥信：退出

子站检修：退出 功能键切换信息

2022/05/16 18:12:37

图 5－2－11 对下装置基本信息查看

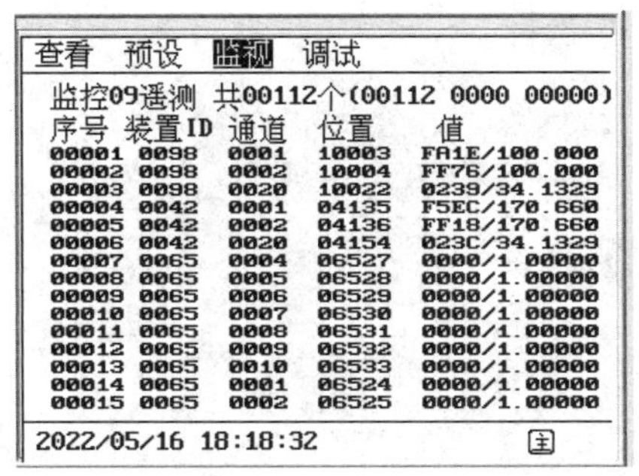

图 5－2－12 对上通道遥测信息查看

5.2.3.4 停止运行

点击图 5-2-13 中的停止运行按钮可以停止显示任务的运行并与装置断开连接，停止运行界面如图 5-2-14 所示。

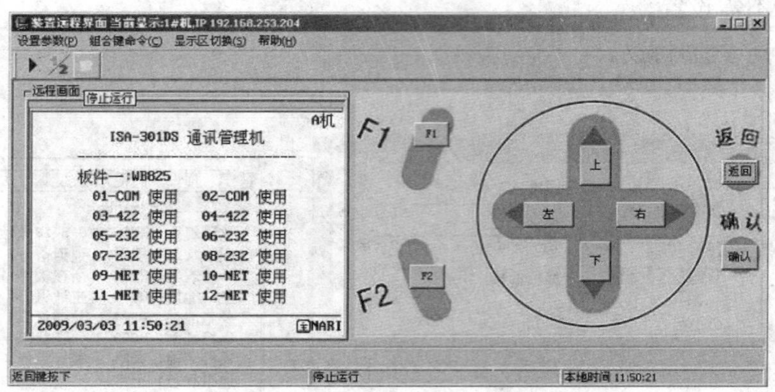

图 5-2-13 工具栏“停止”按钮

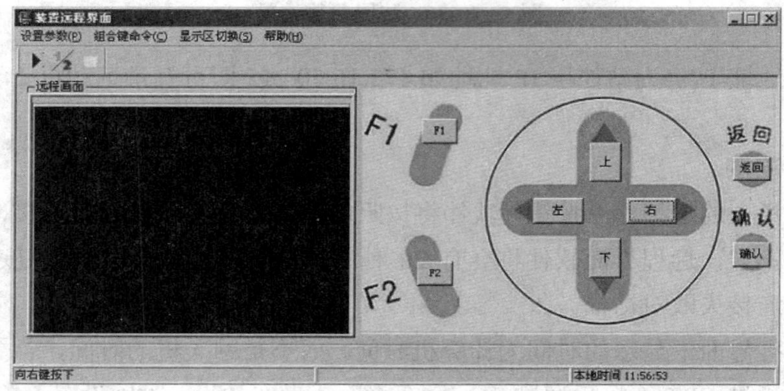

图 5-2-14 停止运行界面

6 PS6000系列厂站自动化系统

6.1 PS6000+监控系统运维

PS6000+系统可靠性高，是一款以跨平台、标准化、集成化、智能化、国际化为设计思想的监控系统，能够满足不断发展的电力系统新需求，现对其操作、维护、调试方法进行介绍。

6.1.1 系统启动与关闭

启动控制台：单击桌面的控制台图标。控制台启动后，屏幕底部会出现控制台工具条（见图6-1-1）。

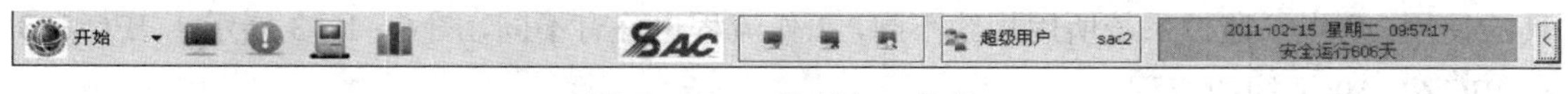

图6-1-1 控制台工具条

启动监控系统：在开始菜单里选择启动系统，进入监控系统。

启动进程：点击控制台开始菜单，弹出子菜单，列有该分类下的所有进程，选中即可启动对应进程。

退出监控系统：控制台开始菜单中选择退出系统。

退出控制台：控制台开始菜单中选择 ✖ 关闭控制台 ，退出控制台服务进程。

6.1.2 系统进程运行情况查看

点击开始-查看服务，输入密码（初始密码为 SAC），可打开进程管理服务查看监控系统所有启动进程运行状态，确保程序均正常运行，心跳正常增加，如图6-1-2所示。

图6-1-2 进入系统进程查看（一）

进程管理服务

	描述	关键字	进程号	状态	心跳
1	实时库	oms	4082	运行	71
2	数据同步...	Synchronizer	4106	运行	71
3	初始化数...	iSyncServer	4108	运行	73
4	备份还原...	dbservice	4110	运行	85
5	消息总线	XBus_MBI	4114	运行	85
6	在线服务	scheonline--...	4118	运行	64
7	智能告警...	WisdomAlar...	4120	运行	66
8	声音服务	SoundServer...	4122	运行	84
9	历史存储	hds--userhd...	4124	运行	66
10	事件存储	AlarmWebS...	4126	运行	72
11	61850规约	Protocol_IEC...	4128	运行	64
12	脚本服务	ScriptServer	4130	运行	69

刷新　启动　停止服务　重新启动　编辑查看

图 6－1－2　进入系统进程查看（二）

6.1.3　维护工具使用

本章节通过检修人员工作中常见的新增间隔为例，简述 PS6000＋监控系统常用维护工具的使用。变电站监控系统所用规约不同，工作流程也略有不同，图 6－1－3 展示了 IEC 103 与 IEC 61850 规约的流程。

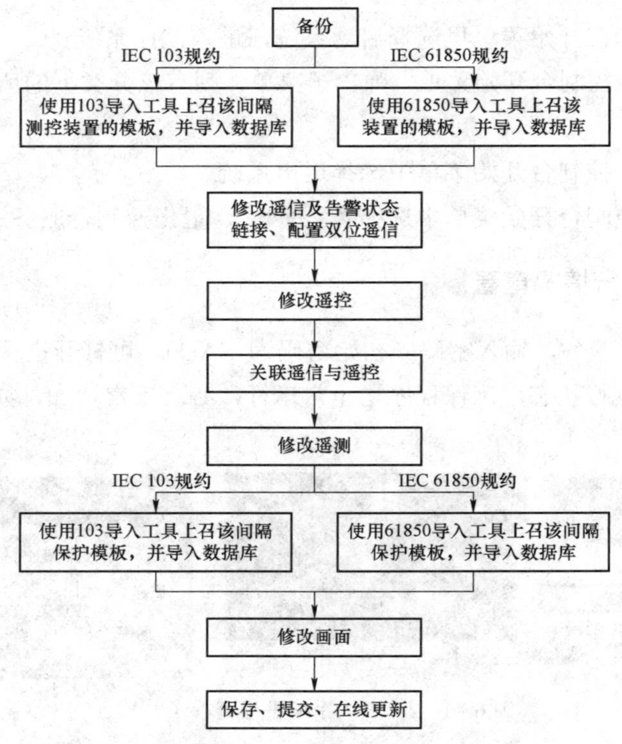

图 6－1－3　新增间隔流程

6.1.3.1 数据库备份与恢复

数据库的备份由数据库配置工具完成，根据后台软件版本不同，界面与保存地址有所不同。

确认监控系统的版本的方法：点击控制台的开始菜单，点击应用功能菜单下的版本查看按钮，右侧显示的当前后台系统版本见图 6-1-4。

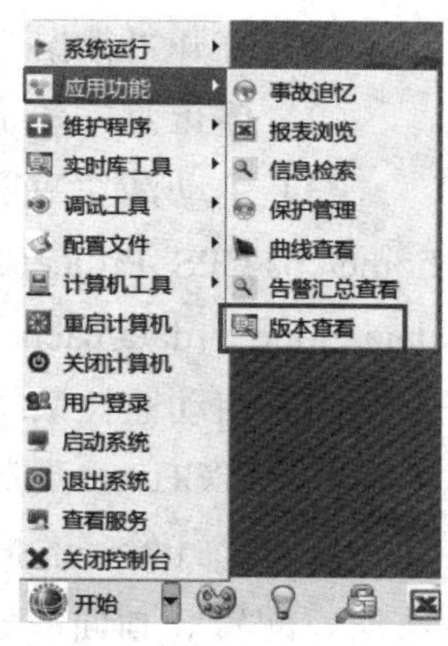

图 6-1-4 查看版本

1. PATCH5 之前版本

（1）备份方法：点击开始菜单-维护工具-数据库组态，弹出工具条见图 6-1-5。点击提交，弹出对话框："此操作将关闭所有编辑器。可能会丢失未保存的数据。继续提交吗？"在确保所有数据库配置、画面编辑、功能模块配置界面都已经关闭后，此处点击"是"。

图 6-1-5 配置库管理工具条

在弹出的对话框中选中"完全提交"后点击"提交"，如图 6-1-6 所示。如操作系统为 solarisX86，备份数据在/home/cps/CPS_Project/solarisx86/data/下的 commit 文件为数据库内容；如操作系统为 ubuntu，备份数据在/home/cps/CPS_Project/ubuntu/data/下的 commit 文件为数据库内容。报表文件在 data/下的 report 文件夹中。将备份文件拷出保存即可备份。

（2）还原方法：把备份的 commit 文件拷贝到上述备份操作所用路径的 data 目录下，打开数据库组态，在弹出的配置库管理里点击还原。弹出对话框"此操作将覆盖当前的配置库，请退出所有访问配置库的应用程序。继续还原吗？"在确认所有数据库配置、画面编辑、功能模块配置界面都已经关闭，选择"是"，弹出对话框，点击"还原"，如图 6-1-7 所示。

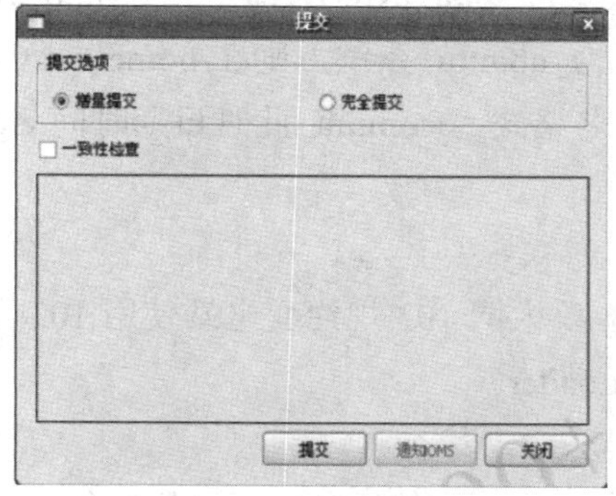

图 6-1-6 提交

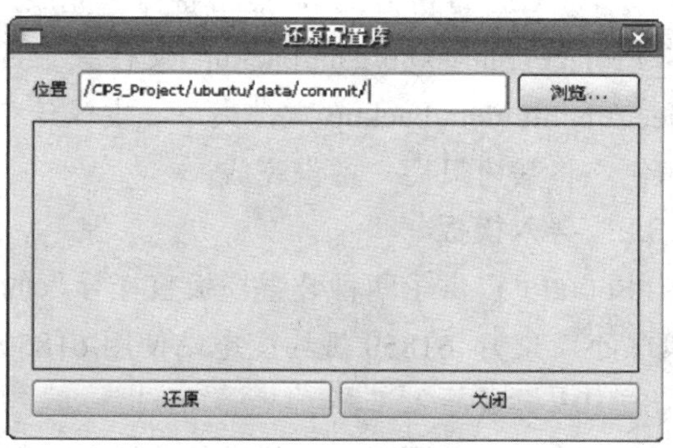

图 6-1-7 还原配置库

点击还原后，还需要依次进行以下操作，使监控系统正常开启：

（1）打开“数据库组态”工具，点击“提交…”，选择“完全提交”。

（2）停止监控系统。

（3）手动清空克隆库，包括备份操作中所属路径下（solarisX86 操作系统的路径为 home/cps/CPS_Project/solarisx86/，ubuntu 系统的路径为/home/cps/CPS_Project/ubuntu/）data/clone、/data/cache、/data/dump 文件夹内所有内容清空。

（4）启动监控系统。

2. PATCH5 之后版本

点击“开始－维护程序－数据库组态”，在弹出工具条中点击“备份”，在确保所有数据库配置、画面编辑、功能模块配置界面都已经关闭后，选择“是”，弹出对话框，如图 6－1－8 所示。

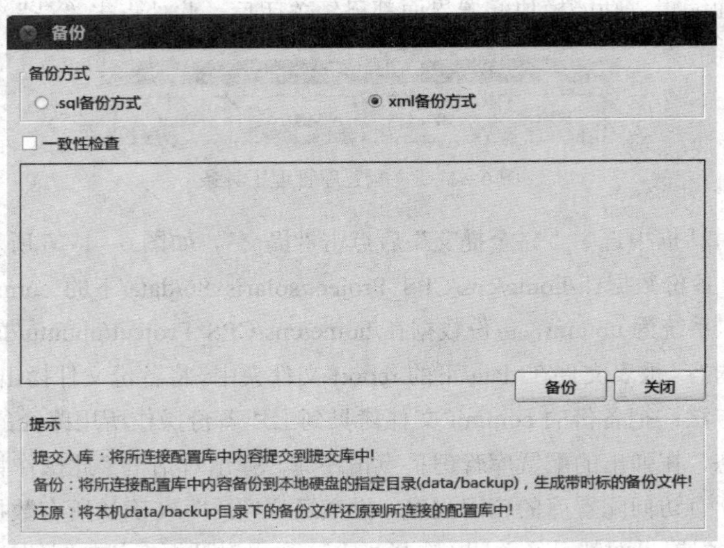

图 6－1－8　备份界面

选择“xml 备份方式”，点击备份。完成后，如果为 solarisX86 系统，则在/home/cps/CPS_Project/solarisx86/data/backup 文件夹下，如果为 ubuntu 系统，则在/home/cps/CPS_Project/ubuntu/data/backup 文件夹下，生成一个文件名格式为 commit_此时日期时间.zip 的压缩包。将其拷贝后，备份完成。

6.1.3.2　导入模板

PS6000＋提供了两种装置模板直接导入的工具，以太网 103 规约变电站使用 103 导入工具（小苹果）；61850 规约变电站使用 61850SCDLoader。

1. 103 模板导入工具

小苹果模块主要完成上装设备信息的功能，还可以将上装的设备信息以标准的 xml 文件格式存储在本地计算机上；另外，上装的设备信息（包括 IED 和 LD）可按 PS 6000＋数据库对象存储格式手动导入至 PS 6000＋数据库中。

注：小苹果模块不能与需要访问 1048 网络端口的程序同时运行，如 Protocol_103dnet 规约模块。

点击开始－维护程序－103 导入工具，输入密码进入工具，工具界面见图 6－1－9。

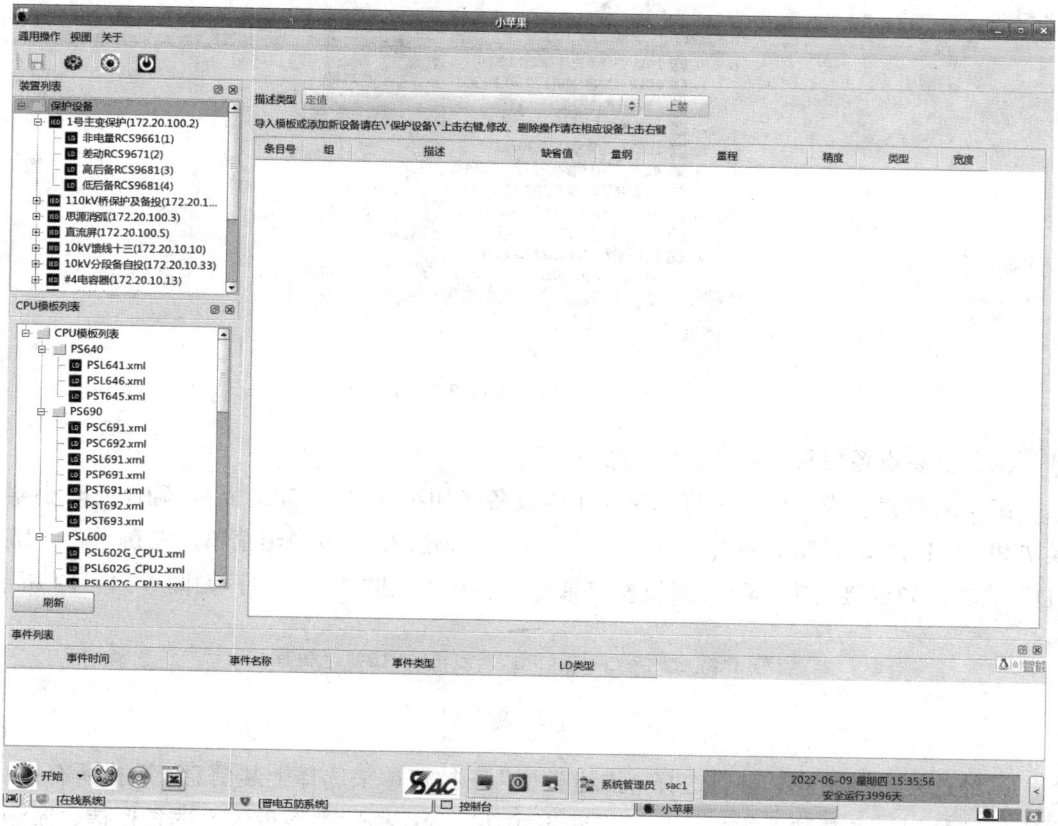

图 6－1－9　小苹果工具界面

界面左侧装置列表的保护设备处可以右键添加设备，在 CPU 模板列表处是后台本身保存的模板文件。

（1）添加 LD 设备。

在主窗口界面左侧“装置列表”树型结构中添加需要上装信息的设备。右键单击“保护设备”，选择“添加 LD”菜单，弹出如图 6－1－10 所示对话框。IED 名称填写设备装置名称；LD 名称填入上装设备各子板 LD 的名称；地址栏中输入上装设备的 IP 地址；在 CpuId 下拉菜单中选择需要上装设备的子板 LD 的 CPU 号。

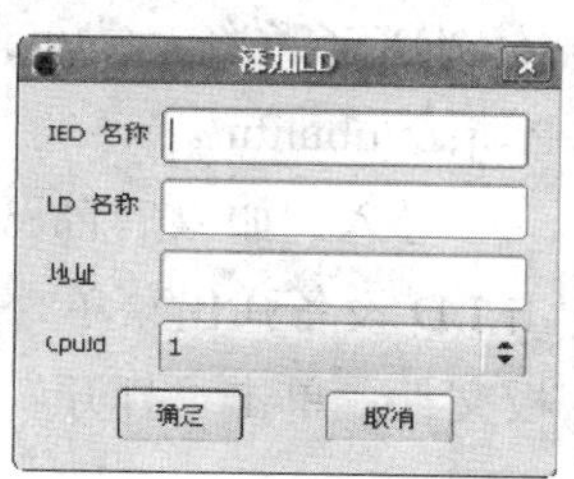

图 6－1－10　添加 LD

填写完成点击确定，生成装置。此时左侧的树形图的保护设备栏中生成了刚才添加的间隔（见图 6－1－11）。如果一个装置对应多个 CPU，继续在右键单击 IED，点击“添加 LD”按钮。此时弹出的菜单的 IED 名称是已经填好的，只需要填写 LD 名称、地址、CpuId 即可。

图 6-1-11　生成新间隔

（2）上装设备信息。

在左侧装置列表中已定义好的某个 LD 设备（如综合测控 CPU 板），确保此时小苹果模块和该 LD 所属 IED 装置物理连接正常。右键单击 LD 设备弹出菜单，左键单击“链接 LD”选项，如连接正常，则右侧装置信息处会显示“已链接”状态，如图 6-1-12 所示。

当前LD:综合测控CPU板(IP:172.21.50.1:12)(已链接)

图 6-1-12　间隔已链接

已经连接上装置后，可以选择“描述类型”下拉菜单来选择上装信息。选择所有描述，点击上装按钮，上装装置模板。如果上装不成功，就在描述类型里依次选择遥信、遥测等项目，逐个上装。

（3）装置信息的导入导出。

导出：完成 LD 设备信息的上装后，以表格方式显示的信息内容被存储在程序内存中。如果需要将这些设备信息加以保存，可通过右键单击 LD 设备弹出菜单，左键单击“导出模板”选项进行操作。例如，单击“综合测控 CPU 板”LD 设备的“导出模板”选项。默认保存路径为：$CPS_ENV/etc/templates/equipment。其中“$CPS_ENV”为环境变量，在 solarisX86 系统，为/home/cps/CPS_Project/solarisx86/。在 ubuntu 系统，为/home/cps/CPS_Project/ubuntu/。

导入：如果后台已经保存了需要的模板，可以直接导入模板。具体操作方法为右键单击 LD 设备弹出菜单，左键单击“导入模板”选项，只需选中要查阅的 xml 格式的设备模板文件，单击“打开”按钮即可。右键点击 IED，选择生成 PS6000+实例，如图 6-1-13 所示。

选定数据库里的位置，点击 OK 按钮，设备添加完毕，如图 6-1-14 所示。

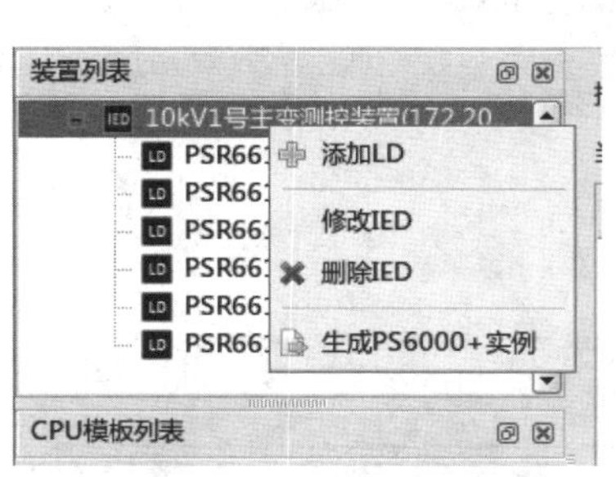

图 6-1-13 生成 PS6000+实例

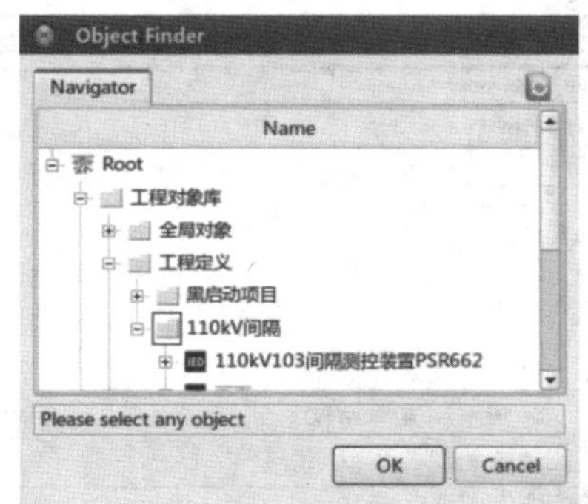

图 6-1-14 添加设备

2. 61850 模板导入工具

如果站内使用 61850 规约，则使用 61850 模板导入工具来导入（见图 6-1-15）。打开控制台“开始-维护程序-61850 导入工具”，打开 61850 导入工具。对话框中选择系统管理员，密码 SAC，进入导入工具。点击“导入”按钮，选择模型文件或者 SCD 文件。

图 6-1-15 61850 导入工具

打开后界面如下。点击“浏览”按钮，可以选择需要导入数据库的父对象。然后选择需要导入的 IED 设备。之后修改导入 IED 设备名称及 IP 地址，然后点击“确定”，如图 6-1-16 所示。

弹出对象匹配数据集对话框。一般的模型文件都自动匹配好的，如果发现有异常的，没有自动关联到的，需要手动去匹配。

单击“确定”，开始导入模型文件，导入完成后弹出导入完成消息窗口。成功后可在数据库中查看导入的设备。

6.1.3.3 配置三遥信息

点击“开始菜单”-维护程序-数据库组态，打开配置库管理工具。点击“配置”，弹出对象导航器（配置库）界面。在树型结构中，设备定义均在工程定义文件夹下。图 6-1-17 展示了一个间隔的经典结构。

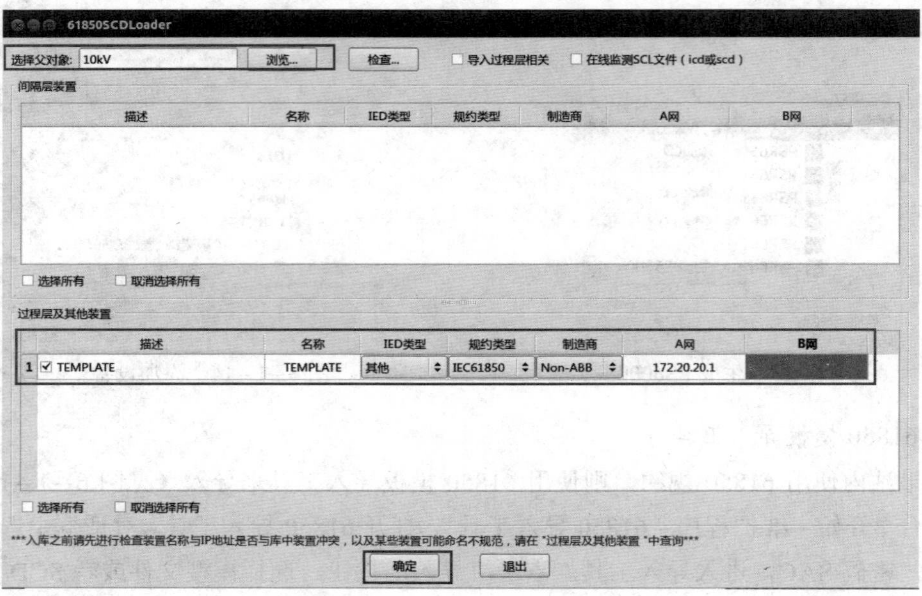

图 6-1-16　61850 导入 IED 设备

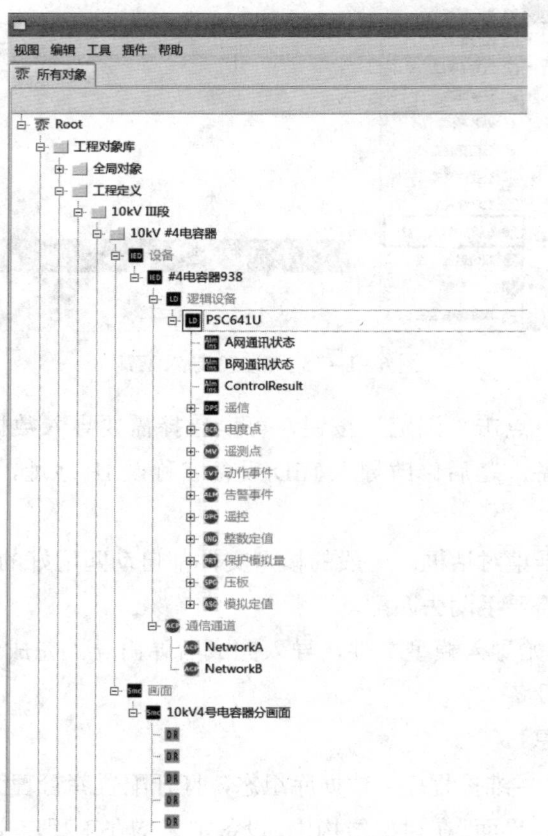

图 6-1-17　树形结构

一个系统中可以有多个设备 IED 对象，对应着监控系统的某个物理装置，可以是保护设备、测控或是规转。IED 对象下挂着一个或多个 CPU，对应着板卡，也就是 LogicalDevice（LD）对象。在每个 CPU 下，则对应每个遥信有 DPSPoint（DPS）对象，对每一个遥测点配一个 MVPoint（MV）对象，对每一个电度量配一个 BCRPoint（BCR）对象，对该 CPU 的自描述信息中的每一个告警条目配一个 AlmPoint 对象，每一个事件条目配一个 EvtPoint 对象。同时在所有需要产生告警的对象如遥信，遥控，遥测点对象以及 CPU 自描述中的每个 AlmPoint 对象和 EvtPoint 对象的下面还要有 AlarmInstance 对象来配置产生的告警。一些告警对象可用 AlarmSummeryLink 关联到同一个告警组，如同一条线路上的告警等，以产生这条线路的光字牌信息。

1. 遥信配置

在对象导航器（配置库）的左边树状结构的工程定义目录下，找到需要修改的对象。

（1）修改设备名称：IED 对象的配置。在工程定义目录下找到 IED 对象，双击。IED 对象的配置如图 6-1-18 所示，可以配置的内容有：装置序号：从 1 开始，不可以重复；**名称**：设备名称，在产生事件告警或画面显示时用；规约名称：用于选择规约；描述：设备描述，仅用于配置时参考；责任区：当前对象所关联的责任区对象。若需要修改设备名称，只需对应修改设备名称一栏。

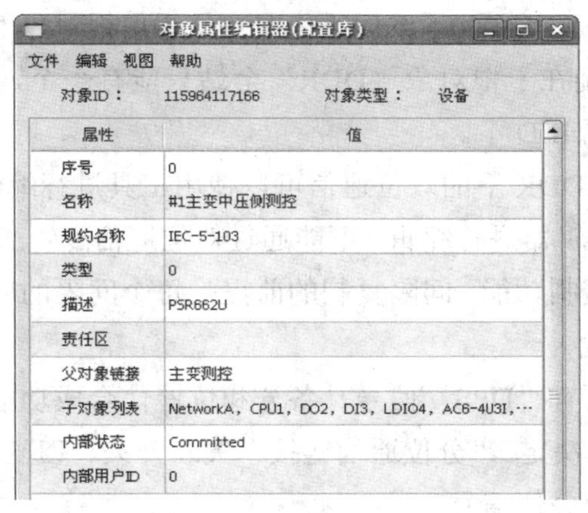

图 6-1-18　对象属性编辑器

（2）修改遥信：DPS 对象的配置。在工程定义目录的遥信目录下找到遥信 DPS 对象，双击（见图 6-1-19）。其中可以配置的内容有：**名称**：遥信名称；**规约配置**：规约配置描述；序号：遥信点的地址，从 1 开始，不可以重复；调试：是否调试模式描述；遥信点描述，仅用于配置时参考；**遥控关联**：如果该点有相对应的遥控点，则关联相应的双点遥控点；**遥信取反**：设置是否需要对该遥信取反；三态延迟写库时间（秒）：双位遥信中间态的报警延迟时间，0 为默认 9 秒，－1 不延迟；State 容器链接：双点遥信的动作描述；地址：格式为 GRxENy，其中 x 代表组号，y 代表条目号；SOE 地址：格式为 GRxENy，其中 x 代表组号，y 代表条目号；责任区：当前对象所关联的责任区对象。若需修改遥信名称，仅需修改名称一栏。

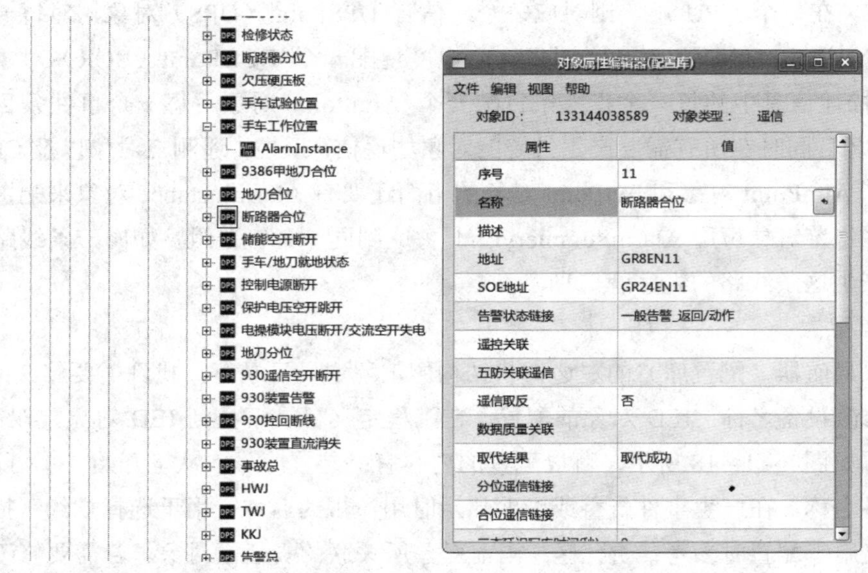

图 6-1-19　配置遥信

（3）双位遥信的配置。PS6000+双位遥信在双位遥信根对象“DDR”或双位遥信组对象“DDG”下。两者区别在于根对象“DDR”全站只能有一个，其中的“DDG”可以有多个，一般分布在各间隔 IED 下。

使用 DDR 的优势是 DDR 下的双位遥信可以使用工具进行编辑，分散在每个间隔的双位遥信，只能通过属性编辑器进行编辑，不能通过双位遥信配置工具进行编辑。使用 DDG 的优势是可以使用间隔复制功能。间隔复制的前提是每个间隔的间隔画面和双位遥信都放在该间隔的 IED 对象下面。

双位遥信对象下的所有“DPS”信号具备分和位遥信合成功能。其值由“分位遥信链接”与“合位遥信链接”决定。“分位遥信链接”关联开关、刀闸的分位信号，“合位遥信链接”关联开关、刀闸的分位信号。

2. 遥控配置

在数据库中工程定义文件夹下找到设备及该设备下信号点，双击“DPC”对象，弹出其属性对话框（见图 6-1-20）：

可以配置的属性有：**名称**：双点遥控点名称，按实际填写；序号：遥信点的地址，从 1 开始，不可以重复；规约配置：规约配置描述；任务间隔超时：即任务超时时间；指遥控选择成功后等待执行时间；地址：格式为 GRxENy，其中 x 代表组号，y 代表条目号；**关联遥信**：如果该点有相对应的遥信点，则关联相应的双点遥信点，遥控点与遥信点必须一一对应；控制超时时间：遥控选择，执行，取消的超时时间；控制模式：一般遥控点都应该是 SelectBeforeOperate，即是先选择，再执行，但对变压器急停等的命令则应配成 Direct，即直接执行；是否监护：遥控时是否弹出监护人窗口；启动遥控遥调确认：启用后，遥控需要输入定义好的编号；遥控遥调确认号：遥控时需要输入的编号；责任区：当前对象所关联的责任区对象。

3. 遥测配置

数据库中工程定义文件夹下找到设备及该设备下信号点，双击“MVPoint”对象，弹出其属性对话框，如图 6－1－21 所示。

文件 编辑 视图 帮助

对象ID： 163208759382 对象类型： 遥控

属性	值
名称	开关9/10
序号	5
规约配置	
任务间隔超时	50
描述	
地址	GR11EN5
关联遥信	
控制模式连接	0
控制超时时间	0
控制模式	SelectBeforeOperate
是否监护	是
监护超时时间	50
启动遥控遥调确认	否
遥控遥调确认号	
遥控闭锁模式	无硬接点闭锁
责任区	
父对象链接	DO2
子对象列表	ControlResult
内部状态	Committed
内部用户ID	0

图 6－1－20 配置遥控

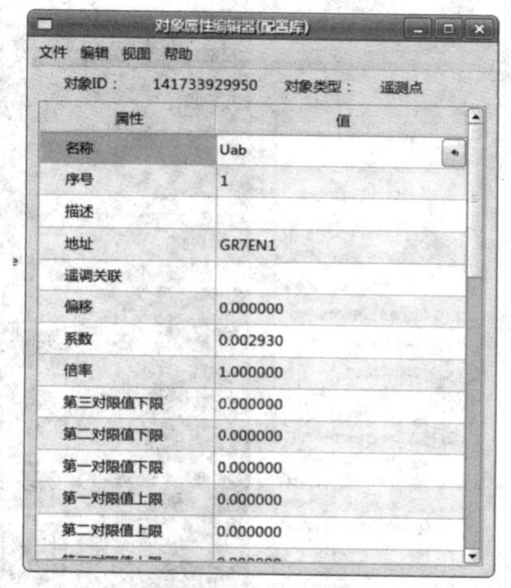
对象属性编辑器(配置库)

文件 编辑 视图 帮助

对象ID： 141733929950 对象类型： 遥测点

属性	值
名称	Uab
序号	1
描述	
地址	GR7EN1
遥调关联	
偏移	0.000000
系数	0.002930
倍率	1.000000
第三对限值下限	0.000000
第二对限值下限	0.000000
第一对限值下限	0.000000
第一对限值上限	0.000000
第二对限值上限	0.000000

图 6－1－21 配置遥测

可以配置的属性有：**名称**：遥测点名称；序号：对象排序号，从 1 开始，不可重复；规约配置：规约配置描述；压缩因子；历史存储：关联的历史存储对象；单位连接：选择测点的单位；操作方式；告警模式；地址：格式为 GRxENy，其中 x 代表组号，y 代表条目号；描述：遥测点描述；倍率：当前遥测点倍率；**偏移**：偏移量 CC1；**系数**：系数 CC2；第一对限值：第一对限值 lLim；第二对限值：第二对限值 llLim；第三对限值：第三对限值 lllLim；第一对限值：第一对限值 hLim；第二对限值：第二对限值 hhLim；第三对限值：第三对限值 hhhLim；有效值上限；有效值下限；告警死区；责任区：当前对象所关联的责任区对象。

系数计算方法：装置上送遥测值为原码值，需要通过 CC1 和 CC2 折算成一次值用于画面显示。遥测值的最终显示值＝原码*CC2＋CC1。

如果本线路 TA 变比 600/5，TV 变比 10kV/100V。

电流 I：1.2*CT/4095，例如：1.2*600/4095。

电压 U：1.2*PT/4095，例如：1.2*10/4095。

功率 P，Q：根据装置不同，有两种算法：

老设备（PS640 系列保测一体装置，PSR650 系列测控装置）：3*1.44*CT*PT/（4095*1000），例如 600*10*1.44*3/（4095*1000）。

新设备（PS640U 系列保测一体装置，PSR660/PSR660U 系列测控装置）：1.2*1.732*CT*PT/（4095*1000），例如 600*10*1.2*1.732/（4095*1000）。

6.1.3.4　画面编辑

在控制台上点击开始菜单－维护程序－图形组态，弹出画面编辑器。界面如图 6－1－22 所示。

图 6－1－22　画面编辑器

1. 画面编辑器介绍

界面左侧的图形工具栏，包括基本图形与模型、基本图形、业务流程图。中间部分是面编辑区域。右侧是属性编辑区域，包含基本属性和动态属性两个标签。基本属性用于编辑图元的线型、颜色、文本、字体等。动态属性用于编辑图元变化方式等。

2. 画面编辑器中新建间隔

在此，以新建一个间隔的画面为例，介绍一下常见画面的各种信号关联方式。

在实际工作中，可以利用一个已有的图进行修改。选择文件–另存为，弹出对话框。画面描述里填写新间隔分图名称，文件夹选择新画面所属的文件夹，不要选择删除原始画面。点击保存，生成新的间隔画面，如图6–1–23所示。

图6–1–23　画面编辑器新建间隔

新另存的画面需要修改画面中的文本。首先点击查看，在属性编辑里打勾，这时候右边将会显示属性编辑区。点击文本，在右边属性中修改文本，点击应用即可（见图6–1–24）。如果是组合图元，需要点击任务栏上的“复合–解散组合”后点击文本。

通常画面还需修改跳转链接，画面中的页面跳转通过操作点来实现。如图6–1–25所示，红色框为操作点，选择调画面通过配置该操作点的作用与跳转画面，可以实现页面间的跳转。在“画面调用方式”中选择Normal或者Popup。如果选择Normal，当鼠标左键点击矩形时，便跳转到所选择的画面列表。如果选择Popup，当鼠标左键双击矩形时，则会弹出一个新的画面窗口来显示所关联的画面。

图6–1–24　画面编辑器属性编辑

3. 三遥信息关联

（1）遥信关联。对需要修改关联遥信的图元进行双击，会弹出模型描述设置对话框，单击对象名称，弹出对象查找框，在对象查找框中选择合适的遥信实例与此自定义图符实例相关联。在对象名称栏选择合适的实例后，对象ID会自动出现。光字牌的关联与遥信点类似，如图6–1–26所示。

（2）遥控关联。在操作点配置界面中选择“遥控”选项（见图6–1–27），出现如下界面：

遥控点：关联数据库中遥控操作的对象。

遥控值：设置要发的是控分还是控合命令。

遥控方式：Normal表示普通遥控模式；InforBeforDirect表示提示直控模式；双击操作点后，提示是否进行遥控操作，选择是后，遥控直接出口；Direct表示直控模式，双击操作点后，遥控直接出口。

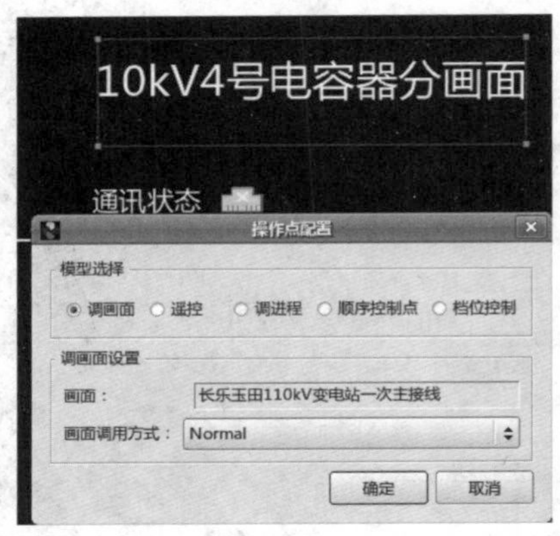

图 6－1－25　画面跳转

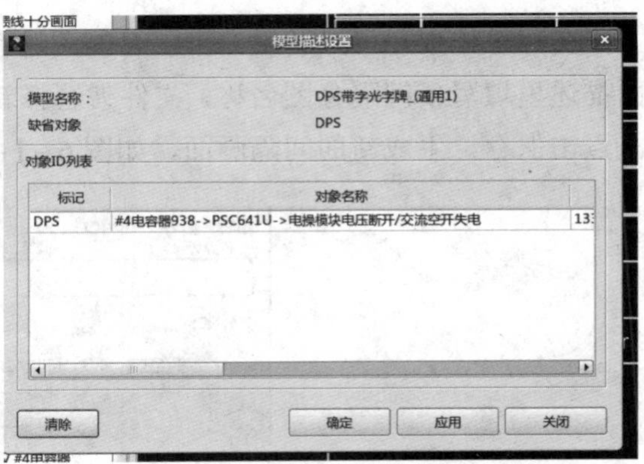

图 6－1－26　画面编辑器遥信关联

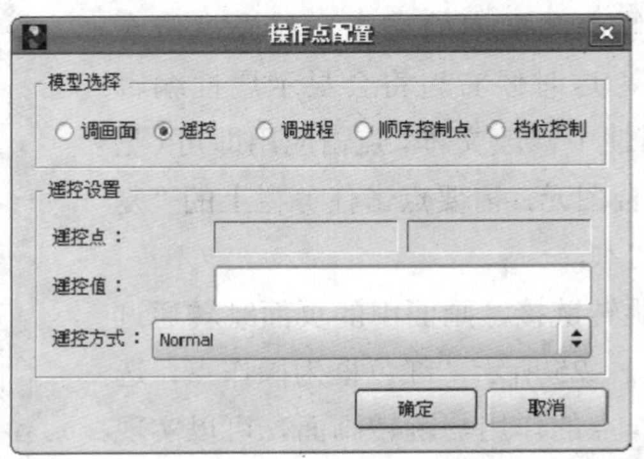

图 6－1－27　画面编辑器遥控关联

（3）遥测关联。遥测量的关联与遥信类似。点击对应图元，弹出“模型描述设置”，点击对象名称后，选择对应遥测对象，确定应用后即可关联，如图 6－1－28 所示。

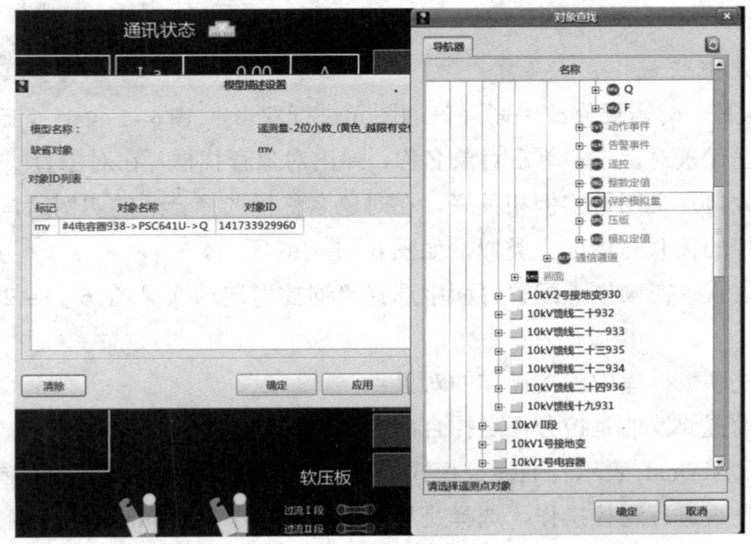

图 6－1－28　画面编辑器遥测关联

6.1.3.5 整间隔复制

工程配置的时候，对于相似的间隔，其对应画面及数据库设置也是相似的。可以使用维护工具的“替换性粘贴”功能，完成其他间隔的数据库配置工作。使用该功能的前提是每个间隔的间隔画面和双位遥信都放在该间隔的 IED 对象下面，如图 6-1-29 所示。

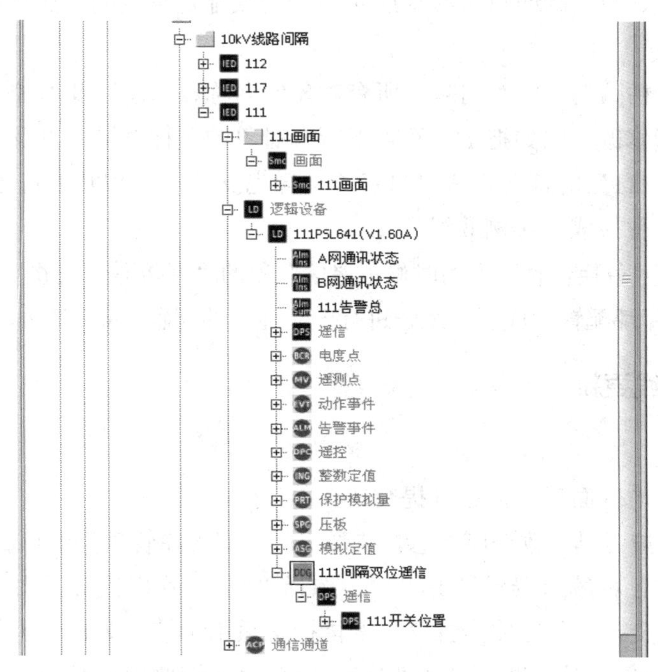

图 6-1-29　树形结构图

如图将整个 111 间隔复制，然后在 111 间隔的父对象（文件夹对象）上右击，选择“替换性粘贴”，弹出如图 6-1-30 所示窗口。

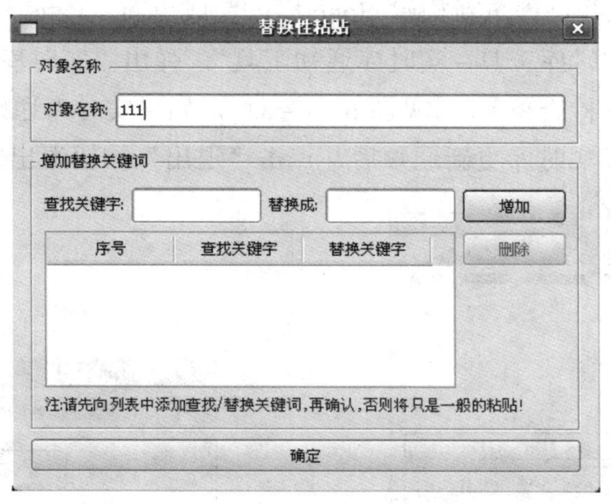

图 6-1-30　替换名称

在“查找关键字”空格里填写原间隔的间隔名，在“替换成”空格里填写新间隔的间隔名，然后点击“增加”，向列表中添加查找/替换关键字，最后点击确定。如果不先向列表中添加查找/替换关键字，直接点击确定，将只是一般的复制粘贴。

此时，粘贴出来的新间隔里遥控和遥信的相互关联、双位遥信里的关联、告警总对象和告警对象的关联、间隔画面里与数据库所做的关联都是正确的，都是和本间隔的对象做的关联。

使用“替换性粘贴”可以对间隔内所有对象的名称、描述以及遥控对象的遥控遥调确认号这些属性进行修改。比如把111间隔下所有对象的名称、描述以及遥控对象的遥控遥调确认号中含有“111”的都替换成“112”。同样也支持汉字和其他符号的查找/替换，比如把“实例Ⅰ线”替换成“实例Ⅱ线”。

注意：在使用“替换性粘贴”的时候，遥信对象的“五防遥信关联”属性的关联要注意修改，或者等数据库都配置完成后再统一进行五防遥信的配置，保存数据时会进行反向关联。

6.1.4 提交与在线更新

6.1.4.1 提交

修改完数据库与画面后，需进行提交。

点击开始－维护工具－数据库组态，在弹出的“配置库管理”中点击“提交…”，弹出提示窗口。在确认各种编辑器已经退出后，选择“是”，弹出提交界面。界面中有两种选择，一种是增量提交，一种是完全提交。增量提交适用于修改数据较少的情况，点击提交后，弹出“通知OMS”对话框，选择“是”。完全提交需要较长时间，完全提交后，需要停止监控系统、清空克隆库、重新启动。

6.1.4.2 在线更新

完全提交后的数据，不能自动更新到运行界面。Patch5之前版本，需要停止在线，清空clone库，再重启在线进程重新构建clone库，完成更新。Patch5版本提供了通知OMS工具。点击“开始－实时库工具－实时库通知工具”，弹出“实时库更新”。

点击“通知实时库检查更新”（见图6－1－31），如果实时库通知成功，会弹出对话框（见图6－1－32）。完成实时库更新通知后，点击“退出”按钮退出即可。

图6－1－31　实时库更新

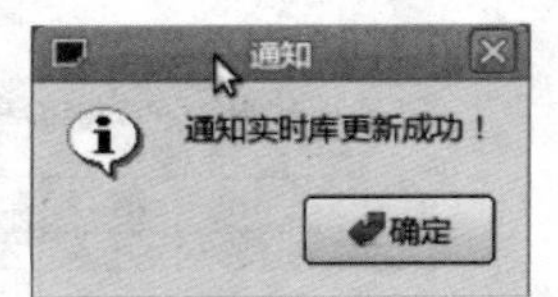

图6－1－32　实时库更新提示

6.1.5 其他常用配置与工具

人员权限编辑：在控制台点击“开始–维护程序–用户管理”，弹出对话框，进入用户管理器。点击登录（见图6–1–33），输入超级用户的账号和密码，点击密码，可以对密码进行修改。注：缺省用户与超级用户为系统默认用户，密码不允许修改。

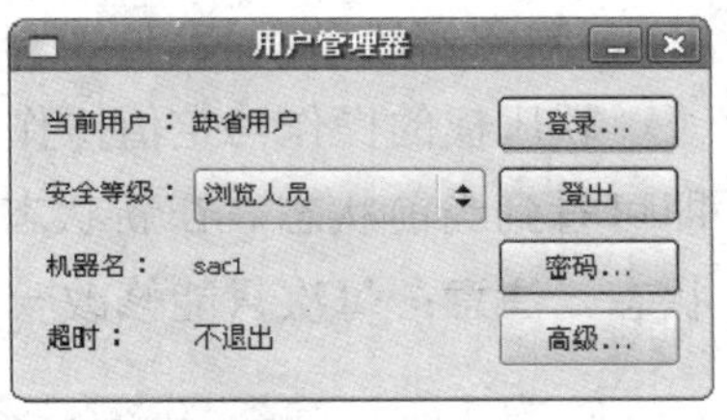

图6–1–33 用户管理器登录

点击“高级”按钮，弹出下列对话框，可以对其权限进行修改，如图6–1–34所示。

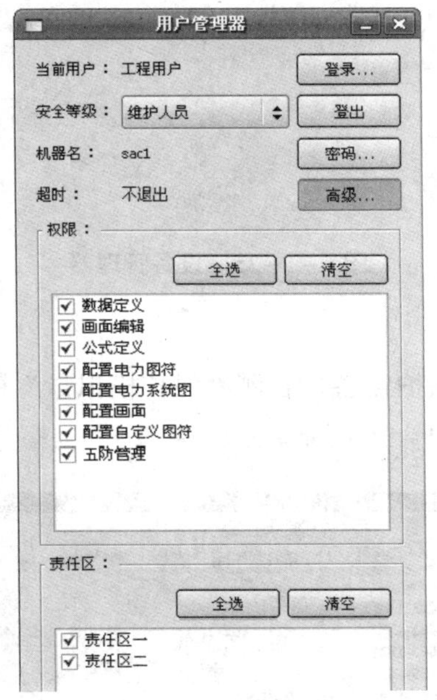

图6–1–34 用户管理

6.1.6 保护设备管理

PS6000+自动化系统保护设备管理模块是列举数据库定义的所有设备并提供保护信息管理功能，主要包括上装、修改、下装定值、上装、修改、下装定值区号、上装、修改、下装软压板、召唤保护测量量、召唤录波列表、录波文件，进行网络对时、信号复归等。

在控制台点击开始–应用功能，打开保护设备管理进程。

6.1.6.1 保护设备操作

1. 定值、压板的查看与下装

如图6–1–35所示，在设备管理进程软件的界面左边的属性列表里选定需要操作的保护设备，进入右侧“定值”标签页，设定定值区号中点击“上装”，弹出上装成功的提示。

此时界面右侧列出了该装置的定值列表。控制字的整型定值以十六进制显示。

上装后，在需要修改的定值项目的“新定值”列点击左键，输入新的定值。点击“下装”，输入密码后下装。

软压板的操作与定值操作类似，选中保护设备后在右侧“压板”标签页中点击上装，即可看到当前状态。在新状态里选择压板投退，点击“下装”。输入密码后即可修改压板状态。注意：每次只能修改一个压板的状态。

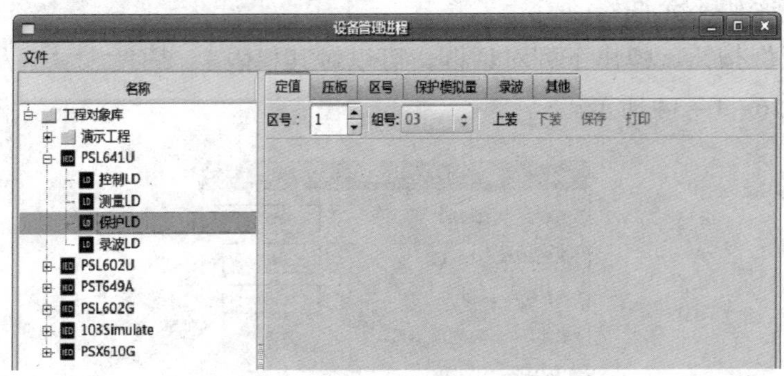

图 6－1－35　设备管理器

2. 保护采样查看

在左侧树形列表里选定保护设备，右侧“保护模拟量”标签里点击上装，右侧就会显示对应保护模拟量，如图 6－1－36 所示。

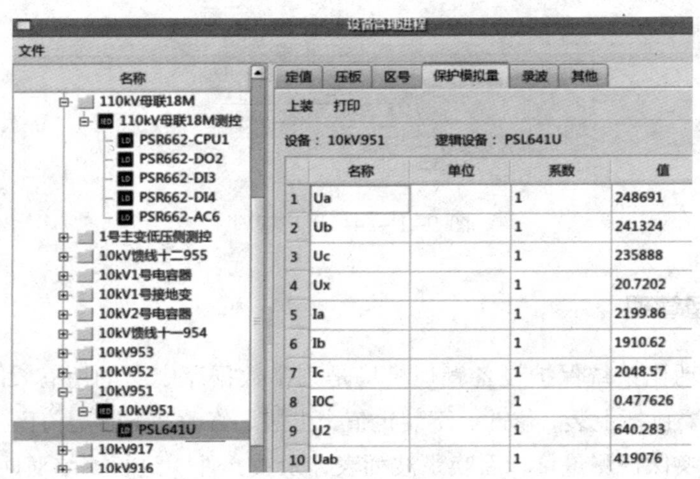

图 6－1－36　采样查看

此外，在实时库里也可以查看装置采集的数据原始值，消缺时也可以容易地发现遥测值是否被置数、系数是否正确、上下限值是否合理。

6.1.6.2　故障录波查看

左侧树形列表中选定保护设备，在右侧“录波”标签里，点击“上装”。输入密码后

弹出录波数据列表。选中需要查看的录波文件，点击“上装”。此时，录波文件将保存在$CPS_ENV/data/accident目录下（如操作系统为solarisX86，$CPS_ENV表示/home/cps/CPS_Project/solarisx86/，如为ubuntu系统中$CPS_ENV表示 /CPS_Project/ubuntu）。

6.1.7 常用调试工具

系统自带了103报文监视工具和61850报文监视工具。在控制台中点击开始–调试工具，选择所需的报文监视工具。

在103规约报文监视工具中，“TCP”目录下将存在按装置名称、装置地址、CPU名称组成一级级的树型结构，可按照需要查看其通信报文，以分析问题。

在61850规约报文监视工具（见图6–1–37）中，在“Mmsclient”目录下将存在以装置地址为名称的树型结构，可按照需要查看其通信报文，以分析问题。

图6–1–37 报文监视工具

6.2 EYEwin监控系统运维

6.2.1 EYEwin监控系统文件介绍

以安装路径D:\EYEwin20为例进行介绍，其文件目录如图6–2–1所示，可以看到目录下包含Bin、bitmap、data、doc、graph、Macro、Media、opnote、Plugin、Protocol、Symbol、Template、themebk、tools、可选插件多个文件夹。

6.2.1.1 Data目录

Data目录下有多个子文件夹，其中Accident目录下是故障录波文件，需要拷出故障录波的话可从其中复制。Config目录下是各种系统所需的配置文件，如用于描述装置类型的配置文件devtem.ini。Event目录下是按日期的事件文件。History目录下是历史数据文件。Log目录下是系统日志。Recall目录下是事故追忆文件。Sysdb是系统参数文件。Ps6000是监控系统的配置文件，该文件不允许用户随意修改路径。

6.2.1.2 Bin目录

其中Bin目录下存放exe文件与dll动态链接库文件。常用的应用均存放于此，在此进行简要介绍。

EYEwin系统运行时，通常Watchdog.exe、PremNet.exe、EYEwin.exe三个程序处于运行状态。其中，Watchdog.exe是看门狗程序，负责监视列表中程序。Watchdog.exe运行时，将自动启动PremNet.exe与EYEwin.exe。PremNet.exe是前置机程序，可以看到各个节点的报文与通信情况。EYEwin.exe为在线监控程序，负责显示接线图、光字牌及弹出信息。

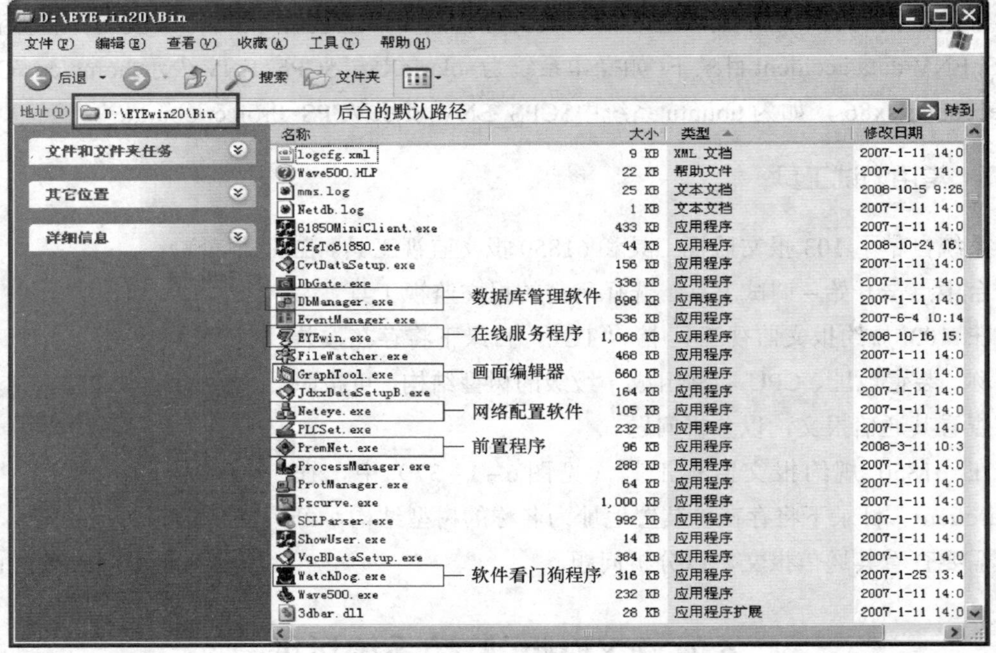

图 6-2-1　Bin 文件目录

在运行维护时，常用的工具有数据库 DbManager.exe、画面编辑器 GrapgTool.exe。数据库负责对各种数据进行定义，是前置程序解释数据的依据。画面编辑器负责生成监控系统中显示的各个画面，如主接线图、光字牌等。

其他常用应用程序简单介绍如下：Neteye.exe 是网络配置工具；EventManager.exe 是事件查看工具，Wave500.exe 是故障录波管理程序。

6.2.1.3　Plugin 目录

Plugin 目录下是各种外挂插件模块（例如五防）的动态链接库，可根据需要从“可选插件”文件夹中将需要的外挂模块复制到 Plugin 目录中。

6.2.1.4　Protocol

Protocol 目录下是系统需要用到的规约动态链接库，可根据需要从“可选插件”文件夹中将需要的外挂模块复制到 Protocol 目录中。Protocol 目录结构见表 6-2-1。

表 6-2-1　　**Protocol 目录结构**

文件目录	作用
bitmap	存放系统用到的位图文件
doc	存放使用说明文档
Graph	存放图形与报表文件
Macro	图元组合文件
Media	存放各种声音文件

续表

文件目录	作用
Opnote	存放操作票文件
Symbol	存放画面编辑用的图元
Template	设备模板库
Temebk	在线监控程序调用的背景位图文件
Tools	一些测试、升级工具
可选插件	存放可以根据需要复制到所需目录的文件

6.2.2 维护工具使用

本节通过检修人员工作中常见的新增间隔为例，简述 EYEwin 监控系统常用维护工具的使用。通常新增间隔的维护流程如图 6－2－2 所示。

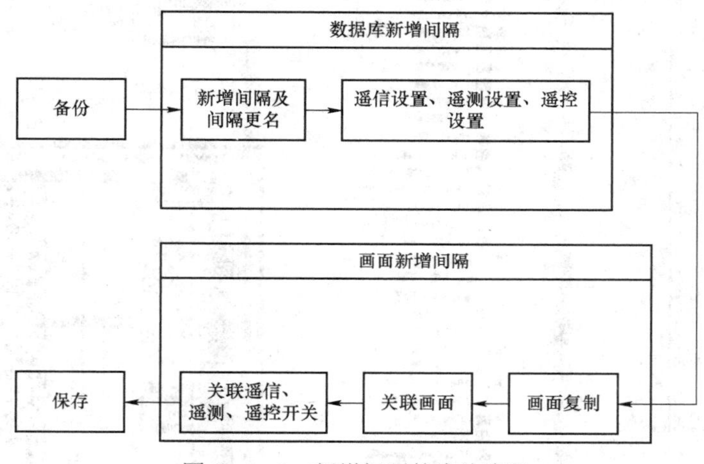

图 6－2－2　新增间隔的维护流程

6.2.2.1 备份、恢复

在需要改动数据库前，都需要对数据库进行备份。EYEwin 系统的备份方法是将 D:\EYEwin20 的文件夹直接复制另存即可。需要恢复的时候，将备份的文件夹覆盖安装路径。

6.2.2.2 数据库编辑

在技改中经常遇到需要新增间隔的情况，新增一个间隔的主要步骤包括新增间隔、间隔更名、设置遥信名称、遥测设置、遥控设置、画面编辑等几个流程。接下来将按照这个步骤分别进行介绍。在这个过程中，数据库新增间隔、间隔更名、设置遥信名称、遥测设置、遥控设置需要使用数据编辑器 DbManager.exe，画面编辑使用画面编辑器 GrapgTool.exe 进行编辑。

1. 数据库新增间隔

打开 D:\EYEwin20\Bin\DbManager.exe 数据库配置工具，初始密码为 SAC。在此简单介绍一下数据库配置工具，在左侧列表的下方有三个选项卡：站信息、配置信息、外挂插件。如图 6－2－3 所示，数据库由“站”“子系统”“点”三级组成。数据库配置工具左侧的树形结构展示了系统的数据结构。点击站列表后，展开的是系统下的设备，用户把具体装置（RTU）描述为“站”，每个设备都有一个站号。点击具体设备旁边的“+”，展开了后是各种子系统。用户可以将 RTU 中连续的模板描述成子系统，如遥测子系统、遥信子系统、遥控子系统。点击具体子系统后，将看到各种点。

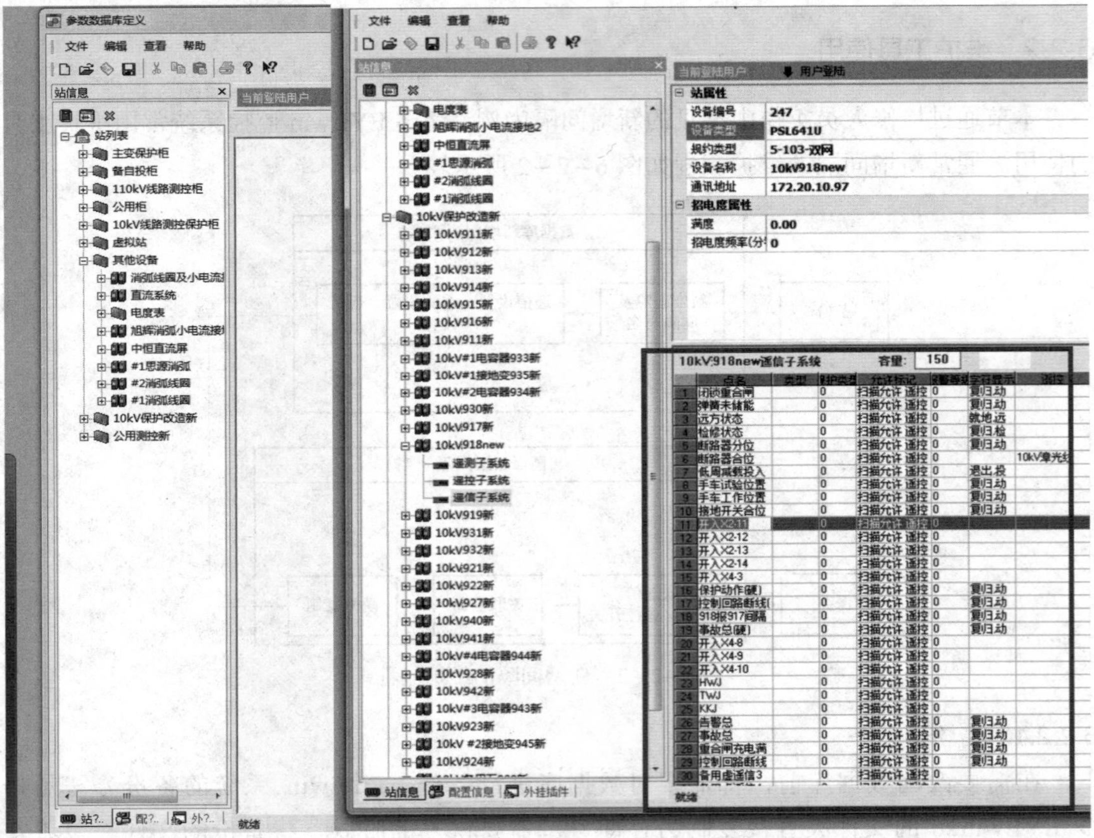

图 6－2－3　配置库界面

其中右侧的点列表上方的容量代表子系统的最大容量，用户可以修改，如图 6－2－4 所示。如果修改了的容量数值小于已有点的数量，超过的部分将被删除。

图 6－2－4　修改容量

2. 新增间隔及间隔更名

步骤 1：在左侧树形图中找到需要增加间隔所在的分支，如“10kV 保护改造新”，选中后，点击左上方新建设备，如图 6－2－5 所示。

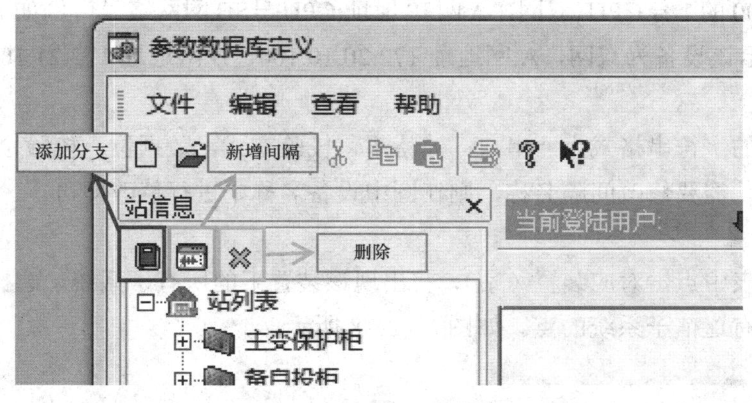

图 6－2－5　树形图释义

步骤 2：弹出增加数据类型的对话框如图 6－2－6 所示，根据所需添加的设备，填写相关内容。其中：

系统类型：新建装置必须选择 RTU。

系统编号：自动生成。

装置类型：具体装置类型在 D:\EYEwin201\Data\config\devtem.ini 文件中定义。

系统名称：装置对应的间隔名称。

设置完成后点击确定。

步骤 3：此时左侧树形列表生成了新的装置。点击左侧新增的设备，右上部分将出现对应站的属性设置（见图 6－2－7）。其中：

增加数据类型
系统类型 RTU 此处必须选择RTU
系统编号 241 —— 系统自动生成
装置类型 PSL641—下拉菜单中选择模板
系统名称 10kVKX线路保护测控装置 手动键入
起始板号
系统容量
确定　取消

图 6－2－6　增加设备

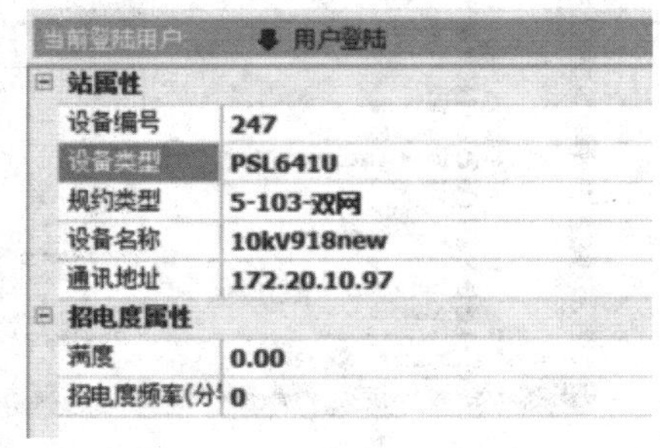

图 6－2－7　站的属性

设备编号：步骤 2 中系统自动生成的系统编号。

设备类型：步骤 2 中的装置类型。

规约类型：RTU 通信使用的通信规约，系统支持 103、N4F、CDT 规约等。对于南自的保护设备，通常选择选择“5－103－双网”。

设备名称：步骤 2 的系统名称。

通信地址：设备的地址。

以太网的 IP 地址格式为单网："IP 地址:CPU 号"。例如 172.20.10.100：1，表示地址为 172.20.10.100 的 1 号 CPU。双网："A 网 IP 地址:CPU 号$B 网网络号"，例如 172.20.10.100：1$172.21，表示该设备为双网，A 网地址 172.20.10.100，B 网地址 172.21.10.100，CPU 号为 1。

串口定义的字符串格式为：串口：波特率，校验方式，数据位，校验位。

如间隔异动需要修改间隔名称，则在图中设备名称中进行修改即可。

3. 遥信设置

在左侧列表中点击对应装置（站），将出现该装置下的所有子系统，选择遥信子系统。右侧将显示所有遥信子系统的点。如图 6－2－8 所示。

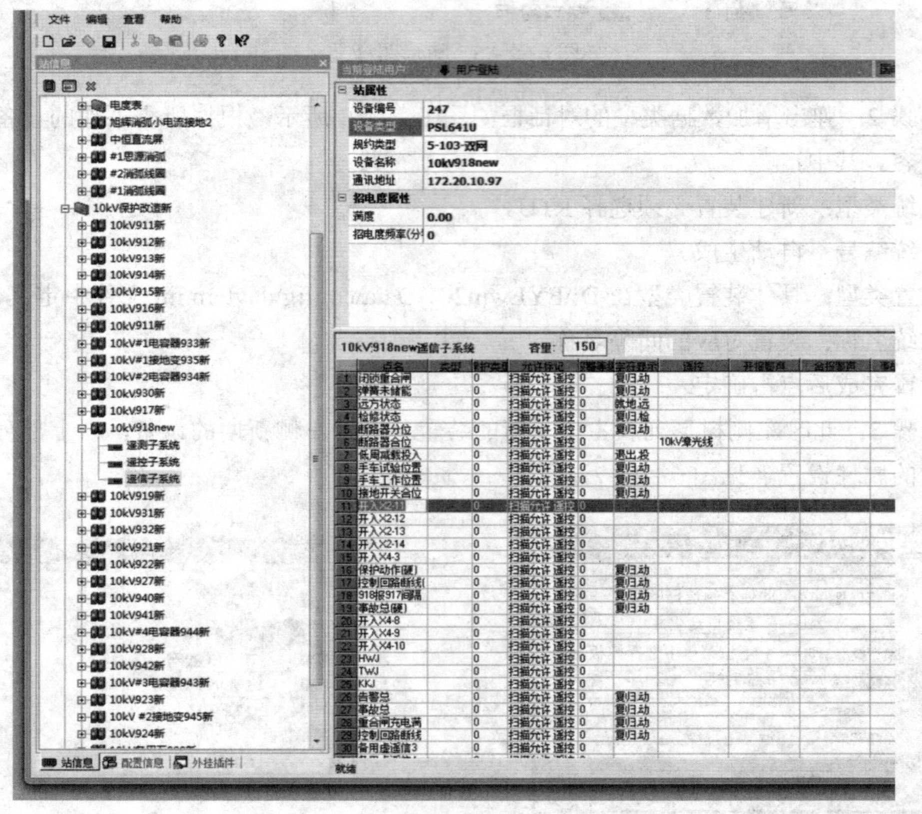

图 6－2－8　遥信子系统

（1）点名。对应信号点的名称。此处根据图纸编辑遥信的名称。

（2）类型。事故总信号：有事故时该信号置位；断路器：可产生事故变位；隔离刀闸：只产生正常变位；五防压板：只有具有"五防压板投退"权限的用户可遥控或置数；其他：清空类型。

（3）保护类型。一般为0。

（4）允许标记（见图6-2-9）。扫描允许代表系统是否接收该点变位数据。报警允许代表该遥信是否变位时产生报警。遥控允许表示该遥信点是否可以进行遥控操作。取反使能代表是否对遥信状态进行取反，如选中，原始值为1时工程值为0，反之亦然。语音报警代表是否遥信点报警时是否有报警声。双席遥控代表该点进行遥控时是否需要双席确认。计算点代表是否对遥信点进行逻辑计算。

（5）报警等级。定义是否处理报警信息，通常为默认。

（6）字符显示。定义遥信变位时的显示方法。如“分，合”“复归，动作”等。分隔符必须为英文半角“,”。

（7）遥控。选择该遥信点关联的遥控点。遥控点和遥信点必须成对出现，即遥信和遥控必须相互关联。点击遥控，如图6-2-10所示，选择该遥信点对应的遥控所在的站名与遥控点。选择了之后，对应遥控子系统中对应点也将被关联。

图6-2-9 允许标记

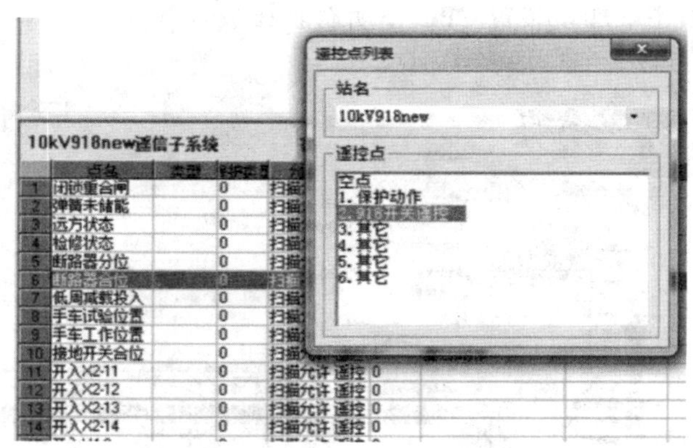

图6-2-10 遥信子系统

4. 通信状态遥信设置

通信状态是通过设置一个虚拟站的遥信子系统来实现。在DbManager.exe左侧列表里找到通信状态的虚站点，点击遥信子系统（见图6-2-11），在右侧遥信子系统的点中，添加新增的通信状态遥信。

打开 D:\EYEwin20\Data\config 下的 103.ini 配置文件，在［Commstate］字段下面，定义新加设备的通信状态。格式为：RTU＝STATION，POINT。

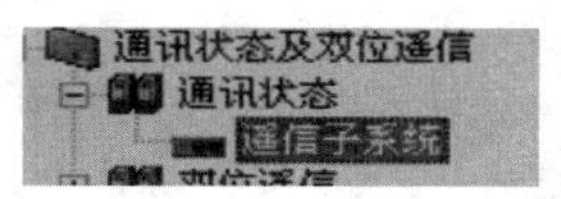

图6-2-11 通信状态设置

其中RTU为所要监测装置的编号，即DbManager.exe中左侧列表里点击对应间隔，在站属性里出现的设备编号。

STATION为在DbManager.exe中定义的用来监测各装置通信状态的虚拟站的编号（填数字），即DbManager.exe中左侧列表选中通信状态的虚拟站后，右边站属性的设备编号。

POINT 为该虚拟站中遥信子系统的索引号（1 表示第一个点）（填数字）。

例如，在 103.ini 的文件中写入以下内容：

［Commstate］

28＝300，44

其中的 28 是新加设备的设备编号，300 是通信状态虚拟站的设备编号，44 表示这个虚拟站下面的第 44 个遥信。

5. 软压板遥信设置

对于软压板，在 EYEwin20 中，监控系统直接识别 103 通信报文，解析后在窗口中进行报警，但不能直接作为遥信出现在监控画面中。因此软压板需要转成遥信后在画面中显示。

在数据库 DbManager.exe 的右侧设备树中找到需要定义软压板遥信的装置，在本装置所有遥信后增加虚拟遥信点，用于软压板转遥信录入。注意增加的软压板遥信的顺序需按实际压板顺序依次定义。以图 6－2－12 装置为例，装置的遥信开入截止到点号 21，修改“容量”大小后，按顺序增加该装置 CPU 下所有软压板。

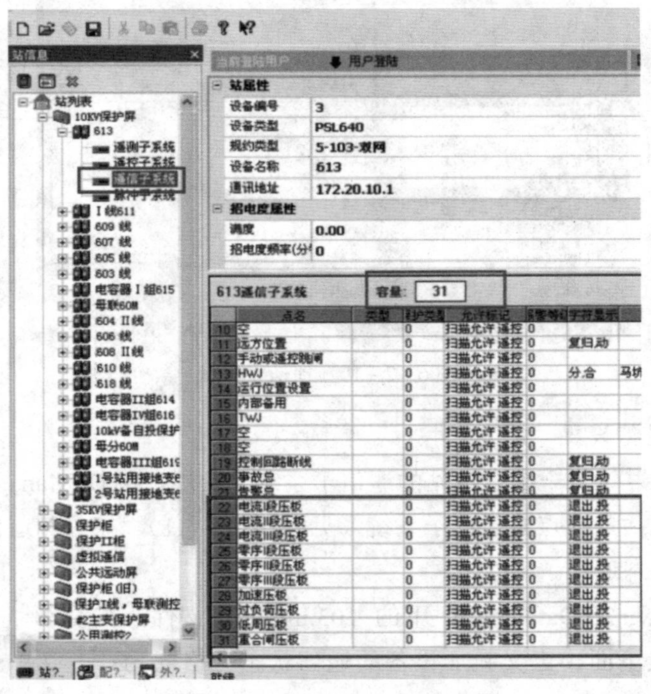

图 6－2－12　软压板遥信设置

随后，需要在配置里头定义软压板遥信（见图 6－2－13）。打开 D:\EYEwin20\Data\config 下的 103.ini 配置文件（部分系统在 Winnt 文件夹下），在［YBIndex］字段下面，定义新增加的软压板遥信。格式为：RTU＝Index。

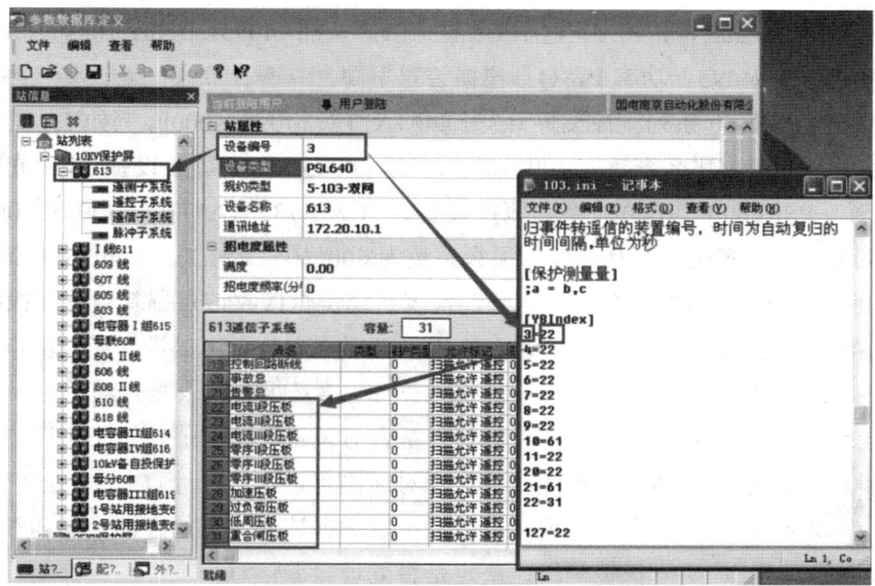

图 6－2－13　文件配置软压板遥信

其中 RTU：所要监测装置的编号，即 DbManager 中的编号（填数字）。

Index：表示用此站下从第 Index 个遥信开始表示软压板状态。

例如 3＝22，3 表示设备编号为 3 的装置，22 表示在该装置下的遥信子系统中从第 22 个遥信点开始为软压板。注意：软压板为按装置软压板顺序连续的。

完成以上工作后，点保存。

6. 遥测设置

在左侧列表中点击对应装置（站），将出现该装置下的所有子系统，选择遥测子系统。右侧将显示所有遥测子系统的点，如图 6－2－14 所示。

	点名	类型	单位	CC1	CC2	允许标记	存储标记	报警等级	预警限
1	Ia	电流	安	0.0	0.1758	扫描允许 遥调		0	
2	Ib	电流	安	0.0	0.1758	扫描允许 遥调		0	
3	Ic	电流	安	0.0	0.1758	扫描允许 遥调		0	
4	Ua	电压	千伏	0.0	0.00293	扫描允许 遥调		0	
5	Ub	电压	千伏	0.0	0.00293	扫描允许 遥调		0	
6	Uc	电压	千伏	0.0	0.00293	扫描允许 遥调		0	
7	P	有功	千瓦	0.0	0.00633	扫描允许 遥调		0	
8	Q	无功	千乏	0.0	0.00633	扫描允许 遥调		0	
9	COSΦ	其它(6)		0.0	0.000244	扫描允许 遥调		0	
10	F	周波	赫兹	0.0	0.014648	扫描允许 遥调		0	
11									
12				偏移量	系数				

图 6－2－14　遥测子系统

点名：遥测点名。

类型：可以设置遥测类型，如电流、电压、有功、无功、周波、温度等。

CC1：偏移量，缺省值为 0。

CC2：系数。工程值＝系数*原始值＋偏移量。**电流 I**：1.2*TA 一次值/4095，例如：600/5

的 TA，电流系数为 1.2*600/4095。电压 **U**：1.2*TV 一次值/4095，例如：10kV/100V 的 TV，电压系数为 1.2*10/4095。**功率 P，Q**：根据装置不同，有两种算法：老设备（PS640 系列保测一体装置，PSR650 系列测控装置）：3*1.44*TA*TV/（4095*1000），例如 TA 变比 600/5，TV 变比 10kV/100V，那么系数为 600*10*1.44*3/（4095*1000）。新设备（PS640U 系列保测一体装置，PSR660/PSR660U 系列测控装置）：1.2*1.732*TA*TV/（4095*1000），例如 TA 变比 600/5，TV 变比 10kV/100V，那么系数为 600*10*1.2*1.732/（4095*1000）。

允许标记（见图 6－2－15）：扫描允许代表系统是否接收该点刷新数据。报警允许代表遥测越限是否变位时产生报警。遥调允许表示该遥测点是否可以进行遥调操作。事故追忆代表事故时是否将该遥测点计入事故追忆数据库。语音报警代表是否遥信点报警时是否有报警声。绝对值代表是否对该点取绝对值，如果允许，该点恒为正值。计算点代表是否对遥测点进行累计计算。

- ☑扫描允许
- ☑报警允许
- ☑遥调允许
- ☐事故追忆
- ☑语音报警
- ☐绝对值
- ☐计算点

图 6－2－15　允许标记

存储标记：点击后可以选择该遥测点的存储类型和存储频率。

报警等级：决定是否处理报警信息。

预警限、报警限：设置遥测值超过多少时预警、报警。

有效值：遥测值超过有效值范围之外时，认为遥测点为停止状态。

遥调：设置该遥测点的遥调点。

7. 遥控设置

在左侧列表中点击对应装置（站），将出现该装置下的所有子系统，选择遥控子系统。右侧将显示所有遥控子系统的点，如图 6－2－16 所示。

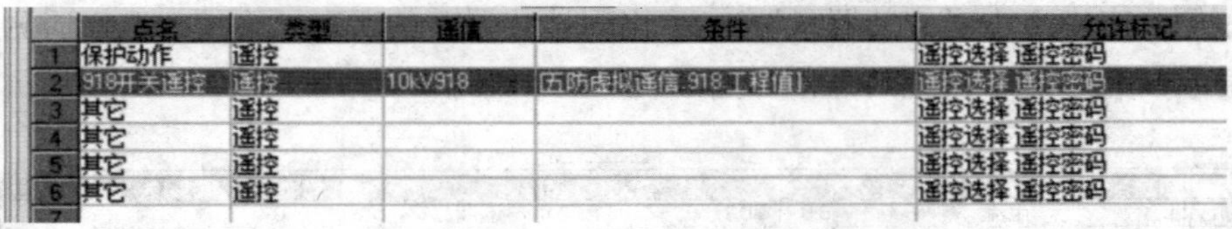

	点名	类型	遥信	条件	允许标记
1	保护动作	遥控			遥控选择 遥控密码
2	918开关遥控	遥控	10kV918	[五防虚拟遥信.918.工程值]	遥控选择 遥控密码
3	其它	遥控			遥控选择 遥控密码
4	其它	遥控			遥控选择 遥控密码
5	其它	遥控			遥控选择 遥控密码
6	其它	遥控			遥控选择 遥控密码
7					

图 6－2－16　遥控子系统

点名：遥控点名。

类型：选择遥控的类型。

遥信：与之关联对应的遥信点。该属性在遥信子系统中对应遥信点里设置后，此处自动填充，无需设置。若此处未关联遥信，则无法执行遥控操作。

条件：条件是一个逻辑表达式，如果表达式结果为真，则可以执行，反之无法执行。如图 6－2－16 中的条件，意味着需要检查 918 的五防虚拟遥信，如果五防虚拟遥信为 1，则可以执行。

8. 遥控确认设置

先将 ACKRelay.dll 复制至 EYEwin20\Plugin 目录下，此时打开数据库 DbManager.exe，

在树状图下方选择外挂插件，可以看到出现了“遥控确认”一栏。

启动网络配置程序 Neteye.exe，将各个节点机的“遥控确认”设置为启动或者主机启动，如图 6-2-17 所示。

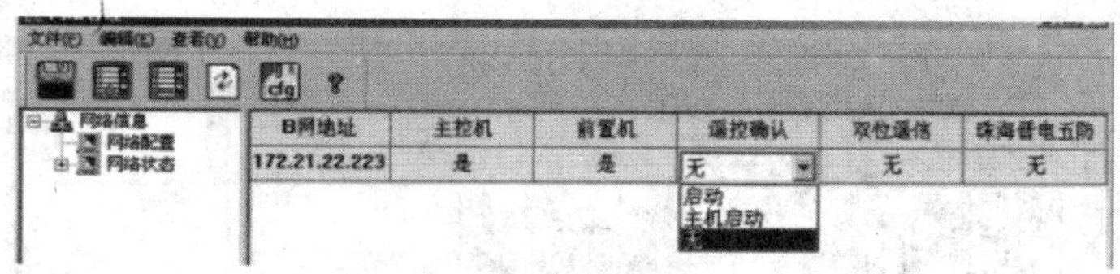

图 6-2-17 遥控确认设置

启动数据库定义程序 DbManager.exe，在外挂插件一栏的遥控空确认双击，弹出遥控确认设置对话框，设置站、控点、遥控号后确认。

在在线监控画面中，在对设置的遥控点进行遥控时就会弹出对话框，设置输入好的遥控号后才可以进行遥控。

9. 保存修改

在修改数据库后，需要进行保存。部分版本需要先关闭在线监控和软件看门狗，再保存、关闭数据库，不然数据无法存盘。

6.2.2.3 画面编辑器中新增间隔

配置好数据库之后，打开 GraphTool.exe 进行画面编辑。登录后，弹出打开画面的界面（见图 6-2-18）。

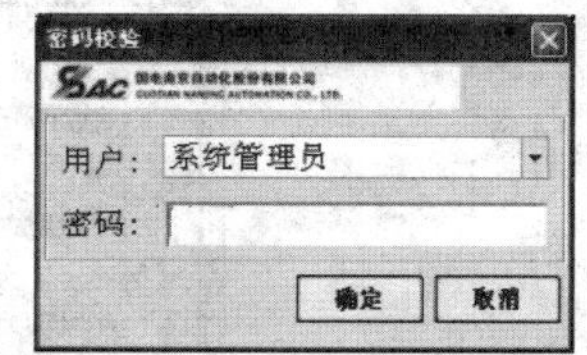

图 6-2-18 打开画面编辑器

（1）画面编辑器工具介绍。编辑器的界面如图 6-2-19 所示，其上方是菜单栏，各种工具以工具条的形式吸附在编辑器的窗口中。通常，作为维护检修人员，无需进行新间隔的具体图元的绘图，仅通过复制已有的图元可完成大部分画面编辑的工作。在此，仅就画面修改的常用操作进行简单介绍。

图 6-2-19 画面编辑器

画面复制。打开画面编辑器界面，选中需要被复制的画面（见图 6－2－20）。打开后，点击文件－保存画面为，将画面另存为新文件，在弹出界面里输入新画面的名称即可，如图 6－2－21 所示。

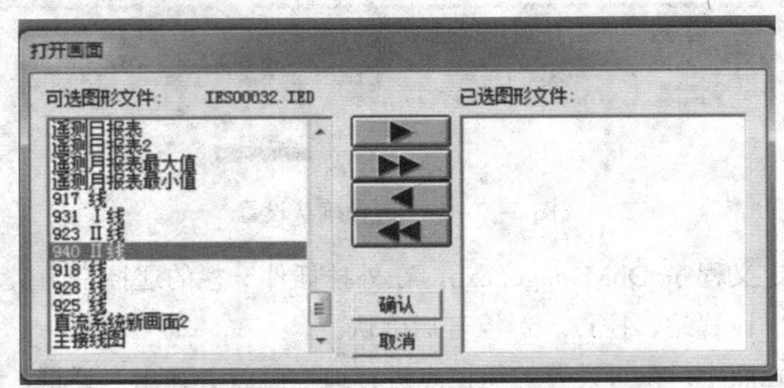

图 6－2－20　选择画面

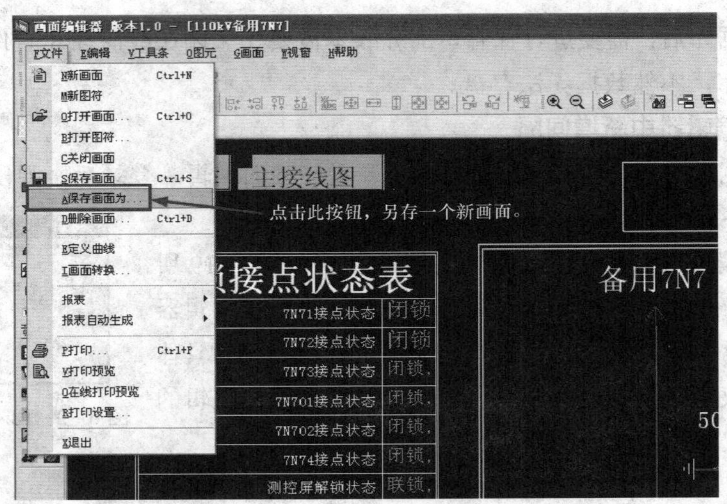

图 6－2－21　另存画面

（2）关联画面链接。双击操作点，在弹出对话框中“画面”中，选中需要跳转的画面。

（3）文本修改。画面中的文本需要修改时，双击文本即可修改。

（4）遥信关联。双击遥信量的图元，在弹出对话框中的数据属性里选中站名、点名以及属性，如图 6－2－22 所示。

（5）压板关联。双击需要修改的压板，在自定义属性里，关联压板的设备号、点号等，如是可以被遥控的压板，如需遥控确认号与监护操作，也可勾选对应选项进行设置，如图 6－2－23 所示。

（6）遥测关联。双击需要修改的遥测点，在弹出对话框中的数据属性里选中站名、点名以及属性，如图 6－2－24 所示。

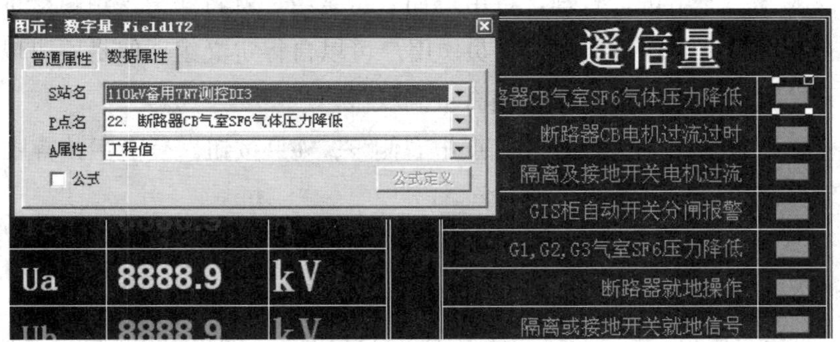

图 6－2－22　遥信关联

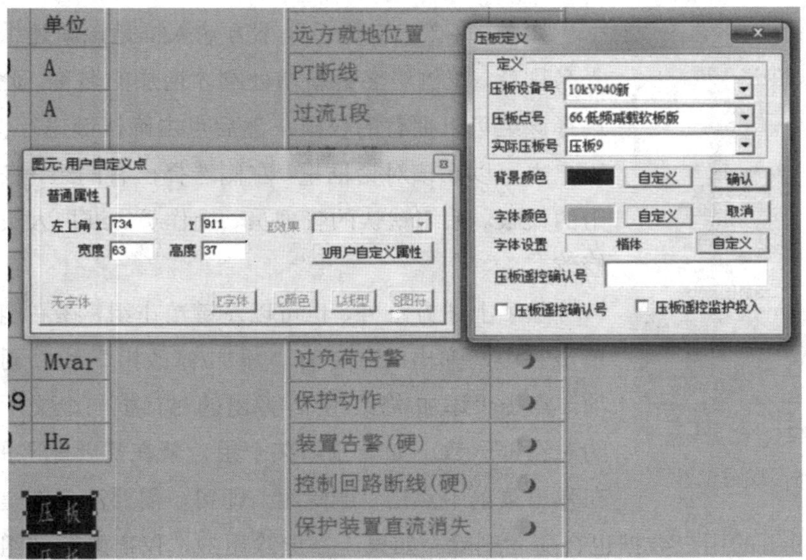

图 6－2－23　压板关联

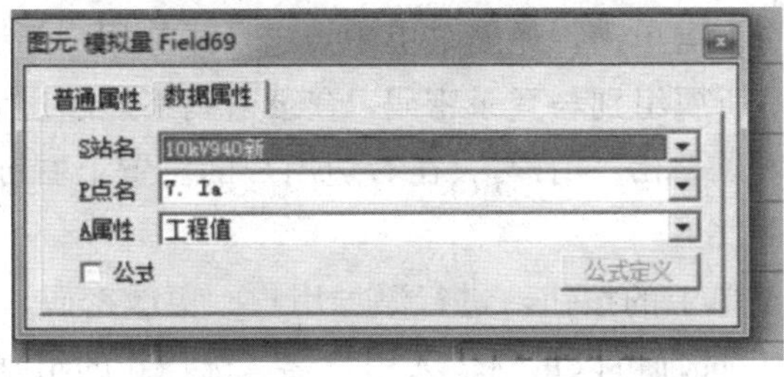

图 6－2－24　遥测关联

6.2.2.4　其他常用配置与工具

1. 人员权限编辑及系统其他配置

打开 DbManager.exe，点击左下角的配置信息选项卡，在左侧目录中，点击用户管理，进入人员权限的编辑。

用户的权限按用户组进行管理，将用户加入特定组，就将获得该组赋予的权限。系统默认的组别有管理员、操作员、维护人员。用户可以自行定义组，但是不可以删除以上三个默认组。系统默认系统管理员账号拥有最高权限。

在进行权限配置前，先进行登录，点击右侧 按钮。登录后，点击用户管理，左侧列表出现目录“用户和组”。

2. 组权限定义

点击左侧“组”子目录，右边出现了目前已经分好的组。管理员、操作员、维护人员是系统默认组，如需新增组，可以右键点击左侧“用户和组”，弹出菜单，点击添加组 ，出现对话框。

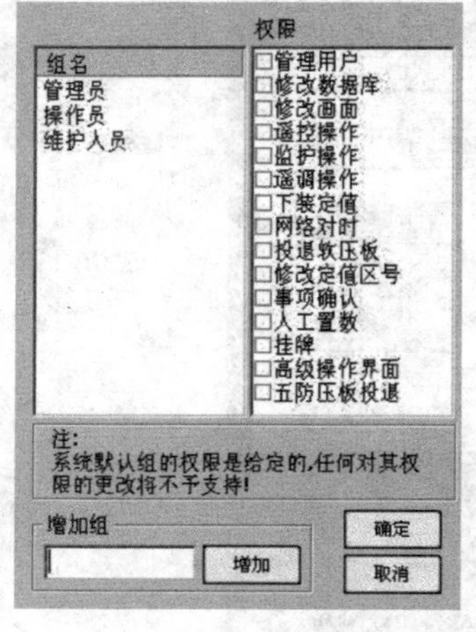

图 6-2-25　权限设置

如图 6-2-25 所示，下方输入框是该新建组的名称，输入名称后，左侧组名会新增处刚才增加的名称，此时应在右边选择该组可以拥有的权限，然后点击确认键进行保存。同时，用户也可以在该对话框里，左侧选择已有的组，在右侧修改该组的权限。系统默认的管理员、操作员、维护人员的权限无法修改。

除了上述方法外，也可以左键单击组，在右侧名称列表里单击右键，弹出的菜单有“添加/修改组”和“删除组”的选项。点击“添加/修改组”，弹出的对话框与上文所述的新增组的对话框一致。如需删除某个组，就在需要删除的组上右键，在弹出菜单中点击“删除组”即可。需要注意的是，如果删除了某个组，组下的用户数据也会随之删除。如果无需删除用户，仅需删除该组，建议先修改成员所属用户组，将待删除组内用户全部转移后，再删除组。

3. 用户权限定义

在左侧“用户和组”右键单击，弹出菜单中点击“添加用户”选项。在对话框中输入用户名、所属组别与登录密码，登录密码不能超过 6 位，随后点击确认保存。也可以单击“用户”，在右边用户的位置上右键，弹出下列菜单（见图 6-2-26）：

图 6-2-26　菜单

可以通过点击弹出菜单上的按钮，进行添加用户、更改密码、删除用户的操作。“用户属性”选项可以重新输入用户名、选择新的组别、查看该用户的权限，但是不能修改操作权限。“用户排序”选项可以对用户名列表进行排序。

4. 系统其他配置

在 DbManager.exe 左侧树状图左下角的“配置信息”选项卡中点击系统其他配置 ，可以配置数据路径、显示设置、进程设置、时间和事故追忆设置。

6.2.3　设备管理器

设备管理器可以对设备中进行数据上装、下载、修改，在操作之前需要先启动前置管理器 PremNet.exe。然后在在线监控里的“开始菜单”里点击设备管理，如图 6－2－27 所示。

图 6－2－27　设备管理器进入

设备管理器界面如图 6－2－28 所示，左侧树状结构显示的是站内的设备列表，其列表内容与数据库配置工具内设备一致，中间栏目内的按钮是选择对应的功能，选定功能后，右侧将显示其功能下的详细信息。

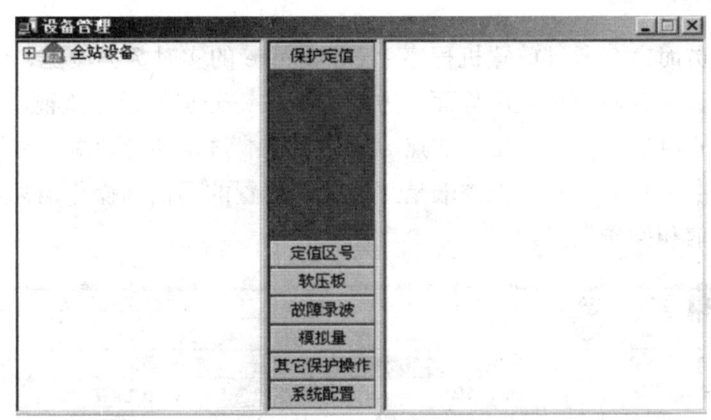

图 6－2－28　设备管理器

6.2.4　保护设备操作

设备管理器可以对站内保护装置执行保护定值、定值区号、软压板的查询与修改，也可以对装置内保护模拟量进行查看以及其他保护操作等。

定值查看与修改：点击左侧的设备树中的设备，在中间栏选择保护定值上装按钮，选择定值区号后，右边窗口将有该装置的基本定值和保护定值列表。上装保护定值后，在右侧对应的定值项目里点击即可进行修改。修改完成后，点击将修改好的定值下装到装置中。

定值区号查看与修改：在中间功能按钮中选择上装定值区号按钮，右边将显示所选设备所在的定值区号。点击右侧，可以修改定值区号，修改后，单击下载定值区号按钮即可修改装置定值区号。

软压板查看与修改：点击中间软压板一栏的上装软软压板按钮，保护装置内的软压板投退情况将会被上装显示到右侧窗口。点击保存软压板按钮，软压板投退情况将以文本形式进行保存。上装完成后，选择需要修改的项目，可以选择需要操作到的压板状态，修改后，点击下载软压板按钮，修改后的软压板就被下装到装置。每次只能修改一个压板状态。

模拟量查看：点击中间模拟量栏下的上装模拟量按钮，会看到对应装置的模拟量采样。

点击保存模拟量，可以以文本形式进行保存。

其他保护操作：在此栏目下，可以对选定装置进行信号复归、将装置时钟校对至和后台能一致、查看装置信息等。

6.2.5 故障信息查看

在中间栏目中点击故障录波，点击其栏目下的上装录波列表，右边将会显示对应设备的录波文件，选中录波文件，点击上装录波文件按钮，系统将启动故障录波管理软件 Wave500.exe，进行查看、分析录波。

6.2.6 前置机程序

对于检修人员而言，通过前置机程序 PremNet.exe 的实时数据浏览、通信管理功能可以有助于故障的查找。前置机程序界面上方的三个按钮分别是通信监视、实时数据浏览、配置参数。左侧的树状结构是全站的节点，分为主控端与设备管理端，右侧是前置程序的日志，如图 6－2－29 所示。其中主控端是主控机和前置的通信和操作信息，设备端是前置与运行设备的通信和操作信息。

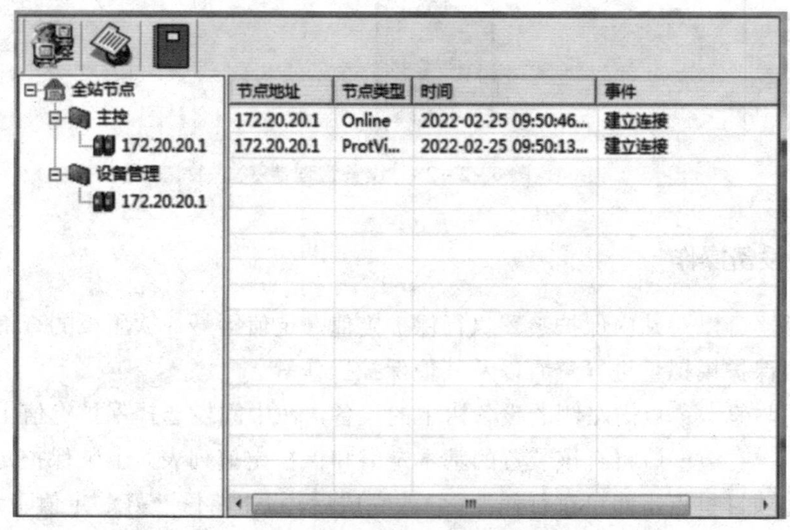

图 6－2－29　前置机程序 PremNet.exe

6.2.7 通信监视

点击工具栏第一个按钮，会弹出通信管理的窗口。左侧树状图的通道监视下列举了与本机通信的串口、网口的 IP 地址，点击对应的地址，右侧会显示对应地址收发的报文。

树状图中的通信规约下，有目前使用的规约类型，选择一种通信规约，可以看到使用该规约的设备的通信状态。

6.2.8 实时数据浏览

点击工具栏第二个按钮，弹出实时数据浏览器窗口。点击左侧树状图中的具体装置，可以看到对应装置遥信、遥测量的实时值。

6.3 PSX610 远动装置运维

6.3.1 远动装置运行工况说明

图 6－3－1 所示的 PSX610G 装置面板，指示灯集中于前面板，分别对应电源、运行、八组以太网、十个串口和扩展接口指示灯，其中，以太网指示灯分别对应连接指示、数据收发指示；串口指示灯分别对应串口的数据接收指示和数据发送指示。指示灯巡检指引见表 6－3－1。

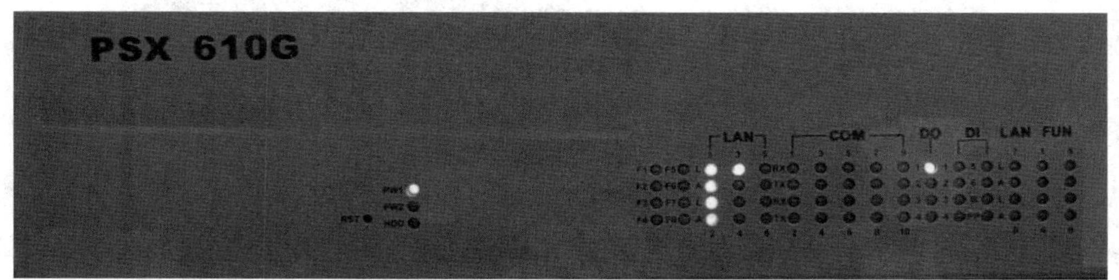

图 6－3－1　PSX610G 装置面板

表 6－3－1　　指示灯巡检指引

电源指示灯 PW1	常亮表示接通第一路电源
电源指示灯 PW2	常亮表示接通第二路电源
功能灯 F1	程序运行监视灯，程序正常，1.5 秒闪烁一次；程序异常，0.5 秒闪烁一次，表示某个软件看门程序监视的程序已退出运行，且未能正常重启
功能灯 F2	USB 软件狗运行监视灯，程序正常，1.5 秒闪烁一次；程序异常，0.5 秒闪烁一次
网口指示灯 LAN	灯亮表示处于远方禁止操作状态，否则处于远方可控状态
串口指示灯 COM	灯亮表示装置以调试态运行，正常运行时为常灭状态

6.3.2 网页登录

若后台监控机是 Windows 系统，并且装有火狐浏览器，可以直接使用后台监控机登录远动机。若后台监控机是非 Windows 系统，可进入应用程序/互联网/Firefox 网络浏览器，打开网页登录远动机。若要另外使用笔记本电脑进行登录，应在做好网安屏蔽后，将调试计算机接入站控层交换机的备用网口。并将笔记本电脑的 IP 地址与远动机的 IP 地址设在同一网段（例如可设为 172.20.51.90），并且不与站内地址冲突。子网掩码设为 255.255.0.0。站内两台远动机的 A 网 IP 地址分别为 172.20.51.115、172.20.51.116。笔记本接入到站内的 A 网，打开任意的浏览器，在地址栏输入远动机相应 IP 地址 172.20.51.115，Web 页面如图 6-3-2 所示。

图 6-3-2　远动机 IP 地址

进入登录界面，Web 页面如图 6-3-3 所示。

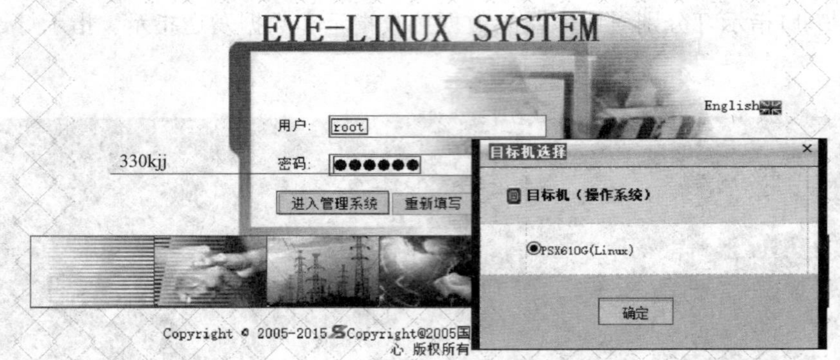

图 6-3-3　登录页面

输入用户名：root　密码：330kjj（默认），点击“进入管理系统”，弹出“目标机（操作系统）”，点击确认，进入远动装置网页配置，Web 页面如图 6-3-4 所示。

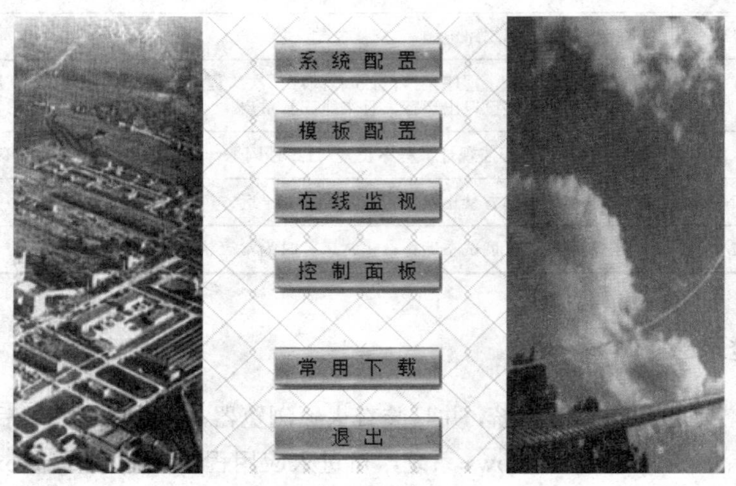

图 6-3-4　操作界面

6.3.3 浏览器下载

本装置需要使用本装置自带的火狐浏览器进行配置工作，不能使用其他浏览器。可通过登录后的界面上“常用下载”菜单，进入下载页面，下载火狐浏览器。报文监视工具、输入命令的终端也在此页面下载。远动服务器 PSX610G 的操作界面中，进入到“常用下载”中，下载使用的工具，Web 页面如图 6－3－5 所示。

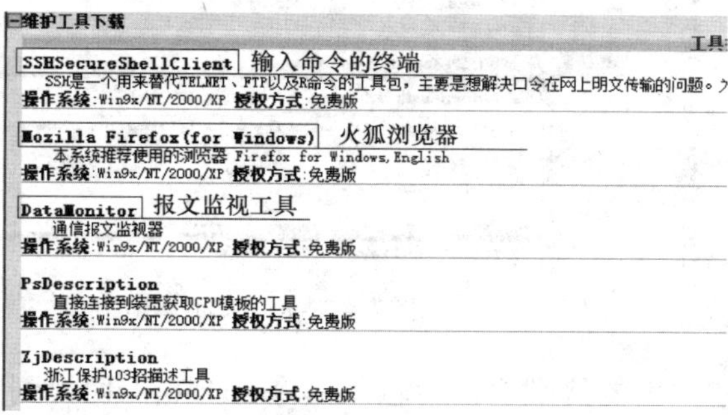

图 6－3－5　常用下载

下载上面红框的三个软件，并且安装好。安装好以后，笔记本桌面显示如图 6－3－6 中的图标。

（输入命令）

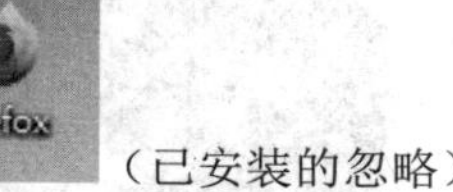

（已安装的忽略）

图 6－3－6　桌面图标

如果笔记本已经安装好以上软件，可忽略以上步骤。

如果 PSX610G 远动装置已安全加固，不能用火狐浏览器直接登录，需要先进行以下操作步骤。

步骤 1：打开应用软件 Bitvise SSH Client6.44，输入远动机 Host：172.20.51.115，端口 Port:60022，用户名 Username:ssh_sac，Initial method 选择 password，密码 Password:Sac@8888，如图 6－3－7 所示。

图 6－3－7　Bitvise SSH Client 登录界面

步骤 2：登录后关闭弹出的小窗口，如图 6－3－8 所示。

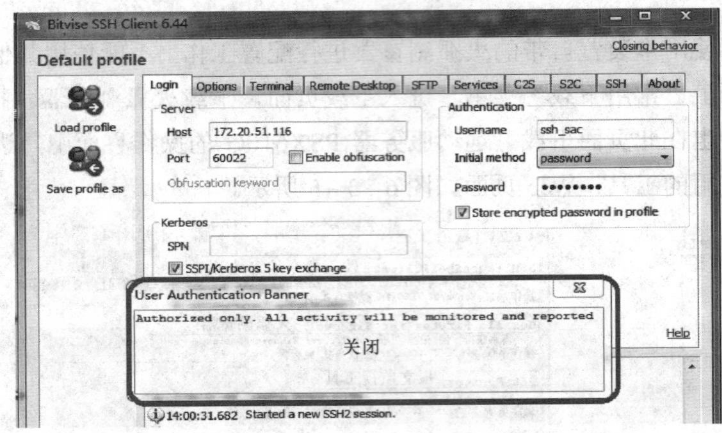

图 6－3－8　关闭弹出窗口

步骤 3：在弹出的终端窗口，输入命令 su root，切换到 root 用户，进入大目录下执行文件，如图 6－3－9 所示。

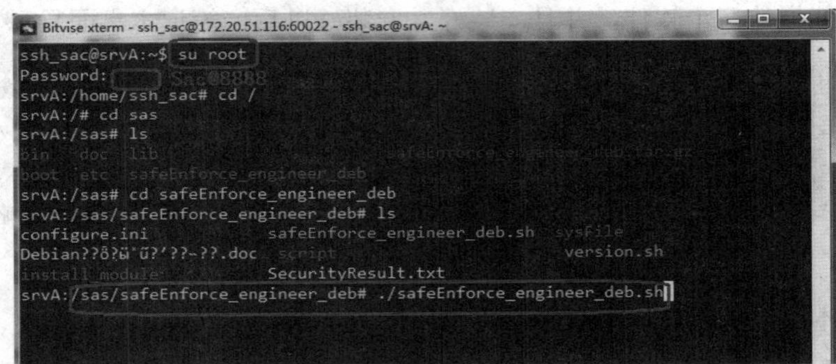

图 6－3－9　终端窗口

步骤 4：选运维模式，选好后点击“Ok”，如图 6－3－10 所示。

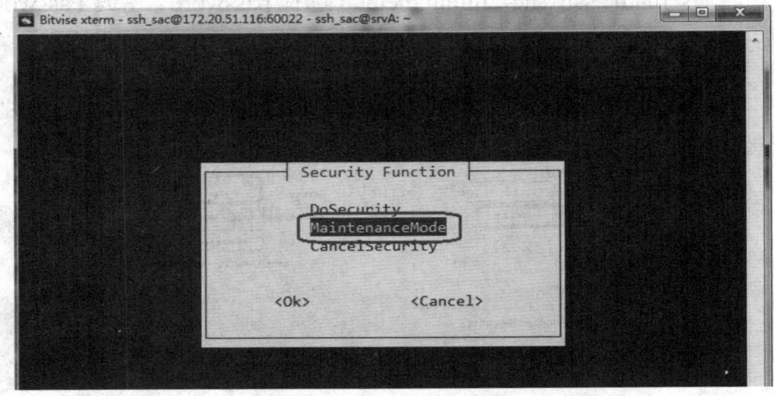

图 6－3－10　运维模式窗口

步骤 5：选远动机型号 Debian5，选好后点击“Ok”，如图 6－3－11 所示。

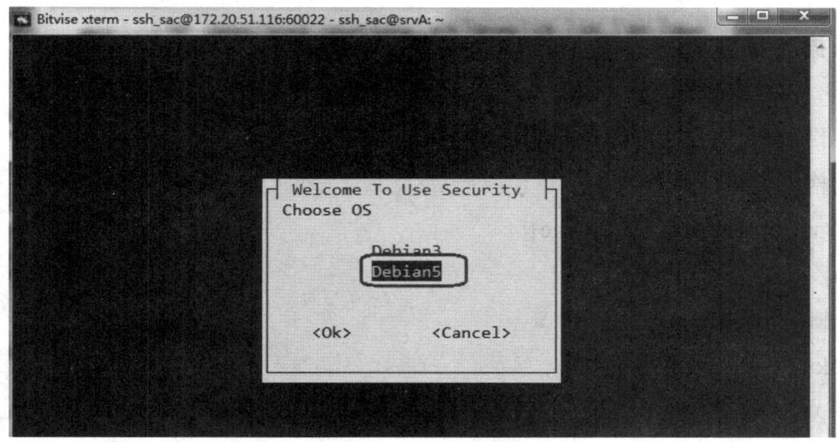

图 6－3－11 远动机型号选择窗口

步骤 6：负责开启和关闭 Web 以及 MySQL，如图 6－3－12 所示。

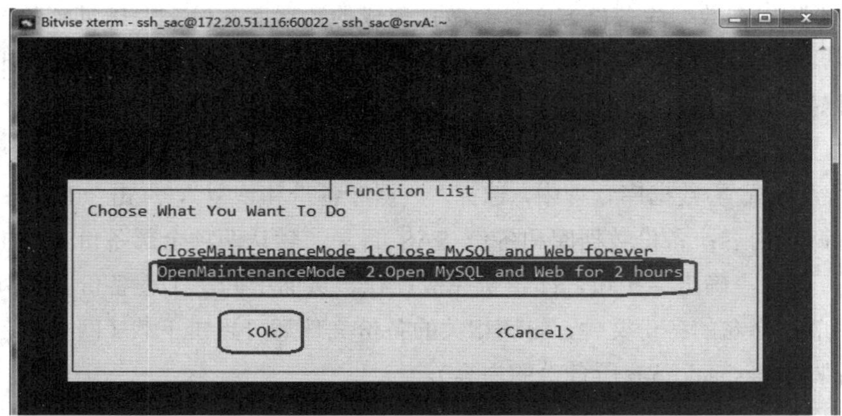

图 6－3－12 开启和关闭 Web 以及 MySQL 窗口

步骤 7：Web 页面已打开，可在火狐浏览器进行操作，如图 6－3－13 所示。

```
srvA:/sas/safeEnforce_engineer_deb# ./safeEnforce_engineer_deb.sh
Now User: root!
You Select Function MaintenanceMode
Add X Permission
You Choose OS Debian5
You Choose Function OpenMaintenanceMode
OpenMaintenanceMode
******************************************************
        1--Start OpenMaintenanceMode ...
******************************************************
Start MySQL...
Starting MySQL database server: mysqld.
Checking for corrupt, not cleanly closed and upgrade needing tables..
Start http...
Starting web server: apache2.
warning: commands will be executed using /bin/sh
job 2 at Thu Oct 28 16:03:00 2021
Restarting OpenBSD Secure Shell server: sshd.
Open maintenance mode success.
srvA:/sas/safeEnforce_engineer_deb#
```

图 6－3－13 命令窗口

6.3.4 远动机数据库备份和恢复

6.3.4.1 数据库备份

1. 用脚本备份工程

工程备份的脚本工具 sasbackup.py 放在/sas/boot 目录下。

命令的格式是：

sasbackup [option][station_name]

[option]

–p backup for project

–d backup for debug

其中 –p 参数用作备份工程，内容包括/sas 目录中的配置文件，可执行程序，库等运行环境，以及当前网页已备份的数据库备份文件和系统网络配置文件等。–d 参数在备份工程的基础上还将调试信息也做备份，备份的内容都会放在/eyelinux-backup 目录下。

注：备份脚本在数据库备份方面只会做把现成的数据库备份文件拷贝到备份目录下的工作，所以，数据库的备份还得先在 Web 发布页面中做好。另最好在执行脚本前把数据库备份文件做一次清理，只保留需要备份的文件，然后再做脚本备份工作。

2. 网页界面工程备份

在首页/系统配置/数据库管理中，选择“数据库备份和恢复”，点击“工程备份”按钮，工程备份有两项内容：备份数据库和备份 SAS 目录，默认两项全部备份。当出现“工程备份成功”，点击“确定”按钮，即备份完成。在该页面中间“工程备份文件列表”中可查看按时间节点命名的备份文件，勾选相关的备份文件后可点击下载（网页中备份的内容相当于执行脚本 sasbackup-p 所备份的内容）。

Web 页面如图 6–3–14 所示。

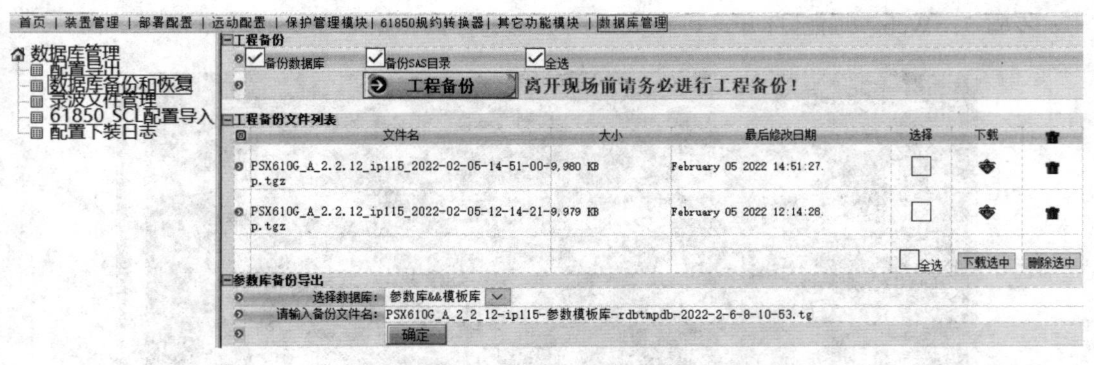

图 6–3–14　工程备份

注意：如果有 2 台 PSX610G，下机也要做好备份，方法一致。

6.3.4.2　数据库恢复

首先将已备份文件名为*.tgz 的文件解压缩，然后在首页/系统配置/数据库管理中，在由参数库备份恢复参数库一栏中，选择“参数库&&模板库”，请提供备份文件名通过浏览解压缩文件夹下文件名为×××变－ip115－参数模板库－rdbtmpdb－年－月－日－时－分－秒.tgz 文件，输入口令，点击“确认”，Web 页面如图 6－3－15 所示。

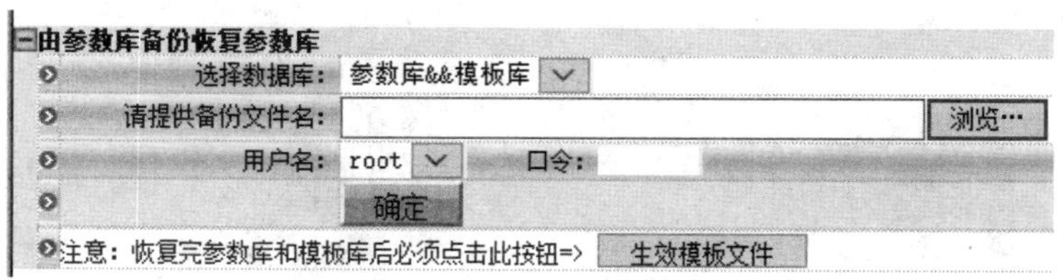

图 6－3－15　参数模板库备份恢复

完成后该页面将自动退出到起始登录画面，重新登录后可查看恢复后的数据库。最后要在首页/系统配置/数据库管理/配置导出，点击“配置同步”，配置同步成功后，点击“确认”，注意执行配置同步后务必重启系统。注意恢复完参数库和模板库后必须点击“生效模板文件”。

6.3.5　远动机相关配置

6.3.5.1　查看远动机网络地址（远动机的 IP 地址、掩码）

进入首页/控制面板/网卡配置/机器列表/srvA，可查看远动机网络地址，eth0 为站控层 A 网、eth1 为站控层 B 网、eth2 为调度四级数据网 104，可查看其 IP 地址、掩码、网络号、广播地址和网关，检查其配置是否正确。Web 页面如图 6－3－16 所示。

首页 | 网卡配置 | 报文监视配置 | 程序启动文件配置 | 系统路由设置 | 用户配置 | 数据库版本管理 | 启动程序

网卡配置
机器列表
srvA

基本信息
机器名　srvA
网卡个数　8
修改　复制　删除机器　删除所有网卡　重置

详细信息

序号	网卡名	IP地址	掩码	网络号	广播地址	网关
1	eth0	172.20.51.115	255.255.0.0	172.20.0.0	172.20.255.255	
2	eth1	172.21.51.115	255.255.0.0	172.21.0.0	172.21.255.255	
3	eth2	主站IP地址	主站掩码	主站网络号	主站广播地址	主站网关
4	eth3	172.23.51.115	255.255.0.0	172.23.0.0	172.23.255.255	
5	eth4	172.24.51.115	255.255.0.0	172.24.0.0	172.24.255.255	
6	eth5	172.25.51.115	255.255.0.0	172.25.0.0	172.25.255.255	
7	eth6	172.26.51.115	255.255.0.0	172.26.0.0	172.26.255.255	
8	eth7	172.27.51.115	255.255.0.0	172.27.0.0	172.27.255.255	

全选　保存　添加网卡　删除选中

是否部署信任关系　生成配置　*生成Web服务器所在主机的网卡配置文件,

图 6－3－16　远动机网络地址

通过以上页面可知远动机站控层 A 网 IP 地址（172.20.51.115）、站控层 B 网 IP 地址（172.21.51.115）、掩码（255.255.0.0）。

6.3.5.2　查看主站类型配置及主站 IP 配置

进入首页/系统配置/远动配置/远动装置/104 地调，可查看地调链路 IP 配置，地调 104 通道配有 IP 地址（10.33.14.1、10.33.14.2、33.14.10.1、33.14.10.2、33.119.1.15、33.170.1.15）；进入首页/系统配置/远动配置/远动装置/104 省调，可查看省调链路 IP 配置，省调 104 通道配有 IP 地址（10.33.0.111、10.33.0.112、10.33.4.117、10.33.4.118、33.10.10.111、33.10.10.112、33.10.40.117、33.10.40.118），Web 页面如图 6－3－17 所示。

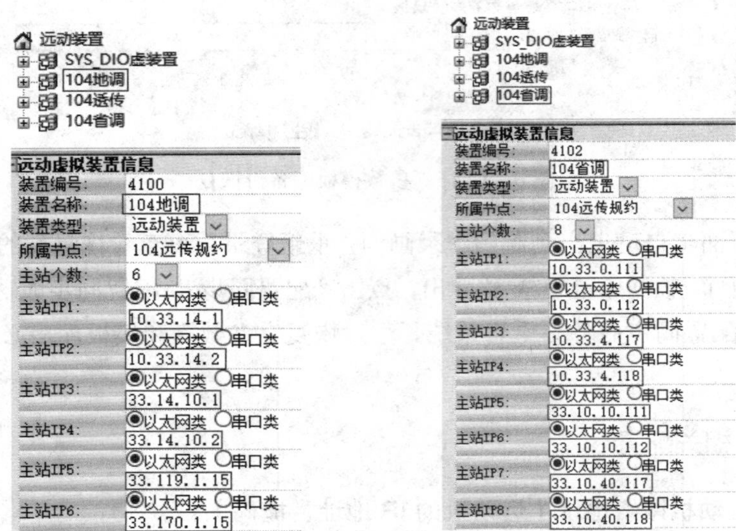

图 6－3－17　主站 IP 地址

6.3.5.3　查看远动机所有的规约进程状态

（1）启动程序。进入首页/控制面板/启动程序（见图 6－3－18），可查看各启动程序是否正常。

首页 | 网卡配置 | 报文监视配置 | 程序启动文件配置 | 系统路由设置 | 用户配置 | 数据库版本管理 | 启动程序

启动程序
启动程序

启动程序列表[/sas/etc/runtime.cf]

Id	规约名称	启动参数	状态	重新启动
1	ssRTDB		正常	
2	pt103netd	-n 1 -f pt103netd.xml -t 1	正常	
3	pt61850netd	-n 2 -f pt61850netd.xml	正常	
4	modMergeCompute	-n 107 -f modMergeCompute.xml	正常	
5	pt104netc	-n 104 -f pt104netc.xml -e 4100,4101	正常	
6	pt104FJEPFInetc	-n 108 -f pt104FJEPFInetc.xml	正常	
7	modDio	-e 40	正常	
8	ssWebconn		正常	
9	modMonitor	-m 330	正常	

启动所有程序　停止所有程序　重启本机

程序重启功依赖于ModMonitor，ModMonitor没有启动时，程序重启功能无法正常使用.

图 6－3－18　启动程序

（2）程序启动文件配置。进入首页/控制面板/程序启动文件配置（见图 6－3－19），可查看 GPS 程序、装置规约程序和远动规约程序等相关配置。如果修改配置参数，需点击

“提交配置参数”保存相关配置。

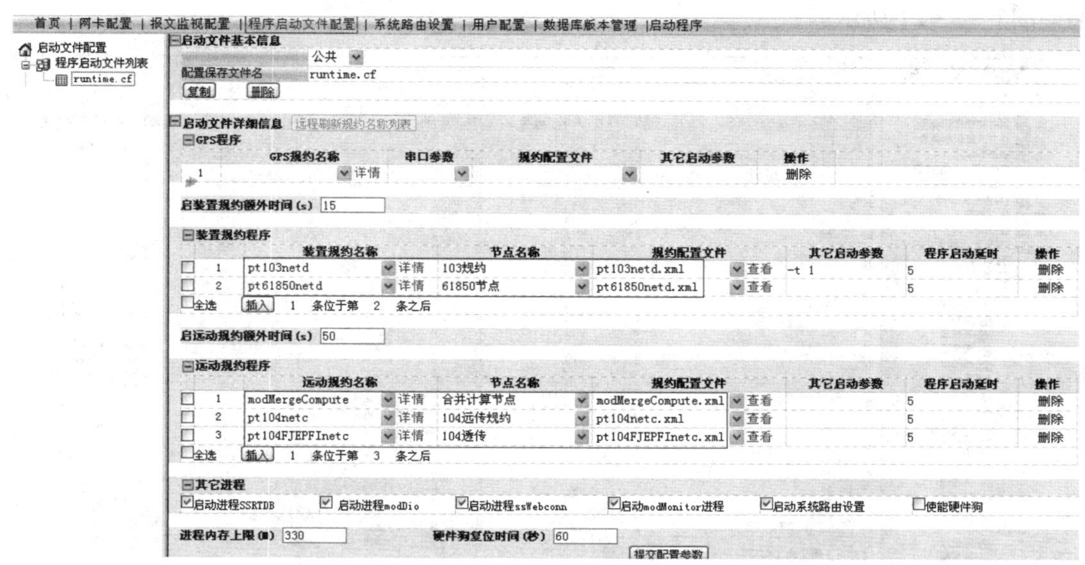

图 6-3-19 程序启动文件配置

6.3.6 远动机在线监视

6.3.6.1 站内库查看实时数据

进入首页/在线监视/装置保护操作，在左侧站内装置树形结构中选择需要查看的间隔设备，选择 DI4 下的遥信组，在右侧可查看这个间隔所有遥信量的实时数据。Web 页面如图 6-3-20 所示。

首页 | 装置保护操作 | 实时监视 | 事件历史

站内装置
- 系统装置目录
- 旧装置(删)
- 主变
- 110kV装置
- 10kV装置
- #1主变10kV保护改造
- #1主变及母联保护改造
- #1主变测控改造
- 空点装置
- 对时监视模拟装置
- 合并计算模拟装置
- modRsynRemote
- 110kV综合测控装置
- 10kV综合测控装置
- 117规约转换器
- 空点装置
- 合并遥信
- 110kV高上线测控改造
  - CPU1
  - DO3
  - DI4
    - 定值组
    - 告警组
    - 模拟量
    - 遥测组
    - 遥信组
    - 脉冲组
    - 定值区组

110kV高上线测控改造DI4遥信组 (共64点) [(2) √ 通信正常]

1, 2, 3

序	点名	状态	类型	初值	级别	声长	复长	动限	复限	动次	复次
1	预告总	分		0	5	20	5	10	15	0	0
2	事故总	分		0	5	20	5	10	15	0	0
3	双位遥信异常	分		0	5	20	5	10	15	0	0
4	101开关合位	合		0	5	20	5	10	15	0	0
5	101开关分位	分		0	5	20	5	10	15	0	0
6	1012刀闸合位	合		0	5	20	5	10	15	0	0
7	1012刀闸分位	分		0	5	20	5	10	15	0	0
8	1013刀闸合位	合		0	5	20	5	10	15	0	0
9	1013刀闸分位	分		0	5	20	5	10	15	0	0
10	1016丙接地刀闸合位	分		0	5	20	5	10	15	0	0
11	1016丙接地刀闸分位	合		0	5	20	5	10	15	0	0
12	1016丁接地刀闸合位	分		0	5	20	5	10	15	0	0
13	1016丁接地刀闸分位	合		0	5	20	5	10	15	0	0
14	1016接地刀闸合位	分		0	5	20	5	10	15	0	0
15	1016接地刀闸分位	合		0	5	20	5	10	15	0	0
16	开关气室SF6气压低报警	分		0	5	20	5	10	15	0	0
17	开关电机过流过时报警	分		0	5	20	5	10	15	0	0
18	刀闸/接地刀闸电机过流过时报警	分		0	5	20	5	10	15	0	0
19	分闸报警	分		0	5	20	5	10	15	0	0
20	G1气室SF6气压低报警	分		0	5	20	5	10	15	0	0
21	G2气室SF6气压低报警	分		0	5	20	5	10	15	0	0
22	G3气室SF6气压低报警	分		0	5	20	5	10	15	0	0
23	G4气室SF6气压低报警	分		0	5	20	5	10	15	0	0
24	开关就地控制	分		0	5	20	5	10	15	0	0
25	开关气室SF6气压低闭锁	分		0	5	20	5	10	15	0	0
26	弹簧未储能	分		0	5	20	5	10	15	0	0
27	开关储能电机运转	分		0	5	20	5	10	15	0	0
28	线路PT断开	分		0	5	20	5	10	15	0	0

图 6-3-20 实时遥信

进入首页/在线监视/装置保护操作，在左侧站内装置树形结构中选择需要查看的间隔设备，选择 AC7 下的遥测组，在右侧可查看这个间隔所有遥测量的实时数据。Web 页面如图 6-3-21 所示。

首页 | 装置保护操作 | 实时监视 | 事件历史

110kV高上线测控改造AC7遥测组 (共32点) [(2) √ 通信正常]

1,2

序	点名	实际值	量纲	遥调	类型	默认值	最小值	最大值	步长	精度	实系	门限	平系	内告警阀%%	外告警阀%%
1	U1	16464	NULL			0	0	65535	1	(6,2)	1	555	1	[10,500]	[0,800]
2	U2	16448	NULL			0	0	65535	1	(6,2)	1	555	1	[10,500]	[0,800]
3	U3	16496	NULL			0	0	65535	1	(6,2)	1	555	1	[10,500]	[0,800]
4	U4	16440	NULL			0	0	65535	1	(6,2)	1	555	1	[10,500]	[0,800]
5	I1	7160	NULL			0	0	65535	1	(6,2)	1	555	1	[10,500]	[0,800]
6	I2	7224	NULL			0	0	65535	1	(6,2)	1	555	1	[10,500]	[0,800]
7	I3	7176	NULL			0	0	65535	1	(6,2)	1	555	1	[10,500]	[0,800]
8	P1	7360	NULL			0	0	65535	1	(6,2)	1	555	1	[10,500]	[0,800]
9	Q1	1456	NULL			0	0	65535	1	(6,2)	1	555	1	[10,500]	[0,800]
10	COSΦ1	32136	NULL			0	0	65535	1	(6,2)	1	555	1	[10,500]	[0,800]
11	P2	0	NULL			0	0	65535	1	(6,2)	1	555	1	[10,500]	[0,800]
12	Q2	0	NULL			0	0	65535	1	(6,2)	1	555	1	[10,500]	[0,800]
13	COSΦ2	0	NULL			0	0	65535	1	(6,2)	1	555	1	[10,500]	[0,800]
14	P3	0	NULL			0	0	65535	1	(6,2)	1	555	1	[10,500]	[0,800]
15	Q3	0	NULL			0	0	65535	1	(6,2)	1	555	1	[10,500]	[0,800]
16	COSΦ3	0	NULL			0	0	65535	1	(6,2)	1	555	1	[10,500]	[0,800]
17	Freq1	17632	NULL			0	0	65535	1	(6,2)	1	555	1	[10,500]	[0,800]
18	Freq2	17632	NULL			0	0	65535	1	(6,2)	1	555	1	[10,500]	[0,800]
19	Uab	28480	NULL			0	0	65535	1	(6,2)	1	555	1	[10,500]	[0,800]
20	Ubc	28544	NULL			0	0	65535	1	(6,2)	1	555	1	[10,500]	[0,800]
21	Uca	28560	NULL			0	0	65535	1	(6,2)	1	555	1	[10,500]	[0,800]
22	3U0	0	NULL			0	0	65535	1	(6,2)	1	555	1	[10,500]	[0,800]
23	dΦ1	65512	NULL			0	0	65535	1	(6,2)	1	555	1	[10,500]	[0,800]
24	du	0	NULL			0	0	65535	1	(6,2)	1	555	1	[10,500]	[0,800]
25	dΦ	0	NULL			0	0	65535	1	(6,2)	1	555	1	[10,500]	[0,800]
26	df	0	NULL			0	0	65535	1	(6,2)	1	555	1	[10,500]	[0,800]
27	dfdt	0	NULL			0	0	65535	1	(6,2)	1	555	1	[10,500]	[0,800]
28	Trst	0	NULL			0	0	65535	1	(6,2)	1	555	1	[10,500]	[0,800]
29	3I0_1	0	NULL			0	0	65535	1	(6,2)	1	555	1	[10,500]	[0,800]
30	P4	0	NULL			0	0	65535	1	(6,2)	1	555	1	[10,500]	[0,800]

【越上上限，越上限，越下限，越下下限】

图 6-3-21 实时遥测

6.3.6.2 查看装置通信状态、全站的服务状态

进入首页/在线监视/实时监视，选择“服务状态”（见图 6-3-22）可查看全站的服务状态，进入首页/在线监视/实时监视，选择“装置状态”（见图 6-3-23），可查看站内设备通信状况，正常运行时应显示“通信正常”。

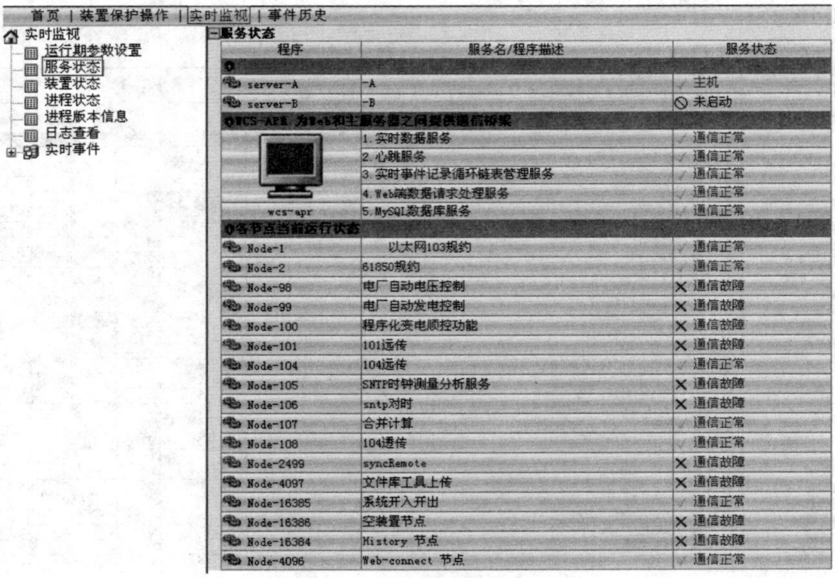

首页 | 装置保护操作 | 实时监视 | 事件历史

服务状态

程序	服务名/程序描述	服务状态
server-A	-A	√ 主机
server-B	-B	⊘ 未启动
WCS-APR 为Web和主服务器之间提供通信桥梁		
wcs-apr	1. 实时数据服务	√ 通信正常
	2. 心跳服务	√ 通信正常
	3. 实时事件记录循环链表管理服务	√ 通信正常
	4. Web端数据请求处理服务	√ 通信正常
	5. MySQL数据库服务	√ 通信正常
各节点当前运行状态		
Node-1	以太网103规约	√ 通信正常
Node-2	61850规约	√ 通信正常
Node-98	电厂自动电压控制	× 通信故障
Node-99	电厂自动发电控制	× 通信故障
Node-100	程序化变电顺控功能	× 通信故障
Node-101	101远传	× 通信故障
Node-104	104远传	√ 通信正常
Node-105	SNTP时钟测量分析服务	× 通信故障
Node-106	sntp对时	× 通信故障
Node-107	合并计算	√ 通信正常
Node-108	104透传	√ 通信正常
Node-2499	syncRemote	× 通信故障
Node-4097	文件库工具上传	× 通信故障
Node-16385	系统开入开出	√ 通信正常
Node-16386	空装置节点	× 通信故障
Node-16384	History 节点	× 通信故障
Node-4096	Web-connect 节点	√ 通信正常

图 6-3-22 服务状态

首页 | 装置保护操作 | 实时监视 | 事件历史

实时监视：运行期参数设置、服务状态、装置状态、进程状态、进程版本信息、日志查看、实时事件

装置状态

ID	装置名称	装置类型	装置状态	ID	装置名称	装置类型	装置状态
1	系统开入开出	系统装置	(2) √ 通信正常	8	A机状态	系统装置	(0) X 未初始化
9	B机状态	系统装置	(0) X 未初始化	101	空点装置	原始装置	(0) X 未初始化
103	对时监视模拟装置	原始装置	(0) X 未初始化	104	合并计算模拟装置	原始装置	(2) √ 通信正常
105	modRsynRemote	原始装置	(0) X 未初始化	200	1#主变差动保护	原始装置	(0) X 未初始化
201	1#主变高后备保护	原始装置	(0) X 未初始化	202	1#主变中后备保护	原始装置	(0) X 未初始化
203	1#主变低后备保护	原始装置	(0) X 未初始化	204	2#主变差动保护(删)	原始装置	(0) X 未初始化
205	2#主变高后备保护(删)	原始装置	(0) X 未初始化	206	1#主变测控装置	原始装置	(0) X 未初始化
207	2#主变测控装置	原始装置	(2) √ 通信正常	208	110kV综合测控装置	原始装置	(2) √ 通信正常
209	110kV备自投装置	原始装置	(2) √ 通信正常	210	10kV综合测控装置	原始装置	(2) √ 通信正常

图 6-3-23 装置状态

6.3.6.3 报文监视

进入首页/控制面板/报文监视配置（见图 6-3-24），定义需要运行监视程序的 Windows 机器的 IP 地址：监视主机 1，监视主机 2，再勾上所需要监视的规约程序（主机 1、主机 2 可监视不同的规约），一般选择 104 规约节点。把笔记本 IP 地址设置成两个监视主机地址中的任意一个地址，完成配置后，点击下方“配置同步”。

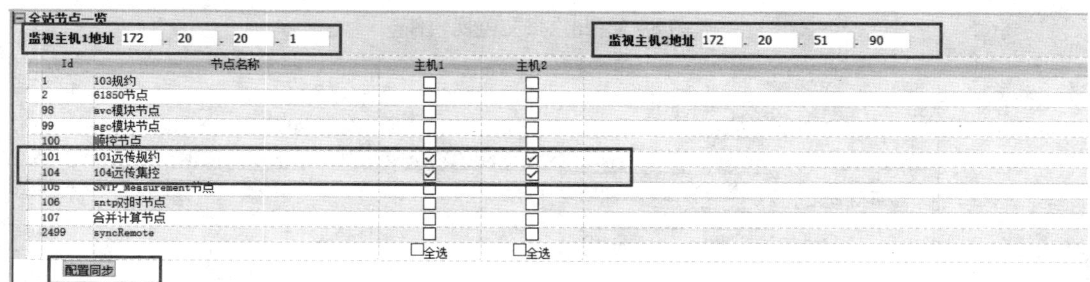

图 6-3-24 报文监视配置

再通过首页/在线监视/装置保护操作，对“系统摘要”装置下的的“系统相关”CPU 下的遥控组中的“启停报文监视”空点进行一次控分操作和控合操作，以使得新改的报文监视设置对所有已运行的程序在线生效，Web 页面如图 6-3-25 所示。

首页 | 装置保护操作 | 实时监视 | 用户自定义监视 | 监视图 | 事件历史

avc集成测试站：系统摘要（系统相关：遥测组、遥信组、遥控组；设备相关；装置默认CPU）、系统装置目录、空点装置、顺控装置、103模拟装置_AVC测试、PSL641、AVC实装置、abcd

系统摘要系统相关遥控组 (共13点) [(0) X 未初始化]　1　30　行/页

序	点名称	状态	遥控选择	关设	关组	关点	限次	隔时	超时	次数	最近操作时间
0	保留		遥控	0	11	0	10	30	20	0	: 0x00000000
1	复位主机		遥控	0	11	1	10	30	20	0	: 0x00000000
2	复位系统		遥控	0	11	2	10	30	20	0	: 0x00000000
3	复归事故信号		遥控	0	11	3	10	30	20	0	: 0x00000000
4	复归告警信号		遥控	0	11	4	10	30	20	0	: 0x00000000
5	复归事故总信号		遥控	0	11	5	10	30	20	0	: 0x00000000
6	复归告警总信号		遥控	0	11	6	10	30	20	0	: 0x00000000
7	主备机手动切换		遥控	0	11	7	10	30	20	0	: 0x00000000
8	启停自复归		遥控	0	11	8	10	30	20	0	: 0
9	启停事故告警总自复归		遥控	0	11	9	10	30	20	0	: 0
10	启停报文监视		遥控	0	11	10	10	30	20	0	: 0
11	启停调试信息		遥控	0	11	11	10	30	20	0	: 0
12	启停系统分析日志1级		遥控	0	11	12	10	30	20	0	: 0

图 6-3-25 启停报文监视

此时，在监视笔记本打开报文监视软件 DataMonitor.exe，能看到所需监视的报文点击设置，可设置为自动解析报文。也可以在设置菜单中打开手动解析窗口，如图 6-3-26、

图 6－3－27 所示。

图 6－3－26　报文监视软件

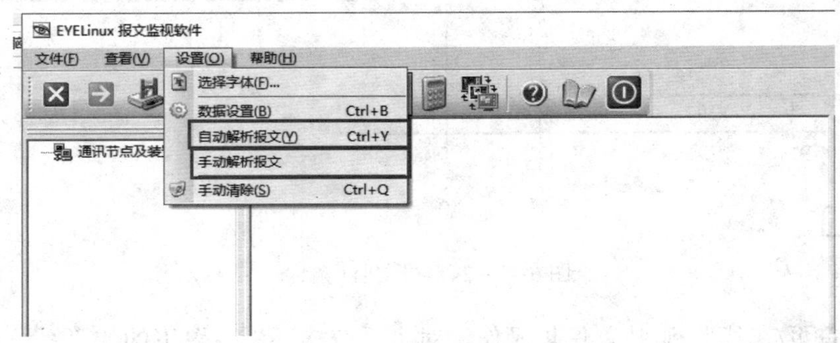

图 6－3－27　解析报文窗口

监视的报文自动保存在本工具所在的目录下，如图 6－3－28 所示。

› 报文监视

名称	修改日期	类型	大小
0 -- 0-通道(172.21.51.117).txt	2019/6/25 12:15	文本文档	1
0 -- 0-通道(172.21.51.123).txt	2019/6/25 12:15	文本文档	1
104接入220kV -- ABB设备220kV部分(172.21.51.115).txt	2019/6/25 12:15	文本文档	7
104接入220kV -- ABB设备220kV部分(172.21.51.116).txt	2019/6/25 12:15	文本文档	9
104接入500kV部分 -- ABB设备500kV部分(172.21.51.115).txt	2019/6/25 12:15	文本文档	3
104接入500kV部分 -- ABB设备500kV部分(172.21.51.116).txt	2019/6/25 12:15	文本文档	6
104接入设备35kV部分 -- ABB设备35kV部分(172.21.51.115).txt	2019/6/25 12:15	文本文档	2
104接入设备35kV部分 -- ABB设备35kV部分(172.21.51.116).txt	2019/6/25 12:15	文本文档	2
104远传 -- 104后台-通道0(172.21.51.115).txt	2019/6/25 12:15	文本文档	
104远传 -- 104后台-通道0(172.21.51.116).txt	2019/6/25 12:15	文本文档	
104远传 -- 104后台-通道1(172.21.51.115).txt	2019/6/25 10:18	文本文档	
104远传 -- 104后台-通道1(172.21.51.116).txt	2019/6/25 12:06	文本文档	
104远传 -- 104省调远传-通道0(172.20.51.120).txt	2019/6/24 11:36	文本文档	
104远传 -- 104省调远传-通道0(172.21.51.115).txt	2019/6/25 12:15	文本文档	2

图 6－3－28　监视报文保存目录

6.3.7 远动机重启

打开SSH Secure Shell Client工具，点击Quick Connect，输入远动机站内IP地址（Host Name）：172.20.51.115，用户名（User Name）：root，点击Connect按钮，输入密码（Password）：2.2ltt，点击OK按钮，在命令行中输入reboot，回车，重启远动机。Web页面如图6－3－29～图6－3－31所示。

图6－3－29 远动机登录用户名

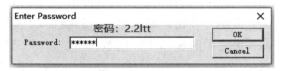

Enter Password
密码：2.2ltt
Password: ******
OK
Cancel

图6－3－30 远动机登录密码

172.20.51.115 - default - SSH Secure Shell
File Edit View Window Help
Quick Connect Profiles

```
SSH Secure Shell 3.2.9 (Build 283)
Copyright (c) 2000-2003 SSH Communications Security Corp - http://www.ssh.com/

This copy of SSH Secure Shell is a non-commercial version.
This version does not include PKI and PKCS #11 functionality.


Linux srvA 2.6.26-2-686 #1 SMP Thu Jan 27 00:28:05 UTC 2011 i686

The programs included with the Debian GNU/Linux system are free software;
the exact distribution terms for each program are described in the
individual files in /usr/share/doc/*/copyright.

Debian GNU/Linux comes with ABSOLUTELY NO WARRANTY, to the extent
permitted by applicable law.
Last login: Sat Feb  5 05:43:15 2022 from 172.20.51.111
srvA:~# reboot
```

重启命令

图6－3－31 远动机重启

重启完成后，远动机的F1、F2灯慢闪。进入首页/在线监视/实时监视，选择“进程状态”可查看远动机的进程状态，检查远动机重启后所有的进程是否正常，如图6－3－32所示。

首页 | 装置保护操作 | 实时监视 | 事件历史

实时监视
- 运行期参数设置
- 服务状态
- 装置状态
- 进程状态
- 进程版本信息
- 日志查看
- 实时事件

当前启动进程状态如下:

```
root 3146 1 1 Jul19 ? 01:12:16 /sas/bin/ssRTDB
root 3236 1 1 Jul19 ? 01:19:59 /sas/bin/pt103netd -n 1 -f pt103netd.xml -t 1
root 3343 1 1 Jul19 ? 00:47:22 /sas/bin/pt61850netd -n 2 -f pt61850netd.xml
root 3485 1 0 Jul19 ? 00:29:51 /sas/bin/modMergeCompute -n 107 -f modMergeCompute.xml
root 3560 1 3 Jul19 ? 02:16:02 /sas/bin/pt104netc -n 104 -f pt104netc.xml -e 4100 4101
root 3644 1 0 Jul19 ? 00:30:22 /sas/bin/pt104FJEPFInetc -n 108 -f pt104FJEPFInetc.xml
root 3722 1 0 Jul19 ? 00:12:27 /sas/bin/modDio -e 40
root 3801 1 1 Jul19 ? 00:46:24 /sas/bin/ssWebconn
root 3867 1 0 Jul19 ? 00:08:21 /sas/bin/modMonitor -m 330
```

所有配置进程状态如下:：

```
root 3722 1 0 Jul19 ? 00:12:27 /sas/bin/modDio -e 40
root 3485 1 0 Jul19 ? 00:29:51 /sas/bin/modMergeCompute -n 107 -f modMergeCompute.xml
root 3867 1 0 Jul19 ? 00:08:21 /sas/bin/modMonitor -m 330
root 3236 1 1 Jul19 ? 01:19:59 /sas/bin/pt103netd -n 1 -f pt103netd.xml -t 1
root 3644 1 0 Jul19 ? 00:30:22 /sas/bin/pt104FJEPFInetc -n 108 -f pt104FJEPFInetc.xml
root 3560 1 3 Jul19 ? 02:16:02 /sas/bin/pt104netc -n 104 -f pt104netc.xml -e 4100 4101
root 3343 1 1 Jul19 ? 00:47:22 /sas/bin/pt61850netd -n 2 -f pt61850netd.xml
root 3146 1 1 Jul19 ? 01:12:16 /sas/bin/ssRTDB
root 3801 1 1 Jul19 ? 00:46:24 /sas/bin/ssWebconn
```

图 6-3-32　装置进程状态

6.3.8　四遥编辑

6.3.8.1　新增装置

1. 复制已有装置

进入首页/系统配置/装置管理，在左侧站内装置树形结构中选择一个与新增装置模板相同的装置，在右侧点击“复制”按钮，即可生成新的装置。“复制”按钮：可以对现有的装置进行复制操作。Web 页面如图 6-3-33 所示。

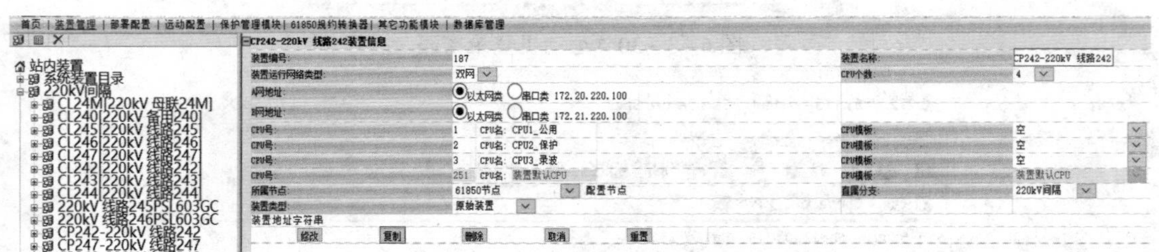

图 6-3-33　复制间隔

选择复制生成的间隔，根据现场配置分别填写装置编号、装置名称、A 网地址、B 网地址及所属节点，点击“修改”按钮，设置完成。“修改”按钮：在对装置信息进行修改之后，选择该按钮，可以让修改的内容生效。Web 页面如图 6-3-34 所示。

图 6-3-34　修改装置名称

2. 直接增加装置

进入首页/系统配置/装置管理，在左侧站内装置树形结构中点击按钮，根据现场分别填写装置编号、装置名称、装置运行网络类型、CPU 个数、所属节点、CPU 模板、直属分类、装置类型等，点击“增加”按钮，即可增加装置。Web 页面如图 6－3－35 所示。

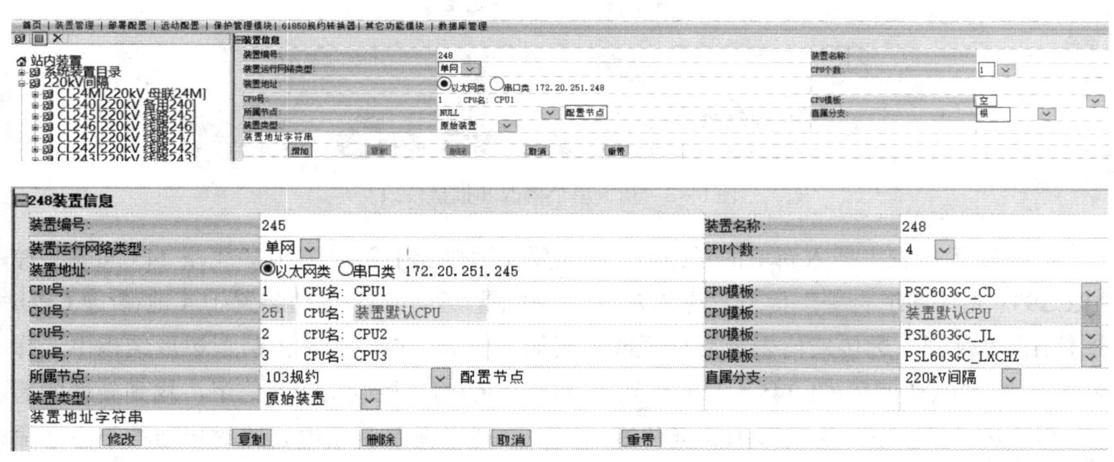

图 6－3－35　增加装置

3. 删除装置

选择要删除的间隔，可通过按钮，或者点击“删除”按钮删除。

6.3.8.2　遥信编辑

1. 新增远传遥信点

（1）修改遥信名称。

方法一：在“装置管理”中通过修改站内装置的遥信开入实现。进入首页/系统配置/装置管理/所修改间隔/CPU3－控制 LD/遥信组，双击图标，变为图标，将查看状态改为编辑状态，ID 图标变化，Web 页面如图 6－3－36 所示。

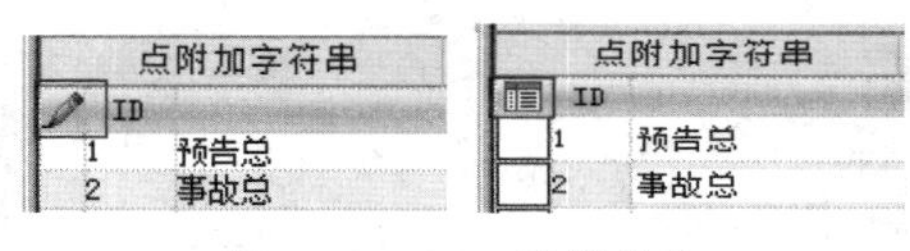

图 6－3－36　编辑状态

在“点名称”列找到需要修改的备用开入，输入正确的名称，“通用分类”列默认为单点信息，“允许标记”列点击右边的图标，可以进行“不送 SOE”选择，如果选择“不送 SOE”，调度端将收不到该遥信的 SOE 信息，该选项不能打勾，其他选项一般按默认打勾即可，设置完后需点击“保存”按钮，保存相应的配置信息。Web 页面如图 6－3－37 所示。

方法二：直接修改远传点描述。如果不在“装置管理”中修改点名，可直接在远传表中修改。选择要修改的点名，对话框变成绿色后输入修改后的名称，将远传点前面的图标打勾，点击修改图标，即完成修改，也可在所有修改的所有远传点前面打勾，点击批量修改，完成所有修改，Web 页面如图 6－3－38 所示。

点附加字符串		1 2 3 4 5 6				30	行/页 保存 增加
ID	点名称	通用分类		允许标记	FUN	INF	物理类型	缺省状态
121	RCS931光纤通道告警	单点信息	4977		177	121	采样	0
122	开入26	单点信息	4977		177	122	采样	0
123	开入27	单点信息	4977		177	123	采样	0
124	开入28	单点信息	4977		177	124	采样	0
125	开入29	单点信息	4977		177	125	采样	0
126	开入30	单点信息	4977		177	126	采样	0
127	开入31	单点信息	4977		177	127	采样	0
128	（测控）隔离/接地刀闸就地控制	单点信息	4977		177	128	采样	0

图 6－3－37　修改遥信

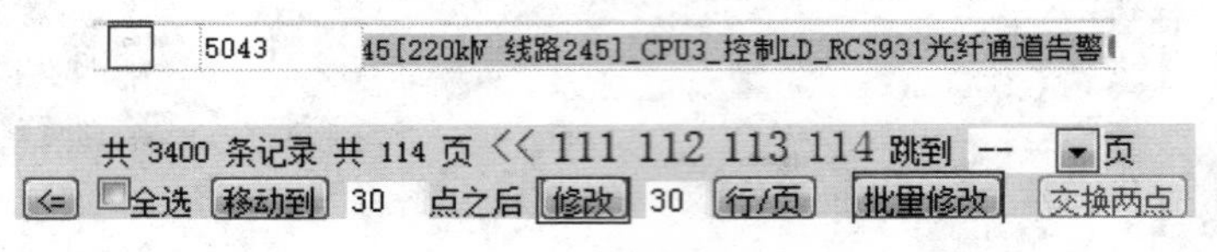

图 6－3－38　单个修改和批量修改

（2）在远传表中插入新增的遥信点。例如要在远传表中新增 220kV 线路 245 间隔测控“RCS931 光纤通道告警”信号。进入首页/系统配置/远动配置/远动装置/104 地调/虚 CPU/遥信组，“跳到”远传遥信表最后一页或者要加入位置，在左侧站内装置树形结构中选择站内装置/220kV 间隔/CL245［220kV 线路 245］/ CPU3_控制 LD/遥信组，找到新增的遥信，并点击按钮，将其添加到远传遥信表中。或者在左侧站内装置树形结构下方，输入增加的位置，默认“覆盖”“装置名”“点名”打勾，点击=>按钮将其添加到远传遥信表中。可以通过点击“页码”，或选择跳到的页码，按页查看遥信信息。Web 页面如图 6－3－39 所示。

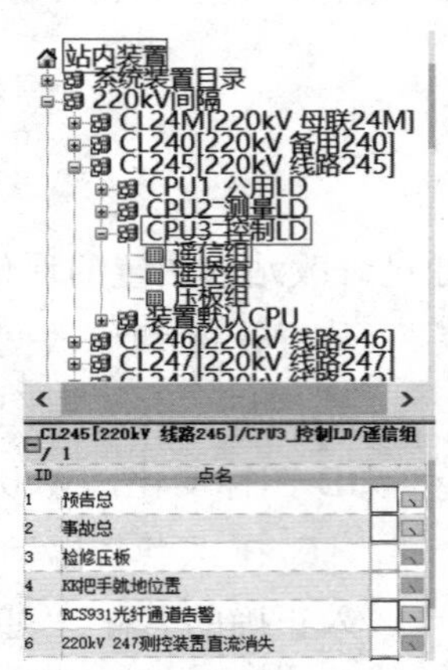

104地调/虚CPU/遥信组/

ID	点名	点通用分类
5041	ZBIBT[#1主变本体]_#1主变保护C柜#1主变本体油温高信	双点信息
5042	合并计算模拟装置_CPU1_地调事故总	单点信息
5043	CL245[220kV 线路245]_CPU3_控制LD_RCS931光纤通道	单点信息

覆盖 全选 放到 3399 后 =>
装置名 CPU名 组名 点名

共 3400 条记录 共 114 页 1,2,3,4,5,6,7,8,9,10 >> 跳到 -- 页
<= 全选 移动到 3400 点之后 修改 30 行/页 批量修改 交换两点

图 6－3－39　新增远传遥信

（3）遥信属性设置。新增远传遥信点后，需要设置遥信属性。一般“点通用分类”列

默认为“单点信息”或“双点信息”，全站统一设置。“允许标记”点击图标，可以进行“取反使能”及“不送SOE”选择，如果选择“取反使能”，遥信按取反后传输，该项取反后，在“点名”列可以看到取反标志“<反>”。如果选择“不送SOE”，调度端将收不到该遥信的SOE信息，该选项不能打勾，其他选项一般按默认打勾即可，设置完后需点击“确定”，保存相应的配置信息。

Web页面如图6-3-40所示。

⊟104地调/虚CPU/遥信组/

ID	点名	点通用分类
1	合并计算模拟装置_全站事故总	双点信息
2	TEMPLATE[902间隔PSL641U]_弹簧未储能	双点信息
3	TEMPLATE[902间隔PSL641U]_远方状态 <反>	双点信息
4	TEMPLATE[902间隔PSL641U]_检修压板	双点信息
5	TEMPLATE[902间隔PSL641U]_断路器分位	双点信息
6	TEMPLATE[902间隔PSL641U]_断路器合位	双点信息
7	TEMPLATE[902间隔PSL641U]_手车工作位置	双点信息
8	TEMPLATE[902间隔PSL641U]_事故总	双点信息
9	TEMPLATE[906间隔PSL641U]_902装置直流消失	双点信息
10	TEMPLATE[902间隔PSL641U]_装置告警及呼唤	双点信息
11	TEMPLATE[902间隔PSL641U]_控制回路断线	双点信息
12	TEMPLATE[902间隔PSL641U]_低频减载	双点信息
13	TEMPLATE[902间隔PSL641U]_重合闸	双点信息
14	TEMPLATE[902间隔PSL641U]_重合闸充电满 <反>	双点信息

- 使用私有属性
- 使用计算表达式
- 是否闭锁
- 是否被取代
- 是否为循环传输数据
- 是否为可读数据
- 是否为可写数据
- 是否有密码保护
- 扫描允许
- 存盘允许
- 报警允许
- 语音报警
- 取反使能
- 不送SOE
- 用户自定义1
- 用户自定义2

确定 取消 重置

图6-3-40 遥信属性设置

2. 删除远传遥信点

将远传点前面的图标打勾，点击图标，删除被选中的遥信点，Web页面如图6-3-41所示。

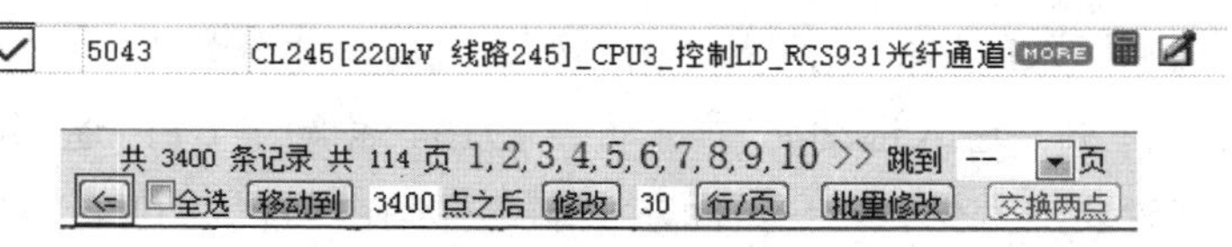

图6-3-41 删除远传遥信点

3. 移动远传遥信点

将远传点前面的图标打勾，在其后的对话框中输入需要移动的位置，点击移动到图标，远传点将移到指定的位置。Web页面如图6-3-42所示。

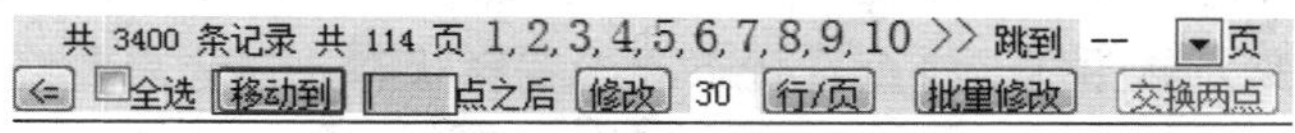

图6-3-42 移动远传遥信点

4. 交换两远传遥信点

将需要交换的两远传点前面的图标打勾，点击交换两点图标，即可将两远传点的位置交换，Web页面如图6-3-43所示。

共 3400 条记录 共 114 页 1,2,3,4,5,6,7,8,9,10 >> 跳到 -- 页
<= 全选 移动到 点之后 修改 30 行/页 批量修改 交换两点

图 6-3-43 交换两远传遥信点

5. 插入远传遥信空点

如果新增遥信不是连续的，可以通过插入空点方式实现序号连续。在左侧站内装置树形结构中选择空点装置/遥信 CPU1/遥信组，找到没用过的空点遥信，并点击图标，将其添加到远传遥信表中，实现遥信点表序号连续，如图 6-3-44 所示。

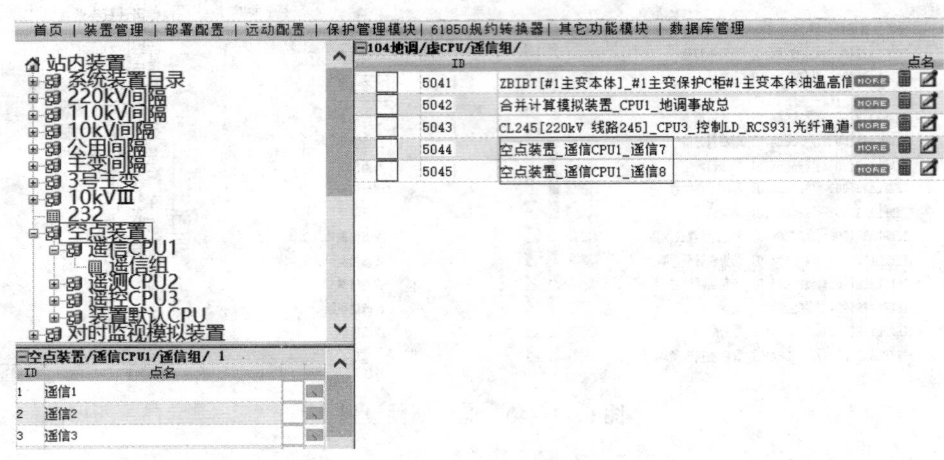

图 6-3-44 新增空点遥信

6.3.8.3 遥测编辑

1. 新增远传遥测点

（1）在远传表中插入新增的遥测点。例如要在远传表中新增 220kV 线路 245 间隔 I_a、I_b、I_c、P、Q 及 U_x 遥测。进入远动配置/远动装置/104 地调/虚 CPU/遥测组，“跳到”远传遥测表最后一页或者要加入位置，在页面左上端选择站内装置/220kV 间隔/CL245［220kV 线路 245］/CPU2_测量 LD/遥测组，找到新增的遥测，并点击图标，将其添加到远传遥测表中。或者在左侧站内装置树形结构下方，输入增加的位置，默认“覆盖”“装置名”“点名”打勾，点击 => 按钮将其添加到远传遥测表中。可以通过点击“页码”，或选择跳到的页码，按页查看遥测信息。Web 页面如图 6-3-45 所示。

（2）遥测属性设置。新增远传遥信点后，需要设置遥测属性点击 MORE 图标，可查看属性，双击图标，变为图标，将查看状态改为编辑状态，勾选需要修改点名称的，可进行 通用分类、实际值转换系数（遥测远传系数）、平滑系数（死区）和实际转换基数（遥测偏移量）设置，其他列采用默认值即可。“允许标记”点击图标，可以进行相关设置，一般为默认即可。“通用分类”这个选项参考其他远传遥测点设置即可，可通过点击图标，浮点数选择“测量值，短浮点数”，整型数则选择“测量值，规一化值”。“实际值转换系数”可根据计算方法填入，也可通过比较运行间隔的一次参数计算填入。“平滑系数”

根据相关规定填入合适的值。Web 页面如图 6-3-46 所示。

图 6-3-45 新增远传遥测

点附加字符串　1 2 3 4 5 6 7 8 9 10 >>　30 行/页 保存 增加

ID	点名称	通用分类	允许标记	FUN	INF	实际值转换基数	实际值转换系数	平滑系数	量纲	缺省值	取值下限	取值上限	步长	整数位数	小数位数	物理类型	报
170	CL245[220kV 线路245]_CPU2_测量LD_Ia	测量值，规一化值	0	172	0	0	0.351648	0.0001	NULL	0	0	65535	1	6	2	其它	0
171	CL245[220kV 线路245]_CPU2_测量LD_Ib	测量值，规一化值	0	172	0	0	0.351648	0.0001	NULL	0	0	65535	1	6	2	其它	0
172	CL245[220kV 线路245]_CPU2_测量LD_Ic	测量值，规一化值	0	172	0	0	0.351648	0.0001	NULL	0	0	65535	1	6	2	其它	0
173	CL245[220kV 线路245]_CPU2_测量LD_P	测量值，规一化值	0	172	0	0	0.133992	0.0001	NULL	0	0	65535	1	6	2	其它	0
174	CL245[220kV 线路245]_CPU2_测量LD_Q	测量值，规一化值	0	172	0	0	0.133992	0.001	NULL	0	0	65535	1	6	2	其它	0
175	CL245[220kV 线路245]_CPU2_测量LD_Ux	测量值，规一化值	0	172	0	0	0.032234	0.001	NULL	0	0	65535	1	6	2	其它	0
176	CL245[220kV 线路245]_CPU2_测量LD_Ua	测量值，规一化值	0	172	0	0	0.032234	0.001	NULL	0	0	65535	1	6	2	其它	0
177	CL245[220kV 线路245]_CPU2_测量LD_Ub	测量值，规一化值	0	172	0	0	0.032234	0.001	NULL	0	0	65535	1	6	2	其它	0
178	CL245[220kV 线路245]_CPU2_测量LD_Uc	测量值，规一化值	0	172	0	0	0.032234	0.001	NULL	0	0	65535	1	6	2	其它	0

测量值，规一化值
带时标的测量值，规一化值
测量值，标度化值
带时标的测量值，标度化值
测量值，短浮点数
带时标的测量值，浮点数
测量值，不带品质描述词的规一化值
带CP56Time2a时标的测量值，规一化值
带CP56Time2a时标的测量值，标度化值
带CP56Time2a时标的测量值，浮点数

图 6-3-46 遥测属性设置

（3）遥测“实际值转换系数（遥测远传系数）”计算，见表 6-3-2。

表 6-3-2　　遥测系数计算

名称	计算公式	说明
满码值 1	2048	用于 CDT/DISA/XT9702 系列规约
满码值 2	4096	Nspro、Eyewin、PS6000+系列监控 101 规约、104 规约等常用
满码值 3	32767	101 规约、104 规约等常用

续表

名称	计算公式	说明
电流系数	TA 变比*5*1.2/满码值 例：（600/5）*5*1.2/4096	用于所有装置
电压系数	TV 变比*100*1.2/满码值 例：（110/100）*100*1.2/4096	用于所有装置
功率系数 1	TV 变比*TA 变比*100*5*3*1.2*1.2/满码值	用于 PSL64x 系列低压保护测控，版本低于 2.07 的 PSR651
功率系数 2	TV 变比*TA 变比*100*5*3*1.2/1.73205/满码值	用于 PSR660 测控，版本高于 2.07 的 PSR652、PSL69x 系列保护测控
功率系数 3	TV 变比*TA 变比*100*5*3*1.2*1.2/1.73205/满码值	用于 PSL629 系列、PST626 系列
功率因数	1/满码值	用于所有装置
频率系数 1	64/满码值	用于除 PSL629、PST626、PSR660 系列的所有系列
频率系数 2	60/满码值	用于 PSL629 系列，PST626 系列
频率系数 3	32.5/满码值	用于 PSR660 系列，F＝原始值*CC2＋CC1，CC2＝32.5/4096，CC1＝32
温度/直流	100*1.2/满码值	用于温度传感器为 PT100，温度转换成 6V 电压的类型
档位	81.92/满码值	一般为 1/50，1/100，1/400
电能表	不定，一般为 0.01、0.02、0.01/8	需要根据规约的配置来确定

（4）遥测“平滑系数（死区）”填写。

平滑系数：防止大量遥测变化造成网络风暴。平滑系数一般根据各省网规定设置，设置太小遥测数据变化频率过大，将造成网络风暴，设置过大，遥测数据不刷新。

2. 删除远传遥测点

将远传遥测点前面的图标打勾，点击图标，删除被选中的遥测点，Web 页面如图 6－3－47 所示。

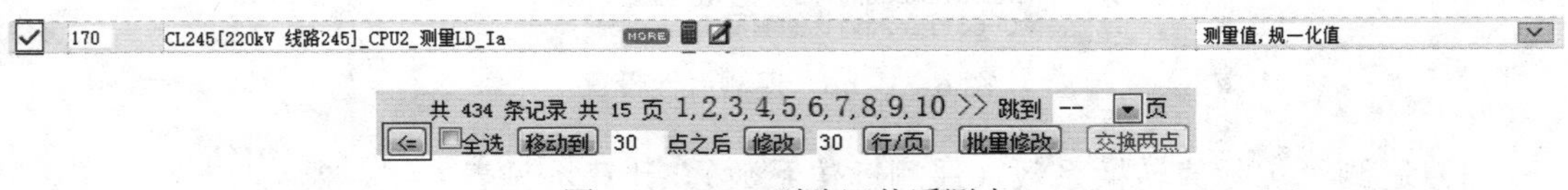

图 6－3－47　删除远传遥测点

3. 移动远传遥测点

将远传遥测点前面的图标打勾，在其后的对话框中输入需要移动的位置，点击移动到图标，远传点将移到指定的位置。Web 页面如图 6－3－48 所示。

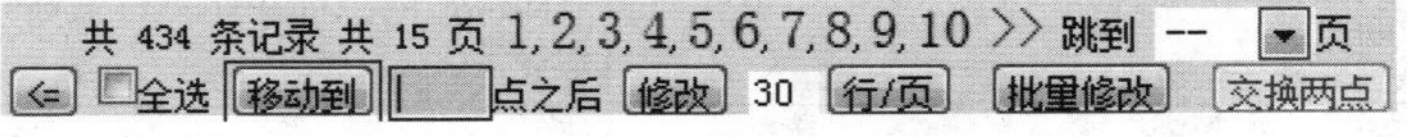

图 6－3－48　移动远传遥测点

4. 交换两远传遥测点

将需要交换的两远传遥测点前面的□图标打勾☑，点击交换两点图标，即可将两远传遥测点的位置交换，Web页面如图6-3-49所示。

共 434 条记录 共 15 页 1,2,3,4,5,6,7,8,9,10 >> 跳到 -- 页
<= □全选 移动到 点之后 修改 30 行/页 批量修改 交换两点

图6-3-49 交换两远传遥测点

5. 修改远传遥测点描述

如果不在装置管理中修改点名，可直接在远传遥测表中修改。选择要修改的点名，对话框变成绿色后输入修改后的名称，将远传点前面的□图标打勾☑，点击修改图标，即完成修改，也可以将所有修改的所有远传遥测点前面打勾，点击批量修改，完成所有修改。Web页面如图6-3-50所示。

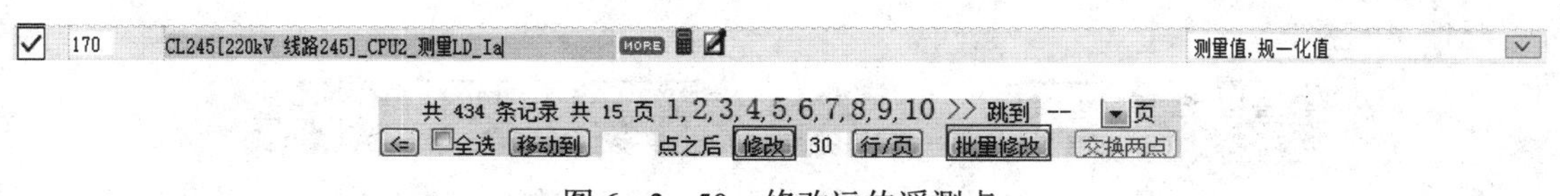

图6-3-50 修改远传遥测点

6. 插入空点遥测

如果新增遥测不是连续的，可以通过插入空点遥测方式实现序号连续。在左侧站内装置树形结构中选择空点装置/遥测CPU2/遥测组，找到没用过的空点遥测，并点击图标，将其添加到远传遥测表中。

6.3.8.4 遥控编辑

1. 新增远传遥控表

（1）新增测控装置开关、刀闸及软压板遥控。例如要在远传表中新增220kV线路245间隔开关、刀闸及测控软压板遥控。进入远动配置/远动装置/104地调/虚CPU/遥控组，“跳到”远传表最后一页或者要加入位置，在左侧站内装置树形结构中选择站内装置/220kV间隔/CL245［220kV线路245］/CPU3_控制LD/遥控组可以新增开关、刀闸遥控，在左侧站内装置树形结构中选择站内装置/220kV间隔/CL245［220kV线路245］/CPU3-控制LD/压板组可以新增检同期、检无压、不检方式等软压板遥控，找到新增的遥控点，并点击图标，将其添加到远传遥控表中。或者在左侧站内装置树形结构下方，输入增加的位置，默认“覆盖”“装置名”“点名”打勾，点击=>按钮将其添加到远传遥控表中。可以通过点击“页码”，或选择跳到的页码，按页查看遥控信息。Web页面如图6-3-51所示。

（2）新增保护装置软压板遥控。例如要在远传表中新增220kV线路245PSL603GC保护软压板遥控。进入远动配置/远动装置/104地调/虚CPU/遥控组，“跳到”远传表最后一页或者要加入位置，在左侧站内装置树形结构中选择站内装置/220kV间隔/220kV线路245PSL603GC/CPU1（CPU2、CPU3）/压板组可以新增主保护、后备保护等软压板遥控，

找到新增的遥控，并点击图标，将其添加到远传表中。或者在左侧站内装置树形结构下方，输入增加的位置，默认“覆盖”“装置名”“点名”打勾，点击=>按钮将其添加到远传遥控表中。Web 页面如图 6－3－52 所示。

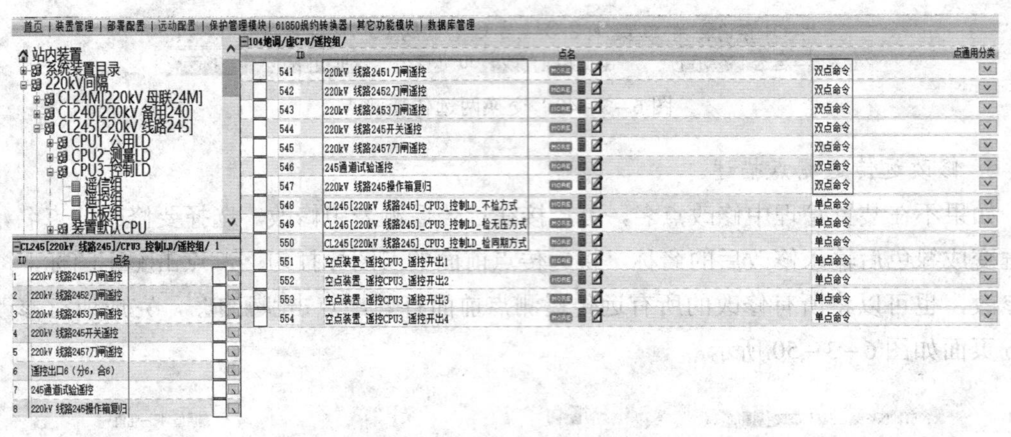

图 6－3－51　新增测控装置开关、刀闸及软压板遥控

图 6－3－52　新增保护装置软压板遥控

（3）遥控属性设置。“点通用分类”默认设置为“单点命令”，其他按默认设置。

2. 删除远传遥控点

将远传遥控点前面的图标打勾，点击图标，删除被选中的遥控点，Web 页面如图 6－3－53 所示。

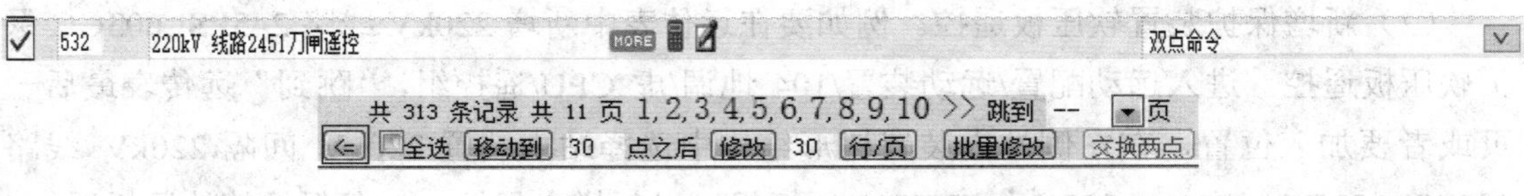

图 6－3－53　删除远传遥控点

3. 移动远传遥控点

将远传遥控点前面的□图标打勾☑，点击移动到图标，并在其后的对话框中输入需要移动的位置，Web 页面如图 6－3－54 所示。

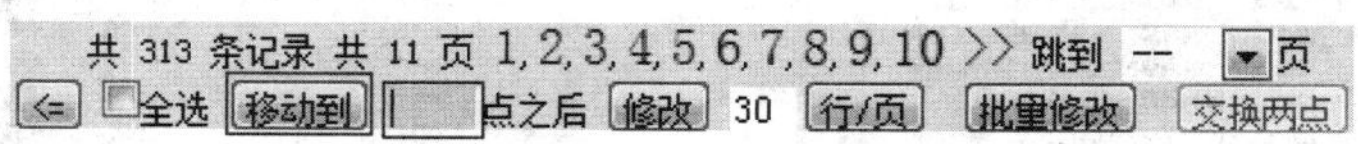

图 6－3－54 移动远传遥控点

4. 交换两远传遥控点

将需要交换的两远传遥控点前面的□图标打勾☑，点击交换两点图标，即可将两远传遥控点的位置交换，Web 页面如图 6－3－55 所示。

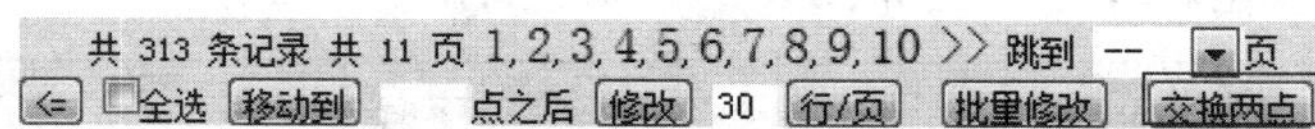

图 6－3－55 交换两远传遥控点

5. 修改远传遥控点描述

如果不在装置管理中修改点名，可直接在远传遥控表中修改。选择要修改的遥控点名，对话框变成绿色后输入修改后的名称，将远传遥控点前面的□图标打勾☑，点击修改图标，即完成修改，也可以将所有修改的所有远传遥控点前面打勾，点击批量修改，完成所有修改。Web 页面如图 6－3－56 所示。

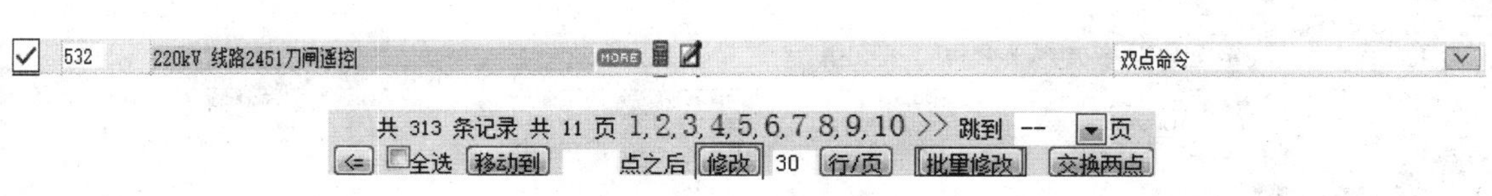

图 6－3－56 修改远传遥控点

6. 插入空点遥控

如果新增遥控点不是连续的，可以通过插入空点方式实现序号连续。在页面左上端选择空点装置/遥控 CPU3/遥控组，找到没用过的空点遥控，并点击图标，将其添加到远传表中。

6.3.8.5 新增调度事故总信号（以地调事故总为例）

1. 修改“点名称”

进入首页/系统配置/装置管理/站内装置/合并计算模拟装置/CPU1/遥信组，双击图标，变为图标，将查看状态改为编辑状态，点击显示基本信息按钮，将“备用_3”改为“地调事故总”，“物理类型”下拉框选择“其他”，其他列按默认选择，修改完后点击“保存”按钮。Web 页面如图 6－3－57 所示。

图 6-3-57 修改事故总名称

2. 延时设置

点击“显示合并计算信息”，“合并类型”下拉框选择“事故总”，“延时复归设置”下拉框选择“是”，“延时复归时间毫秒”值输入 10000，即事故总信号在远动机中设置 10s 延时，最后点击“保存”按钮。Web 页面如图 6-3-58 所示。

ID	点名称	合并类型	多触发设置	延时复归设置	延时复归时间 毫秒	消抖设置	消抖时间 毫秒	计算式编辑
1	全站事故总	事故总	否	是	10000	否	1	CompEdit
2	省调事故总	事故总	否	是	10000	否	1	CompEdit
3	地调事故总	事故总	否	是	10000	否	1	CompEdit

图 6-3-58 事故总延时设置

3. 添加间隔事故总

点击 CompEdit 按钮，进入间隔事故总添加画面，选择某一间隔，进入 CPU3_控制 LD/遥信组/开关事故跳闸，勾选☑，点击 ‹‹ 按钮，添加到“地调事故总”列表中，将地调管辖间隔的事故总信号全部添加到列表中，点击“保存”按钮。Web 页面如图 6-3-59 所示。

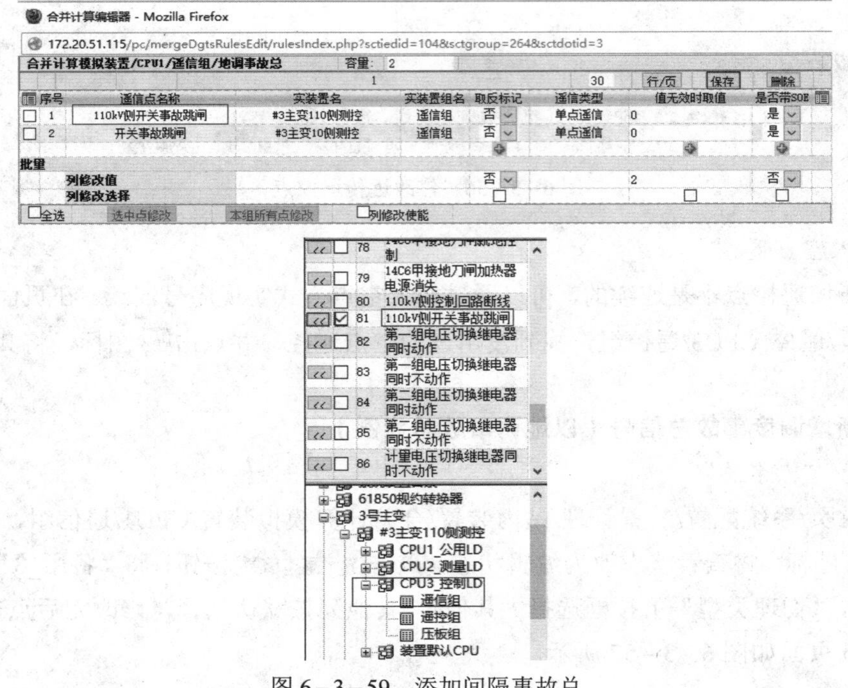

图 6-3-59 添加间隔事故总

4. 在远传表中新增地调事故总信号

进入首页/系统配置/远动配置/远动装置/104 地调/虚 CPU/遥信组，“跳到”远传遥信表最后一页或者要加入位置，在页面左上端选择站内装置/合并计算模拟装置/CPU1/遥信组，找到“地调事故总”遥信，并点击按钮，将其添加到远传遥信表中。Web 页面如图 6-3-60 所示。

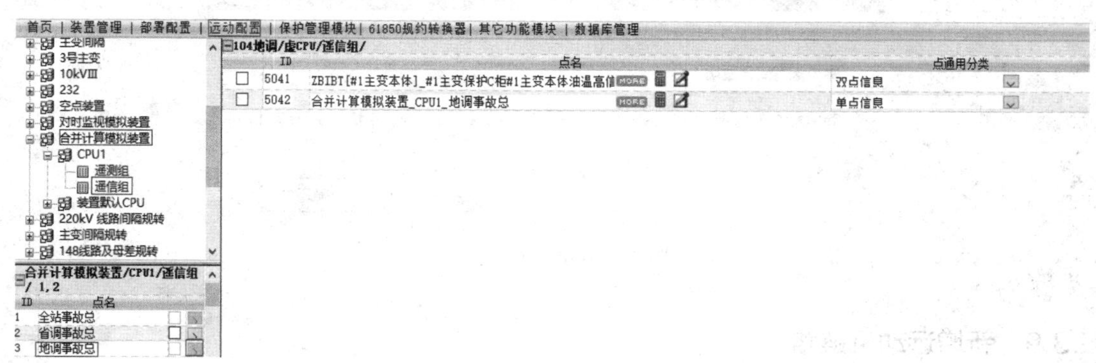

图 6-3-60　远传表中新增事故总

6.3.8.6　修改间隔名称

进入首页/系统配置/装置管理，在左侧站内装置树形结构中选择需要修改的间隔设备，在右侧的装置名称一栏中修改新的间隔名称，然后点击下方的“修改”按钮，完成修改，如图 6-3-61 所示。

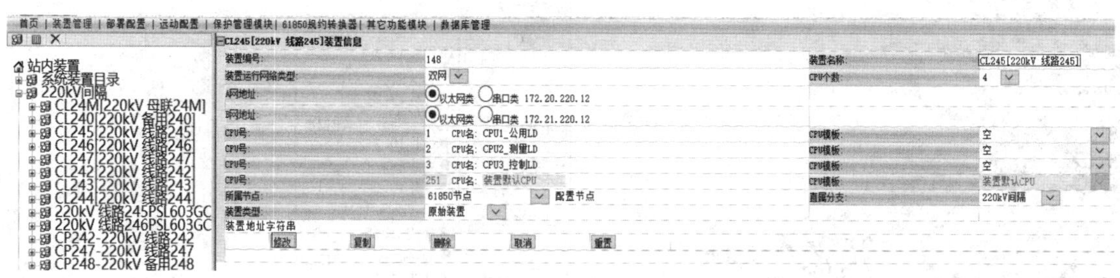

图 6-3-61　修改间隔名称

6.3.8.7　配置同步

修改完以上内容后，要“配置同步”。进入首页/系统配置/数据库管理/配置同步，提示“本机配置同步成功!”，点击“确定”按钮。Web 页面如图 6-3-62 所示。

同步完成后，一定要重新启动程序，以便程序重新读取配置文件，重启远动机的步骤。将配置文件导出，生成配置文件到/sas/etc 下。

所有操作配置完成后，PSX610G 远动系统配置库完成，最后必须点击“配置同步”按钮，将配置文件导出以便程序调用。

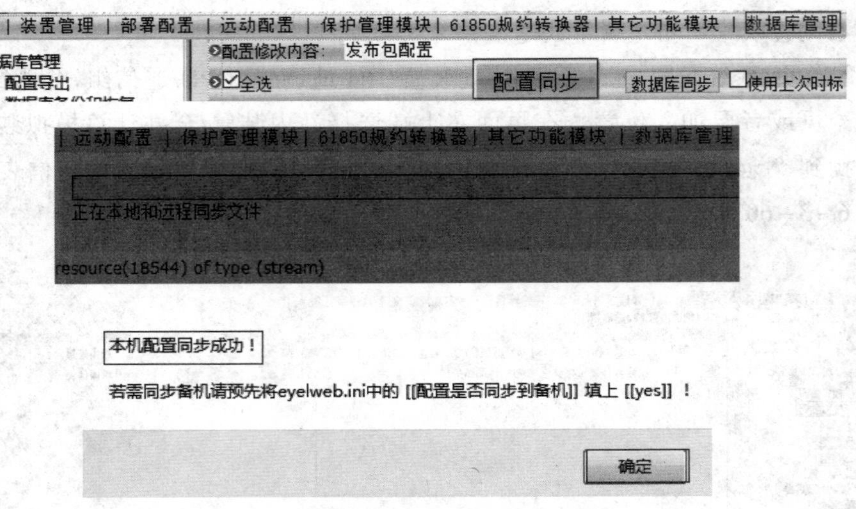

图 6－3－62　配置同步

6.3.9　新增远动机链路

6.3.9.1　新增 104 通道

进入首页/系统配置/远动配置/远动装置/104 地调，根据要求增加 104 主站个数，输入相应的 IP 地址，增加完后点击“修改”按钮。Web 页面如图 6－3－63 所示。

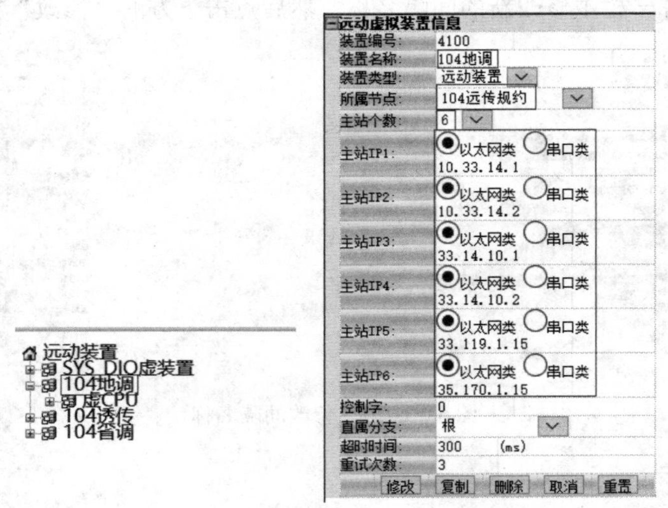

图 6－3－63　新增 104 通道

6.3.9.2　新增 103 通道

1. 新增远动配置 103 通道主站地址

进入首页/系统配置/远动配置/远动装置/104 透传，根据要求增加 103 主站个数，输入相应的 IP 地址，增加完后点击“修改”按钮。Web 页面如图 6－3－64 所示。

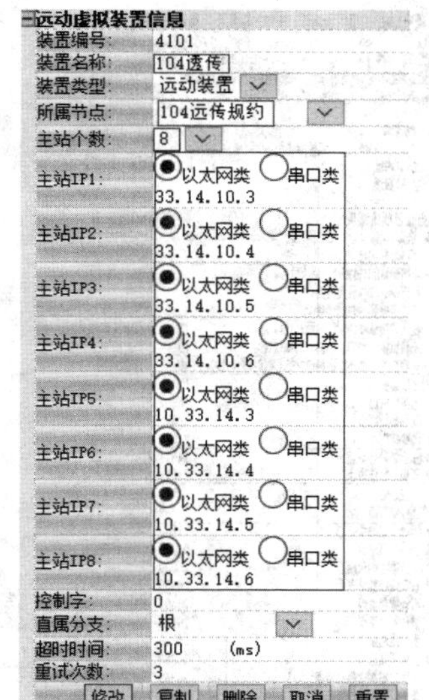

图 6－3－64　新增 103 通道

2. 新增保护管理模块 103 通道主站地址

进入首页/系统配置/保护管理模块/保护管理机，在右侧点击“104 透传”，在右侧下方可编辑保护管理机信息。根据要求增加 103 主站个数，输入相应的 IP 地址，增加完后点击 “修改”按钮。Web 页面如图 6－3－65 所示。

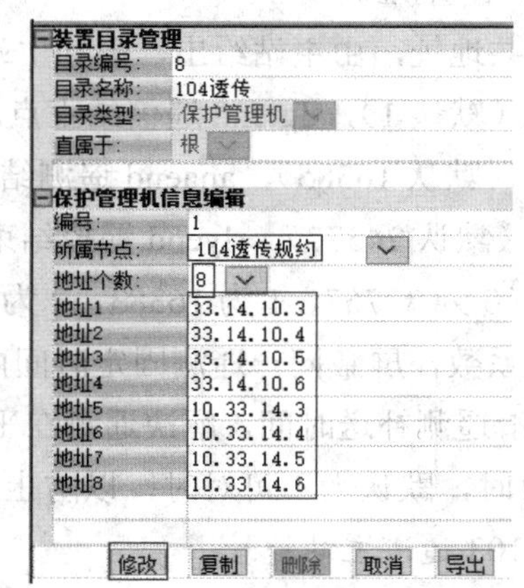

图 6－3－65　新增保护管理模块 103 通道主站地址

注意：远动配置中的 103 主站个数与保护管理机中的 103 主站个数是相同的。

3. 修改部署配置中 104 通道主站地址

进入首页/系统配置/部署配置/规约配置列表－/pt104netc/主站 x/主站地址，在第 6.3.9.1、6.3.9.2 步骤中增加 104 和 103 的主站地址，在 pt104netc 中也要填写成相应的主站地址。ASDU 地址，遥信、遥测、遥控的地址，104 地址的满码值与原有的 104 保持一样，103 主站的满码值默认，修改后点击“保存”按钮，Web 页面如图 6－3－66 所示。

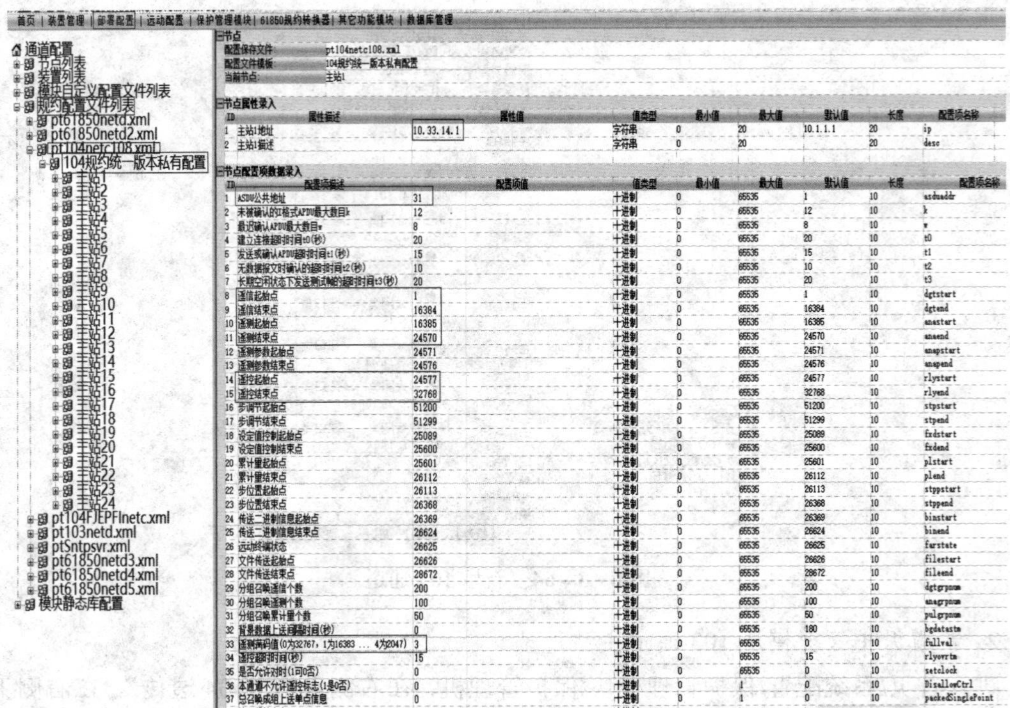

图 6-3-66 104 通道部署配置

其中：ip 调度主站，IP 地址。

asduaddr ASDU，公共地址，由主站给出，需和主站配置相同。

dgtstart 遥信起始点（默认 1），dgtend 遥信结束点。

anastart 遥测起始点（默认 16385），anaend 遥测结束点。

rlystart 遥控起始点（默认 24577），rlyend 遥控结束点。

fullval 遥测满码值（0 为 32767，1 为 16383，2 为 8191，3 为 4095，4 为 2047）。

setsmooth 遥测平滑系数，屏蔽同一遥测固定时间内过多上送问题。

setsmoothuptime 平滑遥测补送时间，解决遥测在平滑范围内变化后再不变化的问题。

setclock 是否允许对时，默认为不可对时，以防止造成多时钟源。

4. 修改部署配置中 103 通道主站地址

进入首页/系统配置/部署配置/规约配置列表/pt104FJEPFInetc1/主站 x/主站地址，在第 6.3.9.2 2. 中增加的 103 主站地址在 pt104FJEPFInetc1 中也要填写成相应的主站地址。修改后点击“保存”按钮，Web 页面如图 6-3-67 所示。

5. 在控制面板新增主站地址，配置路由路径

进入首页/控制面板/系统路由设置。远传主站个数是 104 主站和 103 主站的总和，最大 24 个地址。点击“添加”按钮，可以添加新的主站 IP 地址，添加完成后，点击“配置同步”。Web 页面如图 6-3-68 所示。

图 6－3－67　103 通道部署配置

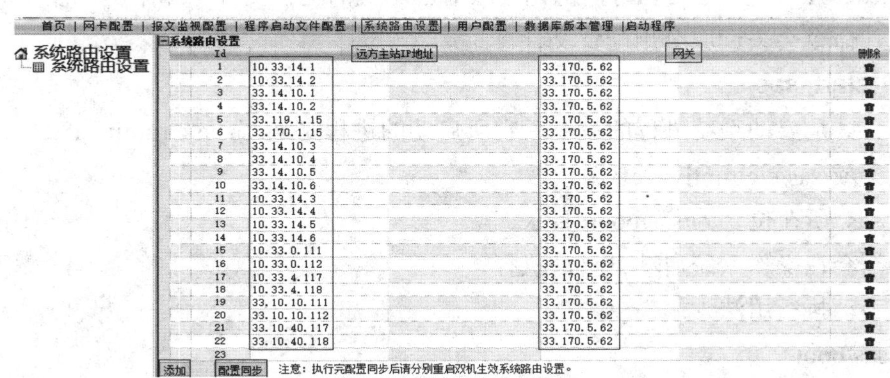

图 6－3－68　系统路由设置

6. 修改进程内存上限

进入首页/控制面板/程序启动文件配置/启动文件配置/runtime.cf，将“运行内存上限”修改为 300 以上，修改完后“提交配置参数”。Web 页面如图 6－3－69 所示。

图 6－3－69　启动文件配置

修改完以上内容后，要“配置同步”，具体操作参考 6.3.8.7。

同步完成后，重启远动服务器。具体操作参考 6.3.7。

6.3.10 系统维护命令介绍

6.3.10.1 启动进程配置文件

在/sas/etc 目录下，有 runtime.cf 或者 runtime.*.cf 文件，其中*是机器名，runtime.cf 是公用配置文件，runtime.*.cf 是对应机器的配置文件，比如对应于 srvA 的配置文件就是 runtime.srvA.cf。命令启动时，优先读取对应本机的配置文件，如果本机没有对应本机的配置文件命令会去读取公用配置文件。

6.3.10.2 start_sas

start_sas 是启动系统进程的命令，它所启动的进程是从 sas/etc/runtime.*.cf（其中*是指机器名）或/sas/etc/runtime.cf 中读取。

start_sas 所在位置为/sas/boot 目录。

该命令会在操作系统启动时自动执行。

终端手动执行用法为：

#cd /sas/boot

#./start_sas

6.3.10.3 stop_sas

stop_sas 是终止所有进程的命令，它所终止的进程是从 sas/etc/runtime.*.cf（其中*是指机器名）或/sas/etc/runtime.cf 中读取。

stop_sas 所在位置为/sas/boot 目录。

用法为：

#cd /sas/boot

#./stop_sas

6.3.10.4 ps_sas

ps_sas 是显示当前所运行的进程的命令，它所列出的进程是从 sas/etc/runtime.*.cf（其中*是指机器名）或/sas/etc/runtime.cf 中读取。

ps_sas 所在位置为/sas/boot 目录。

用法为：

#cd /sas/boot

#./ps_sas

6.3.10.5 104 规约运行命令行参数

Pt104cli －n［node id］－e 远传装置号，远传装置号，„ －f 配置文件.xml

－n 运行 104 规约程序所用节点号。

－e 运行 104 规约程序所用远传装置号。

－f 运行 104 规约程序所用配置文件。

6.3.10.6 常用命令集

netstat –t 查看网络状态

su 切换用户

reboot 重新启动

ifcongfig ethx 查询 ip

./ifup ethx 运行 ip，进入 cd /etc/sysconfig cd network－devices 运行

:wq!保存退出:q!不保存退出

cd /mnt/ram/database rm *(.*)－f 全部删除

cd /etc/backup rm *.*－f 全部删除

cd /home/gdnz/work ./dbchang /home/gdnz/psx610(文件名称).psx

重新启动(reboot)

cat 查看

ls 文件列表

蓝色是文件夹，白色是可编辑文件，绿色是可执行文件。

注释

enter in rc.local 按 ctrl+c

cd \ 根目录 cd .. 退一层

cd /usr/local/bin

cd /etc/ vi resolv.conf 去除。telnet 登录不上去时！

A 是插入修改键，ESC 是退出键。

cd 命令后有空格，rm 后面也有。

7 变电站综合自动化系统网络安全加固

7.1 网 络 设 备

网络设备是调度数据网和各类监控系统的重要组成部分，也是网络安全的基石，具体包括调度数据网路由器、调度数据网交换机、站控层交换机和间隔层交换机。网络设备安全防护的管理要求包括设备管理、用户与口令、日志与审计、网络服务和安全防护五个方面。本章节将按不同供应商的网络设备分别描述配置操作方法。

（1）设备管理主要包括网络设备本地登录、远程管理等方面配置，保证网络设备的管理符合安全要求。

（2）用户账号与口令安全主要包括从登录口令、账号权限分配等方面保证网络设备的安全。

（3）日志与安全审计主要包括设备本身日志、网络管理协议方面的安全审计方面的配置，以方便事后追溯。

（4）网络服务优化主要包括设备开启的公共网络服务的角度优化管理，防止不必要的网络服务被利用。

（5）安全防护主要包括设备访问控制列表等方面强化网络设备的安全防护。

7.1.1 设备管理

7.1.1.1 本地管理服务

安全要求：对于通过本地 Console 口进行维护的设备，设备应配置使用用户名和口令进行认证，人员本地登录应通过 Console 口输入用户名和口令。

H3C 设备操作步骤：

```
[SW] user-interface aux 0 8
[SW] authentication-mode scheme
```

华为设备操作步骤：

```
[SW] user-interface con 0
[SW] authentication-mode aaa
```

中兴设备操作步骤：

全局启用 AAA 功能，使用本地认证方式。

```
Router# config t
```

```
Enter configuration commands，one per line. End with CNTL/Z.
Router（config）#aaa new－model
Router（config）# aaa authentication login default local
```

7.1.1.2 远程管理服务

安全要求：对于使用 IP 协议进行远程维护的设备，设备应配置使用 SSH 等加密协议，采用 SSH 服务代替 telnet 实施远程管理，提高设备管理安全性。人员运程登录应使用 SSH 协议，禁止使用 telnet、rlogin 其他协议远程登录。

H3C 设备操作步骤：

生成 RSA 及 DSA 密钥对，并启动 SSH 服务器。

```
<SW>system－view
[SW] public－key local create rsa
[SW] public－key local create dsa
[SW] ssh server enable
```

设置 SSH 客户端登录用户界面的认证方式为 AAA 认证。

```
[SW] user－interface vty 0 4
[SW－ui－vty0－4] authentication－mode scheme
[SW－ui－vty0－4] protocol inbound ssh
[SW－ui－vty0－4] quit
```

华为设备操作步骤：

生成 RSA 及 DSA 密钥对，并启动 SSH 服务器。

```
<SW>system－view
[SW] rsa local－key－pair create
[SW] rsa peer－public－key name
[SW] stelnet server enable
```

设置 SSH 客户端登录用户界面的认证方式为 AAA 认证。

```
[SW] user－interface vty 0 4
[SW－ui－vty0－4] authentication－mode aaa
[SW－ui－vty0－4] protocol inbound ssh
[SW－ui－vty0－4] quit
```

不支持配置 SSH 的型号可以通过配置 Stelnet，认证方式为 password 认证。

```
[SW] ssh user client001 service－type stelnet authentication－type password
```

中兴设备操作步骤：

配置主机名和域名。

```
router# config t
Enter configuration commands，one per line. End with CNTL/Z.
```

```
router（config）# hostname Router
Router（config）# ip domain－name Router.domain－name
```

生成 RSA 密钥对。

```
Router（config）# crypto key generate rsa
The name for the keys will be：Router.domain－name
Choose the size of the key modulus in the range of 360 to
2048 for your General Purpose Keys. Choosing a key modulus
greater than 512 may take a few minutes
How many bits in the modulus［512］：2048
Generating RSA Keys ...
［OK］
```

配置仅允许 ssh 远程登录。

```
Router（config）#ssh server enable
Router（config）#ssh server authentication mode local
Router（config）#ssh server version 2
```

7.1.1.3 远程管理 IP 限制

安全要求：公共网络服务 SSH、SNMP 默认可以接受任何地址的连接，为保障网络安全，应只允许特定地址访问，配置访问控制列表，只允许业务设备地址能访问网络设备管理服务。SSH 和 SNMP 地址不同时应启用不同的访问控制列表。

H3C 设备操作步骤：

创建并进入基本 ACL 视图 1000。

```
［SW］acl number 1000
［SW－acl－1000］rule 1 permit source 192.168.10.10 0
［SW－acl－1000］rule 2 permit source 192.168.10.11 0
［SW－acl－1000］rule 3 deny source any
［SW－acl－1000］quit
［SW］acl number 1001
［SW－acl－1001］rule 1 permit source 192.168.11.10 0
```

引用访问控制列表 1000，通过源 IP 对 SSH 用户进行控制。

```
［SW］user－interface vty 0 4
［SW－ui－vty0－4］acl 1000 inbound
```

引用访问控制列表 1001，通过源 IP 对网管用户进行控制。

```
［SW］snmp－agent community read xxxxxxxx acl 1001
```

华为设备操作步骤：

创建并进入基本 ACL 视图 1000。

```
[SW] acl number 1000
[SW-acl-1000] rule 1 permit source 192.168.10.10 0
[SW-acl-1000] rule 2 permit source 192.168.10.11 0
[SW-acl-1000] rule 3 deny source any
[SW-acl-1000] quit
[SW] acl number 1001
[SW-acl-1001] rule 1 permit source 192.168.11.10 0
```

引用访问控制列表1000，通过源IP对SSH用户进行控制。

```
[SW] user-interface vty 0 4
[SW-ui-vty0-4] acl 1000 inbound
```

引用访问控制列表1001，通过源IP对网管用户进行控制。

```
[SW] snmp-agent community read xxxxxxxx acl 1001
```

中兴设备操作步骤：

创建标准访问控制列表限制原地址，并对访问控制列表进行命名。

```
Router (config) # acl standard number 50
Router (config) # rule 1 permit 3.1.1.1 0.0.0.0
Router (config) # exit
Router (config) # line telnet access-class 50
```

7.1.1.4 登录超时

安全要求：应配置账户超时自动退出，退出后用户需再次登录才能进入系统。Console口或远程登录后超过5分钟无动作自动退出。

H3C设备操作步骤：

```
<SW>system-view
[SW] user-interface console 0   #部分设备命令为 user-interface aux 0 8
[SW-ui-console0] idle-timeout 5
[SW] user-interface vty 0 4
[SW-ui-vty0-4] idle-timeout 5
```

华为设备操作步骤：

```
<SW>system-view
[SW] user-interface console 0   #部分设备命令为 user-interface aux 0 8
[SW-ui-console0] idle-timeout 5
[SW] user-interface vty 0 4
[SW-ui-vty0-4] idle-timeout 5
```

中兴设备操作步骤：

```
Router #configure terminal
```

```
Router（config）# line telnet idle－timeout 5
```

7.1.2 用户账号与密码安全

7.1.2.1 密码认证登录

安全要求：通过控制台和远程终端登录设备，应输入用户名和口令，口令长度不能小于8位，要求是数字、字母和特殊字符的混合，不得与用户名相同。口令应3个月定期更换和加密存储。配置只有使用用户名和密码的组合才能登录设备，密码强度采用技术手段予以校验通过，并对密码进行加密存储、定期更换。

H3C设备操作步骤：

```
[SW] local user XXX
[SW] password cipher XXX
```

华为设备操作步骤：

```
[SW] local user XXX
[SW] set authentication password cipher XXX
```

中兴设备操作步骤：

采用 service password－encryption，使口令加密方式得到增强。

```
Router #configure terminal
Router（config）# service password－encryption
```

采用 secret 对密码进行加密，静态口令必须使用不可逆加密算法加密，以密文形式存放。

```
Router（config）# enable secret XXX
Router（config）#username XX password XX
```

7.1.2.2 用户账号管理

安全要求：应按照用户性质分别创建账号，禁止不同用户间共享账号，禁止人员和设备通信公用账号。创建管理员和普通用户对应的账户，厂站端只能分配普通用户账户，账户应实名制管理，只有查看、ping等权限。

H3C设备操作步骤：

```
[SW] user－interface aux 0 8
[SW] authentication－mode password
[SW] user privilege level 1
[SW] set authentication password cipher XXX
[SW] user－interface vty 0 4
[SW] authentication－mode password
[SW] user privilege level 3
[SW] set authentication password cipher XXX
```

华为设备操作步骤：

```
[SW] aaa
[SW-aaa] local-user user1 password cipher XXX
[SW-aaa] local-user user1 service-type ssh
[SW-aaa] local-user user1 privilege level 1
[SW-aaa] local-user admin password cipher XXX
[SW-aaa] local-user admin service-type ssh terminal
[SW-aaa] local-user admin privilege level 15
```

中兴设备操作步骤：

```
Router# config t
Router（config）# service password-encryption
Router（config）# privilege show all level 3 show running-config
Router（config）# username user1 password XXX privilege 3 #普通用户
Router（config）# privilege show all level 4 show logging
Router（config）# username audit password XXX privilege 4 #审计用户
Router（config）# username admin password XXX privilege 15 #超级用户
```

7.1.3 日志与安全审计

7.1.3.1 SNMP 协议安全

安全要求：应修改 SNMP 默认的通信字符串，字符串长度不能小于 8 位，要求是数字、字母或特殊字符的混合，不得与用户名相同。字符串应 3 个月定期更换和加密存储。SNMP 协议应配置 V2 及以上版本。

H3C 设备操作步骤：

```
[SW] undo snmp-agent community public
[SW] undo snmp-agent community private
[SW] snmp-agent community read xxxxxxxx
[SW] snmp-agent community write xxxxxxxx
[SW] snmp-agent sys-info version v2c v3
[SW] undo snmp-agent sys-info version v1
```

华为设备操作步骤：

```
[SW] undo snmp-agent community public
[SW] undo snmp-agent community private
[SW] snmp-agent community read cipher xxxxxxxx
[SW] snmp-agent community writecipher xxxxxxxx
[SW] snmp-agent sys-info version v2c v3
```

```
[SW] undo snmp-agent sys-info version v1
```

中兴设备操作步骤：

```
Router# config t
Router（config）# snmp-server community encrypted xxxxxxxxro
Router（config）# snmp-server community encrypted xxxxxxxxrw
Router（config）# snmp-server version v2c enable
Router（config）# no snmp-server version v1
```

7.1.3.2 日志审计

安全要求：设备应启用自身日志审计功能，并配置审计策略。

H3C 设备操作步骤：

```
[SW] info-center enable
[SW] info-center console channel console
[SW] info-center source rstp channel 6 log level debugging
[SW] debugging stp packet
[SW] info-center loghost Ip language english
```

华为设备操作步骤：

```
[SW] info-center enable
[SW] info-center console channel console
[SW] info-center source rstp channel 6 log level debugging
[SW] debugging stp packet all
[SW] info-center loghost Ip language english
```

中兴设备操作步骤：

```
Route#config t
Router（config）#logging on
Router（config）#syslog-server host xx
Router（config）#syslog-server source xx
```

7.1.4 网络服务优化

7.1.4.1 禁用不必要的服务

安全要求：禁用不必要的公共网络服务；网络服务采取白名单方式管理，只允许开放 SNMP、SSH、NTP 等特定服务。禁用 TCP SMALL SERVERS、UDP SMALL SERVERS、禁用 Finger、禁用 HTTP SERVER、禁用 BOOTP SERVER、关闭 DNS 查询功能，如要使用该功能，则显式配置 DNS SERVER。

H3C 设备操作步骤：

```
[SW] undo ip http enable
```

```
[SW] undo ftp server enable
[SW] undo telnet server enable
```

华为设备操作步骤：

```
[SW] undo ip http enable
[SW] undo ftp server enable
[SW] undo telnet server enable
```

中兴设备操作步骤：

```
Router# config t
Enter configuration commands, one per line. End with CNTL/Z.
Router(config)# no service tcp-small-servers
Router(config)# no service udp-small-servers
Router(config)# no ip finger
Router(config)# no service finger
Router(config)# no ip http server
Router(config)# no ip bootp server
Router(config)# no ip domain-lookup
Router(config)# ip name-server 192.168.0.1
Router(config)# ip domain-lookup
Router(config)# exit
```

7.1.4.2 安全防护

1. ACL 访问控制列表

安全要求：应设置 ACL 访问控制列表，控制并规范网络访问行为（适用于调度数据网设备）。根据具体业务设置 ACL 访问控制列表，通过在调度数据网三层接入交换机出接口、路由器入接口设置 ACL 屏蔽非法访问信息。

H3C 设备操作步骤：

```
[SW] acl number 100
[SW-acl-adv-100] rule deny tcp source any destination any destination-port eq 135
[SW-acl-adv-100] rule deny udp source any destination any destination-port eq 135
```

华为设备操作步骤：

```
[SW] acl number 100
[SW-acl-adv-100] rule deny tcp source any destination any destination-port eq 135
[SW-acl-adv-100] rule deny udp source any destination any destination-port eq 135
```

中兴设备操作步骤：

```
Router(config)#access-list 1 deny tcp any any eq 135 log
```

```
Router（config）#access－list 1 deny udp any any eq 135 log
```

2. 空闲端口控制

安全要求：应关闭交换机、路由器上的空闲端口，防止恶意用户利用空闲端口进行攻击。应关闭交换机、路由器上不使用的端口，以关闭 Eth0/1 端口为例。

H3C 设备操作步骤：

```
[SW] interface Ethernet0/1
[SW－Ethernet0/1] shutdown
[SW－Ethernet0/1] quit
```

华为设备操作步骤：

```
[SW] interface Ethernet0/1
[SW－Ethernet0/1] shutdown
[SW－Ethernet0/1] quit
```

中兴设备操作步骤：

```
Router（Config）# interface eth0/1
Router（Config）# shutdown
```

3. MAC 地址绑定

安全要求：应使用 IP、MAC 和端口绑定，防止 ARP 攻击、中间人攻击、恶意接入等安全威胁，应绑定 IP、MAC 和端口。

H3C 设备操作步骤：

```
[SW] interface GigabitEthernet 1/0/1
[SW] user－bind ip－addr IP mac－addr MAC
```

华为设备操作步骤：

```
[SW] interface GigabitEthernet 1/0/1
[SW] user－bind ip－addr IP mac－addr MAC
```

中兴设备操作步骤：

```
Router（Config）# interface fei0/1
Router（Config－fei_0/3）#set arp static IP MAC
```

4. 设备版本管理

安全要求：路由器和交换机应升级为最新稳定版本，且同一品牌、同一型号版本应实现版本统一，设备使用的软件版本应为经过国网测试的成熟版本。

H3C 设备操作步骤：检查网络设备软件版本，并实施统一管理。

华为设备操作步骤：检查网络设备软件版本，并实施统一管理。

中兴设备操作步骤：检查网络设备软件版本，并实施统一管理。

7.2 安全操作系统

安全操作系统安全防护配置操作主要包括配置管理、运行管理和接入管理。本章节将按不同供应商的安全操作系统分别描述配置操作方法。

（1）配置管理主要包括操作系统用户策略、密码策略、安全审计等方面，保证操作系统的合规性。

（2）运行管理主要包括运行参数、运行状态方面，保证操作系统的安全。

（3）接入管理主要包括网络、设备接入方面，避免非法外联设备接入操作系统。

7.2.1 用户策略

安全要求：操作系统不存在超级管理员，应根据管理用户的角色分配权限，分别由安全管理员、系统管理员、审计管理员配合实现。实现权限分离，仅授予管理用户所需的最小权限。应保证操作系统中不存在多余的或过期账户，操作系统中除系统默认账户外不存在与业务系统无关的账户。

凝思系统配置步骤：

系统自带无 root 模式，内建 4 个分权管理员（系统管理员 sysadmin、安全管理员 secadmin、网络管理员 netadmin、审计管理员 audadmin）实现权限分离。不需要额外配置，只需要在重启机器的时候，在 grub 启动菜单中选择以下启动选项再启动机器即可。

```
Linux GNU/Linux，with Linux x.x.xx－x－linx－amd64（linx no root mode）
```

此时系统的 root 用户无法工作，root 用户的权限被分配给 4 个分权管理员来完成相应的管理工作。

检查账户列表/etc/passwd，找出需要禁用的账号。使用 userdel 命令删除上步操作找到的账户，删除账户 guest 的示例如下：

```
# userdel guest
```

麒麟系统配置步骤：

麒麟安全操作系统默认满足三权分立要求，无需进行额外相关设置。

多余账户删除参考凝思系统配置步骤、配置过程。

Solaris 系统配置步骤：应按照用户分配账号。根据业务需求，建立多帐户组，将用户账号分配到相应的账户组。参考配置操作。

为用户创建账号：

```
#useradd username        #创建账号
#passwd username         #设置密码
```

修改权限：

```
#chmod 750 directory
```

*说明：其中 750 为设置的权限，可根据实际情况设置相应的权限，directory 是要更改权限的目录。

检查账户列表/etc/passwd，找出需要禁用的账号。

删除用户：

```
# userdel username
```

锁定用户：将/etc/passwd 文件中的 shell 域设置成/bin/false，修改/etc/shadow 文件，用户名后加*LK*。使用以下命令将部分用户设置为只有具备超级用户权限方可使用：

```
#passwd  –l username          #锁定用户
#passwd  –d username          #解锁用户
```

*说明：解锁后原有密码失效，登录需输入新密码，修改/etc/shadow 能保留原有密码。

redhat 系统配置步骤：参考 Solaris 系统配置步骤、配置过程。

Windows 系统配置步骤：运行“compmgmt.msc”在计算机管理–本地用户和组–用户中检查相关项目，在需要禁用的用户上右键–属性–勾选“禁用”。

7.2.2 密码策略

安全要求：操作系统账户口令应具有一定的复杂度。应预先定义不成功鉴别尝试的管理参数（包括尝试次数和时间的阈值），并明确规定达到该值时应采取的拒绝登录措施，其中口令长度不小于 8 位；口令长度不小于 8 位；口令是字母、数字和特殊字符组成；口令不得与账户名相同；连续登录失败 5 次后，账户锁定 10 分钟；口令 90 天定期更换；口令过期前应提示修改。同时应采用两种或两种以上组合的鉴别技术对管理用户进行身份鉴别。

凝思系统配置步骤：

修改/etc/pam.d/common–passwd 文件内容为：

```
password required /lib64/security/pam_cracklib.so retry=3 minlen=8 difok=–1 lcredit=–1 ucredit=–1 dcredit=–1 ocredit=–1 reject_username
```

*说明：lcredit：小写字母；ucredit：大写字母；dcredit：数字；ocredit：其他特殊字符。

在/etc/pam.d/kde（图形界面）、/etc/pam.d/login（字符界面）、/etc/pam.d/sshd（ssh 远程登录）三个文件中各增加一行：

```
auth required /lib64/security/pam_tally.so per_user unlock_time=600 onerr=succeed audit deny=5
```

*说明：deny：连续登录失败多少次；unlock_time：当用户达到最大登录失败次数以后，账户锁定多少秒。

检查/etc/pam.d/shadow 文件，禁止空口令用户，也可以用如下命令：

```
awk  –F ":" '($2=="") {print $1}' /etc/shadow          输出空口令用户
```

存在空口令的用户使用以下命令设置密码：

```
passwd username
```

编辑/etc/login.defs，做如下修改。则新创建的用户，口令 90 天定期更换。

```
PASS_MAX_DAYS 90
PASS_MIN_DAYS    1
PASS_WARN_AGE 10
```

对已存在的账户，设定账户口令有效期。对于在改动/etc/login.defs 文件设置之前就已经存在的账户，/etc/login.defs 文件的修改对它无影响；首先查看账户口令过期时间：

```
# chage  –l 用户名
```

如需修改，则用如下命令修改：

```
# chage  –M 90  用户名
```

麒麟系统配置步骤：

修改/etc/pam.d/system–auth 文件内容为：

```
Password required pam_passwdqc.so min=disabled, 40, 8, 8, 8 max=40 retry=3
auth  required  pam_tally.so  per_useronerr=fail  deny=5  unlock_time=600  even_deny_root_account audit
```

编辑/etc/login.defs，做如下修改：

```
PASS_MAX_DAYS 90
PASS_MIN_DAYS    1
PASS_WARN_AGE 10
```

检查/etc/pam.d/shadow 文件，禁止空口令用户，也可以用如下命令：

```
awk  –F ":" '($2=="") {print $1}' /etc/shadow                输出空口令用户
```

存在空口令的用户使用以下命令设置密码：

```
passwd username
```

对于在改动/etc/login.defs 文件设置之前就已经存在的账户，/etc/login.defs 文件的修改对它无影响；首先查看账户口令过期时间：

```
# chage  –l 用户名
```

如需修改，则用如下命令修改：

```
# chage  –M 90  用户名
```

Solaris 系统配置步骤：

修改/etc/default/passwd 文件内容为：

```
PASSLENGTH=8        #设定最小用户密码长度为 8 位。
MINUPPER=1          #最少 1 个大写字母
MINLOWER=1          #最少 1 个小写字母
MINSPECIAL=1        #最少 1 个特殊字符
```

```
MINDIGIT=1          #最少 1 个数字
MINNONALPHA=1       #最少 1 个非字母，包括数字和特殊字符
```

修改/etc/default/login 配置文件：

```
RETRIES=5           #错误登录次数锁定账号
SLEEPTIME=10        #两次登录提示的间隔
```

修改/etc/security/policy.conf配置文件设定当本地用户登录失败次数等于或者大于允许的尝试次数时锁定账号：

```
LOCK_AFTER_RETRIES=YES
```

修改/etc/user_attr 配置文件设置哪些账户在达到登录失败次数时锁定，如下所示，将要修改的账户行后面加 lock_after_retries=yes，为了安全可以将 root 和不需要锁定的账户设置为 no。

```
root::::auths=solaris.*, solaris.grant;profiles=All; type=normal;lock_after_retries=yes
```

编辑/etc/default/passwd，做如下修改。则新创建的用户，口令 90 天定期更换：

```
MAXWEEKS=13         #密码的最大生存周期为 13 周 – Solaris 8&10
PWMAX=90            #密码的最大生存周期 – Solaris  其他版本
```

检查/etc/pam.d/shadow 文件，禁止空口令用户，也可以用如下命令：

```
awk  –F ":" '($2=="")\{print $1}' /etc/shadow          输出空口令用户
```

存在空口令的用户使用以下命令设置密码：

```
passwd username
```

对于在改动/etc/default/passwd 文件设置之前就已经存在的账户，首先查看账户口令过期时间：

```
#logins  –x  –l 用户名
```

如需修改，则用如下命令修改：

```
# passwd  – n 90 用户名
```

redhat 系统配置步骤：参考凝思系统配置步骤、配置过程。

Windows 系统配置步骤：

运行“gpeit.msc”计算机配置 – Windows 设置 – 安全设置＞账户策略 – 密码策略，修改以下对应参数：

```
密码必须符合复杂性要求→启用
密码长度最小值→8
密码最长使用期限→90 天
密码最短使用期限→1 天
强制密码历史→5 次
```

运行“gpeit.msc”计算机配置 – Windows 设置 – 安全设置＞账户策略 – 账户锁定策略，修改以下对应参数：

```
复位账户锁定计数器→3 分钟
账户锁定时间→5 分钟
账户锁定阈值→5 次无效登录
```

7.2.3 安全审计

安全要求： 设备应启用自身日志审计功能，并配置审计策略。审计内容应覆盖重要用户行为、系统资源的异常使用和重要系统命令的使用等系统重要安全相关事件，至少应包括：用户的添加和删除、审计功能的启动和关闭、审计策略的调整、权限变更、系统资源的异常使用、重要的系统操作（如用户登录、退出）等，使系统对鉴权事件、登录事件、用户行为事件、物理接口和网络接口接入事件、系统软硬件故障等进行审计。并对审计产生的日志数据分配合理的存储空间和存储时间。设置合适的日志配置文件的访问控制避免被普通修改和删除。采用专用的安全审计系统对审计记录进行查询、统计、分析和生成报表。日志默认保存两个月，两个月后自动覆盖。

凝思系统配置步骤：

系统默认配置的审计规则，覆盖上述审计要求，不需额外配置，系统默认开机自启动审计功能。审计日志在系统安装后已经默认设置好访问权限，只允许审计管理员 audadmin 查看审计日志文件。审计日志在系统安装后已经默认设置好访问权限，只允许审计管理员 audadmin 查看审计日志文件。手动开启审计功能的方法如下所示：

```
# /etc/init.d/auditd start
```

默认情况下系统开启了 syslogd 和 audit 服务，如需检查可通过以下方法查询。执行：

```
ps  –ef | grep syslogd
ps  –ef | grep auditd
```

如果执行结果有看到 auditd 和 syslogd，就说明审计功能已开启。

修改配置文件/etc/audit/auditd.conf：

```
max_log_file=300
max_log_file_action=ROTATE
space_left=75
space_left_action=SYSLOG
```

以上配置均为默认配置，表示最大日志文件容量 300MB，超过大小则进行 ROTATE 日志轮转。并且磁盘空间剩余 75MB 时，执行 SYSLOG 动作，发送警告到系统日志。

麒麟系统配置步骤： 参考凝思系统配置步骤、配置过程。

Solaris 系统配置步骤：

默认情况下系统开启了 syslogd 和 audit 服务，如需检查可通过以下方法查询。执行：

```
ps  –ef | grep syslogd
ps  –ef | grep auditd
```

如果执行结果有看到 auditd 和 syslogd，就说明审计功能已开启。

使用 audit－s 命令启用审计服务。

```
# audit  －s
```

修改/etc/default/login 文件，记录用户登录登出事件：

```
SYSLOG＝YES
```

solaris9 之前版本重启 syslog 进程命令为：

```
#/etc/init.d/syslog stop
#/etc/init.d/syslog start
```

slaris10 版本重启 syslog 进程命令为：

```
#svcadm disable svc：/system/system－log：default
#svcadm enable svc：/system/system－log：default
```

*说明：SOLARIS10 是 wtmpx 文件，Solaris8 是 wtmp。wtmp 文件中记录着所有登录过主机的用户、时间、来源等内容，这两个文件不具可读性，可用 last 命令来看。

redhat 系统配置步骤：

默认情况下系统开启了 syslogd 和 audit 服务，如需检查可通过以下方法查询。执行：

```
ps  －ef | grep syslogd
ps  －ef | grep auditd
```

如果执行结果有看到 auditd 和 syslogd，就说明审计功能已开启。

系统日志文件的权限或访问控制应设置合理。检查：

```
ls  －l /var/log/
```

查看日志文件的访问权限是否为 400，用 chmod 改变日志文件的访问权限。

```
chmod 400 /var/log
```

Windows 系统配置步骤：

运行“gpedit.msc”在计算机配置－Windows 设置－安全设置－本地策略－审核策略修改以下对应数值：

```
审核账号登录事件（成功与失败）
审核账号管理（成功与失败）
审核目录服务访问（成功）
审核登录事件（成功与失败）
审核对象访问（无审核）
审核策略更改（成功与失败）
审核特权使用（无审核）
审核过程跟踪（无审核）
审核系统事件（成功）
```

7.2.4 服务管理

安全要求：应禁止非必要的服务开启，操作系统应遵循最小安装的原则，仅安装和开启必须的服务，禁止与业务系统无关的服务处于开启状态，关闭 ftp、telnet、login、135、445、SMTP/POP3、SNMPv3 以下版本等公共网络服务。

凝思系统配置步骤：

使用下面的命令查看系统已经安装和开启的服务，参考应用和操作系统的可开放服务的最小集进行设置。

```
ps aux | grep  –v  –e['[']
```

禁用常见多余服务，可以参照如下方法，不同服务禁用方法不相同，执行如下命令以禁用 ftp 服务：

```
# cd /etc/rc.d/rc3.d/
# rm    S*proftpd
# cd /etc/rc.d/rc5.d/
# rm    S*proftpd
```

凝思系统已默认关闭了 LOGIN、135、445、SMTP/POP3、SNMPv3 以下版本等服务（端口）。手动关闭可以使用如下命令：

```
more /etc/inetd.conf            查看开通的服务情况
ps  –ef |grep LISTEN            查看开通的端口情况
```

在/etc/inetd.conf 文件中检查是否有 shell、login、telnet 的启动项，有就注释掉相应服务。然后执行命令：

```
/etc/init.d/inetd stop
```

说明：其中禁止 apache2 与 tomcat6 服务需要与业务厂商确认后方可执行。

麒麟系统配置步骤：

使用下面的命令查看系统已经安装和开启的服务，参考应用和操作系统的可开放服务的最小集进行设置。

```
chkconfig  ––list               查看服务开启情况
ps  –ef |grep LISTEN            查看端口开启情况
```

禁用常见多余服务，可以参照如下方法：

```
service 服务名 off          关闭对应服务
```

说明：ftp、telnet、rlogin、rsh 等服务需要关闭，原则上 1024 之前的端口服务除了 ssh 服务外均需要关闭。其中禁止 apache2 与 tomcat6 服务需要与业务厂商确认后方可执行。

使用 rpm 命令删除多余服务。

```
#rpm-e 服务软件包名称；
```

Solaris 系统配置步骤：

参考麒麟系统配置步骤、配置过程。

redhat 系统配置步骤：

参考麒麟系统配置步骤、配置过程。

Windows 系统配置步骤：

右键我的电脑 – 管理 – 服务和应用程序 – 服务 – 关闭 service 服务。

说明：建议关闭服务 Computer Browser、Remote Registry Service、Print Spooler 等服务。

7.2.5 接入管理

7.2.5.1 外设接口

安全要求：应管理主机的各种外设接口。配置外设接口使用策略，只准许特定接口接入设备。保证鼠标、键盘、U – KEY 等常用外设的正常使用，其他设备一律禁用，非法接入时产生告警。

凝思系统配置步骤：

禁用 USB 存储驱动，保留其他 USB 设备驱动：

```
rm  - f /lib/module/`uname  – r`/kernel/driver/usb/storage/usb – storage.ko
```

新建/etc/rc.d/init.d/remove_built – in_cdrom.sh 开机启动脚本，自动卸载内置光驱，内容如下，注意加上可执行权限：

```
#!/bin/bash
start() {
cd /sys/class/scsi_device
DEVICE=$(ls )
for i in $DEVICE
do
    CDROM=$(awk -F = '{if($2=="sr") print $2}' $i/uevent)
    if [ "$CDROM" = "sr" ]; then
        echo "find cdrom device! now we will disable it!"
        cd $i/device
        echo 1 > delete
        exit 0
    fi
done
echo "can't find cdrom device!"
exit 22
}
```

```
case $1 in
start)
      start
      ;;
*)
      echo "$0 [start]"
      ;;
esac
```

创建符号链接后重启系统：

```
cd /etc/rc.d/rcsysinit.d/
ln  –s ../init.d/remove_built–in_cdrom.sh S888remove_built–in_cdrom.sh
```

麒麟系统配置步骤：禁用 USB 存储设备，执行下列操作。

```
rm  –rf /lib/module/'uname  –r'/kernel/driver/usb/storage/usb–storage.ko
rm  –rf /lib/modules/'uname  –r'/kernel/drivers/scsi/sr_mod.ko
```

Solaris 系统配置步骤：参考麒麟系统配置步骤、配置过程。

redhat 系统配置步骤：参考麒麟系统配置步骤、配置过程。

Windows 系统配置步骤：

对多余的 USB 接口、光驱驱动器以及其他驱动器粘贴“禁止使用”标签。

右键点击桌面–屏保–勾选“在恢复时是否显示登录屏幕，等待时间不超过 10 分钟”。

7.2.5.2　自动播放

安全要求：应禁止外部存储设备自动播放或自动打开功能，避免木马、病毒程序通过移动存储设备的自动播放或自动打开实现入侵。关闭移动存储介质的自动播放或自动打开功能。关闭光驱的自动播放或自动打开功能。

凝思系统配置步骤：默认满足要求。

麒麟系统配置步骤：默认满足要求。

Solaris 系统配置步骤：默认满足要求。

redhat 系统配置步骤：默认满足要求。

Windows 系统配置步骤：打开开始菜单，在运行中输入 regedit 打开注册表编辑器，将 HKEY_LOCAL_ MACHINE\SYSTEM\CurrentControlSet\Services\UsbStor 注册表项中的“Start”值设置为 4（原先正常时为 3）。

在运行中输入 gpedit.msc 打开组策略命令，进入本地策略编辑界面，依次打开“用户配置–管理模板–系统–可移动储存访问”，在右侧选择“可移动磁盘：拒绝读取权限”或“所有可移动储存类：拒绝所有权限”，双击打开修改为“已启用”后，再依次打开“用户配置–管理模板–Windows 组件–自动播放策略”，在右侧选择“关闭自动播放”“关闭非卷设备的自动播放”，打开修改为“已启用”后保存即可。

7.2.5.3 远程登录

安全要求：应禁止使用不安全的远程登录协议。主机应设定接入方式、网络 IP 地址范围等远程登录限制条件。远程登录应使用 ssh 协议，禁止使用其他远程登录协议；远程登录应使用 ssh 协议，禁止使用其他远程登录协议。处于网络边界的主机 ssh 服务通常情况下处于关闭状态，有远程登录需求时可由管理员开启。限制指定 IP 地址范围主机的远程登录。主机间登录禁止使用公钥验证，应使用密码验证模式。操作系统使用的 ssh 协议版本应高于 openssh v7.2。600 秒内无操作，自动退出。

凝思系统配置步骤：

修改配置文件/etc/inetd.conf。

```
# sudo vim /etc/inetd.conf
```

注释掉 telnet 启动项。

在边界机器上，执行如下命令：

```
# cd /etc/rc.d/rc3.d/
# rm   S*sshd
# cd /etc/rc.d/rc5.d/
# rm   S*sshd
#/etc/init.d/sshd stop
```

系统应设置远程登录访问控制列表，限制能够登录本机的 IP 地址：创建 hosts.allow 访问控制白名单：

```
#vi /etc/hosts.allow
```

内容如下（例如允许地址段 172.17.0.0/16 和 192.168.1.0/24 访问 ssh）：

```
sshd：172,17.0.0/16
sshd：192.168.1.0/24
```

创建 hosts.deny 访问控制黑名单：

```
#vi /etc/hosts.deny
```

内容如下：

```
sshd：ALL：deny
```

打开文件/etc/ssh/sshd_config 文件修改主机间登录禁止使用公钥验证，使用密码验证模式，找到如下这行：

```
RSAAuthentication yes
PubkeyAuthentication yes
```

改为：

```
RSAAuthentication no
```

```
PubkeyAuthentication no
```

保存并关闭文件，重启 ssh 服务。

```
servicessh restart
```

修改/etc/profile 文件内容，无操作 600 秒断开。

```
readonly TMOUT=600
```

麒麟系统配置步骤：

卸载明文传输管理工具。

```
#rpm --e telnet telnet-server
```

网络边界机器关闭 ssh 服务。

```
#servicesshd stop
#chkconfigsshd off
```

修改/etc/hosts.allow。

```
sshd：192.168.20.*：allow
sshd：10.24.4.*：allow
```

修改/etc/hosts.deny。

```
sshd：ALL：deny
```

修改/etc/ssh/sshd_config 文件使得允许一次登录 60 秒内尝试密码输入 6 次，禁止 root 访问，主机间登录禁止使用公钥验证，使用密码验证模式。

```
LoginGraceTime 60
MaxAuthTries 6
PermitRootLogin no
RSAAuthentication no
PubkeyAuthentication no
```

修改后执行以下命令重启生效。

```
/etc/init.d/sshd restart
```

修改文件/etc/profile 文件内容。

```
TMOUT=600                    #无操作 600 秒断开
```

Solaris 系统配置步骤：参考麒麟系统配置步骤配置过程。

redhat 系统配置步骤：参考麒麟系统配置步骤配置过程。

Windows 系统配置步骤：右键我的电脑-属性-远程设置，勾选关闭远程桌面采用本地登录管理。

7.2.5.4　高危端口

现场工作时，需将表 7-2-1 中所列高危端口关闭，若因工作需要必须开放，应提前与网安平台主站报备。

表 7-2-1　　　　高危端口列表

高危端口	涉及服务	依据文件
20	ftp	调分中心〔2021〕55 号《国家电网华东电力调控分中心关于开展电力行业网络安全责任暨电力监控系统安全防护专项检查的通知》
21	ftp	调分中心〔2021〕55 号《国家电网华东电力调控分中心关于开展电力行业网络安全责任暨电力监控系统安全防护专项检查的通知》 调网安〔2017〕169 号《国调中心关于印发 Windows 操作系统安全加固指导手册的通知》
23	telnet、rlogin	调分中心〔2021〕55 号《国家电网华东电力调控分中心关于开展电力行业网络安全责任暨电力监控系统安全防护专项检查的通知》 调网安〔2017〕169 号《国调中心关于印发 Windows 操作系统安全加固指导手册的通知》
25	SMTP Simple Mail Transfer Protocol（E-mail）	调分中心〔2021〕55 号《国家电网华东电力调控分中心关于开展电力行业网络安全责任暨电力监控系统安全防护专项检查的通知》
80	HTTP 超文本传送协议	调分中心〔2021〕55 号《国家电网华东电力调控分中心关于开展电力行业网络安全责任暨电力监控系统安全防护专项检查的通知》
110	POP3 Post Office Protocol（E-mail）	调自〔2016〕59 号《国网福建电力调控中心关于印发〈福建电力监控系统安全防护专项检查“回头看”工作方案〉的通知》
135	RPC（远程过程调用）服务	调网安〔2017〕169 号《国调中心关于印发 Windows 操作系统安全加固指导手册的通知》
137	NetBIOS	调网安〔2017〕169 号《国调中心关于印发 Windows 操作系统安全加固指导手册的通知》
138	NetBIOS	调网安〔2017〕169 号《国调中心关于印发 Windows 操作系统安全加固指导手册的通知》
139	NetBIOS	调网安〔2017〕169 号《国调中心关于印发 Windows 操作系统安全加固指导手册的通知》
445	net File System（CIFS）	调网安〔2017〕169 号《国调中心关于印发 Windows 操作系统安全加固指导手册的通知》
3389	Server 远程桌面	调网安〔2017〕169 号《国调中心关于印发 Windows 操作系统安全加固指导手册的通知》
8080	web	调分中心〔2021〕55 号《国家电网华东电力调控分中心关于开展电力行业网络安全责任暨电力监控系统安全防护专项检查的通知》
53	Domain Name Server（DNS）	调网安〔2018〕37 号《国调中心关于开展清朗有序安全网络空间创建活动的通知》
67	DHCP	调网安〔2017〕169 号《国调中心关于印发 Windows 操作系统安全加固指导手册的通知》
177	X Display Manager Control Protocol	调网安〔2017〕169 号《国调中心关于印发 Windows 操作系统安全加固指导手册的通知》
6000	图形化操作服务端口 X11	调网安〔2017〕169 号《国调中心关于印发 Windows 操作系统安全加固指导手册的通知》